ベクトル解析から流体へ

［改訂版］

垣田髙夫・柴田良弘著

日本評論社

まえがき

大学の理工系学部では，基本的な微積分の講義を受けた次に，2～3 年生で多変数の微積分・場の微積分，すなわちベクトル値関数の微積分としてのベクトル解析を学ぶケースが多いであろう．そしてベクトル解析の応用としてよく引き合いに出されるのは，マクスウェル方程式に集約される電磁気学である．

ところで，ベクトル解析には，基本的な概念として勾配・回転・発散・渦・湧き出しといった用語が出てくる．そしてキーとなるのは，ガウスの発散定理，グリーンの定理，ストークスの定理といった一連の「積分定理」である．これらの用語や「積分定理」の物理的イメージは，水や大気といった流体の運動をイメージすると理解しやすい．逆に流体力学の基礎方程式としてのナヴィエ・ストークス方程式 (NS 方程式) は，ベクトル解析の用語を用いることで記述や取扱いの見通しが良くなる．

そのようなわけで，本書では電磁気学ではなく主として流体力学を念頭に置きつつベクトル解析の解説を試みた．そしてそこから出発して，流体力学 (NS 方程式) の数学的な理論の入門として，1984 年の加藤敏夫先生の論文の中の，解の存在と一意性に関する部分の解説まで進めることにした．

第 1 章では，ベクトルの幾何学的なイメージの復習から始めてベクトル解析の各種の公式や積分定理を，なるべく流体のイメージに沿って解説した．第 2 章では NS 方程式を導出し，関連してレイノルズ数や簡単な場合の解についても触れた．第 3 章では NS 方程式の数学的な解析に必要な道具としてルベーグ積分・フーリエ変換を学び，第 4 章では核心的とも言える熱方程式・シュレディンガー方程式などいくつかの方程式に対して実際にそれを使ってみる．そして第 5 章では，第 4 章までの内容を踏まえた上で NS 方程式の数学的な理論の入門的な部分を紹介した．

書名のとおり，「ベクトル解析から流体へ」とスムーズにつながっているようであれば幸いであり，著者らの大きな喜びでもある．なお本書ができあがるまでには，編集の高橋健一氏にひとかたならぬご協力をいただいた．ここに記して感謝したい．

2007 年 2 月

垣田高夫・柴田良弘

改訂版にあたって

『ベクトル解析から流体へ』の初版が出版されて以来 15 年以上の歳月が経過した．その間筆者が専門としている偏微分方程式の研究は飛躍的な発展をなし，研究テーマ，手法等により，多くの実りある蓄積がなされてきた．その中で，この本で解説したベクトル解析，ルベーグ積分，フーリエ解析はいまだに解析学の基本として欠くことのできない数学的手法である．

改訂版を出版するにあたり，これらの手法に半群の理論を付け加えることにした．筆者たちの偏微分方程式研究の立場でいえば，この理論は抽象的常微分方程式の解の構成方法を与えており，多くの偏微分方程式の解の存在や解の性質を調べるうえで大きな役割をなしている．偏微分方程式の解の構成法として，第 1 版ではフーリエ解析を用いる方法に重きを置いたが，改訂版では抽象的な方法である半群の理論の解説を加えた．これは時間に依存する発展方程式の初期値問題の解を構成するのに，時間にラプラス変換を施して得られる問題のレゾルベントの情報を用いるというものであり，広範囲の偏微分方程式に応用できるものである．その中でも解析半群の理論は，レゾルベントのフーリエ逆変換により常微分方程式の初期値問題の解の一意可解性を示すもので，その理論の基盤にベクトル値関数の複素関数論が応用されている．これは，学部 2 年または 3 年次で習得する複素関数論のよい応用となっている．数学や応用数学などを学ばれている学生の方がより豊かな数学を身につけるためのよい教材であるとともに，将来，偏微分方程式論をより深く学ぼうとされる方への数学的基礎づけにも大いに重要な題材であると考えた．改訂版ではこの半群の理論を第 5 章に加えた．

半群の理論に関しては日本人数学者の貢献も大きく，これまで優れた本が多く出版されている．この本では著者の柴田が長年にわたり早稲田大学基幹理工学部数学科で行ってきた講義録をもとにしている．この講義録を作成するにあたりいくつかの優れた教科書を参考にさせていただいた．それは本文中の文献で紹介した．

2024 年 7 月
柴田良弘

目 次

第1章
ベクトル解析

1.1　ベクトル

1.1.1　空間の幾何学的ベクトル

長さ，質量，圧力，温度などのように「大きさ」のみで表せる量は**スカラー**と呼ばれる．スカラーとは実数そのものである．これに対して「大きさと向き」を併せもつ量を**ベクトル**という．変位，加速度，力，モーメントなどはベクトルである．ベクトルを図示するには矢 (有向線分) を用いる．矢の長さはベクトルの大きさ，矢先はベクトルの向きを表す．空間の点 A から点 B に向かう矢 (有向線分) を始点 A，終点 B のベクトルと呼び，$\overrightarrow{\mathrm{AB}}$ と表す．ベクトル $\overrightarrow{\mathrm{AB}}$ と $\overrightarrow{\mathrm{CD}}$ が空間内の平行移動で一致するとき同等であるといい，$\overrightarrow{\mathrm{AB}}=\overrightarrow{\mathrm{CD}}$ と定める (図 1.1).

2 つのベクトルのうち一方の終点に他方の始点を接続することは，この規則から可能である (図 1.2).

$\overrightarrow{\mathrm{AB}}$ の大きさは，空間における A, B 間の距離と定め，$|\overrightarrow{\mathrm{AB}}|$ と書く．大きさ 1 のベクトルを**単位ベクトル**という．A と B が一致しているときは，$\overrightarrow{\mathrm{AB}}$ の

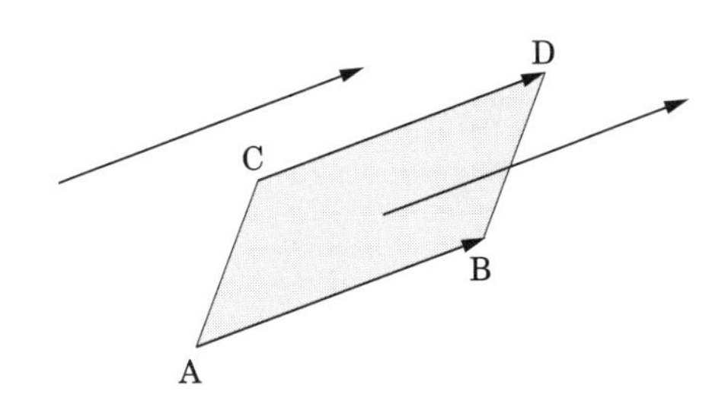

図 1.1

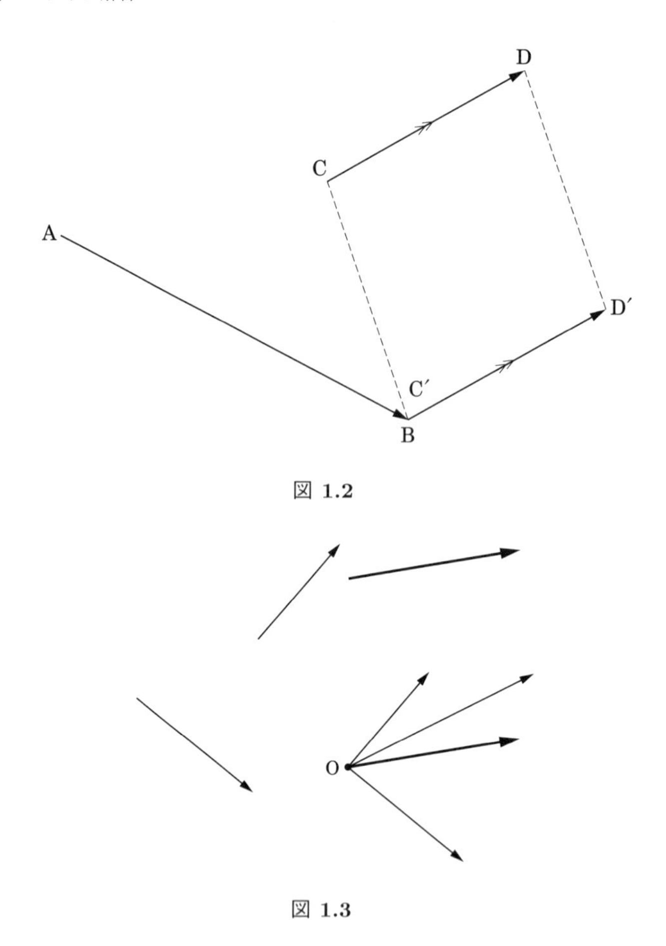

図 1.2

図 1.3

向きが定まらないがこれもベクトルの仲間に入れ，**零ベクトル**と呼んで記号 $\mathbf{0}$ で表す：$\overrightarrow{\mathrm{AA}}=\mathbf{0}, |\mathbf{0}|=0$. 空間に原点 O を固定し，始点を O におくベクトル $\overrightarrow{\mathrm{OP}}$ を**位置ベクトル**と呼ぶ．空間内のすべてのベクトルは，同等な位置ベクトルで代表させることができる (図 1.3).

ベクトルを表すには

$$\boldsymbol{a}, \boldsymbol{b}, \boldsymbol{c}, \cdots, \boldsymbol{u}, \boldsymbol{v}$$

などのようにラテン文字を肉太にして書き，スカラーは普通の実数と同様にラテン文字やギリシャ文字の小文字

$$a, b, c, \cdots,\quad \alpha, \beta, \cdots, \lambda, \mu, \cdots$$

を用いる：

$$\overrightarrow{\mathrm{AB}} = \boldsymbol{a},\quad |\overrightarrow{\mathrm{AB}}| = |\boldsymbol{a}| = a, \cdots.$$

1.1.2　ベクトルの和とスカラー倍

$\boldsymbol{a}$ と $\boldsymbol{b}$ の和は $\boldsymbol{a} = \overrightarrow{\mathrm{AB}}$ のとき，$\boldsymbol{b}$ の始点を B に選んで $\boldsymbol{b} = \overrightarrow{\mathrm{BC}}$ とするとき

$$\boldsymbol{a} + \boldsymbol{b} = \overrightarrow{\mathrm{AC}}$$

と定める．λ をスカラーとするとき $\lambda\boldsymbol{a}$ は

$\lambda > 0$ ならば $|\lambda\boldsymbol{a}| = \lambda|\boldsymbol{a}|$　　(向きは $\boldsymbol{a}$ と同じ),

$\lambda < 0$ ならば $|\lambda\boldsymbol{a}| = (-\lambda)|\boldsymbol{a}|$　(向きは $\boldsymbol{a}$ と同じ),

$\lambda = 0$ ならば $\lambda\boldsymbol{a} = \boldsymbol{0}$

と定める．　したがってつねに $|\lambda\boldsymbol{a}| = |\lambda||\boldsymbol{a}|$ である．上の規約のもとで次の各等式が成立する (図 1.4，図 1.5).

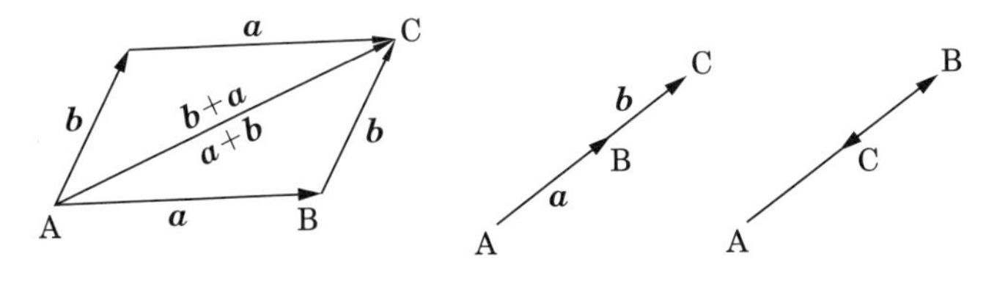

図 1.4

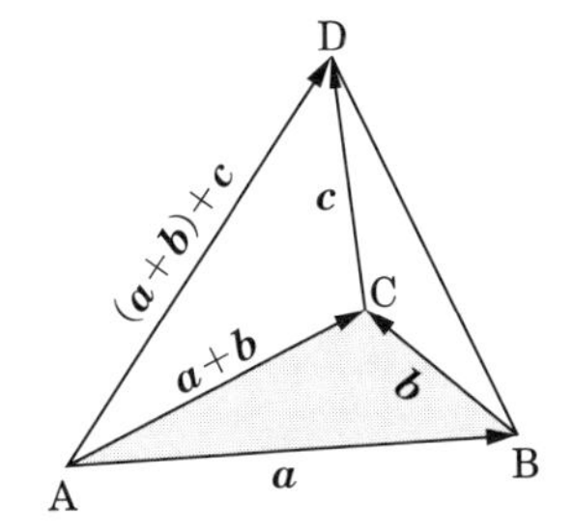

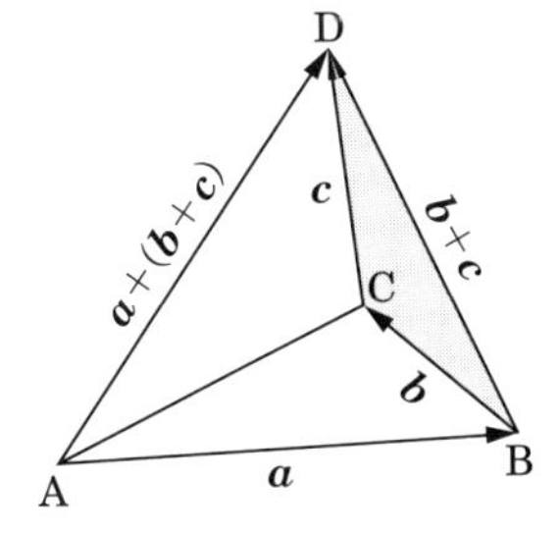

図 1.5

$$\boldsymbol{a}+\boldsymbol{b}=\boldsymbol{b}+\boldsymbol{a} \quad (\text{交換法則}), \tag{1.1}$$

$$(\boldsymbol{a}+\boldsymbol{b})+\boldsymbol{c}=\boldsymbol{a}+(\boldsymbol{b}+\boldsymbol{c}) \quad (\text{結合法則}). \tag{1.2}$$

したがって上式の値は括弧なしで $\boldsymbol{a}+\boldsymbol{b}+\boldsymbol{c}$ と書いてよい．$\overrightarrow{\mathrm{AB}}+\overrightarrow{\mathrm{BB}}=\overrightarrow{\mathrm{AA}}+\overrightarrow{\mathrm{AB}}$ より

$$\boldsymbol{a}=\boldsymbol{a}+\boldsymbol{0}=\boldsymbol{0}+\boldsymbol{a} \quad (\text{ゼロ元}). \tag{1.3}$$

$\boldsymbol{a}=\overrightarrow{\mathrm{AB}}$ に対して $\boldsymbol{b}=\overrightarrow{\mathrm{BA}}=(-1)\overrightarrow{\mathrm{AB}}=-\boldsymbol{a}$ より

$$\boldsymbol{a}+(-\boldsymbol{a})=\boldsymbol{0} \quad (\text{逆元}). \tag{1.4}$$

$\boldsymbol{a}+(-\boldsymbol{b})$ を $\boldsymbol{a}-\boldsymbol{b}$ と表し，ベクトル $\boldsymbol{a}$ と $\boldsymbol{b}$ の**差**と呼ぶ (図 1.6).

ベクトルの**スカラー倍**については

$$1\boldsymbol{a}=\boldsymbol{a}, \tag{1.5}$$

$$(\lambda\mu)\boldsymbol{a}=\lambda(\mu\boldsymbol{a}) \quad (\text{結合法則}) \tag{1.6}$$

が成立し，結合法則 (1.6) より単に $\lambda\mu\boldsymbol{a}$ と表してよい．また

$$\lambda(\boldsymbol{a}+\boldsymbol{b})=\lambda\boldsymbol{a}+\lambda\boldsymbol{b} \quad (\text{分配法則}), \tag{1.7}$$

$$(\lambda+\mu)\boldsymbol{a}=\lambda\boldsymbol{a}+\mu\boldsymbol{a} \quad (\text{分配法則}) \tag{1.8}$$

が成立する (図 1.6，図 1.7).

以上 (1.1)~(1.8) を**ベクトル空間の公理**という.

1.1.3　ベクトルのつくる空間

集合 V の元 $\boldsymbol{a},\boldsymbol{b}$ の和 $\boldsymbol{a}+\boldsymbol{b}$ とスカラー倍 $\lambda\boldsymbol{a}$ がつねに V の中で定義され，ベクトル空間の公理 (1.1)~(1.8) を満たすとき，V を**実数 ($\boldsymbol{R}$) 上のベクトル空間**といい，$\boldsymbol{a},\boldsymbol{b}$ などをベクトルと呼ぶ．以下 "実数上の" を省略して単にベクトル空間という．空間の幾何学的ベクトルの全体はベクトル空間である．この空間を E と表す．ベクトル空間 V の n 個の元 $\boldsymbol{a}_1,\dots,\boldsymbol{a}_n$ が **1 次独立**であるとは，n 個の実数 $\lambda_1,\dots,\lambda_n$ が $\lambda_1\boldsymbol{a}_1+\cdots+\lambda_n\boldsymbol{a}_n=\boldsymbol{0}$ であればじつは $\lambda_1=\cdots=\lambda_n=0$ であるときをいう．1 次独立なベクトルの最大個数を V の**次元**と呼ぶ．V が m 次元で $\boldsymbol{a}_1,\boldsymbol{a}_2,\dots,\boldsymbol{a}_m$ が 1 次独立ならば，V の任意のベクトルは $\boldsymbol{a}=\lambda_1\boldsymbol{a}_1+\lambda_2\boldsymbol{a}_2+\cdots+\lambda_m\boldsymbol{a}_m$ と一意に表される．$\boldsymbol{a}_1,\boldsymbol{a}_2,\dots,\boldsymbol{a}_m$ を V の 1

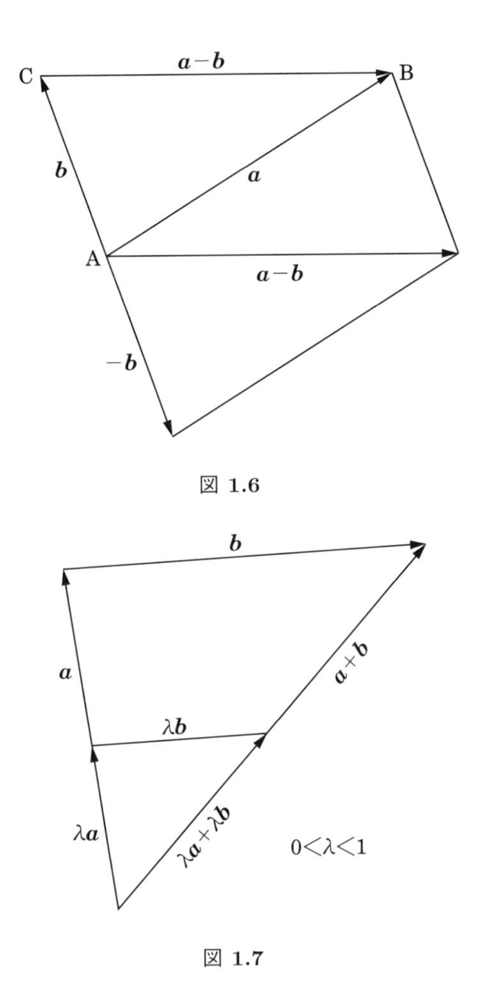

図 1.6

図 1.7

つの**基底**という．

E の部分集合 F が E の部分空間とは，任意の $\boldsymbol{a}, \boldsymbol{b} \in F$, 実数 λ, μ に対して $\lambda\boldsymbol{a}+\mu\boldsymbol{b} \in F$ が成立するときをいう．原点 O 以外の点 A をとると $\overrightarrow{\mathrm{OA}}=\boldsymbol{a}$ のスカラー倍 $\lambda\boldsymbol{a}$ の全体 E_1 は E の部分空間をなす．E_1 は 1 次元ベクトル空間である．$\overrightarrow{\mathrm{OA}}$ の両端を延長した直線を ℓ と名づけるとき，E_1 を $\boldsymbol{a}$ **によって張られる直線**という (図 1.8).

ℓ 上にない点 B をとり，$\overrightarrow{\mathrm{OB}}=\boldsymbol{b}$ とする．$\boldsymbol{a}, \boldsymbol{b}$ の 1 次結合 $\lambda\boldsymbol{a}+\mu\boldsymbol{b}$ $(\lambda, \mu \in \boldsymbol{R})$ の全体を E_2 とすると，E_2 もまた E の部分空間で $E_2 \supset E_1$ となる．3 点

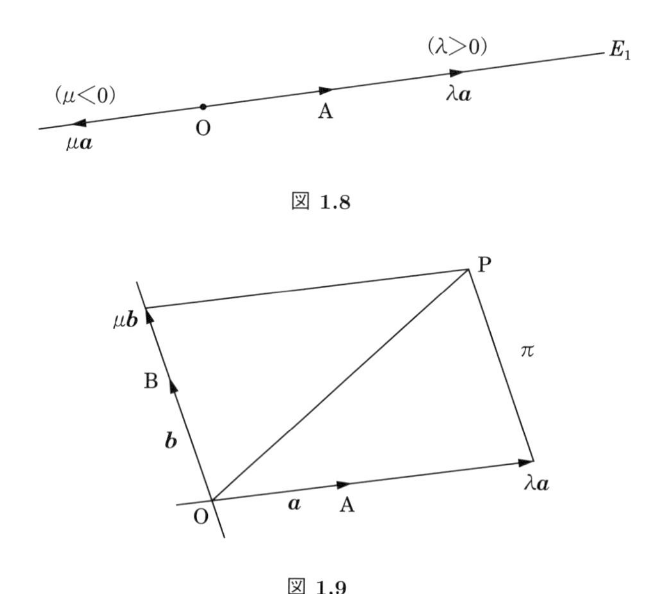

図 1.8

図 1.9

O, A, B を通る平面 π は E_2 と幾何学的には一致する (図 1.9). $\boldsymbol{a}, \boldsymbol{b}$ は E_2 の基底であるから, E_2 は 2 次元ベクトル空間である. これを **$\boldsymbol{a}, \boldsymbol{b}$ によって張られる平面**と呼ぶ.

平面 π に属さない点 C をとり, $\overrightarrow{\mathrm{OC}} = \boldsymbol{c}$ と表そう. $\boldsymbol{a}, \boldsymbol{b}, \boldsymbol{c}$ は 1 次独立となる (図 1.10). P を空間の任意の点とするとき, ベクトル $\overrightarrow{\mathrm{OP}}$ は適当なスカラー λ, μ, ν をとり, $\lambda\boldsymbol{a}, \mu\boldsymbol{b}, \nu\boldsymbol{c}$ を稜とする平行 6 面体の対角線として実現される : $\overrightarrow{\mathrm{OP}} = \lambda\boldsymbol{a} + \mu\boldsymbol{b} + \nu\boldsymbol{c}$ (図 1.10). したがって $\boldsymbol{a}, \boldsymbol{b}, \boldsymbol{c}$ の 1 次結合全体を E_3 と表すと, E_3 は空間 E と一致する. すなわち空間 E は 3 次元ベクトル空間をなす.

1.1.4　ベクトルの成分表示と数空間 $\boldsymbol{R}^3$

$\boldsymbol{a}, \boldsymbol{b}, \boldsymbol{c}$ が E の基底であれば任意の $\boldsymbol{x} \in E$ は

$$\boldsymbol{x} = x\boldsymbol{a} + y\boldsymbol{b} + z\boldsymbol{c}$$

と表せる. ここで x, y, z は実数の組で, $\boldsymbol{x}$ に対してただ 1 通りに定まる. (x, y, z) を $\boldsymbol{x}$ の成分表示, x を $\boldsymbol{x}$ の x-成分, y を y-成分, z を z-成分という. 基底を固定して考えたが, もし別の基底を選べば成分表示は異なる.

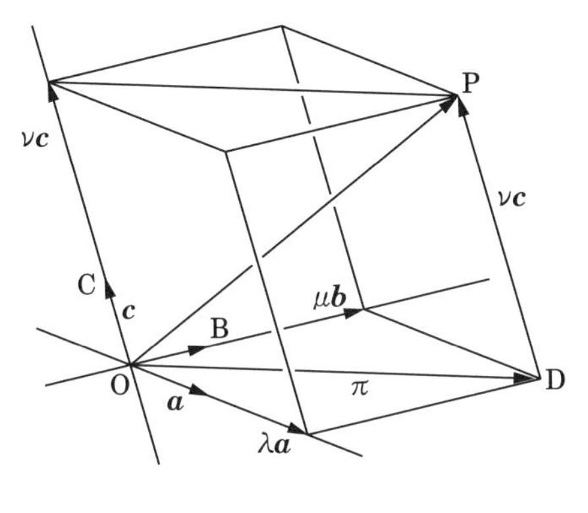

図 1.10

■ **3 次元数空間 $\boldsymbol{R}^3$** ■　順序のついた 3 実数の組 (a_1, a_2, a_3) の全体を $\boldsymbol{R}^3$ と表す．$\boldsymbol{R}^3$ の中に和とスカラー倍を次のように定義しよう．

$$(a_1, a_2, a_3) + (b_1, b_2, b_3) = (a_1 + b_1, a_2 + b_2, a_3 + b_3),$$

$$\lambda(a_1, a_2, a_3) = (\lambda a_1, \lambda a_2, \lambda a_3) \quad (\lambda \in \boldsymbol{R}).$$

$\boldsymbol{a} = (a_1, a_2, a_3), \boldsymbol{b} = (b_1, b_2, b_3)$ などと表すとき，ベクトル空間の公理 (1.1)〜(1.8) が成り立つことから，$\boldsymbol{R}^3$ にこのベクトル演算を導入したものはベクトル空間になる．これをまた $\boldsymbol{R}^3$ と書き **3 次元数ベクトル空間**という．各元を**数ベクトル**とも呼ぶ．とくに $\boldsymbol{i} = (1,0,0), \boldsymbol{j} = (0,1,0), \boldsymbol{k} = (0,0,1)$ は $\boldsymbol{R}^3$ の基底となる．これを $\boldsymbol{R}^3$ の**標準基底**と呼ぶ．$\boldsymbol{x} = (x, y, z) \in \boldsymbol{R}^3$ は

$$\boldsymbol{x} = x\boldsymbol{i} + y\boldsymbol{j} + z\boldsymbol{k}$$

と一意に表現される．

成分表示の話に戻ろう．$\boldsymbol{a}, \boldsymbol{b}, \boldsymbol{c}$ を E の基底とすると，E の元 $\boldsymbol{x}, \boldsymbol{x}'$ の成分表示 $(x, y, z), (x', y', z')$ はともに $\boldsymbol{R}^3$ の元であり

$$\begin{aligned}\boldsymbol{x} + \boldsymbol{x}' &= (x\boldsymbol{a} + y\boldsymbol{b} + z\boldsymbol{c}) + (x'\boldsymbol{a} + y'\boldsymbol{b} + z'\boldsymbol{c}) \\ &= (x + x')\boldsymbol{a} + (y + y')\boldsymbol{b} + (z + z')\boldsymbol{c},\end{aligned}$$

$$\lambda\boldsymbol{x} = \lambda(x\boldsymbol{a}) + \lambda(y\boldsymbol{b}) + \lambda(z\boldsymbol{c}) \quad (\lambda \in \boldsymbol{R}).$$

よって成分表示の一意性から次式が得られる．

$$(x, y, z) + (x', y', z') = (x + x', y + y', z + z'),$$

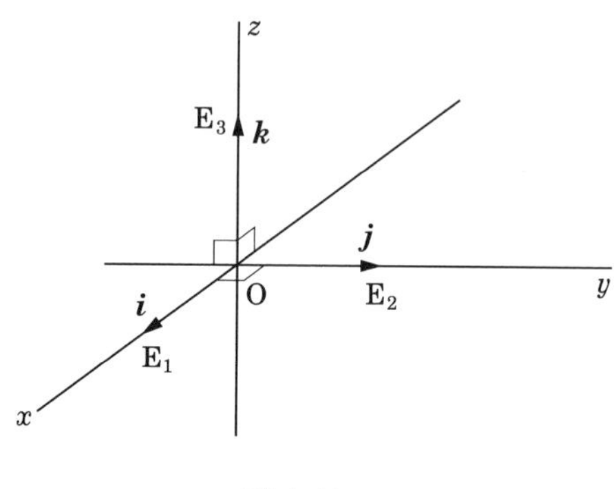

図 1.11

$$\lambda(x,y,z)=(\lambda x,\lambda y,\lambda z).$$

幾何学的ベクトル $\boldsymbol{x}$ に成分表示 $(x,y,z)\in\boldsymbol{R}^3$ を対応させると E から $\boldsymbol{R}^3$ 上への 1 対 1 写像が得られるが，上の等式はこの写像がベクトルの和は成分表示の和に，スカラー倍はスカラー倍にうつること，すなわち E のベクトル演算は $\boldsymbol{R}^3$ 上で保存されることを示している．

したがって E と $\boldsymbol{R}^3$ はベクトル空間として構造的には同型とみなすことができる．そこで以後 $E=\boldsymbol{R}^3$ と考え，上の対応を $\boldsymbol{x}=(x,y,z)$ と書く．$\boldsymbol{x}=\overrightarrow{\mathrm{OP}}$ ならば (x,y,z) を点 P の座標と呼び，$\mathrm{P}=\mathrm{P}(x,y,z)$ と表す．この表記では，点の座標は対応する位置ベクトルの成分表示と同じ表現となる．

$\boldsymbol{a}=\overrightarrow{\mathrm{OA}}$ の張る OA 直線の方向は $\boldsymbol{a}$ の向きを正，$-\boldsymbol{a}$ の向きを負と定め $\overrightarrow{\mathrm{OE_1}}=\boldsymbol{a}/|\boldsymbol{a}|$ となる点 $\mathrm{E_1}$ に実数 1 を，$\overrightarrow{\mathrm{OP}}=x\overrightarrow{\mathrm{OE_1}}$ となる点 P に実数 x を対応させて得られる数直線 (原点 O の) を x **軸**と名づける．同様にして OB 直線，OC 直線を数直線化したものをそれぞれ y **軸**, z **軸**と名づけ，まとめて**座標軸**という．また $\{\mathrm{O};\boldsymbol{a},\boldsymbol{b},\boldsymbol{c}\}$ あるいは $\{\mathrm{O};\mathrm{E_1},\mathrm{E_2},\mathrm{E_3}\}$ を座標系という*[1]．$\overrightarrow{\mathrm{OE_2}},\overrightarrow{\mathrm{OE_3}}$ は $\boldsymbol{b},\boldsymbol{c}$ の正規化である．3 つの軸が直交しているとき座標系は**直交座標系** (図 1.11)，そうでなければ**斜交座標系** (図 1.12) と呼ぶ．

そこで右ネジが $\boldsymbol{i}$ から $\boldsymbol{j}$ の方向に “時計回り” の回転をするに従い，ネジの進行方向が $\boldsymbol{k}$ の向きと一致するとき (図 1.13) 座標系は**右手系**，$\boldsymbol{k}$ の向きと逆のとき**左手系**であるという (図 1.14)．

基底 $\boldsymbol{a},\boldsymbol{b},\boldsymbol{c}$ についても，$\boldsymbol{a}$ と $\boldsymbol{b}$ の交角 θ を $0<\theta<\pi$ とするとき $\boldsymbol{a},\boldsymbol{b},\boldsymbol{c}$ が

---

*[1] 座標系を O-xyz とも表す．$\boldsymbol{i},\boldsymbol{j},\boldsymbol{k}$ はそれぞれ $\boldsymbol{e}_1,\boldsymbol{e}_2,\boldsymbol{e}_3$ とも書く．

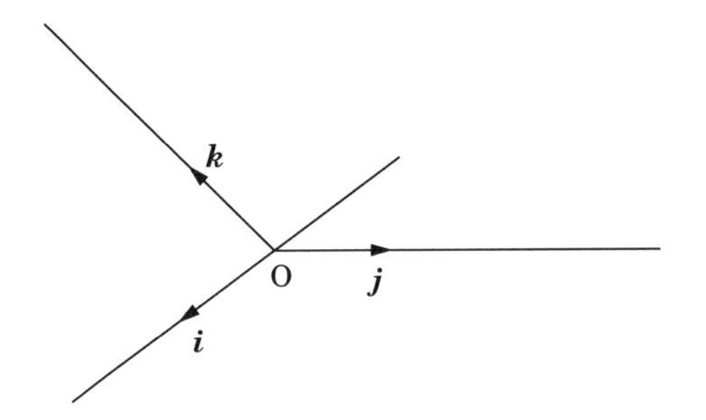

図 1.12

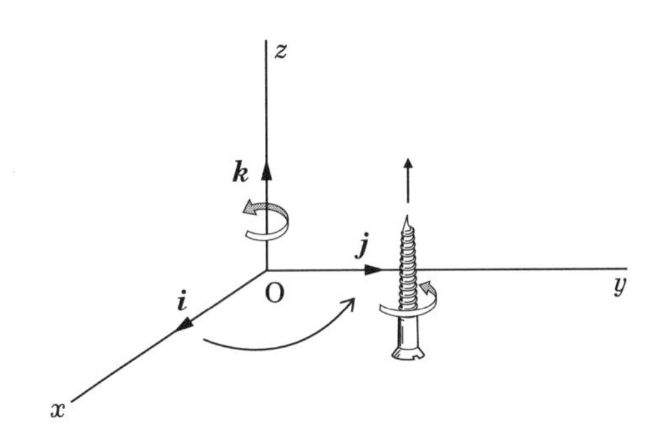

図 1.13

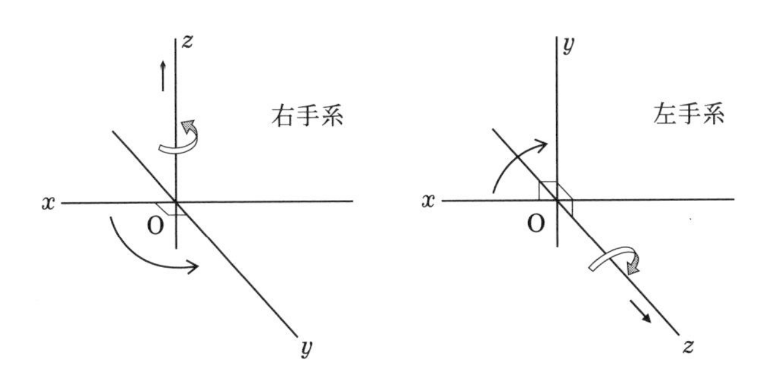

図 1.14

この順序で**右手系**であるとは，右ネジが反時計回りに $\boldsymbol{a}$ から $\boldsymbol{b}$ に回転するとその進行方向が $\boldsymbol{c}$ の向きと一致することである．$\boldsymbol{c}$ の向きと逆方向に進行するとき，$\boldsymbol{a}, \boldsymbol{b}, \boldsymbol{c}$ はこの順序で**左手系**であるという．

以下 3 つの 3 次元数ベクトル $\boldsymbol{a} = (a_1, a_2, a_3), \boldsymbol{b} = (b_1, b_2, b_3), \boldsymbol{c} = (c_1, c_2, c_3)$ に対しこれが作る行列 $(\boldsymbol{a}, \boldsymbol{b}, \boldsymbol{c})$ を

$$(\boldsymbol{a}, \boldsymbol{b}, \boldsymbol{c}) = \begin{pmatrix} a_1 & b_1 & c_1 \\ a_2 & b_2 & c_3 \\ a_3 & b_3 & c_3 \end{pmatrix}$$

と定義する．

さて，$\boldsymbol{a}', \boldsymbol{b}', \boldsymbol{c}'$ を $\boldsymbol{a}, \boldsymbol{b}, \boldsymbol{c}$ とは異なる基底とする．このとき $\boldsymbol{a}', \boldsymbol{b}', \boldsymbol{c}'$ は $\boldsymbol{a}, \boldsymbol{b}$, $\boldsymbol{c}$ の 1 次結合でただ 1 通りに表される (またその逆も成り立つ)．実際,

$$\begin{aligned} \boldsymbol{a}' &= \lambda_1 \boldsymbol{a} + \mu_1 \boldsymbol{b} + \nu_1 \boldsymbol{c} \\ \boldsymbol{b}' &= \lambda_2 \boldsymbol{a} + \mu_2 \boldsymbol{b} + \nu_3 \boldsymbol{c} \\ \boldsymbol{c}' &= \lambda_3 \boldsymbol{a} + \mu_3 \boldsymbol{b} + \nu_3 \boldsymbol{c} \end{aligned}, \quad A = \begin{pmatrix} \lambda_1 & \lambda_2 & \lambda_3 \\ \mu_1 & \mu_2 & \mu_3 \\ \nu_1 & \nu_2 & \nu_3 \end{pmatrix}$$

とすると，逆行列 A^{-1} が存在し次式が成立する．

$$(\boldsymbol{a}', \boldsymbol{b}', \boldsymbol{c}') = (\boldsymbol{a}, \boldsymbol{b}, \boldsymbol{c})A, \quad (\boldsymbol{a}, \boldsymbol{b}, \boldsymbol{c}) = (\boldsymbol{a}', \boldsymbol{b}', \boldsymbol{c}')A^{-1}.$$

次に座標系 $\{\mathrm{O}; \boldsymbol{a}, \boldsymbol{b}, \boldsymbol{c}\}, \{\mathrm{O}; \boldsymbol{a}', \boldsymbol{b}', \boldsymbol{c}'\}$ の向きを次のように定める

定義 1.1　座標系 $\{\mathrm{O}; \boldsymbol{a}, \boldsymbol{b}, \boldsymbol{c}\}, \{\mathrm{O}; \boldsymbol{a}', \boldsymbol{b}', \boldsymbol{c}'\}$ は $\det A > 0$ ならば同じ向き，$\det A < 0$ ならば反対の向きを与えると定義する．

例 1.2　直交座標系 $\{\mathrm{O}; \boldsymbol{i}, \boldsymbol{j}, \boldsymbol{k}\}$ と $\{\mathrm{O}; \boldsymbol{i}', \boldsymbol{j}', \boldsymbol{k}'\}$ の向きを比べよ．ただし $\boldsymbol{i}' = \boldsymbol{k}, \boldsymbol{j}' = \boldsymbol{j}, \boldsymbol{k}' = \boldsymbol{i}$ とおく．

解　$(\boldsymbol{i}', \boldsymbol{j}', \boldsymbol{k}') = (\boldsymbol{i}, \boldsymbol{j}, \boldsymbol{k})A, A = \begin{pmatrix} 0 & 0 & 1 \\ 0 & 1 & 0 \\ 1 & 0 & 0 \end{pmatrix}$ であるから $\det A = -1$．よって $\{\mathrm{O}; \boldsymbol{i}', \boldsymbol{j}', \boldsymbol{k}'\}$ は左手系である．

とくに座標系 $\{\mathrm{O}; \boldsymbol{a}, \boldsymbol{b}, \boldsymbol{c}\}$ は $\det(\boldsymbol{a}, \boldsymbol{b}, \boldsymbol{c}) > 0$ ならば**右手系**である．本書では座標系の向きは一般に右手系にとる．

1.1.5　ベクトルの内積 (スカラー積)

定義 1.3　ゼロではない E の 2 つの元 $\boldsymbol{a}, \boldsymbol{b}$ のなす角を θ $(0 \leq \theta \leq \pi)$ とするとき，その**内積** (**スカラー積**) を $\boldsymbol{a} \cdot \boldsymbol{b}$ と表し，次式で定義する．

$$\boldsymbol{a} \cdot \boldsymbol{b} = |\boldsymbol{a}||\boldsymbol{b}|\cos\theta. \tag{1.9}$$

さらに $\boldsymbol{a}$ または $\boldsymbol{b} = \boldsymbol{0}$ ならば $\boldsymbol{a} \cdot \boldsymbol{b} = 0$ と定める．

定義から直ちに

$$\boldsymbol{a} \cdot \boldsymbol{b} > 0 \Longleftrightarrow \boldsymbol{a} \text{ と } \boldsymbol{b} \text{ は鋭角をなす.}$$

$$\boldsymbol{a} \cdot \boldsymbol{b} = 0 \Longleftrightarrow \boldsymbol{a} \text{ と } \boldsymbol{b} \text{ は直交する.}$$

$$\boldsymbol{a} \cdot \boldsymbol{b} < 0 \Longleftrightarrow \boldsymbol{a} \text{ と } \boldsymbol{b} \text{ は鈍角をなす.}$$

基本ベクトル $\boldsymbol{i}, \boldsymbol{j}, \boldsymbol{k}$ については

$$\boldsymbol{i} \cdot \boldsymbol{i} = \boldsymbol{j} \cdot \boldsymbol{j} = \boldsymbol{k} \cdot \boldsymbol{k} = 1, \quad \boldsymbol{i} \cdot \boldsymbol{j} = \boldsymbol{j} \cdot \boldsymbol{k} = \boldsymbol{k} \cdot \boldsymbol{i} = 0. \tag{1.10}$$

■ベクトルの分解■　単位ベクトル $\boldsymbol{e} = \overrightarrow{\mathrm{OE}}$ 方向への $\boldsymbol{a}$ 成分 (または $\boldsymbol{e}$ への分解) は

$$\boldsymbol{a} \cdot \boldsymbol{e} = |\boldsymbol{a}|\cos\theta$$

と定義する (θ は $\boldsymbol{a}$ と $\boldsymbol{e}$ のなす角)．すなわち $\boldsymbol{a}$ の OE 直線上への正射影の“符号付の長さ” のことである．また $\boldsymbol{a}$ の $\boldsymbol{b}$ **への成分** (または $\boldsymbol{b}$ **への分解**) とは $\boldsymbol{a}$ の $\boldsymbol{e} = \boldsymbol{b}/|\boldsymbol{b}|$ 方向の成分のこととする．この言葉を借りると

$$\boldsymbol{a} \cdot \boldsymbol{b} = |\boldsymbol{b}|\left(\boldsymbol{a} \cdot \frac{\boldsymbol{b}}{|\boldsymbol{b}|}\right) = (\boldsymbol{b} \text{ の大きさ}) \times (\boldsymbol{a} \text{ の } \boldsymbol{b} \text{ への成分})$$

とも言い表してよい．

例 1.4　$2\boldsymbol{i}, \boldsymbol{j}, \boldsymbol{k}$ の $\boldsymbol{i} + \sqrt{3}\boldsymbol{j}$ への成分を求めよ．

解　$\boldsymbol{i} + \sqrt{3}\boldsymbol{j}$ が $\boldsymbol{i}, \boldsymbol{j}, \boldsymbol{k}$ となす角はそれぞれ $\pi/3, \pi/6, \pi/2$．したがって求める各成分は $|2\boldsymbol{i}|\cos\dfrac{\pi}{3} = 1, |\boldsymbol{j}|\cos\dfrac{\pi}{6} = \dfrac{\sqrt{3}}{2}, |\boldsymbol{k}|\cos\dfrac{\pi}{2} = 0$ である．

$\boldsymbol{a} \cdot \boldsymbol{b} + \boldsymbol{a} \cdot \boldsymbol{b}'$ を計算すると

$$\boldsymbol{a} \cdot \boldsymbol{b} = |\boldsymbol{a}|\left(\frac{\boldsymbol{a}}{|\boldsymbol{a}|} \cdot \boldsymbol{b}\right) = |\boldsymbol{a}|\overrightarrow{\mathrm{OB}}, \quad \boldsymbol{a} \cdot \boldsymbol{b}' = |\boldsymbol{a}|\overrightarrow{\mathrm{OB}'}.$$

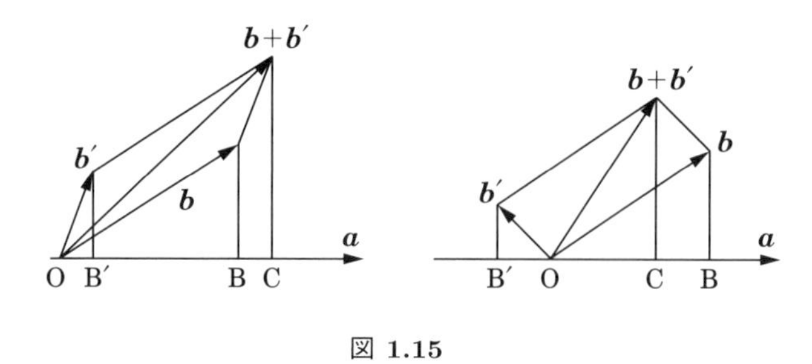

図 1.15

$\overrightarrow{\mathrm{OB}}+\overrightarrow{\mathrm{OB'}}=\overrightarrow{\mathrm{OC}}$ だから $\boldsymbol{a}\cdot(\boldsymbol{b}+\boldsymbol{b}')=|\boldsymbol{a}|\overrightarrow{\mathrm{OC}}$. したがって次の分配法則が成立する (図 1.15).

$$\boldsymbol{a}\cdot\boldsymbol{b}+\boldsymbol{a}\cdot\boldsymbol{b}'=\boldsymbol{a}\cdot(\boldsymbol{b}+\boldsymbol{b}).$$

内積の性質をまとめると，以下のようになる.

■内積の性質■

(i) $\boldsymbol{a}\cdot\boldsymbol{a}=|\boldsymbol{a}|^2\geq 0, |\boldsymbol{a}|=0 \Longleftrightarrow \boldsymbol{a}=\boldsymbol{0}$,

(ii) $\boldsymbol{a}\cdot\boldsymbol{b}=\boldsymbol{b}\cdot\boldsymbol{a}$,

(iii) $(\lambda\boldsymbol{a})\cdot\boldsymbol{b}=\boldsymbol{a}\cdot(\lambda\boldsymbol{b})=\lambda\boldsymbol{a}\cdot\boldsymbol{b}$ $(\lambda\in\boldsymbol{R})$,

(iv) $\boldsymbol{a}\cdot(\boldsymbol{b}+\boldsymbol{c})=\boldsymbol{a}\cdot\boldsymbol{b}+\boldsymbol{a}\cdot\boldsymbol{c}$.

$\boldsymbol{a}=a_1\boldsymbol{i}+a_2\boldsymbol{j}+a_3\boldsymbol{k}, \boldsymbol{b}=b_1\boldsymbol{i}+b_2\boldsymbol{j}+b_3\boldsymbol{k}$ と成分で表すと，上の性質と (1.10) より

$$\begin{aligned}\boldsymbol{a}\cdot\boldsymbol{b}&=(a_1\boldsymbol{i}+a_2\boldsymbol{j}+a_3\boldsymbol{k})\cdot(b_1\boldsymbol{i}+b_2\boldsymbol{j}+b_3\boldsymbol{k})\\&=(a_1\boldsymbol{i})\cdot(b_1\boldsymbol{i})+(a_2\boldsymbol{j})\cdot(b_2\boldsymbol{j})+(a_3\boldsymbol{k})\cdot(b_3\boldsymbol{k})\\&=a_1b_1+a_2b_2+a_3b_3.\end{aligned}$$

ゆえに内積は代数的には，次のように対応するベクトル成分積の総和で与えられる[*2]：

$$\boldsymbol{a}\cdot\boldsymbol{b}=a_1b_1+a_2b_2+a_3b_3. \tag{1.11}$$

[*2] (1.11) 式と (1.9) 式とは同値であることが，シュワルツの不等式を介して証明される．したがって，(1.11) 式で内積を定義してもよい．

■シュワルツの不等式■

$$|\boldsymbol{a}\cdot\boldsymbol{b}| \leq |\boldsymbol{a}||\boldsymbol{b}|^{*3}$$

は定義式 (1.9) より明らか．さらに次の**三角不等式**：

$$|\boldsymbol{a}+\boldsymbol{b}| \leq |\boldsymbol{a}|+|\boldsymbol{b}|$$

も $(\boldsymbol{a}+\boldsymbol{b})\cdot(\boldsymbol{a}+\boldsymbol{b})$ の展開式と上の不等式から直ちに得られる．

ベクトルの大きさ (長さ) を**ノルム**ともいう．ノルムの性質をまとめると

■ノルムの性質■

- $|\boldsymbol{a}| = \sqrt{\boldsymbol{a}\cdot\boldsymbol{a}} \geq 0, |\boldsymbol{a}| = 0 \Longleftrightarrow \boldsymbol{a} = \boldsymbol{0}$,
- $|\lambda\boldsymbol{a}| = |\lambda||\boldsymbol{a}|$,
- $|\boldsymbol{a}+\boldsymbol{b}| \leq |\boldsymbol{a}|+|\boldsymbol{b}|$.

1.1.6 ベクトルの外積

ベクトルの外積[*4]の力学的モデルから始めよう．定点 O と力 $\boldsymbol{F}$ およびその作用線 ℓ が与えられているとする．$\boldsymbol{F}$ の O の周りのモーメントと呼ばれる効果は次のように測定される．

(1) ℓ 上の点 P に $\boldsymbol{F}$ が作用するとき，モーメントの大きさは $p|\boldsymbol{F}|$ (ただし p は O から ℓ までの距離 (図 1.16))．

(2) モーメントの方向は O と ℓ の張る平面の垂線の方向．

(3) モーメントの垂線の向きは，$\boldsymbol{r} = \overrightarrow{\mathrm{OP}}$ から $\boldsymbol{F}$ の方へと右ネジが回転するとき，ネジの進行方向にとる．

そこでベクトルの外積を次のように与える．

定義 1.5 $\boldsymbol{a}, \boldsymbol{b}$ はともに $\boldsymbol{0}$ でも平行でもないと仮定する．$\boldsymbol{a}, \boldsymbol{b}$ のなす角が θ $(0<\theta<\pi)$ であるとき，次の条件を満たすベクトル $\boldsymbol{u}$ を $\boldsymbol{a}$ と $\boldsymbol{b}$ の**外積**と呼び $\boldsymbol{a}\times\boldsymbol{b}$ と表す：

[*3] シュワルツの不等式は，(1.11) 式からも絶対不等式 $(\boldsymbol{a}+t\boldsymbol{b})\cdot(\boldsymbol{a}+t\boldsymbol{b}) \geq 0$ $(t\in\boldsymbol{R})$ の判別式より得られる．

[*4] ベクトル積ともいう．

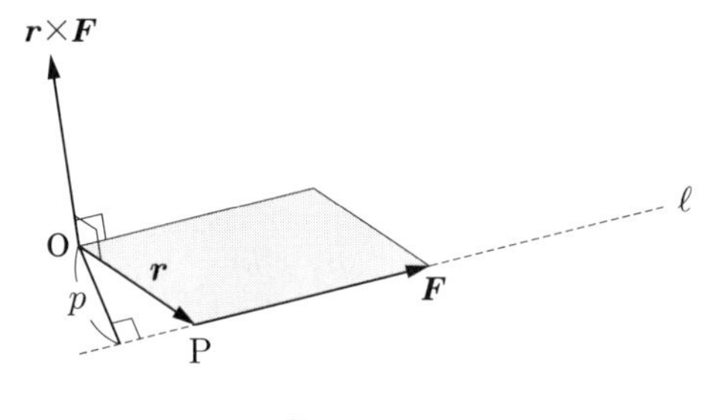

図 1.16

(i) $|\boldsymbol{u}| = |\boldsymbol{a}||\boldsymbol{b}|\sin\theta \quad (0 \leq \theta \leq \pi)$,

(ii) $\boldsymbol{u}$ は $\boldsymbol{a}, \boldsymbol{b}$ と直交,

(iii) $\boldsymbol{a}, \boldsymbol{b}, \boldsymbol{u}$ は (この順序で) 右手系.

また $\boldsymbol{a}, \boldsymbol{b}$ のいずれか一方が $\boldsymbol{0}$, または $\boldsymbol{a}$ と $\boldsymbol{b}$ が平行ならば $\boldsymbol{a}\times\boldsymbol{b} = \boldsymbol{0}$ と定める.

例 1.6　$\boldsymbol{i}\times\boldsymbol{j} = \boldsymbol{k}, \boldsymbol{j}\times\boldsymbol{k} = \boldsymbol{i}, \boldsymbol{k}\times\boldsymbol{i} = \boldsymbol{j}$

$\boldsymbol{i}\times\boldsymbol{j}$ についてのみ確かめよう. $\boldsymbol{i}, \boldsymbol{j}$ のなす角は $\theta = \dfrac{\pi}{2}$. 定義 1.5 (ii) から $\boldsymbol{i}\times\boldsymbol{j}$ に直交するのは $\boldsymbol{k}$ 方向. よって $\boldsymbol{i}\times\boldsymbol{j} = \lambda\boldsymbol{k}$. 一方 $|\boldsymbol{i}| = |\boldsymbol{j}| = 1$ より $\lambda = \pm 1$. $\{\mathrm{O}; \boldsymbol{i}, \boldsymbol{j}, \boldsymbol{k}\}$ は右手系であるから $\lambda = 1$. ゆえに $\boldsymbol{i}\times\boldsymbol{j} = \boldsymbol{k}$ である. 他も同様に示せる.

例 1.7　$\boldsymbol{j}\times\boldsymbol{i} = -\boldsymbol{k}, \boldsymbol{k}\times\boldsymbol{j} = -\boldsymbol{i}, \boldsymbol{i}\times\boldsymbol{k} = -\boldsymbol{j}$

$\boldsymbol{j}\times\boldsymbol{i} = \pm\boldsymbol{k}$ は例 1.6 と同様に示せる. y 軸の正の向きから x 軸の正の向きに右ネジをまわせば, 進行方向は z 軸の負の向き. よって $\boldsymbol{j}\times\boldsymbol{i} = -\boldsymbol{k}$ である.

上の 2 例の結果を記憶するには, $\boldsymbol{i}, \boldsymbol{j}, \boldsymbol{k}$ の巡回積の図 1.17 が都合がよい.

定義から直ちに

$$\boldsymbol{a}\times\boldsymbol{a} = \boldsymbol{0}, \tag{1.12}$$

$$\boldsymbol{a}\times\boldsymbol{b} = -\boldsymbol{b}\times\boldsymbol{a} \quad (\text{非交換性, 図 1.18}), \tag{1.13}$$

$$(\lambda\boldsymbol{a})\times\boldsymbol{b} = \boldsymbol{a}\times(\lambda\boldsymbol{b}) = \lambda\boldsymbol{a}\times\boldsymbol{b} \quad (\lambda\in\boldsymbol{R}). \tag{1.14}$$

本節の始めに述べた外積のモデルは, 定義に従うと $\boldsymbol{r}\times\boldsymbol{F}$ と表せる.

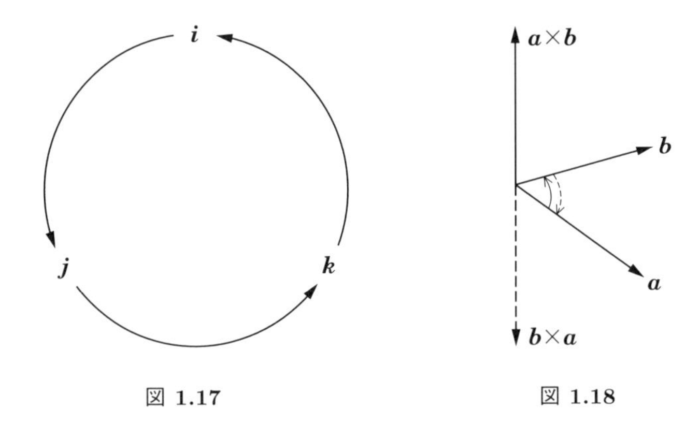

図 1.17　　図 1.18

註 1.8　これまで扱ってきた**ベクトル**は，**大きさ**と定まった向きをもっていたことに対して，ここに述べた $\boldsymbol{a}, \boldsymbol{b}$ の外積 $\boldsymbol{u} = \boldsymbol{a} \times \boldsymbol{b}$ は大きさ $|\boldsymbol{u}|$ は明確に与えられているものの，その向きは $\boldsymbol{a}, \boldsymbol{b}, \boldsymbol{u}$ が右手系という条件のもとに初めて確定したものとして定義される．

このように大きさはもつが，向きはある約束のもとに定められるベクトルは**軸性ベクトル**と呼び，これまでのベクトル (これを**極性ベクトル**という) と区別する．たとえば面積ベクトルも軸性ベクトルである．

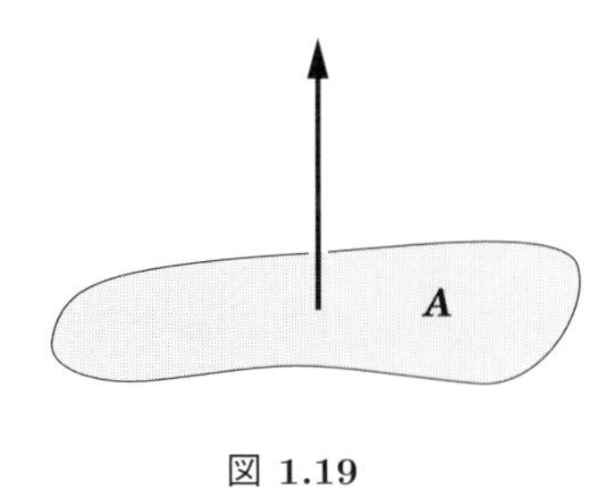

図 1.19

面積ベクトルは次のように定義される．平面内の閉曲線 C で囲まれた部分 (面分) に，その面積と向きを対応させる．平面の垂線の 2 つの向きのうち一方を定め，その大きさは面分の面積に等しいベクトル $\boldsymbol{A}$ をとる (図 1.19)．$\boldsymbol{A}$ を**面積ベクトル**という．たとえば C に沿って右ネジを回す方向にまわるとき，ネジの進行方向をベクトルの向きに選べばよい．

例 1.9 (外積の応用例 1)　剛体 B が軸 ℓ のまわりに，軸に沿ったベクトル

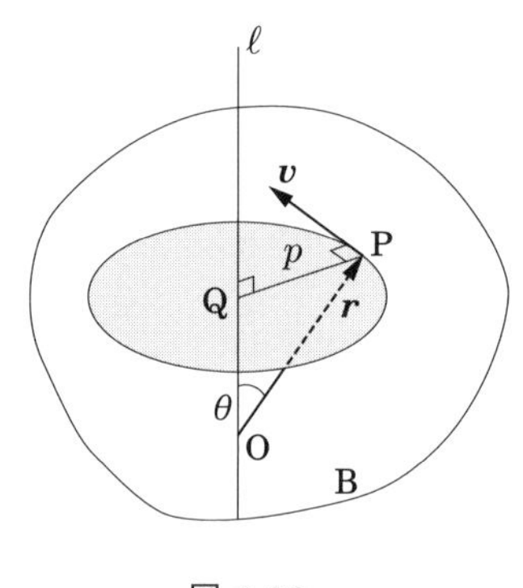

図 1.20

$\boldsymbol{w}$ による回転を行っているとする (図 1.20). ここで $|\boldsymbol{w}|=\omega$ は剛体 B の角速度であり, $\boldsymbol{w}$ の方向は B の各点が右ネジのまわる向きに対してその進行方向とする. B 内の任意の点 P をとり, P から ℓ までの距離を p とする. 原点 O から P へ向かう位置ベクトル $\overrightarrow{\mathrm{OP}}=\boldsymbol{r}$ が軸 ℓ となす角を θ とすると

$$p=|\boldsymbol{r}|\sin\theta.$$

いま P から ℓ への垂線の足 Q を定めるとき, P は定点 Q を中心とし, 半径 p の円周上を反時計回りに角速度 ω で回転する. したがって点 P における接線方向の速度ベクトルを $\boldsymbol{v}$ とすれば, $|\boldsymbol{v}|=p\omega=|\boldsymbol{w}||\boldsymbol{r}|\sin\theta$ かつ $\boldsymbol{v}$ は $\overrightarrow{\mathrm{OP}}=\boldsymbol{r}$ とも軸 ℓ とも直交し, $\boldsymbol{w},\boldsymbol{r},\boldsymbol{v}$ は右手系をなしているから

$$\boldsymbol{v}=\boldsymbol{w}\times\boldsymbol{r}.$$

例 1.10 (外積の応用例 2)　$\boldsymbol{a}\ (\neq\boldsymbol{0}),\boldsymbol{b}$ を与えられたベクトルとするとき, 次の方程式を解け.

$$\boldsymbol{a}\times\boldsymbol{x}=\boldsymbol{b}.$$

解　$\boldsymbol{b}=\boldsymbol{0}$ ならば $\boldsymbol{x}=\boldsymbol{0}$ は解. そこで $\boldsymbol{b}\neq\boldsymbol{0}$ とする. もし方程式が解 $\boldsymbol{x}$ をもつならば定義 1.5 (iii) より $\boldsymbol{a}$ と $\boldsymbol{b}$ は直交している. すなわち $\boldsymbol{a}\cdot\boldsymbol{b}=0$ である. この条件のもとに特解を $\boldsymbol{x}_0=\boldsymbol{b}\times\boldsymbol{c}$ とおき $\boldsymbol{c}$ を求めよう. 後に述べる (1.20), (1.21) を用いて

$$\boldsymbol{a}\times\boldsymbol{x}_0=\boldsymbol{a}\times(\boldsymbol{b}\times\boldsymbol{c})=(\boldsymbol{a}\cdot\boldsymbol{c})\boldsymbol{b}-(\boldsymbol{a}\cdot\boldsymbol{b})\boldsymbol{c}=(\boldsymbol{a}\cdot\boldsymbol{c})\boldsymbol{b}.$$

したがって $\boldsymbol{a}\cdot\boldsymbol{c}=1$ の解 $\boldsymbol{c}$ を $\boldsymbol{c}=\dfrac{\boldsymbol{a}}{|\boldsymbol{a}|^2}$ とおくことにより，特解

$$\boldsymbol{x}_0=\boldsymbol{b}\times\frac{\boldsymbol{a}}{|\boldsymbol{a}|^2}$$

が求められる．次に一般解 $\boldsymbol{x}$ を求めよう．$\boldsymbol{y}=\boldsymbol{x}-\boldsymbol{x}_0$ とおくと

$$\boldsymbol{a}\times\boldsymbol{y}=\boldsymbol{a}\times(\boldsymbol{x}-\boldsymbol{x}_0)=\boldsymbol{a}\times\boldsymbol{x}-\boldsymbol{a}\times\boldsymbol{x}_0=\boldsymbol{b}-\boldsymbol{b}=\boldsymbol{0}$$

より $\boldsymbol{a}\times\boldsymbol{y}=\boldsymbol{0}$. したがって定義 1.5 より $\boldsymbol{a}$ と $\boldsymbol{y}$ は並行であるから $\boldsymbol{y}=\lambda\boldsymbol{a}$ (λ は任意のスカラー). $\boldsymbol{x}=\boldsymbol{x}_0+\boldsymbol{y}$ に代入して，一般解は

$$\boldsymbol{x}=\frac{\boldsymbol{b}\times\boldsymbol{a}}{|\boldsymbol{a}|^2}+\lambda\boldsymbol{a}\quad(\lambda\text{ は任意のスカラー})\tag{1.15}$$

で与えられる．なお (1.15) を求める過程で次のことも証明された：$\boldsymbol{a}\times\boldsymbol{x}=\boldsymbol{b}$ が解をもつための必要十分条件は $\boldsymbol{a}\cdot\boldsymbol{b}=0$ が成立することである．

さて外積を成分で表す式を求めてみよう．$\boldsymbol{a}=a_1\boldsymbol{i}+a_2\boldsymbol{j}+a_3\boldsymbol{k}, \boldsymbol{b}=b_1\boldsymbol{i}+b_2\boldsymbol{j}+b_3\boldsymbol{k}$ とすると

$$\boldsymbol{a}\times\boldsymbol{b}=(a_1\boldsymbol{i}+a_2\boldsymbol{j}+a_3\boldsymbol{k})\times(b_1\boldsymbol{i}+b_2\boldsymbol{j}+b_3\boldsymbol{k}).$$

外積の分配法則を認めれば，例 1.6，例 1.7 から

$$\text{上式}=(a_2b_3-a_3b_2)\boldsymbol{i}+(a_3b_1-a_1b_3)\boldsymbol{j}+(a_1b_2-a_2b_1)\boldsymbol{k}.$$

右辺を行列式で表すと

$$\boldsymbol{a}\times\boldsymbol{b}=\begin{vmatrix}a_2 & a_3\\ b_2 & b_3\end{vmatrix}\boldsymbol{i}+\begin{vmatrix}a_3 & a_1\\ b_3 & b_1\end{vmatrix}\boldsymbol{j}+\begin{vmatrix}a_1 & a_2\\ b_1 & b_2\end{vmatrix}\boldsymbol{k}\tag{1.16}$$

なる式を得る．さらに $\boldsymbol{i},\boldsymbol{j},\boldsymbol{k}$ を形式的にスカラーとみなせば

$$\boldsymbol{a}\times\boldsymbol{b}=\begin{vmatrix}\boldsymbol{i} & \boldsymbol{j} & \boldsymbol{k}\\ a_1 & a_2 & a_3\\ b_1 & b_2 & b_3\end{vmatrix}\quad(\text{第 1 行による展開})\tag{1.17}$$

は記憶しやすい表現であろう．

いま外積に分配法則が成立するとして (1.16) を得た．そこで分配法則を仮定せずに (1.16) が成立することをみよう．そのために

$$\boldsymbol{v}=\begin{vmatrix}a_2 & a_3\\ b_2 & b_3\end{vmatrix}\boldsymbol{i}+\begin{vmatrix}a_3 & a_1\\ b_3 & b_1\end{vmatrix}\boldsymbol{j}+\begin{vmatrix}a_1 & a_2\\ b_1 & b_2\end{vmatrix}\boldsymbol{k}=\begin{vmatrix}\boldsymbol{i} & \boldsymbol{j} & \boldsymbol{k}\\ a_1 & a_2 & a_3\\ b_1 & b_2 & b_3\end{vmatrix}$$

で $\boldsymbol{v}$ を定義し $\boldsymbol{v}=\boldsymbol{a}\times\boldsymbol{b}$ を示そう．

$$|\boldsymbol{v}|^2=\begin{vmatrix} a_2 & a_3 \\ b_2 & b_3 \end{vmatrix}^2+\begin{vmatrix} a_3 & a_1 \\ b_3 & b_1 \end{vmatrix}^2+\begin{vmatrix} a_1 & a_2 \\ b_1 & b_2 \end{vmatrix}^2$$

右辺を展開して整頓すれば

$$=|\boldsymbol{a}|^2|\boldsymbol{b}|^2-(\boldsymbol{a}\cdot\boldsymbol{b})^2=|\boldsymbol{a}|^2|\boldsymbol{b}|^2\sin^2\theta.$$

$0<\theta<\pi$ とするとき $|\boldsymbol{v}|=|\boldsymbol{a}\times\boldsymbol{b}|$ (定義 1.5 の (i) 式)．また

$$\boldsymbol{v}\cdot\boldsymbol{a}=\begin{vmatrix} a_2 & a_3 \\ b_2 & b_3 \end{vmatrix}a_1-\begin{vmatrix} a_3 & a_1 \\ b_3 & b_1 \end{vmatrix}a_2+\begin{vmatrix} a_1 & a_2 \\ b_1 & b_2 \end{vmatrix}a_3=\begin{vmatrix} a_1 & a_2 & a_3 \\ a_1 & a_2 & a_3 \\ b_1 & b_2 & b_3 \end{vmatrix}=0.$$

同様にして

$$\boldsymbol{v}\cdot\boldsymbol{b}=\begin{vmatrix} b_1 & b_2 & b_3 \\ a_1 & a_2 & a_3 \\ b_1 & b_2 & b_3 \end{vmatrix}=0.$$

よって $\boldsymbol{a},\boldsymbol{b}$ は $\boldsymbol{v}$ と直交する．一方 $\boldsymbol{a}\times\boldsymbol{b}$ も $\boldsymbol{a},\boldsymbol{b}$ と直交する (定義 1.5 の (ii))．

最後に $\boldsymbol{a},\boldsymbol{b},\boldsymbol{v}$ が右手系をなすことは

$$\begin{vmatrix} a_1 & a_2 & a_3 \\ b_1 & b_2 & b_3 \\ v_1 & v_2 & v_3 \end{vmatrix}=|\boldsymbol{v}|^2>0$$

より従う．$\boldsymbol{a},\boldsymbol{b},\boldsymbol{a}\times\boldsymbol{b}$ も右手系をなす (定義 1.5 の (iii))．したがって $\boldsymbol{v}$ と $\boldsymbol{a}\times\boldsymbol{b}$ は大きさが等しく，ともに $\boldsymbol{a},\boldsymbol{b}$ に直交し，$\boldsymbol{a},\boldsymbol{b}$ と右手系をなすので $\boldsymbol{v}=\boldsymbol{a}\times\boldsymbol{b}$ でなければならない．ゆえに外積の定義は成分表示 (1.16) (または (1.17)) で与えられるベクトルとしてよい．

(1.16) または (1.17) の表現を用いて外積の基本性質を以下示す．まず

$$\boldsymbol{a}\times(\boldsymbol{b}+\boldsymbol{c})=\boldsymbol{a}\times\boldsymbol{b}+\boldsymbol{a}\times\boldsymbol{c},$$

$$(\boldsymbol{a}+\boldsymbol{b})\times\boldsymbol{c}=\boldsymbol{a}\times\boldsymbol{c}+\boldsymbol{b}\times\boldsymbol{c}\quad\text{(分配法則)}\tag{1.18}$$

は (1.17) よりすぐに出る．たとえば (1.17) で $\boldsymbol{b}$ を $\boldsymbol{b}+\boldsymbol{c}$ で置き換えると行列式の性質から第 1 式の左辺は右辺に等しい．

$\boldsymbol{a}\cdot(\boldsymbol{b}\times\boldsymbol{c})$ や $(\boldsymbol{a}\times\boldsymbol{b})\cdot\boldsymbol{c}$ などを**スカラー三重積**という．(1.16) より容易に次式が成り立つことが分かる．

$$\boldsymbol{a}\cdot(\boldsymbol{b}\times\boldsymbol{c})=\boldsymbol{b}\cdot(\boldsymbol{c}\times\boldsymbol{a})=\boldsymbol{c}\cdot(\boldsymbol{a}\times\boldsymbol{b})^{*5}. \tag{1.19}$$

実際

$$\boldsymbol{a}\cdot(\boldsymbol{b}\times\boldsymbol{c})=a_1\begin{vmatrix}b_2 & b_3\\ c_2 & c_3\end{vmatrix}+a_2\begin{vmatrix}b_3 & b_1\\ c_3 & c_1\end{vmatrix}+a_3\begin{vmatrix}b_1 & b_2\\ c_1 & c_2\end{vmatrix}=\begin{vmatrix}a_1 & a_2 & a_3\\ b_1 & b_2 & b_3\\ c_1 & c_2 & c_3\end{vmatrix}.$$

右辺の行列式の変形から (1.19) が得られる．また次の同値性も行列式の性質に帰せられる：

$$\boldsymbol{a},\boldsymbol{b},\boldsymbol{c}\text{ が同一平面上に平行}\iff\boldsymbol{a}\cdot(\boldsymbol{b}\times\boldsymbol{c})=0$$

例 1.11

$$\begin{aligned}&(\boldsymbol{i}+2\boldsymbol{j}-3\boldsymbol{k})\times(\boldsymbol{j}+\boldsymbol{k})\\&=\boldsymbol{i}\times\boldsymbol{j}+2\boldsymbol{j}\times\boldsymbol{j}-3\boldsymbol{k}\times\boldsymbol{j}+\boldsymbol{i}\times\boldsymbol{k}+2\boldsymbol{j}\times\boldsymbol{k}-3\boldsymbol{k}\times\boldsymbol{k}\\&=5\boldsymbol{i}-\boldsymbol{j}+\boldsymbol{k}.\end{aligned}$$

■ベクトル三重積■　$\boldsymbol{a}\times(\boldsymbol{b}\times\boldsymbol{c})$ や $(\boldsymbol{a}\times\boldsymbol{b})\times\boldsymbol{c}$ をベクトル三重積という．一般には $\boldsymbol{a}\times(\boldsymbol{b}\times\boldsymbol{c})\neq(\boldsymbol{a}\times\boldsymbol{b})\times\boldsymbol{c}$ (非結合的) である (問 1.12 参照)．次の等式が成立する．

$$\boldsymbol{a}\times(\boldsymbol{b}\times\boldsymbol{c})=(\boldsymbol{a}\cdot\boldsymbol{c})\boldsymbol{b}-(\boldsymbol{a}\cdot\boldsymbol{b})\boldsymbol{c}, \tag{1.20}$$

$$(\boldsymbol{a}\times\boldsymbol{b})\times\boldsymbol{c}=(\boldsymbol{a}\cdot\boldsymbol{c})\boldsymbol{b}-(\boldsymbol{b}\cdot\boldsymbol{c})\boldsymbol{a}. \tag{1.21}$$

(1.21) から (1.20) が導かれる．実際

$$(1.20)\text{ の左辺}=-(\boldsymbol{b}\times\boldsymbol{c})\times\boldsymbol{a}=-(\boldsymbol{b}\cdot\boldsymbol{a})\boldsymbol{c}+(\boldsymbol{c}\cdot\boldsymbol{a})\boldsymbol{b}=(1.20)\text{ の右辺}.$$

したがって (1.21) を証明すればよい．それには両辺の $\boldsymbol{i}$-, $\boldsymbol{j}$-, $\boldsymbol{k}$- 成分の一致を示せば十分である．

$$(\boldsymbol{a}\times\boldsymbol{b})\times\boldsymbol{c}=\begin{vmatrix}\boldsymbol{i} & \boldsymbol{j} & \boldsymbol{k}\\ \begin{vmatrix}a_2 & a_3\\ b_2 & b_3\end{vmatrix} & \begin{vmatrix}a_3 & a_1\\ b_3 & b_1\end{vmatrix} & \begin{vmatrix}a_1 & a_2\\ b_1 & b_2\end{vmatrix}\\ c_1 & c_2 & c_3\end{vmatrix}$$

の $\boldsymbol{k}$ 成分は

---

*5 以後カッコを省略して $\boldsymbol{a}\cdot\boldsymbol{b}\times\boldsymbol{c}=\boldsymbol{b}\cdot\boldsymbol{c}\times\boldsymbol{a}=\cdots$ と書く．

$$c_2\begin{vmatrix} a_2 & a_3 \\ b_2 & b_3 \end{vmatrix} - c_1\begin{vmatrix} a_3 & a_1 \\ b_3 & b_1 \end{vmatrix}.$$

一方 $(\boldsymbol{a}\cdot\boldsymbol{c})\boldsymbol{b}-(\boldsymbol{b}\cdot\boldsymbol{c})\boldsymbol{a}$ の $\boldsymbol{k}$-成分は

$$\begin{aligned}
&(\boldsymbol{a}\cdot\boldsymbol{c})b_3-(\boldsymbol{b}\cdot\boldsymbol{c})a_3 \\
&\quad = (a_1c_1+a_2c_2+a_3c_3)b_3-(b_1c_1+b_2c_2+b_3c_3)a_3 \\
&\quad = c_2\begin{vmatrix} a_2 & a_3 \\ b_2 & b_3 \end{vmatrix} - c_1\begin{vmatrix} a_3 & a_1 \\ b_3 & b_1 \end{vmatrix}.
\end{aligned}$$

$\boldsymbol{i}$-, $\boldsymbol{j}$-成分についても同様であるから (1.20) が成り立つ.

問 1.12　$\boldsymbol{j}\times(\boldsymbol{j}\times\boldsymbol{k})\neq(\boldsymbol{j}\times\boldsymbol{j})\times\boldsymbol{k}$ となることを確かめよ.

例 1.13　$\boldsymbol{i}+2\boldsymbol{j}$ と $\boldsymbol{j}-\boldsymbol{k}$ に直交する単位ベクトルを求めよ.

解

$$\begin{aligned}
(\boldsymbol{i}+2\boldsymbol{j})\times(\boldsymbol{j}-\boldsymbol{k}) &= \begin{vmatrix} \boldsymbol{i} & \boldsymbol{j} & \boldsymbol{k} \\ 1 & 2 & 0 \\ 0 & 1 & -1 \end{vmatrix} = \begin{vmatrix} 2 & 0 \\ 1 & -1 \end{vmatrix}\boldsymbol{i} + \begin{vmatrix} 0 & 1 \\ -1 & 0 \end{vmatrix}\boldsymbol{j} + \begin{vmatrix} 1 & 2 \\ 0 & 1 \end{vmatrix}\boldsymbol{k} \\
&= -2\boldsymbol{i}+\boldsymbol{j}+\boldsymbol{k}.
\end{aligned}$$

$|-2\boldsymbol{i}+\boldsymbol{j}+\boldsymbol{k}|=\sqrt{6}$ であるので，求めるベクトル $\boldsymbol{a}$ は $\boldsymbol{i}+2\boldsymbol{j}, \boldsymbol{j}-\boldsymbol{k}, \boldsymbol{a}$ が右手系をなすものとすれば

$$\boldsymbol{a}=\frac{1}{\sqrt{6}}(-2\boldsymbol{i}+\boldsymbol{j}+\boldsymbol{k}).$$

例 1.14　外積の応用例 1 (例 1.9) で述べた剛体の回転について，軸 ℓ を z 軸にとったときの $\boldsymbol{w}$ は $\omega\boldsymbol{k}$ と表せる．$\boldsymbol{r}=\overrightarrow{\mathrm{OP}}=x\boldsymbol{i}+y\boldsymbol{j}+z\boldsymbol{k}$ に対して点 P の速度ベクトル $\boldsymbol{v}=\boldsymbol{w}\times\boldsymbol{r}$ を計算せよ.

解　$\boldsymbol{v}=\omega\boldsymbol{k}\times\boldsymbol{r}=\begin{vmatrix} \boldsymbol{i} & \boldsymbol{j} & \boldsymbol{k} \\ 0 & 0 & \omega \\ x & y & z \end{vmatrix}=-\omega y\boldsymbol{i}+\omega x\boldsymbol{j}.$

註 1.15　ベクトルの内積 (定義 1.3) および外積 (定義 1.5) は，それぞれの定義の幾何学的性質から明らかに直交座標系の変換，すなわち座標軸の平行移動と回転によって，両者が不変であることが分かる.

1.1.7　n 次元ベクトル空間 $\boldsymbol{R}^n$

3 次元ベクトル空間 $\boldsymbol{R}^3$ を一般次元に拡張することを考えよう．$\boldsymbol{R}^3 \ni \boldsymbol{x} = (x,y,z)$ は空間の点を表すと同時に，幾何学的対象として位置ベクトル $\overrightarrow{\mathrm{OX}}$ という概念を付随させる．すなわち $\boldsymbol{R}^3$ では代数的見方としては，順序付けられた実数の 3 つの数の組の集まりであり，幾何学的には有向線分の集まりと見ることができ，この 2 つの見方は同等なものであった．もし独立変数として空間の点 (x,y,z) に時間 t を加えた (x,y,z,t) の集まりを考えれば，まったく同じ形式としてベクトル空間 $\boldsymbol{R}^4$ も視野に入る．

一般に $\boldsymbol{R}^n$ は n 個の順序付けられた実数 $x_1,x_2,\ldots,x_n$ の組からなる点 $\boldsymbol{x}=(x_1,x_2,\ldots,x_n)$ の集まりと定めることができる．$\boldsymbol{R}^3$ の場合にならって代数的演算 “加法と実数倍” を次のように導入する．$\boldsymbol{x}=(x_1,x_2,\ldots,x_n), \boldsymbol{y}=(y_1,y_2,\ldots,y_n)$ に対して $\boldsymbol{x}+\boldsymbol{y}$ を $(x_1+y_1,x_2+y_2,\ldots,x_n+y_n)$, 実数 λ に対して $\lambda\boldsymbol{x}$ を $(\lambda x_1,\lambda x_2,\ldots,\lambda x_n)$ と定義する．すなわち

$$(x_1,x_2,\ldots,x_n)+(y_1,y_2,\ldots,y_n)=(x_1+y_1,x_2+y_2,\ldots,x_n+y_n),$$

$$\lambda(x_1,x_2,\ldots,x_n)=(\lambda x_1,\lambda x_2,\ldots,\lambda x_n)$$

と定義することにより $\boldsymbol{R}^n$ は実数上のベクトル空間をなす．$\boldsymbol{x}=(x_1,x_2,\ldots,x_n)$ をベクトル (n-ベクトル) と呼ぶ.

$\boldsymbol{R}^3 \ni \boldsymbol{x}=(x,y,z)$ が $\boldsymbol{i},\boldsymbol{j},\boldsymbol{k}$ の 1 次結合で

$$\boldsymbol{x}=x\boldsymbol{i}+y\boldsymbol{j}+z\boldsymbol{k}$$

と一意的に表されることにならい，$\boldsymbol{x}=x_1\boldsymbol{e}_1+x_2\boldsymbol{e}_2+\cdots+x_n\boldsymbol{e}_n$ と表す．ここで n 個の点

$$\boldsymbol{e}_1=(1,0,\ldots,0), \boldsymbol{e}_2=(0,1,0,\ldots,0),\ldots,\boldsymbol{e}_n=(0,0,\ldots,0,1)$$

を $\boldsymbol{R}^n$ の標準基底と名づける．2 つのベクトル $\boldsymbol{x}=(x_1,x_2,\ldots,x_n), \boldsymbol{y}=(y_1,y_2,\ldots,y_n)$ の相等は

$$\boldsymbol{x}=\boldsymbol{y} \Longleftrightarrow x_1=y_1, x_2=y_2,\ldots,x_n=y_n$$

と定めることにより，任意の n-ベクトル $\boldsymbol{x}=(x_1,x_2,\ldots,x_n)$ は一意的に $\boldsymbol{x}=x_1\boldsymbol{e}_1+x_2\boldsymbol{e}_2+\cdots+x_n\boldsymbol{e}_n$ と表される.

ベクトル $\boldsymbol{x}$ の長さは

$$|\boldsymbol{x}|=\sqrt{x_1^2+x_2^2+\cdots+x_n^2}$$

と定める．$\boldsymbol{x}$ と $\boldsymbol{y}=(y_1,y_2,\ldots,y_n)$ の**内積**を $\boldsymbol{R}^3$ における拡張として

$$\boldsymbol{x}\cdot\boldsymbol{y}=x_1y_1+x_2y_2+\cdots+x_ny_n$$

と定める．したがって

$$|\boldsymbol{x}|=\sqrt{\boldsymbol{x}\cdot\boldsymbol{x}}.$$

さらに解析的には 1.1.5 節で述べた**内積の性質**および**シュワルツの不等式**：

$$|\boldsymbol{x}\cdot\boldsymbol{y}|\leq|\boldsymbol{x}||\boldsymbol{y}|$$

が成立する．また，$\boldsymbol{x}$ と $\boldsymbol{y}$ のなす角 θ の余弦も $\boldsymbol{R}^3$ にならい

$$\cos\theta=\frac{\boldsymbol{x}\cdot\boldsymbol{y}}{|\boldsymbol{x}||\boldsymbol{y}|} \tag{1.22}$$

で与えれば，シュワルツの不等式から $-1\leq\boldsymbol{x}\cdot\boldsymbol{y}/(|\boldsymbol{x}||\boldsymbol{y}|)\leq 1$ より $\boldsymbol{R}^n$ でも well-defined な定義になっている．というのは，$\boldsymbol{x},\boldsymbol{y}$ はともに $\boldsymbol{x}$ と $\boldsymbol{y}$ の張る $\boldsymbol{R}^n$ の 2 次元平面内に横たわるベクトルであって，(1.22) 式はその平面内で定まる $\boldsymbol{x}$ と $\boldsymbol{y}$ のなす角の余弦だからである．しかし解析的には $\cos^{-1}\dfrac{\boldsymbol{x}\cdot\boldsymbol{y}}{|\boldsymbol{x}||\boldsymbol{y}|}$ によって決定される θ により (1.22) 式が成り立つといったほうが正しい．

一方**外積**という概念には，$\boldsymbol{R}^3$ では $\boldsymbol{x},\boldsymbol{y}$ というこの順序で右まわしネジの向きにならぶベクトルに対し，ネジの進行方向に進むちょうど 1 つの ($\boldsymbol{x},\boldsymbol{y}$ に直交する) 単位ベクトルが対応していて，$\boldsymbol{x}$ と $\boldsymbol{y}$ の**ベクトル積**を定義可能にしているが，n が 3 より大きい $\boldsymbol{R}^n$ では，2 つのベクトル $\boldsymbol{x},\boldsymbol{y}$ に直交する単位ベクトルは $n-2$ 個あり，対応するベクトル積が 1 つに決まらないから，ベクトル積の定義は $\boldsymbol{R}^3$ のようには行えない．

1.2　ベクトル関数の微積分

1.2.1　$\boldsymbol{R}^1$-$\boldsymbol{R}^n$ 関数

実変数 t に対して $\boldsymbol{R}^n$ の値をとる関数を $\boldsymbol{R}^1$-$\boldsymbol{R}^n$ 関数と呼ぶ．区間 I で定義された $\boldsymbol{R}^1$-$\boldsymbol{R}^2$ 関数 $\boldsymbol{f}$ には平面ベクトル $\boldsymbol{f}(t)=f_1(t)\boldsymbol{i}+f_2(t)\boldsymbol{j}$, $\boldsymbol{R}^1$-$\boldsymbol{R}^3$ 関数 $\boldsymbol{f}$ には空間ベクトル $\boldsymbol{f}(t)=f_1(t)\boldsymbol{i}+f_2(t)\boldsymbol{j}+f_3(t)\boldsymbol{k}$ がそれぞれ対応する．以下では n は 3 の場合を主に扱う．ベクトル値関数の極限について

$$\lim_{t\to t_0}\boldsymbol{f}(t)=\boldsymbol{a}\ \text{とは}\ \lim_{t\to t_0}|\boldsymbol{f}(t)-\boldsymbol{a}|=0$$

のことと定める．$\boldsymbol{a}=a_1\boldsymbol{i}+a_2\boldsymbol{j}+a_3\boldsymbol{k}$ ならば

$$\lim_{t\to t_0} f_1(t)=a_1, \quad \lim_{t\to t_0} f_2(t)=a_2, \quad \lim_{t\to t_0} f_3(t)=a_3$$

と $\lim_{t\to t_0}\boldsymbol{f}(t)=\boldsymbol{a}$ とは同値で，それは不等式

$$\max_{i=1,2,3}|f_i(t)-a_i|\le|\boldsymbol{f}(t)-\boldsymbol{a}|\le\sum_{i=1}^{3}|f_i(t)-a_i| \tag{1.23}$$

から明らかである．とくに $\lim_{t\to t_0}\boldsymbol{f}(t)=\boldsymbol{f}(t_0)$ のとき $\boldsymbol{f}$ は t_0 で**連続**，I の各点で連続ならば $\boldsymbol{f}$ は I で**連続**であるという．極限値

$$\lim_{\Delta t\to 0}\frac{\boldsymbol{f}(t_0+\Delta t)-\boldsymbol{f}(t_0)}{\Delta t} \quad (=\boldsymbol{A})$$

が存在するとき $\boldsymbol{f}$ は t_0 で**微分可能**といい，$\boldsymbol{f}'(t_0)=\boldsymbol{A}$ と表して $\boldsymbol{f}$ の t_0 における**微係数**と呼ぶ．$\Delta\boldsymbol{f}=\boldsymbol{f}(t_0+\Delta t)-\boldsymbol{f}(t_0), \Delta f_i=f_i(t_0+\Delta t)-f_i(t_0)$ とおくとき，(1.23) より $\boldsymbol{A}=A_1\boldsymbol{i}+A_2\boldsymbol{j}+A_3\boldsymbol{k}$ とおいて

$$\max_{i=1,2,3}\left|\frac{\Delta f_i}{\Delta t}-A_i\right|\le\left|\frac{\Delta\boldsymbol{f}}{\Delta t}-\boldsymbol{A}\right|\le\sum_{i=1}^{3}\left|\frac{\Delta f_i}{\Delta t}-A_i\right|.$$

よって $\Delta t\longrightarrow 0$ での極限をとれば

$$\boldsymbol{f} \text{ が } t_0 \text{ で微分可能} \Longleftrightarrow f_1, f_2, f_3 \text{ が } t_0 \text{ で微分可能.}$$

このとき

$$\boldsymbol{f}'(t_0)=f_1'(t_0)\boldsymbol{i}+f_2'(t_0)\boldsymbol{j}+f_3'(t_0)\boldsymbol{k}=A_1\boldsymbol{i}+A_2\boldsymbol{j}+A_3\boldsymbol{k}$$

が成立する．I のすべての t_0 で微分可能なとき $\boldsymbol{f}$ は I で**微分可能**であるという．$I=[a,b]$ ならば a では $\Delta t\longrightarrow 0+$, b では $\Delta t\longrightarrow 0-$ として極限を考える．導関数 $\boldsymbol{f}(t)$ は $\dfrac{d\boldsymbol{f}}{dt}$ とも書く．このとき次の微分公式が成り立つ ($\boldsymbol{f}(t)$ を単に $\boldsymbol{f}$ と書く)．

(1) $\boldsymbol{c}$ が定ベクトルならば $\dfrac{d\boldsymbol{c}}{dt}=\boldsymbol{0}$.

(2) $(\boldsymbol{f}+\boldsymbol{g})'=\boldsymbol{f}'+\boldsymbol{g}'$.

(3) $(c\boldsymbol{f})'=c'\boldsymbol{f}+c\boldsymbol{f}'$ (ただし，$c=c(t)$ はスカラー関数).

(4) $(\boldsymbol{f}\cdot\boldsymbol{g})'=\boldsymbol{f}'\cdot\boldsymbol{g}+\boldsymbol{f}\cdot\boldsymbol{g}'$.

(5) $(\boldsymbol{f}\times\boldsymbol{g})'=\boldsymbol{f}'\times\boldsymbol{g}+\boldsymbol{f}\times\boldsymbol{g}'$.

(6) $(\boldsymbol{f}\cdot(\boldsymbol{g}\times\boldsymbol{h}))'=\boldsymbol{f}'\cdot(\boldsymbol{g}\times\boldsymbol{h})+\boldsymbol{f}\cdot(\boldsymbol{g}'\times\boldsymbol{h})+\boldsymbol{f}\cdot(\boldsymbol{g}\times\boldsymbol{h}')$.

(7) $(\boldsymbol{f}\times(\boldsymbol{g}\times\boldsymbol{h}))'=\boldsymbol{f}'\times(\boldsymbol{g}\times\boldsymbol{h})+\boldsymbol{f}\times(\boldsymbol{g}'\times\boldsymbol{h})+\boldsymbol{f}\times(\boldsymbol{g}\times\boldsymbol{h}')$.

証明　(3) $(c\boldsymbol{f})'=(cf_1)'\boldsymbol{i}+(cf_2)'\boldsymbol{j}+(cf_3)'\boldsymbol{k}=c'\boldsymbol{f}+c\boldsymbol{f}'$.

(4) $(\boldsymbol{f}\cdot\boldsymbol{g})'=(f_1g_1)'\boldsymbol{i}+(f_2g_2)'\boldsymbol{j}+(f_3g_3)'\boldsymbol{k}=\boldsymbol{f}'\cdot\boldsymbol{g}+\boldsymbol{f}\cdot\boldsymbol{g}'$.

(5)

$$\begin{aligned}(\boldsymbol{f}\times\boldsymbol{g})'&=(f_2g_3-f_3g_2)'\boldsymbol{i}+(f_3g_1-f_1g_3)'\boldsymbol{j}+(f_1g_2-f_2g_1)\boldsymbol{k}\\&=\begin{vmatrix}\boldsymbol{i}&\boldsymbol{j}&\boldsymbol{k}\\f_1'&f_2'&f_3'\\g_1&g_2&g_3\end{vmatrix}+\begin{vmatrix}\boldsymbol{i}&\boldsymbol{j}&\boldsymbol{k}\\f_1&f_2&f_3\\g_1'&g_2'&g_3'\end{vmatrix}=\boldsymbol{f}'\times\boldsymbol{g}+\boldsymbol{f}\times\boldsymbol{g}'.\end{aligned}$$

(6) は (4) と (5) の組み合わせによって，(7) は (5) の繰り返しで得る．■

$\boldsymbol{f}$ が区間 I で微分可能で $\boldsymbol{f}'$ が連続なベクトル関数のとき，$\boldsymbol{f}$ は I で C^1-級であるという[*6]．さらに $\boldsymbol{f}'$ が連続な (ベクトル) 導関数をもつとき $\boldsymbol{f}$ は I で C^2-級であるという．一般に C^k-級も同様に定義される．$\boldsymbol{f}$ が C^k-級であることは f_1, f_2, f_3 が C^k-級であることと同値である．

1.2.2　空間曲線

平面曲線 C を時間とともに移動する質点の軌跡を考えると，時間 t がある時間区間 I を動くとき，対応する質点 $\boldsymbol{r}(t)$ の像 $\boldsymbol{r}(I)$ は曲線 C とみなすことができる．これを空間の場合に拡げると，我々が対象とする滑らかな曲線は次のように定義される．

定義 1.16　$\boldsymbol{f}$ は区間 I で定義された $\boldsymbol{R}^1$-$\boldsymbol{R}^3$ (C^1-級) 関数で $\boldsymbol{f}'(t)\neq\boldsymbol{0}$ $(t\in I)$ とする．このとき $C=\{\boldsymbol{f}(t)\,|\,t\in I\}$ を，$\boldsymbol{f}$ を**パラメタ表示**[*7]とする**滑らかな曲線**という．

例 1.17　パラメタ表示を

$$\boldsymbol{f}(t)=(\cos t)\boldsymbol{i}+(\sin t)\boldsymbol{j}+t\boldsymbol{k}\quad\left(t\in I=\left[-\frac{\pi}{2},\pi\right]\right)$$

とする曲線は

---

*6 $\boldsymbol{f}$ はこのとき区間 I で**滑らか**であるともいう．

*7 $\boldsymbol{f}(t)$ をパラメタ表示する曲線を，t をパラメタとする曲線 $\boldsymbol{f}$ ということもある．

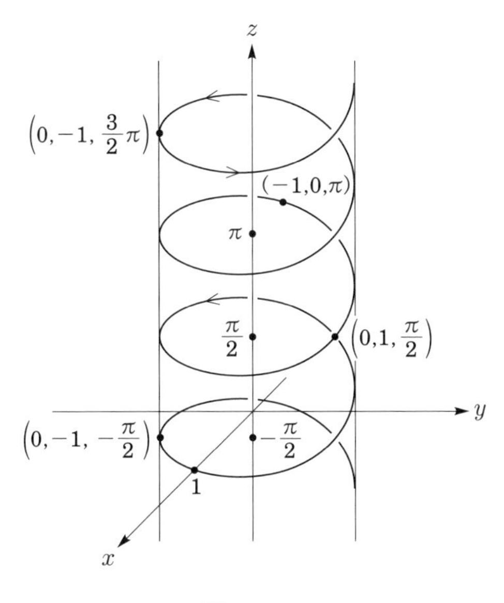

図 1.21

$$\boldsymbol{f}'(t) = -(\sin t)\boldsymbol{i} + (\cos t)\boldsymbol{j} + \boldsymbol{k} \neq 0$$

より滑らか．これは螺旋(らせん)とよばれる (図 1.21).

註 1.18　$x(t)=t|t|, y(t)=t^2$ $(t\in[-1,1])$ はともに C^1-級であるが，$x'(0)=y'(0)=0$. ゆえに原点では滑らかさの条件が満たされない．実際 t を消去すると曲線の方程式は $y=|x|$ であるから原点は尖点である．

パラメタ t の曲線 $\boldsymbol{f}(t)$ 上の点 $\mathrm{P}_0=\boldsymbol{f}(t_0)$ から点 $\mathrm{P}=\boldsymbol{f}(t_0+\Delta t)$ への変位 $\overrightarrow{\mathrm{P}_0\mathrm{P}}$ を $\Delta\boldsymbol{f}$ と表そう．このとき $t=t_0$ におけるベクトル微係数 $\dfrac{d\boldsymbol{f}}{dt}=\lim_{\Delta t\to 0}\dfrac{\Delta\boldsymbol{f}}{\Delta t}$ の向きは $\dfrac{\Delta\boldsymbol{f}}{\Delta t}$ のそれと同じで t の増加の方向に向かい，P_0 において曲線に接するので**接ベクトル**という．したがって P_0 における接線の方程式は次式で与えられる.

$$\boldsymbol{x} = \boldsymbol{f}(t_0) + \tau\boldsymbol{f}'(t_0) \quad (-\infty < \tau < \infty). \tag{1.24}$$

ただし，$\boldsymbol{x}$ は接線上の任意の点を表す.

空間内を運動する質点 P は，時間 t をパラメタとして曲線 C をえがく．そ

れは位置ベクトル $\overrightarrow{\mathrm{OP}}$ の終点 P の軌跡である．$\overrightarrow{\mathrm{OP}}=\boldsymbol{r}(t)$ ($\overrightarrow{\mathrm{OP}_0}=\boldsymbol{r}(t_0)$) の P_0 における接ベクトル $\dot{\boldsymbol{r}}(t_0)$ を $t=t_0$ における質点の**速度ベクトル**，その大きさ $|\dot{\boldsymbol{r}}(t_0)|$ を t_0 における**速度** (**速さ**) という．$\boldsymbol{r}(t)$ が C^2-級ならば $\ddot{\boldsymbol{r}}(t_0)$ を $\boldsymbol{\alpha}(t_0)$ と表し $t=t_0$ における**加速度ベクトル**という．$\boldsymbol{r}(t)=x(t)\boldsymbol{i}+y(t)\boldsymbol{j}+z(t)\boldsymbol{k}$ とすると

$$\boldsymbol{v}(t)=\dot{\boldsymbol{r}}(t)=\dot{x}(t)\boldsymbol{i}+\dot{y}(t)\boldsymbol{j}+\dot{z}(t)\boldsymbol{k}\quad(\text{速度ベクトル}),$$

$$\boldsymbol{\alpha}(t)=\ddot{\boldsymbol{r}}(t)=\ddot{x}(t)\boldsymbol{i}+\ddot{y}(t)\boldsymbol{j}+\ddot{z}(t)\boldsymbol{k}\quad(\text{加速度ベクトル}).$$

例 1.19　質点 P が半径 ρ の円周上を角速度 ω で反時計回りに回転しているとする (図 1.22).

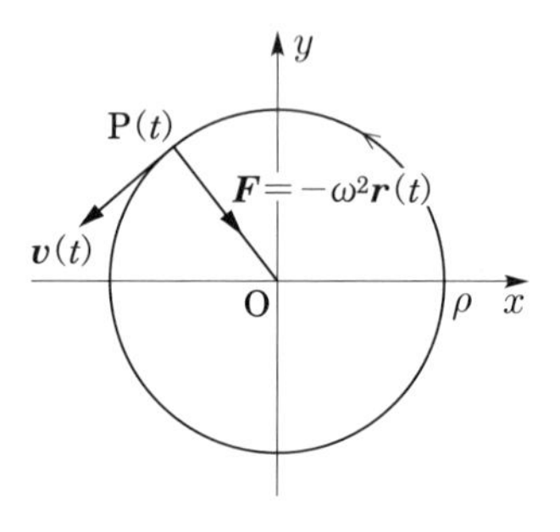

図 1.22

このとき時間 t に対する円周のパラメタ表示は

$$\boldsymbol{r}(t)=\rho[(\cos\omega t)\boldsymbol{i}+(\sin\omega t)\boldsymbol{j}]. \tag{1.25}$$

速度ベクトル，加速度ベクトルはそれぞれ

$$\boldsymbol{v}(t)=-\rho\omega[(\sin\omega t)\boldsymbol{i}-(\cos\omega t)\boldsymbol{j}], \tag{1.26}$$

$$\boldsymbol{\alpha}(t)=-\rho\omega^2[(\cos\omega t)\boldsymbol{i}+(\sin\omega t)\boldsymbol{j}]. \tag{1.27}$$

速さ $|\boldsymbol{v}(t)|$ は一定で $\rho\omega$ に等しい．しかし，速度ベクトルは連続的に方向を変えるから加速度が生じる．実際 $|\boldsymbol{\alpha}(t)|=\rho\omega^2>0$ であり，$\boldsymbol{\alpha}(t)=-\omega^2\boldsymbol{r}(t)$ より，加速度ベクトルは円の中心に向かう．質点の質量を m とすれば運動する点 $\mathrm{P}=\mathrm{P}(t)$ に働く力 $\boldsymbol{F}(t)$ は，ニュートンの法則により $\boldsymbol{F}(t)=m\boldsymbol{\alpha}(t)=-m\omega^2\boldsymbol{r}(t)=m\omega^2(-\boldsymbol{r}(t))$.

したがってその方向は位置ベクトルとは逆であり大きさは $|\boldsymbol{F}(t)|=m\omega^2\rho$

となる．$\boldsymbol{F}(t)$ を**向心力**という．(1.25), (1.26), (1.27) から位置ベクトルと速度ベクトルの直交性：

$$\boldsymbol{r}(t)\cdot\boldsymbol{v}(t)=0$$

と速度ベクトルと加速度ベクトルの直交性：

$$\boldsymbol{v}(t)\cdot\boldsymbol{\alpha}(t)=0$$

が得られる．

■弧長■ 空間内を速さ $v(t)$ で移動する質点が曲線 $C=\{\boldsymbol{f}(t)\,|\,t\in I\}$ をえがくとき，C の長さを質点の総移動距離 (各 t ごとの移動距離 $v(t)dt=|\boldsymbol{f}'(t)|dt$ の総和) とみなすのは自然であろう．そこで一般の滑らかなパラメタ表示 $\boldsymbol{f}(t):t\in[a,b]$ の曲線について，a から t までの弧の長さを

$$\sigma(t)=\int_a^t|\boldsymbol{f}'(\tau)|d\tau \tag{1.28}$$

と定義する．$\boldsymbol{f}(t)=f(t)\boldsymbol{i}+g(t)\boldsymbol{j}+h(t)\boldsymbol{k}$ ならば

$$\sigma(t)=\int_a^t\sqrt{f'(\tau)^2+g'(\tau)^2+h'(\tau)^2}\,d\tau.$$

■標準パラメタ■ 滑らかな空間曲線 C のパラメタ表示 $\boldsymbol{f}:I=[a,b]\longrightarrow\boldsymbol{R}^3$ に対して，別に C^1-級関数 $\sigma:I_1=[a_1,b_1]\longrightarrow I=[a,b], \sigma'(\tau)>0$ $(a_1<\tau<b_1), \sigma(a_1)=a, \sigma(b_1)=b$ を満たす実数値関数が与えられたとき，$\boldsymbol{f}(\sigma(\tau))$ もまた滑らかな曲線 C のパラメタ表示である．実際 $\boldsymbol{f}(\sigma(\tau))=\hat{\boldsymbol{f}}(\tau)$ と表すと $\hat{\boldsymbol{f}}$ は I_1 上で C^1-級でかつ

$$\hat{\boldsymbol{f}}(I_1)=C,$$

$$\frac{d\hat{\boldsymbol{f}}}{d\tau}=\frac{d\boldsymbol{f}}{dt}\frac{d\sigma}{d\tau}=\boldsymbol{f}'(\sigma(\tau))\sigma'(\tau)\neq 0 \quad (\tau\in I_1)$$

である．

曲線 C の出発点からの弧の長さを新しいパラメタにとると都合がよい．弧長 s の C 上の点を $\boldsymbol{f}(t)$ と表すと (1.28) から $s=\sigma(t)=\displaystyle\int_0^t|\boldsymbol{f}'(\tau)|d\tau$ であるので

$$\frac{ds}{dt}=|\boldsymbol{f}'(t)|>0$$

より，$\sigma=\sigma(t)$ の逆関数 (C^1-級数) σ^{-1} が存在して一意的に $t=\sigma^{-1}(s)$ と表される (C の弧長を $L=\int_a^b|\boldsymbol{f}'(\tau)|d\tau$ とすると σ^{-1} は $[0,L]$ で単調増加)．$\boldsymbol{f}(t)=\boldsymbol{f}(\sigma^{-1}(s))$ を $\hat{\boldsymbol{f}}(s)$ と書くことにすると，

$$\frac{d\hat{\boldsymbol{f}}}{ds}=\frac{d\boldsymbol{f}}{dt}\frac{dt}{ds}=\frac{d\boldsymbol{f}}{dt}\Big(\frac{ds}{dt}\Big)^{-1}=\frac{\boldsymbol{f}'(t)}{|\boldsymbol{f}'(t)|}$$

より $\left|\dfrac{d\hat{\boldsymbol{f}}}{ds}\right|=1$．$\hat{\boldsymbol{f}}$ も $I_1=[0,L]$ で定義された C の別なパラメタ表示である．パラメタ s を**標準パラメタ**と呼ぶ．$\hat{\boldsymbol{f}}$ を単に $\boldsymbol{f}$ と表そう．このとき接線ベクトル $\dfrac{d\boldsymbol{f}}{ds}$ は単位ベクトルになる．これを $\boldsymbol{t}(s)$ と書く．

■曲率 (図 1.23) **■**　$\boldsymbol{f}(s)$ が C^1-級のパラメタ表示ならば

$$\boldsymbol{f}''(s)=\boldsymbol{t}'(s)=\lim_{\Delta s\to 0}\frac{\boldsymbol{t}(s+\Delta s)-\boldsymbol{t}(s)}{\Delta s}=\lim_{\Delta s\to 0}\frac{\Delta\boldsymbol{t}}{\Delta s}.$$

s における接線ベクトル $\boldsymbol{t}(s)$ と，$s+\Delta s$ における接線ベクトル $\boldsymbol{t}(s+\Delta s)$ のなす角を $\Delta\theta$ とおくと

$$\lim_{\Delta s\to 0}\left|\frac{\Delta\boldsymbol{t}}{\Delta s}\right|=\lim_{\Delta s\to 0}\left|\frac{\Delta\boldsymbol{t}}{\Delta\theta}\frac{\Delta\theta}{\Delta s}\right|=\lim_{\Delta s\to 0}\left|\frac{\Delta\theta}{\Delta s}\right|.$$

右辺は s の増加 Δs に対する接線の回転角の増加の比の極限として (s における) 曲がりの度合いを示すから，$|\boldsymbol{t}'(s)|$ を曲線 C の**曲率**と呼び，$\kappa(s)$ と表す：

$$\kappa(s)=|\boldsymbol{t}'(s)|=|\boldsymbol{f}''(s)|.$$

$1=|\boldsymbol{t}(s)|^2=\boldsymbol{t}(s)\cdot\boldsymbol{t}(s)$ の両辺を s で微分して $\boldsymbol{t}'(s)\cdot\boldsymbol{t}(s)=0$．したがってもし $\boldsymbol{t}'(s)\neq\boldsymbol{0}$ ならば，すなわち曲率 $\kappa(s)>0$ ならば，ベクトル $\boldsymbol{t}'(s)$ はベクトル $\boldsymbol{t}(s)$ に直交する．

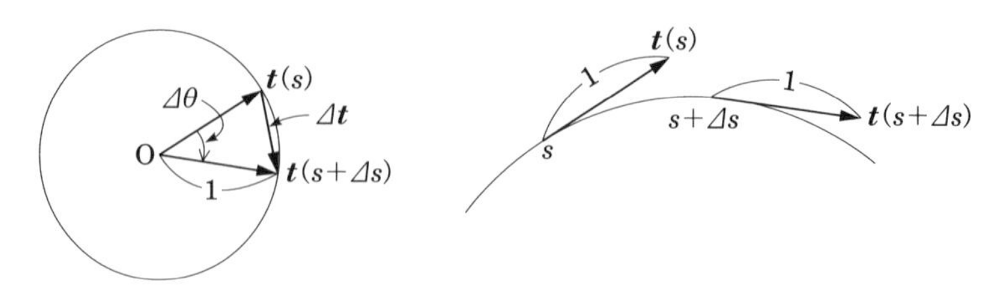

図 1.23

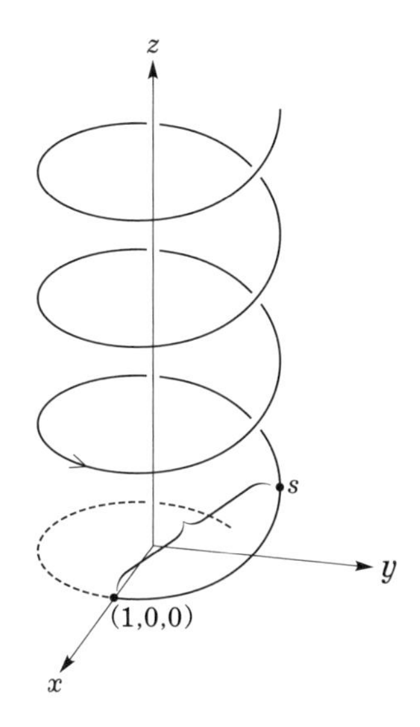

図 1.24

$$\boldsymbol{n}(s)=\frac{\boldsymbol{t}'(s)}{|\boldsymbol{t}'(s)|} \quad (\boldsymbol{t}'(s)=\kappa(s)\boldsymbol{n}(s)) \tag{1.29}$$

を s における C の**主法線 (単位) ベクトル**と呼ぶ．とくに $\boldsymbol{n}(s)\cdot\boldsymbol{n}(s)=|\boldsymbol{n}(s)|^2=1$ より $\boldsymbol{n}'(s)\cdot\boldsymbol{n}(s)=0$ である．また $\boldsymbol{n}(s)\cdot\boldsymbol{t}(s)=0$ でもある．

例 1.20 例 1.17 を少し変形してパラメタ表示 $\boldsymbol{f}(t)=(\cos\omega t)\boldsymbol{i}+(\sin\omega t)\boldsymbol{j}+(at)\boldsymbol{k}$ $(t\in[0,2\pi])$ をもつ螺旋 C を考える (図 1.24)．ここで a,ω は正の定数とする．t を標準パラメタ s に変更せよ．

解 $\boldsymbol{f}'(t)=-(\omega\sin\omega t)\boldsymbol{i}+(\omega\cos\omega t)\boldsymbol{j}+a\boldsymbol{k}$ だから $|\boldsymbol{f}'(t)|=\sqrt{\omega^2+a^2}$．出発点 (1,0,0) から $\boldsymbol{f}(t)$ までの弧長は $s=\displaystyle\int_0^t\sqrt{\omega^2+a^2}\,d\tau=\sqrt{\omega^2+a^2}\,t$．よって逆関数 $t=\sigma(s)=s/\sqrt{\omega^2+a^2}$ を $\boldsymbol{f}(t)$ に代入すると標準パラメタ s による表示は

$$\hat{\boldsymbol{f}}(s)=\cos\frac{\omega s}{\sqrt{\omega^2+a^2}}\boldsymbol{i}+\sin\frac{\omega s}{\sqrt{\omega^2+a^2}}\boldsymbol{j}+\frac{as}{\sqrt{\omega^2+a^2}}\boldsymbol{k}$$

$(s\in I=[0,2\pi\sqrt{\omega^2+a^2}])$ となる．

さて上の例で s における単位接線ベクトルは

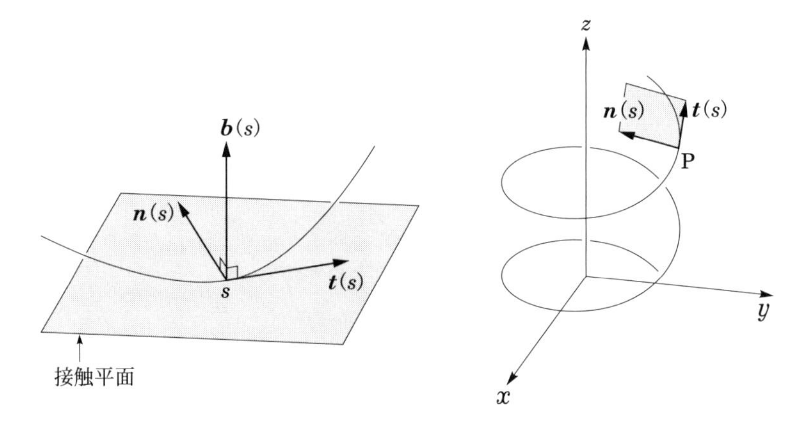

図 1.25

$$\boldsymbol{t}(s)=\boldsymbol{f}'(s)$$

$$=\frac{-\omega}{\sqrt{\omega^2+a^2}}\sin\frac{\omega s}{\sqrt{\omega^2+a^2}}\boldsymbol{i}+\frac{\omega}{\sqrt{\omega^2+a^2}}\cos\frac{\omega s}{\sqrt{\omega^2+a^2}}\boldsymbol{j}+\frac{a}{\sqrt{\omega^2+a^2}}\boldsymbol{k}.$$

また

$$\boldsymbol{t}'(s)=-\frac{\omega^2}{\omega^2+a^2}\left(\cos\frac{\omega s}{\sqrt{\omega^2+a^2}}\boldsymbol{i}+\sin\frac{\omega s}{\sqrt{\omega^2+a^2}}\boldsymbol{j}\right)$$

より s における曲率は

$$\kappa(s)=|\boldsymbol{t}'(s)|=\frac{\omega^2}{\omega^2+a^2}.$$

すなわち曲率は一定．主法線 (単位) ベクトルは

$$\boldsymbol{n}(s)=\frac{\boldsymbol{t}'(s)}{|\boldsymbol{t}'(s)|}=-\left(\cos\frac{\omega s}{\sqrt{\omega^2+a^2}}\boldsymbol{i}+\sin\frac{\omega s}{\sqrt{\omega^2+a^2}}\boldsymbol{j}\right).$$

例 1.20 の直前で述べたように，一般に $\boldsymbol{t}(s)$ と $\boldsymbol{n}(s)$ は直交する．そこで外積

$$\boldsymbol{b}(s)=\boldsymbol{t}(s)\times\boldsymbol{n}(s)\quad(|\boldsymbol{b}(s)|=1)\tag{1.30}$$

を**陪法線 (単位) ベクトル**という．各 s において $\{\boldsymbol{t}(s),\boldsymbol{n}(s),\boldsymbol{b}(s)\}$ は互いに直交する単位ベクトルで右手系をなす．$\boldsymbol{t}(s)$ と $\boldsymbol{n}(s)$ の張る平面を**接触平面**と呼ぶ (図 1.25).

$s=s_0$ における接触平面の方程式は

$$\left(\frac{d\boldsymbol{f}}{ds}(s_0)\times\frac{d^2\boldsymbol{f}}{ds^2}(s_0)\right)\cdot(\boldsymbol{x}-\boldsymbol{f}(s_0))=0$$

で与えられる．ここで $\boldsymbol{x}$ は接触平面上の任意の点とする．

(1.30) から $\boldsymbol{b}'=\boldsymbol{t}\times\boldsymbol{n}'$. (1.19) より

$$\boldsymbol{n}\times\boldsymbol{b}'=\boldsymbol{n}\times(\boldsymbol{t}\times\boldsymbol{n}')=(\boldsymbol{n}\cdot\boldsymbol{n}')\boldsymbol{t}-(\boldsymbol{n}\cdot\boldsymbol{t})\boldsymbol{n}'=0.$$

よって $\boldsymbol{n}$ と $\boldsymbol{b}'$ は平行．そこで $\tau(s)$ をスカラーとして

$$\boldsymbol{b}'=-\tau\boldsymbol{n} \tag{1.31}$$

と表そう．τ を曲線の**捩率**(れい) (またはねじれ) という (s に対して接触平面が接線のまわりを回転する率!). (1.20), (1.21) により

$$\boldsymbol{t}=\boldsymbol{n}\times\boldsymbol{b},\quad \boldsymbol{n}=\boldsymbol{b}\times\boldsymbol{t},\quad \boldsymbol{b}=\boldsymbol{t}\times\boldsymbol{n}$$

は同値．第 2 式を微分して $\boldsymbol{n}'=\boldsymbol{b}'\times\boldsymbol{t}+\boldsymbol{b}\times\boldsymbol{t}'=-\tau\boldsymbol{n}\times\boldsymbol{t}+\boldsymbol{b}\times\kappa\boldsymbol{n}$. (1.29), (1.31) と合わせて微分方程式の系

$$\frac{d\boldsymbol{t}}{ds}=\kappa\boldsymbol{n},\quad \frac{d\boldsymbol{n}}{ds}=-\kappa\boldsymbol{t}+\tau\boldsymbol{b},\quad \frac{d\boldsymbol{b}}{ds}=-\tau\boldsymbol{n}$$

が得られる．この微分方程式系を**フルネ・セレ (Frenet-Serret) の公式**という．微分方程式の基本定理により，$s=0$ における $\boldsymbol{t},\boldsymbol{n},\boldsymbol{b}$ の値が知られていれば，$\kappa(s),\tau(s)$ を与えられた関数とするときの解 $\boldsymbol{t}(s),\boldsymbol{n}(s),\boldsymbol{b}(s)$ が存在して一意的に定まることが知られている．そこで曲線 $\boldsymbol{x}=\boldsymbol{f}(s)$ は，$\boldsymbol{f}'(s)=\boldsymbol{t}(s)$ を積分し，出発点を定めれば決定される．もし 2 つの滑らかな曲線 C_1,C_2 が同じ曲率 (>0) と同じねじれをもてば平行移動で重なることも示される (したがって空間曲線は実質上曲率とねじれで決まるといってよい).

証明 曲線 C_1 は滑らかな標準パラメタ表示 $\boldsymbol{f}_1$, C_2 も同様に滑らかな標準パラメタ表示 $\boldsymbol{f}_2$ をもちそれぞれの $\boldsymbol{t},\boldsymbol{n},\boldsymbol{b}$ を $\boldsymbol{t}_1,\boldsymbol{n}_1,\boldsymbol{b}_1$; $\boldsymbol{t}_2,\boldsymbol{n}_2,\boldsymbol{b}_2$ と表すとき，仮定から $\kappa_1=\kappa_2,\tau_1=\tau_2$ である (図 1.26). いま

$$\lambda(s)=\boldsymbol{t}_1(s)\cdot\boldsymbol{t}_2(s)+\boldsymbol{n}_1(s)\cdot\boldsymbol{n}_2(s)+\boldsymbol{b}_1(s)\cdot\boldsymbol{b}_2(s)$$

とおこう．$s_0\in I$ を任意にとると適当な平行移動と回転により $\boldsymbol{t}_1(s_0)=\boldsymbol{t}_2(s_0)$, $\boldsymbol{n}_1(s_0)=\boldsymbol{n}_2(s_0),\boldsymbol{b}_1(s_0)=\boldsymbol{b}_2(s_0)$ となる．$\lambda'(s)$ の右辺にフルネ・セレの公式

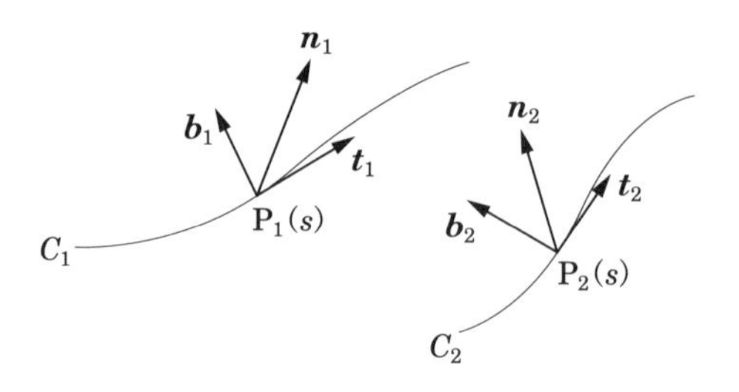

図 1.26

を用いて計算すると $\lambda'(s)=0$ $(\lambda\in I)$. すなわち $\lambda(s)=$ 定数 $(s\in I)$ が容易に得られる. $\lambda(s_0)=|\boldsymbol{t}_1(s_0)|^2+|\boldsymbol{n}_1(s_0)|^2+|\boldsymbol{b}_1(s_0)|^2=3$ より $\lambda(s)=3$. 一方, $\boldsymbol{t}_1(s)\cdot\boldsymbol{t}_2(s)\leq 1, \boldsymbol{n}_1(s)\cdot\boldsymbol{n}_2(s)\leq 1, \boldsymbol{b}_1(s)\cdot\boldsymbol{b}_2(s)\leq 1$. したがって次の等式が成り立つ：

$$\boldsymbol{t}_1(s)\cdot\boldsymbol{t}_2(s)=\boldsymbol{n}_1(s)\cdot\boldsymbol{n}_2(s)=\boldsymbol{b}_1(s)\cdot\boldsymbol{b}_2(s)=1 \quad (s\in I).$$

とくに $|\boldsymbol{t}_1(s)-\boldsymbol{t}_2(s)|^2=|\boldsymbol{t}_1(s)|^2-2\boldsymbol{t}_1(s)\cdot\boldsymbol{t}_2(s)+|\boldsymbol{t}_2(s)|^2=0$ から $\boldsymbol{t}_1(s)=\boldsymbol{t}_2(s)$ $(s\in I)$. すなわち区間 I において $\boldsymbol{f}_1'(s)=\boldsymbol{f}_2'(s)$. よってある定ベクトル $\boldsymbol{c}$ により $\boldsymbol{f}_2(s)=\boldsymbol{f}_1(s)+\boldsymbol{c}$ と表され, C_2 が C_1 の平行移動で得られる. ■

1.2.3　曲面

曲線が 1 個のパラメタ表示で与えられたのに対し曲面は 2 個のパラメタ表示で定義される. そのイメージは次のように考えることができる. 空間内の曲面 S は u,v-平面内の図形 D をまげたりねじったり (仮にこのような操作を $\boldsymbol{\varphi}$ とする) して得られた空間図形であるとしよう. いまもし D の点 (u,v) が S 上の点 (x,y,z) に対応しているとするならば

$$x=f(u,v), \quad y=g(u,v), \quad z=h(u,v)$$

のように適当な D 上の関数 f,g,h で表され, S の各点は (u,v) が D 上を動くとき

$$\boldsymbol{\varphi}(u,v)=(f(u,v),g(u,v),h(u,v))$$

として定まる. そこであらためて次のように定義する.

定義 1.21　φ を領域 $\boldsymbol{R}^2$ の領域 D から $\boldsymbol{R}^3$ への C^k-級ベクトル関数：$\boldsymbol{\varphi}(u,v)=f(u,v)\boldsymbol{i}+g(u,v)\boldsymbol{j}+h(u,v)\boldsymbol{k}$ $((u,v)\in D)$ とする. このとき D の

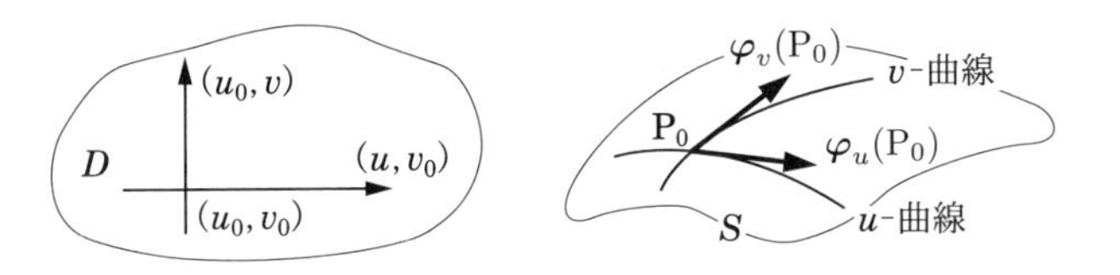

図 1.27

$\boldsymbol{\varphi}$ による像 $\boldsymbol{\varphi}(D)$ を $\boldsymbol{\varphi}$ を**パラメタ表示とする曲面**という.

S 上の点 $\mathrm{P}_0=\boldsymbol{\varphi}(u_0,v_0)$ $((u_0,v_0)\in D)$ をとる. S 上の 2 つの C^1-級曲線

$$u\longmapsto\boldsymbol{\varphi}(u,v_0),\quad v\longmapsto\boldsymbol{\varphi}(u_0,v)$$

をそれぞれ u-曲線, v-曲線 (P_0 における) という (図 1.27). おのおの P_0 における接線ベクトル $\dfrac{\partial\boldsymbol{\varphi}}{\partial u}(\mathrm{P}_0)=\boldsymbol{\varphi}_u(\mathrm{P}_0)$, $\dfrac{\partial\boldsymbol{\varphi}}{\partial v}(\mathrm{P}_0)=\boldsymbol{\varphi}_v(\mathrm{P}_0)$ が存在する. とくに

$$\boldsymbol{x}=\mathrm{P}_0+a\boldsymbol{\varphi}_u(u_0,v_0)+b\boldsymbol{\varphi}_v(u_0,v_0)\quad(a,b\in\boldsymbol{R})\tag{1.32}$$

を $\mathbf{P}_0$ **を通る** S **の接平面**という. ただし, $\boldsymbol{x}$ はこの接平面上の任意の点を表す.

定義 1.22 S を $D\subset\boldsymbol{R}^2$ 上で定義された C^1-級パラメタ表示をもつ $\boldsymbol{R}^3$ の曲面とする. $\boldsymbol{\varphi}$ が $(u_0,v_0)\in D$ において

$$\boldsymbol{\varphi}_u(u_0,v_0)\neq\mathbf{0},\quad\boldsymbol{\varphi}_v(u_0,v_0)\neq\mathbf{0},\tag{1.33}$$

$$\boldsymbol{\varphi}_u(u_0,v_0)\times\boldsymbol{\varphi}_v(u_0,v_0)\neq\mathbf{0}\text{[*8]}\tag{1.34}$$

を満たすとき, S は点 $\mathrm{P}_0=\boldsymbol{\varphi}(u_0,v_0)$ で滑らかな C^1-曲面, P_0 を S の正則点と呼ぶ. S が正則点のみからなるとき, **滑らかな曲面**という. 正則点以外の S の点を特異点と名づける.

例 1.23 パラメタ表示 $\boldsymbol{\varphi}(u,v)=(u^3,v^3,|u|^3+|v|^3)$ $((u,v)\in\boldsymbol{R}^2)$ による曲面は C^1-級であり, そのグラフは方程式 $z=|x|+|y|$ の表す 4 角錐である. $\boldsymbol{\varphi}_u=(3u',0,3u|u|), \boldsymbol{\varphi}_v=(0,3v^2,3v|v|)$ より

$$\boldsymbol{\varphi}_u(u,v)\neq\mathbf{0},\ \boldsymbol{\varphi}_v(u,v)\neq\mathbf{0}\Longleftrightarrow u\neq 0,\ v\neq 0.$$

実際 $u,v\neq 0$ のとき $\boldsymbol{\varphi}_u$ と $\boldsymbol{\varphi}_v$ は明らかに 1 次独立であるから (1.34) が成り

[*8] この条件は $\boldsymbol{\varphi}_u,\boldsymbol{\varphi}_v$ が (u_0,v_0) で 1 次独立であることと同値.

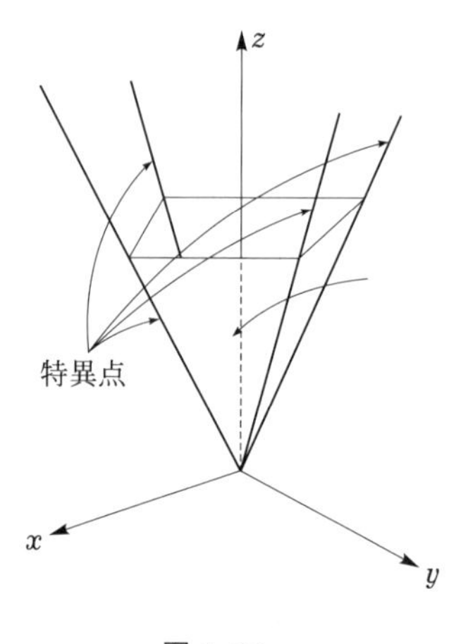

図 1.28

立つ．いいかえれば 4 角錐の陵：$z=|x|$ または $z=|y|$ は特異点であり，陵を除いた 4 角錐の面はすべて正則点からなる (図 1.28).

定義 1.24　滑らかな曲面 S 上の点 P_0 における接線ベクトルとは，P_0 を通る S 上の滑らかなある曲線の P_0 における接線ベクトルのことと定める.

定理 1.25　S 上の点 P_0 における接線ベクトルは，P_0 における接平面に含まれる．逆にこの接平面に含まれる P_0 を通るベクトルは P_0 における S の接線ベクトルである.

証明　P_0 を通る S 上の滑らかな曲線を $\boldsymbol{\sigma}(t)$ $(t\in I)$ とする．$\boldsymbol{\varphi}_u(u_0,v_0)$, $\boldsymbol{\varphi}_v(u_0,v_0)$ は 1 次独立であるから，$\boldsymbol{\varphi}$ は (u_0,v_0) のある近傍を P_0 の S におけるある近傍に 1 対 1 に写し，逆写像 $\boldsymbol{\varphi}^{-1}$ も C^1-級となる (逆関数定理)．したがって $\boldsymbol{\varphi}^{-1}(\boldsymbol{\sigma}(t))=(u(t),v(t))$ は (u_0,v_0) を通る D 内の滑らかな平面曲線である．$\mathrm{P}_0=\boldsymbol{\sigma}(t_0)$ $(t_0\in I)$ とすると $\boldsymbol{\sigma}(t)=\boldsymbol{\varphi}(u(t),v(t))$ より

$$\boldsymbol{\sigma}'(t_0)=\boldsymbol{\varphi}_u(u_0,v_0)u'(t_0)+\boldsymbol{\varphi}_v(u_0,v_0)v'(t_0).$$

$\boldsymbol{\sigma}(t)$ の P_0 を通る接線は (1.24) より $\boldsymbol{x}=\mathrm{P}_0+\boldsymbol{\sigma}'(t_0)(t-t_0)$ であるので,

$$\boldsymbol{x}=\mathrm{P}_0+\boldsymbol{\varphi}_u(u_0,v_0)(u'(t_0)(t-t_0))+\boldsymbol{\varphi}_v(u_0,v_0)(v'(t_0)(t-t_0))\quad (t\in\boldsymbol{R})$$

である．よって (1.32) より $\boldsymbol{\sigma}(t)$ の P_0 を通る接線は S の P_0 を通る接平面上にある.

逆に接平面内の P_0 を通る任意のベクトルを

$$\boldsymbol{v}=a\boldsymbol{\varphi}_u(u_0,v_0)+b\boldsymbol{\varphi}_v(u_0,v_0) \quad (a,b\in\boldsymbol{R})$$

とする．$|t|$ を十分小として

$$\boldsymbol{\sigma}(t)=\boldsymbol{\varphi}(u_0+at,v_0+bt)$$

とおくと，$\boldsymbol{\sigma}(t)$ は S 上の滑らかな曲線で $\boldsymbol{\sigma}(0)=\mathrm{P}_0, \boldsymbol{\sigma}'(0)=\boldsymbol{v}$．よって $\boldsymbol{v}$ は P_0 における S 上の接線ベクトルである．■

接平面の方程式は $\boldsymbol{x}_0=\boldsymbol{\varphi}(u_0,v_0)$ とすると

$$(\boldsymbol{x}-\boldsymbol{x}_0)\cdot(\boldsymbol{\varphi}_u(u_0,v_0)\times\boldsymbol{\varphi}_v(u_0,v_0))=0. \tag{1.35}$$

これを成分表示すれば

$$\begin{vmatrix} g_u & h_u \\ g_v & h_v \end{vmatrix}_{(u_0,v_0)}(x-x_0)+\begin{vmatrix} h_u & f_u \\ h_v & f_v \end{vmatrix}_{(u_0,v_0)}(y-y_0)+\begin{vmatrix} f_u & g_u \\ f_v & g_v \end{vmatrix}_{(u_0,v_0)}(z-z_0)=0$$

である．実際，接平面の定義 (1.32) より $\boldsymbol{x}-\boldsymbol{x}_0=a\boldsymbol{\varphi}_u(u_0,v_0)+b\boldsymbol{\varphi}_v(u_0,v_0)$ である．いま外積の定義より，$\boldsymbol{\varphi}_u(u_0,v_0),\boldsymbol{\varphi}_v(u_0,v_0)$ に直交するベクトルは $\boldsymbol{\varphi}_u(u_0,v_0)\times\boldsymbol{\varphi}_v(u_0,v_0)$ であるので，接平面は $\boldsymbol{x}=\boldsymbol{x}_0$ を通り $\boldsymbol{\varphi}_u(u_0,v_0)\times\boldsymbol{\varphi}_v(u_0,v_0)$ に直交する平面である．すなわち (1.35) の表示を得る．

例 1.26 ϕ を $\boldsymbol{R}^2$ の領域 D 上の C^1-級関数とするとき，曲面 $z=\phi(x,y)$ の点 (x_0,y_0) における接平面の方程式は次式で与えられる．

$$z-z_0=\phi_x(x_0,y_0)(x-x_0)+\phi_y(x_0,y_0)(y-y_0). \tag{1.36}$$

解 $x=u, y=v$ とおけば，$z=\phi(u,v)$．ここで

$$\boldsymbol{\varphi}(u,v)-u\boldsymbol{i}+v\boldsymbol{j}+\phi(u,v)\boldsymbol{k} \quad ((u,v)\in D).$$

このとき $\boldsymbol{\varphi}(D)$ は曲面 $z=\phi(x,y)$ と一致する．$\boldsymbol{\varphi}_u=(1,0,\phi_u)\neq\boldsymbol{0}, \boldsymbol{\varphi}_v=(0,1,\phi_v)\neq\boldsymbol{0}$ かつ $\boldsymbol{\varphi}_u$ と $\boldsymbol{\varphi}_v$ は明らかに 1 次独立であるから，$\boldsymbol{\varphi}(u,v)$ は滑らかな曲面である．$(u_0,v_0)=(x_0,y_0)\in D$ における $\boldsymbol{\varphi}_u\times\boldsymbol{\varphi}_v$ の各成分は

$$n_1=\begin{vmatrix} 0 & \phi_x \\ 1 & \phi_y \end{vmatrix}=-\phi_x(x_0,y_0), \quad n_2=\begin{vmatrix} \phi_x & 1 \\ \phi_y & 0 \end{vmatrix}=-\phi_y(x_0,y_0), \quad n_3=1.$$

よって (1.35) より (1.36) を得る．

例 1.27　$\varphi(x,y,z)$ は $\boldsymbol{R}^3$ の領域 Ω で C^2-級かつ $\nabla\varphi=(\varphi_x,\varphi_y,\varphi_z)\neq\boldsymbol{0}$ と仮定する．このとき

$$\varphi(x,y,z)=0 \tag{1.37}$$

は $\boldsymbol{R}^3$ の曲面 S を定める．$\mathrm{P}_0=(x_0,y_0,z_0)$ を S 上の点とすると，P_0 における S の接平面の方程式は次式で与えられる．

$$\varphi_x(\mathrm{P}_0)(x-x_0)+\varphi_y(\mathrm{P}_0)(y-y_0)+\varphi_z(\mathrm{P}_0)(x-x_0)=0 \tag{1.38}$$

解　$\nabla\varphi(\mathrm{P}_0)\neq\boldsymbol{0}$ という仮定より，たとえば $\varphi_z(\mathrm{P}_0)\neq 0$ としよう．このとき (x_0,y_0) のある近傍 $\mathscr{D}\subset(\boldsymbol{R}^2)$ と z_0 のある近傍 U $(\subset\boldsymbol{R})$ を $\mathscr{D}\times U\subset\Omega$ となるようにとることができて，$\mathscr{D}\times U$ の (x,y,z) については $\varphi(x,y,z)=0$ は一意的に

$$z=\phi(x,y) \tag{1.39}$$

と解くことができる．かつ z は $\mathscr{D}$ で C^1-級となる (陰関数定理)*9．このとき，例 1.26 の結果より P_0 における $z=\phi(x,y)$ の接平面の方程式は

$$z-z_0=\phi_x(x_0,y_0)(x-x_0)+\phi_y(x_0,y_0)(y-y_0) \tag{1.40}$$

と表される．ここで $z_x=\phi_x$, $z_y=\phi_y$．一方 $\mathscr{D}\times U\ni(x,y)$ で $\varphi(x,y,\phi(x,y))\equiv 0$ であったから，両辺を x,y で微分して

$$\varphi_x+\varphi_z z_x=0,\quad \varphi_y+\varphi_z z_y=0.$$

$\varphi_z(\mathrm{P}_0)\neq 0$ の仮定から

$$\phi_x(\mathrm{P}_0)=-\frac{\varphi_x(\mathrm{P}_0)}{\varphi_z(\mathrm{P}_0)},\quad \phi_y(\mathrm{P}_0)=-\frac{\varphi_y(\mathrm{P}_0)}{\varphi_z(\mathrm{P}_0)}.$$

よってこの式を (1.40) に代入して (1.38) を得る．$\varphi_z(\mathrm{P}_0)\neq 0$ から出発したが，$\varphi_x(\mathrm{P}_0)\neq 0, \varphi_y(\mathrm{P}_0)\neq 0$ を仮定してもまったく同じであるから，結局 $\nabla\varphi(\mathrm{P}_0)\neq\boldsymbol{0}$ から求める (1.38) 式が得られる．

(1.38) 式を $\boldsymbol{x}_0=x_0\boldsymbol{i}+y_0\boldsymbol{j}+z_0\boldsymbol{k}, \boldsymbol{x}=x\boldsymbol{i}+y\boldsymbol{j}+z\boldsymbol{k}$ として書きかえると

$$\nabla\varphi(\mathrm{P}_0)\cdot(\boldsymbol{x}-\boldsymbol{x}_0)=0$$

すなわち $\nabla\varphi(\mathrm{P}_0)$ は，曲面 $\varphi(x,y,z)=0$ の点 P_0 における接平面の法線方向

---

*9 溝畑茂著『数学解析 (下)』(朝倉書店，復刊 2019)，鈴木武・山田義雄・柴田良弘・田中和永著『理工系のための微分積分 II』(内田老鶴圃，2007) 参照．

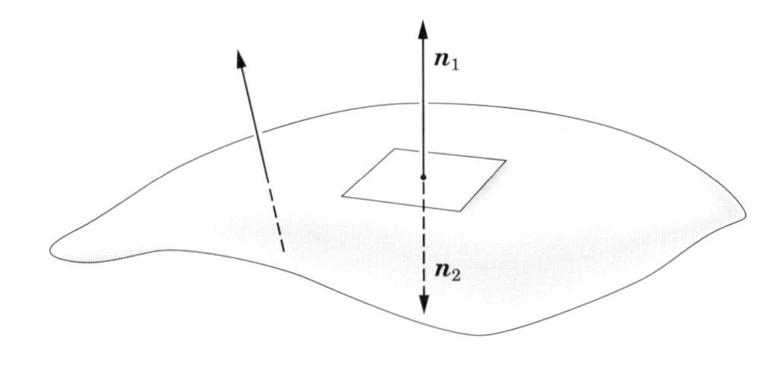

図 1.29

のベクトルである．上の 2 つの例から，パラメタ表示された滑らかな一般の曲面も，陰関数 (1.37) の表す曲面も，局所的には (1.39) のタイプのグラフの表す曲面と考えてよいことが分かる．

■向きづけられた曲面■ 曲面 S は $\boldsymbol{R}^3$ 内で 2 つの側をもつと仮定する．一方の側を S の**外側**あるいは**正の側**と呼び，他方の側を S の**内側**または**負の側**と呼ぶ．S が滑らかな曲面であるとき，曲面の向きは単位法線ベクトルによって定められる．S のパラメタ表示が $\boldsymbol{\varphi}(x,y)$ であるとしよう．点 $\mathrm{P}_0=\boldsymbol{\varphi}(u_0,v_0)$ における S の単位法線ベクトルの 1 つは

$$\boldsymbol{n}_1=\boldsymbol{n}(\mathrm{P}_0)=\frac{(\boldsymbol{\varphi}_u\times\boldsymbol{\varphi}_v)(u_0,v_0)}{|(\boldsymbol{\varphi}_u\times\boldsymbol{\varphi}_v)(u_0,v_0)|}$$

で与えられる．このとき P_0 におけるもう 1 つの単位法線ベクトルは

$$\boldsymbol{n}_2=-\boldsymbol{n}(\mathrm{P}_0)=-\frac{(\boldsymbol{\varphi}_u\times\boldsymbol{\varphi}_v)(u_0,v_0)}{|(\boldsymbol{\varphi}_u\times\boldsymbol{\varphi}_v)(u_0,v_0)|}$$

すなわち $\boldsymbol{n}_2$ は $\boldsymbol{n}_1$ の反対方向となる．

$\boldsymbol{\varphi}$ は C^1-級であり $|(\boldsymbol{\varphi}_u\times\boldsymbol{\varphi}_v)(u_0,v_0)|>0$ であるから，(u_0,v_0) が D 内を連続的に動けば $\boldsymbol{n}(\mathrm{P}_0)$ は連続的に方向を変える．したがって S が滑らかである限り $\boldsymbol{n}_1$ が P_0 で S の外側をさすと定めれば，各点 P で $\boldsymbol{n}_1$ は S の外側をさす．同時にまた $\boldsymbol{n}_2=-\boldsymbol{n}(\mathrm{P})$ は S の内側をさす (図 1.29)．このとき S は**向きづけられた曲面**であるという．

ここで S が 2 つの側をもつ曲面という仮定はもちろん必要で，実際オランダの数学者メビウス (Möbius) にちなんだ**メビウスの帯**と呼ばれる曲面はただ 1 つの側しか持たない (図 1.30)．この場合には，大局的には曲面の外側と内

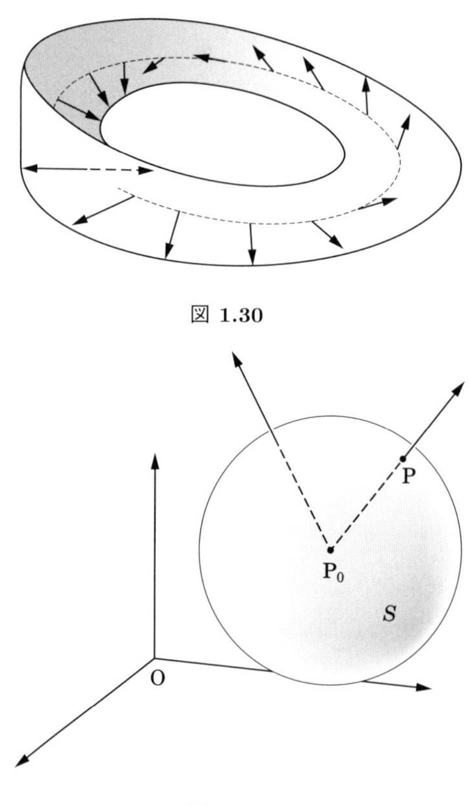

図 1.30

図 1.31

側の区別はできない.

もっとも簡単な例として S が球面ならば，中心 P_0 から球面上の点 P に向かうベクトル $\overrightarrow{\mathrm{P}_0\mathrm{P}}$ を点 P から S の外側に向かう法線ベクトルと定めると，S の各点に外側を示す単位法線ベクトルが与えられ，球面は方向づけがなされる (図 1.31).

1.2.4 スカラー場とベクトル場

$\boldsymbol{R}^3$ の領域の各点 P にそれぞれ 1 つの実数値を定めるような分布 f を**スカラー場**という．$\mathrm{P} = (x,y,z)$ とするとスカラー場とは対応 $(x,y,z) \longrightarrow f(x,y,z)$ で与えられる定義域 D の関数 f にほかならない.

これに対して D の各点 P にそれぞれ 1 つのベクトルを付与する分布 $\boldsymbol{\varphi}$ を

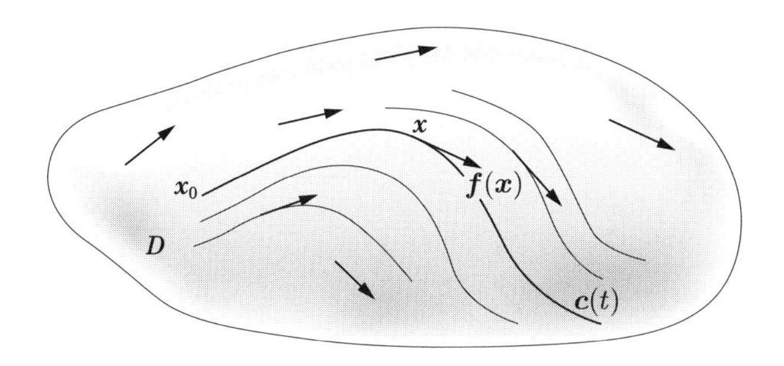

図 1.32

ベクトル場という．ベクトル場とは (x,y,z) にベクトル $\boldsymbol{\varphi}(x,y,z)$ を対応させる D 上のベクトル値関数のことである．

スカラー場 f が D で C^1-級とは，関数 f が C^1-級のこととする．スカラー場 f が D で C^2-級，$\ldots, C^k$-級であることも同様に定める．またベクトル場 $\boldsymbol{\varphi}$ が D で C^k-級とは $\boldsymbol{\varphi}(\boldsymbol{x}) = f(\boldsymbol{x})\boldsymbol{i} + g(\boldsymbol{x})\boldsymbol{j} + h(\boldsymbol{x})\boldsymbol{k}$ $(\boldsymbol{x} \in D)$ とするとき，f, g, h が D で C^k-級のこととする．スカラー場，ベクトル場については以下，必要な回数 k について C^k-級の滑らかさを仮定しよう．

$\boldsymbol{f}$ が領域 D 上のベクトル場であるとし，D 内の滑らかな曲線 $\boldsymbol{c}(t)$ を考える．$\boldsymbol{c}(t)$ はその上の各点 $\boldsymbol{x}$ における接ベクトルが $\boldsymbol{f}(\boldsymbol{x})$ であるような曲線であるとき，ベクトル場 $\boldsymbol{f}$ の**流線**という (図 1.32)．式で書けば

$$\boldsymbol{c}'(t) = \boldsymbol{f}(\boldsymbol{c}(t)) \quad (t \in I).$$

ここで I は $\boldsymbol{c}(t)$ の定義区間である．

すなわち $\boldsymbol{c} = f\boldsymbol{i} + g\boldsymbol{j} + h\boldsymbol{k}$ とすれば，任意の $\boldsymbol{x}_0 \in D$ をある $t_0 \in I$ で通過する流線 $\boldsymbol{c}(t) = (x(t), y(t), z(t))$ とは，1 階微分方程式系

$$\begin{aligned} \frac{dx}{dt} &= f(x(t), y(t), z(t)), \\ \frac{dy}{dt} &= g(x(t), y(t), z(t)), \\ \frac{dz}{dt} &= h(x(t), y(t), z(t)) \end{aligned} \tag{1.41}$$

と初期値

$$x(t_0) = x_0, \quad y(t_0) = y_0, \quad z(t_0) = z_0 \tag{1.42}$$

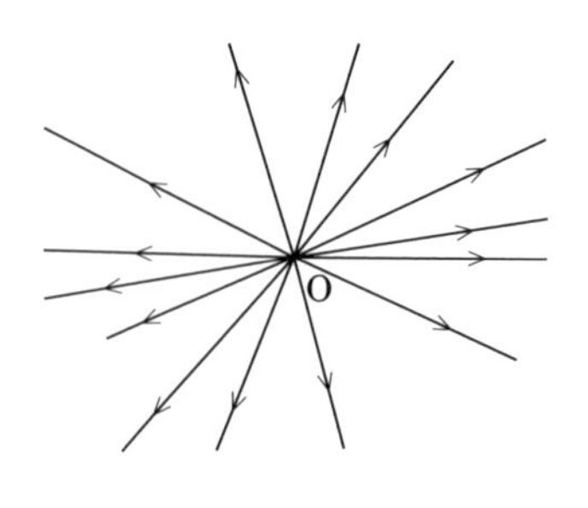

図 1.33

を満たす解 $\boldsymbol{c}(t)$ のことである．このような $\boldsymbol{c}(t)$ を初期値問題 (1.41), (1.42) の解ともいう．微分方程式の基本定理によると，$\boldsymbol{f}$ が C^1-級ならば初期値問題 (1.41), (1.42) の解 $\boldsymbol{c}(t)$ は t_0 **の近傍で存在し，しかもただ 1 つ**であることが知られている[*10]．すなわち任意の $t_0 \in I$ と $\boldsymbol{x}_0 \in D$ に対し $t = t_0$ で $\boldsymbol{x}_0$ を通る流線は $\boldsymbol{x}_0$ の近傍で存在し，他の流線とは交わらない．流線を時間とともに移動する流体粒子の運動と見れば，各 $\boldsymbol{x}$ で指定された速度ベクトル $\boldsymbol{f}(\boldsymbol{x})$ をもつ流体の流線が定まることから，ベクトル場 $\boldsymbol{f}$ を曲線 $\boldsymbol{c}(t)$ の**速度場**という．

例 1.28　D を $\boldsymbol{R}^3$ から原点を除いた領域 $\boldsymbol{R}^3 \setminus \{\boldsymbol{0}\}$ とするとき，D 上のベクトル場 $\boldsymbol{f}(\boldsymbol{x}) \equiv \boldsymbol{x}$ に対して始点を $\boldsymbol{x}_0 \in D$ とする流線を求めよ．

解　$\dfrac{d\boldsymbol{x}}{dt} = \boldsymbol{f}(\boldsymbol{x}(t)) = \boldsymbol{x}(t), \boldsymbol{x}(0) = \boldsymbol{x}_0$ の解を求める．$\boldsymbol{x}_0 = (x_0, y_0, z_0)$ とするとき

$$\begin{cases} x' = x, y' = y, z' = z \text{ かつ} \\ x(0) = x_0, y(0) = y_0, z(0) = z_0 \end{cases}$$

をといて $x(t) = c_1 e^t, y(t) = c_2 e^t, z(t) = c_3 e^t$ なる一般解をもつ．ここで $\boldsymbol{c}_0 = (c_1, c_2, c_3)$ は $\boldsymbol{0}$ でない任意のベクトルとする．$\boldsymbol{x}(0) = \boldsymbol{c}_0 = \boldsymbol{x}_0$ ととれば，求める流線は $\boldsymbol{x}(t) = \boldsymbol{x}_0 e^t$．右辺は原点から $\boldsymbol{x}_0$ 方向に (原点を除いて) 放射状に伸びる半直線である (図 1.33)．

スカラー場 f が $D \subset \boldsymbol{R}^3$ で与えられたとき f の**勾配ベクトル** ∇f を

[*10] $\boldsymbol{f}$ が**連続**だけでも初期値問題の解は存在するが，それがただ 1 つの解であることは保証されない．

$$\nabla f = \frac{\partial f}{\partial x}\boldsymbol{i} + \frac{\partial f}{\partial y}\boldsymbol{j} + \frac{\partial f}{\partial z}\boldsymbol{k}$$

で定義する．$\mathrm{grad}\, f$ (グラジェント) とも表す．$\boldsymbol{r} = x\boldsymbol{i} + y\boldsymbol{j} + z\boldsymbol{k}$ と書いたとき，$\boldsymbol{r}$ の微分 $d\boldsymbol{r} = dx\,\boldsymbol{i} + dy\,\boldsymbol{j} + dz\,\boldsymbol{k}$ と ∇f との内積は $f(x,y,z)$ の微分 df に等しい：

$$df = f_x\,dx + f_y\,dy + f_z\,dz = \nabla f \cdot d\boldsymbol{r}.$$

一変数関数 F の微分 $dF = F'(x)\,dx$ の拡張 ∇f は，f の空間内の各 (x,y,z) での変化率を示している．位置ベクトル $\boldsymbol{r}$ について $r = |\boldsymbol{r}|$ の勾配 $\nabla \frac{1}{r}$ を計算すると

$$\begin{aligned}\left(\frac{\partial}{\partial x}\boldsymbol{i} + \frac{\partial}{\partial y}\boldsymbol{j} + \frac{\partial}{\partial z}\boldsymbol{k}\right)\frac{1}{r} &= -\frac{1}{r^2}\left[\left(\frac{\partial r}{\partial x}\right)\boldsymbol{i} + \left(\frac{\partial r}{\partial y}\right)\boldsymbol{j} + \left(\frac{\partial r}{\partial z}\right)\boldsymbol{k}\right] \\ &= -\frac{1}{r^3}(x\boldsymbol{i} + y\boldsymbol{j} + z\boldsymbol{k}).\end{aligned}$$

よって

$$\nabla \frac{1}{r} \quad \left(= \mathrm{grad}\,\frac{1}{r}\right) = -\frac{\boldsymbol{r}}{r^3}. \tag{1.43}$$

一般のスカラー場 f について

$$\begin{aligned}\nabla \cdot \nabla f &= \left(\frac{\partial}{\partial x}\boldsymbol{i} + \frac{\partial}{\partial y}\boldsymbol{j} + \frac{\partial}{\partial z}\boldsymbol{k}\right) \cdot \left(\frac{\partial f}{\partial x}\boldsymbol{i} + \frac{\partial f}{\partial y}\boldsymbol{j} + \frac{\partial f}{\partial z}\boldsymbol{k}\right) \\ &= \frac{\partial}{\partial x}\left(\frac{\partial f}{\partial x}\right) + \frac{\partial}{\partial y}\left(\frac{\partial f}{\partial y}\right) + \frac{\partial}{\partial z}\left(\frac{\partial f}{\partial z}\right) \\ &= \left(\frac{\partial^2}{\partial x^2} + \frac{\partial^2}{\partial y^2} + \frac{\partial^2}{\partial z^2}\right) f.\end{aligned}$$

この右辺を Δf(または $\nabla^2 f$) と表す．

微分作用素 ∇ (ナブラ) を**ハミルトニアン**と呼び，$\nabla = \frac{\partial}{\partial x}\boldsymbol{i} + \frac{\partial}{\partial y}\boldsymbol{j} + \frac{\partial}{\partial z}\boldsymbol{k}$ とベクトル的に書く[*11]．f に ∇ を作用させると ∇f が得られるとするのである．作用素的にみれば上の結果から

$$\nabla \cdot \nabla = \nabla^2 = \Delta$$

[*11] ∇ を del 作用素ともいう．

が成り立つ．$\boldsymbol{i}, \boldsymbol{j}, \boldsymbol{k}$ がそれぞれ単位ベクトルで直交性をもつことに注意すると，形式的ベクトル演算でも上式が確かめられる：

$$\begin{aligned}\nabla\cdot\nabla &= \left(\frac{\partial}{\partial x}\boldsymbol{i}+\frac{\partial}{\partial y}\boldsymbol{j}+\frac{\partial}{\partial z}\boldsymbol{k}\right)\cdot\left(\frac{\partial}{\partial x}\boldsymbol{i}+\frac{\partial}{\partial y}\boldsymbol{j}+\frac{\partial}{\partial z}\boldsymbol{k}\right)\\ &= \left(\frac{\partial}{\partial x}\right)^2+\left(\frac{\partial}{\partial y}\right)^2+\left(\frac{\partial}{\partial z}\right)^2 = \frac{\partial^2}{\partial x^2}+\frac{\partial^2}{\partial y^2}+\frac{\partial^2}{\partial z^2}\\ &= \Delta.\end{aligned}$$

Δ を**ラプラシアン**と呼び，とくに偏微分方程式

$$\Delta f = 0 \quad (\text{ラプラス方程式})$$

の解 f を**調和関数**という．$f=\dfrac{1}{r}$ は原点を除いた領域で調和関数である．実際，

$$\begin{aligned}\Delta\frac{1}{r} &= \nabla\cdot\nabla\frac{1}{r} = -\frac{\partial}{\partial x}(xr^{-3})-\frac{\partial}{\partial y}(yr^{-3})-\frac{\partial}{\partial z}(zr^{-3})\\ &= -3r^{-3}-\left(x\frac{\partial}{\partial x}r^{-3}+y\frac{\partial}{\partial y}r^{-3}+z\frac{\partial}{\partial z}r^{-3}\right)\\ &= -3r^{-3}+3r^{-4}\left(\frac{x^2}{r}+\frac{y^2}{r}+\frac{z^2}{r}\right)=0. \qquad (1.44)\end{aligned}$$

なお上の式の第2段カッコ内は作用素

$$\boldsymbol{r}\cdot\nabla = x\frac{\partial}{\partial x}+y\frac{\partial}{\partial y}+z\frac{\partial}{\partial z}$$

を用いれば $(\boldsymbol{r}\cdot\nabla)r^{-3}$ と表してもよい．

■ポテンシャル■　力 $\boldsymbol{F}$ が1つのスカラー場 f の勾配ベクトルとして表されるとき，すなわち

$$\boldsymbol{F} = -\nabla f$$

であるとき，スカラー場 f を**保存力** $\boldsymbol{F}$ **のポテンシャル**という．(1.43) はスカラー場 $f=-\dfrac{1}{r}$ (定義域は $\boldsymbol{R}^3\setminus\{\boldsymbol{0}\}$) が保存力 $\dfrac{\boldsymbol{r}}{r^3}$ のポテンシャルであることを示している[*12]．

[*12] 任意のベクトル場があるスカラー場の勾配ベクトルとなるための条件は，ストークスの定理のところで述べる．

例 1.29 空間内の質量 m および M の物体の相互の距離を r とすると，両者間に働く引力は

$$F = G\frac{mM}{r^2} \quad (\text{逆自乗法則})$$

で表される (ニュートン)．質量は点に集中するとして質量 M の点を原点にとった直交座標系で質量 m の点 P の座標を (x, y, z) とする．位置ベクトルは $\boldsymbol{r} = x\boldsymbol{i} + y\boldsymbol{j} + z\boldsymbol{k}, |\boldsymbol{r}| = r$ である．$\boldsymbol{F}$ を P から原点に向かう大きさ F のベクトルとすれば $\boldsymbol{n} = \dfrac{\boldsymbol{r}}{r}$ とおくとき，次式で与えられる．

$$\boldsymbol{F} = -F\boldsymbol{n} = -\frac{GmM}{r^2}\boldsymbol{n} \quad (G \text{ は万有引力定数}).$$

$U = -\dfrac{GmM}{r}$ は $\boldsymbol{F} = -\nabla U$ を満たすポテンシャルである．さらに (1.44) から

$$\Delta U = \frac{\partial^2 U}{\partial x^2} + \frac{\partial^2 U}{\partial y^2} + \frac{\partial^2 U}{\partial z^2} = 0 \quad (r > 0).$$

したがって $\boldsymbol{R}^3 \setminus \{\boldsymbol{0}\}$ において U は調和関数である．U はニュートンポテンシャルと呼ばれる．

問 1.30 f, g をスカラー場とするとき等式 $\nabla(fg) = (\nabla f)g + f(\nabla g)$ を示せ．

■エネルギー保存則■ $\boldsymbol{F}$ を $\boldsymbol{R}^3$ の領域 Ω 上で定義された保存力とする．いま質量 m の質点 P が，力 $\boldsymbol{F}$ によりある滑らかな曲線 $\boldsymbol{r}(t)$ 上をニュートンの運動法則に従って移動していると仮定しよう．すなわち加速度ベクトルを $\boldsymbol{\alpha}(t) = \ddot{\boldsymbol{r}}(t)$ とするとき，運動方程式

$$\boldsymbol{F}(\boldsymbol{r}(t)) = m\boldsymbol{\alpha}(t) \tag{1.45}$$

が成り立つ．仮定から $\boldsymbol{F}$ は保存的なので，Ω におけるスカラーポテンシャル V が存在して

$$\boldsymbol{F}(\boldsymbol{r}(t)) = -(\nabla V)(\boldsymbol{r}(t)). \tag{1.46}$$

時刻 t における質点について

$$\text{運動エネルギー } K(t) = \frac{1}{2}m|\dot{\boldsymbol{r}}(t)|^2,$$

$$\text{位置エネルギー } P(t) = V(\boldsymbol{r}(t))$$

と定義される．このときエネルギー総量は

$$E(t) = K(t) + P(t) = \text{一定} \tag{1.47}$$

である．実際 (1.47) の両辺を t で微分すると

$$\begin{aligned}
\frac{d}{dt}E(t) &= \frac{d}{dt}\left[\frac{1}{2}m\dot{\boldsymbol{r}}(t)\cdot\dot{\boldsymbol{r}}(t)\right] + \frac{d}{dt}V(x(t), y(t), z(t)) \\
&= m\ddot{\boldsymbol{r}}(t)\cdot\dot{\boldsymbol{r}}(t) + \frac{\partial V}{\partial x}\dot{x}(t) + \frac{\partial V}{\partial y}\dot{y}(t) + \frac{\partial V}{\partial z}\dot{z}(t) \\
&= (m\boldsymbol{\alpha}(t) + (\nabla V)(\boldsymbol{r}(t)))\cdot\dot{\boldsymbol{r}}(t) \\
&= (m\boldsymbol{\alpha}(t) - \boldsymbol{F}(\boldsymbol{r}(t)))\cdot\dot{\boldsymbol{r}}(t) = 0.
\end{aligned}$$

最後のところで (1.45), (1.46) を用いた．ゆえに $E(t) = K(t) + P(t) =$ 定数．これをエネルギー保存則という．

■方向微係数■　スカラー場 f の偏微係数 $\dfrac{\partial f}{\partial x}, \dfrac{\partial f}{\partial y}, \dfrac{\partial f}{\partial z}$ はそれぞれ次式で与えられる．

$$\lim_{h\to 0}\frac{f(\boldsymbol{x}+h\boldsymbol{e}_m) - f(\boldsymbol{x})}{h} = \frac{d}{dt}f(\boldsymbol{x}+t\boldsymbol{e}_m)\Big|_{t=0} \quad (m = 1, 2, 3).$$

ただし $\boldsymbol{e}_1 = \boldsymbol{i}, \boldsymbol{e}_2 = \boldsymbol{j}, \boldsymbol{e}_3 = \boldsymbol{k}$ とする．上式は各 m についていわば f の $\boldsymbol{e}_m$ 方向の微係数を表す．より一般に単位ベクトル $\boldsymbol{v} \in \boldsymbol{R}^3$ に対して

$$\lim_{h\to 0}\frac{f(\boldsymbol{x}+h\boldsymbol{v}) - f(\boldsymbol{x})}{h} = \frac{d}{dt}f(\boldsymbol{x}+t\boldsymbol{v})\Big|_{t=0}$$

を $\boldsymbol{x}$ における f の $\boldsymbol{v}$ 方向の**方向微係数**と名づけ $\dfrac{\partial f}{\partial \boldsymbol{v}}$ と表そう．

$\boldsymbol{w}(t) = \boldsymbol{x} + t\boldsymbol{v}, \boldsymbol{v} = v_1\boldsymbol{i} + v_2\boldsymbol{j} + v_3\boldsymbol{k}$ とおくと

$$\begin{aligned}
\frac{\partial f}{\partial \boldsymbol{v}}(\boldsymbol{x}) &= \frac{d}{dt}f(\boldsymbol{w}(t))\Big|_{t=0} = \frac{d}{dt}f(x+tv_1, y+tv_2, z+tv_3)\Big|_{t=0} \\
&= \frac{\partial f}{\partial x}(\boldsymbol{w}(0))v_1 + \frac{\partial f}{\partial y}(\boldsymbol{w}(0))v_2 + \frac{\partial f}{\partial z}(\boldsymbol{w}(0))v_3 \\
&= (\nabla f)(\boldsymbol{w}(0))\cdot\boldsymbol{v} = \nabla f(\boldsymbol{x})\cdot\boldsymbol{v}.
\end{aligned}$$

ゆえに $\boldsymbol{v}$ 方向の方向微係数は

$$\frac{\partial f}{\partial \boldsymbol{v}} = \nabla f \cdot \boldsymbol{v} \tag{1.48}$$

で求められる.

例 1.31 $f = xy^3 + z(\log x + 1)$ の点 $(1,1,1)$ における $\boldsymbol{v} = \left(\frac{1}{\sqrt{3}}, \frac{1}{\sqrt{3}}, \frac{1}{\sqrt{3}}\right)$ 方向の方向微分 $\dfrac{\partial f}{\partial \boldsymbol{v}}$ を求めよ.

解 $\nabla f = \left(y^3 + \frac{z}{x}\right)\boldsymbol{i} + 3y^2x\boldsymbol{j} + (\log x + 1)\boldsymbol{k}$ より $(\nabla f)(1,1,1) = 2\boldsymbol{i} + 3\boldsymbol{j} + \boldsymbol{k}$ である. よって (1.48) より

$$\begin{aligned}\frac{\partial f}{\partial \boldsymbol{v}} &= (2\boldsymbol{i} + 3\boldsymbol{j} + \boldsymbol{k}) \cdot \left(\frac{1}{\sqrt{3}}\boldsymbol{i} + \frac{1}{\sqrt{3}}\boldsymbol{j} + \frac{1}{\sqrt{3}}\boldsymbol{k}\right) \\ &= \frac{1}{\sqrt{3}}(2+3+1) = 2\sqrt{3}.\end{aligned}$$

$\boldsymbol{R}^3$ の領域 Ω 上で定義された C^1-級の関数を $\varphi(\boldsymbol{x}) = \varphi(x,y,z)$ とする. c を定数として曲面

$$S_c : \varphi(x,y,z) = c$$

を考える. $\nabla\varphi(\boldsymbol{x}) \neq \boldsymbol{0}$ $(\boldsymbol{x} \in \Omega)$ ならば例 1.27 で述べたように, 曲面 S_c は各点 $\boldsymbol{x} \in \Omega$ の近傍では, 1 つの変数が他の 2 変数の式で表される滑らかな曲面を表す ((1.39)). S_c を**等位面**と呼ぶ.

スカラー場 φ の幾何学的な性質には, c の値を変化させた等位面 S_c の性質が反映される. S_c 上に, 任意の点 P_0 と P_0 を通る任意の滑らかな曲線 $\boldsymbol{x} = \boldsymbol{\sigma}(t) = (x(t), y(t), z(t))$ $(t \in I, \boldsymbol{\sigma}(t_0) = \mathrm{P}_0)$ をとると

$$\varphi(\boldsymbol{\sigma}(t)) = \varphi(x(t), y(t), z(t)) \equiv c \quad (t \in I)$$

が成り立つ. 両辺を t で微分して $t = t_0$ を代入すれば $\nabla\varphi(\mathrm{P}_0) \cdot \boldsymbol{\sigma}'(t_0) = 0$. $\boldsymbol{\sigma}'(t_0)$ は P_0 における S_c の任意の接ベクトルだから, $\nabla\varphi(\mathrm{P}_0)$ は P_0 を通る S_c の法線ベクトル. したがって各 $\nabla\varphi(\mathrm{P})$ は $\mathrm{P} \in S_c$ における S_c の法線ベクトルである. とくに $\boldsymbol{n} = \nabla\varphi / |\nabla\varphi|$ は法線単位ベクトル (図 1.34). よって φ の $\boldsymbol{n}$ 方向微係数について (1.48) より

$$\frac{\partial \varphi}{\partial \boldsymbol{n}} = \nabla\varphi \cdot \boldsymbol{n} = |\nabla\varphi|, \tag{1.49}$$

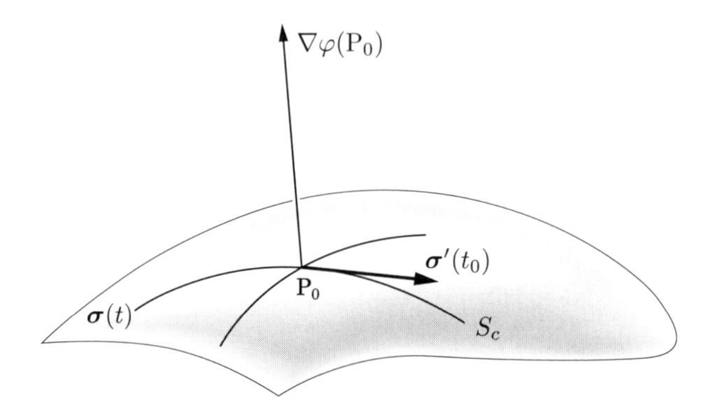

図 1.34

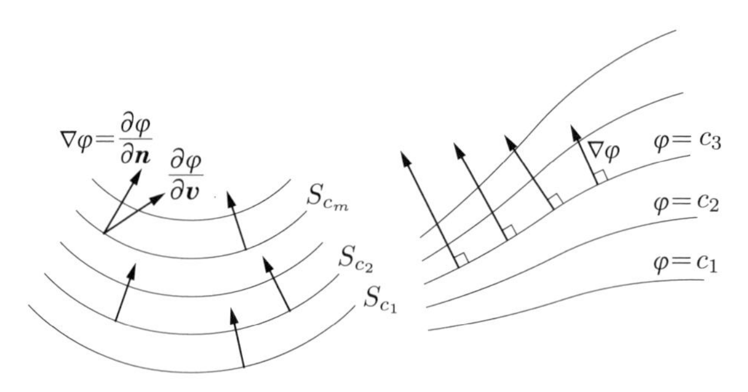

図 1.35

$$\nabla\varphi=|\nabla\varphi|\boldsymbol{n}=\frac{\partial\varphi}{\partial\boldsymbol{n}}\boldsymbol{n} \tag{1.50}$$

の 2 式が成立する．いま c の値を変動させ，それが増加する方向を $\boldsymbol{n}$ の方向にとれば，$|\nabla\varphi|=\left|\dfrac{\partial\varphi}{\partial\boldsymbol{n}}\right|$ は他の方向微係数 $\dfrac{\partial\varphi}{\partial\boldsymbol{v}}=\nabla\varphi\cdot\boldsymbol{v}=|\nabla\varphi|\cos\theta$ (θ は $\nabla\varphi$ と $\boldsymbol{v}$ のなす角) より大きく，(1.49) から $\theta=0$ のとき $\boldsymbol{v}$ と $\boldsymbol{n}$ の方向は一致し，$\nabla\varphi$ は S_c に垂直で $\left|\dfrac{\partial\varphi}{\partial\boldsymbol{v}}\right|$ は最大値 $|\nabla\varphi|$ に到達する．また c の値の急激な増加に伴って $\dfrac{\partial\varphi}{\partial\boldsymbol{n}}$ が大きくなり，$|\nabla\varphi|$ 自身は等位面上を密集点に近づくに従い増大する ((1.48), (1.49)，図 1.35).

例 1.32 スカラー場 $U=-\dfrac{GmM}{r}$ $(\boldsymbol{r}\in\boldsymbol{R}^3\setminus\{\boldsymbol{0}\})$ に対する等位面は例 1.29

より $\boldsymbol{F}$ の等ポテンシャル面 $U=c$ で，その等ポテンシャル群は原点に密集する同心球面である．

1.2.5 ベクトル場の発散・回転

■ベクトル場の発散■ $\boldsymbol{F}=f_1\boldsymbol{i}+f_2\boldsymbol{j}+f_3\boldsymbol{k}$ を $\boldsymbol{R}^3$ の領域 D におけるベクトル場とするとき

$$\operatorname{div}\boldsymbol{F}=\frac{\partial f_1}{\partial x}+\frac{\partial f_2}{\partial y}+\frac{\partial f_3}{\partial z}$$

を $\boldsymbol{F}$ の**発散** (divergence) と呼ぶ．右辺を ∇ と $\boldsymbol{F}$ の内積で表せば

$$\operatorname{div}\boldsymbol{F}=\nabla\cdot\boldsymbol{F} \tag{1.51}$$

実際，$\nabla\cdot\boldsymbol{F}=\left(\dfrac{\partial}{\partial x}\boldsymbol{i}+\dfrac{\partial}{\partial y}\boldsymbol{j}+\dfrac{\partial}{\partial z}\boldsymbol{k}\right)\cdot(f_1\boldsymbol{i}+f_2\boldsymbol{j}+f_3\boldsymbol{k})$ を展開すれば (1.51) の右辺となる．

例 1.33 $\boldsymbol{r}=x\boldsymbol{i}+y\boldsymbol{j}+z\boldsymbol{k}$ とするとき $\operatorname{div}\dfrac{\boldsymbol{r}}{|\boldsymbol{r}|}, \operatorname{div}\dfrac{\boldsymbol{r}}{|\boldsymbol{r}|^2}$ を求めよ．

解 x,y,z を x_1,x_2,x_3 で表せば

$$\begin{aligned}\operatorname{div}\frac{\boldsymbol{r}}{|\boldsymbol{r}|}&=\frac{\partial}{\partial x_1}\left(\frac{x_1}{r}\right)+\frac{\partial}{\partial x_2}\left(\frac{x_2}{r}\right)+\frac{\partial}{\partial x_3}\left(\frac{x_3}{r}\right)\\&=\frac{1}{r^2}\sum_{i=1}^{3}\left(r-\frac{x_i^2}{r}\right)=\frac{3}{r}-\frac{1}{r}=\frac{2}{r},\end{aligned}$$

$$\operatorname{div}\frac{\boldsymbol{r}}{|\boldsymbol{r}|^2}=\sum_{i=1}^{3}\frac{\partial}{\partial x_i}\left(\frac{x_i}{r^2}\right)=\sum_{i=1}^{3}\left(\frac{1}{r^2}-\frac{2x_i^2}{r^4}\right)=\frac{3}{r^2}-\frac{2r^2}{r^4}=\frac{1}{r^2}.$$

div は明らかに線形演算である：

$$\operatorname{div}(a\boldsymbol{F}+b\boldsymbol{G})=a\operatorname{div}\boldsymbol{F}+b\operatorname{div}\boldsymbol{G}.$$

ただし，a,b は任意の実数とした．さらに f をスカラー場とするとき

$$\operatorname{div}(f\boldsymbol{F})=\nabla f\cdot\boldsymbol{F}+f\operatorname{div}\boldsymbol{F}. \tag{1.52}$$

実際，$\boldsymbol{F}=F_1\boldsymbol{i}+F_2\boldsymbol{j}+F_3\boldsymbol{k}$ とおいて

$$\operatorname{div}(f\boldsymbol{F})=\sum_{i=1}^{3}\frac{\partial}{\partial x_i}(fF_i)=\sum_{i=1}^{3}\left(\frac{\partial f}{\partial x_i}F_i+f\frac{\partial F_i}{\partial x_i}\right)=(\nabla f)\cdot\boldsymbol{F}+f\operatorname{div}\boldsymbol{F}.$$

■発散の物理的意味■ いま空間に定常な流体の流れを想定し，流体粒子

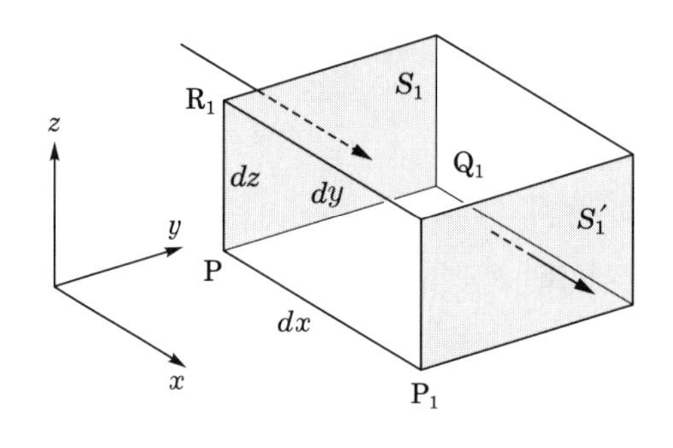

図 **1.36**

の点 (x,y,z) における速度を $\boldsymbol{v}(x,y,z)$ ($\boldsymbol{v}$ は位置によって定まり時間 t には無関係!) とする．点 $\mathrm{P}(x,y,z)$ から座標軸に平行な陵をもつ微小な直方体 V (図 1.36) を流れの中で考え，頂点 $\mathrm{P}_1(x+dx,y,z), \mathrm{Q}_1(x,y+dy,z), \mathrm{R}_1(x,y,z+dz)$ を図のように定める．速度場 $\boldsymbol{v}=v_1\boldsymbol{i}+v_2\boldsymbol{j}+v_3\boldsymbol{k}$ には x 軸に垂直な V の表面の長方形 S_1 を横切って V の中への内向きの流れがあり，対面する長方形 S_1' を横切って V から外への外向き流れがある．v_1 は x 軸に沿って粒子が単位時間に移動する距離だから，流れは単位時間あたり S_1 において $v_1(x,y,z)dydz$ の体積を流入させ，S_1' から $v_1(x+dx,y,z)dydz$ の体積を流出させる．したがって V の x 軸方向の垂直な 2 面から単位時間に V の外に流出する流体の体積は

$$[v_1(x+dx,y,z)-v_1(x,y,z)]dydz \approx \frac{\partial v_1}{\partial x}(x,y,z)dxdydz.$$

同様に y 軸に垂直な 2 面と z 軸に垂直な 2 面から単位時間に V の外に流出する流体の体積はそれぞれ

$$\frac{\partial v_1}{\partial y}(x,y,z)dxdydz, \quad \frac{\partial v_1}{\partial z}(x,y,z)dxdydz$$

となる．よって V の表面を通過して単位時間に V から失われる体積はこれらの和に等しく

$$\left(\frac{\partial v_1}{\partial x}+\frac{\partial v_1}{\partial y}+\frac{\partial v_1}{\partial z}\right)dxdydz.$$

したがって V の体積 $dxdydz$ で割った値は，流体の単位体積について，単位時間あたりに V の各面を通って流れ出す流体の総体積を表す．これを流体の

速度の発散 (divergence) といい

$$\operatorname{div}\boldsymbol{v}=\frac{\partial v_1}{\partial x}+\frac{\partial v_2}{\partial y}+\frac{\partial v_3}{\partial z}$$

と書く．$\operatorname{div}\boldsymbol{v}>0$ なら流体は膨張し密度は減少する．$\operatorname{div}\boldsymbol{v}<0$ なら流体は圧縮され密度は増加する．$\operatorname{div}\boldsymbol{v}=0$ となる速度場は**非圧縮**であるという．

一般にベクトル場 $\boldsymbol{F}$ が領域 D で定義されているとき $\operatorname{div}\boldsymbol{F}=\dfrac{\partial F_1}{\partial x}+\dfrac{\partial F_2}{\partial y}+\dfrac{\partial F_3}{\partial z}=0$ が D で成り立っていれば $\boldsymbol{F}$ はソレノイダル[*13]とかダイバージェンス・フリーなどという．

例 1.34　$\boldsymbol{F}=2x^2yz\boldsymbol{i}-xy^2z\boldsymbol{j}-xyz^2\boldsymbol{k}$ は

$$\begin{aligned}\operatorname{div}\boldsymbol{F}&=\frac{\partial}{\partial x}(2x^2yz)-\frac{\partial}{\partial y}(xy^2z)-\frac{\partial}{\partial z}(xyz^2)\\&=4xyz-x(2y)z-xy(2z)=0\end{aligned}$$

であるからソレノイダルである．

■ベクトル場の回転■　定義域を $\boldsymbol{R}^3$ の領域 D とする $\boldsymbol{R}^3$ のベクトル場 $G=G_1\boldsymbol{i}+G_2\boldsymbol{j}+G_3\boldsymbol{k}$ が与えられたとき

$$\left(\frac{\partial}{\partial y}G_3-\frac{\partial}{\partial z}G_2,\frac{\partial}{\partial z}G_1-\frac{\partial}{\partial x}G_3,\frac{\partial}{\partial x}G_2-\frac{\partial}{\partial y}G_1\right)$$

をベクトル $\boldsymbol{G}$ の**回転**と呼び $\operatorname{rot}\boldsymbol{G}$ または $\operatorname{curl}\boldsymbol{G}$ と表す．成分を形式的な 2 次行列式を用いて

$$\begin{vmatrix}\dfrac{\partial}{\partial y}&\dfrac{\partial}{\partial z}\\G_2&G_3\end{vmatrix}\boldsymbol{i}+\begin{vmatrix}\dfrac{\partial}{\partial z}&\dfrac{\partial}{\partial x}\\G_3&G_1\end{vmatrix}\boldsymbol{j}+\begin{vmatrix}\dfrac{\partial}{\partial x}&\dfrac{\partial}{\partial y}\\G_1&G_2\end{vmatrix}\boldsymbol{k}$$

と表し，それを行列式

$$\operatorname{rot}\boldsymbol{G}=\begin{vmatrix}\boldsymbol{i}&\boldsymbol{j}&\boldsymbol{k}\\\dfrac{\partial}{\partial x}&\dfrac{\partial}{\partial y}&\dfrac{\partial}{\partial z}\\G_1&G_2&G_3\end{vmatrix}\tag{1.53}$$

[*13] 湧き出しなしのベクトル場．

による記号的な展開式とみると記憶しやすい．これは

$$\mathrm{rot}\,\boldsymbol{G} = \nabla \times \boldsymbol{G} \tag{1.54}$$

とも表せる．実際分配則 (1.18) より

$$\begin{aligned}
&\nabla \times \boldsymbol{G} \\
&= \left(\frac{\partial}{\partial x}\boldsymbol{i} + \frac{\partial}{\partial y}\boldsymbol{j} + \frac{\partial}{\partial z}\boldsymbol{k}\right) \times (G_1\boldsymbol{i} + G_2\boldsymbol{j} + G_3\boldsymbol{k}) \\
&= \left(\frac{\partial}{\partial y}G_3 - \frac{\partial}{\partial z}G_2\right)\boldsymbol{i} + \left(\frac{\partial}{\partial z}G_1 - \frac{\partial}{\partial x}G_3\right)\boldsymbol{j} + \left(\frac{\partial}{\partial x}G_2 - \frac{\partial}{\partial y}G_1\right)\boldsymbol{k} \\
&= \mathrm{rot}\,\boldsymbol{G}.
\end{aligned}$$

例 1.35　例 1.14 (あるいは外積の応用例 1 (例 1.9)) で述べた定軸 ℓ (z 軸とかけた) のまわりの剛体の回転について $\boldsymbol{w} = \omega\boldsymbol{k}$, 位置ベクトルを $\boldsymbol{r} = \overrightarrow{\mathrm{OP}} = x\boldsymbol{i} + y\boldsymbol{j} + z\boldsymbol{k}$ として剛体上の点 P の接線速度 $\boldsymbol{v} = \boldsymbol{w} \times \boldsymbol{r} = -\omega y\boldsymbol{i} + \omega x\boldsymbol{j}$ を導いた．そこで速度場 $\boldsymbol{v}$ について $\mathrm{rot}\,\boldsymbol{v}$ を求めよう．

定義式 (1.53) に $\boldsymbol{w}, \boldsymbol{r}, \boldsymbol{v}$ を代入して

$$\mathrm{rot}\,\boldsymbol{v} = \begin{vmatrix} \boldsymbol{i} & \boldsymbol{j} & \boldsymbol{k} \\ \dfrac{\partial}{\partial x} & \dfrac{\partial}{\partial y} & \dfrac{\partial}{\partial z} \\ -\omega y & \omega x & 0 \end{vmatrix} = \left(\frac{\partial}{\partial x}(\omega x) + \frac{\partial}{\partial y}(\omega y)\right)\boldsymbol{k} = 2\omega\boldsymbol{k} = 2\boldsymbol{w}.$$

この結果は剛体内の点 P はどこにあってもその速度場の回転 $\boldsymbol{v}$ は，角速度ベクトル $\boldsymbol{w}$ のつねに 2 倍になる．すなわち $\mathrm{rot}\,\boldsymbol{v}$ は 1 つの回転を直(じ)かに測るものさしを与える．

ベクトル場 $\boldsymbol{G}(\boldsymbol{r})$ ($\boldsymbol{r} = x\boldsymbol{i} + y\boldsymbol{j} + z\boldsymbol{k}$) が $\boldsymbol{R}^3$ の領域 D で定義されているとする．いまもし D 上いたるところ $\mathrm{rot}\,\boldsymbol{G}(\boldsymbol{r}) = 0$ ならば $\boldsymbol{G}$ は**渦無し**であるという．

例 1.36　速度場 $\boldsymbol{v}$ は領域 $D = \boldsymbol{R}^3 \setminus \{\boldsymbol{0}\}$ において

$$\boldsymbol{v}(x, y, z) = \frac{y}{x^2 + y^2}\boldsymbol{i} - \frac{x}{x^2 + y^2}\boldsymbol{j} + 0\boldsymbol{k}$$

で定義されるとする．$\mathrm{rot}\,\boldsymbol{v}$ を求めよ．

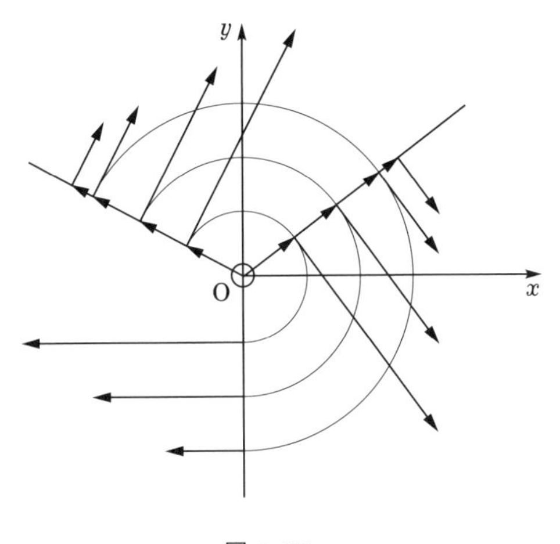

図 1.37

解

$$\operatorname{rot}\boldsymbol{v}=\begin{vmatrix}\boldsymbol{i} & \boldsymbol{j} & \boldsymbol{k}\\ \dfrac{\partial}{\partial x} & \dfrac{\partial}{\partial y} & \dfrac{\partial}{\partial z}\\ \dfrac{y}{\rho^2} & -\dfrac{x}{\rho^2} & 0\end{vmatrix}\quad(\rho=\sqrt{x^2+y^2})$$

$$=0\boldsymbol{i}+0\boldsymbol{j}-\left(\frac{\partial}{\partial y}\left(\frac{y}{x^2+y^2}\right)+\frac{\partial}{\partial x}\left(\frac{x}{x^2+y^2}\right)\right)\boldsymbol{k}=0.$$

速度場 $\boldsymbol{v}$ は D で渦無しである (図 1.37).

定理 1.37　f が領域 $\boldsymbol{R}^3$ の領域 D で C^2-級のスカラー場ならば $\operatorname{rot}(\nabla f)=0$. すなわち f の勾配ベクトルは回転しない.

証明

$$\operatorname{rot}(\nabla f)=\begin{vmatrix}\boldsymbol{i} & \boldsymbol{j} & \boldsymbol{k}\\ \dfrac{\partial}{\partial x} & \dfrac{\partial}{\partial y} & \dfrac{\partial}{\partial z}\\ \dfrac{\partial f}{\partial x} & \dfrac{\partial f}{\partial y} & \dfrac{\partial f}{\partial z}\end{vmatrix}$$

$$=\left(\frac{\partial^2 f}{\partial y\partial z}-\frac{\partial^2 f}{\partial z\partial y}\right)\boldsymbol{i}+\left(\frac{\partial^2 f}{\partial z\partial x}-\frac{\partial^2 f}{\partial x\partial z}\right)\boldsymbol{j}+\left(\frac{\partial^2 f}{\partial y\partial x}-\frac{\partial^2 f}{\partial x\partial y}\right)\boldsymbol{k}.$$

実際 $f \in C^2$ だから微分順序が交換可能で

$$\frac{\partial^2 f}{\partial y \partial z} = \frac{\partial^2 f}{\partial z \partial y}, \quad \frac{\partial^2 f}{\partial z \partial x} = \frac{\partial^2 f}{\partial x \partial z}, \quad \frac{\partial^2 f}{\partial y \partial x} = \frac{\partial^2 f}{\partial x \partial y}$$

である．これを上式に代入して $\mathrm{rot}\,\nabla f = \mathbf{0}$ を得た．■

問 1.38　D を $\boldsymbol{R}^3$ の領域とする．f は D 上のスカラー場，$\boldsymbol{G}$ は D 上のベクトル場とするとき次の等式を証明せよ．

$$\mathrm{rot}(f\boldsymbol{G}) = f\,\mathrm{rot}\,\boldsymbol{G} + (\nabla f) \times \boldsymbol{G}. \tag{1.55}$$

問 1.39　$\mathrm{rot}\,\boldsymbol{r}$ $(\boldsymbol{r} = x\boldsymbol{i} + y\boldsymbol{j} + z\boldsymbol{k})$ を求めよ．

$D = \boldsymbol{R}^3 \setminus \{\mathbf{0}\}$ 上のベクトル場 $\boldsymbol{F}(\boldsymbol{r})$ $(\boldsymbol{r} \neq \mathbf{0})$ が**球形対称**であるとは，$\boldsymbol{F}(\boldsymbol{r}) = f(r)\boldsymbol{r}$ $(r = |\boldsymbol{r}|)$ となる D 上のスカラー場 f が存在することと定義する．このとき次の結果が成り立つ．

定理 1.40　すべての球形対称ベクトル場は回転なし．

証明　$\mathrm{rot}\,\boldsymbol{r} = 0$ と (1.55) より

$$\mathrm{rot}(f(r)\boldsymbol{r}) = f(r)\,\mathrm{rot}\,\boldsymbol{r} + \nabla f(r) \times \boldsymbol{r} = \nabla f(r) \times \boldsymbol{r},$$

$$\begin{aligned}\nabla f(r) &= \frac{\partial}{\partial x} f(r)\boldsymbol{i} + \frac{\partial}{\partial y} f(r)\boldsymbol{j} + \frac{\partial}{\partial z} f(r)\boldsymbol{k} \\ &= \frac{x}{r} f'(r)\boldsymbol{i} + \frac{y}{r} f'(r)\boldsymbol{j} + \frac{z}{r} f'(r)\boldsymbol{k} = \frac{f'(r)}{r}\boldsymbol{r}.\end{aligned}$$

以上 2 つの式より $\mathrm{rot}(f(r)\boldsymbol{r}) = \nabla f(r) \times \boldsymbol{r} = \dfrac{f'(r)}{r}\boldsymbol{r} \times \boldsymbol{r} = 0$. ■

1.2.6　ベクトル等式

すでに与えた等式も含め，よく用いられるベクトル等式をまとめておこう．$\boldsymbol{u}, \boldsymbol{v}, \boldsymbol{w}$ は $\boldsymbol{R}^3 \longrightarrow \boldsymbol{R}^3$ のベクトル場，f, g は $\boldsymbol{R}^3 \longrightarrow \boldsymbol{R}^1$ のスカラー場とすると以下の各等式が成り立つ．

(1) $\boldsymbol{u} \times (\boldsymbol{v} \times \boldsymbol{w}) = (\boldsymbol{u} \cdot \boldsymbol{w})\boldsymbol{v} - (\boldsymbol{u} \cdot \boldsymbol{v})\boldsymbol{w}$ ((1.20) を参照).

(2) $\boldsymbol{u} \cdot (\boldsymbol{v} \times \boldsymbol{w}) = \begin{vmatrix} u_1 & u_2 & u_3 \\ v_1 & v_2 & v_3 \\ w_1 & w_2 & w_3 \end{vmatrix}$. ただし $\boldsymbol{u} = (u_1, u_2, u_3), \boldsymbol{v} = (v_1, v_2, v_3), \boldsymbol{w} =$

(w_1, w_2, w_3) とおいた.

(3) $\boldsymbol{u}\cdot(\boldsymbol{v}\times\boldsymbol{w})=(\boldsymbol{u}\times\boldsymbol{v})\cdot\boldsymbol{w}$.

(4) $\nabla\cdot(f\boldsymbol{u})=(\nabla f)\cdot\boldsymbol{u}+f(\nabla\cdot\boldsymbol{u})$ ((1.52) を参照).

(5) $\operatorname{div}\boldsymbol{u}=\nabla\cdot\boldsymbol{u}$ ((1.51) を参照せよ). $\operatorname{rot}\boldsymbol{u}=\nabla\times\boldsymbol{u}$ ((1.54) を参照せよ).

(6) $\nabla\cdot(\boldsymbol{u}\times\boldsymbol{v})=\operatorname{div}(\boldsymbol{u}\times\boldsymbol{v})=(\operatorname{rot}\boldsymbol{u})\cdot\boldsymbol{v}-\boldsymbol{u}\cdot(\operatorname{rot}\boldsymbol{v})$.

(7) $\nabla(\boldsymbol{u}\cdot\boldsymbol{v})=(\boldsymbol{u}\cdot\nabla)\boldsymbol{v}+(\boldsymbol{v}\cdot\nabla)\boldsymbol{u}+\boldsymbol{u}\times\operatorname{rot}\boldsymbol{v}+\boldsymbol{v}\times\operatorname{rot}\boldsymbol{u}$.

(8) $\operatorname{div}\operatorname{rot}\boldsymbol{u}=0$[*14].

(9) $\operatorname{div}(\nabla f\times\nabla g)=0$.

(10) $\operatorname{rot}(\boldsymbol{u}\times\boldsymbol{v})=\boldsymbol{u}\operatorname{div}\boldsymbol{v}-\boldsymbol{v}\operatorname{div}\boldsymbol{u}+(\boldsymbol{v}\cdot\nabla)\boldsymbol{u}-(\boldsymbol{u}\cdot\nabla)\boldsymbol{v}$.

(11) $\operatorname{rot}\nabla f=\nabla\times(\nabla f)=0$ (定理 1.37 を参照せよ).

(12) $\operatorname{rot}\operatorname{rot}\boldsymbol{u}=\nabla\operatorname{div}\boldsymbol{u}-\Delta\boldsymbol{u}$.

(13) $\Delta(fg)=f\Delta g+g\Delta f+2\nabla f\cdot\nabla g$.

(14) $\operatorname{rot}(f\boldsymbol{u})=f\operatorname{rot}\boldsymbol{u}+(\nabla f)\times\boldsymbol{u}$ ((1.55) を参照せよ).

(3) の証明　(2) により

$$\boldsymbol{u}\cdot(\boldsymbol{v}\times\boldsymbol{w})=\begin{vmatrix} w_1 & w_2 & w_3 \\ u_1 & u_2 & u_3 \\ v_1 & v_2 & v_3 \end{vmatrix}=\boldsymbol{w}\cdot(\boldsymbol{u}\times\boldsymbol{v})=(\boldsymbol{u}\times\boldsymbol{v})\cdot\boldsymbol{w}.$$

(6) の証明

$$\begin{aligned}
\operatorname{div}(\boldsymbol{u}\times\boldsymbol{v}) &= \begin{vmatrix} \dfrac{\partial}{\partial x} & \dfrac{\partial}{\partial y} & \dfrac{\partial}{\partial z} \\ u_1 & u_2 & u_3 \\ v_1 & v_2 & v_3 \end{vmatrix} \\
&= \frac{\partial}{\partial x}(u_2v_3-u_3v_2)+\frac{\partial}{\partial y}(u_3v_1-u_1v_3)+\frac{\partial}{\partial z}(u_1v_2-u_2v_1) \\
&= \left(\frac{\partial u_3}{\partial y}-\frac{\partial u_2}{\partial z}\right)v_1+\left(\frac{\partial u_1}{\partial z}-\frac{\partial u_3}{\partial x}\right)v_2+\left(\frac{\partial u_2}{\partial x}-\frac{\partial u_1}{\partial y}\right)v_3 \\
&\quad -\left(\frac{\partial v_3}{\partial y}-\frac{\partial v_2}{\partial z}\right)u_1-\left(\frac{\partial v_1}{\partial z}-\frac{\partial v_3}{\partial x}\right)u_2-\left(\frac{\partial v_2}{\partial x}-\frac{\partial v_1}{\partial y}\right)u_3 \\
&= (\operatorname{rot}\boldsymbol{u})\cdot\boldsymbol{v}-\boldsymbol{u}\cdot(\operatorname{rot}\boldsymbol{v}).
\end{aligned}$$

[*14] $\operatorname{div}\operatorname{rot}=\nabla\cdot\operatorname{rot}=0$ と記憶すればよい.

微分作用素 $\nabla, \mathrm{div}, \mathrm{rot}$ などを含むベクトル等式の検証には，これらをいわゆる “summation convention” を用いた式表現に書き直しておくと便利である．まず $\boldsymbol{i}, \boldsymbol{j}, \boldsymbol{k}$ を $\boldsymbol{i}_1, \boldsymbol{i}_2, \boldsymbol{i}_3$ と書き改め $u_1\boldsymbol{i}+u_2\boldsymbol{j}+u_3\boldsymbol{k}=u_1\boldsymbol{i}_1+u_2\boldsymbol{i}_2+u_3\boldsymbol{i}_3=\sum_{i=k}^{3} u_k\boldsymbol{i}_k$ を $\sum$ を省略して単に $u_k\boldsymbol{i}_k$ と表すことにする．このように添え字が重なる場合の和において和の記号 $\sum$ を省略することを “summation convention” という．この約束のもとでは次式が成り立つ．

$$\nabla f=\frac{\partial f}{\partial x_k}\boldsymbol{i}_k, \quad \mathrm{div}\,\boldsymbol{u}=\frac{\partial \boldsymbol{u}}{\partial x_k}\cdot\boldsymbol{i}_k, \quad \mathrm{rot}\,\boldsymbol{u}=\boldsymbol{i}_k\times\frac{\partial \boldsymbol{u}}{\partial x_k}$$

実際

$$\boldsymbol{i}_k\cdot\frac{\partial \boldsymbol{u}}{\partial x_k}=\boldsymbol{i}_k\cdot\boldsymbol{i}_\ell\frac{\partial u_\ell}{\partial x_k}=\delta_{k\ell}\frac{\partial u_\ell}{\partial x_k}$$

(左辺は k についての和，右辺は k, ℓ についての和を表す)．ここで

$$\delta_{k\ell}=\begin{cases}1 & (k=\ell),\\ 0 & (k\neq\ell)\end{cases} \quad \text{(クロネッカーのデルタ (Kronecker's delta function))}$$

である．したがって $\boldsymbol{i}_k\cdot\dfrac{\partial \boldsymbol{u}}{\partial x_k}=\dfrac{\partial u_k}{\partial x_k}=\mathrm{div}\,\boldsymbol{u}$．次に

$$\boldsymbol{i}_k\times\frac{\partial \boldsymbol{u}}{\partial x_k}=\boldsymbol{i}_k\times\boldsymbol{i}_\ell\frac{\partial u_\ell}{\partial x_k}. \tag{1.56}$$

前に述べた $\boldsymbol{i}, \boldsymbol{j}, \boldsymbol{k}$ に関する基本公式

$$\boldsymbol{i}_k\times\boldsymbol{i}_k=\boldsymbol{0}, \quad \boldsymbol{i}_k\times\boldsymbol{i}_\ell=-\boldsymbol{i}_\ell\times\boldsymbol{i}_k,$$

$$\boldsymbol{i}_1\times\boldsymbol{i}_2=\boldsymbol{i}_3, \quad \boldsymbol{i}_2\times\boldsymbol{i}_3=\boldsymbol{i}_1, \quad \boldsymbol{i}_3\times\boldsymbol{i}_1=\boldsymbol{i}_2$$

を用いて (1.56) の右辺を計算すると

$$\boldsymbol{i}_1\times\frac{\partial \boldsymbol{u}}{\partial x_1}=\boldsymbol{i}_1\times\boldsymbol{i}_2\frac{\partial u_2}{\partial x_1}+\boldsymbol{i}_1\times\boldsymbol{i}_3\frac{\partial u_3}{\partial x_1}=\frac{\partial u_2}{\partial x_1}\boldsymbol{i}_3-\frac{\partial u_3}{\partial x_1}\boldsymbol{i}_2,$$

$$\boldsymbol{i}_2\times\frac{\partial \boldsymbol{u}}{\partial x_2}=\boldsymbol{i}_2\times\boldsymbol{i}_3\frac{\partial u_3}{\partial x_2}+\boldsymbol{i}_2\times\boldsymbol{i}_1\frac{\partial u_1}{\partial x_2}=\frac{\partial u_3}{\partial x_2}\boldsymbol{i}_1-\frac{\partial u_1}{\partial x_2}\boldsymbol{i}_3,$$

$$\boldsymbol{i}_3\times\frac{\partial \boldsymbol{u}}{\partial x_3}=\boldsymbol{i}_3\times\boldsymbol{i}_1\frac{\partial u_1}{\partial x_3}+\boldsymbol{i}_3\times\boldsymbol{i}_2\frac{\partial u_2}{\partial x_3}=\frac{\partial u_1}{\partial x_3}\boldsymbol{i}_2-\frac{\partial u_2}{\partial x_3}\boldsymbol{i}_1.$$

こうして総和をとれば

$$\boldsymbol{i}_k \times \frac{\partial \boldsymbol{u}}{\partial x_k} = \left(\frac{\partial u_3}{\partial x_2} - \frac{\partial u_2}{\partial x_3}\right)\boldsymbol{i}_1 + \left(\frac{\partial u_1}{\partial x_3} - \frac{\partial u_3}{\partial x_1}\right)\boldsymbol{i}_2 + \left(\frac{\partial u_2}{\partial x_1} - \frac{\partial u_1}{\partial x_2}\right)\boldsymbol{i}_3.$$

(7) の証明

$$\boldsymbol{u} \times \mathrm{rot}\,\boldsymbol{v} + \boldsymbol{v} \times \mathrm{rot}\,\boldsymbol{u} = \boldsymbol{u} \times \left(\boldsymbol{i}_k \times \frac{\partial \boldsymbol{v}}{\partial x_k}\right) + \boldsymbol{v} \times \left(\boldsymbol{i}_k \times \frac{\partial \boldsymbol{u}}{\partial x_k}\right).$$

ここで三重積の公式 ((1.12)) $\boldsymbol{a} \times (\boldsymbol{b} \times \boldsymbol{c}) = (\boldsymbol{a}\cdot\boldsymbol{c})\boldsymbol{b} - (\boldsymbol{a}\cdot\boldsymbol{b})\boldsymbol{c}$ を適用すると

$$\text{上式右辺} = \left(\boldsymbol{u}\cdot\frac{\partial \boldsymbol{v}}{\partial x_k}\right)\boldsymbol{i}_k - (\boldsymbol{u}\cdot\boldsymbol{i}_k)\frac{\partial \boldsymbol{v}}{\partial x_k} + \left(\boldsymbol{v}\cdot\frac{\partial \boldsymbol{u}}{\partial x_k}\right)\boldsymbol{i}_k - (\boldsymbol{v}\cdot\boldsymbol{i}_k)\frac{\partial \boldsymbol{u}}{\partial x_k}.$$

$\left(\boldsymbol{u}\cdot\frac{\partial \boldsymbol{v}}{\partial x_k}\right)\boldsymbol{i}_k + \left(\boldsymbol{v}\cdot\frac{\partial \boldsymbol{u}}{\partial x_k}\right)\boldsymbol{i}_k = \boldsymbol{i}_k\frac{\partial}{\partial x_k}(\boldsymbol{u}\cdot\boldsymbol{v})$ であるから

$$\begin{aligned}\text{上式} &= \boldsymbol{i}_k\frac{\partial}{\partial x_k}(\boldsymbol{u}\cdot\boldsymbol{v}) - \left(\boldsymbol{u}\cdot\boldsymbol{i}_k\frac{\partial}{\partial x_k}\right)\boldsymbol{v} - \left(\boldsymbol{v}\cdot\boldsymbol{i}_k\frac{\partial}{\partial x_k}\right)\boldsymbol{u} \\ &= \nabla(\boldsymbol{u}\cdot\boldsymbol{v}) - (\boldsymbol{u}\cdot\nabla)\boldsymbol{v} - (\boldsymbol{v}\cdot\nabla)\boldsymbol{u}.\end{aligned}$$

ゆえに

$$\nabla(\boldsymbol{u}\cdot\boldsymbol{v}) = (\boldsymbol{u}\cdot\nabla)\boldsymbol{v} + (\boldsymbol{v}\cdot\nabla)\boldsymbol{u} + \boldsymbol{u} \times \mathrm{rot}\,\boldsymbol{v} + \boldsymbol{v} \times \mathrm{rot}\,\boldsymbol{u}.$$

問 1.41　$\boldsymbol{i}_k \cdot \frac{\partial}{\partial x_k}(\boldsymbol{u} \times \boldsymbol{v}) = \boldsymbol{i}_k \cdot \left(\frac{\partial \boldsymbol{u}}{\partial x_k} \times \boldsymbol{v}\right) + \boldsymbol{i}_k \cdot \left(\boldsymbol{u} \times \frac{\partial \boldsymbol{v}}{\partial x_k}\right)$ を示せ.

1.2.7　直交曲線座標

空間のある領域に xyz-座標系と uvw-座標系が定義されていて，その間に 1 対 1 対応が成り立っているとする．このとき点 (x,y,z) にただ 1 組の (u,v,w) が対応して

$$x = x(u,v,w), \quad y = y(u,v,w), \quad z = z(u,v,w) \tag{1.57}$$

と表され，逆にこれを

$$u = u(x,y,z), \quad v = v(x,y,z), \quad w = w(x,y,z)$$

と解くことができる．

いま x,y,z が u,v,w について C^1-級でありヤコビ行列式 J について次が成立するとする．

$$J = \frac{D(x,y,z)}{D(u,v,w)} = \begin{vmatrix} \dfrac{\partial x}{\partial u} & \dfrac{\partial y}{\partial u} & \dfrac{\partial z}{\partial u} \\ \dfrac{\partial x}{\partial v} & \dfrac{\partial y}{\partial v} & \dfrac{\partial z}{\partial v} \\ \dfrac{\partial x}{\partial w} & \dfrac{\partial y}{\partial w} & \dfrac{\partial z}{\partial w} \end{vmatrix} \neq 0.$$

(1.57) より x, y, z はパラメタ u, v, w による表示とみてもよい．すなわち $\boldsymbol{r} = x\boldsymbol{i} + y\boldsymbol{j} + z\boldsymbol{k}$ は $\boldsymbol{r} = \boldsymbol{r}(x,y,z)$ と表され，(u,v,w) は x, y, z の (曲線) 座標と考えられる．任意の点 P_0 に対応する (u_0, v_0, w_0) をとり u-曲線：$u \longmapsto \boldsymbol{r}(u, v_0, w_0)$, v-曲線：$v \longmapsto \boldsymbol{r}(u_0, v, w_0)$, w-曲線：$w \longmapsto \boldsymbol{r}(u_0, v_0, w)$ を定義する．このとき P_0 における u-, v-, w-曲線の各接線ベクトル $\dfrac{\partial \boldsymbol{r}}{\partial u}(\mathrm{P}_0)$, $\dfrac{\partial \boldsymbol{r}}{\partial v}(\mathrm{P}_0)$, $\dfrac{\partial \boldsymbol{r}}{\partial w}(\mathrm{P}_0)$ は<u>互いに直交しているものと仮定</u>しよう．いいかえれば xyz-空間の各点を通って互いに直交するような u-曲線，v-曲線，w-曲線が対応しているとする．P_0 を一般に P と表すとき，各点 P を通る 3 組の曲線群は xyz-空間を覆い，u-, v-, w-曲線に対する (u,v,w) は $\boldsymbol{r} = x\boldsymbol{i} + y\boldsymbol{j} + z\boldsymbol{k}$ を $\boldsymbol{r}(u,v,w)$ として確定する．u, v, w を $\boldsymbol{r}$ の**直交曲線座標**と呼ぶ．$\dfrac{\partial \boldsymbol{r}}{\partial u}(\mathrm{P})$, $\dfrac{\partial \boldsymbol{r}}{\partial v}(\mathrm{P})$, $\dfrac{\partial \boldsymbol{r}}{\partial w}(\mathrm{P})$ を正規化したベクトルを慣習的な記号で

$$\boldsymbol{e}_u = \frac{1}{h_u}\frac{\partial \boldsymbol{r}}{\partial u}, \quad \boldsymbol{e}_v = \frac{1}{h_v}\frac{\partial \boldsymbol{r}}{\partial v}, \quad \boldsymbol{e}_w = \frac{1}{h_w}\frac{\partial \boldsymbol{r}}{\partial w}$$

と書く．ただし，$h_u = \left|\dfrac{\partial \boldsymbol{r}}{\partial u}\right|, h_v = \left|\dfrac{\partial \boldsymbol{r}}{\partial v}\right|, h_w = \left|\dfrac{\partial \boldsymbol{r}}{\partial w}\right|$. $(\boldsymbol{e}_u, \boldsymbol{e}_v, \boldsymbol{e}_w)$ はこれまでの直交座標系における $(\boldsymbol{i}, \boldsymbol{j}, \boldsymbol{k})$ に相当する基底ベクトルであるが，その違いは前者は方向が固定されるのに対して後者は一般には点から点へとその方向が変わっていくことにある．しかし，u, v, w の増加の向きを変えることにより $\boldsymbol{e}_u, \boldsymbol{e}_v, \boldsymbol{e}_w$ は右手系にとってあるものとする (図 1.38).

例 1.42　円柱座標系は

$$x = \rho\cos\varphi, \quad y = \rho\sin\varphi, \quad z = z,$$

または

$$\boldsymbol{r} = (\rho\cos\varphi)\boldsymbol{i} + (\rho\sin\varphi)\boldsymbol{j} + z\boldsymbol{k} = \boldsymbol{r}(\rho, \varphi, z)$$

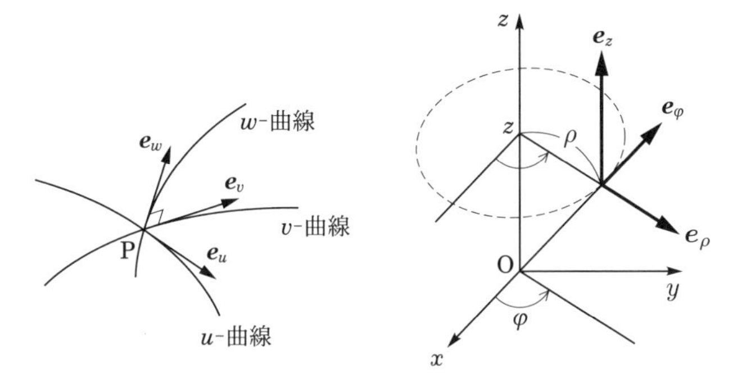

図 1.38

$(0 \leq \rho, 0 \leq \varphi < 2\pi)$ で定義される．ヤコビ行列式が 0 でないことおよび (ρ, φ, z) は直交曲線座標であることを確かめ，$\boldsymbol{e}_\rho, \boldsymbol{e}_\varphi, \boldsymbol{e}_z$ を求めよ．

解 $\dfrac{\partial \boldsymbol{r}}{\partial \rho} = \cos\varphi \boldsymbol{i} + \sin\varphi \boldsymbol{j}$ より $h_\rho = \left|\dfrac{\partial \boldsymbol{r}}{\partial \rho}\right| = 1$. $\dfrac{\partial \boldsymbol{r}}{\partial \varphi} = -(\rho \sin\varphi)\boldsymbol{i} + (\rho\cos\varphi)\boldsymbol{j}$ より $h_\varphi = \left|\dfrac{\partial \boldsymbol{r}}{\partial \varphi}\right| = \rho$. $\dfrac{\partial \boldsymbol{r}}{\partial z} = 1\boldsymbol{k}$. よって $h_z = \left|\dfrac{\partial \boldsymbol{r}}{\partial z}\right| = 1$. また

$$\frac{\partial \boldsymbol{r}}{\partial \rho} \cdot \frac{\partial \boldsymbol{r}}{\partial \varphi} = -\rho \sin\varphi \cos\varphi + \rho \sin\varphi \cos\varphi = 0, \quad \frac{\partial \boldsymbol{r}}{\partial \rho} \cdot \frac{\partial \boldsymbol{r}}{\partial z} = \frac{\partial \boldsymbol{r}}{\partial \varphi} \cdot \frac{\partial \boldsymbol{r}}{\partial z} = 0$$

も従う．こうして各接線ベクトルは互いに直交する．

$$J = \begin{vmatrix} \dfrac{\partial x}{\partial \rho} & \dfrac{\partial y}{\partial \rho} & \dfrac{\partial z}{\partial \rho} \\ \dfrac{\partial x}{\partial \varphi} & \dfrac{\partial y}{\partial \varphi} & \dfrac{\partial z}{\partial \varphi} \\ \dfrac{\partial x}{\partial z} & \dfrac{\partial y}{\partial z} & \dfrac{\partial z}{\partial z} \end{vmatrix} = \begin{vmatrix} \cos\varphi & \sin\varphi & 0 \\ -\sin\varphi & \cos\varphi & 0 \\ 0 & 0 & 1 \end{vmatrix} = 1.$$

また

$$\boldsymbol{e}_\rho = \cos\varphi \boldsymbol{i} + \sin\varphi \boldsymbol{j}, \quad \boldsymbol{e}_\varphi = (-\sin\varphi)\boldsymbol{i} + \cos\varphi \boldsymbol{j}, \quad \boldsymbol{e}_z = 1\boldsymbol{k}.$$

例 1.43 球座標

$$\boldsymbol{r} = (r\sin\theta\cos\varphi)\boldsymbol{i} + (r\sin\theta\sin\varphi)\boldsymbol{j} + (r\cos\theta)\boldsymbol{k}$$

$$(r \geq 0, 0 \leq \theta \leq \pi, 0 \leq \varphi < 2\pi)$$

について例 1.42 と同じことを調べよ.

解

$$\frac{\partial \boldsymbol{r}}{\partial r} = \sin\theta\cos\varphi\boldsymbol{i} + \sin\theta\sin\varphi\boldsymbol{j} + \cos\theta\boldsymbol{k},$$

$$\frac{\partial \boldsymbol{r}}{\partial \theta} = r\cos\theta\cos\varphi\boldsymbol{i} + r\cos\theta\sin\varphi\boldsymbol{j} - r\sin\theta\boldsymbol{k},$$

$$\frac{\partial \boldsymbol{r}}{\partial \varphi} = (-r\sin\theta\sin\varphi)\boldsymbol{i} + r\sin\theta\cos\varphi\boldsymbol{j} + 0\boldsymbol{k}.$$

よって

$$h_r = [\sin^2\theta(\cos^2\varphi + \sin^2\varphi) + \cos^2\theta]^{1/2} = 1,$$

$$h_\theta = r[\cos^2\theta(\cos^2\varphi + \sin^2\varphi^2) + \sin^2\theta]^{1/2} = r,$$

$$h_\varphi = r\sin\theta[\cos^2\varphi + \sin^2\varphi]^{1/2} = r\sin\theta,$$

$$\boldsymbol{e}_r = \sin\theta\cos\varphi\boldsymbol{i} + \sin\theta\sin\varphi\boldsymbol{j} + \cos\theta\boldsymbol{k},$$

$$\boldsymbol{e}_\theta = \cos\theta\cos\varphi\boldsymbol{i} + \cos\theta\sin\varphi\boldsymbol{j} - \sin\theta\boldsymbol{k},$$

$$\boldsymbol{e}_\varphi = (-\sin\varphi)\boldsymbol{i} + \cos\varphi\boldsymbol{j}.$$

上式より $\boldsymbol{e}_r\cdot\boldsymbol{e}_\theta = \boldsymbol{e}_\theta\cdot\boldsymbol{e}_\varphi = \boldsymbol{e}_\varphi\cdot\boldsymbol{e}_r = 0$ は明らか. ヤコビ行列式は

$$J = \begin{vmatrix} x_r & y_r & z_r \\ x_\theta & y_\theta & z_\theta \\ x_\varphi & y_\varphi & z_\varphi \end{vmatrix} = \begin{vmatrix} \sin\theta\cos\varphi & \sin\theta\sin\varphi & \cos\theta \\ r\cos\theta\cos\varphi & r\cos\theta\sin\varphi & -r\sin\theta \\ -r\sin\theta\sin\varphi & r\sin\theta\cos\varphi & 0 \end{vmatrix}$$

$$= r^2\sin\theta > 0 \quad (0 < \theta < \pi).$$

$\boldsymbol{f}$ を考えている領域のベクトル場とする. 点 $\mathrm{P}(x,y,z)$ の直交曲線座標を (u,v,w) とし, $\boldsymbol{f}(\mathrm{P})$ の基底ベクトル $\boldsymbol{e}_u, \boldsymbol{e}_v, \boldsymbol{e}_w$ による u-成分, v-成分, w-成分をそれぞれ f_u, f_v, f_w とするとき

$$\boldsymbol{f}(u,v,w) = f_u\boldsymbol{e}_u + f_v\boldsymbol{e}_v + f_w\boldsymbol{e}_w \tag{1.58}$$

と表せる. ここで注意することは f_u, f_v, f_w はもちろん, $\boldsymbol{e}_u, \boldsymbol{e}_v, \boldsymbol{e}_w$ もまた u, v, w の関数となっている (例 1.43 を参照) から当然

$$\frac{\partial \boldsymbol{f}}{\partial u} = \frac{\partial f_u}{\partial u}\boldsymbol{e}_u + \frac{\partial f_v}{\partial u}\boldsymbol{e}_v + \frac{\partial f_w}{\partial u}\boldsymbol{e}_w$$

などは一般に成立しない．通常の直交座標系では

$$\boldsymbol{f}(x,y,z)=f_1(x,y,z)\boldsymbol{i}+f_2(x,y,z)\boldsymbol{j}+f_3(x,y,z)\boldsymbol{k}. \tag{1.59}$$

ここで (1.57) から右辺の成分関数 f_1, f_2, f_3 は (u,v,w) の関数になる．しかし $\boldsymbol{f}$ の (u,v,w) におけるベクトル値は，直交曲線座標系 $\{\boldsymbol{e}_u,\boldsymbol{e}_v,\boldsymbol{e}_w\}$ で直接 (1.58) のように表される．

f_u, f_v, f_w を f_1, f_2, f_3 で表してみよう．(1.59) と $\boldsymbol{e}_u$ の内積は $\boldsymbol{f}$ の $\boldsymbol{e}_u$ 成分 f_u であり，

$$\boldsymbol{f}\cdot\boldsymbol{e}_u=f_1\boldsymbol{i}\cdot\boldsymbol{e}_u+f_2\boldsymbol{j}\cdot\boldsymbol{e}_u+f_3\boldsymbol{k}\cdot\boldsymbol{e}_u.$$

ここで $\boldsymbol{e}_u=\dfrac{1}{h_u}\dfrac{\partial \boldsymbol{r}}{\partial u}=\dfrac{1}{h_u}\Big(\dfrac{\partial x}{\partial u}\boldsymbol{i}+\dfrac{\partial y}{\partial u}\boldsymbol{j}+\dfrac{\partial z}{\partial u}\boldsymbol{k}\Big)$ を代入して f_u を得る．f_v, f_w についても同様にして次を得る．

$$\begin{aligned}
f_u&=\frac{1}{h_u}\Big(f_1\frac{\partial x}{\partial u}+f_2\frac{\partial y}{\partial u}+f_3\frac{\partial z}{\partial u}\Big)\\
f_v&=\frac{1}{h_v}\Big(f_1\frac{\partial x}{\partial v}+f_2\frac{\partial y}{\partial v}+f_3\frac{\partial z}{\partial v}\Big)\\
f_w&=\frac{1}{h_w}\Big(f_1\frac{\partial x}{\partial w}+f_2\frac{\partial y}{\partial w}+f_3\frac{\partial z}{\partial w}\Big)
\end{aligned} \tag{1.60}$$

例 1.44　$\boldsymbol{f}=-y\boldsymbol{i}+x\boldsymbol{j}+0\boldsymbol{k}$ を球座標系で表せ．

解　$(u,v,w)=(r,\theta,\varphi)$ にとる．$f_1=-y=-r\sin\theta\sin\varphi, f_2=x=r\sin\theta\cos\varphi$, $f_3=0$. 例 1.43 と (1.60) より

$$f_u=\frac{1}{h_u}(-y\sin\theta\cos\varphi+x\sin\theta\sin\varphi)=0,$$

$$f_v=\frac{1}{h_v}(-yr\cos\theta\cos\varphi+xr\cos\theta\sin\varphi)=0,$$

$$f_w=\frac{1}{h_w}(yr\sin\theta\sin\varphi+xr\sin\theta\cos\varphi)=\frac{r^2\sin^2\theta}{r\sin\theta}=r\sin\theta.$$

したがって (1.58) より $\boldsymbol{f}=r\sin\theta\boldsymbol{e}_\varphi$.

1.2.8　直交曲線座標による微分作用素

$\nabla f=\dfrac{\partial f}{\partial x}\boldsymbol{i}+\dfrac{\partial f}{\partial y}\boldsymbol{j}+\dfrac{\partial f}{\partial z}\boldsymbol{k}$ を $\boldsymbol{e}_u$-, $\boldsymbol{e}_v$-, $\boldsymbol{e}_w$-方向に分解する．

$$\boldsymbol{e}_u = \frac{1}{h_u}\frac{\partial \boldsymbol{r}}{\partial u} = \frac{1}{h_u}\left(\frac{\partial x}{\partial u}\boldsymbol{i} + \frac{\partial x}{\partial u}\boldsymbol{j} + \frac{\partial x}{\partial u}\boldsymbol{k}\right)$$

と ∇f の内積が ∇f の $\boldsymbol{e}_u$- 方向の成分であるから

$$\nabla f \cdot \boldsymbol{e}_u = \frac{1}{h_u}\left(\frac{\partial f}{\partial x}\frac{\partial x}{\partial u} + \frac{\partial f}{\partial y}\frac{\partial y}{\partial u} + \frac{\partial f}{\partial z}\frac{\partial z}{\partial u}\right) = \frac{1}{h_u}\frac{\partial f}{\partial u}. \tag{1.61}$$

同様に

$$\nabla f \cdot \boldsymbol{e}_v = \frac{1}{h_v}\frac{\partial f}{\partial v}, \quad \nabla f \cdot \boldsymbol{e}_w = \frac{1}{h_w}\frac{\partial f}{\partial w}.$$

こうして

$$\nabla f = (\nabla f \cdot \boldsymbol{e}_u)\boldsymbol{e}_u + (\nabla f \cdot \boldsymbol{e}_v)\boldsymbol{e}_v + (\nabla f \cdot \boldsymbol{e}_w)\boldsymbol{e}_w$$

であるから各成分を代入して

$$\nabla f = \mathrm{grad}\, f = \frac{1}{h_u}\frac{\partial f}{\partial u}\boldsymbol{e}_u + \frac{1}{h_v}\frac{\partial f}{\partial v}\boldsymbol{e}_v + \frac{1}{h_w}\frac{\partial f}{\partial w}\boldsymbol{e}_w \tag{1.62}$$

とくに $f = u$ とおけば $\nabla u = \dfrac{1}{h_u}\boldsymbol{e}_u$. したがって $\boldsymbol{e}_u = h_u \nabla u$. 同様に $\boldsymbol{e}_v = h_v \nabla v, \boldsymbol{e}_w = h_w \nabla w$. この結果は有用な式なのでまとめておこう.

$$\boldsymbol{e}_u = h_u \nabla u, \quad \boldsymbol{e}_v = h_v \nabla v, \quad \boldsymbol{e}_w = h_w \nabla w \tag{1.63}$$

ハミルトニアン ∇ は作用素としては (1.62) から

$$\nabla = \frac{\boldsymbol{e}_u}{h_u}\frac{\partial}{\partial u} + \frac{\boldsymbol{e}_v}{h_v}\frac{\partial}{\partial v} + \frac{\boldsymbol{e}_w}{h_w}\frac{\partial}{\partial w} \tag{1.64}$$

次に $\mathrm{div}\, \boldsymbol{f} = \mathrm{div}(f_u \boldsymbol{e}_u + f_v \boldsymbol{e}_v + f_w \boldsymbol{e}_w)$ を求める. $\boldsymbol{e}_u, \boldsymbol{e}_v, \boldsymbol{e}_w$ は右手系であるから

$$\boldsymbol{e}_u = \boldsymbol{e}_v \times \boldsymbol{e}_w, \quad \boldsymbol{e}_v = \boldsymbol{e}_w \times \boldsymbol{e}_u, \quad \boldsymbol{e}_w = \boldsymbol{e}_u \times \boldsymbol{e}_v.$$

したがって 1.2.6 節 (4) と (1.63) を用いて

$$\begin{aligned}\mathrm{div}\, f_u \boldsymbol{e}_u &= \nabla \cdot (f_u \boldsymbol{e}_u) = \nabla \cdot (f_u \boldsymbol{e}_v \times \boldsymbol{e}_w) \\ &= \nabla \cdot (f_u h_v h_w \nabla v \times \nabla w) \\ &= \nabla (f_u h_v h_w) \cdot (\nabla v \times \nabla w) + f_u h_v h_w \nabla \cdot (\nabla v \times \nabla w)\end{aligned}$$

ここで 1.2.6 節 (9) より右辺第 2 項 $=0$. 第 1 項に (1.63) を代入して

$$=\nabla(f_u h_v h_w)\cdot\left(\frac{1}{h_v}\boldsymbol{e}_v\times\frac{1}{h_w}\boldsymbol{e}_w\right)$$

$$=\frac{\boldsymbol{e}_u}{h_v h_w}\cdot\nabla(f_u h_v h_w)=\frac{1}{h_u h_v h_w}\frac{\partial}{\partial u}(h_v h_w f_u).$$

ここで (1.64) を用いた. $\mathrm{div}\, f_v\cdot\boldsymbol{e}_v, \mathrm{div}\, f_w\cdot\boldsymbol{e}_w$ についても同様であるから

$$\mathrm{div}\,\boldsymbol{f}=\frac{1}{h_u h_v h_w}\left[\frac{\partial}{\partial u}(h_v h_w f_u)+\frac{\partial}{\partial v}(h_w h_u f_v)+\frac{\partial}{\partial w}(h_u h_v f_w)\right] \tag{1.65}$$

(1.64) から

$$\Delta f=\nabla\cdot\nabla f=\nabla\cdot\left(\frac{\boldsymbol{e}_u}{h_u}\frac{\partial f}{\partial u}+\frac{\boldsymbol{e}_v}{h_v}\frac{\partial f}{\partial v}+\frac{\boldsymbol{e}_w}{h_w}\frac{\partial f}{\partial w}\right).$$

したがってラプラシアンは

$$\Delta=\nabla\cdot\left(\frac{\boldsymbol{e}_u}{h_u}\frac{\partial}{\partial u}+\frac{\boldsymbol{e}_v}{h_v}\frac{\partial}{\partial v}+\frac{\boldsymbol{e}_w}{h_w}\frac{\partial}{\partial w}\right) \tag{1.66}$$

次に $\mathrm{rot}\,\boldsymbol{f}=\nabla\times(f_u\boldsymbol{e}_u+f_v\boldsymbol{e}_v+f_w\boldsymbol{e}_w)$ を計算しよう.

$$\nabla\times(f\boldsymbol{F})=\begin{vmatrix}\boldsymbol{i} & \boldsymbol{j} & \boldsymbol{k}\\ \dfrac{\partial}{\partial x} & \dfrac{\partial}{\partial y} & \dfrac{\partial}{\partial z}\\ fF_1 & fF_2 & fF_3\end{vmatrix}=f\nabla\times\boldsymbol{F}-\boldsymbol{F}\times\nabla f$$

であるから

$$\nabla\times(f_u\boldsymbol{e}_u)=\nabla\times(f_u h_u\nabla u)=h_u f_u\nabla\times\nabla u-\nabla u\times\nabla(h_u f_u)$$

1.2.6 節 (11) より右辺第 1 項 $=0$. よって (1.63), (1.64) より

$$=\nabla(h_u f_u)\times\nabla u$$

$$=\left(\frac{\boldsymbol{e}_u}{h_u}\frac{\partial}{\partial u}+\frac{\boldsymbol{e}_v}{h_v}\frac{\partial}{\partial v}+\frac{\boldsymbol{e}_w}{h_w}\frac{\partial}{\partial w}\right)(h_u f_u)\times\frac{\boldsymbol{e}_u}{h_u}$$

$\boldsymbol{e}_u\times\boldsymbol{e}_u=0, \boldsymbol{e}_v\times\boldsymbol{e}_u=-\boldsymbol{e}_w, \boldsymbol{e}_w\times\boldsymbol{e}_u=\boldsymbol{e}_v$ を代入し

$$=\frac{1}{h_u h_v h_w}\left(h_v\boldsymbol{e}_v\frac{\partial}{\partial w}-h_w\boldsymbol{e}_w\frac{\partial}{\partial v}\right)(h_u f_u).$$

同様にして

$$\nabla\times(f_v\boldsymbol{e}_v)=\frac{1}{h_u h_v h_w}\left(h_w\boldsymbol{e}_w\frac{\partial}{\partial u}-h_u\boldsymbol{e}_u\frac{\partial}{\partial w}\right)(h_v f_v),$$

$$\nabla\times(f_w\boldsymbol{e}_w)=\frac{1}{h_uh_vh_w}\left(h_u\boldsymbol{e}_u\frac{\partial}{\partial w}-h_v\boldsymbol{e}_v\frac{\partial}{\partial u}\right)(h_wf_w).$$

辺々加えて

$$\begin{aligned}\mathrm{rot}\,\boldsymbol{f}=\frac{1}{h_uh_vh_w}\Biggl[&\left(h_v\boldsymbol{e}_v\frac{\partial}{\partial w}(h_uf_u)-h_w\boldsymbol{e}_w\frac{\partial}{\partial v}(h_uf_u)\right)\\&+\left(h_w\boldsymbol{e}_w\frac{\partial}{\partial u}(h_vf_v)-h_u\boldsymbol{e}_u\frac{\partial}{\partial w}(h_vf_v)\right)\\&+\left(h_u\boldsymbol{e}_u\frac{\partial}{\partial v}(h_wf_w)-h_v\boldsymbol{e}_v\frac{\partial}{\partial u}(h_wf_w)\right)\Biggr].\end{aligned}$$

形式的な行列表現をすると

$$\mathrm{rot}\,\boldsymbol{f}=\frac{1}{h_uh_vh_w}\begin{vmatrix}h_u\boldsymbol{e}_u & h_v\boldsymbol{e}_v & h_w\boldsymbol{e}_w\\ \dfrac{\partial}{\partial u} & \dfrac{\partial}{\partial v} & \dfrac{\partial}{\partial w}\\ h_uf_u & h_vf_v & h_wf_w\end{vmatrix} \tag{1.67}$$

問 1.45　(1.64) を用いて $\Delta=\nabla\cdot\nabla$ を求めると

$$\Delta=\frac{1}{h_uh_vh_w}\left[\frac{\partial}{\partial u}\left(\frac{h_vh_w}{h_u}\frac{\partial}{\partial u}\right)+\frac{\partial}{\partial v}\left(\frac{h_wh_u}{h_v}\frac{\partial}{\partial v}\right)+\frac{\partial}{\partial w}\left(\frac{h_uh_v}{h_w}\frac{\partial}{\partial w}\right)\right] \tag{1.68}$$

が得られることを示せ.

例 1.46　球座標でラプラシアン Δ を表せ.

解　$h_u=h_r=1, h_v=h_\theta=r, h_w=h_\varphi=r\sin\theta$ を (1.68) に代入し整頓すれば

$$\Delta=\frac{1}{r^2}\frac{\partial}{\partial r}\left(r^2\frac{\partial}{\partial r}\right)+\frac{1}{r^2\sin\theta}\frac{\partial}{\partial\theta}\left(\sin\theta\frac{\partial}{\partial\theta}\right)+\frac{1}{r^2\sin^2\theta}\frac{\partial^2}{\partial\varphi^2}$$

1.3　線積分・面積分・積分公式

1.3.1　スカラー場，ベクトル場の線積分

道とはある写像 $\boldsymbol{\sigma}:I=[a,b]\longrightarrow\boldsymbol{R}^n$ [*15]のことである．以下 $n=3$ のときの

[*15] ここでは $n=2$ または 3 とする.

み述べるが，$n=2$ のときは座標を (x,y,z) から (x,y) に変えてまったく同様な議論ができるので $n=2$ のときは読者各自で議論せよ．$\boldsymbol{\sigma}$ が微分可能とか C^1-級などであれば，$\boldsymbol{\sigma}$ は微分可能な道とか C^1-級の道などという．$\boldsymbol{\sigma}(a), \boldsymbol{\sigma}(b)$ は道 $\boldsymbol{\sigma}$ の端点と呼ぶ．変数 t により道の位置 $\boldsymbol{\sigma}(t)$ は移動して曲線をなす．すなわち $\boldsymbol{\sigma}$ の像 $\boldsymbol{\sigma}(I)$ を曲線と定める．

いま空間内のスカラー場 $f(x,y,z)$ は $\boldsymbol{\sigma}(I)$ 上で連続であるとき，定積分

$$\int_a^b f(\boldsymbol{\sigma}(t))|\boldsymbol{\sigma}'(t)|\,dt = \int_a^b f(x(t),y(t),z(t))\sqrt{x'(t)^2+y'(t)^2+z'(t)^2}\,dt$$

を $\displaystyle\int_{\boldsymbol{\sigma}} f\,d|\boldsymbol{\sigma}|$ と表し，スカラー場 f の道 $\boldsymbol{\sigma}$ に沿った線積分という．$\boldsymbol{\sigma}(t)$ が区分的に滑らかまたは $f(\boldsymbol{\sigma}(t))$ が区分的に連続ならば，区間 I を $f(\boldsymbol{\sigma}(t))|\boldsymbol{\sigma}'(t)|$ が連続であるように分割し，分割された小区間上の積分の和をあらためて $\boldsymbol{\sigma}$ に沿った f の線積分という．こうして以下，道は滑らかな時のみ議論するが，区分的に滑らかなときも同様にしていくつかの小区間に分割して議論できる．

$\boldsymbol{R}^3$ 上の道 $\boldsymbol{\sigma}$ は $\boldsymbol{\sigma}(t)=(x(t),y(t),z(t))$ と表されるが，$x(t), y(t), z(t)$ を $\boldsymbol{\sigma}$ の成分関数といい，曲線 $\mathscr{C}=\boldsymbol{\sigma}(I)=\{\boldsymbol{r}=(x,y,z)=\boldsymbol{\sigma}(t)\,|\,a\le t\le b\}$ はパラメタ表示 $\boldsymbol{\sigma}$ を持つ (または道 $\boldsymbol{\sigma}$ で表せる) という．

例 1.47 螺旋 $\mathscr{C}$ は道 $\boldsymbol{\alpha}:[0,2\pi]\longrightarrow\boldsymbol{R}^3, \boldsymbol{\alpha}(t)=\cos t\boldsymbol{i}+\sin t\boldsymbol{j}+t\boldsymbol{k}$ で表せる $\boldsymbol{R}^3$ の曲線である．スカラー場 $f(x,y,z)=x+yz$ の道 $\boldsymbol{\alpha}$ に沿った線積分 $\displaystyle\int_{\boldsymbol{\alpha}} f\,d|\boldsymbol{\alpha}|$ を求めよ．

解 $|\boldsymbol{\alpha}'(t)|=\sqrt{\sin^2 t+\cos^2 t+1}=\sqrt{2}, f(\boldsymbol{\alpha}(t))=\cos t+t\sin t.$

$$\begin{aligned}\int_{\boldsymbol{\alpha}} f\,d|\boldsymbol{\alpha}| &= \sqrt{2}\int_0^{2\pi}(\cos t+t\sin t)\,dt \\ &= \sqrt{2}\Big[-t\cos t\Big]_0^{2\pi}+\sqrt{2}\int_0^{2\pi}\cos t\,dt=-2\sqrt{2}\pi.\end{aligned}$$

次にベクトル場 $\boldsymbol{F}$ に対し

$$\int_a^b \boldsymbol{F}(\boldsymbol{\sigma}(t))\cdot\boldsymbol{\sigma}'(t)\,dt=\int_{\boldsymbol{\sigma}}\boldsymbol{F}\cdot d\boldsymbol{\sigma}$$

を道 $\boldsymbol{\sigma}$ に沿ったベクトル場 $\boldsymbol{F}$ の**線積分**と呼ぶ．$\boldsymbol{t}=\dfrac{\boldsymbol{\sigma}'}{|\boldsymbol{\sigma}'|}$ とおく．すなわち道

$\boldsymbol{\sigma}$ の単位接線方向である．これを用いれば

$$\int_{\boldsymbol{\sigma}} \boldsymbol{F}\cdot\boldsymbol{t}d|\boldsymbol{\sigma}| = \int_a^b \boldsymbol{F}(\boldsymbol{\sigma}(t))\cdot\boldsymbol{\sigma}'(t)\,dt = \int_{\boldsymbol{\sigma}} \boldsymbol{F}\cdot d\boldsymbol{\sigma}$$

である．

$\boldsymbol{F} = f(x,y,z)\boldsymbol{i} + g(x,y,z)\boldsymbol{j} + h(x,y,z)\boldsymbol{k}, \boldsymbol{\sigma}(t) = x(t)\boldsymbol{i} + y(t)\boldsymbol{j} + z(t)\boldsymbol{k}$ ならば，この線積分は

$$\int_a^b \boldsymbol{F}(\boldsymbol{\sigma}(t))\cdot\boldsymbol{\sigma}'(t)\,dt = \int_a^b f\frac{dx}{dt}\,dt + \int_a^b g\frac{dy}{dt}\,dt + \int_a^b h\frac{dz}{dt}\,dt$$

である．これを $\displaystyle\int_{\boldsymbol{\sigma}} f\,dx + g\,dy + h\,dz$ とも表す．

いま $\boldsymbol{R}^3$ の曲線 C が道 $\boldsymbol{\sigma}(s)$ $(s \in I = [a,b])$ で表されたとする．$s = h(t)$ を区間 $I_1 = [a_1, b_1]$ を区間 $I = [a,b]$ の上へ写す 1 対 1 C^1-写像とする．合成写像 $\boldsymbol{\rho} = \boldsymbol{\sigma}\circ h$ $(\rho(t) = \sigma(h(t)))$ を $\boldsymbol{\sigma}$ の再パラメタ化と呼ぶ．このとき

$$h(a_1) = a, h(b_1) = b \text{ すなわち } h'(t) > 0 \ (a_1 < t < b_1) \tag{1}$$

または

$$h(a_1) = b, h(b_1) = a \text{ すなわち } h'(t) < 0 \ (a_1 < t < b_1) \tag{2}$$

とするならば，(1) は $\boldsymbol{\rho}$ の向づけが保たれているといい，(2) は $\boldsymbol{\rho}$ の向づけが逆であるという．

定理 1.48　$\boldsymbol{F}$ は道 $\boldsymbol{\sigma} : [a,b] \longrightarrow \boldsymbol{R}^3$ 上で連続なベクトル場，$\boldsymbol{\rho}$ は $\boldsymbol{\sigma}$ の再パラメタ化とする．もし $\boldsymbol{\rho}$ の向きづけが保たれているならば

$$\int_{\boldsymbol{\rho}} \boldsymbol{F}\cdot d\boldsymbol{\rho} = \int_{\boldsymbol{\sigma}} \boldsymbol{F}\cdot d\boldsymbol{\sigma}.$$

もし $\boldsymbol{\rho}$ の向きづけが逆ならば

$$\int_{\boldsymbol{\rho}} \boldsymbol{F}\cdot d\boldsymbol{\rho} = -\int_{\boldsymbol{\sigma}} \boldsymbol{F}\cdot d\boldsymbol{\sigma}.$$

証明　$\boldsymbol{\rho}$ は $\boldsymbol{\sigma}$ の再パラメタ化であるから，$\boldsymbol{\rho} = \boldsymbol{\sigma}\circ h$ を満たす写像 h が存在する．合成写像の微分から $\boldsymbol{\rho}'(t) = \boldsymbol{\sigma}'(h(t))h'(t)$．したがって

$$\int_{\boldsymbol{\rho}} \boldsymbol{F}\cdot d\boldsymbol{\rho} = \int_{a_1}^{b_1} \boldsymbol{F}(\boldsymbol{\rho}(t))\cdot\boldsymbol{\rho}'(t)\,dt = \int_{a_1}^{b_1} \boldsymbol{F}(\boldsymbol{\sigma}(h(t)))\cdot\boldsymbol{\sigma}'(h(t))h'(t)\,dt$$

である．変数変換 $s = h(t)$ を行うと

$$\int_{\boldsymbol{\rho}} \boldsymbol{F}\cdot d\boldsymbol{\rho} = \int_{h(a_1)}^{h(b_1)} \boldsymbol{F}(\boldsymbol{\sigma}(s))\cdot\boldsymbol{\sigma}'(s)\,ds = (*).$$

よって $\boldsymbol{\rho}$ の方向づけが保たれていれば

$$(*) = \int_a^b \boldsymbol{F}(\boldsymbol{\sigma}(s))\cdot\boldsymbol{\sigma}'(s)\,ds = \int_{\boldsymbol{\sigma}} \boldsymbol{F}\cdot d\boldsymbol{\sigma}.$$

$\boldsymbol{\rho}$ の方向づけが逆ならば

$$(*) = \int_b^a \boldsymbol{F}(\boldsymbol{\sigma}(s))\cdot\boldsymbol{\sigma}'(s)\,ds = -\int_{\boldsymbol{\sigma}} \boldsymbol{F}\cdot d\boldsymbol{\sigma}.$$

■

道 $\boldsymbol{\sigma}$ で表された曲線 $\mathscr{C} = \{\boldsymbol{r} = \boldsymbol{\sigma}(t) \mid a \leq t \leq b\}$ 上のベクトル場 $\boldsymbol{F}$ の線積分 $\displaystyle\int_{\boldsymbol{\sigma}} \boldsymbol{F}\cdot d\boldsymbol{\sigma}$ は定理 1.48 より，$\mathscr{C}$ の曲線のパラメタによる表し方がその向きづけが保たれたパラメタのとり方によらないことが分かる．こうしてパラメタを表示する必要はない．すなわち以下

$$\int_{\mathscr{C}} \boldsymbol{F}\cdot\boldsymbol{t} = \int_{\boldsymbol{\sigma}} \boldsymbol{F}\cdot\boldsymbol{t}\,d|\boldsymbol{\sigma}| = \int_{\boldsymbol{\sigma}} \boldsymbol{F}\cdot d\boldsymbol{\sigma}$$

と表す．また $\boldsymbol{\rho}$ が $\boldsymbol{\sigma}$ と逆の向づけである再パラメタであるとき，$-\mathscr{C} = \{\boldsymbol{r} = \boldsymbol{\rho}(t) \mid a_1 \leq t \leq b_1\}$ とおく．$\mathscr{C}$ と $-\mathscr{C}$ は集合としては同じだが始点と終点が反対になる向きづけである．このとき定理 1.48 より

$$\int_{-\mathscr{C}} \boldsymbol{F}\cdot\boldsymbol{t} = -\int_{\mathscr{C}} \boldsymbol{F}\cdot\boldsymbol{t}$$

が成立する．物理的に解釈すれば $\displaystyle\int_{\mathscr{C}} \boldsymbol{F}\cdot\boldsymbol{t}$ は，「曲線 $\mathscr{C}$ 上を動く質点に働くベクトル場 $\boldsymbol{F}$ が $\mathscr{C}$ に沿って A から B までなす仕事」と考えることができる．

$\boldsymbol{F}$ が勾配ベクトルならば $\boldsymbol{F} = \nabla f = \dfrac{\partial f}{\partial x}\boldsymbol{i} + \dfrac{\partial f}{\partial y}\boldsymbol{j} + \dfrac{\partial f}{\partial z}\boldsymbol{k}$ より

$$\int_{\mathscr{C}} \boldsymbol{F}\cdot\boldsymbol{t} = \int_{\boldsymbol{\sigma}} \frac{\partial f}{\partial x}dx + \frac{\partial f}{\partial y}dy + \frac{\partial f}{\partial z}dz.$$

とくに f を 1 変数の連続関数としてみれば，∇f は f' に相当し微積分の基本定理によって

$$\int_a^b f'(x)\,dx = f(b) - f(a).$$

この事実は次のように拡張される.

定理 1.49　$\mathscr{C}$ は $\boldsymbol{R}^3$ の領域 D 内の区分的に滑らかな曲線でそのパラメタ表示を $\boldsymbol{\alpha}(t)$ $(a \leq t \leq b)$ とする. f を D 上定義された $\mathscr{C}^1$-級関数とする. このとき

$$\int_{\mathscr{C}} \nabla f \cdot \boldsymbol{t} = f(\boldsymbol{\alpha}(b)) - f(\boldsymbol{\alpha}(a)).$$

証明　$\boldsymbol{\alpha}(t)$ が滑らかならば

$$\begin{aligned}\int_{\mathscr{C}} \nabla f \cdot \boldsymbol{t} &= \int_a^b \nabla f(\boldsymbol{\alpha}(t)) \cdot \boldsymbol{\alpha}'(t)\,dt \\ &= \int_a^b \frac{d}{dt} f(\boldsymbol{\alpha}(t))\,dt = f(\boldsymbol{\alpha}(b)) - f(\boldsymbol{\alpha}(a)).\end{aligned}$$

$\boldsymbol{\alpha}$ が滑らかでない場合は $[a,b]$ を有限個の重ならない滑らかな区間 $[c_i, c_{i+1}]$ $(i=0,1,\ldots,n)$ の合併で表し, 上の結果を各区間に用いれば

$$\begin{aligned}\int_{\mathscr{C}} \nabla f \cdot \boldsymbol{t} &= [f(\boldsymbol{\alpha}(b)) - f(\boldsymbol{\alpha}(c_{n-1}))] + \cdots + [f(\boldsymbol{\alpha}(c_1)) - f(\boldsymbol{\alpha}(a))] \\ &= f(\boldsymbol{\alpha}(b)) - f(\boldsymbol{\alpha}(a))\end{aligned}$$

が得られる. ただし $c_0 = a, c_n = b$ とした. ■

系 1.50　定理 1.49 の仮定のもとで, $\mathscr{C}$ が任意の区分的に滑らかな単一閉曲線[*16]ならば $\int_{\mathscr{C}} \nabla f \cdot \boldsymbol{t} = 0$[*17].

証明　$\mathscr{C}$ 上の異なる 2 点 A, B をとり (図 1.39, 図 1.40), A から B にいたる 2 つの曲線を $\mathscr{C}_1, \mathscr{C}_2$ とすれば

$$\int_{\mathscr{C}_1} \nabla f \cdot \boldsymbol{t} = \int_{\mathscr{C}_2} \nabla f \cdot \boldsymbol{t}, \quad \int_{-\mathscr{C}_2} \nabla f \cdot \boldsymbol{t} = -\int_{\mathscr{C}_2} \nabla f \cdot \boldsymbol{t}$$

より

$$\int_{\mathscr{C}} \nabla f \cdot \boldsymbol{t} = \int_{\mathscr{C}_1} \nabla f \cdot \boldsymbol{t} + \int_{-\mathscr{C}_2} \nabla f \cdot \boldsymbol{t} = 0.$$

■

[*16] 始点と終点以外は自分自身と交わらない曲線.

[*17] 左辺の積分を $\oint \nabla f \cdot d\boldsymbol{s}$ とも書く.

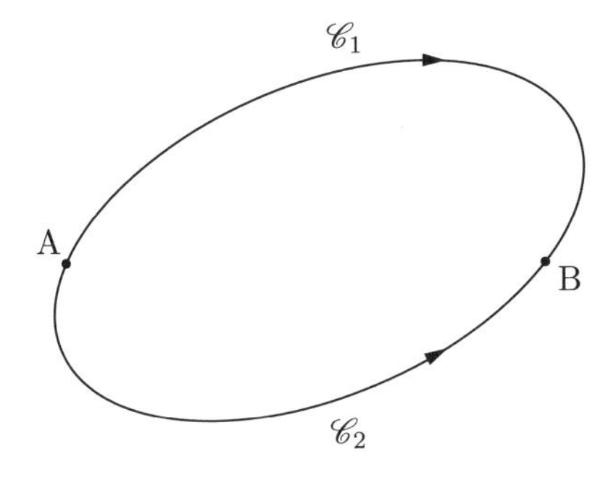

図 1.39

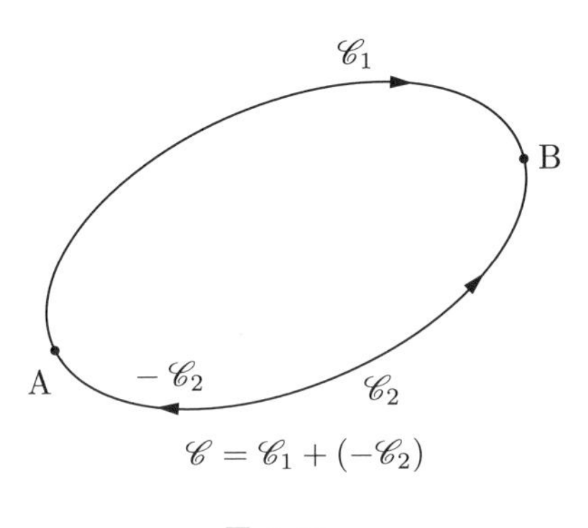

図 1.40

上の定理は，勾配ベクトルの曲線に沿った線積分は端点 A, B だけで定まり，曲線の選び方に無関係であることを示す．したがって保存力 $\boldsymbol{F} = -\nabla f$ について，質点が $\mathscr{C}$ に沿って動いたときの $\boldsymbol{F}$ による仕事は，出発点 A と到着点 B だけで定まり，その値はポテンシャル f の減少分に等しい．

例 1.51　ベクトル場 $\boldsymbol{F} = 2xyz\boldsymbol{i} + x^2z\boldsymbol{j} + x^2y\boldsymbol{k}$ について，点 A(1,1,1), 点 B(1,2,4) とするとき

(1) $\mathscr{C}_1 : \mathrm{O} \longrightarrow \mathrm{B}$ の向きの線積分 $\displaystyle\int_{\mathscr{C}_1} \boldsymbol{F}\cdot\boldsymbol{t}$ を求めよ．

(2) $\mathscr{C}_2 : \mathrm{O} \longrightarrow \mathrm{A} \longrightarrow \mathrm{B}$ の向きの折れ線のおのおのに沿った線積分 $\displaystyle\int_{\mathscr{C}_2} \boldsymbol{F}\cdot\boldsymbol{t}$ を求めよ．

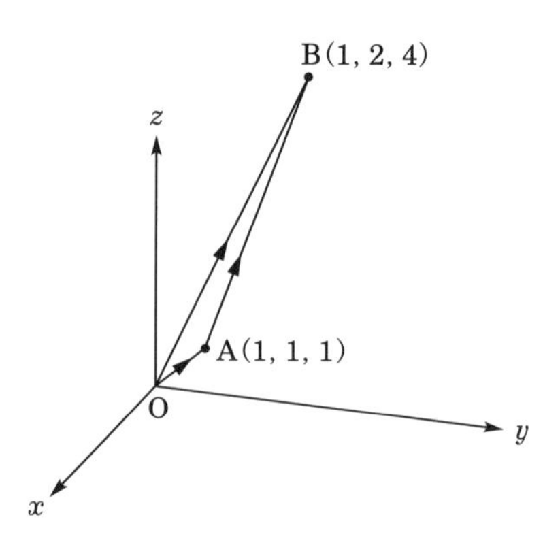

図 1.41

解 (1) $\mathscr{C}_1$ のパラメタ表示を $\boldsymbol{r}=t\boldsymbol{i}+2t\boldsymbol{j}+4t\boldsymbol{k}$ $(0\leq t\leq 1)$ と表す (図 1.41). $d\boldsymbol{r}=(\boldsymbol{i}+2\boldsymbol{j}+4\boldsymbol{k})\,dt$, $\boldsymbol{F}=16t^3\boldsymbol{i}+4t^3\boldsymbol{j}+2t^3\boldsymbol{k}$, $\boldsymbol{F}\cdot d\boldsymbol{r}=32t^3\,dt$ より

$$\int_{\mathscr{C}_1}\boldsymbol{F}\cdot\boldsymbol{t}=\int_0^1 32t^3\,dt=8.$$

(2) $\mathscr{C}_2$ のパラメタ表示を $\mathrm{O}\longrightarrow\mathrm{A}$, $\mathrm{A}\longrightarrow\mathrm{B}$ にわけ, $\mathscr{C}_2':\mathrm{O}\longrightarrow\mathrm{A}$ を $\boldsymbol{r}=t\boldsymbol{i}+t\boldsymbol{j}+t\boldsymbol{k}$ $(0\leq t\leq 1)$, $\mathscr{C}_2'':\mathrm{A}\longrightarrow\mathrm{B}$ を $\boldsymbol{r}=\boldsymbol{i}+t\boldsymbol{j}+(3t-2)\boldsymbol{k}$ $(1\leq t\leq 2)$ と定める.

$$d\boldsymbol{r}=\begin{cases}(\boldsymbol{i}+\boldsymbol{j}+\boldsymbol{k})\,dt & (0\leq t\leq 1),\\ (\boldsymbol{j}+3\boldsymbol{k})\,dt & (1\leq t\leq 2),\end{cases}$$

$$\boldsymbol{F}=\begin{cases}2t^3\boldsymbol{i}+t^3\boldsymbol{j}+t^3\boldsymbol{k} & (0\leq t\leq 1),\\ 2t(3t-2)\boldsymbol{i}+(3t-2)\boldsymbol{j}+t\boldsymbol{k} & (1\leq t\leq 2).\end{cases}$$

$\mathscr{C}_2=\mathscr{C}_2'+\mathscr{C}_2''$ および

$$\int_{\mathscr{C}_2'}\boldsymbol{F}\cdot\boldsymbol{t}=\int_0^1 4t^3\,dt=1,\quad \int_{\mathscr{C}_2''}\boldsymbol{F}\cdot\boldsymbol{t}=\int_1^2(6t-2)\,dt=7.$$

よって

$$\int_{\mathscr{C}_2}\boldsymbol{F}\cdot\boldsymbol{t}=\int_{\mathscr{C}_2'}\boldsymbol{F}\cdot\boldsymbol{t}+\int_{\mathscr{C}_2''}\boldsymbol{F}\cdot\boldsymbol{t}=8.$$

註 1.52 $f(x,y,z)$ が全微分可能とは

$$df=\frac{\partial f}{\partial x}dx+\frac{\partial f}{\partial y}dy+\frac{\partial f}{\partial z}dz=\nabla f\cdot d\boldsymbol{r}$$

が成立することであるが，この場合

$$2xyz\,dx+x^2z\,dy+x^2y\,dz=\frac{\partial f}{\partial x}dx+\frac{\partial f}{\partial y}dy+\frac{\partial f}{\partial z}dz$$

から $f=x^2yz$ が見出される．したがって (1) と (2) の積分値が同一であるのは，定理 1.49 より知られている事実である．

例 1.53 物理的な応用例として，滑らかな曲線 $\mathscr{C}:\boldsymbol{r}(t)$ $(a\leq t\leq b)$ に沿って質点 P が動く場合を考える．P には力 $\boldsymbol{F}$ のみが働くと仮定し，質点の質量を m, 速度を $\boldsymbol{v}$, 加速度を $\boldsymbol{\alpha}$ と表すと，ニュートンの運動方程式により

$$\boldsymbol{F}(\boldsymbol{r}(t))=m\boldsymbol{\alpha}(t),\quad \boldsymbol{\alpha}(t)=\frac{d\boldsymbol{v}}{dt},\quad \boldsymbol{v}=\frac{d\boldsymbol{r}}{dt}.$$

よって $\boldsymbol{F}$ が $\mathscr{C}$ に沿ってなす仕事は

$$\begin{aligned}\int_{\mathscr{C}}\boldsymbol{F}\cdot\boldsymbol{t}&=\int_a^b\boldsymbol{F}(\boldsymbol{r}(t))\cdot\frac{d\boldsymbol{r}}{dt}dt=\int_a^b m\frac{d\boldsymbol{v}}{dt}\cdot\boldsymbol{v}\,dt\\&=\frac{m}{2}\int_a^b\frac{d}{dt}(\boldsymbol{v}\cdot\boldsymbol{v})\,dt=\frac{m}{2}|\boldsymbol{v}(b)|^2-\frac{m}{2}|\boldsymbol{v}(a)|^2.\end{aligned}$$

いいかえれば，$\boldsymbol{F}$ が質点になす仕事は質点の運動エネルギーの増加に等しい．

定理 1.49 とその系は，領域 D 上のベクトル場 $\boldsymbol{F}$ が保存力 (勾配ベクトル) ならば，D 内の任意の (区分的に滑らかな) 閉曲線 $\mathscr{C}$ に沿って

$$\int_{\mathscr{C}}\boldsymbol{F}\cdot\boldsymbol{t}=0 \tag{1.69}$$

であることを示す[*18]．じつはこの逆も成立する．すなわち (1.69) の条件のもとに

$$\boldsymbol{F}=\nabla f \tag{1.70}$$

を満たす C^1-級スカラー場 f を定めることができる．これを以下示そう．D 内の任意の 2 点 P, Q をとると，P, Q を結ぶ滑らかな曲線 $\mathscr{C}$ を D 内に選びうる．したがってこの曲線に沿ってベクトル場 $\boldsymbol{F}$ の線積分 $\displaystyle\int_{\mathscr{C}}\boldsymbol{F}\cdot\boldsymbol{t}$ が定義されるが，この積分値は $\mathscr{C}$ に関係しないで P と Q だけできまることが (1.69) よ

[*18] 保存力場では，閉曲線に沿って質点を一周させる力の全体の和は 0 といいかえることもできる．

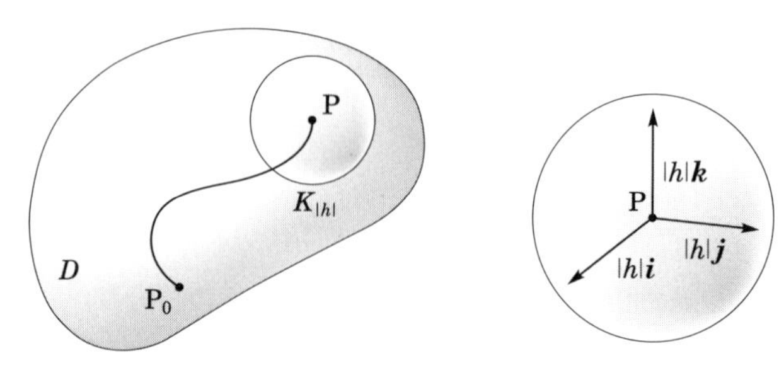

図 1.42

り従う．そこで固定点 $\mathrm{P}_0=(x_0,y_0,z_0)\in D$ と任意の点 $\mathrm{P}=(x,y,z)\in D$ をとり，P_0 と P を結ぶ曲線 $\mathscr{C}$ に沿った線積分

$$f(x,y,z)=\int_{\mathscr{C}}\boldsymbol{F}\cdot\boldsymbol{t}$$

によって確定する f を定義しよう[*19]．目標は $\nabla f=\boldsymbol{F}$，すなわち $\boldsymbol{F}=F_1\boldsymbol{i}+F_2\boldsymbol{j}+F_3\boldsymbol{k}$ に対して $\dfrac{\partial f}{\partial x}=F_1, \dfrac{\partial f}{\partial y}=F_2, \dfrac{\partial f}{\partial z}=F_3$ を示すことである．$|h|>0$ を十分小さくとれば，P を中心とする半径 $|h|$ の球 $K_{|h|}$ を D 内にとることができる (h は実数，図 1.42)．したがってとくに $\mathrm{P}+h\boldsymbol{i}$ と P_0 を結ぶ曲線 $\mathscr{C}_1$ を $\mathscr{C}$ と $\mathscr{C}_2=\{P+ht\boldsymbol{i}\,|\,0\le t\le 1\}$ の和集合とすれば (図 1.43)

$$\begin{aligned}f(x+h,y,z)&=\int_{\mathscr{C}_1}\boldsymbol{F}\cdot\boldsymbol{t}=\int_{\mathscr{C}}\boldsymbol{F}\cdot\boldsymbol{t}+\int_{\mathscr{C}_2}\boldsymbol{F}\cdot\boldsymbol{t}\\&=f(x,y,z)+\int_0^1\boldsymbol{F}(x+ht,y,z)\cdot h\boldsymbol{i}\,dt\\&=f(x,y,z)+h\int_0^1F_1(x+th,y,z)\,dt.\end{aligned}$$

よって h で割って

$$\frac{f(x+h,y,z)-f(x,y,z)}{h}=\int_0^1F_1(x+th,y,z)\,dt.$$

ここで $h\longrightarrow 0$ の極限をとると

$$\frac{\partial f}{\partial x}(x,y,z)=\lim_{h\to 0}\int_0^1F_1(x+th,y,z)\,dt=\int_0^1F_1(x,y,z)\,dt=F_1(x,y,z).$$

[*19] f は P_0 と P を結ぶ曲線 $\mathscr{C}$ には無関係に定まる．

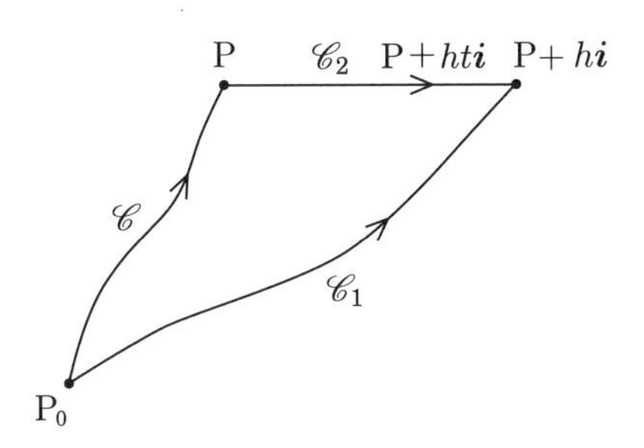

図 **1.43**

したがって $\dfrac{\partial f}{\partial x}=F_1$．同様な方法で $\dfrac{\partial f}{\partial y}=F_2, \dfrac{\partial f}{\partial z}=F_3$ が得られる．以上より次の定理が成立する．

定理 1.54　領域 D 上で定義されたベクトル場 $\boldsymbol{F}$ がスカラーポテンシャル f をもつための必要十分条件は，D 内の任意の単一閉曲線 $\mathscr{C}$ に沿った $\boldsymbol{F}$ の線積分がゼロ，すなわち

$$\int_{\mathscr{C}} \boldsymbol{F}\cdot\boldsymbol{t}=0 \tag{1.71}$$

が成り立つことである．

$\boldsymbol{R}^3$ の領域 D 上のベクトル場が流体の速度場 $\boldsymbol{v}$ であるとき，D 内の単一閉曲線 $\mathscr{C}$ に沿った線積分 $\displaystyle\int_{\mathscr{C}} \boldsymbol{v}\cdot\boldsymbol{t}$ を**循環**という．$\boldsymbol{F}$ が一般のベクトル場である場合にも $\displaystyle\int_{\mathscr{C}} \boldsymbol{F}\cdot\boldsymbol{t}$ を同じく循環と呼ぶことにしよう．定理 1.54 の条件 (1.71) が成り立つとき，すなわち D 内の任意の閉曲線に関する $\boldsymbol{F}$ の循環が 0 のとき，$\boldsymbol{F}$ はスカラー場 f の勾配ベクトルとして表される．$\boldsymbol{F}$ が C^1-級ならば f は C^2-級であり，したがって $\mathrm{rot}\,\boldsymbol{F}=\nabla\times\nabla f=0$．すなわち $\boldsymbol{F}$ は渦無しのベクトル場である．じつはこの定理の逆も成立するが，それはストークスの定理 (1.4.5 節) を用いて証明される．

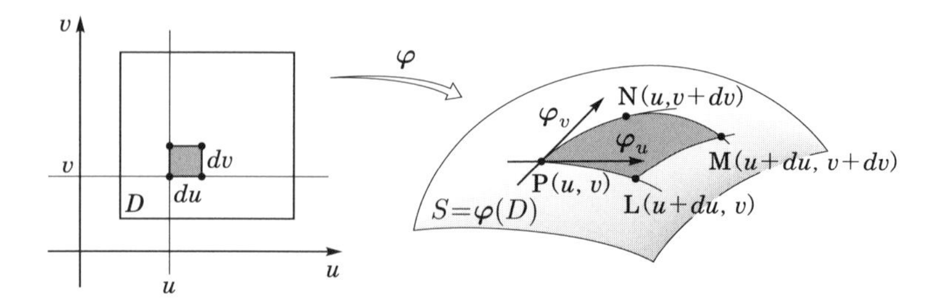

図 1.44

1.3.2　スカラー場の面積分

空間内に向きづけられた滑らかな (より一般には区分的に滑らかな) 曲面 S を考え，そのパラメタ表示を $\boldsymbol{\varphi}(u,v), (u,v) \in D$ (D は $\boldsymbol{R}^2$ の領域) とする[*20]. u-曲線と v-曲線は S 上でネットをつくり S の各点は u, v の組で位置が決まる．u-曲線 (v は定数) および v-曲線 (u は定数) の接線ベクトルをそれぞれ $\boldsymbol{\varphi}_u, \boldsymbol{\varphi}_v$ で表す．単位法線ベクトル $\boldsymbol{n} = \boldsymbol{\varphi}_u \times \boldsymbol{\varphi}_v / |\boldsymbol{\varphi}_u \times \boldsymbol{\varphi}_v|$ は向きづけられた S の外側 (正の側) に向かい，$\boldsymbol{\varphi}_u, \boldsymbol{\varphi}_v, \boldsymbol{n}$ は右手系をなすものとする．曲面 S 上に点 $\mathrm{P}(u,v), \mathrm{L}(u+du,v), \mathrm{M}(u+du,v+dv), \mathrm{N}(u,v+dv)$ をとり，u-曲線および v-曲線で囲まれる微小面分 PLMN を考える (図 1.44).

du, dv が十分小ならばその面積は平行四辺形 $\overrightarrow{\mathrm{PL}} \times \overrightarrow{\mathrm{PN}}$ で近似され，

$$\overrightarrow{\mathrm{PL}} = \boldsymbol{\varphi}(u+du,v) - \boldsymbol{\varphi}(u,v) \approx \boldsymbol{\varphi}_u(u,v)\,du,$$

$$\overrightarrow{\mathrm{PN}} = \boldsymbol{\varphi}(u,v+dv) - \boldsymbol{\varphi}(u,v) \approx \boldsymbol{\varphi}_v(u,v)\,dv$$

であることことから，さらに

$$|\overrightarrow{\mathrm{PL}} \times \overrightarrow{\mathrm{PN}}| \approx |\boldsymbol{\varphi}_u(u,v) \times \boldsymbol{\varphi}_v(u,v)|\,dudv$$

が成り立つであろう．微小面分の面積の総和の極限として

$$A(S) = \iint_D |\boldsymbol{\varphi}_u \times \boldsymbol{\varphi}_v|\,dudv \tag{1.72}$$

を S の面積と定義し

[*20] $\boldsymbol{\varphi}$ は D の像として曲面 S を定義するにあたり，一般には D の境界 ∂D を除いたところで 1 対 1 写像であり，D 上の積分には影響がないとする．

$$dS = |\boldsymbol{\varphi}_u \times \boldsymbol{\varphi}_v|\,dudv$$

を曲面 S の**面積要素**と呼ぶことにする.

$f(x,y,z)$ が S 上の連続関数のとき

$$\int_S f(x,y,z)\,dS = \iint_D f(\boldsymbol{\varphi}(u,v))|\boldsymbol{\varphi}_u \times \boldsymbol{\varphi}_v|\,dudv \tag{1.73}$$

を f の S 上の面積分という.

例 1.55　$\boldsymbol{\varphi}(u,v) = x(u,v)\boldsymbol{i} + y(u,v)\boldsymbol{j} + z(u,v)\boldsymbol{k}$ を, $\boldsymbol{R}^2$ の領域 D で定義された滑らかな曲面 S のパラメタ表示とするとき, S の面積 $A(S)$ は次式で与えられる.

$$A(S) = \iint_D \left[\left(\frac{\partial(x,y)}{\partial(u,v)}\right)^2 + \left(\frac{\partial(y,z)}{\partial(u,v)}\right)^2 + \left(\frac{\partial(z,x)}{\partial(u,v)}\right)^2\right]^{1/2} dudv. \tag{1.74}$$

解

$$\boldsymbol{\varphi}_u \times \boldsymbol{\varphi}_v = \begin{vmatrix} \boldsymbol{i} & \boldsymbol{j} & \boldsymbol{k} \\ x_u & y_u & z_u \\ x_v & y_v & z_v \end{vmatrix} = \frac{\partial(y,z)}{\partial(u,v)}\boldsymbol{i} + \frac{\partial(z,x)}{\partial(u,v)}\boldsymbol{j} + \frac{\partial(x,y)}{\partial(u,v)}\boldsymbol{k}.$$

したがって

$$A(S) = \int_S dS = \iint_D |\boldsymbol{\varphi}_u \times \boldsymbol{\varphi}_v|\,dudv = (1.74)\ \text{の右辺}.$$

曲面 S が $z = f(x,y)$ $((x,y) \in D)$ で与えられれば u,v を x,y にとると S のパラメタ表示は $\boldsymbol{\varphi}(x,y) = x\boldsymbol{i} + y\boldsymbol{j} + z\boldsymbol{k}$. したがって $\boldsymbol{\varphi}_x = \boldsymbol{i} + f_x\boldsymbol{k}, \boldsymbol{\varphi}_y = \boldsymbol{j} + f_y\boldsymbol{k}, \boldsymbol{\varphi}_x \times \boldsymbol{\varphi}_y = -f_x\boldsymbol{i} - f_j\boldsymbol{j} + \boldsymbol{k}$ より

$$A(S) = \iint_D \sqrt{1 + f_x^2 + f_y^2}\,dxdy.$$

$g(x,y,z)$ が S 上の連続関数ならば

$$\int_S g(x,y,z)\,dS = \iint_D g(x,y,f(x,y))\sqrt{1 + f_x^2 + f_y^2}\,dxdy.$$

註 1.56　本来 (1.73) 式で与えた f の面積分の定義は, S のパラメタ表示の選び方に無関係であることを示しておかねばならない.

いま $\boldsymbol{R}^2 \supset D \ni (u,v) \longrightarrow \boldsymbol{\varphi}(u,v) \in S$ に対して領域 $\Omega(\subset \boldsymbol{R}^2)$ から D の上への 1 対 1, C^1-写像 θ が存在して $\theta(s,t) = (u,v)$ $(u = u(s,t), v = v(s,t))$ であ

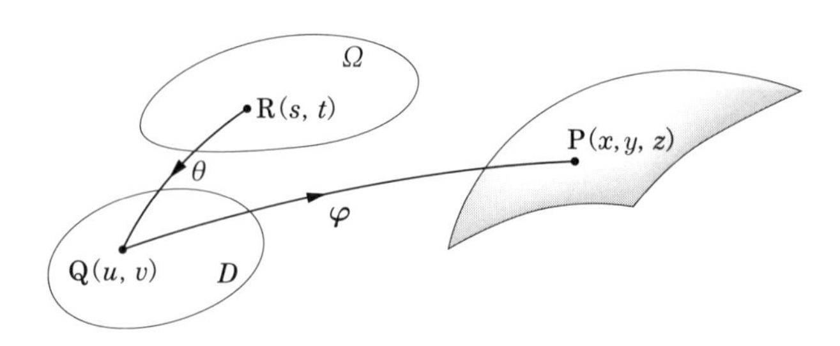

図 1.45

るとすると，$\boldsymbol{\psi}=\boldsymbol{\varphi}\circ\theta$ は $\boldsymbol{\psi}(\Omega)=S$ を満たし，S のもう 1 つの C^1-パラメタ表示を与える (図 1.45)．したがって $f(x,y,z)$ を S 上の連続関数とするとき

$$\iint_D g(u,v)|\boldsymbol{\varphi}_u\times\boldsymbol{\varphi}_v|dudv=\iint_\Omega g(u(s,t),v(s,t))|\boldsymbol{\psi}_s\times\boldsymbol{\psi}_t|dtds \qquad (1.75)$$

が成り立つことを証明すればよい．ここで

$$g(u,v)=f(x(u,v),y(u,v),z(u,v))$$

とおいた．まず

$$\boldsymbol{\psi}_s\times\boldsymbol{\psi}_t=\begin{vmatrix}\boldsymbol{i} & \boldsymbol{j} & \boldsymbol{k}\\ (x\circ\theta)_s & (y\circ\theta)_s & (z\circ\theta)_s\\ (x\circ\theta)_t & (y\circ\theta)_t & (z\circ\theta)_t\end{vmatrix}$$

$$=\begin{vmatrix}(y\circ\theta)_s & (z\circ\theta)_s\\ (y\circ\theta)_t & (z\circ\theta)_t\end{vmatrix}\boldsymbol{i}+\begin{vmatrix}(z\circ\theta)_s & (x\circ\theta)_s\\ (z\circ\theta)_t & (x\circ\theta)_t\end{vmatrix}\boldsymbol{j}+\begin{vmatrix}(x\circ\theta)_s & (y\circ\theta)_s\\ (x\circ\theta)_t & (y\circ\theta)_t\end{vmatrix}\boldsymbol{k},$$

$$\text{第 1 項}=\begin{vmatrix}y_uu_s+y_vv_s & z_uu_s+z_vv_s\\ y_uu_t+y_vv_t & z_uu_t+z_vv_t\end{vmatrix}\boldsymbol{i}=\begin{vmatrix}y_u & y_v\\ z_u & z_v\end{vmatrix}\begin{vmatrix}u_s & u_t\\ v_s & v_t\end{vmatrix}\boldsymbol{i}$$

$$=\frac{\partial(y,z)}{\partial(u,v)}\frac{\partial(u,v)}{\partial(s,t)}\boldsymbol{i}.$$

第 2 項，第 3 項についても同様であるから

$$\boldsymbol{\psi}_s\times\boldsymbol{\psi}_t=\left[\frac{\partial(y,z)}{\partial(u,v)}\right]J\boldsymbol{i}+\left[\frac{\partial(z,x)}{\partial(u,v)}\right]J\boldsymbol{j}+\left[\frac{\partial(x,y)}{\partial(u,v)}\right]J\boldsymbol{k}$$

が得られる．ただしヤコビアンは $J=\dfrac{\partial(u,v)}{\partial(s,t)}$．したがって $\boldsymbol{\varphi}_u\times\boldsymbol{\varphi}_v=(\boldsymbol{\varphi}_u\times\boldsymbol{\varphi}_v)(u(s,t),v(s,t))$ と表せば

$$\boldsymbol{\psi}_s \times \boldsymbol{\psi}_t = (\boldsymbol{\varphi}_u \times \boldsymbol{\varphi}_v)J,$$

$$|(\boldsymbol{\psi}_s \times \boldsymbol{\psi}_t)(s,t)| = |(\boldsymbol{\varphi}_u \times \boldsymbol{\varphi}_v)(u(s,t),v(s,t))||J|.$$

両辺に $g(u(s,t),v(s,t))$ をかけ，Ω 上で積分すれば

$$\iint_\Omega g(u(s,t),v(s,t))|\boldsymbol{\psi}_s \times \boldsymbol{\psi}_t|dtds = \iint_\Omega g(u(s,t),v(s,t))|\boldsymbol{\varphi}_u \times \boldsymbol{\varphi}_v||J|dtds$$

変数変換 $u=u(s,t), v=v(s,t)$ を右辺にほどこすと

$$= \iint_D g(u,v)|\boldsymbol{\varphi}_u \times \boldsymbol{\varphi}_v|dudv.$$

これは (1.75) 式である．

1.3.3　ベクトル場の面積分

曲面 S とそのパラメタ表示は前節と同じとする．いま $\boldsymbol{f}(x,y,z)$ を S 上のベクトル場とし，$\boldsymbol{f}(x(u,v),y(u,v),z(u,v))$ を $\boldsymbol{F}(u,v)$ と書く．S 上の単位法線ベクトル

$$\boldsymbol{n} = \frac{\boldsymbol{\varphi}_u \times \boldsymbol{\varphi}_v}{|\boldsymbol{\varphi}_u \times \boldsymbol{\varphi}_v|}$$

と S の面積要素 $dS = |\boldsymbol{\varphi}_u \times \boldsymbol{\varphi}_v|dudv$ との積を $\boldsymbol{dS}$ と表すと

$$\boldsymbol{dS} = \boldsymbol{n}\,dS = \boldsymbol{\varphi}_u \times \boldsymbol{\varphi}_v\,dudv.$$

これを S の**ベクトル面積要素**といい，

$$\int_S \boldsymbol{F}\cdot\boldsymbol{dS} = \int_S \boldsymbol{F}\cdot\boldsymbol{n}\,dS$$

をベクトル $\boldsymbol{F}$ の**曲面 S 上の面積分**という．

例 1.57[*21] 直交曲線座標の場合の曲面の面積要素を求める．u,v,w をパラメタにとってその曲面を $\boldsymbol{r}=\boldsymbol{r}(u,v,w)$ と表す．$u=u_0$ のとき

$$\boldsymbol{r} = \boldsymbol{r}(u_0,v,w) \tag{1.76}$$

を u-座標曲面という．同様に v-座標曲面，w-座標曲面がそれぞれ $\boldsymbol{r}=\boldsymbol{r}(u,v_0,w), \boldsymbol{r}=\boldsymbol{r}(u,v,w_0)$ によって定義される．(1.76) の曲面に対する単位法線ベクトルは，直交ベクトル $\boldsymbol{r}_v, \boldsymbol{r}_w$ を用いて

[*21] 1.2.7 節を参照.

$$\boldsymbol{n}=\frac{\boldsymbol{r}_v\times\boldsymbol{r}_w}{|\boldsymbol{r}_v\times\boldsymbol{r}_w|}$$

で与えられる．$|\boldsymbol{r}_v|=h_2, |\boldsymbol{r}_w|=h_3$ であるから

$$|\boldsymbol{r}_v\times\boldsymbol{r}_w|=|\boldsymbol{r}_v||\boldsymbol{r}_w|=h_2h_3$$

(互いに直交しているのでなす角 $\theta=\pi/2$ より $\sin\theta=1$)．曲面上の点 P における単位法線ベクトルは

$$\boldsymbol{n}=\boldsymbol{e}_v\times\boldsymbol{e}_w=\boldsymbol{e}_u.$$

同様に v-座標曲面 $\boldsymbol{r}=\boldsymbol{r}(u,v_0,w)$, w-座標曲面 $\boldsymbol{r}=\boldsymbol{r}(u,v,w_0)$ の単位法線ベクトルは $\boldsymbol{e}_v,\boldsymbol{e}_w$ となる．そこで座標曲面 (1.76) の場合，面積要素は

$$dS=|\boldsymbol{r}_v\times\boldsymbol{r}_w|dvdw=h_2h_3\,dvdw.$$

v-座標曲面，w-座標曲面の場合はそれぞれ

$$dS=h_1h_3\,dudw,\quad dS=h_1h_2\,dudv$$

である．たとえば円柱座標系における $\rho=\rho_0$ 曲面 $\boldsymbol{r}=\boldsymbol{r}(\rho_0\cos\varphi,\rho_0\sin\varphi,z)$ は，単位法線ベクトルが $\boldsymbol{n}=\boldsymbol{r}_\rho(\rho_0,\varphi,z)=\boldsymbol{e}_\rho=(\cos\varphi,\sin\varphi,0)$．また $\rho=\rho_0$ の円柱の面積要素は $dS=|\boldsymbol{r}_\varphi||\boldsymbol{r}_z|d\varphi dz=\rho_0\,d\varphi dz$ である．

例 1.58　曲面 $S=S_1\cup S_2\cup S_3\cup S_4\cup S_5$ を S_1 は三角形 ABE, S_2 は三角形 BCD, S_3 は三角形 BDE, S_4 は三角形 ABC, S_5 は四角形 ACDE の各面．ただし $\mathrm{A}=(1,0,0), \mathrm{B}=(1,1,0), \mathrm{C}=(0,1,0), \mathrm{D}=(0,1,1), E=(1,0,1)$ とする (図 1.46)．このときベクトル場 $\boldsymbol{f}=x\boldsymbol{i}+3y\boldsymbol{j}+2z\boldsymbol{k}$ について S 上の面積分 $\displaystyle\int_S\boldsymbol{f}\cdot\boldsymbol{dS}$ を求めよ．

解　単位法線ベクトル $\boldsymbol{n}$ は S の外側の向きとする．S_1 上では $\boldsymbol{n}=\boldsymbol{i}$, S_2 上では $\boldsymbol{n}=\boldsymbol{j}$, S_3-平面の方程式は $x+y+z=2$ であるから S_3 上では $\boldsymbol{n}=\dfrac{1}{\sqrt{3}}\boldsymbol{i}+\dfrac{1}{\sqrt{3}}\boldsymbol{j}+\dfrac{1}{\sqrt{3}}\boldsymbol{k}$. S_4 上では $\boldsymbol{n}=-\boldsymbol{k}$, S_5 上では $\boldsymbol{n}=-\dfrac{1}{\sqrt{2}}\boldsymbol{i}-\dfrac{1}{\sqrt{2}}\boldsymbol{j}$ である．したがって

$$\int_{S_1}\boldsymbol{f}\cdot\boldsymbol{dS}=\int_0^1\int_0^{1-z}1\,dydz=\frac{1}{2},$$

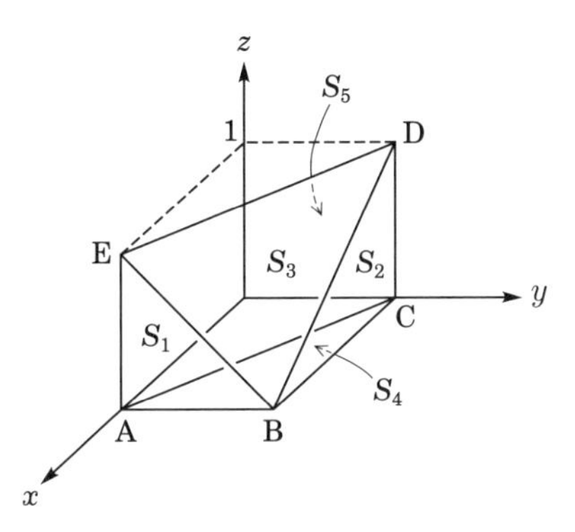

図 1.46

$$\int_{S_2} \boldsymbol{f} \cdot \boldsymbol{dS} = \int_0^1 \int_0^{1-z} 3\,dxdz = \frac{3}{2},$$

$$\int_{S_3} \boldsymbol{f} \cdot \boldsymbol{dS} = \int_0^1 \int_{1-y}^1 \frac{1}{\sqrt{3}}(1+3y+2z)\,dzdy$$

$$= \int_0^1 \int_{1-y}^1 \frac{1}{\sqrt{3}}(1+3y+2z)\,dzdy + \int_0^1 \int_{1-x}^1 \frac{1}{\sqrt{3}}(x+3+2z)\,dzdx$$

$$= \int_0^1 \frac{1}{\sqrt{3}}(-2+3y+2y^2)\,dy + \int_0^1 \frac{1}{\sqrt{3}}(7-x-x^2)\,dx = \frac{19}{3\sqrt{3}},$$

$$\int_{S_4} \boldsymbol{f} \cdot \boldsymbol{dS} = \int_{S_4} (x\boldsymbol{i}+3y\boldsymbol{j}) \cdot (-\boldsymbol{k})\,dS = 0,$$

$$\int_{S_5} \boldsymbol{f} \cdot \boldsymbol{dS} = -\frac{1}{\sqrt{2}} \int_{S_5} (x\boldsymbol{i}+3y\boldsymbol{j}) \cdot (\boldsymbol{i}+\boldsymbol{j})\,dS$$

$$= -\frac{1}{\sqrt{2}} \int_0^1 \int_0^1 (x+3(1-x))\,dxdz = -\frac{1}{\sqrt{2}} \int_0^1 (-2x+3)\,dx = -\sqrt{2}.$$

以上を加えて

$$\int_S \boldsymbol{f} \cdot \boldsymbol{n} \boldsymbol{dS} = \left(\int_{S_1} + \int_{S_2} + \int_{S_3} + \int_{S_4} + \int_{S_5} \right) \boldsymbol{f} \cdot \boldsymbol{n} \boldsymbol{dS}$$

$$= \frac{1}{2} + \frac{3}{2} + \frac{19}{3\sqrt{3}} + 0 - \sqrt{2} = 2 + \frac{19}{3\sqrt{3}} - \sqrt{2}.$$

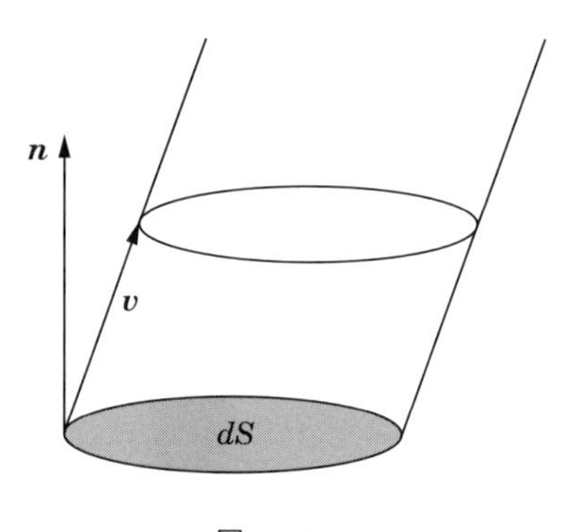

図 1.47

ベクトル場の面積分の物理的モデルとして，定常な流れの流体の中に区分的に滑らかな閉曲面 S で囲まれた有界領域 Ω を考えよう．$\Omega \ni \boldsymbol{x} = (x,y,z)$ における流体粒子の密度を $\rho = \rho(\boldsymbol{x})$ と表すとき，S の面積要素 dS を通って単位時間に S から流出する流体の体積は

$$\boldsymbol{v} \cdot \boldsymbol{dS} = \boldsymbol{v} \cdot \boldsymbol{n} dS$$

である．ただし，$\boldsymbol{v} = \boldsymbol{v}(\boldsymbol{x})$ は流れの速度ベクトル，$\boldsymbol{n}$ は S 上の外側に向かう単位法線ベクトルとする (図 1.47).

したがって密度 ρ をかけた値 $\rho \boldsymbol{v} \cdot \boldsymbol{n} dS$ は dS を単位時間に通る質量であり，それの S 上にわたる総量

$$\int_S \rho \boldsymbol{v} \cdot \boldsymbol{dS} \tag{1.77}$$

は S から流出する単位時間の全質量である．これを S を通過する流束 (フラックス) と呼び．粗く表現すれば流束は S を通過するベクトル線全体の本数にあたる．

一方，$\mathrm{div}\boldsymbol{v}$ を考えると 1.2.5 節でも述べたようにその値が正ならば湧き出し，負ならば吸い込みなので，全質量の単位時間のロスは $\displaystyle\int_\Omega \rho \mathrm{div} \boldsymbol{v} dv$ である．よって等式

$$\int_S \rho \boldsymbol{v} \cdot \boldsymbol{n} dS = \int_\Omega \rho \mathrm{div} \boldsymbol{v} dv$$

が成り立つことが予想されよう．じつはこれを一般の形で述べたものが**ガウスの発散定理**である．ただし，$\boldsymbol{R}^3$ の座標を (x,y,z) とするとき $\boldsymbol{R}^3$ の領域 Ω

での体積積分を $\iiint_{\Omega}\{\cdots\}dxdydz=\int_{\Omega}\{\cdots\}dv$ と表した．

1.4　ガウス，グリーン，ストークスの定理

1.4.1　ガウスの発散定理

前節の終わりでも触れたように，ガウスの発散定理は向きづけられた閉曲面 S で囲まれた有界領域 V の上のベクトル場 $\boldsymbol{F}$ について，境界 S から出るフラックス $\int_S \boldsymbol{F}\cdot\boldsymbol{n}dS$ は発散量 $\operatorname{div}\boldsymbol{F}$ の V における体積積分 $\int_V \operatorname{div}\boldsymbol{F}dv$ に等しい[*22] という流体モデルを一般的な形で述べることである．

定理 1.59 (ガウスの発散定理)　V を $\boldsymbol{R}^3$ の有界領域とし，境界 $\partial V=S$ は区分的に滑らかな閉曲面で，V に対して S の**外向き単位法線ベクトル $\boldsymbol{n}$ が正の向き**であるような向きづけがなされているものと仮定する．このとき，$V\cup S$ 上で C^1 級ベクトル場 $\boldsymbol{F}=F_1\boldsymbol{i}+F_2\boldsymbol{j}+F_3\boldsymbol{k}$ について次の等式が成立する．

$$\int_V \operatorname{div}\boldsymbol{F}dv=\int_S \boldsymbol{F}\cdot\boldsymbol{n}dS.$$

$\boldsymbol{n}=(n_1,n_2,n_3)$ とすると上式は

$$\int_V\left(\frac{\partial F_1}{\partial x}+\frac{\partial F_2}{\partial y}+\frac{\partial F_3}{\partial z}\right)dv=\int_S(F_1n_1+F_2n_2+F_3n_3)dS$$

と表される．

証明　次の (1), (2), (3) の各等式の成立を示せばよい．

$$\int_S \boldsymbol{F}_1\boldsymbol{i}\cdot\boldsymbol{n}dS=\iiint_V\frac{\partial F_1}{\partial x}dxdydz, \tag{1}$$

$$\int_S \boldsymbol{F}_2\boldsymbol{i}\cdot\boldsymbol{n}dS=\iiint_V\frac{\partial F_2}{\partial y}dxdydz, \tag{2}$$

$$\int_S \boldsymbol{F}_3\boldsymbol{i}\cdot\boldsymbol{n}dS=\iiint_V\frac{\partial F_3}{\partial z}dxdydz. \tag{3}$$

ここで領域 V はまず，(i) 各座標軸に平行な直線とたかだか 2 点で交わるような領域であると仮定する．

[*22] 境界 S をよぎる全フラックス量は，S の内部の全発散量に等しい，といいかえてもよい．

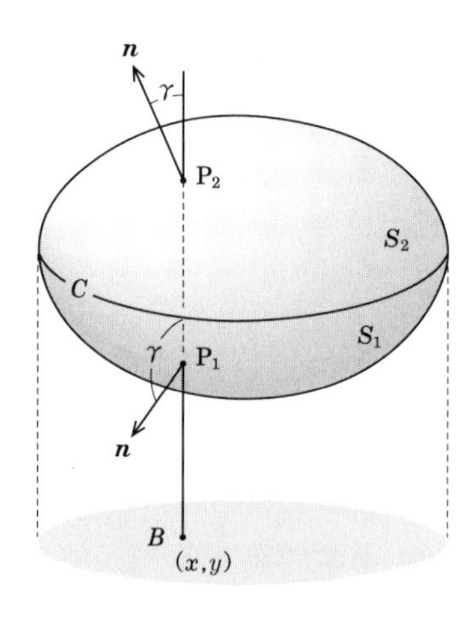

図 1.48

いま曲面 S の xy-平面への正射影を B とし，B を底とする直円柱面が S に接する曲線を $\mathscr{C}$ とする．$\mathscr{C}$ は，S を下側の曲面 S_1 と上側の曲面 S_2 に分ける．$(x,y)\in B$ を通る z 軸に平行な直線が S_1 と交わる点を $\mathrm{P}_1=\mathrm{P}_1(x,y,z_1)$, S_2 と交わる点を $\mathrm{P}_2=\mathrm{P}_2(x,y,z_2)$ とするとき，(3) 式の右辺は

$$\iiint_V \frac{\partial F_3}{\partial z}\,dxdydz = \iint_B \left(\int_{z_1}^{z_2} \frac{\partial F_3}{\partial z}\right) dz$$

$$= \iint_B (F_3(x,y,z_2) - F_3(x,y,z_1))\,dxdy.$$

$\boldsymbol{n}$ の方向余弦を $\cos\alpha, \cos\beta, \cos\gamma$ とすれば，下側から S_1 に入る $\mathrm{P}_1\mathrm{P}_2$ 直線が $\boldsymbol{n}$ となす角 γ は鈍角だから $n_3=\cos\gamma<0$ (図 1.48).

一方，微小面積 dS_1 の xy 平面における**射影面積**は

$$dxdy = -dS_1\cos\gamma = -n_3\,dS_1.$$

また S_3 から上側に出る $\mathrm{P}_1\mathrm{P}_2$ 直線が $\boldsymbol{n}$ となす角 γ は鋭角であるから，$n_3=\cos\gamma>0$. よって

$$dxdy = dS_2\cos\gamma = n_3\,dS_2.$$

したがって

$$\iiint_V \frac{\partial F_3}{\partial z}\,dxdydz = \int_{S_1} F_3 n_3\,dS_1 + \int_{S_2} F_3 n_3\,dS_2 = \int_S F_3 n_3\,dS.$$

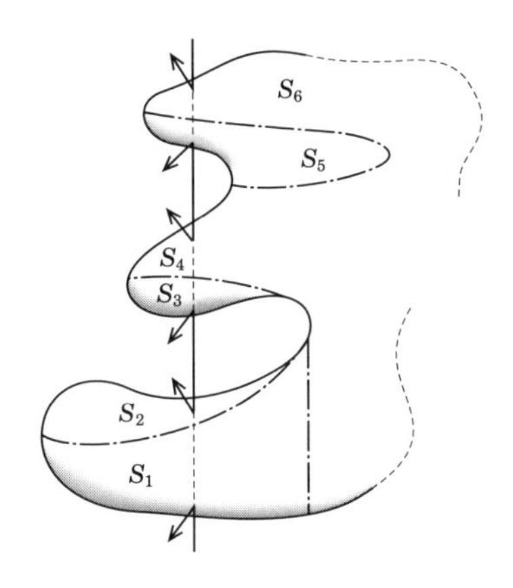

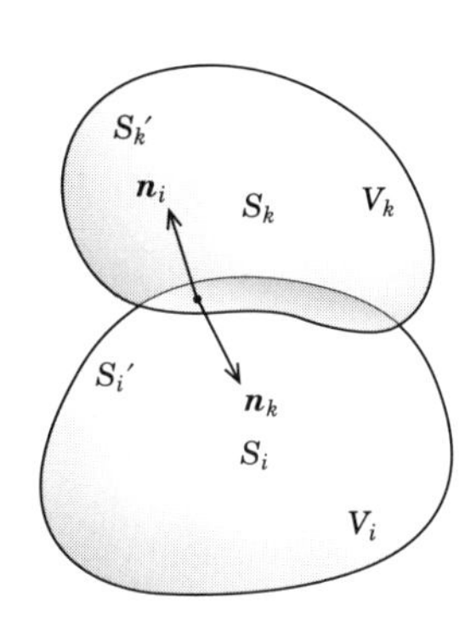

図 1.49

すなわち (3) 式が証明された．(1), (2) についても同じように証明される．

(ii) S が z 軸に平行な直線と 2 点より多く交わるときも，いくつかの曲面 $S_1, S_2, \ldots$ に分割してそれぞれがこの直線とたかだか 2 点で交わるようにできれば，(i) より，各 S_i について等式 (3) が成立する (図 1.49).

その場合に，もし S_i と S_k の一部が同じ境界面 S_i', S_k' を共有するならば，その上の同一点での外向き単位法線ベクトル $\boldsymbol{n}_i$ と $\boldsymbol{n}_k$ については $\boldsymbol{n}_i = -\boldsymbol{n}_k$ の関係から $\displaystyle\int_{S_i} F_3\boldsymbol{k}\cdot\boldsymbol{n}_i\, dS_i = -\int_{S_k} F_3\boldsymbol{k}\cdot\boldsymbol{n}_k\, dS_k$, すなわちこの境界面上での 2 つの面積分は消し合う．よって，$\displaystyle\int_{S_1} F_3\boldsymbol{k}\cdot\boldsymbol{n}\,dS_1 + \cdots + \int_{S_m} F_3\boldsymbol{k}\cdot\boldsymbol{n}\,dS_m = \int_S F_3\boldsymbol{k}\cdot\boldsymbol{n}\,dS$ が全体として成り立つ．S_i の囲む領域 V_i の各 i に関する和は V であるから，結局

$$\int_S F_3\boldsymbol{k}\cdot\boldsymbol{n}\,dS = \sum \int_{V_i} \frac{\partial F_i}{\partial z}\,dv = \int_V \frac{\partial F_3}{\partial z}\,dv$$

が得られる．■

例 1.60　単位球 $V: x^2+y^2+z^2 \leq 1$ について，面積分 $I = \displaystyle\int_{\partial V} (x+y^2+z^2)\,dS$ を求めよ．

解　∂V は単位球面 $x^2+y^2+z^2=1$ であるから，この上の点 (x,y,z) におけ

る外向き単位法線ベクトルは

$$\boldsymbol{n} = n_1\boldsymbol{i} + n_2\boldsymbol{j} + n_3\boldsymbol{k} = x\boldsymbol{i} + y\boldsymbol{j} + z\boldsymbol{k}.$$

一方，$\boldsymbol{F} = F_1\boldsymbol{i} + F_2\boldsymbol{j} + F_3\boldsymbol{k} = \boldsymbol{i} + y\boldsymbol{j} + z\boldsymbol{k}$ とおくとき，ベクトル場 $\boldsymbol{F}$ は V 上で C^1-級．したがって $F_1 = 1, F_2 = y, F_3 = z$ に対して $\boldsymbol{F}\cdot\boldsymbol{n} = F_1n_1 + F_2n_2 + F_3n_3 = x + y^2 + z^2$ より

$$\int_{\partial V}(x + y^2 + z^2)\,dS = \int_{\partial V}\boldsymbol{F}\cdot\boldsymbol{n}\,dS$$

右辺をガウスの発散定理で書き直すと，

$$= \int_V \operatorname{div}\boldsymbol{F}\,dv = \int_V (0 + 1 + 1)\,dv = 2|V|.$$

$|V| = V$ の体積 $= \dfrac{4}{3}\pi$ であるから $I = \dfrac{8}{3}\pi$.

例 1.61　$\boldsymbol{F}$ は $\boldsymbol{R}^3$ の閉領域 V で C^1-級であり，閉曲面 $S = \partial V$ に接している，すなわち S 上でつねに $\boldsymbol{F}\cdot\boldsymbol{n} = 0$ ならば

$$\int_V \operatorname{div}\boldsymbol{F}\,dv = 0$$

が成立することを示せ．

解　ガウスの発散定理より

$$0 = \int_S \boldsymbol{F}\cdot\boldsymbol{n}\,dS = \int_V \operatorname{div}\boldsymbol{F}\,dv. \tag{1.78}$$

註 1.62　$\boldsymbol{R}^3$ のベクトル場 $\boldsymbol{F}$ がすべての閉曲面 S 上で $\displaystyle\int_S \boldsymbol{F}\cdot\boldsymbol{n}\,dS = 0$ を満たせば $\operatorname{div}\boldsymbol{F} = 0$ が成り立つ．実際，すべての閉領域 V について (1.78) 式より $\displaystyle\int_V \operatorname{div}\boldsymbol{F}\,dv = 0$ であるから，つねに $\operatorname{div}\boldsymbol{F} = 0$ でなければならない．

いいかえれば，ある流体の速度場が $\boldsymbol{F}$ であるとき，流体内の任意の閉領域から流れ出すフラックスがつねに 0 ならば，発散量 $\operatorname{div}\boldsymbol{F}$ は 0 である．すなわち流体は**非圧縮**なのである．

1.4.2　発散定理の応用例

ガウスの発散定理は応用範囲が広く，あとに述べるストークスの定理などともにベクトル解析の核をなす部分として重要な定理である．

例 1.63 (**応用例 1** (**発散の極限による表現**))　$\boldsymbol{F}$ を $\boldsymbol{R}^3$ の領域 D から $\boldsymbol{R}^3$ への C^1-級ベクトル場とする．任意の点 $\mathrm{P}\in D$ についてその十分小さな δ-閉近傍 $\overline{U_\delta}=\overline{U_\delta(\mathrm{P})}$ は D に含まれる．$S_\delta=\partial\overline{U_\delta}$ の外向き単位法線ベクトルを $\boldsymbol{n}$ とするとき，発散定理と積分の平均値の定理により，次式が得られる．

$$\int_{S_\delta}\boldsymbol{F}\cdot\boldsymbol{n}\,dS=\int_{\overline{U_\delta}}\mathrm{div}\,\boldsymbol{F}\,dv=\mathrm{div}\,\boldsymbol{F}(\mathrm{P}')\int_{\overline{U_\delta}}dv$$

(ここで，P' は $\overline{U_\delta}$ の中のある点)．したがって

$$|\overline{U_\delta}|\,\mathrm{div}\,\boldsymbol{F}(\mathrm{P}')=\int_{S_\delta}\boldsymbol{F}\cdot\boldsymbol{n}\,dS\quad(|\overline{U_\delta}|=\overline{U_\delta}\text{ の体積}).$$

両辺を体積 $|\overline{U_\delta}|$ で割り $\delta\longrightarrow 0$ とすれば $(\mathrm{P}'\longrightarrow\mathrm{P})$,

$$\mathrm{div}\,\boldsymbol{F}(\mathrm{P})=\lim_{\delta\to 0}\frac{1}{|\overline{U_\delta}|}\int_{S_\delta}\boldsymbol{F}\cdot\boldsymbol{n}\,dS$$

右辺は座標変換に無関係な発散の定義と見ることもできる．もし $\boldsymbol{F}$ が領域 D 内の流体の速度場であるとすれば，D 内の任意の点における発散とは，この**点の周りの無限に小さな閉曲面を通過する単位体積あたりの流量**である．

例 1.64 (**応用例 2**)　S を $\boldsymbol{R}^3$ の区分的に滑らかな曲面，V を S が囲む領域とする．領域 V 上の C^1-級スカラー場 f について，$\boldsymbol{n}$ を S の外向き単位法線ベクトルとするとき

$$\int_S f\boldsymbol{n}\,dS=\int_V\nabla f\,dv$$

証明　$\boldsymbol{c}$ $(\neq 0)$ を定数ベクトルとすれば，明らかに $\mathrm{div}(f\boldsymbol{c})=\boldsymbol{c}\cdot\nabla f$ が成り立つから $\displaystyle\int_V\mathrm{div}(f\boldsymbol{c})\,dv=\boldsymbol{c}\cdot\int_V\nabla f\,dv$．一方ガウスの発散定理によれば

$$\int_S f\boldsymbol{c}\cdot\boldsymbol{n}\,dS=\int_V\mathrm{div}(f\boldsymbol{c})\,dv.$$

したがって，任意定数ベクトル $\boldsymbol{c}$ $(\neq 0)$ に対して

$$\boldsymbol{c}\cdot\left(\int_S f\boldsymbol{n}dS-\int_V \nabla f\,dv\right)=\int_S f\boldsymbol{c}\cdot\boldsymbol{n}dS-\int_V \operatorname{div}(f\boldsymbol{c})\,dv=0.$$

とくに $\boldsymbol{c}=\int_S f\boldsymbol{n}dS-\int_V \nabla f\,dv$ ととれば

$$\left|\int_S f\boldsymbol{n}dS-\int_V \nabla f\,dv\right|^2=0,$$

すなわち $\int_S f\boldsymbol{n}dS=\int_V \nabla f\,dv$ が成り立つ．■

例 1.65 (応用例 3)　S を $\boldsymbol{R}^3$ の閉曲面，$\boldsymbol{n}$ を S 上の点から S の外への単位法線ベクトルとするとき，次の面積分 (**ガウスの積分**) を計算しよう．

$$I\equiv\int_S \frac{\boldsymbol{r}\cdot\boldsymbol{n}}{r^3}dS$$

ここで $\boldsymbol{r}$ は原点 O から S 上の点までの位置ベクトルで，$r=|\boldsymbol{r}|$ である．(1.43) で求めた式により $-\dfrac{\boldsymbol{r}}{r^3}=\nabla\dfrac{1}{r}$ であったから，S の囲む有界領域を V で表すとき S または V が**原点 O を含まない限り** (S の外部にあるとき)，発散定理により

$$\int_S \frac{\boldsymbol{r}\cdot\boldsymbol{n}}{r^3}dS=-\int_S\left(\nabla\frac{1}{r}\right)\cdot\boldsymbol{n}dS=-\int_V \operatorname{div}\left(\nabla\frac{1}{r}\right)dv=-\int_V \Delta\frac{1}{r}dv.$$

$\dfrac{1}{r}$ は V で調和関数だから ((1.44) 参照) $\Delta\dfrac{1}{r}=0$．したがって $I=0$．問題は，O が S 上にある場合または V の中にある場合である．

(1)　O が V の中 (S の内部) にあるとき．$\epsilon\ (>0)$ を十分小さくとれば，中心 O，半径 ϵ の開球 U_ϵ を S の中にとることができる．S の内部であり，かつ U_ϵ の外部からなる領域 V_ϵ とその境界 S_ϵ に対して発散定理を用いると，$\boldsymbol{n}$ は ∂U_ϵ 上では O に向かう方向 (V_ϵ の外部) であるから $\boldsymbol{r}\cdot\boldsymbol{n}=-\epsilon$ (図 1.50)．

したがって上と同様に

$$\int_S \frac{\boldsymbol{r}\cdot\boldsymbol{n}}{r^3}dS+\int_{\partial U_\epsilon}\frac{\boldsymbol{r}\cdot\boldsymbol{n}}{r^3}dS=\int_{V_\epsilon}\Delta\frac{1}{r}dS=0$$

より

$$I=-\int_{\partial U_\epsilon}\frac{\boldsymbol{r}\cdot\boldsymbol{n}}{r^3}dS=\int_{\partial U_\epsilon}\frac{\epsilon}{\epsilon^3}dS=4\pi.$$

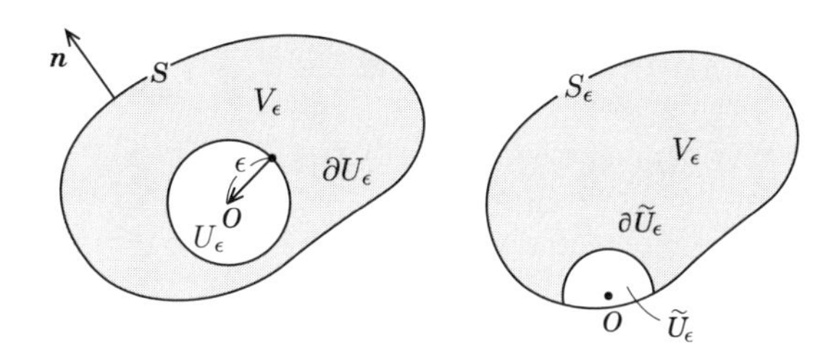

図 1.50

(2)　$O\in S$ のとき (1) のような開球 U_ϵ をとり，S の U_ϵ の外部の曲面を S_ϵ とすると

$$\int_{S_\epsilon}\frac{\boldsymbol{r}\cdot\boldsymbol{n}}{r^3}dS=-\int_{\partial\tilde{U}_\epsilon}\frac{\boldsymbol{r}\cdot\boldsymbol{n}}{r^3}dS,$$

ただし $\tilde{U}_\epsilon=V\cap U_\epsilon$. ϵ を小さくしていくと，近似的に $\tilde{U}_\epsilon$ は U_ϵ の半球面 $\tilde{U}'_\epsilon$ と見ることができるから，$\epsilon\longrightarrow 0$ で 右辺の積分 $\approx\displaystyle\int_{\tilde{U}'_\epsilon}\frac{1}{\epsilon^2}dS=\frac{1}{2}\cdot 4\pi=2\pi$. したがって $I=2\pi$ となる．以上をまとめると，

$$\int_S\frac{\boldsymbol{r}\cdot\boldsymbol{n}}{r^3}dS=\begin{cases}0 & (\mathrm{O}\text{ が }S\text{ の外部}),\\ 2\pi & (\mathrm{O}\in S),\\ 4\pi & (\mathrm{O}\text{ が }S\text{ の内部}).\end{cases}$$

定理 1.66 (**グリーンの公式**)　有界領域 V を囲む閉曲面を S, f と g を V 上の C^2-級スカラー関数とする．$\dfrac{\partial}{\partial\boldsymbol{n}}=\boldsymbol{n}\cdot\nabla$ を S 上の外向き法線ベクトル $\boldsymbol{n}$ に関する方向微分とおくと次の等式が成立する．

$$\int_S f\frac{\partial g}{\partial\boldsymbol{n}}dS=\int_V(f\Delta g+\nabla f\cdot\nabla g)\,dv, \tag{1.79}$$

$$\int_S\left(f\frac{\partial g}{\partial\boldsymbol{n}}-g\frac{\partial f}{\partial\boldsymbol{n}}\right)dS=\int_V(f\Delta g-g\Delta f)\,dv. \tag{1.80}$$

証明　発散定理から容易に求められる．

$$\int_S f(\nabla g)\cdot\boldsymbol{n}\,dS=\int_V\nabla\cdot(f\nabla g)\,dv=\int_V(f\nabla^2 g+\nabla f\cdot\nabla g)\,dv.$$

$\dfrac{\partial g}{\partial \boldsymbol{n}} = (\boldsymbol{n}\cdot\nabla)g = (\nabla g)\cdot\boldsymbol{n}$ であるから上式最左辺は $\displaystyle\int_S f\frac{\partial g}{\partial \boldsymbol{n}}dS$ であり，最右辺は $\displaystyle\int_V (f\Delta g + \nabla f\cdot\nabla g)dv$．よって (1.79) 式が得られる．また (1.79) で f と g を入れ替えた式

$$\int_S g\frac{\partial f}{\partial \boldsymbol{n}}dS = \int_V (g\Delta f + \nabla g\cdot\nabla f)dv$$

と (1.79) 式の両辺の差をとれば (1.80) 式になる．■

グリーンの公式は以下に見るように，しばしば積分公式として用いられる．

1.4.3 ラプラス方程式とポアッソン方程式

1.4.3.1 ラプラス方程式

空間内に一様かつ熱に関して等方性 (方向に依存しない性質) の物質 V を考える．V 内で温度 u は**定常状態**，すなわち温度 $u = u(\boldsymbol{x}, t)$ は時間について変化しない：$\dfrac{\partial u}{\partial t} = 0$ と仮定する．このとき u は**ラプラス方程式** $\Delta u = 0$ を満たす．それを示すためには，任意の (有界) 部分領域 V_1 について $\displaystyle\int_{V_1} \Delta u dv = 0$ を導けばよい．そのとき，V_1 は V の任意部分領域であったから，V において $\Delta u = 0$ でなければならない．

V_1 の境界 ∂V_1 の外向き法線ベクトルを $\boldsymbol{n}$ で表すとき，$\boldsymbol{n}$ 方向の温度勾配 $\dfrac{\partial u}{\partial \boldsymbol{n}}$ が負となるところでは，熱は V_1 内部から ∂V_1 を通って外部に流出し，逆に $\dfrac{\partial u}{\partial \boldsymbol{n}}$ が正ならば熱は V_1 の外部から ∂V_1 を通って内部に流入する．フーリエの熱法則にしたがって，単位時間あたり ∂V_1 の面積要素 dS_1 を通過して流出 (流入) する熱量は $k\dfrac{\partial u}{\partial \boldsymbol{n}}dS_1$ (k は V における熱伝導率) に等しい．したがって ∂V_1 を通過する単位時間あたりの総熱量は次の面積分で表される．

$$I_1 = k\int_{\partial V_1} \frac{\partial u}{\partial \boldsymbol{n}} dS_1.$$

ところで V_1 内に熱の湧き出しがあるとすれば，熱は V_1 内にたまり，逆に吸い込みがあれば熱は失われるから，結果として温度 u は時間に依存して変動

する．これは V 内で定常状態という仮定に反するから $I_1=0$. すなわち

$$\int_{\partial V_1} \frac{\partial u}{\partial \boldsymbol{n}} dS_1 = 0$$

が成り立つ．そこで (1.80) 式で $f=1, g=u, V=V_1, S=\partial V_1$ とおくと

$$0=\int_{\partial V_1} \frac{\partial u}{\partial \boldsymbol{n}} dS_1 = \int_{V_1} \Delta u\, dv.$$

こうして任意の $V_1 \subset V$ において $\displaystyle\int_{V_1} \Delta u\, dv = 0$ であるから

$$\Delta u = 0$$

が結論される (すなわち u は V 内で調和関数!).

1.4.3.2　ポアッソン方程式

区分的に滑らかな閉曲面 S の囲む領域を V とし，V 上で与えられた有界な連続関数を $F(x,y,z)$ とするとき，未知関数 u が満たす (偏微分) 方程式

$$\Delta u = F(x,y,z) \quad ((x,y,z)\in V) \tag{1.81}$$

を**ポアッソン方程式**という．解 u は一般に 1 つとは限らないが，“境界 ∂V 上では u が指定された関数に一致する” という条件のもとでは，ただ 1 つである．この条件は**ディリクレ条件**と呼ばれる．いま $k(x,y,z)$ を $S=\partial V$ 上で与えられた連続関数としよう．このとき

$$\begin{cases} V \text{ 内では } \Delta u = F, \\ S=\partial V \text{ 上では } u=k \end{cases} \tag{1.82}$$

を解く問題を**ディリクレ問題**という．

■ (1.82) の解の一意性■　もし u_1, u_2 がともにその解であるならば，

$$\Delta u_1 = \Delta u_2 = F \quad (\text{in } V),$$

$$u_1 = u_2 = k \quad (\text{in } S)$$

であるから，$U=u_1-u_2$ とおくとき

$$\begin{cases} V \text{ 内では } \Delta U = \Delta u_1 - \Delta u_2 = F_1 - F_2 = 0, \\ S \text{ 上では } U = u_1 - u_2 = k-k = 0 \end{cases} \tag{$*$}$$

が成り立つ．グリーンの公式 (1.79) において $f=g=U$ とおけば $(*)$ の等式から

$$\int_V \nabla U\cdot\nabla U\,dv=\int_V |\nabla U|^2\,dv=0.$$

したがって V 内では $\nabla U=0$ でなければならない．いま $\boldsymbol{x}_0$ を V の任意の点とするとき，$\boldsymbol{x}_0$ に十分近い点 $\boldsymbol{x}$ も V に含まれるので，平均値の定理を用いて

$$\begin{aligned}U(\boldsymbol{x})&=U(\boldsymbol{x}_0)+(\boldsymbol{x}-\boldsymbol{x}_0)\cdot\nabla U(\boldsymbol{x}_0+\theta(\boldsymbol{x}-\boldsymbol{x}_0))\quad(0<\theta<1)\\&=U(\boldsymbol{x}_0).\end{aligned}$$

V が領域であることから V 内のすべての $\boldsymbol{x}$ で $U(\boldsymbol{x})=U(\boldsymbol{x}_0)$ が成立し，$U=$ 定ベクトル，さらに U は S 上で 0 だから $U=0$ が導かれ，一意性 $u_1=u_2$ が言える．

註 1.67　この証明は「ラプラス方程式のディリクレ問題」に関する解の一意性の証明にそのままあてはまることは明らか．

註 1.68　ポアッソン方程式を一般の領域でディリクレ問題として解くためにはシュワルツ超関数を用いねばならない (たとえば垣田『シュワルツ超関数入門』(新装版，日本評論社，1999) p.227 参照)．このとき C^∞-級関数 F に対して $\Delta u=F$ の C^∞-級解 u が存在することが証明される．

とくに領域が $\boldsymbol{R}^n$ 全体のとき，ポアッソン方程式はフーリエ変換を用いて解くことができる．これに関しては後の 4.7 節でくわしく述べる．

$\mathrm{P}\in\boldsymbol{R}^3$ を任意にとり，中心 P, 半径 R の球 K においてポアッソン方程式

$$\Delta u=F$$

の解はどんな形で表現されるかを調べよう．簡単のため P を原点とする．グリーンの公式 (1.80)

$$\iint_{S_\epsilon}\left(f\frac{\partial g}{\partial \boldsymbol{n}}-g\frac{\partial f}{\partial \boldsymbol{n}}\right)dS=\int_{V_\epsilon}(f\Delta g-g\Delta f)\,dv \tag{1.83}$$

において，まず K_ϵ は原点 O を中心とする半径 $\epsilon>0$ の小球 $(\epsilon<R)$ とし

$$V_\epsilon=K-K_\epsilon,\quad S_\epsilon=\partial K\cup\partial K_\epsilon$$

をとって，$f=u\ (\in C^2), g=\dfrac{1}{r}$ を上式に代入する (図 1.51)．ただし $\boldsymbol{r}=(x,y,$

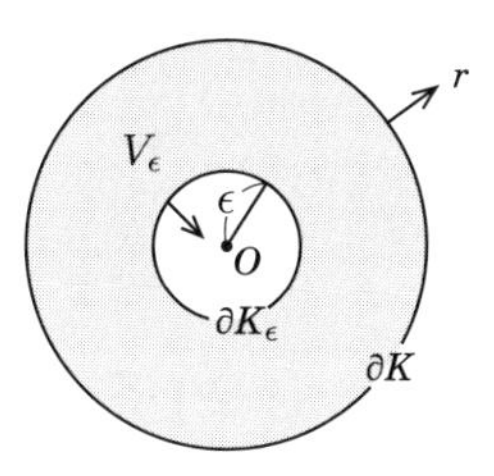

図 1.51

$z), r=|\boldsymbol{r}|=\sqrt{x^2+y^2+z^2}$ とおく．$\boldsymbol{n}$ は S_ϵ の外向き法線であるから

$$\boldsymbol{n}=\begin{cases}\dfrac{\boldsymbol{r}}{r} & (\boldsymbol{r}\in\partial K),\\[2ex] -\dfrac{\boldsymbol{r}}{r} & (\boldsymbol{r}\in\partial K_\epsilon),\end{cases}$$

$$\frac{\partial}{\partial\boldsymbol{n}}\frac{1}{r}=(\boldsymbol{n}\cdot\nabla)\frac{1}{r}=\begin{cases}-\dfrac{1}{r^2} & (\boldsymbol{r}\in\partial K),\\[2ex] \dfrac{1}{r^2} & (\boldsymbol{r}\in\partial K_\epsilon).\end{cases}$$

これより

$$\int_{S_\epsilon}\left(u\frac{\partial}{\partial\boldsymbol{n}}\left(\frac{1}{r}\right)-\frac{1}{r}\frac{\partial u}{\partial\boldsymbol{n}}\right)dS$$

$$=\int_{\partial K}\left[u\left(-\frac{1}{r^2}\right)-\frac{1}{r}\frac{\partial u}{\partial r}\right]_{r=R}dS-\int_{\partial K_\epsilon}\left[u\left(\frac{1}{r^2}\right)-\frac{1}{r}\left(-\frac{\partial u}{\partial r}\right)\right]_{r=\epsilon}dS.$$

球面座標を用いると $u=u(r,\theta,\phi)$ として

$$\text{右辺第 1 項}=-\int_0^{2\pi}\int_0^{\pi}\left[u\left(\frac{1}{r^2}\right)+\frac{1}{r}\frac{\partial u}{\partial r}\right]_{r=R}R^2\sin\theta\, d\theta d\phi,$$

$$\text{右辺第 2 項}=\int_0^{2\pi}\int_0^{\pi}\left[\frac{1}{r^2}u+\frac{1}{r}\frac{\partial u}{\partial r}\right]_{r=\epsilon}\epsilon^2\sin\theta\, d\theta d\phi.$$

こうして

$$\text{上式左辺}=-\int_0^{2\pi}\int_0^{\pi}u\sin\theta\, d\theta d\phi-R\int_0^{2\pi}\int_0^{\pi}\frac{\partial u}{\partial r}\sin\theta\, d\theta d\phi$$

$$+\int_0^{2\pi}\int_0^{\pi}u\sin\theta\, d\theta d\phi+\epsilon\int_0^{2\pi}\int_0^{\pi}\frac{\partial u}{\partial r}\sin\theta\, d\theta d\phi.$$

ここで $\epsilon \longrightarrow 0$ とすると $u(\epsilon,\theta,\phi) \longrightarrow u(0)$, $\dfrac{\partial u}{\partial r}(\epsilon,\theta,\phi) \longrightarrow u_r(0)$ であるから，

$$\int_{S_\epsilon} \left(u \frac{\partial}{\partial \boldsymbol{n}} \left(\frac{1}{r} \right) - \frac{1}{r} \frac{\partial u}{\partial \boldsymbol{n}} \right) dS \longrightarrow 4\pi u(0) + 0 \cdot 4\pi u_r(0) = 4\pi u(0).$$

一方 V_ϵ では $\Delta \dfrac{1}{r} = 0$ に注意すると，(1.83) より

$$\begin{aligned} \int_{S_\epsilon} \left(u \frac{\partial}{\partial \boldsymbol{n}} \left(\frac{1}{r} \right) - \frac{1}{r} \frac{\partial u}{\partial \boldsymbol{n}} \right) dS &= \int_{V_\epsilon} \left(u \Delta \left(\frac{1}{r} \right) - \frac{1}{r} \Delta u \right) dv \\ &= \int_{V_\epsilon} -\frac{1}{r} \Delta u \, dv = \int_{V_\epsilon} -\frac{F}{r} dv. \end{aligned}$$

以上をまとめると，最終的に $\epsilon \longrightarrow 0$ とした式

$$u(0) = \frac{1}{4\pi} \left(-\int_K \frac{F}{r} dv + \int_0^{2\pi} \int_0^{\pi} \left[u + R \frac{\partial u}{\partial r} \right]_{r=R} \sin\theta \, d\theta d\phi \right) \tag{1.84}$$

が得られる．一般の点 P に対しては

$$u(\mathrm{P}) = \frac{1}{4\pi} \left[-\int_K \frac{F}{r} dv + \int_0^{2\pi} \int_0^{\pi} \left\{ u(\mathrm{Q}) + R \frac{\partial u}{\partial r}(\mathrm{Q}) \right\} \sin\theta \, d\theta d\phi \right]. \tag{1.85}$$

ただし，K は P を中心とする半径 R の球で，$\{\ldots\}$ 内の Q は球面上の球座標 $\mathrm{Q} = (R,\theta,\varphi)$ を表す．

註 1.69　(1.85) の右辺で u と $\dfrac{\partial u}{\partial r}$ の球面 $r = R$ 上の値が分かっていなければ，$u(\mathrm{P})$ の値は定まらない．球面上の $u(\mathrm{Q})$ の値を与えておくことは**ディリクレ条件**に対応し，球面上で $\dfrac{\partial u}{\partial r}(\mathrm{Q})$ の値を与えておくことは**ノイマン条件**に対応するが，これらの 2 つの条件は独立には与えられないことが知られている．

いま解を，"無限遠での挙動" を制限して

$$\lim_{R\to\infty} \max_{|\mathrm{Q}|=R} |u(\mathrm{Q})| = 0, \quad \lim_{R\to\infty} R \max_{|\mathrm{Q}|=R} \left| \frac{\partial u}{\partial r}(\mathrm{Q}) \right| = 0 \tag{1.86}$$

という条件のもとで求めてみよう．このとき (1.84) で $R \longrightarrow \infty$ とすると

$$\begin{aligned} u(0) &= -\frac{1}{4\pi} \int_{\boldsymbol{R}^3} \frac{F}{r} dv \\ &= -\frac{1}{4\pi} \int_{\boldsymbol{R}^3} \frac{F(x',y',z')}{((x')^2 + (y')^2 + (z')^2)^{1/2}} dx' dy' dz'. \end{aligned}$$

そこで任意の点 $\mathrm{P}(x,y,z)$ における解の値は，

$$u(x,y,z)=-\frac{1}{4\pi}\int_{\boldsymbol{R}^3}\frac{F(x',y',z')}{[(x-x')^2+(y-y')^2+(z-z')^2]^{1/2}}dx'dy'dz' \tag{1.87}$$

と表される．$\boldsymbol{x}=(x,y,z)$ と表せば，簡単に

$$u(\boldsymbol{x})=-\frac{1}{4\pi}\int_{\boldsymbol{R}^3}\frac{F(\boldsymbol{x}')}{|\boldsymbol{x}-\boldsymbol{x}'|}d\boldsymbol{x}' \tag{1.88}$$

または

$$u(\boldsymbol{x})=-\frac{1}{4\pi}\int_{\boldsymbol{R}^3}\frac{F(\boldsymbol{x}-\boldsymbol{x}')}{|\boldsymbol{x}'|}d\boldsymbol{x}' \tag{1.89}$$

などと表すこともできる．この公式は一般次元の $\boldsymbol{R}^n$ で成立することが後の 4.7 節でフーリエ変換を用いて示される．

1.4.4 平面におけるグリーンの定理

平面 $\boldsymbol{R}^2$ 内の区分的に滑らかな閉曲線 $\mathscr{C}$ とその囲む領域 D において，**グリーンの定理**は D 上の二重積分をより簡単な $\mathscr{C}$ に沿った線積分に置き換える．この意味では 3 次元空間 $\boldsymbol{R}^3$ におけるガウスの発散定理の 2 次元版にもなっているから，“平面におけるガウスの定理” とも呼ばれる．ただし曲線 $\mathscr{C}$ の方向付けは反時計回りの向きが仮定されている．

定理 1.70 D を $\boldsymbol{R}^2$ の有界領域とし，境界 $\partial D=\mathscr{C}$ は互いに交わらない区分的に滑らかな単一閉曲線の有限個の和集合とする．このとき $D\cup\mathscr{C}$ 上で C^1 級のベクトル場を

$$\boldsymbol{F}=P\boldsymbol{i}+Q\boldsymbol{j}\quad (P=P(x,y),Q=Q(x,y))$$

とするとき次の等式が成り立つ．

$$\int_{\mathscr{C}}\boldsymbol{F}\cdot\boldsymbol{t}=\iint_D\left(-\frac{\partial P}{\partial y}+\frac{\partial Q}{\partial x}\right)dxdy. \tag{1.90}$$

ここで $\mathscr{C}$ は D の内部を左側に見る向きづけを持つ．

証明に先立って具体例で (1.90) の等式の検証を試みてみよう．

例 1.71 $P=xy^2, Q=x+y$ とする．いま

$$\mathscr{C}_1: y=x^2,\quad \mathscr{C}_2: y=x^3\quad (0\leq x\leq 1)$$

で囲まれる領域を D で表し，あらためて $\mathscr{C}=-\mathscr{C}_1+\mathscr{C}_2$ と定義する．ただし各 $\mathscr{C}_i$ には D の内部を左側に見る向きを与える．このとき

(a) $\displaystyle\iint_D\left(-\frac{\partial Q}{\partial y}+\frac{\partial Q}{\partial x}\right)dxdy$ を求めよ．

(b) $\displaystyle\int_{\mathscr{C}} P\,dx+Q\,dy$ を求めよ．

解　(a) $\displaystyle -\frac{\partial P}{\partial y}+\frac{\partial Q}{\partial x}=-2xy+1,$

$$\iint_D\left(-\frac{\partial P}{\partial y}+\frac{\partial Q}{\partial x}\right)dxdy=\int_0^1 dx\int_{x^3}^{x^2}(-2xy+1)\,dy$$

$$=\int_0^1\left(x^2-x^3-[xy^2]_{y=x^3}^{y=x^2}\right)dx=\frac{1}{3}-\frac{1}{4}-\frac{1}{6}+\frac{1}{8}=\frac{1}{24}.$$

(b)

$$\int_{\mathscr{C}_1}P\,dx=\int_0^1 x[y^2]_{y=x^2}\,dx=\int_0^1 x^5\,dx=\frac{1}{6},$$

$$\int_{\mathscr{C}_2}P\,dx=\int_0^1 x[y^2]_{y=x^3}\,dx=\int_0^1 x^7\,dx=\frac{1}{8}$$

より

$$\int_{\mathscr{C}}P\,dx=-\int_{\mathscr{C}_1}P\,dx+\int_{\mathscr{C}_2}P\,dx=-\frac{1}{24}.$$

一方

$$\int_{\mathscr{C}_1}Q\,dy=\int_0^1(x+[y]_{y=x^2})\cdot 2x\,dx$$

$$=2\int_0^1(x^3+x^2)\,dy=2\left(\frac{1}{3}+\frac{1}{4}\right)=\frac{14}{12},$$

$$\int_{\mathscr{C}_2}Q\,dy=\int_0^1(x+[y]_{y=x^3})\cdot 3x^2\,dy=3\int_0^1(x^3+x^5)\,dy=\frac{15}{12}$$

より

$$\int_{\mathscr{C}}Q\,dy=-\int_{\mathscr{C}_1}Q\,dy+\int_{\mathscr{C}_2}Q\,dy=\frac{1}{12}.$$

したがって

$$\int_{\mathscr{C}} P\,dx+Q\,dy=-\frac{1}{24}+\frac{1}{12}=\frac{1}{24}.$$

以上より

$$\int_D\left(-\frac{\partial P}{\partial y}+\frac{\partial Q}{\partial x}\right)dxdy=\int_{\mathscr{C}} P\,dx+Q\,dy=\frac{1}{24}$$

が確かめられた.

さて定理 1.70 の証明に進もう.

証明

曲線 $\mathscr{C}$ が

(i) $\mathscr{C}$ は 2 つの C^1-級関数 φ_1,φ_2 ($\varphi_1(x)\le\varphi_2(x), a\le x\le b$) と $x=a$ および $x=b$ からなる曲線 (図 1.52 左)

で定義されているとして

$$\int_{\mathscr{C}} P(x,y)\,dx=\iint_D -\frac{\partial P}{\partial y}\,dxdy, \tag{1.91}$$

が成立することを見よう.

$$\begin{aligned}(1.91)\text{ 式右辺}&=-\int_a^b dx\int_{\varphi_1(x)}^{\varphi_2(x)}\frac{\partial P}{\partial y}\,dy\\&=\int_a^b[P(x,\varphi_1(x))-P(x,\varphi_2(x))]\,dx\end{aligned}$$

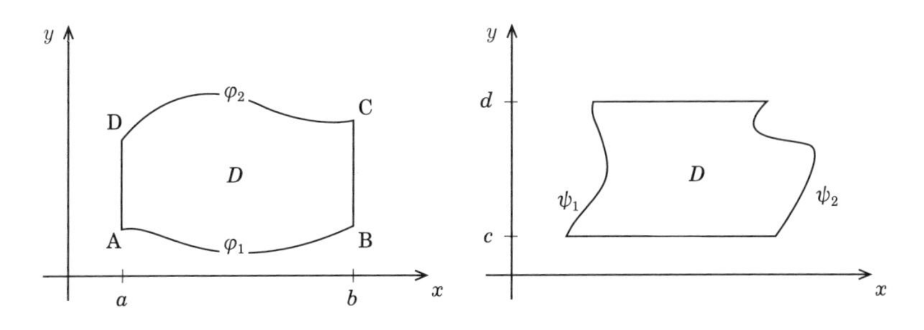

（A=D または B=C の場合も含む）

図 1.52

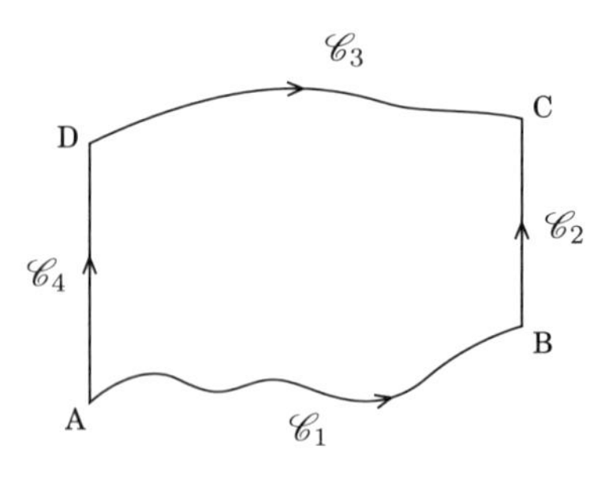

図 1.53

$$= -\int_a^b P(x, \varphi_2(x))\,dx + \int_a^b P(x, \varphi_1(x))\,dx.$$

図 1.53 は曲線 $\mathscr{C}$ が φ_1-グラフ，φ_2-グラフ，$x = a$ $(\varphi_1(a) \leq y \leq \varphi_2(a)), x = b$ $(\varphi_1(b) \leq y \leq \varphi_2(b))$ に分解されていることを示すが，それぞれ

$$x \longmapsto (x, \varphi_1(x)) \quad (a \leq x \leq b),$$

$$x \longmapsto (x, \varphi_2(x)) \quad (a \leq x \leq b)$$

は φ_1-グラフ，φ_2-グラフのパラメタ表示であるから，正の向きづけを持つ曲線 $\mathscr{C}$ は

$$\varphi_1\text{-グラフ} = \mathscr{C}_1, \quad \mathrm{BC} = \mathscr{C}_2, \quad \varphi_2\text{-グラフ} = \mathscr{C}_3, \quad \mathrm{AD} = \mathscr{C}_4,$$

$$\mathscr{C} = \mathscr{C}_1 + \mathscr{C}_2 + (-\mathscr{C}_3) + (-\mathscr{C}_4)$$

と表される．$\mathscr{C}_2, \mathscr{C}_4$ の上では $dx = 0$ より $\displaystyle\int_{\mathscr{C}_2} P\,dx = \int_{\mathscr{C}_4} Q\,dx = 0$ がしたがう．また $\displaystyle\int_{-\mathscr{C}_3} = -\int_{\mathscr{C}_3}, \int_{-\mathscr{C}_4} = -\int_{\mathscr{C}_4}$ より

$$\int_{\mathscr{C}} P(x,y)\,dx = \left(\int_{\mathscr{C}_1} + \int_{\mathscr{C}_2} + \int_{-\mathscr{C}_3} + \int_{-\mathscr{C}_4}\right) P(x,y)\,dx$$

$$= \int_{\mathscr{C}_1} P\,dx + \int_{-\mathscr{C}_3} P\,dx$$

$$= \int_a^b P(x, \varphi_1(x))\,dx - \int_a^b P(x, \varphi_2(x))\,dx.$$

以上から

$$\int_{\mathscr{C}} P\,dx = \iint_D -\frac{\partial P}{\partial y}\,dxdy.$$

次に曲線 $\mathscr{C}$ が

(ii) 2 つの C^1-級関数 ψ_1, ψ_2 $(\psi_1(y) \leq \psi_2(y), c \leq y \leq d)$ と $y = c$ および $y = d$ からなる曲線 (図 1.52 右).

で定義されているとして

$$\int_{\mathscr{C}} Q(x,y)\,dy = \iint_D \frac{\partial Q}{\partial x}\,dxdy \tag{1.92}$$

が導かれることは同様にして示せる.

D が一般の領域の場合は定理 1.59 の証明中に説明したように，(i), (ii) の形の領域に分解することで (1.91), (1.92) がそれぞれ成立することが示せる．よっての辺々の和をとれば証明が終わる. ■

例 1.72 平面内の領域 D を囲む曲線を $\mathscr{C}$ とすると

$$|D| = D \text{ の面積} = \frac{1}{2}\int_{\mathscr{C}} x\,dy - y\,dx.$$

証明 $\mathscr{C}$ に反時計回りの向きをつける．$P(x,y) = x, Q(x,y) = -y$ とおくとき，グリーンの定理から

$$\int_{\mathscr{C}} x\,dy + y\,dx = \iint_D \left[\frac{\partial x}{\partial y} - \frac{\partial}{\partial y}(-y)\right] dxdy = \iint_D 2\,dxdy = 2|D|.$$

よって $|D| = \dfrac{1}{2}\displaystyle\int_{\mathscr{C}} x\,dy - y\,dx.$ ■

定理 1.70 は，領域 D が有限個の (i) および (ii) の形で定義される領域に分割される場合にも容易に拡張されることに注意しよう.

ところで平面のグリーンの定理には，次のようなもう 1 つの表現式がある.

$$\int_{\mathscr{C}} \boldsymbol{F} \cdot \boldsymbol{n} = \iint_D \operatorname{div} \boldsymbol{F}\,dxdy \tag{1.93}$$

ここで $\mathscr{C}$ や D については定理 1.70 と同じ条件を満たすものとする．また $\boldsymbol{n}$ は $\mathscr{C}$ の外向き単位法線方向を表すベクトルとした．すなわち $\boldsymbol{n}$ は $\boldsymbol{t}$ を時計

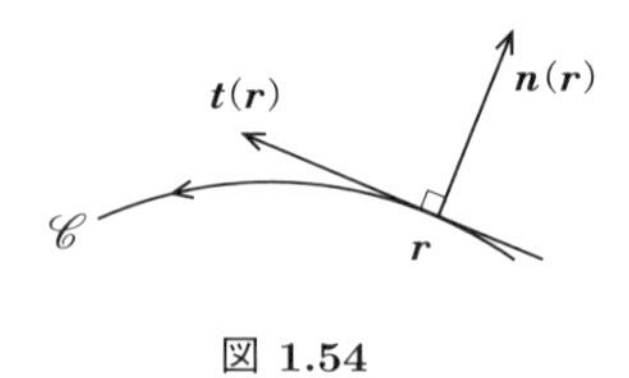

図 1.54

回りに $\dfrac{\pi}{2}$ だけ回転させたものとする．また $\boldsymbol{F}\cdot\boldsymbol{n}$ に対する $\mathscr{C}$ 上での線積分 $\displaystyle\int_{\mathscr{C}}\boldsymbol{F}\cdot\boldsymbol{n}$ は $\boldsymbol{F}\cdot\boldsymbol{t}$ に対するそれと同様に定義される．

証明　$\boldsymbol{r}(s)=(x(s),y(s))$ $(a\leq s\leq b)$ を $\mathscr{C}$ の正の向きづけが定義されたパラメタ表示とする．$\mathscr{C}$ 上の点 $\boldsymbol{r}(s)$ における単位接線ベクトルは $\boldsymbol{t}(s)=\dfrac{(x'(s),y'(s))}{|\boldsymbol{r}'(s)|}$ で，外向き単位法線ベクトルは $\boldsymbol{t}(s)$ を $\dfrac{\pi}{2}$ だけ時計回りに回転したベクトル

$$\boldsymbol{n}(s)=\frac{(y'(s),-x'(s))}{|\boldsymbol{r}'(s)|}$$

で与えられる (図 1.54)．$\displaystyle\int_{\mathscr{C}}\boldsymbol{F}\cdot\boldsymbol{n}$ を計算しよう．

$$\boldsymbol{F}\cdot\boldsymbol{n}=\boldsymbol{F}(\boldsymbol{r}(s))\cdot\boldsymbol{n}(\boldsymbol{r}(s))=\frac{(P(\boldsymbol{r}(s)),Q(\boldsymbol{r}(s)))\cdot(y'(s),-x'(s))}{|\boldsymbol{r}'(s)|},$$

$$\boldsymbol{F}\cdot\boldsymbol{n}|\boldsymbol{r}'|\,ds=\Big(P(\boldsymbol{r}(s))y'(s)-Q(\boldsymbol{r}(s))x'(s)\Big)ds.$$

したがって

$$\int_{\mathscr{C}}\boldsymbol{F}\cdot\boldsymbol{n}=\int_a^b(P(\boldsymbol{r}(s))y'(s)-Q(\boldsymbol{r}(s))x'(s))\,ds=\int_{\mathscr{C}}(-Q,P)\cdot\boldsymbol{t}$$

ここでグリーンの定理を適用し，(1.90) 式を用いると

$$=\iint_D\left[-\left(-\frac{\partial Q}{\partial y}\right)+\frac{\partial P}{\partial x}\right]dxdy$$

すなわち

$$\int_{\mathscr{C}}\boldsymbol{F}\cdot\boldsymbol{n}=\iint_D\operatorname{div}\boldsymbol{F}\,dxdy$$

が得られた．∎

1.4.5　ストークスの定理

3 次元空間の曲面によって張られる縁の閉曲線を $\mathscr{C}$ とする．$\mathscr{C}$ 上を，内部の S を左に見ながらまわる向きを $\mathscr{C}$ の正の向きとし，S には表裏の方向づけがなされているものとする．S 上の正の側 (表の側) に立って $\mathscr{C}$ の周りを正の向きにまわるとき，S がつねに左側にあるならば，S と $\mathscr{C}$ は正の対応した向きづけがなされていると呼ぶことにしよう (図 1.55).

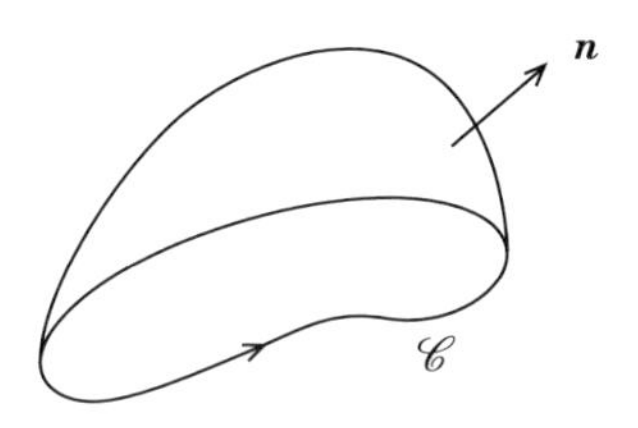

図 1.55

S のパラメタ表示が，u,v 平面の閉領域 K から S への C^2-級 1 対 1 対応

$$K \ni (u,v) \longmapsto \boldsymbol{r} = \boldsymbol{\varphi}(u,v) = (x(u,v), y(u,v), z(u,v)) \in S$$

で与えられ，K の境界 Γ はこの写像で $\mathscr{C}$ に対応しているとする[*23]．点 $\boldsymbol{r} = \boldsymbol{\varphi}(u,v)$ $(\in S)$ から S の外側 (表側) に向かう単位法線ベクトル $\boldsymbol{n}$ をとろう．(1.35) 式から

$$A = \frac{\partial(y,z)}{\partial(u,v)}, \quad B = \frac{\partial(z,x)}{\partial(u,v)}, \quad C = \frac{\partial(x,y)}{\partial(u,v)}$$

は $\boldsymbol{n}$ の方向比を与えるから，$\boldsymbol{n} = (\cos\alpha, \cos\beta, \cos\gamma)$ (方向余弦) とすると

$$\cos\alpha : \cos\beta : \cos\gamma = A : B : C.$$

$|\boldsymbol{n}| = 1$ より $H = (A^2 + B^2 + C^2)^{1/2}$ とおけば

$$\cos\alpha = \epsilon\frac{A}{H}, \quad \cos\beta = \epsilon\frac{B}{H}, \quad \cos\gamma = \epsilon\frac{C}{H}$$

$(\epsilon = \pm 1$, 複号同順) と表される．点 (x,y,z) における接線ベクトルを

$$\boldsymbol{e}_u = (x_u, y_u, z_u), \quad \boldsymbol{e}_v = (x_v, y_v, z_v)$$

とすると，$(\boldsymbol{n}, \boldsymbol{e}_u, \boldsymbol{e}_v)$ は右手系をなす．

[*23] このとき $\mathscr{C}$ の正の向きは Γ の正の向きと一致しているとする．

$$\begin{vmatrix} \cos\alpha & \cos\beta & \cos\gamma \\ x_u & y_u & z_u \\ x_v & y_v & z_v \end{vmatrix} = \frac{\epsilon}{H}\begin{vmatrix} A & B & C \\ x_u & y_u & z_u \\ x_v & y_v & z_v \end{vmatrix} = \frac{\epsilon}{H}H^2 = \epsilon H > 0.$$

したがって $\epsilon > 0$ でなければならない．すなわち

$$\cos\alpha = \frac{A}{H}, \quad \cos\beta = \frac{B}{H}, \quad \cos\gamma = \frac{C}{H}.$$

定理 1.73 (ストークスの定理)　$\boldsymbol{R}^3$ 内の区分的に滑らかな閉曲線 $\mathscr{C}$ を張る C^2-級の曲面 S と，$\boldsymbol{R}^3$ 上の C^1-級ベクトル場 $\boldsymbol{F}$ が与えられていて，$\mathscr{C}$ と S は正の対応した向きづけがなされているとき，次の等式が成り立つ．

$$\int_{\mathscr{C}} \boldsymbol{F}\cdot\boldsymbol{t} = \int_S \mathrm{rot}\,\boldsymbol{F}\cdot\boldsymbol{n}\,dS$$

証明　上式の右辺の S 上の面積分を $\mathscr{C}$ 上の線積分に変形しよう．$\boldsymbol{F} = P\boldsymbol{i} + Q\boldsymbol{j} + R\boldsymbol{k}$ とすると $\mathrm{rot}\,\boldsymbol{F} = (R_y - Q_z, P_z - R_x, Q_x - P_y)$．よって

$$\int_S \mathrm{rot}\,\boldsymbol{F}\cdot\boldsymbol{n}\,dS$$
$$= \int_S [(R_y - Q_z)\cos\alpha + (P_z - R_x)\cos\beta + (Q_z - P_y)\cos\gamma]\,dS. \tag{1.94}$$

面積要素は (1.74) 式から

$$dS = \left[\left(\frac{\partial(x,y)}{\partial(u,v)}\right)^2 + \left(\frac{\partial(y,z)}{\partial(u,v)}\right)^2 + \left(\frac{\partial(z,x)}{\partial(u,v)}\right)^2\right]^{1/2} dudv = H\,dudv$$

したがって (1.94) 式は

$$= \int_K \left[(R_y - Q_z)\frac{A}{H} + (P_z - R_z)\frac{B}{H} + (Q_x - P_y)\frac{C}{H}\right] H\,dudv$$

$$= \int_K \Big[(R_y - Q_z)(y_u z_v - y_v z_u) + (P_z - R_x)(z_u x_v - z_v x_u)$$
$$+ (Q_x - P_y)(x_u y_v - x_v y_u)\Big]\,dudv. \tag{1.95}$$

上の $[\ldots]$ 内の P_z と P_y の項をまとめて

$$P_z(z_u x_v - z_v x_u) - P_y(x_u y_v - x_v y_u)$$
$$= (P_x x_u + P_y y_u + P_z z_u)x_v - (P_x x_v + P_y y_v + P_z z_v)x_u$$

$$= P_u x_v - P_v x_u = \frac{\partial}{\partial u}(P x_v) - \frac{\partial}{\partial v}(P x_u).$$

したがって平面におけるグリーンの定理を適用して

$$\int_K [P_z(z_u x_v - z_v x_u) - P_y(x_u y_v - x_v y_u)]\,dudv$$

$$= \int_K \left[\frac{\partial}{\partial u}(P x_v) - \frac{\partial}{\partial v}(P x_u)\right] dudv$$

$$= \int_\Gamma P x_u\,du + P x_v\,dv$$

いま Γ が $u = u(s), v = v(s)$ $(s \in [a,b])$ と表されていたとすれば，$\mathscr{C}$ は $(x,y,z) = (x(u(s),v(s)), y(u(s),v(s)), z(u(s),v(s))) = (\tilde{x}(s), \tilde{y}(s), \tilde{z}(s))$ $(s \in [a,b])$ で表されるので，

$$= \int_a^b P\left(\frac{\partial x}{\partial u}\frac{du}{ds} + \frac{\partial x}{\partial v}\frac{dv}{ds}\right) ds = \int_a^b P\frac{d\tilde{x}}{ds}\,ds = \int_{\mathscr{C}} P\,dx.$$

同じように (1.95) 式の Q, R に関する項をそれぞれまとめて

$$\int_K [-Q_z(y_u z_v - y_v z_u) + Q_x(x_u y_v - x_v y_u)]\,dudv = \int_{\mathscr{C}} Q\,dy,$$

$$\int_K [R_y(y_u z_v - y_v z_u) - R_x(z_u x_v - z_v x_u)]\,dudv = \int_{\mathscr{C}} R\,dz.$$

各積分を加え合わせると，最終的に

$$\int_S \operatorname{rot} \boldsymbol{F} \cdot \boldsymbol{n}\,dS = \int_{\mathscr{C}} P\,dx + Q\,dy + R\,dz = \int_{\mathscr{C}} \boldsymbol{F} \cdot \boldsymbol{t}.$$

■

言葉で表現すると，ストークスの定理は

“ベクトル場 $\boldsymbol{F}$ の閉曲線 $\mathscr{C}$ に沿った線積分は，$\mathscr{C}$ を縁に持つ曲面 S 上での回転 $\operatorname{rot} \boldsymbol{F}$ $(= \nabla \times \boldsymbol{F})$ の面積分に等しい”

ことを主張する．

ストークスの定理の応用例

■定理 1.73 の系■ $\boldsymbol{R}^3$ の領域 D 上の C^1-級ベクトル場 $\boldsymbol{F}$ が，D 内の閉曲線 $\mathscr{C}$ について

$$\int_{\mathscr{C}} \boldsymbol{F}\cdot\boldsymbol{t}=0 \tag{1.96}$$

を満足するための必要十分は

$$\mathrm{rot}\,\boldsymbol{F}=0$$

となることである．

$\boldsymbol{F}$ が流体の速度場であれば

$\boldsymbol{F}$ の循環がゼロと $\boldsymbol{F}$ の回転がなし

とは同値である．

証明　必要性はすでに示した．(1.96) が成り立てば定理 1.54 より $\boldsymbol{F}$ はあるスカラー関数 f の勾配 $\boldsymbol{F}=\nabla f$ [*24] と表され，これから $\mathrm{rot}\,\boldsymbol{F}=\nabla\times\nabla f=0$ である．

逆に $\mathrm{rot}\,\boldsymbol{F}=0$ とすれば，ストークスの定理 1.73 そのものである．実際 D に含まれる任意の閉曲線 $\mathscr{C}$ に対し，それを縁とする曲面を S とすれば

$$\int_{\mathscr{C}} \boldsymbol{F}\cdot\boldsymbol{t}=\int_S \mathrm{rot}\,\boldsymbol{F}\cdot\boldsymbol{n}dS=0.$$

■

註 1.74　与えられたベクトル場 $\boldsymbol{F}$ について，そのスカラーポテンシャル f は任意定数を除いて一意的に定まる．実際 $\boldsymbol{F}=\nabla f=\nabla\tilde{f}$ ならば，$g=f-\tilde{f}$ とおけば $\nabla g=0$．したがって $\dfrac{\partial g}{\partial x}=\dfrac{\partial g}{\partial y}=\dfrac{\partial g}{\partial z}=0$．すなわち g は x,y,z について独立であるから，平均値の定理により固定点 (x_0,y_0,z_0) と任意の点 (x,y,z) をとると，つねに $g(x,y,z)=g(x_0,y_0,z_0)$，すなわち $f(x,y,z)-\tilde{f}(x,y,z)=$ 定数が成立する．

1.4.6　ベクトルポテンシャルとヘルムホルツの定理

スカラーポテンシャルと平行して，ベクトルポテンシャルも定義される．ベクトル場 $\boldsymbol{F}$ に対して

$$\boldsymbol{F}=\mathrm{rot}\,\boldsymbol{A}$$

を満たすベクトル $\boldsymbol{A}$ を $\boldsymbol{F}$ のベクトルポテンシャルという．

[*24] f は $\boldsymbol{F}$ のスカラーポテンシャル．

ベクトルポテンシャルの存在

$\boldsymbol{A}$ が C^1-級のベクトル場で $\mathrm{rot}\,\boldsymbol{A}=\boldsymbol{F}$ が成り立てば $\mathrm{div}\,\boldsymbol{F}=0$ であることは，1.2.6 節の (8) $(\mathrm{div}\,\mathrm{rot}=0)$ ですでに示した．ここではこの逆の関係，すなわち **$\mathbf{div}\,\boldsymbol{F}=0$ ならば，$\boldsymbol{F}$ のベクトルポテンシャル $\boldsymbol{A}$ が存在する**[*25] ことを証明する．

証明

$$\mathrm{rot}\,\boldsymbol{A}=\boldsymbol{F}=F_1\boldsymbol{i}+F_2\boldsymbol{j}+F_3\boldsymbol{k}$$

を満たすある単純な形のベクトル場

$$\boldsymbol{A}=A_1\boldsymbol{i}+A_2\boldsymbol{j}+A_3\boldsymbol{k}$$

を求めよう．まず $F_j(x,y,z)$ を次の形で表しておこう．

$$F_1(x,y,z)=\int_0^x \frac{\partial}{\partial t}F_1(t,y,z)\,dt+F_1(0,y,z). \tag{1.97}$$

ここで仮定 $\mathrm{div}\,\boldsymbol{F}=\dfrac{\partial F_1}{\partial x}+\dfrac{\partial F_2}{\partial y}+\dfrac{\partial F_3}{\partial z}=0$ を用いると

$$\frac{\partial}{\partial t}F_1(t,y,z)=-\frac{\partial}{\partial y}F_2(t,y,z)-\frac{\partial}{\partial z}F_3(t,y,z).$$

また $F_1(0,y,z)=\dfrac{\partial}{\partial z}\displaystyle\int_0^z F_1(0,y,t)\,dt$. これらを (1.97) に代入して次式が得られる．

$$\begin{aligned}F_1(x,y,z)=&-\frac{\partial}{\partial y}\int_0^x F_2(t,y,z)\,dt-\frac{\partial}{\partial z}\int_0^x F_3(t,y,z)\,dt\\&+\frac{\partial}{\partial z}\int_0^z F_1(0,y,t)\,dt\end{aligned}$$

一方

$$\mathrm{rot}\,\boldsymbol{A}=\Big(\frac{\partial}{\partial y}A_3-\frac{\partial}{\partial z}A_2\Big)\boldsymbol{i}+\Big(\frac{\partial}{\partial z}A_1-\frac{\partial}{\partial x}A_3\Big)\boldsymbol{j}+\Big(\frac{\partial}{\partial x}A_2-\frac{\partial}{\partial y}A_1\Big)\boldsymbol{k}$$

であるから，$\mathrm{rot}\,\boldsymbol{A}$ の右辺と比較して

$$A_3=-\int_0^x F_2(t,y,z)\,dt,$$

[*25] F_1, F_2, F_3 は C^1-級と仮定する．

$$A_2 = \int_0^x F_3(t,y,z)\,dt - \int_0^z F_1(0,y,t)\,dt,$$
$$A_1 = 0$$

とおく．このとき確かに

$$\boldsymbol{A} = \left(\int_0^x F_3(t,y,z)\,dt - \int_0^z F_1(0,y,t)\,dt\right)\boldsymbol{j} - \left(\int_0^x F_2(t,y,z)\,dt\right)\boldsymbol{k}$$

が $\mathrm{rot}\,\boldsymbol{A} = \boldsymbol{F}$ の特解になる．実際

$$\frac{\partial}{\partial y}A_3 - \frac{\partial}{\partial z}A_2 = F_1(x,y,z),$$
$$\frac{\partial}{\partial z}A_1 - \frac{\partial}{\partial x}A_3 = -\frac{\partial}{\partial x}A_3 = F_2(x,y,z),$$
$$\frac{\partial}{\partial x}A_2 - \frac{\partial}{\partial y}A_1 = \frac{\partial}{\partial x}A_2 = F_3(x,y,z)$$

が成り立つからである．∎

整理すると，

定理 1.75　C^1-級のベクトル場 $\boldsymbol{F}$ がベクトルポテンシャルを持つための必要十分条件は，$\mathrm{div}\,\boldsymbol{F} = 0$ が成立することである．

ベクトルポテンシャルは一意的には決まらない．実際，$\boldsymbol{F} = \mathrm{rot}\,\boldsymbol{A} = \mathrm{rot}\,\tilde{\boldsymbol{A}}$ ならば $\boldsymbol{B} = \boldsymbol{A} - \tilde{\boldsymbol{A}}$ も $\mathrm{rot}\,\boldsymbol{B} = 0$ を満たす．したがって定理 1.73 の系および定理 1.54 より，あるスカラー場 φ が存在して $\boldsymbol{B} = -\nabla\varphi$, すなわち $\boldsymbol{F} = \mathrm{rot}\,\boldsymbol{A}$ の解 $\boldsymbol{A}$ には任意のスカラー関数の勾配 $\nabla\varphi$ による加法的な自由度がある．

さて 1.2.6 節のベクトル等式 (12) で

$$\mathrm{rot}\,\mathrm{rot}\,\boldsymbol{u} = \nabla\,\mathrm{div}\,\boldsymbol{u} - \Delta\boldsymbol{u}$$

を示した．作用素的表現では

$$\Delta = \nabla\,\mathrm{div} - \mathrm{rot}\,\mathrm{rot}$$

が成り立つことである．

ポアッソン方程式をベクトル場 $\boldsymbol{F}$ について解いた解 $\boldsymbol{u}$ に上の作用素をほどこすと，

$$\boldsymbol{F} = \Delta\boldsymbol{u} = \nabla\,\mathrm{div}\,\boldsymbol{u} - \mathrm{rot}\,\mathrm{rot}\,\boldsymbol{u} \tag{1.98}$$

が得られるが，これは $\boldsymbol{F}$ が $\nabla\operatorname{div}\boldsymbol{u}$ と $-\operatorname{rot}\operatorname{rot}\boldsymbol{u}$ という 2 つのベクトル場 $\boldsymbol{F}$ の和で表されることを示す．$\boldsymbol{F}=F_1\boldsymbol{i}+F_2\boldsymbol{j}+F_3\boldsymbol{k}$ とするとき，全空間 $\boldsymbol{R}^3$ で F_l $(l=1,2,3)$ に対するポアッソン方程式の特解 u_l は，F_l に関する遠方での減衰条件 (1.86) があれば，(1.89) から

$$u_l(\boldsymbol{x})=-\frac{1}{4\pi}\int\frac{F_l(\boldsymbol{x}-\boldsymbol{x}')}{|\boldsymbol{x}'|}d\boldsymbol{x}' \quad (l=1,2,3)$$

で与えられた．よってベクトル解を $\boldsymbol{u}=u_1\boldsymbol{i}+u_2\boldsymbol{j}+u_3\boldsymbol{k}$ とすると

$$\boldsymbol{u}(\boldsymbol{x})=-\frac{1}{4\pi}\int\frac{\boldsymbol{F}(\boldsymbol{x}-\boldsymbol{x}')}{|\boldsymbol{x}'|}d\boldsymbol{x}'.$$

この解を (1.98) 式に代入して

$$\boldsymbol{F}=-\nabla\int\frac{(\operatorname{div}\boldsymbol{F})(\boldsymbol{x}-\boldsymbol{x}')}{4\pi|\boldsymbol{x}'|}d\boldsymbol{x}'-\operatorname{rot}\int\frac{(\operatorname{rot}\boldsymbol{F})(\boldsymbol{x}-\boldsymbol{x}')}{4\pi|\boldsymbol{x}'|}d\boldsymbol{x}' \tag{1.99}$$

が得られる．つまりベクトル場 $\boldsymbol{F}$ は

$$\boldsymbol{F}=\underbrace{\nabla\varphi}_{\text{渦無し}}+\underbrace{\operatorname{rot}\boldsymbol{p}}_{\text{湧き出しなし}} \tag{1.100}$$

と表される．ただし

$$\varphi(\boldsymbol{x})=-\int\frac{(\operatorname{div}\boldsymbol{F})(\boldsymbol{x}-\boldsymbol{x}')}{4\pi|\boldsymbol{x}'|}d\boldsymbol{x}'=-\operatorname{div}\int\frac{\boldsymbol{F}(\boldsymbol{x}-\boldsymbol{x}')}{4\pi|\boldsymbol{x}'|}d\boldsymbol{x}', \tag{1.101}$$

$$\boldsymbol{p}(\boldsymbol{x})=-\int\frac{(\operatorname{rot}\boldsymbol{F})(\boldsymbol{x}-\boldsymbol{x}')}{4\pi|\boldsymbol{x}'|}d\boldsymbol{x}'=-\operatorname{rot}\int\frac{\boldsymbol{F}(\boldsymbol{x}-\boldsymbol{x}')}{4\pi|\boldsymbol{x}'|}d\boldsymbol{x}' \tag{1.102}$$

である．さらに $\operatorname{div}\operatorname{rot}=0$ より

$$\operatorname{div}\boldsymbol{p}=-\operatorname{div}\operatorname{rot}\int\frac{\boldsymbol{F}(\boldsymbol{x}-\boldsymbol{x}')}{4\pi|\boldsymbol{x}'|}d\boldsymbol{x}'=0$$

すなわち (1.99) の表現でとくに $\boldsymbol{p}$ は $\operatorname{div}\boldsymbol{p}=0$ という付加条件を備えているとしてよい．また物理的なベクトル場として $\boldsymbol{F}$ を考えるとき，多くの場合 $\boldsymbol{F}$ の各成分は減衰条件 (1.86) を満たしているとしてよいから，一般にベクトル場 $\boldsymbol{F}$ は (1.100) のように分解される．これを**ヘルムホルツの定理**といい，(1.101) の φ を**ベクトル場 $\boldsymbol{F}$ のポテンシャル**，(1.102) の $\boldsymbol{p}$ を**ベクトル場 $\boldsymbol{F}$ のベクトルポテンシャル**と呼ぶこともある．

ヘルムホルツの分解は第 5 章のナヴィエ・ストークス方程式 (Navier-Stokes equation) の解を扱うときに，重要な働きをする．

第2章 ナヴィエ・ストークス方程式

2.1 ナヴィエ・ストークス方程式の導出

第 1 章で学んだベクトル解析を水や空気などの流れの解析に応用してみよう[*1]．空間内に固定座標系 (x,y,z) をとる．t を時間を表す独立変数とする．流体の粒子の点 (x,y,z), 時刻 $t>0$ における速度ベクトルを $\boldsymbol{U}(x,y,z,t)$ とし $\boldsymbol{U}$ のこの座標系による x,y,z 成分を $u=u(x,y,z,t), v=v(x,y,z,t), w=w(x,y,z,t)$ とする．1.2.4 節で述べたように，

$$\frac{dX(t)}{dt}=u(X(t),Y(t),Z(t),t),$$
$$\frac{dY(t)}{dt}=v(X(t),Y(t),Z(t),t),$$
$$\frac{dZ(t)}{dt}=w(X(t),Y(t),Z(t),t) \tag{2.1}$$

が粒子の軌道 $(X(t),Y(t),Z(t))$ の満たすべき微分方程式となる．この軌道は**流線**とも呼ばれる．時刻 $t=t_0$ で通る点 $\boldsymbol{\Xi}=(\xi,\eta,\zeta)$ を指定すれば軌道は一意的に決まる．Ω を $\boldsymbol{R}^3$ の領域とし $\boldsymbol{n}$ を Ω の外向き単位法線とする．ガウスの発散定理は

$$\iint_\Gamma \boldsymbol{U}\cdot\boldsymbol{n}\,dS=\iiint_\Omega \mathrm{div}\,\boldsymbol{U}\,dxdydz \tag{2.2}$$

と書かれることになる．ただし，Γ は Ω の境界であり，dS は Γ の面積要素である．

[*1] 流れの力学を扱う学問を流体力学 (theory of fluid dynamics) という．車やジェット機の設計，天気予報，血液の流れの解明，その他ありとあらゆる流れのある場面に登場する重要な学問である．代表的な本として巽友正著『流体力学』(新物理学シリーズ 21, 培風館, 1982) をあげておく．

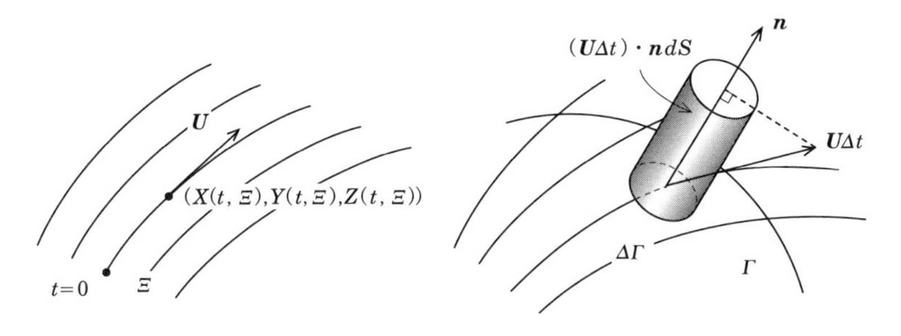

図 2.1

$$\mathrm{div}\boldsymbol{U} = \frac{\partial u}{\partial x} + \frac{\partial v}{\partial y} + \frac{\partial w}{\partial z}$$

は $\boldsymbol{U}$ の発散量 (divergence) といわれるものである．さて，(2.2) の右辺の解釈はすでに 1.2.5 節で与えたが，もう一度考察してみよう．Γ の 1 つの小面分 $\Delta\Gamma$ をとる．ここでは $\boldsymbol{U}$ を近似的に定数ベクトルと考えられるので，微小時間 Δt の間に $\Delta\Gamma$ 上にあった粒子はいっせいに $\boldsymbol{U}\Delta t$ だけ移動する．したがって Δt の間に $\Delta\Gamma$ を通って Ω の外に流れ出る流量は，$\Delta\Gamma$ を底面とし，高さが $\boldsymbol{U}\cdot\boldsymbol{n}$ の柱の体積 $(\boldsymbol{U}\Delta t)\cdot\boldsymbol{n}dS$ に等しい (符号もあわせて考える)．dS は $\Delta\Gamma$ の面積を表す．ゆえに Δt の間に Γ で囲まれた領域 Ω を出る流体の容積の総量は符号も考慮して

$$\Delta t \iint_{\Gamma} \boldsymbol{U}\cdot\boldsymbol{n}\,dS$$

で与えられる．こうして上式で Δt を取り去った量，すなわち (2.2) の左辺をフラックス (flux) といい，面 Γ を通して単位時間に Ω の外に流失する (符号によっては Ω の内に流入する) 流体の容積を表す (図 2.1).

次に $\mathrm{div}\boldsymbol{U}$ は (x,y,z) の近傍における流体の体積の単位時間に対する膨張率 (圧縮率) を表すことはすでに 1.2.5 節で述べた．しかしここでは流線に沿った考察でもう一度考えてみよう．(2.1) の解で $t=0$ で $(X,Y,Z)=\boldsymbol{\Xi}=(\xi,\eta,\zeta)$ なる解を $(X(t,\boldsymbol{\Xi}),Y(t,\boldsymbol{\Xi}),Z(t,\boldsymbol{\Xi}))$ と表そう．テイラーの公式から

$$X(t,\boldsymbol{\Xi}) = X(0,\boldsymbol{\Xi}) + \frac{\partial X}{\partial t}(0,\boldsymbol{\Xi}) + O(t^2) = \xi + u(\boldsymbol{\Xi},0)t + O(t^2),$$

$$Y(t,\boldsymbol{\Xi}) = Y(0,\boldsymbol{\Xi}) + \frac{\partial Y}{\partial t}(0,\boldsymbol{\Xi}) + O(t^2) = \eta + v(\boldsymbol{\Xi},0)t + O(t^2),$$

$$Z(t,\boldsymbol{\varXi})=Z(0,\boldsymbol{\varXi})+\frac{\partial Z}{\partial t}(0,\boldsymbol{\varXi})+O(t^2)=\zeta+w(\boldsymbol{\varXi},0)t+O(t^2). \tag{2.3}$$

こうして $t=0$ で $\varOmega_0$ を占めていた流体の $t=t$ での占める部分を $\varOmega_t$ としそれぞれの体積を $|\varOmega_0|,|\varOmega_t|$ と表すと，数学的には，(ξ,η,ζ) から (X,Y,Z) への座標変換と考えれば，変数変換の公式から

$$|\varOmega_t|=\iiint_{\varOmega_t}dXdYdZ=\iiint_{\varOmega_0}\frac{\partial(X,Y,Z)}{\partial(\xi,\eta,\zeta)}d\xi d\eta d\zeta \tag{2.4}$$

である．いま (2.3) より

$$\frac{\partial(X,Y,Z)}{\partial(\xi,\eta,\zeta)}=\begin{vmatrix}\dfrac{\partial X(t,\boldsymbol{\varXi})}{\partial\xi} & \dfrac{\partial Y(t,\boldsymbol{\varXi})}{\partial\xi} & \dfrac{\partial Z(t,\boldsymbol{\varXi})}{\partial\xi}\\ \dfrac{\partial X(t,\boldsymbol{\varXi})}{\partial\eta} & \dfrac{\partial Y(t,\boldsymbol{\varXi})}{\partial\eta} & \dfrac{\partial Z(t,\boldsymbol{\varXi})}{\partial\eta}\\ \dfrac{\partial X(t,\boldsymbol{\varXi})}{\partial\zeta} & \dfrac{\partial Y(t,\boldsymbol{\varXi})}{\partial\zeta} & \dfrac{\partial Z(t,\boldsymbol{\varXi})}{\partial\zeta}\end{vmatrix}$$

$$=\begin{vmatrix}1+\dfrac{\partial u}{\partial\xi}t & \dfrac{\partial v}{\partial\xi}t & \dfrac{\partial w}{\partial\xi}t\\ \dfrac{\partial u}{\partial\eta}t & 1+\dfrac{\partial v}{\partial\eta}t & \dfrac{\partial w}{\partial\eta}t\\ \dfrac{\partial u}{\partial\zeta}t & \dfrac{\partial v}{\partial\zeta}t & 1+\dfrac{\partial w}{\partial\zeta}t\end{vmatrix}+O(t^2)$$

$$=1+\left(\frac{\partial u}{\partial\xi}+\frac{\partial v}{\partial\eta}+\frac{\partial z}{\partial\zeta}\right)t+O(t^2).$$

これを (2.4) に代入して

$$|\varOmega_t|=\iiint_{\varOmega_0}\left(1+\left(\frac{\partial u}{\partial\xi}+\frac{\partial v}{\partial\eta}+\frac{\partial w}{\partial\zeta}\right)t+O(t^2)\right)d\xi d\eta d\zeta$$

$$=|\varOmega_0|+t\iiint_{\varOmega_0}\mathrm{div}\,\boldsymbol{U}\,d\xi d\eta d\zeta+O(t^2).$$

ゆえに

$$\lim_{t\to0}\frac{|\varOmega_t|-|\varOmega_0|}{t}=\iiint_{\varOmega_0}\mathrm{div}\,\boldsymbol{U}\,d\xi d\eta d\zeta$$

が得られた．いま積分変数を ξ,η,ζ から x,y,z にかえれば，(2.2) の右辺が G を占める流体の単位時間あたりの膨張を表すことが分かった．こうしてガ

ウスの発散定理は，Ω の表面を通って流入した流体の容積が中の流体の膨張量を表すという物理的に自然な形で解釈される．

とくに $\mathbf{div}\boldsymbol{U}=0$ **なる流体を非圧縮性流体**という．水などは流れとともに圧縮されない非圧縮性の流体である．一方，気体などの流れは運動とともに体積が膨張したり収縮したりする圧縮性の流体と考えられる．以下，非圧縮な場合のみを考える．圧縮性の場合は温度などをあわせて考えなくてはならないのでこの本の範囲を超える[*2]．

さて，水などの非圧縮性の流体の運動方程式は，フランスの工学者ナヴィエ (L. M. H. Navier) により提唱され，フランスの数理物理学者ポアッソン (S. D. Poisson)，サンベナン (B. de Saint Venant) の考察の後にイギリスの数理物理学者ストークス (G. G. Stokes) により定式化された次のナヴィエ・ストークス方程式と呼ばれる方程式によって記述される．

■ナヴィエ・ストークス方程式■

$$\begin{aligned}&\rho(\boldsymbol{U}_t+\boldsymbol{U}\cdot\nabla\boldsymbol{U})=-\nabla p+\mu\Delta\boldsymbol{U},\\&\mathrm{div}\boldsymbol{U}=0.\end{aligned}\tag{2.5}$$

ここで，p は圧力項を表す．また $\nabla=(\partial/\partial x,\partial/\partial y,\partial/\partial z),\boldsymbol{U}_t=(\partial u/\partial t,\partial v/\partial t,\partial w/\partial t)$ なる時間微分を表す．最後に $\boldsymbol{U}\cdot\nabla$ と Δ はスカラー関数 f に対し

$$\boldsymbol{U}\cdot\nabla f=u\frac{\partial f}{\partial x}+v\frac{\partial f}{\partial y}+w\frac{\partial f}{\partial z},$$

$$\Delta f=\frac{\partial^2 f}{\partial x^2}+\frac{\partial^2 f}{\partial y^2}+\frac{\partial^2 f}{\partial z^2}$$

で定義される微分作用素である．ナヴィエ・ストークス方程式の第 1 式は運動方程式であり，第 2 式は非圧縮条件である．ρ は流体の質量密度を表し，μ は粘性係数を表す．ρ,μ はともに正の定数である．成分ごとに書けば次のような 4 つの未知関数 (u,v,w,p) に対する 4 つの非線形の偏微分方程式系となる．

$$\rho\Big(\frac{\partial u}{\partial t}+u\frac{\partial u}{\partial x}+v\frac{\partial u}{\partial y}+w\frac{\partial u}{\partial z}\Big)=-\frac{\partial p}{\partial x}+\mu\Delta u,$$

[*2] 圧縮性の流体を扱うことも重要である．興味のある読者は先にあげた流体の本を参考にせよ．

$$\rho\Big(\frac{\partial v}{\partial t}+u\frac{\partial v}{\partial x}+v\frac{\partial v}{\partial y}+w\frac{\partial v}{\partial z}\Big)=-\frac{\partial p}{\partial y}+\mu\Delta v,$$

$$\rho\Big(\frac{\partial w}{\partial t}+u\frac{\partial w}{\partial x}+v\frac{\partial w}{\partial y}+w\frac{\partial w}{\partial z}\Big)=-\frac{\partial p}{\partial z}+\mu\Delta w,$$

$$\frac{\partial u}{\partial x}+\frac{\partial v}{\partial y}+\frac{\partial w}{\partial z}=0.$$

この方程式の導出を厳密に行うことはこの本の程度を超えるので行わない*3．しかし大体の意味を説明しよう．まず，関数 $f(x,y,z,t)$ を流線 $(x,y,z)=(X(t),Y(t),Z(t))$ 上で考えよう*4．数学的には合成関数 $g(t)=f(X(t),Y(t),Z(t),t)$ を考えることになる．この t に関する微分は合成関数の微分により

$$\begin{aligned}\frac{dg(t)}{dt}&=\frac{\partial f}{\partial x}(X(t),Y(t),Z(t),t)\frac{dX(t)}{dt}+\frac{\partial f}{\partial y}(X(t),Y(t),Z(t),t)\frac{dY(t)}{dt}\\&\quad+\frac{\partial f}{\partial z}(X(t),Y(t),Z(t),t)\frac{dZ(t)}{dt}+\frac{\partial f}{\partial t}(X(t),Y(t),Z(t),t)\\&=\frac{\partial f}{\partial x}(X(t),Y(t),Z(t),t)u(X(t),Y(t),Z(t),t)\\&\quad+\frac{\partial f}{\partial y}(X(t),Y(t),Z(t),t)v(X(t),Y(t),Z(t),t)\\&\quad+\frac{\partial f}{\partial z}(X(t),Y(t),Z(t),t)w(X(t),Y(t),Z(t),t)\\&\quad+\frac{\partial f}{\partial t}(X(t),Y(t),Z(t),t)\\&=(\boldsymbol{U}\cdot\nabla f)(X(t),Y(t),Z(t),t)+\frac{\partial f}{\partial t}(X(t),Y(t),Z(t),t).\end{aligned}$$

ここで，

$$\frac{Df}{Dt}=\frac{\partial f}{\partial t}+\boldsymbol{U}\cdot\nabla f$$

を f の物質微分 (material derivative) といい，流線に沿って流れていく物理量 (速度，温度など) の時間に関する微分を表す．こうして，ナヴィエ・ストークス方程式の運動方程式の左辺の $(\boldsymbol{U}_t+\boldsymbol{U}\cdot\nabla\boldsymbol{U})$ は，速度 $\boldsymbol{U}$ の流れに

*3 前出の本を参照せよ．

*4 $\boldsymbol{\Xi}$ を書くことを省略する．

沿った時間微分である．すなわち加速度を表す．するとニュートンの第 2 法則 (Newton's second law) により流れの運動方程式は

$$\rho(\boldsymbol{U}_t+\boldsymbol{U}\cdot\nabla\boldsymbol{U})=\boldsymbol{F} \tag{2.6}$$

で表される．すなわち，流体粒子に作用する外力 $\boldsymbol{F}$ と慣性力 (inertia force) $\rho(\boldsymbol{U}_t+\boldsymbol{U}\cdot\nabla\boldsymbol{U})$ の釣り合いから運動方程式は導かれる．ニュートンの法則をこのように表現することは，**ダランベールの原理 (D'Alembert's principle)** と呼ばれている．

一方右辺の $\boldsymbol{F}=(F_1,F_2,F_3)$ がどのように与えられるかを考えてみよう．流体の微小部分 Ω を考え，その体積を δV とする．重力，遠心力，電磁気力のような物理現象的に普遍的に現れる力は，その大きさが物質の質量または体積に比例している．よって微小体積 δV に働くこの種の力は $\boldsymbol{K}\rho\delta V$ のように表される．$\boldsymbol{K}=(K_1,K_2,K_3)$ は流体の単位質量当りに働く力である．これを体積力という．

また Ω を囲む境界面において，外側の流体または他の物体が境界面 Γ を通して内部におよぼす力 $\boldsymbol{L}=(L_1,L_2,L_3)$ も考えなくてはならない．Γ の面積要素を dS とすれば dS に比例するはずである．すなわち有限確定のベクトル $\boldsymbol{p}$ があって

$$\boldsymbol{L}=\boldsymbol{p}dS$$

と書ける．ここに $\boldsymbol{p}$ は**応力** (stress tensor) と呼ばれ Γ の外向き単位法線 $\boldsymbol{n}$ の関数と考えられる．たとえば作用反作用を考えれば，

$$\boldsymbol{p}(-\boldsymbol{n})=-\boldsymbol{p}(\boldsymbol{n}) \tag{2.7}$$

が分かる．一般に釣り合いの条件を考えると $\boldsymbol{p},\boldsymbol{n}$ を縦ベクトルで表して

$$\boldsymbol{p}(\boldsymbol{n})=\begin{bmatrix}\boldsymbol{p}_1\\ \boldsymbol{p}_2\\ \boldsymbol{p}_3\end{bmatrix}=\begin{bmatrix}p_{11} & p_{12} & p_{13}\\ p_{21} & p_{22} & p_{23}\\ p_{31} & p_{32} & p_{33}\end{bmatrix}\begin{bmatrix}\boldsymbol{n}_1\\ \boldsymbol{n}_2\\ \boldsymbol{n}_3\end{bmatrix},\quad \boldsymbol{n}=\begin{bmatrix}\boldsymbol{n}_1\\ \boldsymbol{n}_2\\ \boldsymbol{n}_3\end{bmatrix} \tag{2.8}$$

と表せる．これをコーシーの定理という．

実際，次の考察から (2.8) が分かる．流体中の 1 点に頂点をもち，直角座標軸に平行な稜をもつ微小な四面体を考える (図 2.2)．四面体の斜面の面積を δS, その外向き法線を $\boldsymbol{n}$ とし，x_j 座標軸 $(j=1,2,3)$ に垂直な面の面積を δS_j, その方向の単位ベクトルを $\boldsymbol{e}_j$ で表せば，四面体に働く面積力の合力 $\boldsymbol{L}$ は

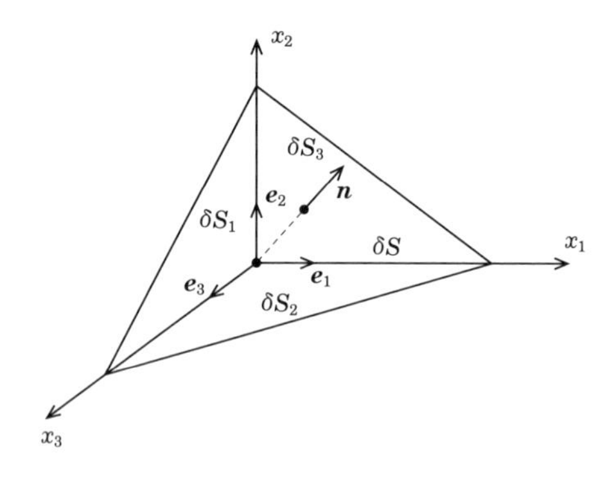

図 **2.2**　応力のつりあい.

$$\begin{aligned}\boldsymbol{L} &= \boldsymbol{p}(\boldsymbol{n})\delta S + \sum_{j=1}^{3}\boldsymbol{p}(-\boldsymbol{e}_j)\delta S_j \\ &= \left\{\boldsymbol{p}(\boldsymbol{n}) + \sum_{j=1}^{3}\boldsymbol{p}(-\boldsymbol{e}_j)\boldsymbol{n}_j\right\}\delta S \end{aligned} \tag{2.9}$$

で与えられる．ただし，$\delta S_j = \boldsymbol{n}_j \delta S$ を用いた．こうして $\boldsymbol{L}$ は δS に比例しているが，一方四面体内の流体に働く体積力は，加速度も含めてその大きさは四面体の体積に比例している．したがって，この四面体を相似のまま限りなく収縮させると面積力の合力 $\boldsymbol{L}$ は長さの 2 乗に比例して小さくなるのに対して，これと釣り合うべき体積力は長さの 3 乗に比例して小さくなる．それゆえ，$\boldsymbol{L}$ 以外の力は $\boldsymbol{L}$ に比して高次の無限小となり四面体に働く力の釣り合いから，$\boldsymbol{L}=0$ でなくてはならない．このとき (2.7), (2.9) より

$$\boldsymbol{p}(\boldsymbol{n}) = -\sum_{j=1}^{3}\boldsymbol{p}(-\boldsymbol{e}_j)\boldsymbol{n}_j = \sum_{j=1}^{3}\boldsymbol{p}(\boldsymbol{e}_j)\boldsymbol{n}_j$$

を得る．これを成分ごとに書けば

$$\boldsymbol{p}_i = \sum_{j=1}^{3} p_{ij}\boldsymbol{n}_j$$

と表せる．ただし，

$$\boldsymbol{p}(\boldsymbol{e}_j) = \begin{bmatrix} p_{1j} \\ p_{2j} \\ p_{3j} \end{bmatrix}$$

と表した．これより (2.8) を得た．

こうして，Ω に働く力は以上の力の合力として $\boldsymbol{F}=\boldsymbol{K}\rho\delta V+\boldsymbol{L}dS$ で与えられる．成分ごとに書けば $\boldsymbol{p}_i=(p_{i1},p_{i2},p_{i3})$ と表し，再び $\boldsymbol{n}$ を横ベクトル $\boldsymbol{n}=(\boldsymbol{n}_1,\boldsymbol{n}_2,\boldsymbol{n}_3)$ と表して

$$\iiint_\Omega \rho K_i\,dxdydz+\iint_\Gamma \boldsymbol{p}_i\cdot\boldsymbol{n}\,dS$$

を得る．ここで第 2 項でガウスの発散定理を用いて

$$\iiint_\Omega (\rho K_i+\mathrm{div}\,\boldsymbol{p}_i)\,dxdydz$$

と与えられる．したがって Ω を 1 点に収縮させて流体粒子に働く力 $\boldsymbol{F}$ は

$$F_i=\mathrm{div}\,\boldsymbol{p}_i+\rho K_i$$

で与えられることが分かる．$\boldsymbol{p}_i$ や K_i は考えている流体の特性やそのおかれている状況から決められるものである．$\boldsymbol{p}_i$ は応力といわれ，通常は材料系の構成式 (constitutive equation of the material system) と呼ばれるものから決定される．ここで数学的に大事なことは，$\mathrm{div}\,\boldsymbol{p}_i$ と与えられているということである．

現実には種々の物質が存在するからほとんど無限の種類の物質を表すために，おびただしい数の構成式が存在しても不思議ではない．しかしじつは，理想化した応力-ひずみの簡単な関係によって与えられるのである．

まずこれらを与える前に少し一般的なことを述べよう．以下記号簡単のため，$x=x_1, y=x_2, z=x_3, u=u_1, v=u_2, w=u_3$ としばらく番号をつけて表すことにする．流体の応力 $\boldsymbol{p}_i$ は流体の速度の空間的な変化 $\partial u_i/\partial x_j$ によって引き起こされると考えられる．すなわち，$\boldsymbol{p}_i=(p_{i1},p_{i2},p_{i3})$ において $p_{ij}=p_{ij}(\cdots,\partial u_i/\partial x_j,\cdots)$ と p_{ij} は $\partial u_i/\partial x_j$ の関数である．ベクトル値関数 $\boldsymbol{U}$ の微分 $\nabla\boldsymbol{U}$ を

$$\nabla\boldsymbol{U}=\begin{bmatrix}\dfrac{\partial u}{\partial x} & \dfrac{\partial u}{\partial y} & \dfrac{\partial u}{\partial z}\\[2mm] \dfrac{\partial v}{\partial x} & \dfrac{\partial v}{\partial y} & \dfrac{\partial v}{\partial z}\\[2mm] \dfrac{\partial w}{\partial x} & \dfrac{\partial w}{\partial y} & \dfrac{\partial w}{\partial z}\end{bmatrix}=\begin{bmatrix}\dfrac{\partial u_1}{\partial x_1} & \dfrac{\partial u_1}{\partial x_2} & \dfrac{\partial u_1}{\partial x_3}\\[2mm] \dfrac{\partial u_2}{\partial x_1} & \dfrac{\partial u_2}{\partial x_2} & \dfrac{\partial u_2}{\partial x_3}\\[2mm] \dfrac{\partial u_3}{\partial x_1} & \dfrac{\partial u_3}{\partial x_2} & \dfrac{\partial u_3}{\partial x_3}\end{bmatrix} \tag{2.10}$$

で定義する．

$$\Omega(\boldsymbol{U}) = \frac{1}{2}(\nabla\boldsymbol{U} - {}^t(\nabla\boldsymbol{U})), \quad D(\boldsymbol{U}) = \frac{1}{2}(\nabla\boldsymbol{U} + {}^t(\nabla\boldsymbol{U})) \tag{2.11}$$

とおくと，$\nabla\boldsymbol{U} = \Omega(\boldsymbol{U}) + D(\boldsymbol{U})$ である．$\Omega(\boldsymbol{U})$ を回転部分，一方 $D(\boldsymbol{U})$ をひずみ応力 (deformation tensor) と呼ぶ．$\Omega_{ij} = (1/2)(\partial u_j/\partial x_i - \partial u_i/\partial x_j)$ とおいて，

$$\Omega(\boldsymbol{U}) = \begin{bmatrix} 0 & -\Omega_{12} & \Omega_{31} \\ \Omega_{12} & 0 & -\Omega_{23} \\ -\Omega_{31} & \Omega_{23} & 0 \end{bmatrix}. \tag{2.12}$$

また $e_{ij} = (1/2)(\partial u_j/\partial x_i + \partial u_i/\partial x_j)$ とおいて

$$D(\boldsymbol{U}) = \begin{bmatrix} e_{11} & e_{12} & e_{31} \\ e_{12} & e_{22} & e_{23} \\ e_{31} & e_{23} & e_{33} \end{bmatrix} \tag{2.13}$$

を得る．$\Omega(\boldsymbol{U})$ は歪対称行列，$D(\boldsymbol{U})$ は対称行列である．

$\boldsymbol{p}_i$ は $D(\boldsymbol{U})$ からのみ引き起こされることが知られている．こうして，$p_{ij} = P_{ij}(e_{11}, e_{12}, e_{13}, e_{22}, e_{23}, e_{33})$ と e_{ij} の関数であると考えてよい．テイラーの定理より

$$p_{ij} = P_{ij}(0, \ldots, 0) + \sum_{k,\ell=1}^{3} \frac{\partial P_{ij}}{\partial e_{k\ell}}(0, \ldots, 0) e_{k\ell} + O(|(e_{11}, \ldots, e_{33})|^2)$$

を得る．通常扱う水などの流体はニュートン流と呼ばれ，p_{ij} は e_{ij} に線形に依存すると仮定される．すなわち

$$p_{ij} = a_{ij} + \sum_{k,\ell} d_{ij,k\ell} e_{k\ell}$$

と与えられる．$e_{k\ell} = e_{\ell k}$ より $d_{ij,k\ell} = d_{ij,\ell k}$ なる対称性は分かる．その他 $p_{ij} = p_{ji}$ なる対称性も知られている．こうして，一般的には $a_{ij} = a_{ji}, d_{ij,k\ell} = d_{ji,k\ell} = d_{ji,\ell k}$ などの対称性がある．さらに，座標系のとり方にもよらないことを仮定すると，最終的には

$$a_{ij} = -\delta_{ij} p, \quad d_{ij,k\ell} = \lambda \delta_{ij} \delta_{k\ell} + \mu(\delta_{ik}\delta_{j\ell} + \delta_{i\ell}\delta_{jk})$$

と与えられることも分かっている[*5]．ただし，δ_{ij} はクロネッカー (Kronecker) のデルタ記号で $\delta_{ii} = 1, \delta_{ij} = 0$ $(i \neq j)$ で与えられる．

以上をまとめると

[*5] 前掲の本を参照のこと．

$$p_{ij} = -p\delta_{ij} + \sum_{k,\ell=1}^{3} \{\lambda\delta_{ij}\delta_{k\ell} + \mu(\delta_{ik}\delta_{j\ell} + \delta_{i\ell}\delta_{jk})\} e_{k\ell}$$

と与えられることが分かった．ここで，$p = p(x,y,z,t)$ は圧力項，また μ, λ は定数で第 1 粘性係数，第 2 粘性係数とそれぞれ言われる．一般的に $\mu > 0, 3\lambda + 2\mu \geq 0$ である．こうして，

$$\begin{aligned} F_i &= \mathrm{div}\,\boldsymbol{p}_i + \rho K_i \\ &= \sum_{j=1}^{3} \frac{\partial}{\partial x_j} \left(-p\delta_{ij} + \sum_{k,\ell=1}^{3} \{\lambda\delta_{ij}\delta_{k\ell} + \mu(\delta_{ik}\delta_{j\ell} + \delta_{i\ell}\delta_{jk})\} e_{k\ell} \right) + \rho K_i \\ &= -\frac{\partial p}{\partial x_i} + \lambda \sum_{k=1}^{3} \frac{\partial e_{kk}}{\partial x_i} + 2\mu \sum_{j=1}^{3} \frac{\partial e_{ij}}{\partial x_j} + \rho K_i \\ &= -\frac{\partial p}{\partial x_i} + \mu \Delta u_i + (\lambda + \mu) \frac{\partial}{\partial x_i} \mathrm{div}\,\boldsymbol{U} + \rho K_i . \end{aligned}$$

ただし，$\sum_{k=1}^{3} e_{kk} = \mathrm{div}\,\boldsymbol{U}$ であることを用いた．いま $\mathrm{div}\,\boldsymbol{U} = 0$ が非圧縮性の条件から満たされるので

$$F_i = -\frac{\partial p}{\partial x_i} + \mu \Delta u_i + \rho K_i$$

を得た．さらに，通常は外力 K_i はポテンシャル力で与えられることが多いので，多くの場合 $\boldsymbol{K} = -\nabla G$ (G はスカラー関数) と書ける．これより

$$F_i = -\frac{\partial (p + \mu G)}{\partial x_i} + \mu \Delta u_i$$

を得る．こうして $p + \mu G$ と u_i をあらためて未知関数 p, u_i と表して

$$F_i = -\frac{\partial p}{\partial x_i} + \mu \Delta u_i$$

を得た．ダランベールの原理 ((2.6)) から $\rho(\partial u_i/\partial t + \boldsymbol{U} \cdot \nabla u_i) = F_i$ $(i = 1,2,3)$ であったので

$$\frac{\partial u_i}{\partial t} + (\boldsymbol{U} \cdot \nabla) u_i = -\frac{\partial p}{\partial x_i} + \mu \Delta u_i \quad (i = 1,2,3)$$

を得た．これがナヴィエ・ストークス方程式の導出のあらましである．

ここで，構成方程式において流体は e_{ij} に線形に依存するといういわゆるニュートン流の仮定をおいたが，高速流体など流体が一般には e_{ij} に非線形に

依存するといういわゆる非ニュートン流の研究の場合も，同様にして方程式が導かれる．

2.2　レイノルズ数

$(x,y,z)\in\boldsymbol{R}^3$ を固定座標，t を時間変数とし，Ω を $\boldsymbol{R}^3$ の領域で非圧縮性粘性流体がこの領域を占めているとする．このときこの非圧縮性粘性流体の運動は流速 $\boldsymbol{U}$ と圧力 p を未知関数とするナヴィエ・ストークス方程式：

$$\begin{cases}\rho(\boldsymbol{U}_t+(\boldsymbol{U}\cdot\nabla)\boldsymbol{U})=-\nabla p+\mu\Delta\boldsymbol{U} & ((x,y,z)\in\Omega, t>0),\\ \mathrm{div}\boldsymbol{U}=0 & ((x,y,z)\in\Omega, t>0)\end{cases} \tag{2.14}$$

を境界条件：

$$\boldsymbol{U}=\boldsymbol{V}\quad((x,y,z)\in\partial\Omega, t>0) \tag{2.15}$$

と初期条件：

$$\boldsymbol{U}(x,y,z,0)=\boldsymbol{U}_0(x,y,z)\quad((x,y,z)\in\Omega) \tag{2.16}$$

のもとで解くことにより数学的に記述される．この点において流体力学は数学と深く関連する．ここで，$\partial\Omega$ は Ω の境界を表す．$\boldsymbol{V}$ は領域の境界が運動している速度である．とくに静止した領域内で流体の運動を考えるときは

$$\boldsymbol{U}(x,y,z)=0\quad((x,y,z)\in\partial\Omega, t>0)$$

という境界条件を仮定する．これを粘着境界条件という．飛行機に乗り空気と飛行機の接しているところを見ると，飛行機の速度と空気の流れの速度は粘性により同じ速度となっていることを境界条件は示している．このとき Ω は飛行機の外の領域である．とくに飛行機上に固定座標をとれば，飛行機は止まっておりその外側を空気が流れていくと考えている (図 2.3 (左))．また，洗濯機のドラム中に水が入っており洗濯機のドラムが回転するとき，ドラムを Ω としドラムの境界が速度 $\boldsymbol{V}$ で回転しているとしてドラムの中の水の運動が記述される (図 2.3 (右))．

いま 1 つの流体運動を特徴付ける代表的な長さを L, 代表的な流速を V とし方程式に表れる変数を次のように無次元化する．

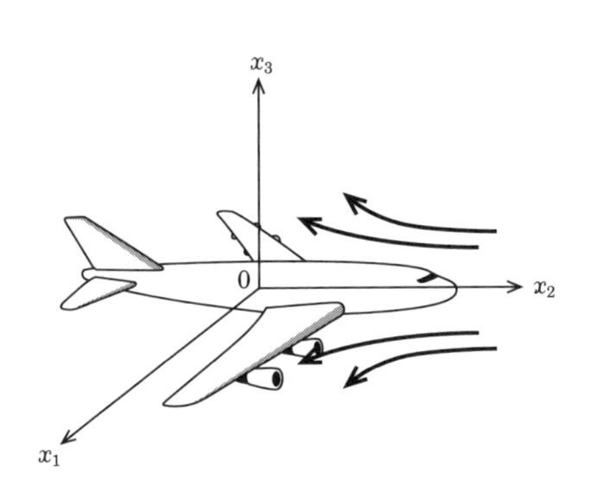

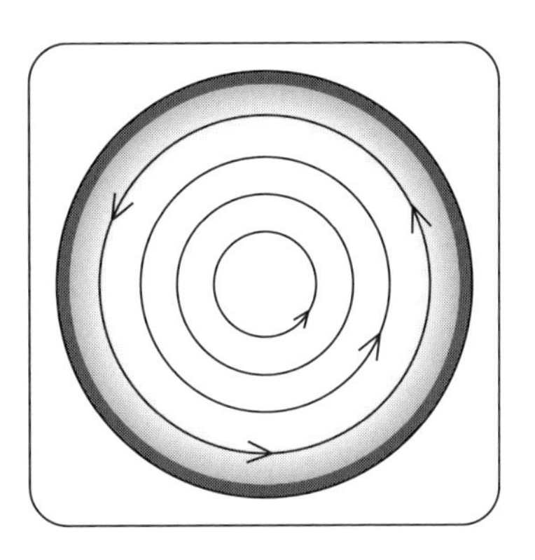

図 2.3 飛行機のまわりの空気の流れ (左) と洗濯機の中の水の回転 (右).

$$(x',y',z')=\frac{(x,y,z)}{L},\quad t'=\frac{t}{(L/V)},$$

$$\boldsymbol{U}'(x',y',z',t')=\frac{\boldsymbol{U}(x,y,z,t)}{V}=\frac{\boldsymbol{U}(Lx',Ly',Lz',Lt'/V)}{V},$$

$$p'(x',y',z',t')=\frac{p(x,y,z,t)}{\rho V^2}=\frac{p(Lx',Ly',Lz',Lt'/V)}{\rho V^2}.$$

ここに $'$ をつけた量は無次元量を表す．ナヴィエ・ストークス方程式 (2.14) は

$$R=\frac{\rho LV}{\mu}$$

とおいて

$$\boldsymbol{U}'_{t'}+\boldsymbol{U}'\cdot\nabla'\boldsymbol{U}'=-\nabla'p'+\frac{1}{R}\Delta'\boldsymbol{U}',$$

$$\mathrm{div}'\boldsymbol{U}'=\frac{\partial u'}{\partial x'}+\frac{\partial v'}{\partial y'}+\frac{\partial w'}{\partial z'}=0 \tag{2.17}$$

となる．ただし，

$$\nabla'=(\partial/\partial x',\partial/\partial y',\partial/\partial z'),\quad \Delta'=\partial^2/\partial x'^2+\partial^2/\partial y'^2+\partial^2/\partial z'^2$$

を表した．R はレイノルズ (Reynolds) 数と呼ばれる無次元数である．(2.17) は R を唯一のパラメタとして含む．次の法則が成立することが知られている．

■レイノルズの相似法則■　保存力のもとでの非圧縮性粘性流体の運動において，幾何学的に相似な境界をもつ2つの流れを考えるとき，もし2つの流れのレイノルズ数が相等しければ，流れの場全体が相似になる．

ナヴィエ・ストークス方程式 (2.14) の第1項の左辺は流体の慣性力を表すので慣性項という．また (2.14) の第1項の右辺第1項は圧力項，第2項は粘性項という．代表的な長さ L, 速度 V の流れでは $\partial/\partial t \equiv V/L, \nabla \equiv 1/L, \Delta \equiv 1/L^2$ より慣性項と粘性項の大きさの比は

$$\frac{\text{慣性項}}{\text{粘性項}} = \frac{\rho V(V/L)}{\mu V(L^{-2})} = \frac{\rho LV}{\mu} = R$$

となる．すなわちレイノルズ数は慣性力と粘性力の大きさの比を表している．よって R が小さい流れでは粘性力が慣性力に比べて強く，R が大きい流れでは逆に慣性力が粘性力に比べ強いことを示している．$R \longrightarrow \infty$ での極限は $\mu = 0$ と考えられ，極限方程式は

$$\rho(\boldsymbol{U}_t + (\boldsymbol{U}\cdot\nabla)\boldsymbol{U}) = -\nabla p,$$

$$\mathrm{div}\boldsymbol{U} = 0$$

となる．これはオイラー方程式といわれ完全流体の方程式として知られている．

非圧縮性粘性流体の運動においては，レイノルズ数は唯一のパラメタであり，物体の形状が与えられた場合，流れの様相はレイノルズ数の値によってのみ変化する．実際レイノルズ数の値の増加とともに，流れは定常流から非定常流へ，そして最後には乱流へと多様に変化することが実験によって知られている．

さて数学的に (2.14) を扱うことを考えてみよう．以下，簡単のため記号を $\boldsymbol{U} = (u_1, u_2, u_3), (x, y, z) = (x_1, x_2, x_3)$ と番号を添えて表し，$\partial/\partial t = \partial_t, \partial/\partial x_i = \partial_i$ と表そう．このとき (2.14) は

$$\rho\left(\partial_t u_i + \sum_{j=1}^{3} u_j \partial_j u_i\right) = -\partial_i p + \mu \Delta u_i \quad (i = 1, 2, 3), \tag{2.18}$$

$$\partial_1 u_1 + \partial_2 u_2 + \partial_3 u_3 = 0 \tag{2.19}$$

と表せる．

$$\frac{\rho}{2}\frac{d}{dt}|\boldsymbol{U}|^2+\mathrm{div}((\rho/2)|\boldsymbol{U}|^2\boldsymbol{U}+p\boldsymbol{U})-\mu\sum_{i,j=1}^{3}\partial_j(u_i\partial_j u_i)+\mu|\nabla\boldsymbol{U}|^2$$
$$=0 \tag{2.20}$$

が成立する．実際

$$\frac{\rho}{2}\frac{d}{dt}|\boldsymbol{U}|^2=\frac{\rho}{2}\frac{d}{dt}\Big(\sum_{i=1}^{3}u_i^2\Big)=\sum_{i=1}^{3}\rho u_i\partial_t u_i$$

さらに (2.18) を代入して

$$\begin{aligned}&=-\rho\sum_{i,j=1}^{3}u_iu_j\partial_j u_i-\sum_{i=1}^{3}u_i\partial_i p+\mu\sum_{i=1}^{3}u_i\Delta u_i\\&=-\frac{\rho}{2}\sum_{i,j=1}^{3}\partial_j(u_i^2u_j)+\frac{\rho}{2}\sum_{i,j=1}^{3}(u_i^2\partial_j u_j)-\sum_{i=1}^{3}\partial_i(u_ip)+\Big(\sum_{i=1}^{3}\partial_i u_i\Big)p\\&\quad+\mu\sum_{i,j=1}^{3}\partial_j(u_i\partial_j u_i)-\mu\sum_{i,j=1}^{3}\partial_j u_i\partial_j u_i\end{aligned}$$

ここで (2.19) を代入して

$$\begin{aligned}&=-\frac{\rho}{2}\sum_{i,j=1}^{3}\partial_j(u_i^2u_j)-\sum_{i=1}^{3}\partial_i(u_ip)+\mu\sum_{i,j=1}^{3}\partial_j(u_i\partial_j u_i)\\&\quad-\mu\sum_{i,j=1}^{3}\partial_j u_i\partial_j u_i.\end{aligned}$$

こうして (2.20) を得た．いま境界条件を粘着境界条件 $\boldsymbol{U}=0$ とすれば，(2.20) を Ω 上で積分して $u_i=0$ が $\partial\Omega$ で成立することから，

$$\frac{\rho}{2}\frac{d}{dt}\iiint_{\Omega}|\boldsymbol{U}|^2\,dxdydz+\mu\iiint_{\Omega}|\nabla\boldsymbol{U}|^2\,dxdydz=0$$

を得る．これをエネルギー等式という．実際 $\boldsymbol{U}$ は流速であるから

$$\frac{\rho}{2}\iiint_{\Omega}|\boldsymbol{U}|^2\,dxdydz$$

は運動エネルギーを表している．とくに $\frac{\rho}{2}\frac{d}{dt}\iiint_{\Omega}|\boldsymbol{U}|^2\,dxdydz<0$ であるので，運動エネルギーは粘性のおかげで時間とともに減衰しやがてはゼロとなり運動がとまっていくように思える．この考え方を数学的に初めて厳密にしたの

は J. ルレイ*6である．彼は 1930 年代に，写像度や超関数その他多くの現代数学の端緒となる多くのアイデアを駆使していわゆる弱解の存在を示した．その議論は E. ホップ*7 によりさらに精密にされ現在ルレイ・ホップの弱解というものの存在が知られており，流体力学の数学的理論の基礎となている．しかし，ルレイ・ホップの弱解の一意性はいまだに証明されておらず，21 世紀に解くべき数学の 7 つの問題の 1 つとしてアメリカのクレイ (Cray) 数学研究所の 100 万ドルの懸賞問題の 1 つとなっている．しかし，ルレイ・ホップの解はすべてのレイノルズ数に対して存在するので，乱流解も含んでいると思われる．したがって，この解の一意性を示すにはレイノルズ数が大きい場合の乱流の数学的な解明が鍵となっていることは明白である．しかし残念ながら乱流を数学的に扱う決定的なアイデアはいまだないと思える．空間 2 次元の場合にはルレイ・ホップの解の一意性は示されているので，上記の問題は本質的に 3 次元の問題である．このことは，乱流は 2 次元的な現象ではなく，3 次元的深みがあって初めて起こる現象であることを意味する．

現在の数学的理論では，レイノルズ数が小さい場合 (すなわち粘性が非常に大きいか，流速が非常に遅い場合か，考えている領域が非常に小さいような場合) においてのみ数学的解析がかなりすすんでいるといってよい．第 6 章においてレイノルズ数が小さい場合の数学的理論を解説する．

ナヴィエ・ストークス方程式を解くことが一般的に難しいと思える理由に，乱流の解析の難しさとは別に方程式が微分・積分方程式であることもある．それを見るために，(2.18), (2.19) を領域 $\Omega=\boldsymbol{R}^3$ で解くことを考える．この場合は境界条件 (2.15) はなく初期条件 (2.16) を課す．いま (2.18) に ∂_i を施し $i=1,2,3$ について和をとり (2.19) を用いれば

---

*6 J. Leray, Étude de Diverses Équations Intégrales non Linéaires et de Quelques Problèmes que Pose l'Hydrodynamique, *J. Math. Pures Appl.*, **12** (1933), 1–82.

J. Leray, Sur le Mouvement d'un Liquide Visqueux Emplissant l'Espace, *Acta Math.*, **63** (1934), 193–248.

*7 E. Hopf, Ein Allgemeiner Endlichkeitsatz der Hydrodynamik, *Math. Ann.* **117** (1941), 764–775.

E. Hopf, Über die Anfganswertaufgabe für die Hydrodynamischen Grundgleichungen, *Math. Nachr.*, **4** (1950/1951), 213–231.

$$-\Delta p=\rho\partial_t\Big(\sum_{i=1}^{3}u_i\Big)+\rho\sum_{i,j=1}^{3}\partial_i(u_j\partial_j u_i)-\mu\Delta\Big(\sum_{i=1}^{3}u_i\Big)$$
$$=\rho\sum_{i,j=1}^{3}\partial_i\partial_j(u_iu_j). \tag{2.21}$$

ここで (1.87) 式で示したように $\boldsymbol{R}^3$ において (2.21) は $x=(x_1,x_2,x_3), y=(y_1,y_2,y_3), dy=dy_1dy_2dy_3, |x-y|^{-1}=((x_1-y_1)^2+(x_2-y_2)^2+(x_3-y_3)^2)^{-1/2}$ なる記法を用いて

$$p=\sum_{i,j=1}^{3}\frac{1}{4\pi}\iiint_{\boldsymbol{R}^3}\frac{1}{|x-y|}\frac{\partial^2(u_i(y,t)u_j(y,t))}{\partial y_i\partial y_j}dy$$
$$=\sum_{i,j=1}^{3}\frac{1}{4\pi}\iiint_{\boldsymbol{R}^3}\frac{\partial^2(((x_1-y_1)^2+(x_2-y_2)^2+(x_3-y_3)^2)^{-1/2})}{\partial y_i\partial y_j}$$
$$\times u_i(y,t)u_j(y,t)\,dy$$
$$=\sum_{i,j=1}^{3}\frac{1}{4\pi}\iiint_{\boldsymbol{R}^3}\Big[\frac{\delta_{ij}}{|x-y|^3}+\frac{3(x_i-y_i)(x_j-y_j)}{|x-y|^5}\Big]u_i(y,t)u_j(y,t)\,dy. \tag{2.22}$$

この式を (2.18) に代入して p を消去し u_i のみの方程式にすれば，方程式は微分・積分方程式となりより複雑である．とくに，$p(x)$ の 1 点での値を決めるために流速 $\boldsymbol{U}$ の空間全体の値が必要であることを (2.22) の式は述べている．たとえば，天気予報をナヴィエ・ストークス方程式を解いて行おうとするとき，ある点 x での気圧を知るのに，y が十分 x から遠い点では $|x-y|^{-3}$ は小さいので無視できるとしても，x の近くの y におけるすべての気流の情報が必要であることを要求しており，これは難しいことのように思える．

2.3 ナヴィエ・ストークス方程式の特別解

ナヴィエ・ストークス方程式を解くことは容易ではない．しかし，非線形項が 0 となるような特殊な問題を見出せれば解を得ることができる．以下定常流 (stationary flow) を考える．定常流とは時間に依存しない流れのことをいう．すなわち，流速 $\boldsymbol{U}=\boldsymbol{U}(x,y,z)$, 圧力 $p=p(x,y,z)$ の場合である．このときナヴィエ・ストークス方程式は $\boldsymbol{U}_t$ 項を含まない．すなわち

$$\rho\boldsymbol{U}\cdot\nabla\boldsymbol{U}=-\nabla p+\mu\Delta\boldsymbol{U}, \tag{2.23}$$

$$\mathrm{div}\boldsymbol{U}=0. \tag{2.24}$$

さて，次の2つの平行な平面の間の幅 $2h$ の水平な水路における非圧縮性粘性流体の定常流を考えよう．流れは x 軸の方向にしかないとする．すなわち

$$v=w=0 \tag{2.25}$$

の場合を考える．また2次元的な流れしか考えないとする．すなわち $u=u(x,y)$ とする．このとき (2.24) より

$$0=\mathrm{div}\boldsymbol{U}=\frac{\partial u}{\partial x}+\frac{\partial v}{\partial y}+\frac{\partial w}{\partial z}=\frac{\partial u}{\partial x}$$

である．こうして

$$u=u(y), \tag{2.26}$$

また運動方程式は

$$\rho\Big(u\frac{\partial u}{\partial x}+v\frac{\partial u}{\partial y}+w\frac{\partial u}{\partial z}\Big)=-\frac{\partial p}{\partial x}+\mu\Big(\frac{\partial^2 u}{\partial x^2}+\frac{\partial^2 u}{\partial y^2}+\frac{\partial^2 u}{\partial z^2}\Big), \tag{2.27}$$

$$0=-\frac{\partial p}{\partial y}, \tag{2.28}$$

$$0=-\frac{\partial p}{\partial z}. \tag{2.29}$$

ただし，(2.28), (2.29) では，$v=w=0$ ((2.25)) を用いた．とくに (2.28), (2.29) から $p=p(x)$ であることが分かる．また (2.27) で $v=w=0$ と $u=u(y)$ ((2.26)) であることを用いれば結局

$$0=-\frac{d}{dx}p(x)+\mu\frac{d^2}{dy^2}u(y), \tag{2.30}$$

が従う．こうして，(2.30) を x で微分して $d^2p/dx^2=0$ を得る．したがって dp/dx は定数でなくてはならないのでこれを $-\alpha$ とおくと (2.30) は

$$\frac{d^2u}{dy^2}=-\frac{\alpha}{\mu}$$

を得る．これから

$$u=A+By-\frac{\alpha}{\mu}\frac{y^2}{2} \tag{2.31}$$

と一般解が求まる．そこで次の2つの場合を考える．

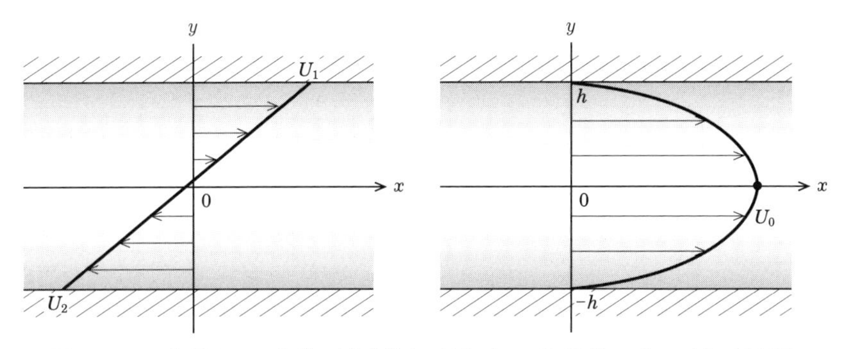

図 2.4　2 次元クエット流の速度分布 (左) と 2 次元ポアズィユ流の速度分布 (右).

(1) 圧力勾配がゼロの場合．すなわち $\alpha=0$ の場合．このときは，$y=h, y=-h$ での壁が一定速度 U_1, U_2 で x 軸方向に動いているとする．すなわち境界条件を

$$u(h)=U_1, \quad u(-h)=U_2$$

とする．このとき (2.31) で $\alpha=0$ としさらに上の境界条件から $A=(U_1+U_2)/2, B=(U_1-U_2)/(2h)$ と求まる．すなわち流速の分布は次の 1 次関数となる．

$$u(y)=\frac{U_1+U_2}{2}+\frac{U_1-U_2}{2h}y.$$

このような流れを 2 次元**クエット (Couette) 流**という (図 2.4 (左)).

(2) 圧力勾配がゼロではない場合．このとき両平面壁が静止しているとする．すなわち境界条件を

$$u(h)=0, \quad u(-h)=0$$

とする．このときは (2.31) より

$$u(y)=\frac{\alpha}{2\mu}(h^2-y^2)$$

が得られる．すなわち速度分布は放物線状になる．これを 2 次元**ポアズィユ (Poiseuille) 流**という (図 2.4 (右)).

次に 3 次元定常流を考える．代表的なものとして半径 a の水平な円管内を x 軸の方向に流れる流れを考える．つまり $v=w=0$ とする．$v=w=0$ と

(2.24) より $0=\dfrac{\partial u}{\partial x}$ なので $u=u(y,z)$ である．また (2.23) より

$$\frac{\partial^2 u}{\partial y^2}+\frac{\partial^2 u}{\partial z^2}=-\frac{\alpha}{\mu} \tag{2.32}$$

となる．実際，(2.28), (2.29) から $p=p(x)$ である．また (2.27) から

$$0=-\frac{dp}{dx}+\mu\left(\frac{\partial^2 u}{\partial y^2}+\frac{\partial^2 u}{\partial z^2}\right)$$

であるので，x で微分して $d^2p/dx^2=0$．したがって $dp/dx=-\alpha$ とおけるので (2.32) を得た．そこで，(y,z) 平面に局座標 $r=\sqrt{y^2+z^2}, \theta=\mathrm{Arctan}(y/x)$, すなわち $x=r\cos\theta, y=r\sin\theta$ を導入する．このとき (2.32) は

$$\frac{\partial^2 u}{\partial y^2}+\frac{\partial^2 u}{\partial z^2}=\frac{1}{r}\frac{\partial}{\partial r}\left(r\frac{\partial u}{\partial r}\right)+\frac{1}{r^2}\frac{\partial^2 u}{\partial \theta^2}=-\frac{\alpha}{\mu}$$

となる．流れは軸対称，すなわち $u=u(r)$ であるとすると $\partial^2 u/\partial\theta^2=0$ であるので，方程式

$$\frac{1}{r}\frac{\partial}{\partial r}\left(r\frac{\partial u}{\partial r}\right)=-\frac{\alpha}{\mu}$$

を積分して

$$u=-\frac{\alpha}{\mu}\frac{r^2}{4}+A\log r+B$$

が得られる．いま中心線 $r=0$ で流速は連続であるものを考えれば，$A=0$ である．また B は境界条件 $r=a$ において $u=0$ である粘着条件を考えれば最終的に

$$u=\frac{\alpha}{4\mu}(a^2-r^2) \tag{2.33}$$

を得る．これを**ハーゲン・ポアズィユ (Hagen-Poiseuille) 流**，あるいは単にポアズィユ流という (図 2.5)．管の断面を単位時間に通過する流量 Q は

$$\begin{aligned} Q&=\iint_{y^2+z^2\le a^2} u\,dydz=\int_0^{2\pi}\int_0^a \frac{\alpha}{4\mu}(a^2-r^2)r\,drd\theta \\ &=\frac{\pi\alpha a^4}{8\mu}=-\frac{\pi a^4}{8\mu}\frac{\partial p}{\partial x} \end{aligned} \tag{2.34}$$

である．また断面を通しての平均流速 $\bar{u}$ は

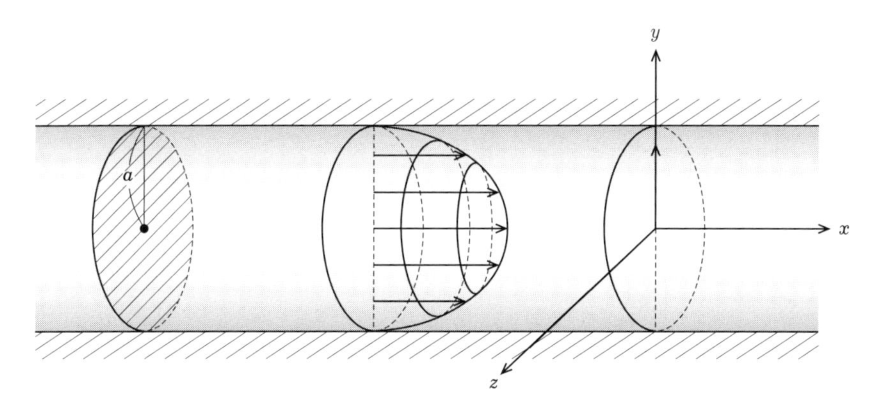

図 **2.5**

$$\bar{u}=\frac{Q}{\pi a^2}=\frac{\alpha a^2}{8\mu}.$$

流量の公式 (2.34) はハーゲン (1839) およびポアズィユ (1840, 1841) により独立に実験的に発見された[*8]．圧力差 α を知れば流量を測って，流体の粘性係数 μ を知ることができる．

ハーゲン・ポアズィユ流の古典的な解 (2.33) は管の入口付近では有効ではない．入口から十分離れた場所では満足されるが，管が太すぎるか速度が早すぎると，再び用いられなくなる．入り口の領域における難点は，その領域における流れの過渡的な性質によるもので $v=w=0$ という仮定は用いられないからである．しかし，レイノルズ数が高すぎるための難点は異種のものであって，流れは乱流 (turbulent flow) となるからである．実際，レイノルズ[*9] は水の入った大きなタンクから排水口までの間に細い管を用いた実験により，乱流への遷移を証明した．管の端には，管の中の水の速度を変えるために調節

[*8] G. Hagen, Über die Bewegung des Wassers in engen zylinderischen Rohren, *Pogg. Ann.* (2), **46**, 33-60.

J. L. M. Poiseuille, Recherches experimentales sur le mouvement des liquides dans les tubes de tres petits diamètres, *C. R. Acad. Sci. Paris*, **11** (1840) 961–967, 1041–1048, **12** (1841) 112–115.

[*9] O. Reynolds, An experimental investigation of the circumstances which determine whether the motion of water shall be direct or sinuous, and of the law of resistance in parallel channels, *Phil. Trans., Roy. Soc.*, **174** (1883), 935–982

図 2.6　写真上 (層流) はレイノルズ数がおよそ 1100, 写真下 (乱流) はおよそ 12100. 撮影：太田 有 (早稲田大学理工学術院).

コックをつけ，管とタンクの継ぎ目はきれいに丸め，着色した流体の細流を入口から導入した．水の速度が遅いときは，その細流は管の全長にわたりはっきり認められた．しかし水の速度が増大すると，細流はある点で乱れ，断面全体に拡散された．レイノルズはレイノルズ数 R を見出し，R の値が入口の状態に依存して，2000 から 13000 の間で乱流に遷移することを見出した．とくに 2000 という値はあらい入口に対して得られる，ほとんど最低値の値であることも分かる．またきわめてよく注意するとき，遷移はレイノルズ数 $R=40000$ になるまで遅らせることができることも知られている．

2.4　渦度

単位ベクトル $\boldsymbol{\nu}=(\alpha,\beta,\gamma)$ のまわりに角速度 ω で回転している点 $\boldsymbol{r}=\boldsymbol{r}(t)=(x(t),y(t),z(t))$ の速度ベクトル $\boldsymbol{v}=d\boldsymbol{r}/dt$ は，例 1.9 で述べたようにベクトル積の幾何学的意味を考慮すれば，$\omega\boldsymbol{\nu}\times\boldsymbol{r}$ で与えられる (図 2.7)．$\omega\boldsymbol{\nu}=\boldsymbol{w}=(\ell,m,n)$ と表せば

$$\frac{d\boldsymbol{r}}{dt}=\boldsymbol{w}\times\boldsymbol{r}$$

と書かれる．$\boldsymbol{w}$ を回転ベクトルという．成分ごとに書けば

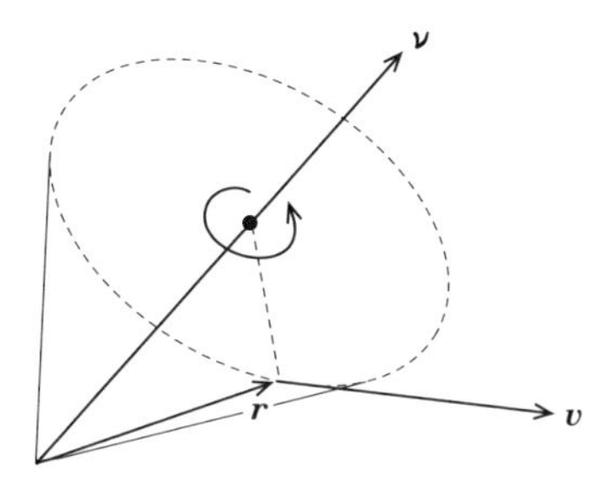

図 **2.7**

$$\begin{cases} \dfrac{dx}{dt} = mz - ny, \\ \dfrac{dy}{dt} = nx - \ell z, \\ \dfrac{dz}{dt} = ly - mx \end{cases} \tag{2.35}$$

である．この回転ベクトルは，流体の運動を考えるとき次のような考察から現れる．

$\boldsymbol{r}_0 = (x_0, y_0, z_0)$ を空間の 1 点とし，その近傍 ω での流体の流速ベクトルを $\boldsymbol{U} = (u(x,y,z,t), v(x,y,z,t), w(x,y,z,t))$ とする．ω の 1 点 $\boldsymbol{r} = (x,y,z)$ を通る流線 $\boldsymbol{V} = (X(t,\boldsymbol{r}), Y(t,\boldsymbol{r}), Z(t,\boldsymbol{r}))$ を考えると，$\boldsymbol{V}$ は常微分方程式 (2.1) の解である．すなわち次の方程式を満たす．

$$\begin{cases} \dfrac{dX}{dt} = u((X(t,\boldsymbol{r}), Y(t,\boldsymbol{r}), Z(t,\boldsymbol{r})), t), \\ \dfrac{dY}{dt} = v((X(t,\boldsymbol{r}), Y(t,\boldsymbol{r}), Z(t,\boldsymbol{r})), t), \\ \dfrac{dZ}{dt} = w((X(t,\boldsymbol{r}), Y(t,\boldsymbol{r}), Z(t,\boldsymbol{r})), t), \end{cases}$$

$$\boldsymbol{V}\Big|_{t=0} = (X(0,\boldsymbol{r}), Y(0,\boldsymbol{r}), Z(0,\boldsymbol{r})) = (x,y,z) = \boldsymbol{r}.$$

そこで微小時刻 Δt に対して $\boldsymbol{V}(\Delta t, \boldsymbol{r}) = (\xi, \eta, \zeta)$ とおくと

$$\xi = X(\Delta t, \boldsymbol{r})$$

$$
\begin{aligned}
&= X(0,\boldsymbol{r}) + \frac{\partial X}{\partial t}(0,\boldsymbol{r})\Delta t + O((\Delta t)^2) \\
&= x + u((X(0,\boldsymbol{r}),Y(0,\boldsymbol{r}),Z(0,\boldsymbol{r})),0)\Delta t + O((\Delta t)^2) \\
&= x + u(\boldsymbol{r},0)\Delta t + O((\Delta t)^2) \\
&= x + \Big[u(\boldsymbol{r}_0,0) + \frac{\partial u}{\partial x}(\boldsymbol{r}_0,0)(x-x_0) + \frac{\partial u}{\partial y}(\boldsymbol{r}_0,0)(y-y_0) \\
&\quad + \frac{\partial u}{\partial z}(\boldsymbol{r}_0,0)(z-z_0) + \cdots\Big]\Delta t + O((\Delta t)^2).
\end{aligned}
$$

他の 2 成分についても同様に展開して (2.10) の記号を用いて

$$
\begin{aligned}
&\boldsymbol{V}(\Delta t,\boldsymbol{r}) - (\boldsymbol{r}_0 + \boldsymbol{U}(\boldsymbol{r}_0,0)\Delta t) \\
&\quad = \boldsymbol{r} - \boldsymbol{r}_0 + (\nabla \boldsymbol{U})(\boldsymbol{r}_0,0)(\boldsymbol{r}-\boldsymbol{r}_0)\Delta t + \epsilon\Delta t + O((\Delta t)^2)
\end{aligned}
$$

と表せる．ただし，$\epsilon = O(|\boldsymbol{r}-\boldsymbol{r}_0|)$ なる量である．この式において $\boldsymbol{U}(\boldsymbol{r}_0,0)$ Δt は平行移動なので，これを無視すれば 1 次変換の項は (2.11) の分解を用いて

$$
\boldsymbol{r} - \boldsymbol{r}_0 + \Omega(\boldsymbol{U}(\boldsymbol{r}_0,0))(\boldsymbol{r}-\boldsymbol{r}_0)\Delta t + D(\boldsymbol{U}(\boldsymbol{r}_0,0))(\boldsymbol{r}-\boldsymbol{r}_0)\Delta t
$$

となる．このとき (2.12) の成分表示を用いて歪対称の部分を書くと

$$
\frac{1}{2}\begin{bmatrix}
\Omega_{31}|_0(z-z_0) - \Omega_{12}|_0(y-y_0) \\
\Omega_{12}|_0(x-x_0) - \Omega_{23}|_0(z-z_0) \\
\Omega_{23}|_0(y-y_0) - \Omega_{31}|_0(x-x_0)
\end{bmatrix}
$$

である．ここで

$$
\begin{aligned}
\Omega_{23}|_0 &= \frac{\partial w}{\partial y}(\boldsymbol{r}_0,0) - \frac{\partial v}{\partial z}(\boldsymbol{r}_0,0), \\
\Omega_{31}|_0 &= \frac{\partial u}{\partial z}(\boldsymbol{r}_0,0) - \frac{\partial w}{\partial x}(\boldsymbol{r}_0,0), \\
\Omega_{12}|_0 &= \frac{\partial v}{\partial x}(\boldsymbol{r}_0,0) - \frac{\partial u}{\partial y}(\boldsymbol{r}_0,0)
\end{aligned}
$$

であった．この式と (2.35) を比べると，

$$
\ell = \Omega_{23}|_0, \quad m = \Omega_{31}|_0, \quad n = \Omega_{12}|_0
$$

として対応することが分かる．したがって

$$\mathrm{rot}\,\boldsymbol{U}=\left(\frac{\partial w}{\partial y}-\frac{\partial v}{\partial z},\frac{\partial u}{\partial z}-\frac{\partial w}{\partial x},\frac{\partial v}{\partial x}-\frac{\partial u}{\partial y}\right)=\nabla\times\boldsymbol{U}$$

とおくと，$\boldsymbol{r}_0$ を中心とする流体の微小部分は $\dfrac{1}{2}\mathrm{rot}\,\boldsymbol{U}$ を回転ベクトルとする回転をしていると考えられる．$\mathrm{rot}\,\boldsymbol{U}$ を渦度という．

粘性係数 $\mu=0$ の場合であるオイラー流 (非圧縮性完全流体) の方程式

$$\boldsymbol{U}_t+(\boldsymbol{U}\cdot\nabla)\boldsymbol{U}=-\nabla p,\quad \mathrm{div}\,\boldsymbol{U}=0 \tag{2.36}$$

を考える．歴史的にみて流体の考察は D. ベルヌイ (1700∼1782) や L. オイラー (1707∼1783) などによる (2.36) の数学的解析から始まった．$\mathrm{rot}\,\boldsymbol{U}=0$ の場合を渦無し流という．このとき

$$\frac{\partial w}{\partial y}=\frac{\partial v}{\partial z},\quad \frac{\partial u}{\partial z}=\frac{\partial w}{\partial x},\quad \frac{\partial v}{\partial x}=\frac{\partial u}{\partial y}$$

なる条件を満たさなくてはならない．さてスカラーポテンシャル (scalor potential) $\Phi=\Phi(x,y,z,t)$ をもって $\boldsymbol{U}=\nabla\Phi=(\partial\Phi/\partial x,\partial\Phi/\partial y,\partial\Phi/\partial z)=(u,v,w)$ なるポテンシャル流 (potential flow) を考えれば，$\mathrm{rot}\,\boldsymbol{U}=\nabla\times\nabla\Phi=0$ であるので渦無し流の条件を満たす．さらに $\mathrm{div}\,\boldsymbol{U}=0$ なる条件を満たさなければならないので，Φ はラプラス方程式 (Laplace equation)

$$\mathrm{div}\,\nabla\Phi=\nabla\cdot\nabla\Phi=\Delta\Phi=\frac{\partial^2\Phi}{\partial x^2}+\frac{\partial^2\Phi}{\partial y^2}+\frac{\partial^2\Phi}{\partial z^2}=0$$

の解として求める．ここで t はパラメタとして考える．圧力項は (2.36) において $u=\partial\Phi/\partial x, v=\partial\Phi/\partial y, w=\partial\Phi/\partial z$ とおいて

$$\begin{aligned}\frac{\partial p}{\partial x}&=-\left[\frac{\partial^2\Phi}{\partial x\partial t}+\frac{\partial\Phi}{\partial x}\frac{\partial^2\Phi}{\partial x^2}+\frac{\partial\Phi}{\partial y}\frac{\partial^2\Phi}{\partial x\partial y}+\frac{\partial\Phi}{\partial z}\frac{\partial^2\Phi}{\partial x\partial z}\right]\\&=-\frac{\partial}{\partial x}\left[\frac{\partial\Phi}{\partial t}+\frac{1}{2}\left\{\left(\frac{\partial\Phi}{\partial x}\right)^2+\left(\frac{\partial\Phi}{\partial y}\right)^2+\left(\frac{\partial\Phi}{\partial z}\right)^2\right\}\right],\\\frac{\partial p}{\partial y}&=-\left[\frac{\partial^2\Phi}{\partial y\partial t}+\frac{\partial\Phi}{\partial x}\frac{\partial^2\Phi}{\partial y\partial x}+\frac{\partial\Phi}{\partial y}\frac{\partial^2\Phi}{\partial y^2}+\frac{\partial\Phi}{\partial z}\frac{\partial^2\Phi}{\partial y\partial z}\right]\\&=-\frac{\partial}{\partial y}\left[\frac{\partial\Phi}{\partial t}+\frac{1}{2}\left\{\left(\frac{\partial\Phi}{\partial x}\right)^2+\left(\frac{\partial\Phi}{\partial y}\right)^2+\left(\frac{\partial\Phi}{\partial z}\right)^2\right\}\right],\end{aligned}$$

$$\frac{\partial p}{\partial z}=-\Big[\frac{\partial^2\Phi}{\partial z\partial t}+\frac{\partial\Phi}{\partial x}\frac{\partial^2\Phi}{\partial z\partial x}+\frac{\partial\Phi}{\partial y}\frac{\partial^2\Phi}{\partial z\partial y}+\frac{\partial\Phi}{\partial z}\frac{\partial^2\Phi}{\partial z^2}\Big]$$
$$=-\frac{\partial}{\partial z}\Big[\frac{\partial\Phi}{\partial t}+\frac{1}{2}\Big\{\Big(\frac{\partial\Phi}{\partial x}\Big)^2+\Big(\frac{\partial\Phi}{\partial y}\Big)^2+\Big(\frac{\partial\Phi}{\partial z}\Big)^2\Big\}\Big]$$

で与える．すなわち

$$\frac{\partial\Phi}{\partial t}+\frac{1}{2}\Big\{\Big(\frac{\partial\Phi}{\partial x}\Big)^2+\Big(\frac{\partial\Phi}{\partial y}\Big)^2+\Big(\frac{\partial\Phi}{\partial z}\Big)^2\Big\}+p=f(t)$$

で求まる．ただし $f=f(t)$ は t のみの関数である．これをベルヌイの公式という．ベルヌイの公式を用いて，流れの中の物体に働く力やモーメントなどの重要な諸量が数学の公式として与えられている．

流れが平面 (x,y) 面内に限られる 2 次元問題では，$\boldsymbol{U}=(u(x,y,t),v(x,y,t))$ とすれば $\mathrm{rot}\boldsymbol{U}=\partial u/\partial y-\partial v/\partial x=0$ および $\mathrm{div}\boldsymbol{U}=\partial u/\partial x+\partial v/\partial y=0$ を満たさなければならない．これは複素関数論のコーシー・リーマン方程式なので，$W(x,y,t)=u(x,y,t)+iv(x,y,t)$ は $z=x+iy$ の正則関数である．こうして複素関数論の理論を応用して完全流体の数学的理論が構築される[*10]．

循環と渦度の概念は流体力学ではきわめて重要である．任意の閉じた回路 $\mathscr{C}$ における循環 (circulation) $I(\mathscr{C})$ は線積分

$$I(\mathscr{C})=\int_{\mathscr{C}}\boldsymbol{U}\cdot\boldsymbol{t}=\int_a^b\boldsymbol{U}(\xi_1(s),\xi_2(s),\xi_3(s))\cdot(\xi_1'(s),\xi_2'(s),\xi_3'(s))\,ds$$

で定義する．ここに曲線 $\mathscr{C}$ は $(x_1,x_2,x_3)=(\xi_1(s),\xi_2(s),\xi_3(s))$ $(a\le s\le b)$ で与えられる．以下座標系は再び $(x_1,x_2,x_3),(u_1,u_2,u_3)$ のように数字の添え字を用いることにする．

ストークスの定理により，$\mathscr{C}$ が単連結領域を囲むとき線積分は面積分に変換しうる．

$$I(\mathscr{C})=\int_S(\mathrm{rot}\boldsymbol{U})\cdot\boldsymbol{n}\,dS. \tag{2.37}$$

ただし，S は曲線 $\mathscr{C}$ に囲まれた流体中における任意の面であり $\boldsymbol{n}$ は S への外向き単位法線である．

さて時刻 $t=0$ で流体中に単一閉曲線

$$\mathscr{C}:(x_1,x_2,x_3)=\boldsymbol{\ell}(s)=(\ell_1(s),\ell_2(s),\ell_3(s))\quad(a\le s\le b)$$

[*10] 今井功著『流体力学』(前編) (物理学選書，裳華房，1973)，巽友正著『流体力学』(新物理学シリーズ 21，培風館，1982) などを参照せよ．

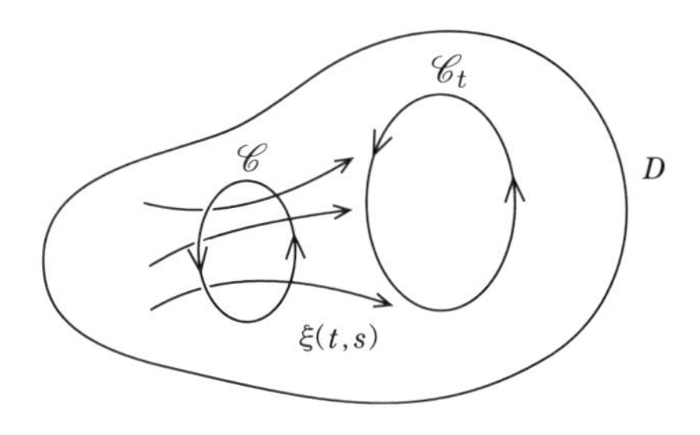

図 **2.8**

を考える．これが (2.36) に支配される完全流体中を流れていくとする．すなわち，$\boldsymbol{U}=(u_1,u_2,u_3), p$ は (2.36) を満たすとする．いま

$$\boldsymbol{\xi}(t,s)=(\xi_1(t,s),\xi_2(t,s),\xi_3(t,s))$$

を $t=0$ で $\mathscr{C}$ を通る流線とする．すなわち $\boldsymbol{\xi}$ は次の方程式の解とする：

$$\frac{\partial\boldsymbol{\xi}}{\partial t}=\boldsymbol{U}(\boldsymbol{\xi},t),\quad \boldsymbol{\xi}(0,s)=\boldsymbol{\ell}(s). \tag{2.38}$$

成分で書けば，

$$\frac{\partial\xi_i(t,s)}{\partial t}=u_i(\xi_1(t,s),\xi_2(t,s),\xi_3(t,s),t),\quad \xi_i(0,s)=\ell_i(s)\quad (i=1,2,3)$$

である．曲線 $\mathscr{C}_t:(x_1,x_2,x_3)=(\xi_1(t,s),\xi_2(t,s),\xi_3(t,s))$ $(a\leq b)$ を $\mathscr{C}$ が流れていった時刻 t での閉曲線とし，

$$\begin{aligned} I(\mathscr{C}_t)&=\int_{\mathscr{C}_t}\boldsymbol{U}\cdot d\boldsymbol{\xi}\\ &=\sum_{i=1}^{3}\int_a^b u_i(\xi_1(t,s),\xi_2(t,s),\xi_3(t,s),t)\frac{\partial\xi_i}{\partial s}(t,s)\,ds \end{aligned} \tag{2.39}$$

を考える．すなわち $\mathscr{C}_t$ 上での循環を考える (図 2.8)．すると次が成り立つ．

■ケルヴィンの循環定理■

$$I(\mathscr{C}_t)=I(\mathscr{C}).$$

実際

$$\frac{d}{dt}I(\mathscr{C}_t)=\sum_{i=1}^{3}\int_a^b\frac{d}{dt}\left\{u_i(\xi_1(t,s),\xi_2(t,s),\xi_3(t,s),t)\frac{\partial\xi_i}{\partial s}(t,s)\right\}ds$$

$$= \sum_{i=1}^{3} \int_a^b \left(\sum_{j=1}^{3} \frac{\partial u_i}{\partial x_j} \frac{\partial \xi_j}{\partial t} + \frac{\partial u_i}{\partial t} \right) \frac{\partial \xi_i}{\partial s} ds + \sum_{i=1}^{3} \int_a^b u_i \frac{\partial^2 \xi_i}{\partial t \partial s} ds$$

(2.39) を代入して

$$= \sum_{i=1}^{3} \int_a^b \left(\sum_{j=1}^{3} u_i \frac{\partial u_i}{\partial x_j} + \frac{\partial u_i}{\partial t} \right) \frac{\partial \xi_i}{\partial s} ds + \sum_{i=1}^{3} \int_a^b u_i \frac{\partial^2 \xi_i}{\partial t \partial s} ds$$

(2.36) を第 1 項に代入し，また第 2 項は (2.38) を s で偏微分して

$$= -\frac{1}{\rho} \sum_{i=1}^{3} \int_a^b \frac{\partial p}{\partial x_i} \frac{\partial \xi_i}{\partial s} ds + \sum_{i,j=1}^{3} \int_a^b u_i \frac{\partial u_i}{\partial x_j} \frac{\partial \xi_j}{\partial s} ds$$

$$= -\frac{1}{\rho} \int_a^b \frac{\partial}{\partial s} p(\xi_1(t,s), \xi_2(t,s), \xi_3(t,s), t)\, ds$$

$$+ \frac{1}{2} \int_a^b \frac{\partial}{\partial s} |\boldsymbol{U}(\xi_1(t,s), \xi_2(t,s), \xi_3(t,s), t)|^2 ds$$

$\mathscr{C}_t$ は閉曲線であるので $\boldsymbol{\xi}(t,a) = \boldsymbol{\xi}(t,b)$ となり

$$= -\frac{1}{\rho} (p(\boldsymbol{\xi}(t,b), t) - p(\boldsymbol{\xi}(t,a), t))$$

$$+ \frac{1}{2} (|\boldsymbol{U}(p(\boldsymbol{\xi}(t,b), t))|^2 - |\boldsymbol{U}(p(\boldsymbol{\xi}(t,a), t))|^2)$$

$$= 0.$$

こうして $\dfrac{d}{dt} I(\mathscr{C}_t) = 0$. よってケルヴィンの循環定理を得た.

いま $t=0$ で渦がない，すなわち $t=0$ で $\mathrm{rot}\,\boldsymbol{U}\Big|_{t=0} = 0$ が成立するとする. (2.37) より任意の流体内の単一閉曲線 $\mathscr{C}$ に対して $I(\mathscr{C}) = 0$. よってケルヴィンの循環定理から任意の $t > 0$ に対して $I(\mathscr{C}_t) = 0$ であり，(2.37) から $\mathscr{C}_t$ が囲む任意の閉曲面 S_t に対し $\displaystyle\int_{S_t} \mathrm{rot}\,\boldsymbol{U} \cdot \boldsymbol{n}_t\, dS_t = 0$ となる. こうして $\mathscr{C}$ を流体内の任意の 1 点に収縮させることにより，$\mathrm{rot}\,\boldsymbol{U} = 0$ が任意の時刻 $t > 0$ で成立することが分かる. これより次の定理が成立することが分かる.

■ラグランジュの渦定理■　完全流体の連続的な運動においては，渦度は発生することも消滅することもない.

ラグランジュの渦定理はその内容を簡約して，**渦の不生不滅の定理**ともいう．すなわち完全流体においては，渦が無い場合から出発すれば渦はいつまでも発生せず，また渦が存在する場合から出発すれば渦はいつまでも存在することが分かった．しかし実際の経験では，始め渦がなくても途中で渦が生成され，またその渦が消滅することがある．これは，粘性により速度の違う粒子がお互いに影響し合い，エネルギーの交換を行い渦が生成したり消滅したりするためと考えられる．すなわち粘性流体のほうがより現実的であるといえる．

さて再び粘性を考慮してナヴィエ・ストークス方程式 (2.5) を考えよう．質量微分を座標系に依存しないベクトルの形で書いておく．1.2.6 節で述べたベクトルの公式

$$\nabla(\boldsymbol{A}\cdot\boldsymbol{B})=(\boldsymbol{A}\cdot\nabla)\boldsymbol{B}+(\boldsymbol{B}\cdot\nabla)\boldsymbol{A}+\boldsymbol{A}\times\mathrm{rot}\,\boldsymbol{B}+\boldsymbol{B}\times\mathrm{rot}\,\boldsymbol{A}, \tag{2.40}$$

$$\mathrm{rot}(\boldsymbol{A}\times\boldsymbol{B})=-(\boldsymbol{A}\cdot\nabla)\boldsymbol{B}+(\boldsymbol{B}\cdot\nabla)\boldsymbol{A}+\boldsymbol{A}\,\mathrm{div}\,\boldsymbol{B}-\boldsymbol{B}\,\mathrm{div}\,\boldsymbol{A} \tag{2.41}$$

を用いて

$$(\boldsymbol{B}\cdot\nabla)\boldsymbol{A}=\frac{1}{2}\{\nabla(\boldsymbol{A}\cdot\boldsymbol{B})+\mathrm{rot}(\boldsymbol{A}\times\boldsymbol{B})$$
$$-\boldsymbol{A}\times\mathrm{rot}\,\boldsymbol{B}-\boldsymbol{B}\times\mathrm{rot}\,\boldsymbol{A}-\boldsymbol{A}\,\mathrm{div}\,\boldsymbol{B}+\boldsymbol{B}\,\mathrm{div}\,\boldsymbol{A}\}. \tag{2.42}$$

とくに $\boldsymbol{A}=\boldsymbol{B}=\boldsymbol{U}$ ならば (2.40) より

$$(\boldsymbol{U}\cdot\nabla)\boldsymbol{U}=\frac{1}{2}\nabla|\boldsymbol{U}|^2-\boldsymbol{U}\times\mathrm{rot}\boldsymbol{U} \tag{2.43}$$

を得る．よって (2.5) は (2.43) から

$$\boldsymbol{U}_t=-\nabla\left(\frac{p}{\rho}+\frac{|\boldsymbol{U}|^2}{2}\right)+\boldsymbol{U}\times\mathrm{rot}\boldsymbol{U}+\nu\Delta\boldsymbol{U} \tag{2.44}$$

となる．ただし，$\nu=\mu/\rho$ とおいた．これを**動粘性係数**という．式 (2.44) の両辺の rot をとり，$\mathrm{rot}\,\nabla=\nabla\times\nabla=0$ を考慮すれば，渦 $\omega=\mathrm{rot}\boldsymbol{U}$ に対する方程式

$$\frac{\partial\omega}{\partial t}=\mathrm{rot}(\boldsymbol{U}\times\omega)+\nu\Delta\omega \tag{2.45}$$

を得る．これを**渦度の方程式**という．いま

$$-\Delta\boldsymbol{U}=\mathrm{rot}\,\mathrm{rot}\boldsymbol{U}-\nabla\,\mathrm{div}\boldsymbol{U} \tag{2.46}$$

であるので，$\mathrm{div}\boldsymbol{U}=0$ を考慮すれば流速 $\boldsymbol{U}$ と渦度 ω は

$$-\Delta \boldsymbol{U} = \mathrm{rot}\,\omega \tag{2.47}$$

なる式で結ばれている．こうして ω に対する情報を $\boldsymbol{U}$ に対して伝えようとすれば，$\boldsymbol{U}$ はラプラス方程式に対するディリクレ問題 (Dirichlet problem)：

$$-\Delta \boldsymbol{U} = \mathrm{rot}\,\omega \ \text{in}\ \Omega, \quad \boldsymbol{U}\Big|_{\partial\Omega} = \boldsymbol{V} \tag{2.48}$$

を解いて求める．この境界条件は (2.15) からきた．とくに考えている領域 Ω が $\boldsymbol{R}^3$ と空間全体であれば境界条件はなく，(2.48) を (1.88) を用いて解くと，$\boldsymbol{U}$ を再び縦ベクトルで表して

$$\boldsymbol{U}(x,t) = \frac{1}{4\pi}\iiint_{\boldsymbol{R}^3} \frac{\mathrm{rot}\,\omega(y,t)}{|x-y|}\,dy = -\frac{1}{4\pi}\iiint_{\boldsymbol{R}^3} \frac{(x-y)\times\omega(y)}{|x-y|^3}\,dy$$

$$= -\frac{1}{4\pi}\begin{bmatrix} \displaystyle\iiint_{\boldsymbol{R}^3} \frac{(x_2-y_2)\omega_3(y)-(x_3-y_3)\omega_2(y)}{|x-y|^3}\,dy \\ \displaystyle\iiint_{\boldsymbol{R}^3} \frac{(x_3-y_3)\omega_1(y)-(x_1-y_1)\omega_3(y)}{|x-y|^3}\,dy \\ \displaystyle\iiint_{\boldsymbol{R}^3} \frac{(x_1-y_1)\omega_2(y)-(x_2-y_2)\omega_1(y)}{|x-y|^3}\,dy \end{bmatrix} \tag{2.49}$$

を得る．だたし，$x=(x_1,x_2,x_3), y=(y_1,y_2,y_3), dy=dy_1dy_2dy_3, |x-y|=((x_1-y_1)^2+(x_2-y_2)^2+(x_3-y_3)^2)^{1/2}$ とおいた．$\boldsymbol{U}$ が真空中の磁場ベクトルであれば (2.49) をビオ・サバール (Biot-Savart) の法則という．これにちなんで渦度の場合も (2.49) をビオ・サバールの法則と呼ぶ．渦の運動と電流磁場との間に相似性があることをこの法則は示唆している．

さて (2.45) の右辺第 1 項は流れによる渦度の対流を表し，第 2 項は粘性による渦度の拡散を表す．そしてレイノルズ数が小さい流れでは拡散項が優越し，大きい流れでは対流項が優越することは，ナヴィエ・ストークス方程式の場合と同じである．

静止流体の中で物体が突然運動を始めた場合を考えよう．静止流体は渦無しであるから，$\mathrm{rot}\,\boldsymbol{U}=0$ が $t=0$ で成立する．もし流体に粘性がなければ，ラグランジュの渦定理から物体の運動により引き起こされる流れは渦無しである．しかし，粘性流体においては，流体が粘着条件 (2.16) により物体に引きずられるために，物体表面に渦度が発生する．渦度は最初，物体表面に沿う渦

層としてとどまるが，やがて拡散項の作用により流体内に拡散し，さらに対流項の作用により流れとともに運ばれる．レイノルズ数が小さい場合は拡散項の影響が強いので，渦度は物体の周りの広い範囲に広がる．一方，レイノルズ数が大きい場合は対流項の影響が強いので，渦度は物体表面に沿う狭い領域にとどまると同時に流れにそって大きく流され，流れの方向に伸びた細長い領域の中に存在することになる．

最後に空間 2 次元の場合を考える．$\boldsymbol{U}=(u(x,y,t),v(x,y,t)), p=p(x,y,t)$ に対してナヴィエ・ストークス方程式を書くと

$$
\begin{aligned}
&\rho(u_t+uu_x+vu_y)=-p_x+\mu\Delta u,\\
&\rho(v_t+vv_x+vv_y)=-p_y+\mu\Delta v,\\
&u_x+v_y=0.
\end{aligned}
\tag{2.50}
$$

ただし，$f_z=\partial f/\partial z\ (z=t,x,y)$ と偏微分を添え字で表した．2 次元の渦度は $\omega=\mathrm{rot}\,\boldsymbol{U}=u_y-v_x$ であるので，(2.50) の第 1 式を y で偏微分し，第 2 式を x で偏微分してから第 1 式から第 2 式を辺々引く．このとき (2.50) の第 3 式の非圧縮条件 $v_y=-u_x$ を用いて

$$
u_yu_x+v_yu_y-u_xv_x-v_xv_y=u_yu_x-u_xu_y-u_xv_x+v_xu_x=0
$$

であることから

$$
\rho(\omega_t+(\boldsymbol{U}\cdot\nabla)\omega)=\nu\Delta\omega
\tag{2.51}
$$

とスカラーの半線形偏微分方程式となり，じつはこの方程式を上手く利用して，2 次元の場合の渦度の研究はよりくわしく行われている．

2.5 曲線座標でのナヴィエ・ストークス方程式

この章の最後に第 1 章 1.2.7 節，1.2.8 節の直交曲線座標を用いてナヴィエ・ストークス方程式を表すことを考えてみる．

例 2.1 (円柱座標)　第 1 章の例 1.42 で議論した円柱座標

$$
x=r\cos\varphi,\quad y=r\sin\varphi\quad z=z
$$

を用いてナヴィエ・ストークス方程式を書いてみよう．例 1.42 での ρ をここ

では r で表す．$\boldsymbol{r}=(r\cos\varphi, r\sin\varphi, z)$ として

$$\frac{\partial \boldsymbol{r}}{\partial r}=(\cos\varphi,\sin\varphi,0),\quad \frac{\partial \boldsymbol{r}}{\partial \varphi}=(-r\sin\varphi, r\cos\varphi,0),\quad \frac{\partial \boldsymbol{r}}{\partial z}=(0,0,1),$$

$$h_r=\left|\frac{\partial \boldsymbol{r}}{\partial r}\right|=1,\quad h_\varphi=\left|\frac{\partial \boldsymbol{r}}{\partial \varphi}\right|=r,\quad h_z=\left|\frac{\partial \boldsymbol{r}}{\partial z}\right|=1.$$

対応する直交曲線座標の基底は

$$\boldsymbol{e}_r=(\cos\varphi,\sin\varphi,0),\quad \boldsymbol{e}_\varphi=(-\sin\varphi,\cos\varphi,0),\quad \boldsymbol{e}_z=(0,0,1)$$

である．流速 $\boldsymbol{U}=(u,v,w)$ の円柱座標での成分を $\boldsymbol{U}=(v_r,v_\varphi,v_z)$ と書けば (1.60) より

$$v_r=u\cos\varphi-v\sin\varphi,\quad v_\varphi=u\sin\varphi+v\sin\varphi,\quad v_z=w,$$

(1.65) より

$$\mathrm{div}\boldsymbol{U}=\frac{1}{r}\left\{\frac{\partial(rv_r)}{\partial r}+\frac{\partial v_\varphi}{\partial\varphi}+\frac{\partial v_z}{\partial z}\right\}=\frac{\partial v_r}{\partial r}+\frac{v_r}{r}+\frac{1}{r}\frac{\partial v_\varphi}{\partial\varphi}+\frac{\partial v_z}{\partial z}$$

である．$\mathrm{rot}\boldsymbol{U}=(\omega_r,\omega_\varphi,\omega_z)$ とおくと (1.67) より

$$\omega_r=\frac{1}{r}\left(\frac{\partial v_z}{\partial\varphi}-\frac{\partial(rv_\varphi)}{\partial z}\right)=\frac{1}{r}\frac{\partial v_z}{\partial\varphi}-\frac{\partial v_\varphi}{\partial z},$$

$$\omega_\varphi=\frac{\partial v_r}{\partial z}-\frac{\partial v_z}{\partial r},$$

$$\omega_z=\frac{1}{r}\left(\frac{\partial(rv_\varphi)}{\partial r}-\frac{\partial v_r}{\partial\varphi}\right)=\frac{\partial v_\varphi}{\partial r}+\frac{v_\varphi}{r}-\frac{1}{r}\frac{\partial v_r}{\partial\varphi}.$$

ナヴィエ・ストークス方程式に移るには (2.43) と (2.46),

$$\boldsymbol{U}\cdot\nabla\boldsymbol{U}=\frac{1}{2}\nabla|\boldsymbol{U}|^2-\boldsymbol{U}\times\mathrm{rot}\boldsymbol{U},\quad -\Delta\boldsymbol{U}=\mathrm{rot}\,\mathrm{rot}\boldsymbol{U}-\nabla\,\mathrm{div}\boldsymbol{U}$$

を用いる．これは座標系のとり方に依存しない表現である．(1.64) より

$$\nabla=\left(\frac{\partial}{\partial r},\frac{1}{r}\frac{\partial}{\partial\varphi},\frac{\partial}{\partial z}\right)$$

なので,

$$\frac{1}{2}\frac{\partial}{\partial r}|\boldsymbol{U}|^2=\frac{1}{2}\frac{\partial}{\partial r}(v_r^2+v_\varphi^2+v_z^2)=v_r\frac{\partial v_r}{\partial r}+v_\varphi\frac{\partial v_\varphi}{\partial r}+v_z\frac{\partial v_z}{\partial r},$$

$$\frac{1}{2r}\frac{\partial}{\partial\varphi}|\boldsymbol{U}|^2=\frac{1}{2r}\frac{\partial}{\partial\varphi}(v_r^2+v_\varphi^2+v_z^2)=\frac{v_r}{r}\frac{\partial v_r}{\partial\varphi}+\frac{v_\varphi}{r}\frac{\partial v_\varphi}{\partial\varphi}+\frac{v_z}{r}\frac{\partial v_z}{\partial\varphi},$$

$$\frac{1}{2}\frac{\partial}{\partial z}|\boldsymbol{U}|^2=\frac{1}{2}\frac{\partial}{\partial z}(v_r^2+v_\varphi^2+v_z^2)=v_r\frac{\partial v_r}{\partial z}+v_\varphi\frac{\partial v_\varphi}{\partial z}+v_z\frac{\partial v_z}{\partial z}.$$

また回転は $\boldsymbol{U}\times\mathrm{rot}\boldsymbol{U}=(a_r,a_\varphi,a_z)$ とおくと，上の記号を用いて

$$a_r=v_\varphi\omega_z-v_z\omega_\varphi=v_\varphi\Big(\frac{\partial v_\varphi}{\partial r}+\frac{v_\varphi}{r}-\frac{1}{r}\frac{\partial v_r}{\partial\varphi}\Big)-v_z\Big(\frac{\partial v_r}{\partial z}-\frac{\partial v_z}{\partial r}\Big),$$

$$a_\varphi=v_z\omega_r-v_r\omega_z=v_z\Big(\frac{1}{r}\frac{\partial v_z}{\partial\varphi}-\frac{\partial v_\varphi}{\partial z}\Big)-v_r\Big(\frac{\partial v_\varphi}{\partial r}+\frac{v_\varphi}{r}-\frac{1}{r}\frac{\partial v_r}{\partial\varphi}\Big),$$

$$a_z=v_r\omega_\varphi-v_\varphi\omega_r=v_r\Big(\frac{\partial v_r}{\partial z}-\frac{\partial v_z}{\partial r}\Big)-v_\varphi\Big(\frac{1}{r}\frac{\partial v_z}{\partial\varphi}-\frac{\partial v_\varphi}{\partial z}\Big).$$

この 2 つの式を合わせて $\boldsymbol{U}\cdot\nabla\boldsymbol{U}=(N_r,N_\varphi,N_z)$ とおくと

$$N_r=v_r\frac{\partial v_r}{\partial r}+\frac{v_\varphi}{r}\frac{\partial v_r}{\partial\varphi}+v_z\frac{\partial v_r}{\partial z}-\frac{v_\varphi^2}{r},$$

$$N_\varphi=v_r\frac{\partial v_\varphi}{\partial r}+\frac{v_\varphi}{r}\frac{\partial v_\varphi}{\partial\varphi}+v_z\frac{\partial v_\varphi}{\partial z}+\frac{v_rv_\varphi}{r},$$

$$N_z=v_r\frac{\partial v_z}{\partial r}+\frac{v_\varphi}{r}\frac{\partial v_z}{\partial\varphi}+v_z\frac{\partial v_z}{\partial z}.$$

また $p(x)=p^*(r,\varphi,z)$ とおくと (1.62) より

$$\nabla p=\Big(\frac{\partial p^*}{\partial r},\frac{1}{r}\frac{\partial p^*}{\partial\varphi},\frac{\partial p^*}{\partial z}\Big).$$

最後に $-\Delta\boldsymbol{U}=\mathrm{rot}\,\mathrm{rot}\boldsymbol{U}-\nabla\,\mathrm{div}\boldsymbol{U}$ を計算する．

$$-\Delta\boldsymbol{U}=((-\Delta\boldsymbol{U})_r,(-\Delta\boldsymbol{U})_\varphi,(-\Delta\boldsymbol{U})_z),$$

$$\mathrm{rot}\,\mathrm{rot}\boldsymbol{U}=((\mathrm{rot}\,\mathrm{rot}\boldsymbol{U})_r,(\mathrm{rot}\,\mathrm{rot}\boldsymbol{U})_\varphi,(\mathrm{rot}\,\mathrm{rot}\boldsymbol{U})_z),$$

$$\nabla\,\mathrm{div}\boldsymbol{U}=((\nabla\,\mathrm{div}\boldsymbol{U})_r,(\nabla\,\mathrm{div}\boldsymbol{U})_\varphi,(\nabla\,\mathrm{div}\boldsymbol{U})_z)$$

とおくと (1.62) と (1.64) より次を得る．

$$(\mathrm{rot}\,\mathrm{rot}\boldsymbol{U})_r=\frac{1}{h_2h_3}\Big[\frac{\partial(h_3\omega_3)}{\partial\xi_2}-\frac{\partial(h_2\omega_2)}{\partial\xi_3}\Big]=\frac{1}{r}\Big[\frac{\partial\omega_z}{\partial\varphi}-\frac{\partial(r\omega_\varphi)}{\partial z}\Big]$$

$$=\frac{1}{r}\frac{\partial}{\partial\varphi}\Big(\frac{\partial v_\varphi}{\partial r}+\frac{v_\varphi}{r}-\frac{1}{r}\frac{\partial v_r}{\partial\varphi}\Big)-\frac{\partial}{\partial z}\Big(\frac{\partial v_r}{\partial z}-\frac{\partial v_z}{\partial r}\Big)$$

$$=\frac{1}{r}\frac{\partial^2 v_\varphi}{\partial\varphi\partial r}+\frac{1}{r^2}\frac{\partial v_\varphi}{\partial\varphi}-\frac{1}{r^2}\frac{\partial^2\varphi_r}{\partial\varphi^2}-\frac{\partial^2 v_r}{\partial z^2}+\frac{\partial^2 v_z}{\partial r\partial z},$$

$$(\nabla \operatorname{div} \boldsymbol{U})_r = \frac{\partial}{\partial r}\Big(\frac{\partial v_r}{\partial r} + \frac{v_r}{r} + \frac{1}{r}\frac{\partial v_\varphi}{\partial \varphi} + \frac{\partial v_z}{\partial z}\Big)$$

$$= \frac{\partial^2 v_r}{\partial r^2} + \frac{1}{r}\frac{\partial v_r}{\partial r} - \frac{v_r}{r^2} + \frac{1}{r}\frac{\partial^2 v_\varphi}{\partial r \partial \varphi} - \frac{1}{r^2}\frac{\partial v_\varphi}{\partial \varphi} + \frac{\partial^2 v_z}{\partial r \partial z}.$$

こうして

$$(-\Delta \boldsymbol{U})_r = -\Big(\frac{\partial^2 v_r}{\partial r^2} + \frac{1}{r}\frac{\partial v_r}{\partial r} + \frac{1}{r^2}\frac{\partial^2 v_r}{\partial \varphi^2}\Big) - \frac{\partial^2 v_r}{\partial z^2} + \frac{2}{r^2}\frac{\partial v_\varphi}{\partial \varphi} + \frac{v_r}{r^2}.$$

次に

$$(\operatorname{rot}\operatorname{rot} \boldsymbol{U})_\varphi = \frac{1}{h_3 h_1}\Big[\frac{\partial(h_1\omega_1)}{\partial \xi_3} - \frac{\partial(h_3\omega_3)}{\partial \xi_1}\Big] = \frac{1}{r}\Big[\frac{\partial \omega_r}{\partial z} - \frac{\partial \omega_z}{\partial r}\Big]$$

$$= \frac{\partial}{\partial z}\Big(\frac{1}{r}\frac{\partial v_z}{\partial \varphi} - \frac{1}{r}\frac{\partial v_r}{\partial \varphi}\Big) - \frac{\partial}{\partial r}\Big(\frac{\partial v_\varphi}{\partial r} + \frac{v_\varphi}{r} - \frac{1}{r}\frac{\partial v_r}{\partial \varphi}\Big)$$

$$= \frac{1}{r}\frac{\partial^2 v_z}{\partial \varphi \partial z} - \frac{\partial^2 v_\varphi}{\partial z^2} - \frac{\partial^2 v_\varphi}{\partial r^2} - \frac{1}{r}\frac{\partial v_\varphi}{\partial r} + \frac{v_\varphi}{r^2} + \frac{1}{r}\frac{\partial^2 v_r}{\partial r \partial \varphi} - \frac{1}{r^2}\frac{\partial v_r}{\partial \varphi},$$

$$(\nabla \operatorname{div} \boldsymbol{U})_\varphi = \frac{1}{r}\frac{\partial}{\partial \varphi}\Big(\frac{\partial v_r}{\partial r} + \frac{v_r}{r} + \frac{1}{r}\frac{\partial v_\varphi}{\partial \varphi} + \frac{\partial v_z}{\partial z}\Big)$$

$$= \frac{1}{r}\frac{\partial^2 v_r}{\partial \varphi \partial r} + \frac{1}{r^2}\frac{\partial v_r}{\partial \varphi} + \frac{1}{r^2}\frac{\partial^2 v_\varphi}{\partial \varphi^2} + \frac{1}{r}\frac{\partial^2 v_z}{\partial z \partial \varphi}$$

なので，

$$(-\Delta \boldsymbol{U})_\varphi = -\Big(\frac{\partial^2 v_\varphi}{\partial r^2} + \frac{1}{r}\frac{\partial v_\varphi}{\partial r} + \frac{1}{r^2}\frac{\partial^2 v_\varphi}{\partial \varphi^2}\Big) - \frac{\partial^2 v_\varphi}{\partial z^2} - \frac{2}{r}\frac{\partial v_r}{\partial \varphi} + \frac{v_\varphi}{r^2},$$

$$(\operatorname{rot}\operatorname{rot} \boldsymbol{U})_z = \frac{1}{h_1 h_2}\Big[\frac{\partial(h_2\omega_2)}{\partial \xi_1} - \frac{\partial(h_1\omega_1)}{\partial \xi_2}\Big] = \frac{1}{r}\Big[\frac{\partial(r\partial\omega_\varphi)}{\partial r} - \frac{\partial \omega_r}{\partial \varphi}\Big]$$

$$= \frac{1}{r}\Big[\frac{\partial}{\partial r}\Big(r\Big(\frac{\partial v_r}{\partial z} - \frac{\partial v_z}{\partial r}\Big)\Big) - \frac{\partial}{\partial \varphi}\Big(\frac{1}{r}\frac{\partial v_z}{\partial \varphi} - \frac{\partial v_\varphi}{\partial z}\Big)\Big]$$

$$= \frac{1}{r}\frac{\partial v_r}{\partial z} - \frac{1}{r}\frac{\partial v_z}{\partial r} + \frac{\partial^2 v_r}{\partial z \partial r} - \frac{\partial^2 v_z}{\partial^2 r} - \frac{1}{r^2}\frac{\partial^2 v_z}{\partial \varphi^2} + \frac{1}{r}\frac{\partial^2 v_\varphi}{\partial z \partial \varphi},$$

$$(\nabla \operatorname{div} \boldsymbol{U})_z = \frac{\partial}{\partial z}\Big(\frac{\partial v_r}{\partial r} + \frac{v_r}{r} + \frac{1}{r}\frac{\partial v_\varphi}{\partial \varphi} + \frac{\partial v_z}{\partial z}\Big)$$

$$= \frac{\partial^2 v_r}{\partial z \partial r} + \frac{1}{r}\frac{\partial v_r}{\partial z} + \frac{1}{r}\frac{\partial^2 v_\varphi}{\partial \varphi \partial z} + \frac{\partial^2 v_z}{\partial z^2}.$$

こうして

$$(-\Delta \boldsymbol{U})_z = -\Big(\frac{\partial^2 v_z}{\partial r^2} + \frac{1}{r}\frac{\partial v_z}{\partial r} + \frac{1}{r^2}\frac{\partial^2 v_z}{\partial \varphi^2}\Big) - \frac{\partial^2 v_z}{\partial z^2}.$$

以上すべてを合わせて，

$$\tilde{\Delta} = \frac{\partial^2}{\partial r^2} + \frac{1}{r}\frac{\partial}{\partial r} + \frac{1}{r^2}\frac{\partial^2}{\partial \varphi^2} + \frac{\partial^2}{\partial z^2}$$

とおいて，$\boldsymbol{U} = (v_r, v_\varphi, v_z), p(x) = p^*(r, \varphi, z)$ に対するナヴィエ・ストークス方程式は次のように表せる．

$$\frac{1}{r}\frac{\partial}{\partial r}(r v_r) + \frac{1}{r}\frac{\partial v_\varphi}{\partial \varphi} + \frac{\partial v_z}{\partial z} = 0,$$

$$\rho\Big(\frac{\partial v_r}{\partial t} + v_r\frac{\partial v_r}{\partial r} + \frac{v_\varphi}{r}\frac{\partial v_r}{\partial \varphi} + v_z\frac{\partial v_r}{\partial z} - \frac{v_\varphi^2}{r}\Big)$$

$$= -\frac{\partial p^*}{\partial r} + \mu\Big(\tilde{\Delta} v_r - \frac{v_r}{r^2} - \frac{2}{r^2}\frac{\partial v_\varphi}{\partial \varphi}\Big),$$

$$\rho\Big(\frac{\partial v_\varphi}{\partial t} + v_r\frac{\partial v_\varphi}{\partial r} + \frac{v_\varphi}{r}\frac{\partial v_\varphi}{\partial \varphi} + v_z\frac{\partial v_\varphi}{\partial z} + \frac{v_r v_\varphi}{r}\Big)$$

$$= -\frac{1}{r}\frac{\partial p^*}{\partial \varphi} + \mu\Big(\tilde{\Delta} v_\varphi - \frac{v_\varphi}{r^2} + \frac{2}{r^2}\frac{\partial v_r}{\partial \varphi}\Big)$$

$$\rho\Big(\frac{\partial v_z}{\partial t} + v_r\frac{\partial v_z}{\partial r} + \frac{v_\varphi}{r}\frac{\partial v_z}{\partial \varphi} + v_z\frac{\partial v_z}{\partial z}\Big) = -\frac{\partial p^*}{\partial z} + \mu\tilde{\Delta} v_z.$$

例 2.2　球座標 (r, θ, φ) の場合．すなわち

$$x = r\sin\theta\cos\varphi, \quad y = r\sin\theta\sin\varphi, \quad z = r\cos\theta$$

なる変数変換を考える．$u = r, v = \theta, w = \varphi$ とおけば，$h_1 = 1, h_2 = r, h_3 = r\sin\theta$ となる．球座標での流速の成分を $\boldsymbol{U} = (u_r, u_\theta, u_\varphi)$ と書くと発散と回転 $\mathrm{rot}\,\boldsymbol{U} = (\omega_r, \omega_\theta, \omega_\varphi)$ は次で与えられる．

$$\mathrm{div}\,\boldsymbol{U} = \frac{1}{r^2}\frac{\partial}{\partial r}(r^2 u_r) + \frac{1}{r\sin\theta}\frac{\partial}{\partial \theta}(u_\theta \sin\theta) + \frac{1}{r\sin\theta}\frac{\partial u_\varphi}{\partial \varphi} = 0,$$

$$\omega_r = \frac{1}{r\sin\theta}\Big\{\frac{\partial}{\partial \theta}(u_\varphi \sin\theta) - \frac{\partial u_\theta}{\partial \varphi}\Big\},$$

$$\omega_\varphi = \frac{1}{r\sin\theta}\frac{\partial u_r}{\partial \varphi} - \frac{1}{r}\frac{\partial}{\partial r}(r u_\varphi),$$

$$\omega_\varphi = \frac{1}{r}\frac{\partial}{\partial r}(ru_\theta) - \frac{1}{r}\frac{\partial u_r}{\partial \theta}.$$

連続の方程式は

$$\frac{1}{r^2}\frac{\partial}{\partial r}(r^2 u_r) + \frac{1}{r\sin\theta}\frac{\partial}{\partial \theta}(u_\theta \sin\theta) + \frac{1}{r\sin\theta}\frac{\partial u_\varphi}{\partial \varphi} = 0.$$

運動方程式は

$$\frac{\partial u_r}{\partial t} + u_r\frac{\partial u_r}{\partial r} + \frac{u_\theta}{r}\frac{\partial u_r}{\partial \theta} + \frac{u_\varphi}{r\sin\theta}\frac{\partial u_r}{\partial \varphi} - \frac{u_\theta^2 + u_\varphi^2}{r}$$

$$= -\frac{1}{\rho}\frac{\partial p}{\partial r} + \mu\left(\Delta u_r - \frac{2u_r}{r^2} - \frac{2}{r^2}\frac{\partial u_\theta}{\partial \theta} - \frac{2u_\theta\cot\theta}{r^2} - \frac{2}{r^2\sin\theta}\frac{\partial u_\varphi}{\partial \varphi}\right),$$

$$\frac{\partial u_\theta}{\partial t} + u_r\frac{\partial u_\theta}{\partial r} + \frac{u_\theta}{r}\frac{\partial u_\theta}{\partial \theta} + \frac{u_\varphi}{r\sin\theta}\frac{\partial u_\theta}{\partial \varphi} + \frac{u_r u_\theta}{r} - \frac{u_\varphi^2\cot\theta}{r}$$

$$= -\frac{1}{\rho r}\frac{\partial p}{\partial \theta} + \mu\left(\Delta u_\theta - \frac{u_\theta}{r^2\sin^2\theta} - \frac{2\cos\theta}{r^2\sin^2\theta}\frac{\partial u_\varphi}{\partial \varphi} + \frac{2}{r^2}\frac{\partial u_t}{\partial \theta}\right),$$

$$\frac{\partial u_\varphi}{\partial t} + u_r\frac{\partial u_\varphi}{\partial r} + \frac{u_\theta}{r}\frac{\partial u_\varphi}{\partial \theta} + \frac{u_\varphi}{r\sin\theta}\frac{\partial u_\varphi}{\partial \varphi} + \frac{u_\varphi u_r}{r} + \frac{u_\theta u_\varphi\cot\theta}{r}$$

$$= -\frac{1}{\rho r\sin\theta}\frac{\partial p}{\partial \varphi} + \mu\left(\Delta u_\varphi - \frac{u_\varphi}{r^2\sin^2\theta} + \frac{2}{r^2\sin\theta}\frac{\partial u_r}{\partial \varphi} + \frac{2\cos\theta}{r^2\sin^2\theta}\frac{\partial u_\theta}{\partial \varphi}\right).$$

ここで Δ は次で定義した.

$$\Delta u = \frac{1}{r^2}\frac{\partial}{\partial r}\left(r^2\frac{\partial u}{\partial r}\right) + \frac{1}{r^2\sin\theta}\frac{\partial}{\partial \theta}\left(\sin\theta\frac{\partial u}{\partial \theta}\right) + \frac{1}{r^2\sin^2\theta}\frac{\partial^2 u}{\partial \varphi^2}.$$

読者自身で上の式を確かめることを勧める.

第3章
ルベーグ空間とフーリエ変換

この章ではルベーグ空間を導入しその基本的な性質を述べる．次にフーリエ変換を導入し基本的な性質を述べた後，“Foureir multiplier theorem” を証明なしに与える．

3.1 ルベーグ積分

3.2 節以後の議論に現れる積分はすべてルベーグ積分と考えるので，簡単にルベーグ積分を復習しよう[*1]．n 次元ユークリッド空間 $\boldsymbol{R}^n$ の左半開区間 $E=\prod_{j=1}^{n}(a_j,b_j]=\{(x_1,\ldots,x_n)\in\boldsymbol{R}^n \mid a_j<x_j\le b_j, j=1,\ldots,n\}$ の体積を $v(E)=\prod_{j=1}^{n}(b_j-a_j)$ とおく．$\boldsymbol{R}^n$ の任意の集合 A に対し可算個の左半開区間の列 $\{E_j\}_{j=1}^{\infty}$ で $A\subset\bigcup_{j=1}^{\infty}E_j$ なるものを $S(A)$ と表し，$S(A)$ の全体を $\mathscr{S}(A)$ とおく．A の外測度 $\lambda(A)$ を

$$\lambda(A)=\inf\left\{\sum_{j=1}^{\infty}v(E_j)\;\middle|\;\{E_j\}_{j=1}^{\infty}\in\mathscr{S}(A)\right\}$$

とおく．$\lambda(A)=0$ なる集合 A を零集合と呼ぶ．可算個の点の集まりなどは零集合である．また区分的に滑らかな曲面なども零集合である．さて，集合 A がルベーグ可測集合であるとは，任意の $\epsilon>0$ に対し開集合 U_ϵ で $A\subset U_\epsilon$ かつ $\lambda(U_\epsilon-A)<\epsilon$ なるものが存在するときをいう．とくに $U=\bigcap_{n=1}^{\infty}U_{1/n}$ とおくと $U\supset A$ かつ $\lambda(U-A)=0$ なることが分かる．こうしてルベーグ可測集合

[*1] くわしいことはルベーグ積分の専門書を参照してほしい．たとえば，新井仁之著『ルベーグ積分講義』(改訂版，日本評論社, 2023)，猪狩惺著『実解析入門』(岩波書店, 1996)，柴田良弘著『ルベーグ積分論』(内田老鶴圃, 2006) などがある．

とは，零集合を除いて開集合で近似できるものと言える．ルベーグ積分論の創始者ルベーグは $\boldsymbol{R}^n$ の集合はすべてルベーグ可測集合であると思っていたが，ヴィタリによりルベーグ非可測集合の存在が示された．しかしその存在は選択公理によって証明されるはなはだ不可思議な集合である．したがって通常我々が扱う集合はルベーグ可測集合であると思ってよい．ルベーグ可測集合の全体を $\mathscr{L}_{\boldsymbol{R}^n}$ とおきルベーグ可測集合 A に対し $|A|$ で A のルベーグ測度 $|A|$ を定義する．互いに交わらない可算個のルベーグ集合の列 $\{A_j\}_{j=1}^{\infty}$ [*2]に対し

$$\left|\bigcup_{j=1}^{\infty} A_j\right| = \sum_{j=1}^{\infty} |A_j|$$

が成立する．また $\mathscr{L}_{\boldsymbol{R}^n}$ は完全加法族である．すなわち，$E \in \mathscr{L}_{\boldsymbol{R}^n}$ ならば $E^c \in \mathscr{L}_{\boldsymbol{R}^n}$ また $E_j \in \mathscr{L}_{\boldsymbol{R}^n}$ $(j=1,2,\ldots)$ ならば $\bigcup_{j=1}^{\infty} E_j \in \mathscr{L}_{\boldsymbol{R}^n}$ が成立する．

さて，集合 A に対し $\chi_A(x)$ を $\chi_A(x)=1$ $(x \in A)$, $\chi_A(x)=0$ $(x \notin A)$ で定義する．χ_A を A の特性関数という．互いに交わらない有限個のルベーグ可測集合 E_j $(j=1,2,\ldots,N)$ に対し

$$\varphi(x) = \sum_{j=1}^{N} a_j \chi_{E_j}(x) \quad (a_j > 0)$$

なる形の関数を階段関数 (step function) という．階段関数 $\varphi(x)$ に対し

$$\int_{\boldsymbol{R}^n} \varphi(x)\,dx = \sum_{j=1}^{N} a_j |E_j|$$

で φ のルベーグ積分 $\displaystyle\int_{\boldsymbol{R}^n} \varphi(x)\,dx$ を定義する．

$\boldsymbol{R}^n$ 上定義された実数値関数 $f(x)$ が $f(x) \geq 0$ $(x \in \boldsymbol{R}^n)$ となるとする．$f(x)$ に対してある階段関数の列 $\{\varphi_j(x)\}_{j=1}^{\infty}$ で $\lim_{j\to\infty} \varphi_j(x) = f(x)$ なるものが存在するとき，$f(x)$ を非負のルベーグ可測関数という．このとき f のルベーグ積分 $\displaystyle\int_{\boldsymbol{R}^n} f(x)\,dx$ を

$$\int_{\boldsymbol{R}^n} f(x)\,dx = \lim_{j\to\infty} \int_{\boldsymbol{R}^n} \varphi_j(x)\,dx$$

で定義する．$\boldsymbol{R}^n$ で定義された正負両方の値をとる関数 $f(x)$ に対しては，

[*2]互いに交わらないとは $A_j \cap A_k = \varnothing$ $(j \neq k)$ が成立するときをいう．

$f^{\pm}(x) = \max(\pm f(x), 0)$ とおく．このとき，$f(x) = f^+(x) - f^-(x), |f(x)| = f^+(x) + f^-(x)$ である．$f^{\pm}(x)$ がルベーグ可測関数のとき $f(x)$ はルベーグ可測関数であるという．$\displaystyle\int_{\boldsymbol{R}^n} |f(x)|dx < \infty$ のとき $f(x)$ はルベーグ積分可能関数といい，

$$\int_{\boldsymbol{R}^n} f(x)\,dx = \int_{\boldsymbol{R}^n} f^+(x)\,dx - \int_{\boldsymbol{R}^n} f^-(x)\,dx$$

で $f(x)$ のルベーグ積分 $\displaystyle\int_{\boldsymbol{R}^n} f(x)\,dx$ を定義する．最後に複素数値の関数 $f(x)$ を考える．$f(x)$ の実数部分を $g(x) = (f(x) + \overline{f(x)})/2$，虚数部分を $h(x) = (f(x) - \overline{f(x)})/(2i)$ とおくとき，$g(x), h(x)$ がそれぞれルベーグ可測関数であるとき，$f(x)$ はルベーグ可測関数であるという．また，$g(x), h(x)$ がルベーグ積分可能関数であるとき，$f(x)$ をルベーグ積分可能関数であるという．このとき

$$\int_{\boldsymbol{R}^n} f(x)\,dx = \int_{\boldsymbol{R}^n} g(x)\,dx + i\int_{\boldsymbol{R}^n} h(x)\,dx$$

でそのルベーグ積分を定義する．

任意のルベーグ可測集合上 A でのルベーグ積分 $\displaystyle\int_A f(x)\,dx$ は

$$\int_A f(x)\,dx = \int_{\boldsymbol{R}^n} \chi_A(x) f(x)\,dx$$

で定義する．すなわち，$f(x)$ を A の外で 0 とおいて $\boldsymbol{R}^n$ 全体に拡張したものの積分で定義する．

命題 3.1 関数 $f(x)$ が $|f(x)|$ とともにリーマン積分可能 (広義積分の意味でもよい) ならば $f(x)$ はルベーグ積分可能であり，両積分の値は一致する．

この命題より 3.2 節以後の議論での積分はルベーグ積分とみてもリーマン積分とみても同じ場合がほとんどなので，ルベーグ積分に不慣れな読者もさほどルベーグ積分を意識しなくてよい．しかし $f(x)$ と $|f(x)|$ がともにリーマン積分可能ということが重要であり，そうでない場合は次のような例があることに注意せよ．

例 3.2

$$f(x)=\begin{cases}\dfrac{\sin x}{x} & (x>0),\\ 0 & (x=0)\end{cases}$$

とおくと $f(x)$ は $[0,\infty)$ で連続であり

$$\lim_{R\to\infty}\int_0^R f(x)\,dx=\frac{\pi}{2} \tag{3.1}$$

であることが知られている．しかし

$$\lim_{R\to\infty}\int_0^R |f(x)|\,dx=\infty$$

である．こうして $f(x)$ はルベーグ積分可能ではないが，リーマン積分の意味では広義積分可能であり，その積分値は (3.1) で与えられる．

以上がルベーグ積分の導入であったが，ルベーグ積分を使う理由は関数列の収束と積分の順序交換や，積分変数の順序交換に関する定理が明解に述べられることにある．これを以下述べる．定理を述べる前に次の用語を導入する．以下 G を $\boldsymbol{R}^n$ のルベーグ可測集合．ある性質が，ルベーグ可測集合 $G\subset\boldsymbol{R}^n$ の**ほとんどいたるところ**で成立するとは，その性質が成立しないような G の点の集合が零集合のときをいい，a.e. $x\in G$ でこの性質が成立するという．たとえば，$\lim_{j\to\infty}f_j(x)=f(x)$ が a.e. $x\in G$ で成立するとは，$N=\{x\in G \mid \lim_{j\to\infty}f_j(x)\neq f(x)\}$ とおくとき $|N|=0$ である．このとき $\lim_{j\to\infty}f_j(x)=f(x)$ (a.e. $x\in G$) と表す．

さて $\{f_j(x)\}_{j=1}^{\infty}$ を G 上で定義されたルベーグ可測関数 $f_j(x)$ の列とする．この関数列について次の定理が成立する．

定理 3.3 (単調収束定理)　関数列 $\{f_j(x)\}_{j=1}^{\infty}$ は正値，単調増大列とする．すなわち

$$0\le f_1(x)\le\cdots\le f_j(x)\le f_{j+1}(x)\le\cdots$$

が a.e. $x\in G$ で成立する．このとき次が成立する．

$$\lim_{j\to\infty}\int_G f_j(x)\,dx=\int_G \lim_{j\to\infty}f_j(x)\,dx.$$

ここで単調収束列は ∞ もこめて収束列であることに注意せよ.

単調収束定理より正値関数列の無限和について次の定理が成立する.

系 3.4 関数列 $\{f_j(x)\}_{j=1}^{\infty}$ において, 各 $f_j(x)$ は正値関数, すなわち a.e. $x \in G$ で $f_j(x) \geq 0$ とする. このとき次が成立する.

$$\sum_{j=1}^{\infty}\int_G f_j(x)\,dx = \int_G \sum_{j=1}^{\infty} f_j(x)\,dx.$$

正値関数列の仮定だけでは次の補題が成立限界である.

補題 3.5 (Fatou の補題) 関数列 $\{f_j(x)\}_{j=1}^{\infty}$ において, 各 $f_j(x)$ は正値関数とする. このとき次の不等式が成立する.

$$\int_G \liminf_{j\to\infty} f_j(x)\,dx \leq \liminf_{j\to\infty}\int_G f_j(x)\,dx.$$

上の補題が成立限界であることは, 次の例より分かる.

例 3.6

$$f_j(x) = \begin{cases} j & (x \in (0,1/j)), \\ 0 & (x \notin (0,1/j)). \end{cases}$$

このとき, $G=(0,1)$ とおくと, $\int_G f_j(x)\,dx = 1$, かつ $\lim_{j\to\infty} f_j(x) = 0$ (a.e. $x \in G$). よって

$$\int_G \liminf_{j\to\infty} f_j(x)\,dx = 0 < \liminf_{j\to\infty}\int_G f_j(x)\,dx = 1.$$

一般の関数列については次の定理が成立する.

定理 3.7 (ルベーグの収束定理) G を $\boldsymbol{R}^n$ のルベーグ可測集合. $\{f_j\}_{j=1}^{\infty}$ を G 上定義されたルベーグ積分可能な関数の列で次の性質をもつとする.

(i) ルベーグ積分可能関数 $\varphi(x)$ で $|f_j(x)| \leq \varphi(x)$ (a.e.$x \in G$) なるものが存在する.

(ii) $\lim_{j\to\infty} f_j(x) = f(x)$ a.e.$x \in G$.

このとき, $f(x)$ は G 上ルベーグ積分可能であり

$$\lim_{j\to\infty}\int_G f_j(x)\,dx=\int_G f(x)\,dx$$

が成立する．

定理 3.8 (積分記号下での微分の定理)　G,Ω をそれぞれ $\boldsymbol{R}^n$ のルベーグ可測集合，$\boldsymbol{R}^m$ の領域とする．$F(x,\xi)$ $(x=(x,\dots,x_n),\xi=(\xi_1,\dots,\xi_m))$ を $G\times\Omega$ なる $\boldsymbol{R}^{n+m}$ の直積集合で定義された関数で，各 $\xi\in\Omega$ に対し $F(x,\xi)$ は x の関数として G 上ルベーグ積分可能，各 $x\in G$ に対し $F(x,\xi)$ は ξ の関数として Ω 上微分可能であるとする．また G 上定義されたルベーグ積分可能関数 $\varphi(x)$ ですべての $\xi\in\Omega$ に対し $\left|\dfrac{\partial F}{\partial\xi_j}(x,\xi)\right|\le\varphi(x)$ (a.e.$x\in G$) が成立するとする．このとき $\displaystyle\int_G F(x,\xi)\,dx$ は ξ_j で偏微分可能で

$$\frac{\partial}{\partial\xi_j}\int_G F(x,\xi)\,dx=\int_G\frac{\partial F}{\partial\xi_j}(x,\xi)\,dx$$

が成立する．

定理 3.9　G_1,G_2 をそれぞれ $\boldsymbol{R}^n,\boldsymbol{R}^m$ のルベーグ可測集合とする．$f(x,y)$ を $G_1\times G_2$ で定義された関数とする．

(1) **(トネリの定理)**　$f(x,y)\ge 0$ $((x,y)\in G_1\times G_2)$ ならば

$$\iint_{G_1\times G_2}f(x,y)\,dxdy=\int_{G_2}\Big(\int_{G_1}f(x,y)\,dx\Big)dy$$
$$=\int_{G_1}\Big(\int_{G_2}f(x,y)\,dy\Big)dx \tag{3.2}$$

が成立する．

(2) **(フビニの定理)**　$f(x,y)$ は $G_1\times G_2$ 上ルベーグ積分可能であれば (3.2) が成立する．

註 3.10　(1) フビニの定理は $G_1\times G_2$ 上積分可能であることを要請している．したがってまず $\displaystyle\iint_{G_1\times G_2}|f(x,y)|\,dxdy<\infty$ を示さなくてはならない．これにはトネリの定理を用いて

$$\iint_{G_1\times G_2}|f(x,y)|\,dxdy=\int_{G_2}\Big(\int_{G_1}|f(x,y)|\,dx\Big)dy=\int_{G_1}\Big(\int_{G_2}|f(x,y)|\,dy\Big)dx$$

より3つの積分のうちの1つが有限であることを示せばよい．

(2) $f(x,y)$ が積分可能でないときには，逐次積分 $\int_{G_2}\left(\int_{G_1} f(x,y)\,dx\right)dy$ と $\int_{G_1}\left(\int_{G_2} f(x,y)\,dy\right)dx$ の一方が存在しても，他方が存在しないことがあり，また両者が存在しても，その値が異なる場合もあることに注意されたい．たとえば，

$$\int_0^1\left(\int_0^1 \frac{x^2-y^2}{(x^2+y^2)^2}\,dy\right)dx=\frac{\pi}{4},\quad \int_0^1\left(\int_0^1 \frac{x^2-y^2}{(x^2+y^2)^2}\,dx\right)dy=-\frac{\pi}{4}$$

である．

その他ルベーグ積分に関する性質として次が成立する．

(a) 関数 f と $|f|$ は同時にルベーグ積分可能となり，このとき

$$\left|\int_G f(x)\,dx\right|\le\int_G |f(x)|\,dx$$

が成立する．

(b) ルベーグ積分は f に関して線形である．すなわち，f と g が共にルベーグ積分可能であれば，任意の実数 λ,μ に対して，線形結合 $\lambda f(x)+\mu g(x)$ もルベーグ積分可能であり

$$\int_G(\lambda f(x)+\mu g(x))\,dx=\lambda\int_G f(x)\,dx+\mu\int_G g(x)\,dx$$

が成立する．

(c) **(ルベーグ積分の変数変換)**　$x=x(y)$ を $C^1(\overline{G_1})$-級の変換，すなわち，$x_k=x_k(y_1,\ldots,y_n)\in C^1(\overline{G_1})$ $(k=1,2,\ldots,n)$ であって，領域 G_1 を領域 G に1対1に写像するものとする．またこの変換のヤコビ行列 $J(y)$ を

$$J(y)=\frac{\partial(x_1,\ldots,x_n)}{\partial(y_1,\ldots,y_n)}=\det\begin{pmatrix}\dfrac{\partial x_1}{\partial y_1} & \cdots & \dfrac{\partial x_1}{\partial y_n}\\ \vdots & \ddots & \vdots\\ \dfrac{\partial x_n}{\partial y_1} & \cdots & \dfrac{\partial x_n}{\partial y_n}\end{pmatrix}$$

で定義するとき $J(y)\neq 0$ $(y\in G_1)$ を仮定する．このとき関数 f が領域 G でルベーグ積分可能であるためには，関数 $f(x(y))|J(y)|$ が G_1 上ルベーグ積分可能であることが必要十分であり，このとき等式

$$\int_G f(x)\,dx = \int_{G_1} f(x(y))|J(y)|\,dy$$

が成立する.

(d) $f(x)$ を非負のルベーグ可測関数とする. このとき $\displaystyle\int_{\boldsymbol{R}^n} f(x)\,dx = 0$ であるための必要十分条件は a.e.$x \in \boldsymbol{R}^n$ に対して $f(x) = 0$ が成立することである.

(e) **(極座標変換)**　$f(x)$ をルベーグ可測関数, $r = |x| = \left(\sum_{j=1}^{n} x_j^2\right)^{1/2}$ とおく. このとき, $x = r\omega$ $(\omega = x/|x|)$ として極座標を導入すれば, $S^{n-1} = \{\omega \in \boldsymbol{R}^n \mid |\omega| = 1\}$ 上の測度 dS_ω があって

$$\int_{\boldsymbol{R}^n} f(x)\,dx = \int_{S^{n-1}} \int_0^\infty f(r\omega) r^{n-1}\,dS_\omega\,dr$$

と表せる. とくに $f(x) = g(r)$ であったとする. このとき, $\Omega_n = \displaystyle\int_{S^{n-1}} dS_\omega$ (S^{n-1} の表面積) とおいて次が成立する.

$$\int_{\boldsymbol{R}^n} f(x)\,dx = \Omega_n \int_0^\infty g(r) r^{n-1}\,dr. \tag{3.3}$$

註 3.11　Ω_n の値は次で与えられる.

$$\Omega_n = \frac{2\pi^{n/2}}{\Gamma(n/2)}. \tag{3.4}$$

ただし, $\Gamma(s)$ $(s > 0)$ は $\Gamma(s) = \displaystyle\int_0^\infty e^{-x} x^{s-1}\,dx$ で定義されるガンマ関数 (gamma function) である.

実際, (3.3) において $f(x) = e^{-|x|^2}$ $\left(|x|^2 = \sum_{j=1}^{n} x_j^2\right)$ とおくと

$$\int_{\boldsymbol{R}^n} e^{-|x|^2}\,dx = \Omega_n \int_0^\infty e^{-r^2} r^{n-1}\,dr = \frac{\Omega_n}{2} \int_0^\infty e^{-s} s^{(n/2)-1}\,ds = \frac{\Omega_n}{2} \Gamma(n/2).$$

一方左辺は $e^{-|x|^2} = \prod_{j=1}^{n} e^{-x_j^2}$ なのでトネリの定理を用いて

$$\int_{\boldsymbol{R}^n} e^{-|x|^2}\,dx = \prod_{j=1}^{n} \int_{-\infty}^\infty e^{-x_j^2}\,dx_j = \left(\int_{-\infty}^\infty e^{-t^2}\,dt\right)^n = \pi^{n/2}$$

である. こうして $\pi^{n/2} = \dfrac{\Omega_n}{2}\Gamma(n/2)$ より (3.4) を得た. ただし,

$$\int_{-\infty}^{\infty} e^{-t^2}\,dt = \sqrt{\pi} \tag{3.5}$$

を用いた．

3.2　ルベーグ空間

p を $1 \le p < \infty$ なる実数とする．ルベーグ可測関数 $f(x)$ に対し $|f(x)|^p$ がルベーグ積分可能であるとき $f(x)$ は p 乗可積分関数または L^p 関数という．$\boldsymbol{R}^n$ 上の p 乗可積分関数の全体を $L^p(\boldsymbol{R}^n)$ で表し，p 次のルベーグ空間という．$f \in L^p(\boldsymbol{R}^n)$ に対し

$$\|f\|_p = \left(\int_{\boldsymbol{R}^n} |f(x)|^p\,dx\right)^{1/p}$$

とおく．$f, g \in L^p(\boldsymbol{R}^n)$ に対し f と g が L^p の元として等しい ($f = g$ in $L^p(\boldsymbol{R}^n)$) とは，$\|f-g\|_p = 0$ が成立するときをいう．このとき前節 (d) より $|f(x)-g(x)|^p = 0$ が a.e.$x \in \boldsymbol{R}^n$ で成立する．すなわちほとんどいたるところの $x \in \boldsymbol{R}^n$ で $f(x) = g(x)$ である．次に $f(x)$ がルベーグ可測関数のとき

$$\begin{aligned}\|f\|_\infty &= \operatorname*{esssup}_{x \in \boldsymbol{R}^n} |f(x)| \\ &= \inf\{a \ge 0 \mid |\{x \in \boldsymbol{R}^n \mid |f(x)| > a\}| = 0\}\end{aligned}$$

とおく．$\varnothing$ で空集合を表し，$\inf \varnothing = \infty$ と定める．このとき $\|f\|_\infty = \infty$ とは，すべての $a \ge 0$ について $|\{x \in \boldsymbol{R}^n \mid |f(x)| > a\}| > 0$ である．これは関数 $|f(x)|$ は非有界であることを示している．一方 $\|f\|_\infty < \infty$ であるとは，a.e.$x \in \boldsymbol{R}^n$ に対し $|f(x)| \le \|f\|_\infty$ を示している．実際任意の自然数 k について $N_k = \{x \in \boldsymbol{R}^n \mid |f(x)| > \|f\|_\infty + (1/k)\}$ とおくと，$\|f\|_\infty$ の定義より $|N_k| = 0$ である．いま $N = \{x \in \boldsymbol{R}^n \mid |f(x)| > \|f\|_\infty\}$ とおくと $N = \bigcup_{k=1}^{\infty} N_k$ なので $|N| \le \sum_{k=1}^{\infty} |N_k| = 0$ である．よって a.e.$x \in \boldsymbol{R}^n$ に対し $|f(x)| \le \|f\|_\infty$ である．$\|f\|_\infty < \infty$ なる $\boldsymbol{R}^n$ 上のルベーグ可測関数 $f(x)$ の全体を $L^\infty(\boldsymbol{R}^n)$ とおく．

$L^p(\boldsymbol{R}^n)$ $(1 \le p \le \infty)$ の元に対して次の 2 つの不等式が成立する．

■ヘルダー (Hölder) の不等式■　p, q を $1 \le p, q \le \infty$ とする．このとき次の不等式が成立する．

$$\|fg\|_1 \le \|f\|_p \|g\|_q. \tag{3.6}$$

ただし，$p=1$ ならば $q=\infty, p=\infty$ ならば $q=1$ とする．q を p の共役指数という．実際 $q=p/(p-1)$ で与えられる．

■ミンコフスキー (Minkowski) の不等式■　p を $1\le p\le\infty$ とする．このとき

$$\|f+g\|_p \le \|f\|_p + \|g\|_p. \tag{3.7}$$

まずヘルダーの不等式を示す．$|f(x)g(x)|\le|f(x)|\|g\|_\infty$ より，明らかに $\|fg\|_1\le\|f\|_1\|g\|_\infty$ が成立する．よって $1<p,q<\infty$ のときに示そう．そのためにまず次の不等式を示す．$a,b\ge 0, 0<\lambda<1$ に対して

$$a^\lambda b^{1-\lambda} \le \lambda a + (1-\lambda)b. \tag{3.8}$$

実際，(3.8) の両辺を b で割って $x=a/b$ とおき $x^\lambda\le\lambda x+(1-\lambda)$ $(0\le x<\infty)$ を示せばよい．そこで $f(x)=\lambda x+(1-\lambda)-x^\lambda$ とおくと $f'(x)=\lambda(1-x^{\lambda-1})=0$ は $x=1$ でのみ可能である．$\lambda-1<0$ より $f'(x)<0$ $(0\le x<1), f'(x)>0$ $(x>1)$ であるので，$f(1)=0$ が $f(x)$ の $0\le x<\infty$ での最小値である．すなわち，$f(x)\ge 0$ である．よって (3.8) が示せた．

さて，$a=(|f(x)|/\|f\|_p)^p, b=(|g(x)|/\|g\|_q)^q, \lambda=1/p$ とおくと $1-\lambda=1-(1/p)=1/q$ であるので，(3.8) より

$$\frac{|f(x)|}{\|f\|_p}\frac{|g(x)|}{\|g\|_q}=a^\lambda b^{1-\lambda}\le\lambda a+(1-\lambda)b=\frac{1}{p}\frac{|f(x)|^p}{\|f\|_p^p}+\frac{1}{q}\frac{|g(x)|^q}{\|g\|_q^q}.$$

よって両辺を積分して

$$\begin{aligned}
&\int_{\boldsymbol{R}^n}|f(x)||g(x)|dx\\
&\quad\le\|f\|_p\|g\|_q\left\{\frac{1}{p}\int_{\boldsymbol{R}^n}|f(x)|^p dx\|f\|_p^{-p}+\frac{1}{q}\int_{\boldsymbol{R}^n}|g(x)|^q dx\|g\|_q^{-q}\right\}\\
&\quad=\|f\|_p\|g\|_q\left(\frac{1}{p}\|f\|_p^p\|f\|_p^{-p}+\frac{1}{q}\|g\|_q^q\|g\|_q^{-q}\right)=\|f\|_p\|g\|_q
\end{aligned}$$

を得た．ただし，$1/p+1/q=1$ を用いた．よってヘルダーの不等式が示せた．

次にミンコフスキーの不等式を示す．$p=1, p=\infty$ のときは明らかなので $1<p<\infty$ のときを考える．$|f(x)+g(x)|^p\le|f(x)+g(x)|^{p-1}(|f(x)|+|g(x)|)$ なのでヘルダーの不等式より $q=p/(p-1)$ にとって

$$\int_{\boldsymbol{R}^n} |f(x)+g(x)|^p\,dx$$
$$\le \left(\int_{\boldsymbol{R}^n} |f(x)+g(x)|^{(p-1)q}\,dx\right)^{\frac{1}{q}} \left\{ \left(\int_{\boldsymbol{R}^n} |f(x)|^p\,dx\right)^{\frac{1}{p}} + \int_{\boldsymbol{R}^n} |g(x)|^p\,dx\right)^{\frac{1}{p}} \right\}$$
$$= \left(\int_{\boldsymbol{R}^n} |f(x)+g(x)|^p\,dx\right)^{\frac{p-1}{p}} (\|f\|_p + \|g\|_p).$$

よって $\|f+g\|_p^p \le \|f+g\|_p^{p-1}(\|f\|_p+\|g\|_p)$. これより (3.7) を得た.

■ $\|\cdot\|_p$ の基本性質■

(1) $\|f\|_p \ge 0$ かつ $\|f\|_p = 0$ と L^p の元として $f=0$ とは同値である.

(2) $\alpha \in \boldsymbol{C}$ に対して $\|\alpha f\|_p = |\alpha|\|f\|_p$.

(3) $\|f+g\|_p \le \|f\|_p + \|g\|_p$ (三角不等式).

こうして $L^p(\boldsymbol{R}^n)$ は $\|\cdot\|_p$ をノルムとする複素数体 $\boldsymbol{C}$ 上のノルム空間であるが, さらに次がいえる.

定理 3.12 $1 \le p \le \infty$ とする. $L^p(\boldsymbol{R}^n)$ は $\|\cdot\|_p$ をノルムとするバナッハ (Banach) 空間である. すなわち次が成立する.

(1) $f, g \in L_p(\boldsymbol{R}^n), \alpha, \beta \in \boldsymbol{C}$ に対して $(\alpha f + \beta g)(x) = \alpha f(x) + \beta g(x)$ により $\alpha f + \beta g$ を定義すれば $\alpha f + \beta g \in L^p(\boldsymbol{R}^n)$ である ($L^p(\boldsymbol{R}^n)$ は $\boldsymbol{C}$ 上の線形空間).

(2) $\|\cdot\|_p$ は上に示したノルムの性質をもつ.

(3) $L^p(\boldsymbol{R}^n)$ の点列 $\{f_j\}_{j=1}^\infty$ が $f \in L^p(\boldsymbol{R}^n)$ に収束することを

$$\lim_{j\to\infty} \|f_j - f\|_p = 0$$

で定義し, $\{f_j\}_{j=1}^\infty$ がコーシー (Cauchy) 列ということを

$$\lim_{j,k\to\infty} \|f_j - f_k\|_p = 0$$

で定義したとき, コーシー列は収束列である (完備性).

この定理は解析学の基本定理の 1 つである. 定理 3.12 の証明は, ルベーグ積分の専門書にゆだねる.

さて, $\boldsymbol{R}^n$ の関数 $f(x), g(x)$ に対する作用として f, g の合成積 $f*g$ を次で

定義する．

$$f*g(x)=\int_{\boldsymbol{R}^n} f(x-y)g(y)\,dy=\int_{\boldsymbol{R}^n} f(y)g(x-y)\,dy.$$

$f(x), g(x)$ が $\boldsymbol{R}^n$ 上のルベーグ可測関数のとき，$f(x-y)g(y), f(y)g(x-y)$ は共に $\boldsymbol{R}^{2n}$ 上のルベーグ可測関数であることが知られている．次の不等式が成立する．

■ヤング (Young) の不等式■ p,q,r を $1\leq p,q,r\leq\infty$ かつ $1+(1/q)=(1/p)+(1/r)$ なる関係を満たす指数とする．このとき

$$\|f*g\|_q\leq\|f\|_p\|g\|_r \tag{3.9}$$

が成立する．

実際，a,b,c,d を $a+b=1, c+d=1, 1\leq\lambda,\mu\leq\infty$ を $(1/q)+(1/\lambda)+(1/\mu)=1$ にとる．ヘルダーの不等式から

$$\begin{aligned}|(f*g)(x)|&\leq\int_{\boldsymbol{R}^n}|f(x-y)||g(y)|\,dy\\&=\int_{\boldsymbol{R}^n}|f(x-y)|^a|g(y)|^c|f(x-y)|^b|g(y)|^d\,dy\\&\leq\left(\int_{\boldsymbol{R}^n}|f(x-y)|^{aq}|g(y)|^{cq}\,dy\right)^{1/q}\\&\quad\times\left(\int_{\boldsymbol{R}^n}|f(x-y)|^{b\lambda}\,dy\right)^{1/\lambda}\left(\int_{\boldsymbol{R}^n}|g(y)|^{d\mu}\,dy\right)^{1/\mu}.\end{aligned}$$

ここで $aq=p, cq=r, b\lambda=p, d\mu=r$ にとる．すなわち，$a=p/q, b=p/\lambda, c=r/q, d=r/\mu$ にとる．$a+b=1, c+d=1$ の要請より λ,μ を

$$\frac{1}{p}=\frac{1}{q}+\frac{1}{\lambda},\quad \frac{1}{r}=\frac{1}{q}+\frac{1}{\mu} \tag{3.10}$$

にとればよい．このとき $(1/q)+(1/\lambda)+(1/\mu)=1$ の要請は (3.10) と p,q,r の関係式 $1+(1/q)=(1/p)+(1/r)$ より

$$\frac{1}{q}+\frac{1}{p}-\frac{1}{q}+\frac{1}{r}-\frac{1}{q}=\frac{1}{p}+\frac{1}{r}-\frac{1}{q}=1$$

であるので満足される．こうして

$$|(f*g)(x)|\leq\left(\int_{\boldsymbol{R}^n}|f(x-y)|^p|g(y)|^r\,dy\right)^{1/q}$$

$$\times\Big(\int_{\boldsymbol{R}^n}|f(x-y)|^p\,dy\Big)^{q/\lambda}\Big(\int_{\boldsymbol{R}^n}|g(y)|^r\,dy\Big)^{q/\mu}.$$

$x-y=z$ とおくと $\displaystyle\int_{\boldsymbol{R}^n}|f(x-y)|^p\,dy=\int_{\boldsymbol{R}^n}|f(z)|^p\,dz=\|f\|_p^p$ である．こうして上の式を q 乗して積分し，トネリの定理を用いて

$$\begin{aligned}\int_{\boldsymbol{R}^n}|(f*g)(x)|^q\,dx&\leq\int_{\boldsymbol{R}^n}\Big(\int_{\boldsymbol{R}^n}|f(x-y)|^p|g(y)|^r\,dy\Big)dx\|f\|_p^{pq/\lambda}\|g\|_r^{rq/\mu}\\&=\int_{\boldsymbol{R}^n}|g(y)|^r\Big(\int_{\boldsymbol{R}^n}|f(x-y)|^p\,dx\Big)dy\|f\|_p^{pq/\lambda}\|g\|_r^{rq/\mu}.\end{aligned}$$

$z=x-y$ とおくと $\displaystyle\int_{\boldsymbol{R}^n}|f(x-y)|^p\,dx=\int_{\boldsymbol{R}^n}|f(z)|^p\,dz=\|f\|_p^p$ なので，

$$\|f*g\|_q^q\leq\|f\|_p^{pq((1/q)+(1/\lambda))}\|g\|_r^{rq((1/q)+(1/\mu))}$$

を得た．よって q 乗根をとって (3.10) を用いて (3.9) を得た．

さて次の定理も L^p 空間の基本定理である．証明はルベーグ積分論の専門書にゆだねる．

定理 3.13 $1\leq p<\infty$ とする．$f(x)\in L^p(\boldsymbol{R}^n)$ と $y\in\boldsymbol{R}^n$ に対し $f_y(x)=f(x+y)$ とおく．このとき $\displaystyle\lim_{|y|\to0}\|f_y-f\|_p=0$ が成立する．

註 3.14 上の定理は L^∞ では成立しないことに注意せよ．

$\varphi(x)$ を $\boldsymbol{R}^n$ 上定義された C^∞-関数 (無限回微分可能関数) とし，$\mathrm{supp}\,\varphi=\overline{\{x\in\boldsymbol{R}^n\,|\,\varphi(x)\neq0\}}$ (= 集合 $\{x\in\boldsymbol{R}^n\,|\,\varphi(x)\neq0\}$ の閉包) とおく．$\mathrm{supp}\,\varphi$ を φ の台 (support) という．$\boldsymbol{R}^n$ で定義された台が有界閉集合 (compact set) であるような C^∞ 関数の全体を $C_0^\infty(\boldsymbol{R}^n)$ と表す．

$$\psi(x)=\begin{cases}e^{-\frac{1}{1-|x|^2}} & (|x|<1),\\ 0 & (|x|\geq1)\end{cases}$$

とおくと，ψ は C^∞-級関数であり $\mathrm{supp}\,\psi=B_1$ である．以下 B_L は $B_L=\{x\in\boldsymbol{R}^n\,|\,|x|\leq L\}$ なる半径 L の $\boldsymbol{R}^n$ の球を表すこととする．

$\varphi(x)=c_n\psi(x)$ とおく．ここで c_n を

$$\int_{\boldsymbol{R}^n}\varphi(x)\,dx=c_n\int_{\boldsymbol{R}^n}\psi(x)\,dx=1$$

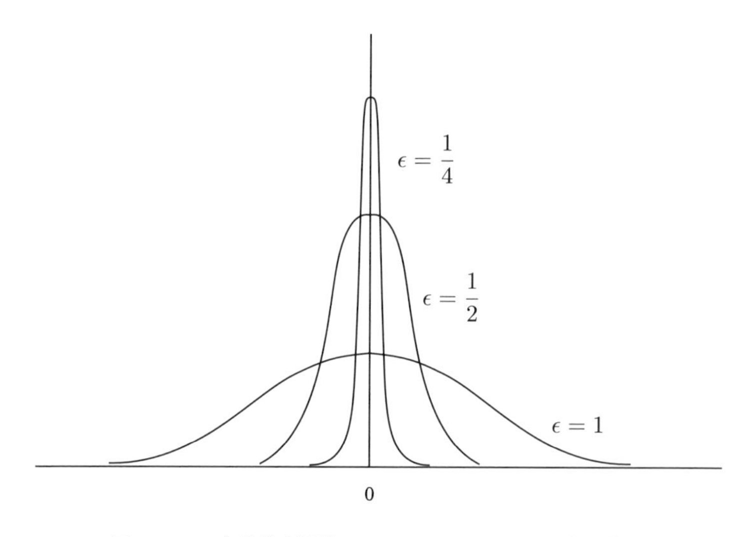

図 3.1　ψ を釣鐘型関数 (bell shaped function) という.

なるようにとる．すなわち，

$$c_n = \left\{ \int_{\boldsymbol{R}^n} \psi(x)\,dx \right\}^{-1}$$

である．いま $\varphi_\epsilon(x) = \epsilon^{-n}\varphi(x\epsilon^{-1})$ $(\epsilon > 0)$ する (図 3.1)．φ_ϵ は $\mathrm{supp}\varphi_\epsilon \subset B_\epsilon$ なる C^∞-級関数であり

$$\int_{\boldsymbol{R}^n} \varphi_\epsilon(x)\,dx = \frac{1}{\epsilon^n}\int_{\boldsymbol{R}^n} \varphi(x/\epsilon)\,dx = \int_{\boldsymbol{R}^n} \varphi(x)\,dx = 1 \tag{3.11}$$

が成立する．さらに $\varphi_\epsilon(0) = c_n\epsilon^{-n}$ なので $\epsilon \longrightarrow 0$ のとき

$$\lim_{\epsilon\to 0}\varphi_\epsilon(x) = \begin{cases} \infty & (x=0), \\ 0 & (x\neq 0) \end{cases}$$

が成立する．$f \in L^p(\boldsymbol{R}^n)$ に対し

$$f_\epsilon(x) = (\varphi_\epsilon * f)(x) = \int_{\boldsymbol{R}^n} \varphi_\epsilon(x-y)f(y)\,dy$$

とすると，f_ϵ は次の性質をもつ

$$f_\epsilon \in C^\infty(\boldsymbol{R}^n), \tag{3.12}$$

$$\lim_{\epsilon\to 0}\|f_\epsilon - f\|_p = 0. \tag{3.13}$$

(3.12) をまず示す.

$$\frac{\partial}{\partial x_j}[\varphi_\epsilon(x-y)f(y)]=\frac{\partial\varphi_\epsilon}{\partial x_j}(x-y)f(y)=\epsilon^{-(n+1)}\Big(\frac{\partial\varphi_\epsilon}{\partial x_j}\Big)\Big(\frac{x-y}{\epsilon}\Big)f(y)$$

である．任意の $L>0$ に対し $|x|\le L$ とすれば，上の式において $|(x-y)/\epsilon|\le 1$ なる y の範囲は $\epsilon\ge|x-y|\ge|y|-|x|$ より $|y|\le\epsilon+|x|\le\epsilon+L$. こうして

$$\chi(y)=\begin{cases}\epsilon^{-(n+1)}\max_{x\in\boldsymbol{R}^n}\Big|\dfrac{\partial\varphi_\epsilon}{\partial x_j}(x)\Big| & (|y|\le\epsilon+L),\\ 0 & (|y|>\epsilon+L)\end{cases}$$

とおくと $|x|\le L$ のとき

$$\Big|\frac{\partial}{\partial x_j}[\varphi_\epsilon(x-y)f(y)]\Big|\le\chi(y)|f(y)|\quad(y\in\boldsymbol{R}^n)$$

が成立する．ヘルダーの不等式から q を $(1/p)+(1/q)=1$ なる指数として

$$\int_{\boldsymbol{R}^n}\chi(y)|f(y)|\,dy\le\Big(\int_{\boldsymbol{R}^n}|\chi(y)|^q\,dy\Big)^{1/q}\|f\|_p<\infty.$$

よって $\chi(y)|f(y)|$ は $\boldsymbol{R}^n$ 上のルベーグ積分可能関数なので，積分記号下での微分の定理より

$$\frac{\partial}{\partial x_j}(\varphi_\epsilon*f)(x)=\int_{\boldsymbol{R}^n}\Big(\frac{\partial}{\partial x_j}\varphi_\epsilon(x-y)\Big)f(y)\,dy$$

を得る．これを繰り返して，任意の多重指数 $\alpha=(\alpha_1,\alpha_2,\ldots,\alpha_n)$ に対し

$$\begin{aligned}&\frac{\partial^{\alpha_1}}{\partial x_1^{\alpha_1}}\frac{\partial^{\alpha_2}}{\partial x_1^{\alpha_2}}\cdots\frac{\partial^{\alpha_n}}{\partial x_1^{\alpha_n}}(\varphi_\epsilon*f)(x)\\&\quad=\int_{\boldsymbol{R}^n}\Big(\frac{\partial^{\alpha_1}}{\partial x_1^{\alpha_1}}\frac{\partial^{\alpha_2}}{\partial x_1^{\alpha_2}}\cdots\frac{\partial^{\alpha_n}}{\partial x_1^{\alpha_n}}\varphi_\epsilon\Big)(x-y)f(y)\,dy\end{aligned}$$

が成立する．すなわち，(3.12) が示せた.

次に (3.13) を示す．(3.11) より

$$\begin{aligned}f_\epsilon(x)-f(x)&=\int_{\boldsymbol{R}^n}\varphi_\epsilon(x-y)(f(y)-f(x))\,dy\\&=\frac{1}{\epsilon^n}\int_{\boldsymbol{R}^n}\varphi\Big(\frac{x-y}{\epsilon}\Big)(f(y)-f(x))\,dy.\end{aligned}$$

ここで $(x-y)/\epsilon=z$ とおくと，$y=x-\epsilon z, dy=\epsilon^n\,dz$ より

$$f_\epsilon(x)-f(x)=\int_{\boldsymbol{R}^n}\varphi(z)(f(x-\epsilon z)-f(x))\,dz$$

を得た．いま q を $1/p+1/q=1$ にとって $\varphi(z)\geq 0$ に注意すると

$$\begin{aligned}|f_\epsilon(x)-f(x)|&\leq\int_{\boldsymbol{R}^n}|\varphi(x)|^{1/q}|\varphi(z)|^{1/p}|f(x-\epsilon z)-f(x)|\,dz\\&\leq\Big(\int_{\boldsymbol{R}^n}\varphi(z)\,dx\Big)^{1/q}\Big(\int_{\boldsymbol{R}^n}\varphi(z)|f(x-\epsilon z)-f(x)|^p\,dz\Big)^{1/p}.\end{aligned}$$

よって (3.11) とトネリの定理より

$$\begin{aligned}\int_{\boldsymbol{R}^n}|f_\epsilon(x)-f(x)|^p\,dx&\leq\int_{\boldsymbol{R}^n}\Big(\int_{\boldsymbol{R}^n}\varphi(z)|f(x-\epsilon z)-f(x)|^p\,dz\Big)dx\\&=\int_{\boldsymbol{R}^n}\varphi(z)\Big(\int_{\boldsymbol{R}^n}|f(x-\epsilon z)-f(x)|^p\,dx\Big)dz\\&=\int_{\boldsymbol{R}^n}\varphi(x)\|f(\cdot-\epsilon z)-f\|_p^p\,dz.\end{aligned}$$

定理 3.13 より $\|f(\cdot-\epsilon z)-f\|_p^p\longrightarrow 0$ $(\epsilon\longrightarrow 0)$．またミンコフスキーの不等式より

$$\varphi(z)\|f(\cdot-\epsilon z)-f\|_p^p\leq\varphi(z)(\|f(\cdot-\epsilon z)\|_p+\|f\|_p)^p\leq 2^p\varphi(z)\|f\|_p^p.$$

ただし，$x-\epsilon z=y$ なる変数変換をして

$$\|f(\cdot-\epsilon z)\|_p^p=\int_{\boldsymbol{R}^n}|f(x-\epsilon z)|^p\,dx=\int_{\boldsymbol{R}^n}|f(y)|^p\,dy=\|f\|_p^p$$

であることを用いた．$2^p\varphi(z)\|f\|_p^p$ は z の関数として $\boldsymbol{R}^n$ 上ルベーグ積分可能であるので，ルベーグの収束定理より

$$\lim_{\epsilon\to 0}\int_{\boldsymbol{R}^n}|f_\epsilon(x)-f(x)|^p\,dx\leq\int_{\boldsymbol{R}^n}\lim_{\epsilon\to 0}(\varphi(z)\|f(\cdot-\epsilon z)-f\|_p^p)\,dz=0.$$

よって (3.13) が示せた．

定理 3.15　$1\leq p<\infty$ とする．このとき $C_0^\infty(\boldsymbol{R}^n)$ は $L^p(\boldsymbol{R}^n)$ で稠密である．すなわち，任意の $f\in L^p(\boldsymbol{R}^n)$ と $\sigma>0$ に対し $g\in C_0^\infty(\boldsymbol{R}^n)$ で $\|g-f\|_p<\sigma$ なるものが存在する．

証明　$\chi(x)$ を $\chi(x)=1$ $(|x|\leq 1), \chi(x)=0$ $(|x|>1)$ なる集合 $B_1=\{x\in\boldsymbol{R}^n\mid |x|\leq 1\}$ の特性関数とし，$\chi_R(x)=\chi(x/R)$ とおく．また $f\in L^p(\boldsymbol{R}^n)$ とする．

$$\lim_{R\to 0}\chi(x/R)f(x)-f(x)=0, \quad |\chi(x/R)f(x)-f(x)|^p \le 2^p|f(x)|^p$$

である．ただし，$|\chi(x/R)|\le 1$ を用いた．$2^p|f(x)|^p$ は $\boldsymbol{R}^n$ 上ルベーグ積分可能であるので，ルベーグの収束定理より $\lim_{R\to\infty}\|\chi_R f-f\|_p=0$ が成立する．よって任意の $\sigma>0$ に対し $R>0$ を $\|\chi_R f-f\|_p<\sigma/2$ となるように選べる．

次に $g_\epsilon(x)=(\chi_R f)*\varphi_\epsilon$ とおくと，(3.12) より $g_\epsilon\in C^\infty(\boldsymbol{R}^n)$．さらに $(\chi_R f)(x)=0$ $(|x|>R)$ であるので $\mathrm{supp}\, g_\epsilon\subset B_{R+\epsilon}$．よって $g_\epsilon\in C_0^\infty(\boldsymbol{R}^n)$ である．いま (3.13) より $\|g_\epsilon-\chi_R f\|_p\longrightarrow 0$ $(\epsilon\longrightarrow 0)$ であるので $\epsilon>0$ を $\|g_\epsilon-\chi_R f\|_p<\sigma/2$ となるように取れる．こうしてミンコフスキーの不等式より

$$\begin{aligned}\|f-g_\epsilon\|_p&=\|f-\chi_R f+\chi_R f-g_\epsilon\|_p\le\|f-\chi_R f\|_p+\|\chi_R f-g_\epsilon\|_p\\&<\sigma/2+\sigma/2=\sigma.\end{aligned}$$

よって $C_0^\infty(\boldsymbol{R}^n)$ が $L^p(\boldsymbol{R}^n)$ で稠密であることが示せた．■

定理 3.16 $L^1_{\mathrm{loc}}(\boldsymbol{R}^n)$ を $\boldsymbol{R}^n$ 上のルベーグ可測関数で，任意のコンパクト集合上で可積分な関数の全体とする．$f,g\in L^1_{\mathrm{loc}}(\boldsymbol{R}^n)$ が任意の $\varphi\in C_0^\infty(\boldsymbol{R}^n)$ に対して

$$\int_{\boldsymbol{R}^n} f(x)\varphi(x)\,dx=\int_{\boldsymbol{R}^n} g(x)\varphi(x)\,dx$$

であったとする．このとき $f(x)=g(x)$ が $\boldsymbol{R}^n$ のほとんどいたるところで成立する．

証明 $h(x)=f(x)-g(x)$ とおいて $h(x)=0$ が $\boldsymbol{R}^n$ のほとんどいたるところで成立することを示せばよい．任意の $R>1$ に対して $\chi_R(x)$ を定理 3.15 の証明で用いた関数とする．すなわち，$\chi_R(x)=1$ $(|x|\le R), \chi_R(x)=0$ $(|x|>R)$ である．$h\in L^1_{\mathrm{loc}}(\boldsymbol{R}^n)$ より $\chi_R h\in L^1(\boldsymbol{R}^n)$ である．実際 $\|\chi_R h\|_1=\displaystyle\int_{|x|\le R}|h(x)|\,dx<\infty$ である．任意の $x\in\boldsymbol{R}^n$ と $\epsilon>0$ に対して $\varphi_\epsilon(x-y)$ は y の関数として $C_0^\infty(\boldsymbol{R}^n)$ の元になる．いま $|x|\le R-1, 0<\epsilon<1$ とすると，$|(x-y)\epsilon^{-1}|<1$ のとき $|y|\le|x-y|+|x|\le\epsilon+R-1\le R$ である．よって $\varphi_\epsilon(x-y)=\epsilon^{-n}\varphi((x-y)\epsilon^{-1})$ は $|y|>R$ のとき 0 となることから $|x|\le R-1, 0<\epsilon<1$ のとき

$$\varphi_\epsilon * (\chi_R h)(x) = \int_{\boldsymbol{R}^n} \varphi_\epsilon(x-y)\chi_R(y)h(y)\,dy$$
$$= \int_{\boldsymbol{R}^n} \varphi_\epsilon(x-y)h(y)\,dy = 0$$

が仮定より従う．一方 (3.13) より $\|\varphi_\epsilon * (\chi_R h) - \chi_R h\|_1 \longrightarrow 0$ $(R \longrightarrow \infty)$ である．こうして

$$\int_{|x| \leq R-1} |\varphi_\epsilon * (\chi_R h)(x) - \chi_R(x)h(x)|\,dx \leq \|\varphi_\epsilon * (\chi_R h) - \chi_R h\|_1$$
$$\longrightarrow 0 \quad (\epsilon \longrightarrow 0)$$

である．一方，$\varphi_\epsilon * (\chi_R h)(x) = 0$ $(|x| \leq R-1, 0 < \epsilon < 1)$ であったから $\chi_R(x) = 1$ $(|x| \leq R-1)$ に注意すると $\displaystyle\int_{|x| \leq R-1} |h(x)|\,dx = 0$ である．よって 3.1 節の (d) より $h(x) = 0$ が $|x| \leq R-1$ なるほとんどいたるところの x で成立する．$R > 1$ は任意であったので，これより $h(x) = 0$ が $\boldsymbol{R}^n$ のほとんどいたるところで成立する．■

最後に $L^p(\boldsymbol{R}^n)$ の双対空間を与える．X をバナッハ空間とするとき，X から複素数の全体 $\boldsymbol{C}$ への有界線形写像の全体を X^* と表し，これを X の双対空間という．ただし，X から $\boldsymbol{C}$ への写像 T が有界線形写像であるとは，次の性質を満たすときをいう．

(1) $\boldsymbol{x}, \boldsymbol{y} \in X, a, b \in \boldsymbol{C}$ に対し，$T(a\boldsymbol{x} + b\boldsymbol{y}) = aT\boldsymbol{x} + bT\boldsymbol{y}$,

(2) ある $C > 0$ で任意の $\boldsymbol{x} \in X$ に対して $|T\boldsymbol{x}| \leq C\|\boldsymbol{x}\|_X$.

ただし，$\|\cdot\|_X$ は X のノルムである．(2) より T が連続写像であることは明らかであるが，逆に線形かつ連続な写像は有界であることが従うことが知られている[*3]．

さて (2) でいう C の下限を $\|T\|$ と表す．これは次のように定義することと同じである．

$$\|T\| = \sup_{\substack{\|\boldsymbol{x}\|_X = 1 \\ \boldsymbol{x} \in X}} |T\boldsymbol{x}|.$$

とくに

[*3] 関数解析の本を参照せよ．

$$|T\boldsymbol{x}| \leq \|T\|\|\boldsymbol{x}\|_X \quad (\boldsymbol{x} \in X)$$

が成立する．X^* は $\|\cdot\|$ をノルムとするバナッハ空間となることが知られている[*4]．また $(X^*)^* = X$ が成立する空間 X を回帰的バナッハ空間という．

さて，q を $1/p+1/q=1$ とし $g \in L^q(\boldsymbol{R}^n)$ にとって写像 σ_g を

$$\sigma_g(f) = \int_{\boldsymbol{R}^n} f(x)\overline{g(x)}\,dx$$

で定義する．ただし，$\overline{g(x)}$ は $g(x)$ の複素共役である．ヘルダーの不等式より $|\sigma_g(f)| \leq \|f\|_p\|g\|_q$ なので，σ_g は $L^p(\boldsymbol{R}^n)$ から $\boldsymbol{C}$ への有界な写像である．これが線形写像であることは積分の線形性より明らかである．こうして σ_g は $L^p(\boldsymbol{R}^n)$ の双対空間 $L^p(\boldsymbol{R}^n)^*$ の元である． 逆に $1 \leq p < \infty$ のときは $T \in L^p(\boldsymbol{R}^n)^*$ の元に対してある $g \in L^p(\boldsymbol{R}^n)$ で $T = \sigma_g$ なるものが存在することが知られている．とくに次の定理が成立する．

定理 3.17 $1 \leq p < \infty, q$ を $1/p+1/q=1$ なる指数とする．$f \in L^p(\boldsymbol{R}^n)$ のとき

$$\|f\|_p = \sup_{\substack{g \in C_0^\infty(\boldsymbol{R}^n) \\ \|g\|_q = 1}} \left| \int_{\boldsymbol{R}^n} f(x)\overline{g(x)}\,dx \right|$$

が成立する．さらに，$L^p(\boldsymbol{R}^n)^* = L^q(\boldsymbol{R}^n)$ である．とくに $1 < p < \infty$ ならば $L^p(\boldsymbol{R}^n)^{**} = L^p(\boldsymbol{R}^n)$ が成立する．すなわち，$L^p(\boldsymbol{R}^n)$ は回帰的空間である．

この定理の証明はルベーグ積分論の本を参照してほしい．

さて上の定理の 1 つの応用として次の重要な不等式が示せる．

■ミンコフスキーの積分形不等式 (Minkowski's inequality for integral) ■

$1 \leq p \leq \infty$ とする．$f(x,y)$ を $(x,y) \in \boldsymbol{R}^n \times \boldsymbol{R}^m$ の関数とする．このとき

$$\left\| \int_{\boldsymbol{R}^m} f(\cdot,y)\,dy \right\|_p \leq \int_{\boldsymbol{R}^m} \|f(\cdot,y)\|_p\,dy \tag{3.14}$$

が成立する．

$p = \infty$ のときは明らか．$p = 1$ のときはトネリの定理より従う．そこで $1 < p < \infty$ の場合を考える．定理 3.15 より q を $1/p+1/q=1$ にとり，$g \in L^q(\boldsymbol{R}^n)$

[*4] 関数解析の本を参照せよ．

とする．トネリの定理とヘルダーの不等式より

$$\left|\int_{\boldsymbol{R}^n}\left(\int_{\boldsymbol{R}^m} f(x,y)\,dy\right)\overline{g(x)}\,dx\right| \le \int_{\boldsymbol{R}^m}\left[\int_{\boldsymbol{R}^n}|f(x,y)||g(x)|\,dx\right]dy$$

$$\le \int_{\boldsymbol{R}^m}\left(\int_{\boldsymbol{R}^n}|f(x,y)|^p\,dx\right)^{1/p}\|g\|_q\,dy = \int_{\boldsymbol{R}^m}\|f(\cdot,y)\|_p\,dy\,\|g\|_q.$$

こうして $\|g\|_q=1$ なる $g\in C_0^\infty(\boldsymbol{R}^n)$ について上限をとって (3.14) を得る．

3.3　$L^1(\boldsymbol{R}^n)$ の元に対するフーリエ変換

偏微分方程式を扱う 1 つの基本的な道具として，これから議論するフーリエ (Fourier) 変換がある．この節と次の節でフーリエ変換に対する基本的な事柄を述べる．

$L^1(\boldsymbol{R}^n)$ の元 $f(x)$ に対し，そのフーリエ変換，フーリエ逆変換を次の式で定義する．

$$\mathscr{F}[f](\xi)=\hat{f}(\xi)=\int_{\boldsymbol{R}^n} e^{-ix\cdot\xi}f(x)\,dx \quad \text{(フーリエ変換)},$$

$$\mathscr{F}^{-1}[f](\xi)=\check{f}(\xi)=(2\pi)^{-n}\int_{\boldsymbol{R}^n} e^{ix\cdot\xi}f(x)\,dx \quad \text{(フーリエ逆変換)}.$$

ここで $x=(x_1,\ldots,x_n),\xi=(\xi_1,\ldots,\xi_n)$ は $\boldsymbol{R}^n$ の点を表す．$x\cdot\xi=\sum_{j=1}^n x_j\xi_j$ は $\boldsymbol{R}^n$ の内積を表し，$i=\sqrt{-1}$ を虚数単位とした．次の定理から始める．

定理 3.18　(1) フーリエ変換は線形である．すなわち $a,b\in\boldsymbol{C}, f,g\in L^1(\boldsymbol{R}^n)$ に対し $\mathscr{F}[af+bg](\xi)=a\mathscr{F}[f](\xi)+b\mathscr{F}[g](\xi)$ が成立する．

(2) $f\in L^1(\boldsymbol{R}^n)$ に対し $\|\hat{f}\|_\infty\le\|f\|_1$.

(3) $f\in L^1(\boldsymbol{R}^n)$ に対し

$$\lim_{|\xi|\to\infty}\hat{f}(\xi)=0 \tag{3.15}$$

が成立する．さらに $\hat{f}(\xi)$ は $\boldsymbol{R}^n$ 上一様連続である．

証明　積分の線形性よりフーリエ変換の線形性が成立する．また $|e^{-ix\cdot\xi}|=1$ より

$$|\hat{f}(\xi)|=\left|\int_{\boldsymbol{R}^n} e^{-ix\cdot\xi}f(x)\,dx\right|\le\int_{\boldsymbol{R}^n}|e^{-ix\cdot\xi}f(x)|\,dx=\int_{\boldsymbol{R}^n}|f(x)|\,dx=\|f\|_1$$

なので，(2) が従った．最後に (3) を示す．$f\in L^1(\boldsymbol{R}^n)$ とする．任意の $\epsilon>0$ に対し定理 3.15 より $g\in C_0^\infty(\boldsymbol{R}^n)$ を $\|f-g\|_1<\epsilon/4$ にとる．こうして (1), (2) より

$$|\hat{f}(\xi)-\hat{g}(\xi)|\le\|f-g\|_1<\epsilon/4 \tag{3.16}$$

である．一方

$$\sum_{j=1}^n \xi_j\frac{\partial}{\partial x_j}e^{-ix\cdot\xi}=-i|\xi|^2$$

であるので，$g\in C_0^\infty(\boldsymbol{R}^n)$ より部分積分を x_j 変数で行って

$$\hat{g}(\xi)=\int_{\boldsymbol{R}^n}\sum_{j=1}^n\frac{i\xi_j}{|\xi|^2}\Big(\frac{\partial}{\partial x_j}e^{-ix\cdot\xi}\Big)g(x)\,dx=\sum_{j=1}^n\frac{-i\xi_j}{|\xi|^2}\int_{\boldsymbol{R}^n}e^{-ix\cdot\xi}\frac{\partial g}{\partial x_j}(x)\,dx$$

なので，

$$|\hat{g}(\xi)|\le\sum_{j=1}^\infty\frac{|\xi_j|}{|\xi|^2}\|\partial_jg\|_1\le|\xi|^{-1}\sum_{j=1}^n\|\partial_jg\|_1\quad\Big(\partial_jg=\frac{\partial g}{\partial x_j}\Big).$$

よって $R>0$ を $\left(\sum_{j=1}^n\|\partial_jg\|_1\right)/R<\epsilon/2$ にとれば，$|\xi|>R$ ならば $|\hat{g}(\xi)|<\dfrac{3\epsilon}{4}$ である．したがってまず (3.16) より $|\xi|>R$ ならば

$$|\hat{f}(\xi)|=|\hat{f}(\xi)-\hat{g}(\xi)+\hat{g}(\xi)|\le|\hat{f}(\xi)-\hat{g}(\xi)|+|\hat{g}(\xi)|<\frac{\epsilon}{4}+\frac{3\epsilon}{4}<\epsilon$$

である．これは (3.15) を示している．

最後に $\hat{f}(\xi)$ は一様連続であることを示す．任意の $\epsilon>0$ に対し, $g\in C_0^\infty(\boldsymbol{R}^n)$ を (3.16) を満たすようにとる．このとき次が成立する．

$$\begin{aligned}|\hat{f}(\xi)-\hat{f}(\eta)|&=|\hat{f}(\xi)-\hat{g}(\xi)+\hat{g}(\xi)-\hat{g}(\eta)+\hat{g}(\eta)-\hat{f}(\eta)|\\&\le|\hat{f}(\xi)-\hat{g}(\xi)|+|\hat{g}(\xi)-\hat{g}(\eta)|+|\hat{g}(\eta)-\hat{f}(\eta)|\\&\le2\|\hat{f}-\hat{g}\|_\infty+|\hat{g}(\xi)-\hat{g}(\eta)|\\&\le2\|f-g\|_1+|\hat{g}(\xi)-\hat{g}(\eta)|<\epsilon/2+|\hat{g}(\xi)-\hat{g}(\eta)|.\end{aligned} \tag{3.17}$$

$\hat{g}(\xi)-\hat{g}(\eta)=\int_{\boldsymbol{R}^n}(e^{-ix\cdot\xi}-e^{-ix\cdot\eta})g(x)\,dx$ である．$h(\theta)=e^{-ix\cdot(\eta+\theta(\xi-\eta))}=e^{-ix\cdot\eta}$ $e^{\theta(-ix\cdot(\xi-\eta))}$ とおき

$$e^{-ix\cdot\xi}-e^{-ix\cdot\eta}=h(1)-h(0)=\int_0^1h'(\theta)\,d\theta$$

と表して，$h'(\theta)=-ix\cdot(\xi-\eta)e^{-ix\cdot(\eta+\theta(\xi-\eta))}$ であるので

$$\begin{aligned}|e^{-ix\cdot\xi}-e^{-ix\cdot\eta}| &\le |x\cdot(\xi-\eta)|\int_0^1 |e^{-ix\cdot(\eta+\theta(\xi-\eta))}|\,d\theta \\ &\le |x||\xi-\eta|\int_0^1 d\theta = |x||\xi-\eta|.\end{aligned}$$

$g\in C_0^\infty(\boldsymbol{R}^n)$ より $|x||g(x)|\in L^1(\boldsymbol{R}^n)$ なので

$$|\hat{g}(\xi)-\hat{g}(\eta)|\le\int_{\boldsymbol{R}^n}|e^{-ix\cdot\xi}-e^{-ix\cdot\eta}||g(x)|\,dx\le|\xi-\eta|\int_{\boldsymbol{R}^n}|x||g(x)|\,dx$$

を得た．こうして $\delta>0$ を $\delta\int_{\boldsymbol{R}^n}|x||g(x)|\,dx<\epsilon/2$ にとれば，$|\xi-\eta|<\delta$ ならば $|\hat{g}(\xi)-\hat{g}(\eta)|<\epsilon/2$ である．これと (3.17) を合わせて，$|\xi-\eta|<\delta$ ならば $|\hat{f}(\xi)-\hat{f}(\eta)|<\epsilon$ であることが従う．これは $\hat{f}(\xi)$ が $\boldsymbol{R}^n$ 上一様連続であることを示している．■

例 3.19　$x,\xi\in\boldsymbol{R}$ とする．$e^{ix\xi}=\cos x\xi+i\sin x\xi$ であるので，(3.15) で虚数部分をとって $f\in L^1(\boldsymbol{R})$ に対し

$$\lim_{\xi\to\infty}\int_{-\infty}^{\infty}\sin(\xi x)f(x)\,dx=0 \tag{3.18}$$

を得る．これをリーマン・ルベーグの定理 (Riemann-Lebesgue theorem) という．

2 つの重要なフーリエ変換を計算しよう．いずれも複素関数論を用いる．

例 3.20　x,ξ を $\boldsymbol{R}$ の元とする．

(1) $f(x)=\exp(-x^2)$ のとき

$$\hat{f}(\xi)=\sqrt{\pi}\exp(-\xi^2/4). \tag{3.19}$$

(2) $f(x)=(1+x^2)^{-1}$ のとき

$$\hat{f}(\xi)=\pi\exp(-|\xi|). \tag{3.20}$$

解　(1)

$$\hat{f}(\xi)=\int_{-\infty}^{\infty}e^{-ix\xi}e^{-x^2}\,dx=\int_{-\infty}^{\infty}\exp\left(-\left(x+\frac{i}{2}\xi\right)^2-\frac{\xi^2}{4}\right)dx$$

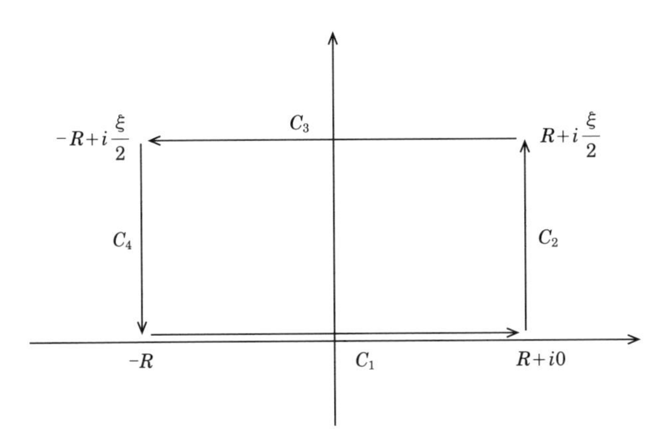

図 **3.2**

$$=\exp(-\xi^2/4)\int_{-\infty}^{\infty}\exp\left(-\left(x+\frac{i}{2}\xi\right)^2\right)dx.$$

そこで複素関数 $g(z)=\exp(-z^2)$ $(z\in\boldsymbol{C})$ の積分を考えることで，

$$\int_{-\infty}^{\infty}\exp\left(-\left(x+\frac{i}{2}\xi\right)^2\right)dx=\int_{-\infty}^{\infty}\exp(-x^2)\,dx=\sqrt{\pi} \tag{3.21}$$

を示そう．ただし，第 2 番目の積分の値は (3.5) を用いた．さて積分路 $C_R=\bigcup_{j=1}^{4}C_j$ を $C_1=\{z=t+i0\in\boldsymbol{C}\mid t:-R\longrightarrow R\}, C_2=\{z=R+it\in\boldsymbol{C}\mid t:0\longrightarrow\xi/2\}, C_3=\{z=t+i\xi/2\in\boldsymbol{C}\mid t:R\longrightarrow -R\}, C_4=\{z=-R+it\in\boldsymbol{C}\mid t:\xi/2\longrightarrow 0\}$ ととる．ただし，$\longrightarrow$ は点の動く方向を示している (図 3.2).
コーシーの積分定理より複素積分 $\oint_{C_R}g(z)\,dz=0$ である．一方

$$\int_{C_1}g(z)\,dz=\int_{-R}^{R}e^{-t^2}\,dt,\quad \int_{C_2}g(z)\,dz=i\int_0^{\xi/2}e^{-(R+it)^2}\,dt$$

$$\int_{C_3}g(z)\,dz=\int_{R}^{-R}e^{-(t+(i\xi/2))^2}\,dt,\quad \int_{C_4}g(z)\,dz=i\int_{\xi/2}^{0}e^{-(-R+it)^2}\,dt.$$

いま $\lim_{R\to\infty}\int_{C_2}g(z)\,dz=0$, $\lim_{R\to\infty}\int_{C_4}g(z)\,dz=0$ であるので，

$$\lim_{R\to\infty}\left\{\int_{-R}^{R}\exp(-x^2)\,dx-\int_{-R}^{R}\exp\left(-\left(x+\frac{i}{2}\xi\right)^2\right)dx\right\}=0.$$

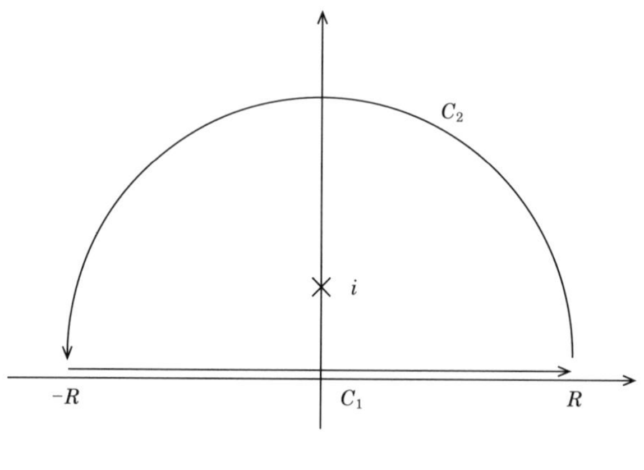

図 3.3

これより (3.21) の始めの等式を得た.

(2) 複素積分を用いて $\hat{f}(\xi)=\displaystyle\int_{-\infty}^{\infty}\frac{e^{-i\xi x}}{1+x^2}dx$ を計算する．まず $\xi<0$ と仮定して，複素関数 $g(z)=\dfrac{e^{-i\xi z}}{1+z^2}=\dfrac{e^{-i\xi z}}{(z+i)(z-i)}$ を積分路 $C_R=C_1\cup C_2, C_1=\{t+i0\,|\,t:-R\longrightarrow R\}, C_2=\{z=Re^{it}\,|\,t:0\longrightarrow\pi\}$ に沿って積分する (図 3.3).

R は十分大にとり C_R は i を内部に含むとする．このとき留数の定理より $\displaystyle\oint_{C_R}g(z)\,dz=\pi e^{\xi}=\pi e^{-|\xi|}$ である．よって

$$\pi e^{-|\xi|}=\int_{-R}^{R}\frac{e^{-i\xi x}}{1+x^2}dx+\int_{C_2}\frac{e^{-i\xi z}}{1+z^2}dz. \tag{3.22}$$

いま

$$\left|\int_{C_2}\frac{e^{-i\xi z}}{1+z^2}dz\right|=\left|\int_0^{\pi}\frac{e^{-i\xi Re^{it}}}{1+R^2e^{2it}}iRe^{it}\,dt\right|\leq\int_0^{\pi}\frac{e^{(\sin t)\xi R}}{|R^2e^{2it}+1|}R\,dt$$

$$\leq 2R\int_0^{\pi/2}\frac{e^{-(|\xi|R)\sin t}}{R^2-1}dt=(*).$$

ただし，$|R^2e^{2it}+1|\geq|R^2e^{2it}|-|1|=R^2-1$ を用いた．$0\leq t\leq\pi/2$ のとき $\sin t\geq(2/\pi)t$ なので

$$(*)\leq\frac{2R}{R^2-1}\int_0^{\pi/2}e^{-(|\xi|R)(2/\pi)t}\,dt\leq\frac{\pi}{|\xi|(R^2-1)}\longrightarrow 0\quad(R\longrightarrow\infty).$$

こうして，(3.22) で $R\longrightarrow\infty$ として (3.20) を得た．$\xi>0$ のときは，積分路を $-i$ を含むような半円にとれば同様にして (3.20) を得る．また $\xi=0$ のときは，

$$\int_{-\infty}^{\infty}\frac{1}{1+x^2}\,dx=\Big[\arctan x\Big]_{-\infty}^{\infty}=\pi$$

である．以上より (3.20) が示せた．

例 3.21　$x,\xi\in\boldsymbol{R}^n$ とする．$f(x)=e^{-|x|^2}$ $\left(|x|^2=x_1^2+\cdots+x_n^2=\sum_{j=1}^n x_j^2\right)$ とする．このとき

$$\hat{f}(\xi)=\int_{\boldsymbol{R}^n}e^{-ix\cdot\xi}e^{-|x|^2}\,dx=\pi^{n/2}e^{-|\xi|^2/4}. \tag{3.23}$$

解　$ix\cdot\xi+|x|^2=\sum_{j=1}^n(ix\xi_j+x_j^2)$ なので $e^{-ix\cdot\xi}e^{-|x|^2}=\prod_{j=1}^n e^{-ix_j\xi_j-x_j^2}$．よってフビニの定理より

$$\hat{f}(\xi)=\prod_{j=1}^n\int_{-\infty}^{\infty}e^{-ix_j\xi_j}e^{-x_j^2}\,dx_j$$

と表せる．例 3.20 の式 (3.19) より $\int_{-\infty}^{\infty}e^{-ix_j\xi_j}e^{-x_j^2}\,dx_j=\sqrt{\pi}\exp(-\xi_j^2/4)$ であるので

$$\hat{f}(\xi)=\prod_{j=1}^n\sqrt{\pi}\exp(-\xi_j^2/4)=\pi^{n/2}e^{-|\xi|^2/4}$$

を得た．

定理 3.22　$f,g\in L^1(\boldsymbol{R}^n)$ に対して

$$\int_{\boldsymbol{R}^n}e^{-ix\cdot\xi}f(x)\hat{g}(x)\,dx=\int_{\boldsymbol{R}^n}\hat{f}(\xi+\eta)g(\eta)\,d\eta \tag{3.24}$$

が成立する．とくに $\xi=0$ として

$$\int_{\boldsymbol{R}^n}f(x)\hat{g}(x)\,dx=\int_{\boldsymbol{R}^n}\hat{f}(\eta)g(\eta)\,d\eta. \tag{3.25}$$

また次の式も成立する．

$$\int_{\boldsymbol{R}^n} f(x)\check{g}(x)\,dx = \int_{\boldsymbol{R}^n} \check{f}(\eta)g(\eta)\,d\eta. \tag{3.26}$$

証明

$$\int_{\boldsymbol{R}^n} e^{-ix\cdot\xi} f(x)\hat{g}(x)\,dx = \int_{\boldsymbol{R}^n} e^{-ix\cdot\xi} f(x)\left(\int_{\boldsymbol{R}^n} e^{-ix\cdot\eta} g(\eta)\,d\eta\right)dx = (*)$$

と表す．トネリの定理より

$$\iint_{\boldsymbol{R}^{2n}} |e^{-ix\cdot\xi} f(x) e^{-ix\cdot\eta} g(\eta)|\,dxd\eta = \iint_{\boldsymbol{R}^{2n}} |f(x)||g(\eta)|\,dxd\eta$$

$$= \|f\|_1 \|g\|_1 < \infty$$

より $e^{-ix\cdot\xi} f(x) e^{-ix\cdot\eta} g(\eta)$ は (x,η) の関数として $\boldsymbol{R}^{2n}$ 上ルベーグ積分可能であるので，フビニの定理より

$$(*) = \iint_{\boldsymbol{R}^{2n}} e^{-ix\cdot(\xi+\eta)} f(x)g(\eta)\,dxd\eta = \int_{\boldsymbol{R}^n}\left(\int_{\boldsymbol{R}^n} e^{-ix\cdot(\xi+\eta)} f(x)\,dx\right)g(\eta)\,d\eta$$

$$= \int_{\boldsymbol{R}^n} \hat{f}(\xi+\eta)g(\eta)\,d\eta.$$

よって (3.24) が示せた．

(3.25) を示すには両辺がともに ξ の連続関数であることを示さなくてはならない．定理 3.18 より

$$|e^{-ix\cdot\xi} f(x)\hat{g}(x)| \le |f(x)|\|\hat{g}\|_\infty \le |f(x)|\|g\|_1 \in L^1(\boldsymbol{R}^n)$$

なので，ルベーグの収束定理を用いて

$$\lim_{\xi\to 0}\int_{\boldsymbol{R}^n} e^{-ix\cdot\xi} f(x)\hat{g}(x)\,dx = \int_{\boldsymbol{R}^n}\left(\lim_{\xi\to 0} e^{-ix\cdot\xi} f(x)\hat{g}(x)\right)dx$$

$$= \int_{\boldsymbol{R}^n} f(x)\hat{g}(x)\,dx.$$

一方

$$|\hat{f}(\xi+\eta)g(\eta)| \le \|\hat{f}\|_\infty |g(\eta)| \le \|f\|_1 |g(\eta)| \in L^1(\boldsymbol{R}^n)$$

が成立するので，定理 3.18 より $\hat{f}(\xi)$ は連続関数であることに注意して，ルベーグの収束定理より

$$\lim_{\xi\to 0}\int_{\boldsymbol{R}^n} \hat{f}(\xi+\eta)g(\eta)\,d\eta = \int_{\boldsymbol{R}^n}\left(\lim_{\xi\to 0}\hat{f}(\xi+\eta)g(\eta)\right)d\eta = \int_{\boldsymbol{R}^n} \hat{f}(\eta)g(\eta)\,d\eta.$$

こうして (3.24) で $\xi \longrightarrow 0$ として (3.25) を得た.

最後に (3.26) を示すには次の 2 つの関係式を用いる.

$$\check{g}(x) = (2\pi)^{-n} \int_{\boldsymbol{R}^n} e^{ix\cdot\eta} g(\eta)\, d\eta = (2\pi)^{-n} \hat{g}(-x), \tag{3.27}$$

$f_-(x) = f(-x)$ とおいて

$$\mathscr{F}[f_-](\eta) = \int_{\boldsymbol{R}^n} e^{-ix\cdot\eta} f(-x)\, dx = \int_{\boldsymbol{R}^n} e^{i\eta\cdot x} f(x)\, dx = (2\pi)^n \check{f}(\eta). \tag{3.28}$$

(3.27), (3.25), (3.28) の順に用いて

$$\begin{aligned}
\int_{\boldsymbol{R}^n} f(x)\check{g}(x)\, dx &= (2\pi)^{-n} \int_{\boldsymbol{R}^n} f(x)\hat{g}(-x)\, dx \\
&= (2\pi)^{-n} \int_{\boldsymbol{R}^n} f(-x)\hat{g}(x)\, dx \\
&= (2\pi)^{-n} \int_{\boldsymbol{R}^n} \mathscr{F}[f_-](\eta) g(\eta)\, d\eta \\
&= \int_{\boldsymbol{R}^n} \check{f}(\eta) g(\eta)\, d\eta.
\end{aligned}$$

よって (3.26) を得た. ■

フーリエ変換, 逆変換の関係を示す.

定理 3.23 $f(x) \in L^1(\boldsymbol{R}^n) \cap L^\infty(\boldsymbol{R}^n)$ かつ $\hat{f}(\xi) \in L^1(\boldsymbol{R}^n)$ とする. $x \in \boldsymbol{R}^n$ で f が連続であれば $f(x) = \mathscr{F}^{-1}[\hat{f}](x)$ が成立する.

証明 $\varphi(\xi) = e^{-|\xi|^2}$ とおく. $\varphi(0) = 1, \|\varphi\|_\infty = 1$ に注意して

$$|e^{ix\cdot\xi}\varphi(\xi/R)\hat{f}(\xi)| \leq \|\varphi\|_\infty |\hat{f}(\xi)| = |\hat{f}(\xi)| \in L^1(\boldsymbol{R}^n),$$

$$\lim_{R\to 0} e^{ix\cdot\xi}\varphi(\xi/R)\hat{f}(\xi) = e^{ix\cdot\xi}\hat{f}$$

であるので, ルベーグの収束定理より

$$\begin{aligned}
\mathscr{F}^{-1}[\hat{f}](x) &= (2\pi)^{-n} \int_{\boldsymbol{R}^n} e^{ix\cdot\xi} \hat{f}(\xi)\, d\xi \\
&= \lim_{R\to\infty} (2\pi)^{-n} \int_{\boldsymbol{R}^n} e^{ix\cdot\xi} \varphi(\xi/R) \hat{f}(\xi)\, d\xi
\end{aligned}$$

を得る. $\varphi_R(\xi) = \varphi(\xi/R)$ とおき, $\xi/R = \eta$ として $d\xi = R^n d\eta$ より

$$\hat{\varphi}_R(x) = \int_{\boldsymbol{R}^n} e^{-ix\cdot\xi}\varphi(\xi/R)\,d\xi = R^n \int_{\boldsymbol{R}^n} e^{-i(Rx)\cdot\eta}\varphi(\eta)\,d\eta = R^n\hat{\varphi}(Rx).$$

よって (3.24) より

$$\mathscr{F}^{-1}[\hat{f}](x) = \lim_{R\to\infty}(2\pi)^{-n}\int_{\boldsymbol{R}^n} R^n\hat{\varphi}(R(y-x))f(y)\,dy = (*).$$

ここで $R(y-x)=z$ とおくと $R^n dy = dz$ より

$$(*) = \lim_{R\to\infty}(2\pi)^{-n}\int_{\boldsymbol{R}^n}\hat{\varphi}(z)f(x+(z/R))\,dz.$$

例 3.21 の式 (3.23) より $\hat{\varphi}(z) = \pi^{n/2}e^{-|z|^2/4}$ である．よって $\hat{\varphi}(z)\in L^1(\boldsymbol{R}^n)$ である．また仮定より $\|f\|_\infty < \infty$ かつ f は x で連続なので，

$$|\hat{\varphi}(z)f(x+(z/R))| \le \|f\|_\infty\hat{\varphi}(z)\in L^1(\boldsymbol{R}^n),$$

$$\lim_{R\to\infty}\hat{\varphi}(z)f(x+(z/R)) = \hat{\varphi}(z)f(x).$$

よってルベーグの収束定理より

$$(*) = (2\pi)^{-n}\int_{\boldsymbol{R}^n}\hat{\varphi}(z)f(x)\,dz = f(x)\frac{\pi^{n/2}}{(2\pi)^n}\int_{\boldsymbol{R}^n}e^{-|z|^2/4}\,dz$$

$$= f(x)(2\pi)^{-n/2}\prod_{j=1}^{n}\int_{-\infty}^{\infty}e^{-z_j^2/4}\,dz_j.$$

ここで $z_j/2 = y$ とおいて

$$\int_{-\infty}^{\infty}e^{-z_j^2/4}\,dz_j = 2\int_{-\infty}^{\infty}e^{-y^2}\,dy = 2\sqrt{\pi}$$

であるから，これを代入して

$$(*) = f(x)\frac{\pi^{n/2}}{(2\pi)^n}(2\sqrt{\pi})^n = f(x).$$

よって示せた．∎

フーリエ変換，逆変換に関して閉じている空間として急減少関数の空間 $\mathscr{S} = \mathscr{S}(\boldsymbol{R}^n)$ (シュワルツ (L. Schwartz) の空間 $\mathscr{S}$) を導入する．その前に偏微分と多変数の多項式に関する基本的な事柄をまとめておく．

非負の整数を成分とする n 次ベクトル $\alpha = (\alpha_1,\cdots,\alpha_n)$ を多重指数と呼ぶ．n 変数関数 $\varphi(x) = \varphi(x_1,\cdots,x_n)$ に対して $\varphi(x)$ の多重指数 α 次の偏微分を

$$D^\alpha\varphi = D_x^\alpha\varphi = \partial^\alpha\varphi = \partial_x^\alpha\varphi = \frac{\partial^{|\alpha|}\varphi(x)}{\partial x_1^{\alpha_1}\partial x_2^{\alpha_2}\cdots\partial x_n^{\alpha_n}}$$

で定義する．ただし，$|\alpha| = \alpha_1 + \alpha_2 + \cdots + \alpha_n$ で定義する．

例 3.24 $n=3$ とする．

(1) $\alpha = (1,2,3)$ のとき $|\alpha| = 6, D^\alpha\varphi = \dfrac{\partial^6\varphi}{\partial x_1\partial x_2^2\partial x_3^3}(x_1,x_2,x_3)$.

(2) $\alpha = (1,0,0)$ のとき $|\alpha| = 1, D^\alpha\varphi = \dfrac{\partial\varphi}{\partial x_1}(x_1,x_2,x_3)$.

(3) $\alpha = (1,0,1)$ のとき $|\alpha| = 2, D^\alpha\varphi = \dfrac{\partial^2\varphi}{\partial x_1\partial x_3}(x_1,x_2,x_3)$.

例 3.25 (合成関数の微分) $\varphi(x_1,\cdots,x_m)$ と $\psi_j(x_1,\ldots,x_n) = \psi_j(x)$ を合成してできる関数 $\varphi(\psi_1(x),\cdots,\psi_m(x))$ の微分は

$$\frac{\partial}{\partial x_j}\varphi(\psi_1(x),\cdots,\psi_m(x)) = \sum_{\ell=1}^m \frac{\partial\varphi}{\partial x_\ell}(\psi_1(x),\ldots,\psi_m(x))\frac{\partial\psi_\ell}{\partial x_j}(x).$$

例 3.26 (ライプニッツの公式 **(Leibniz's formula)**)

$$D^\alpha(\varphi(x)\psi(x)) = \sum_{\beta\le\alpha}\binom{\alpha}{\beta}D^\beta\varphi(x)\cdot D^{\alpha-\beta}\psi(x).$$

ただし，$\alpha = (\alpha_1,\ldots,\alpha_n), \beta = (\beta_1,\ldots,\beta_n)$ に対して，

$$\alpha - \beta = (\alpha_1 - \beta_1,\ldots,\alpha_n - \beta_n),$$

$$\beta \le \alpha \Longleftrightarrow \beta_1 \le \alpha_1, \beta_2 \le \alpha_2, \ldots, \beta_n \le \alpha_n,$$

$$\binom{\alpha}{\beta} = \frac{\alpha!}{(\alpha-\beta)!\beta!} = \frac{\alpha_1!\alpha_2!\cdots\alpha_n!}{(\alpha_1-\beta_1)!\cdots(\alpha_n-\beta_n)!\beta_1!\cdots\beta_n!}$$

註 3.27 $\boldsymbol{R}^n$ の 2 点 $x = (x_1,\ldots,x_n), y = (y_1,\ldots,y_n)$ と多重指数 $\alpha = (\alpha_1,\ldots,\alpha_n)$ に対して，

$$x + y = (x_1 + y_1,\ldots,x_n + y_n),$$

$$(x+y)^\alpha = (x_1+y_1)^{\alpha_1}\cdots(x_n+y_n)^{\alpha_n} = \sum_{\beta\le\alpha}\binom{\alpha}{\beta}x^\beta y^{\alpha-\beta}.$$

ただし，$x^\beta = x_1^{\beta_1}\cdots x_n^{\beta_n}, y^{\alpha-\beta} = y_1^{\alpha_1-\beta_1}\cdots y_n^{\alpha_n-\beta_n}$ とおいた．

多変数関数を扱うには以上のような多重指数の記法に慣れなくてはならない．

定義 3.28

$$C^\infty(\boldsymbol{R}^n)=\left\{\psi(x)\;\middle|\;\begin{array}{l}\text{すべての多重指数}\,\alpha\,\text{に対し}\,D^\alpha\psi\,\text{が存在し}\\ D^\alpha\psi\,\text{は}\,\boldsymbol{R}^n\,\text{で連続である}\end{array}\right\},$$

$$\mathscr{S}=\mathscr{S}(\boldsymbol{R}^n)$$
$$=\left\{\psi(x)\in C^\infty(\boldsymbol{R}^n)\;\middle|\;\begin{array}{l}\text{任意の非負整数}\,N=0,1,2,\ldots,\,\text{に対し}\\ p_N(\psi)=\sup_{x\in\boldsymbol{R}^n}(1+|x|)^N\sum_{|\alpha|\le N}|D^\alpha\psi(x)|<\infty\end{array}\right\}.$$

ここで $p_N(\psi)$ は次のセミノルム (semi-norm) の性質を満たす：

$$p_N(\psi+\phi)\le p_N(\psi)+p_N(\phi),\quad p_N(a\psi)=|a|p_N(\psi)\quad(\forall a\in\boldsymbol{R}).$$

空間 $\mathscr{S}$ に次の位相を入れる．すなわち収束の様式を決める．

定義 3.29 (**$\mathscr{S}$ の位相**)　$\mathscr{S}$ の元の列 $\{\psi_j\}_{j=1}^\infty$ が $\psi\in\mathscr{S}$ に収束するとは，すべての非負整数 N に対し $\lim_{j\to\infty}p_N(\psi_j-\psi)=0$ が成立するときをいう．このとき $\psi_j\longrightarrow\psi$ in $\mathscr{S}$ $(j\longrightarrow\infty)$ と表す．

話を進めていく前に，以下のいくつかの命題や定理の証明において使う次の命題の証明から始める．

命題 3.30　N を任意の自然数とする．このとき次元の n と N に依存する定数 C_1,C_2 があって

$$C_1(1+|x|)^N\le\sum_{|\alpha|\le N}|x^\alpha|\le C_2(1+|x|)^N \tag{3.29}$$

がすべての $x\in\boldsymbol{R}^n$ に対して成立する．

証明　$|x_j|\le|x|$ より $|x^\alpha|\le|x|^{|\alpha|}$ が成立することに注意せよ．$|x|\le1$ の場合は $|x^\alpha|\le|x|^{|\alpha|}\le1$ より N と n に依存する定数 $C_{N,n}$ があって $\sum_{|\alpha|\le N}|x^\alpha|\le C_{N,n}\le C_{N,n}(1+|x|)^N$ が成立する．

一方，$\sum_{|\alpha|\le N}|x^\alpha|=1+\sum_{1\le|\alpha|\le N}|x^\alpha|\ge1\ge2^{-N}(1+|x|)^N$ である．よって $|x|\le1$ のときには，$C_1\le2^{-N},C_2\ge C_{N,n}$ にとれば (3.29) は成立する．

次に $|x|\ge1$ の場合を考える．$|x^\alpha|\le|x|^{|\alpha|}\le|x|^N$ が $|\alpha|\le N$ なる多重指数 α に対して成立するので，N,n にのみ依存する定数 $C'_{N,n}$ があって $\sum_{|\alpha|\le N}|x^\alpha|$

$\leq C'_{N,n}|x|^N$ となる．よって $\sum_{|\alpha|\leq N}|x^\alpha|\leq C'_{N,n}(1+|x|)^N$．こうしてとくに $C_2=\max\{C_{N,n},C'_{N,n}\}$ とおくと (3.29) の 2 番目の不等式が成立することが言えた．

(3.29) の始めの不等式を示すために $|x|\geq 1$ のとき $(1+|x|)^N\leq 2^N|x|^N$ であることに注意すれば，$y=x/|x|$ とおいて

$$\frac{\sum_{|\alpha|\leq N}|x^\alpha|}{(1+|x|)^N}\geq\frac{1}{2^N}\sum_{|\alpha|=N}\frac{|x^\alpha|}{|x|^N}=\frac{1}{2^N}\sum_{|\alpha|=N}|y^\alpha| \tag{3.30}$$

を得る．$g(y)=\sum_{|\alpha|=N}|y^\alpha|$ とおく．y^α は y の連続関数であるので，$|y^\alpha|$ もそうである．よって $g(y)$ は y の連続関数である．

$|y|=|x/|x||=1$ である．$B_1=\{y\in\boldsymbol{R}^n\mid|y|=1\}$ は $\boldsymbol{R}^n$ の有界閉集合，すなわちコンパクト集合であるので $g(y)$ は最小値をもつ．$y_0\in B_1$ をその最小値を与える点とすれば，$g(y_0)>0$ である．実際，$g(y_0)\geq 0$ なので，$g(y_0)=0$ とすれば，$|\alpha|=N$ なるすべての多重指数 α に対して $y_0^\alpha=0$ である．任意の $j=1,\ldots,n$ に対して多重指数を $\alpha=(0,\ldots,N,\ldots,0)$ と，j 番目のみが N で他の座標が 0 である多重指数をとれば，$y_0=(y_1^0,\ldots,y_n^0)$ とおくとき $(y_j^0)^N=0$ を得る．よって $y_j^0=0$ なので，$y_0=0$ がいえた．一方 $y_0\in B_1$ より $|y_0|=1$ であるのでこれは矛盾である．よって $g(y_0)>0$．$c=g(y_0)>0$ とおくと (3.30) より $\sum_{|\alpha|\leq N}|x^\alpha|\geq c2^{-N}(1+|x|)^N$ が成立する．ゆえに $C_1=\min\{2^{-N},2^{-N}c\}$ とおくと (3.29) の始めの不等式が成立する．以上で命題が示せた．■

命題 3.31　$f\in\mathscr{S}(\boldsymbol{R}^n)$ に対し

$$\mathscr{F}[D^\alpha f](\xi)=(i\xi)^\alpha\hat{f}(\xi),\quad \mathscr{F}^{-1}[D^\alpha f](\xi)=(-i\xi)^\alpha\check{f}(\xi), \tag{3.31}$$

$$\mathscr{F}[x^\beta f](\xi)=(iD_\xi)^\beta\hat{f}(\xi),\quad \mathscr{F}^{-1}[x^\beta f](\xi)=(-iD_\xi)^\beta\check{f}(\xi). \tag{3.32}$$

証明　証明は同じなのでフーリエ変換についてのみ示す．$x'=(x_1,\ldots,x_{j-1},x_{j+1},\ldots,x_n),\xi'=(\xi_1,\ldots,\xi_{j-1},\xi_{j+1},\ldots,\xi_n)$ とおいてフビニの定理と部分積分より

$$\begin{aligned}\mathscr{F}\Big[\frac{\partial f}{\partial x_j}\Big](\xi)&=\int_{\boldsymbol{R}^n}e^{-ix\cdot\xi}\frac{\partial f}{\partial x_j}(x)\,dx\\&=\int_{\boldsymbol{R}^{n-1}}e^{-ix'\cdot\xi'}\Big(\int_{-\infty}^{\infty}e^{-ix_j\xi_j}\frac{\partial f}{\partial x_j}(x_1,\ldots,x_j,\ldots,x_n)\,dx_j\Big)dx'\end{aligned}$$

$$=\int_{\boldsymbol{R}^{n-1}} e^{-ix'\cdot\xi'}\left\{\lim_{R\to\infty}\left[e^{-ix_j\xi_j}f(x_1,\ldots,x_j,\ldots,x_n)\right]_{-R}^{R}\right.$$
$$\left.-\int_{-\infty}^{\infty}\left(\frac{\partial}{\partial x_j}e^{-ix_j\xi_j}\right)f(x_1,\ldots,x_j,\ldots,x_n)\,dx_j\right\}dx'$$
$$=\int_{\boldsymbol{R}^{n-1}} e^{-ix'\cdot\xi'}\left(\int_{-\infty}^{\infty} i\xi_j e^{-ix_j\xi_j}f(x_1,\ldots,x_j,\ldots,x_n)\,dx_j\right)dx'$$
$$=i\xi_j\int_{\boldsymbol{R}^n} e^{-ix\cdot\xi}f(x)\,dx=i\xi_j\hat{f}(\xi).$$

ただし $dx'=dx_1\cdots dx_{j-1}dx_{j+1}\cdots dx_n$ とした．これを繰り返して

$$\mathscr{F}\left[\frac{\partial}{\partial x_j}\frac{\partial}{\partial x_k}f\right](\xi)=i\xi_j\mathscr{F}\left[\frac{\partial f}{\partial x_k}\right](\xi)=(i\xi_j)(i\xi_k)\hat{f}(\xi).$$

これをさらに繰り返して最終的に (3.31) を得る．

次に

$$\frac{\partial}{\partial\xi_j}\hat{f}(\xi)=\frac{\partial}{\partial\xi_j}\int_{\boldsymbol{R}^n} e^{-ix\cdot\xi}f(x)\,dx$$

において

$$\left|\frac{\partial}{\partial\xi_j}\left(e^{-ix\cdot\xi}f(x)\right)\right|=|-ix_jf(x)|\leq|x||f(x)|\in L^1(\boldsymbol{R}^n)$$

であるから，積分記号下での微分の定理より

$$i\frac{\partial}{\partial\xi_j}\hat{f}(\xi)=\int_{\boldsymbol{R}^n} i\frac{\partial}{\partial\xi_j}(e^{-ix\cdot\xi}f(x))\,dx=\int_{\boldsymbol{R}^n} x_je^{-ix\cdot\xi}f(x)\,dx$$
$$=\mathscr{F}[x_jf](\xi).$$

これを繰り返して

$$\left(i\frac{\partial}{\partial\xi_j}\right)\left(i\frac{\partial}{\partial\xi_k}\right)\hat{f}(\xi)=\left(i\frac{\partial}{\partial\xi_j}\right)\mathscr{F}[x_kf](\xi)=\mathscr{F}[x_jx_kf](\xi)$$

を得る．これをさらに繰り返して最終的に (3.32) を得る．■

定理 3.32　フーリエ変換，逆変換は $\mathscr{S}(\boldsymbol{R}^n)$ 上連続線形写像である．さらに $\mathscr{F}^{-1}[\mathscr{F}[f]]=\mathscr{F}[\mathscr{F}^{-1}[f]]$ が成立する．こうして，フーリエ変換，逆変換は $\mathscr{S}(\boldsymbol{R}^n)$ から $\mathscr{S}(\boldsymbol{R}^n)$ の上への 1 対 1 写像である．

証明　フーリエ変換，逆変換が $\mathscr{S}(\boldsymbol{R}^n)$ から $\mathscr{S}(\boldsymbol{R}^n)$ への連続線形写像であ

ることを示そう．フーリエ逆変換は (3.27) によりフーリエ変換により表せるので，フーリエ逆変換が $\mathscr{S}(\boldsymbol{R}^n)$ から $\mathscr{S}(\boldsymbol{R}^n)$ への連続線形写像であることはフーリエ変換のそれより従がう．そこでフーリエ変換のみを考える．

(1) まず $f \in \mathscr{S}(\boldsymbol{R}^n)$ のとき $\mathscr{F}[f](\xi) \in \mathscr{S}(\boldsymbol{R}^n)$ を示す．α, β を $|\alpha|, |\beta| \leq N$ なる任意の多重指数とする．命題 3.31 より

$$(i\xi)^\alpha (iD_\xi)^\beta \hat{f}(\xi) = (i\xi)^\alpha \mathscr{F}[x^\beta f](\xi) = \mathscr{F}[D_x^\alpha (x^\beta f(x))](\xi)$$
$$= \int_{\boldsymbol{R}^n} e^{-ix\cdot\xi} D_x^\alpha [x^\beta f(x)]\, dx.$$

いまライプニッツの公式より

$$D_x^\alpha [x^\beta f(x)] = \sum_{\gamma \leq \alpha} \binom{\alpha}{\gamma} D_x^\gamma x^\beta \cdot D_x^{\alpha-\gamma} f(x)$$
$$= \sum_{\gamma \leq \alpha \text{ かつ } \gamma \leq \beta} \frac{\alpha!\beta!}{(\alpha-\gamma)!\gamma!(\beta-\gamma)!} x^{\beta-\gamma} \cdot D_x^{\alpha-\gamma} f(x).$$

大雑把に見積もって，$|\beta| \leq N$ ならば $|x^\beta| \leq (1+|x|)^N$ $(|x| = \sqrt{x_1^2 + \cdots + x_n^2})$ がすべての $x \in \boldsymbol{R}^n$ に対して成り立つので，N と n にしか拠らない定数 C_N があって

$$|D_x^\alpha (x^\beta f(x))| \leq C_N (1+|x|)^N \sum_{|\gamma| \leq N} |D_x^\gamma f(x)| \tag{3.33}$$

が $|\alpha| \leq N, |\beta| \leq N$ なるすべての多重指数 α, β に対して成立する．いま (3.3) の観点より

$$c_n = \int_{\boldsymbol{R}^n} \frac{dx}{(1+|x|)^{n+1}} = \Omega_n \int_0^\infty \frac{r^{n-1}}{(1+r)^{n+1}}\, dr \tag{3.34}$$

とおく．明らかに c_n は有限であるので，(3.33), (3.34) より

$$|\xi^\alpha D_\xi^\beta \mathscr{F}[f](\xi)|$$
$$\leq \int_{\boldsymbol{R}^n} |e^{-ix\cdot\xi}| |D_x^\alpha [x^\beta f(x)]|\, dx$$
$$\leq C_N \int_{\boldsymbol{R}^n} \left[(1+|x|)^{N+n+1} \sum_{|\alpha| \leq N} |D_x^\alpha f(x)| \right] (1+|x|)^{-(n+1)}\, dx$$
$$\leq \sup_{x \in \boldsymbol{R}^n} \left\{ (1+|x|)^{N+n+1} \sum_{|\alpha| \leq N} |D_x^\alpha f(x)| \right\} \int_{\boldsymbol{R}^n} \frac{dx}{(1+|x|)^{n+1}}$$

$$\leq C_N c_n p_{N+n+1}(f). \tag{3.35}$$

(3.29) より N と n にのみ依存する定数 C があって

$$(1+|\xi|)^N \sum_{|\beta|\leq N} |D_\xi^\beta \mathscr{F}[f](\xi)| \leq C \sum_{|\alpha|,|\beta|\leq N} |\xi^\alpha D_\xi^\beta \mathscr{F}[f](\xi)|$$

とできるので (3.35) より

$$(1+|\xi|)^N \sum_{|\beta|\leq N} |D_\xi^\beta \mathscr{F}[f](\xi)| \leq CC_N c_n p_{N+n+1}(f)$$

を得た．よって左辺で $\xi\in\boldsymbol{R}^n$ についての上限をとって

$$p_N(\mathscr{F}[f]) \leq CC_N c_n p_{N+n+1}(f). \tag{3.36}$$

こうして $\mathscr{F}[f](\xi)\in\mathscr{S}$, すなわちフーリエ変換 $\mathscr{F}$ は $\mathscr{S}$ を $\mathscr{S}$ に写像する．

(2) フーリエ変換は線形写像である．

実際，$f,g\in\mathscr{S}, a,b\in\boldsymbol{C}$ に対して積分の線形性を用いれば，

$$\begin{aligned}\mathscr{F}[af+bg](\xi) &= \int_{\boldsymbol{R}^n} e^{-ix\cdot\xi}[af(x)+bg(x)]\,dx \\ &= a\int_{\boldsymbol{R}^n} e^{-ix\cdot\xi} f(x)\,dx + b\int_{\boldsymbol{R}^n} e^{-ix\cdot\xi} g(x)\,dx \\ &= a\mathscr{F}[f](\xi)+b\mathscr{F}[g](\xi).\end{aligned}$$

よって $\mathscr{F}$ は線形写像である．

(3) $\mathscr{F}$ は連続写像である．すなわち $j\longrightarrow\infty$ のとき

$$f_j \longrightarrow f \text{ in } \mathscr{S} \text{ ならば } \mathscr{F}[f_j] \longrightarrow \mathscr{F}[f] \text{ in } \mathscr{S}$$

が成立する．

実際，任意の非負整数 N について $\mathscr{F}$ の線形性と (3.36) より

$$p_N(\mathscr{F}[f_j]-\mathscr{F}[f]) = p_N(\mathscr{F}[f_j-f]) \leq C_N c_n p_{N+n+1}(f_j-f).$$

$f_j\longrightarrow\varphi$ in $\mathscr{S}$ $(j\longrightarrow\infty)$ より任意の非負整数 N に対して $p_N(f_j-f)\longrightarrow 0$ である．よって $p_N(\mathscr{F}[f_j]-\mathscr{F}[f])\longrightarrow 0$ $(j\longrightarrow\infty)$．これは $\mathscr{F}[f_j]\longrightarrow\mathscr{F}[f]$ in $\mathscr{S}$ $(j\longrightarrow\infty)$ を示している．以上 (1), (2), (3) よりフーリエ変換は $\mathscr{S}(\boldsymbol{R}^n)$ から $\mathscr{S}(\boldsymbol{R}^n)$ への連続線形写像であることが示せた．

後半の主張を示そう．$f\in\mathscr{S}(\boldsymbol{R}^n)$ ならば $f\in L^1(\boldsymbol{R}^n)\cap L^\infty(\boldsymbol{R}^n)$, $\hat{f}\in L^1(\boldsymbol{R}^n)$. f は $\boldsymbol{R}^n$ 上のすべての点で連続であるので，定理 3.23 より $\mathscr{F}^{-1}[\mathscr{F}[f]]=f$.

また ξ を $-\xi$ に変数変換して (3.27) より

$$f(x)=(2\pi)^{-n}\int_{\boldsymbol{R}^n}e^{ix\cdot\xi}\hat{f}(\xi)\,d\xi=(2\pi)^{-n}\int_{\boldsymbol{R}^n}e^{ix\cdot\xi}(2\pi)^n\check{f}(-\xi)\,d\xi$$
$$=\int_{\boldsymbol{R}^n}e^{-ix\cdot\xi}\check{f}(\xi)\,d\xi=\mathscr{F}[\mathscr{F}^{-1}[f]](x)$$

を得た．すなわち，$f=\mathscr{F}[\mathscr{F}^{-1}[f]]$ である．とくに $f\in\mathscr{S}(\boldsymbol{R}^n)$ ならば $\mathscr{F}^{-1}[f]\in\mathscr{S}(\boldsymbol{R}^n)$ なので，$f=\mathscr{F}[\mathscr{F}^{-1}[f]]$ よりフーリエ変換は上への写像である．また $f=\mathscr{F}^{-1}[\mathscr{F}[f]]$ より $f\in\mathscr{S}(\boldsymbol{R}^n)$ が $\mathscr{F}[f]=0$ であれば $f=0$ であるので，フーリエ変換は 1 対 1 写像である．以上で定理の証明を終わる．■

定理 3.22 より $\mathscr{S}(\boldsymbol{R}^n)$ の元に対して次の関係式が成立する．

定理 3.33　$f,g\in\mathscr{S}(\boldsymbol{R}^n)$ に対して

$$(f,g)=\int_{\boldsymbol{R}^n}f(x)\overline{g(x)}\,dx,\quad (f*g)(x)=\int_{\boldsymbol{R}^n}f(x-y)g(y)\,dy$$

とおく．ただし，$\overline{g(x)}$ は $g(x)$ の複素共役を表す．このとき次の関係式が成立する．

$$(f,g)=(2\pi)^{-n}(\hat{f},\hat{g}),\qquad\text{(プランシェレル (Plancherel) の公式)}$$
$$\|f\|_2=(2\pi)^{-n/2}\|\hat{f}\|_2,\qquad\text{(パーシヴァル (Parseval) の等式)}$$
$$\mathscr{F}^{-1}[fg](\xi)=(\check{f}*\check{g})(\xi),\tag{3.37}$$
$$\mathscr{F}[f*g](\xi)=\hat{f}(\xi)\hat{g}(\xi).\tag{3.38}$$

証明

$$\overline{g(x)}=(2\pi)^{-n}\overline{\int_{\boldsymbol{R}^n}e^{ix\cdot\xi}\hat{g}(\xi)\,d\xi}$$
$$=(2\pi)^{-n}\int_{\boldsymbol{R}^n}e^{-ix\cdot\xi}\overline{\hat{g}(\xi)}\,d\xi=\mathscr{F}[(2\pi)^{-n}\overline{\hat{g}}](x).$$

よって定理 3.22 より

$$(f,g)=\int_{\boldsymbol{R}^n}f(x)\overline{g(x)}\,dx=\int_{\boldsymbol{R}^n}\hat{f}(\xi)(2\pi)^{-n}\overline{\hat{g}(\xi)}\,d\xi=(2\pi)^{-n}(\hat{f},\hat{g}).$$

よってプランシェレルの公式が示せた．プランシェレルの公式で $f=g$ とおいて $\|f\|_2^2=(2\pi)^{-n}\|\hat{f}\|_2^2$ を導き，平方根をとってパーシヴァルの等式を得る．

定理 3.22 と (3.27) より

$$\begin{aligned}\mathscr{F}^{-1}[fg](\xi) &= (2\pi)^{-n}\int_{\boldsymbol{R}^n} e^{ix\cdot\xi} f(x)g(x)\,dx \\ &= (2\pi)^{-n}\int_{\boldsymbol{R}^n} e^{-ix\cdot(-\xi)} f(x)\mathscr{F}[\check{g}](x)\,dx \\ &= (2\pi)^{-n}\int_{\boldsymbol{R}^n} \hat{f}(-\xi+\eta)\check{g}(\eta)\,d\eta = \int_{\boldsymbol{R}^n} \check{f}(\xi-\eta)\check{g}(\eta)\,d\eta.\end{aligned}$$

よって (3.37) が示せた.

最後に (3.37) より $f(x)g(x)=\mathscr{F}[\check{f}*\check{g}](x)$ なので，f を $\hat{f}, g$ を $\hat{g}$ に置き換えて $\hat{f}(x)\hat{g}(x)=\mathscr{F}[f*g](x)$ を得た．よって (3.38) が示せた．■

3.4 緩増加超関数に対するフーリエ変換

$L^1(\boldsymbol{R}^n)$ の元に対するフーリエ変換は積分により定義された．しかし $1<p\leq\infty$ の場合 $L^p(\boldsymbol{R}^n)$ の元に対して直接積分で定義することは，積分が一般には収束しないのでできない．したがって工夫が必要である．この節ではまずフーリエ変換を扱うために，もっとも広い空間である L. シュワルツにより創始された緩増加超関数を導入し，そのうえでのフーリエ変換を定義する．

3.4.1 緩増加超関数の定義と $L^p(\boldsymbol{R}^n)$ 空間との関連

定義 3.34 ($\mathscr{S}'(\boldsymbol{R}^n)$ **の定義**)　f が**緩増加超関数** (tempered distribution) とは，f が $\mathscr{S}(\boldsymbol{R}^n)$ から $\boldsymbol{C}$(複素数体) への線形かつ連続な関数のときをいう．すなわち，写像 $f:\mathscr{S}(\boldsymbol{R}^n)\longrightarrow\boldsymbol{C}, \varphi\longmapsto\langle f,\varphi\rangle=f(\varphi)$ が

$$a,b\in\boldsymbol{C}, \varphi,\psi\in\mathscr{S}(\boldsymbol{R}^n)\Longrightarrow\langle f,a\varphi+b\psi\rangle=a\langle f,\varphi\rangle+b\langle f,\psi\rangle, \qquad (\text{線形性})$$

$$\varphi_j\longrightarrow\varphi \text{ in } \mathscr{S}(\boldsymbol{R}^n)\Longrightarrow\langle f,\varphi_j\rangle\longrightarrow\langle f,\varphi\rangle \qquad (\text{連続性})$$

の2つの性質を満たすとき，f を緩増加超関数という．

註 3.35　いま $\varphi_j\longrightarrow\varphi$ in $\mathscr{S}(\boldsymbol{R}^n)$ は $\varphi_j-\varphi\longrightarrow 0$ in $\mathscr{S}(\boldsymbol{R}^n)$ と同値なので，f は線形であることに注意すれば，$\langle f,\varphi_j\rangle\longrightarrow\langle f,\varphi\rangle$ と $\langle f,\varphi_j-\varphi\rangle\longrightarrow 0$ は同値である．よって，連続性は次のようにも述べられる．

$$\varphi_j\longrightarrow 0 \text{ in } \mathscr{S}(\boldsymbol{R}^n)\Longrightarrow\langle f,\varphi_j\rangle\longrightarrow 0. \qquad (\text{連続性})$$

緩増加超関数の全体を $\mathscr{S}'(\boldsymbol{R}^n)$ と表す．$\mathscr{S}'(\boldsymbol{R}^n)$ は $\mathscr{S}(\boldsymbol{R}^n)$ の双対空間 (dual space) の意味である．したがって，超関数は写像であって関数ではない．とくに関数のように各点 $x\in\boldsymbol{R}^n$ で値を考えているわけではないことに注意せよ．

例 3.36　$1\le p<\infty$ の場合を考えると，$\mathscr{S}(\boldsymbol{R}^n)\subset L^p(\boldsymbol{R}^n)$ である．実際，$\varphi\in\mathscr{S}(\boldsymbol{R}^n)$ に対して (3.34) に注意すれば

$$\begin{aligned}\int_{\boldsymbol{R}^n}|\varphi(x)|^p\,dx &\le \int_{\boldsymbol{R}^n}(1+|x|)^{-(n+1)}|(1+|x|)^{(n+1)/p}\varphi(x)|^p\,dx\\ &\le \Bigl(\sup_{x\in\boldsymbol{R}^n}(1+|x|)^{(n+1)/p}|\varphi(x)|\Bigr)^p\int_{\boldsymbol{R}^n}(1+|x|)^{-(n+1)}\,dx\\ &\le c_n\sup_{x\in\boldsymbol{R}^n}p_{n+1}(\varphi)^p.\end{aligned}$$

すなわち

$$\|\varphi\|_p\le(c_n)^{1/p}p_{n+1}(\varphi)\quad(\varphi\in\mathscr{S}(\boldsymbol{R}^n)) \tag{3.39}$$

を得た．こうして $C_0^\infty(\boldsymbol{R}^n)\subset\mathscr{S}(\boldsymbol{R}^n)\subset L^p(\boldsymbol{R}^n)$ なる包含関係が成立する．定理 3.15 より $C_0^\infty(\boldsymbol{R}^n)$ は $L^p(\boldsymbol{R}^n)$ で稠密なので，$\mathscr{S}(\boldsymbol{R}^n)$ もまた $L^p(\boldsymbol{R}^n)$ で稠密である．

$f\in L^p(\boldsymbol{R}^n),\varphi\in\mathscr{S}(\boldsymbol{R}^n)$ に対し

$$\sigma_f(\varphi)=(f,\varphi)=\int_{\boldsymbol{R}^n}f(x)\varphi(x)\,dx$$

により $\mathscr{S}(\boldsymbol{R}^n)$ から $\boldsymbol{C}$ への写像 σ_f を定義する．$p=1$ のときは明らかに

$$|\sigma_f(\varphi)|\le\|f\|_1\|\varphi\|_\infty=\|f\|_1p_0(\varphi). \tag{3.40}$$

$1<p<\infty$ のときは $q=p/(p-1)$ としてヘルダーの不等式と (3.39) より

$$|\sigma_f(\varphi)|\le\|f\|_p\|\varphi\|_q\le(c_n)^{1/q}\|f\|_p p_{n+1}(\varphi). \tag{3.41}$$

さて $\varphi_j\longrightarrow 0$ in $\mathscr{S}(\boldsymbol{R}^n)$ ならば (3.40), (3.41) より $\sigma_f(\varphi_j)\longrightarrow 0$ であるので，σ_f は $\mathscr{S}(\boldsymbol{R}^n)$ 上の連続写像である．また，σ_f は線形写像である．実際，積分の線形性より $a,b\in\boldsymbol{C},\varphi,\psi\in\mathscr{S}(\boldsymbol{R}^n)$ に対し

$$\sigma_f(a\varphi+b\psi)=\int_{\boldsymbol{R}^n}f(x)(a\varphi(x)+b\psi(x))\,dx$$

$$=a\int_{\boldsymbol{R}^n} f(x)\varphi(x)\,dx+b\int_{\boldsymbol{R}^n} f(x)\psi(x)\,dx=a\sigma_f(\varphi)+b\sigma_f(\psi).$$

よって σ_f は $\mathscr{S}(\boldsymbol{R}^n)$ から $\boldsymbol{C}$ への連続線形写像であるから $\sigma_f\in\mathscr{S}'(\boldsymbol{R}^n)$ である．すなわち，

$$\langle f,\varphi\rangle=\int_{\boldsymbol{R}^n} f(x)\varphi(x)\,dx \tag{3.42}$$

で $\varphi\in\mathscr{S}(\boldsymbol{R}^n)$ に対する作用を定義し，$f\in\mathscr{S}'(\boldsymbol{R}^n)$ とみなす．この意味で $L^p(\boldsymbol{R}^n)\subset\mathscr{S}'(\boldsymbol{R}^n)$ である．

とくに，$L^p(\boldsymbol{R}^n)$ の収束列は $\mathscr{S}'(\boldsymbol{R}^n)$ の収束列である．実際 $\{f_j\}_{j=1}^\infty$ が $f\in L^p(\boldsymbol{R}^n)$ に $L^p(\boldsymbol{R}^n)$ で収束しているとする．すなわち $\|f_j-f\|_p\longrightarrow 0$ $(j\longrightarrow\infty)$ とする．このとき任意の $\varphi\in\mathscr{S}(\boldsymbol{R}^n)$ に対し (3.42) と (3.40), (3.41) より

$$|\langle f_j-f,\varphi\rangle|\le C\|f_j-f\|_p p_{n+1}(\varphi)\longrightarrow 0\quad (j\longrightarrow\infty)$$

である．よって $f_j\longrightarrow f$ in $\mathscr{S}'(\boldsymbol{R}^n)$.

例 3.37　$f\in L^1_{\mathrm{loc}}(\boldsymbol{R}^n)$ がある $N,C>0,0\le L<n$ により

$$|f(x)|\le\frac{C}{|x|^L}(1+|x|)^N \tag{3.43}$$

と評価されるとする．このとき，任意の $\varphi\in\mathscr{S}(\boldsymbol{R}^n)$ に対し

$$\sigma_f(\varphi)=\int_{\boldsymbol{R}^n} f(x)\varphi(x)\,dx$$

とおくと $\sigma_f\in\mathscr{S}'(\boldsymbol{R}^n)$ である．実際，(3.43) と (3.3) より

$$\begin{aligned}\left|\int_{\boldsymbol{R}^n} f(x)\varphi(x)\,dx\right|&\le C\int_{\boldsymbol{R}^n}\frac{(1+|x|)^N|\varphi(x)|}{|x|^L}\,dx\\&\le C2^N\Big(\sup_{|x|\le 1}|\varphi(x)|\Big)\int_{|x|\le 1}|x|^{-L}\,dx\\&\quad+C\Big(\sup_{|x|\ge 1}(1+|x|)^{N-L+n+1}|\varphi(x)|\Big)\int_{|x|\ge 1}(1+|x|)^{-(n+1)}\,dx\\&\le Cp_{N+n+1}(\varphi)\Omega_n\Big\{\int_0^1\frac{r^{n-1}}{r^L}\,dr+\int_1^\infty\frac{r^{n-1}}{r^{n+1}}\,dr\Big\}\\&=Cp_{N+n+1}(\varphi)\Omega_n\Big(\frac{1}{n-L}+1\Big).\end{aligned}$$

ゆえに，例 3.36 と同様にして写像 σ_f は $\mathscr{S}$ より $\boldsymbol{C}$ への連続線形写像である．すなわち $\sigma_f \in \mathscr{S}'(\boldsymbol{R}^n)$．このようにして $f \in \mathscr{S}'(\boldsymbol{R}^n)$ とみなせた．とくに $f \in L^\infty(\boldsymbol{R}^n)$ であれば上で $N=L=0$ の場合であるが，(3.39) で $p=1$ として直接次を得る．

$$|\sigma_f(\varphi)| \leq \|f\|_\infty \|\varphi\|_1 \leq c_n \|f\|_\infty p_{n+1}(\varphi), \quad \varphi \in \mathscr{S}(\boldsymbol{R}^n).$$

よって $f \in \mathscr{S}'(\boldsymbol{R}^n)$ とみなせる．この意味で $L^\infty(\boldsymbol{R}^n) \subset \mathscr{S}'(\boldsymbol{R}^n)$ である．

例 3.38 (ディラックのデルタ関数 δ) 任意の $\varphi \in \mathscr{S}$ に対して

$$\langle \delta, \varphi \rangle = \varphi(0) \tag{3.44}$$

で定義する．このとき，$\delta \in \mathscr{S}'$ である．

定義 3.39 ($\mathscr{S}'$ の位相) $f_j \longrightarrow f$ in $\mathscr{S}'$ とは，$\langle f_j, \varphi \rangle \longrightarrow \langle f, \varphi \rangle$ が任意の $\varphi \in \mathscr{S}$ に対して成立するときをいう．

註 3.40 上の位相を単純位相 (simple topology) という．

次に $\mathscr{S}'$ の空間の位相の 1 つの特徴付けを与える．次の定理は，単純位相で連続ならばじつは強位相 (strong topology) で連続であることをいっている．

定理 3.41 (シュワルツの定理) $f : \mathscr{S} \longrightarrow \boldsymbol{C}$ を線形写像とする．このとき，$f \in \mathscr{S}'$ であることと，ある定数 $C>0$ と自然数 N があって任意の $\mathscr{S}(\boldsymbol{R}^n)$ の元 φ に対して次の不等式が成立することは同値である．

$$|\langle f, \varphi \rangle| \leq C p_N(\varphi). \tag{$*$}$$

証明 ($\Longleftarrow$) ($*$) が成立しているとき，f が $\mathscr{S}(\boldsymbol{R}^n)$ 上連続であることを示すために，$\varphi_j \longrightarrow 0$ in $\mathscr{S}(\boldsymbol{R}^n)$ とする．仮定からある $C>0$ と N があって $|\langle f, \varphi_j \rangle| \leq C p_N(\varphi_j)$ である．$\varphi_j \longrightarrow 0$ in $\mathscr{S}(\boldsymbol{R}^n)$ より $p_N(\varphi_j) \longrightarrow 0$ なので，$\langle f, \varphi_j \rangle \longrightarrow 0$．よって，$f \in \mathscr{S}'(\boldsymbol{R}^n)$．

($\Longrightarrow$) $f \in \mathscr{S}'(\boldsymbol{R}^n)$ とすればある自然数 N があって，任意の $\varphi \in \mathscr{S}$ に対して $|\langle f, \varphi \rangle| \leq N p_N(\varphi)$ が成立することを示せばよい．背理法で示す．そのために，任意の自然数 k に対しある $\varphi_k \in \mathscr{S}(\boldsymbol{R}^n)$ があって

$$|\langle f, \varphi_k \rangle| \geq k p_k(\varphi_k) \tag{3.45}$$

が成立すると仮定する．いま $\psi_k(x) = (\sqrt{k} p_k(\varphi_k))^{-1} \varphi_k(x)$ により $\mathscr{S}(\boldsymbol{R}^n)$ の

列 $\{\psi_k(x)\}_{k=1}^{\infty}$ を定義する．このとき任意の自然数 N に対して $p_N(\psi_k) = (\sqrt{k}p_k(\varphi_k))^{-1}p_N(\varphi_k)$ が成立する．いま $k \geq N$ ならば $p_N(\varphi_k)/p_k(\varphi_k) \leq 1$ なので $\lim_{k\to\infty} p_N(\psi_k) = 0$ である．すなわち，$\psi_k \longrightarrow 0$ in $\mathscr{S}(\boldsymbol{R}^n)$ が成立する．こうして $f \in \mathscr{S}'(\boldsymbol{R}^n)$ より $(f, \psi_k) \longrightarrow 0$ $(k \longrightarrow \infty)$．一方 (3.45) より

$$|\langle f, \psi_k\rangle| = \frac{1}{\sqrt{k}p_k(\varphi_k)}|\langle f, \varphi_k\rangle| \geq \frac{kp_k(\varphi_k)}{\sqrt{k}p_k(\varphi_k)} = \sqrt{k}.$$

よって $\lim_{k\to\infty} |\langle f, \psi_k\rangle| = \infty$．これは矛盾である．こうして (3.45) は否定された．よって $(*)$ が成立する．■

3.4.2　$\mathscr{S}'$ の元のフーリエ変換，逆変換

さて $\mathscr{S}'(\boldsymbol{R}^n)$ の元に対してフーリエ変換を定義する．(3.25), (3.26) の観点より次のように定義する．

定義 3.42　$f \in \mathscr{S}'(\boldsymbol{R}^n)$ に対してそのフーリエ変換 $\mathscr{F}[f]$, フーリエ逆変換 $\mathscr{F}^{-1}[f]$ を任意の $\varphi \in \mathscr{S}(\boldsymbol{R}^n)$ に対して

$$\langle \mathscr{F}[f], \varphi\rangle = \langle f, \mathscr{F}[\varphi]\rangle, \quad \langle \mathscr{F}^{-1}[f], \varphi\rangle = \langle f, \mathscr{F}^{-1}[\varphi]\rangle \tag{3.46}$$

で定義する．ただし，$\varphi \in \mathscr{S}(\boldsymbol{R}^n)$ に対する $\mathscr{F}[\varphi], \mathscr{F}^{-1}[\varphi]$ は 3.3 節の積分による定義で与えられている．

3.3 節の定理 3.32 よりフーリエ変換，フーリエ逆変換は $\mathscr{S}(\boldsymbol{R}^n)$ 上の連続作用素なので，$\varphi_j \longrightarrow 0$ in $\mathscr{S}(\boldsymbol{R}^n)$ ならば $\mathscr{F}[\varphi_j] \longrightarrow 0$ in $\mathscr{S}(\boldsymbol{R}^n), \mathscr{F}^{-1}[\varphi_j] \longrightarrow 0$ in $\mathscr{S}(\boldsymbol{R}^n)$ であるので，

$$\langle \mathscr{F}[f], \varphi_j\rangle = \langle f, \mathscr{F}[\varphi_j]\rangle \longrightarrow 0 \quad (j \longrightarrow \infty),$$

$$\langle \mathscr{F}^{-1}[f], \varphi_j\rangle = \langle f, \mathscr{F}^{-1}[\varphi_j]\rangle \longrightarrow 0 \quad (j \longrightarrow \infty).$$

よって $\mathscr{F}[f], \mathscr{F}^{-1}[f]$ は $\mathscr{S}(\boldsymbol{R}^n)$ 上の連続作用素である．また，$\mathscr{F}$ は $\mathscr{S}(\boldsymbol{R}^n)$ 上で線形作用素であるので，

$$\begin{aligned}\langle \mathscr{F}[f], a\varphi + b\psi\rangle &= \langle f, \mathscr{F}[a\varphi + b\psi]\rangle = \langle f, a\mathscr{F}[\varphi] + b\mathscr{F}[\psi]\rangle \\ &= a\langle f, \mathscr{F}[\varphi]\rangle + b\langle f, \mathscr{F}[\psi]\rangle = a\langle \mathscr{F}f, \varphi\rangle + b\langle \mathscr{F}[f], \psi\rangle.\end{aligned}$$

よって $\mathscr{F}[f]$ は $\mathscr{S}(\boldsymbol{R}^n)$ 上の線形作用素である．同様にして，$\mathscr{F}^{-1}[f]$ も

$\mathscr{S}(\boldsymbol{R}^n)$ 上の線形作用素であることが示せる．こうして $\mathscr{F}[f], \mathscr{F}^{-1}[f] \in \mathscr{S}'(\boldsymbol{R}^n)$ である．

例 3.36, 3.37 より $L^p(\boldsymbol{R}^n) \subset \mathscr{S}'(\boldsymbol{R}^n)$ であるので $f \in L^p(\boldsymbol{R}^n)$ の元についてフーリエ変換が定義できた．$L^p(\boldsymbol{R}^n)$ の元に対するフーリエ変換についてもう少しくわしく考察しよう．

例 3.43　$f \in L^1(\boldsymbol{R}^n)$ に対しては積分によりフーリエ変換が定義されていた．また $f \in \mathscr{S}'(\boldsymbol{R}^n)$ の元とみなしたときのフーリエ変換も定義される．これらが $\mathscr{S}'(\boldsymbol{R}^n)$ の元として一致することを示す．一応区別するために $\hat{f}$ を 3.3 節の積分により定義された f のフーリエ変換とする．また $\mathscr{F}[f]$ を定義 (3.46) でのフーリエ変換とする．$\hat{f}(\xi) \in L^\infty(\boldsymbol{R}^n)$ であるので例 3.37 より $\hat{f}(\xi) \in \mathscr{S}'(\boldsymbol{R}^n)$ とみなせる．(3.42), (3.25), (3.46) より任意の $\varphi \in \mathscr{S}(\boldsymbol{R}^n)$ に対して

$$
\begin{aligned}
\langle \hat{f}, \varphi \rangle &= \int_{\boldsymbol{R}^n} \hat{f}(\xi)\varphi(\xi)\,d\xi = \int_{\boldsymbol{R}^n} f(x)\mathscr{F}[\varphi](x)\,dx \\
&= \langle f, \mathscr{F}[\varphi] \rangle = \langle \mathscr{F}[f], \varphi \rangle.
\end{aligned}
$$

こうして $\hat{f} = \mathscr{F}[f]$ が $\mathscr{S}'(\boldsymbol{R}^n)$ の元として成立する．同様にして $\check{f}$ を積分で定義したフーリエ逆変換，$\mathscr{F}^{-1}[f]$ を (3.46) で定義したフーリエ逆変換としたとき，やはり $\check{f} = \mathscr{F}^{-1}[f]$ が $\mathscr{S}'(\boldsymbol{R}^n)$ の元として成立する．

命題 3.44　$1 \le p < \infty$ とする．$f \in L^p(\boldsymbol{R}^n)$ と $\varphi = \varphi(\xi) \in \mathscr{S}(\boldsymbol{R}^n)$ に対して

$$
\langle \mathscr{F}^{-1}[f](\xi), \varphi \rangle = \left\langle \lim_{R \to \infty} \int_{|x| \le R} e^{-ix\cdot\xi} f(x)\,dx, \varphi \right\rangle \tag{3.47}
$$

が成立する．フーリエ逆変換についても同様の式が成立する．

証明　$\chi(x)$ を $B_1 = \{x \in \boldsymbol{R}^n \mid |x| \le 1\}$ の特性関数とする．すなわち，$\chi(x)$ は $\chi(x) = 1\ (|x| \le 1), \chi(x) = 0\ (|x| > 1)$ なる関数とする．$\chi_R(x) = \chi(x/R)$ とおくと，定理 3.15 の証明より $\|\chi_R f - f\|_p \longrightarrow 0\ (R \longrightarrow \infty)$ を得る．一方 $\chi_R(x) = 1\ (|x| \le R), \chi_R(x) = 0\ (|x| > R)$ なので，ヘルダーの不等式より $q = p/(p-1)$ として

$$
\|\chi_R f\|_1 \le \|\chi_R\|_q \|f\|_p = \left(\int_{|x| \le R} dx \right)^{1/q} \|f\|_p \le c_{n,q} R^{n/q} \|f\|_p.
$$

ここで，(3.34) 式と同様にして

$$\int_{|x|\le R} dx = \Omega_n \int_0^R r^{n-1}\,dr = \frac{\Omega_n}{n} R^n = v_n R^n$$

より $c_{n,q}=v_n^{1/q}$ とおいた．ただし，$v_n=\Omega_n/n$ は $\boldsymbol{R}^n$ の単位球 B_1 の n 次元体積である．こうして $\chi_R f\in L^1(\boldsymbol{R}^n)$ であるので，例 3.43 より

$$\mathscr{F}[\chi_R f](\xi)=\int_{\boldsymbol{R}^n} e^{-ix\cdot\xi}\chi_R(x)f(x)\,dx=\int_{|x|\le R} e^{-ix\cdot\xi}f(x)\,dx. \tag{3.48}$$

一方 $f-\chi_R f\in L^p(\boldsymbol{R}^n)$ なので (3.42) に注意して

$$\langle \mathscr{F}[f]-\mathscr{F}[\chi_R f],\varphi\rangle=\langle \mathscr{F}[f-\chi_R f],\varphi\rangle=\langle f-\chi_R f,\mathscr{F}[\varphi]\rangle$$

が任意の $\varphi\in\mathscr{S}(\boldsymbol{R}^n)$ に対して成立する．いま $\|\chi_R f-f\|_p\longrightarrow 0\ (R\longrightarrow\infty)$ なので $\langle f-\chi_R f,\mathscr{F}[\varphi]\rangle\longrightarrow 0\ (R\longrightarrow\infty)$．よって

$$\lim_{R\to\infty}\langle \mathscr{F}[f]-\mathscr{F}[\chi_R f],\varphi\rangle=0.$$

これは (3.47) を示している．∎

L^2 の元のフーリエ変換，逆変換についてはよりくわしいことが分かる．すなわち次の命題が成立する．

命題 3.45　$f\in L^2(\boldsymbol{R}^n)$ に対しては $\mathscr{F}[f],\mathscr{F}^{-1}[f]$ は $L^2(\boldsymbol{R}^n)$ の元とみなせる．さらに次が成立する．

$$\|f\|_2=(2\pi)^{-n/2}\|\mathscr{F}[f]\|_2 \quad (f\in L^2(\boldsymbol{R}^n)), \tag{3.49}$$

$$(f,g)=(2\pi)^{-n}(\mathscr{F}[f],\mathscr{F}[g]) \quad (f,g\in L^2(\boldsymbol{R}^n)). \tag{3.50}$$

また $f\in L^2(\boldsymbol{R}^n)$ に対して

$$\mathscr{F}[f](\xi)=\underset{R\longrightarrow\infty}{\mathrm{l.i.m}}\int_{|x|\le R} e^{-ix\cdot\xi}f(x)\,dx \tag{3.51}$$

が成立する．ここで $\underset{R\to\infty}{\mathrm{l.i.m}}\,g_R(\xi)=g(\xi)$ は $\lim_{R\to\infty}\|g_R-g\|_2=0$ の意味であり，これを平均収束という．同様のことはフーリエ逆変換についても成立する．

証明　$\mathscr{S}(\boldsymbol{R}^n)$ は $L^2(\boldsymbol{R}^n)$ で稠密であったので，任意の $f\in L^2(\boldsymbol{R}^n)$ に対し $\mathscr{S}(\boldsymbol{R}^n)$ の列 $\{\varphi_j\}_{j=1}^\infty$ で $\|\varphi_j-f\|_2\longrightarrow 0\ (j\longrightarrow\infty)$ なるものが存在する．$\{\varphi_j\}_{j=1}^\infty$ は収束列なのでコーシー列，すなわち $\|\varphi_j-\varphi_k\|_2\longrightarrow 0\ (j,k\longrightarrow\infty)$

が成立する．これと定理 3.33 のパーシヴァルの等式より

$$\|\hat{\varphi}_j-\hat{\varphi}_k\|_2=(2\pi)^{n/2}\|\varphi_j-\varphi_k\|_2\longrightarrow 0\quad (j,k\longrightarrow\infty).$$

すなわち，$\{\hat{\varphi}_j\}_{j=1}^{\infty}$ は $L^2(\boldsymbol{R}^n)$ のコーシー列である．よって $L^2(\boldsymbol{R}^n)$ の完備性よりある $g\in L^2(\boldsymbol{R}^n)$ があって $\|\hat{\varphi}_j-g\|_2\longrightarrow 0$ $(j\longrightarrow\infty)$．とくに，$\hat{\varphi}_j\longrightarrow g$ in $\mathscr{S}'(\boldsymbol{R}^n)$ である．一方 $\|\varphi_j-f\|_2\longrightarrow 0$ $(j\longrightarrow\infty)$ より $\varphi_j\longrightarrow f$ in $\mathscr{S}'(\boldsymbol{R}^n)$．フーリエ変換は $\mathscr{S}'(\boldsymbol{R}^n)$ 上連続なので $\mathscr{F}[\varphi_j]\longrightarrow\mathscr{F}[f]$ in $\mathscr{S}'(\boldsymbol{R}^n)$．また例 3.43 より $\varphi\in\mathscr{S}(\boldsymbol{R}^n)$ に対しては $\hat{\varphi}=\mathscr{F}[\varphi]$ なので，極限の一意性より $\mathscr{F}[f]=g$ が $\mathscr{S}'(\boldsymbol{R}^n)$ で成立する．こうして $\mathscr{F}[f]=g$ により $f\in L^2(\boldsymbol{R}^n)$ のフーリエ変換を再定義する．この意味で $\mathscr{F}[f]\in L^2(\boldsymbol{R}^n)$ とみなせる．また $\|\hat{\varphi}_j-\mathscr{F}[f]\|_2\longrightarrow 0$ $(j\longrightarrow\infty)$ が成立する．以上から $\|\varphi_j\|_2\longrightarrow\|f\|_2, \|\hat{\varphi}_j\|_2\longrightarrow\|\mathscr{F}[f]\|_2$ $(j\longrightarrow\infty)$ が成立する．定理 3.33 のパーシヴァルの等式より $\|\varphi_j\|_2=(2\pi)^{-n/2}\|\hat{\varphi}_j\|_2$ であるので，$j\longrightarrow\infty$ として $L^2(\boldsymbol{R}^n)$ の元についてもパーシヴァルの等式 (3.49) が成立することが示せた．

また $f,g\in L^2(\boldsymbol{R}^n)$ に対して $\|\varphi_j-f\|_2\longrightarrow 0, \|\psi_j-g\|_2\longrightarrow 0$ $(j\longrightarrow\infty)$ なる $\mathscr{S}(\boldsymbol{R}^n)$ の列 $\{\varphi_j\}_{j=1}^{\infty}, \{\psi_j\}_{j=1}^{\infty}$ をとれば，$\|\hat{\varphi}_j-\mathscr{F}[f]\|_2\longrightarrow 0, \|\hat{\psi}_j-\mathscr{F}[g]\|_2\longrightarrow 0$ $(j\longrightarrow\infty)$ が従う．いま定理 3.33 のプランシェレルの等式より $(\varphi_j,\psi_j)=(2\pi)^{-n}(\hat{\varphi}_j,\hat{\psi}_j)$ が成立するので $j\longrightarrow\infty$ として $L^2(\boldsymbol{R}^n)$ の元のフーリエ変換についてもプランシェレルの等式 (3.50) が成立することが分かった．

最後に (3.51) を示そう．命題 3.44 の証明でみた近似を $p=2$ の場合にもう一度考える．$\chi_R f\in L^1(\boldsymbol{R}^n)\cap L^2(\boldsymbol{R}^n)$ であった．3.3 節の積分で定義するフーリエ変換を $(\chi_R f)^{\wedge}$ と表し，いま定義した $L^2(\boldsymbol{R}^n)$ の元に対するフーリエ変換 $\mathscr{F}[\chi_R f]\in L^2(\boldsymbol{R}^n)$ と区別しよう．(3.48) より

$$(\chi_R f)^{\wedge}(\xi)=\int_{|x|\le R}e^{-ix\cdot\xi}f(x)\,dx \tag{3.52}$$

であった．$\mathscr{S}(\boldsymbol{R}^n)$ の列 $\{\varphi_j\}_{j=1}^{\infty}$ を $\|\varphi_j-\chi_R f\|_2\longrightarrow 0$ $(j\longrightarrow\infty)$ にとる．このとき $\|\mathscr{F}[\varphi_j]-\mathscr{F}[\chi_R f]\|_2\longrightarrow 0$ $(j\longrightarrow\infty)$ であった．一方 (3.25) とヘルダーの不等式を用いれば，任意の $\psi\in\mathscr{S}(\boldsymbol{R}^n)$ に対して

$$\begin{aligned}|\langle(\chi_R f)^{\wedge}-\hat{\varphi}_j,\psi\rangle|&=\left|\int_{\boldsymbol{R}^n}((\chi_R f)^{\wedge}(\xi)-\hat{\varphi}_j(\xi))\psi(\xi)\,d\xi\right|\\&=\left|\int_{\boldsymbol{R}^n}(\chi_R(x)f(x)-\varphi_j(x))\hat{\psi}(x)\,dx\right|\end{aligned}$$

$$\leq \|\chi_R f - \varphi_j\|_2 \|\hat{\psi}\|_2 \longrightarrow 0 \quad (j \longrightarrow 0).$$

よって $\hat{\varphi}_j \longrightarrow (\chi_R f)^\wedge(\xi)$ in $\mathscr{S}'(\boldsymbol{R}^n)$ $(j \longrightarrow \infty)$ であるので，$(\chi_R f)^\wedge = \mathscr{F}[\chi_R f]$ が $\mathscr{S}'(\boldsymbol{R}^n)$ の元として成立する．一方 $(\chi_R f)^\wedge \in L^\infty(\boldsymbol{R}^n) \subset L^1_{\mathrm{loc}}(\boldsymbol{R}^n)$, $\mathscr{F}[\chi_R f] \in L^2(\boldsymbol{R}^n) \subset L^1_{\mathrm{loc}}(\boldsymbol{R}^n)$ であり，$\mathscr{S}'(\boldsymbol{R}^n)$ の元として等しいということから任意の $\varphi \in C_0^\infty(\boldsymbol{R}^n)$ に対して $\int_{\boldsymbol{R}^n} (\chi_R f)^\wedge(\xi)\varphi(\xi)\,d\xi = \int_{\boldsymbol{R}^n} \mathscr{F}[\chi_R f](\xi)\varphi(\xi)\,d\xi$ である．よって定理 3.16 より，ほとんどいたるところの $\xi \in \boldsymbol{R}^n$ に対し $(\chi_R f)^\wedge(\xi) = \mathscr{F}[\chi_R f](\xi)$ が成立する．よって (3.52) よりほとんどいたるところの $\xi \in \boldsymbol{R}^n$ に対し

$$\mathscr{F}[\chi_R f](\xi) = \int_{|x|<R} e^{-ix\cdot\xi} f(x)\,dx$$

が成立する．いまパーシヴァルの等式 (3.49) より

$$\|\mathscr{F}[f] - \mathscr{F}[\chi_R f]\|_2 = (2\pi)^{n/2} \|f - \chi_R f\|_2 \longrightarrow 0 \quad (R \longrightarrow \infty)$$

である．これは (3.51) が成立することを示している．■

例 3.46　ディラックのデルタ関数のフーリエ変換は $\mathscr{F}[\delta] = 1$ である．

実際

$$\begin{aligned}\langle \mathscr{F}[\delta], \varphi \rangle &= \langle \delta, \mathscr{F}[\varphi] \rangle = \mathscr{F}[\varphi](0) \\ &= \int_{\boldsymbol{R}^n} e^{-ix\cdot\xi} \varphi(x)\,dx \Big|_{\xi=0} = \int_{\boldsymbol{R}^n} \varphi(x)\,dx = \langle 1, \varphi \rangle.\end{aligned}$$

よって $\mathscr{F}[\delta] = 1$. 同様にして $\mathscr{F}^{-1}[\delta] = (2\pi)^{-n}$ を得る．

3.4.3　$\mathscr{S}'(\boldsymbol{R}^n)$ の元の微分と乗法

この小節では $\mathscr{S}'(\boldsymbol{R}^n)$ の元の乗法と微分を定義し，そのフーリエ変換との関連や偏微分方程式論で重要な役割をはたすソボレフ空間を定義する．

$C^\infty(\boldsymbol{R}^n)$ の関数 $a(x)$ が任意の多重指数 α に対し

$$|D^\alpha a(x)| \leq C_\alpha (1 + |x|)^{M_\alpha}$$

を満たす定数 C_α と M_α がとれるとき，**緩増加関数**と呼ぶ．緩増加関数の全体を $\mathscr{M}(\boldsymbol{R}^n)$ で表す．

定義 3.47 (乗法)　$f \in \mathscr{S}'(\boldsymbol{R}^n)$ と $a \in \mathscr{M}(\boldsymbol{R}^n)$ の積 af を，任意の $\varphi \in$

$\mathscr{S}(\boldsymbol{R}^n)$ に対し

$$\langle af, \varphi \rangle = \langle f, a\varphi \rangle \tag{3.53}$$

で定義する．このとき $af \in \mathscr{S}'$ である．

実際，写像 $T: \varphi \longmapsto a\varphi$ は $\mathscr{S}(\boldsymbol{R}^n)$ から $\mathscr{S}(\boldsymbol{R}^n)$ への連続写像である．これは次のようにして示される．$\varphi_j \longrightarrow 0$ in $\mathscr{S}(\boldsymbol{R}^n)$ とすると，任意の自然数 N に対してライプニッツの公式か

$$\begin{aligned} p_N(a\varphi_j) &= \sup_{x \in \boldsymbol{R}^n} (1+|x|)^N \sum_{|\alpha| \le N} |D^\alpha(a\varphi_j)| \\ &\le \sup_{x \in \boldsymbol{R}^n} (1+|x|)^N \sum_{|\alpha| \le N} \sum_{\beta \le \alpha} \binom{\alpha}{\beta} |D^{\alpha-\beta} a D^\beta \varphi_j| \end{aligned}$$

仮定を用いて

$$\le \sup_{x \in \boldsymbol{R}^n} (1+|x|)^N \sum_{|\alpha| \le N} \sum_{\beta \le \alpha} \binom{\alpha}{\beta} C_\beta (1+|x|)^{M_\beta} |D^{\alpha-\beta} \varphi_j(x)|.$$

ここで $\max_{|\beta| \le N} M_\beta = K_N$ とおくと，$|\alpha - \beta| \le |\alpha| \le N$ より，N と n による十分大きな定数 $C_{N,n}$ によって，結局

$$\begin{aligned} p_N(a\varphi_j) &\le C_{N,n} \sup_{x \in \boldsymbol{R}^n} (1+|x|)^{N+K_N} \sum_{|\alpha| \le N} |D^\alpha \varphi_j(x)| \\ &\le C_{N,n} p_{N+K_N}(\varphi_j) \end{aligned}$$

が成立することが分かった．$p_{N_K}(\varphi_j) \longrightarrow 0$ であるので，$p_N(a\varphi_j) \longrightarrow 0$ がいえた．すなわち $T\varphi_j \longrightarrow 0$ in $\mathscr{S}(\boldsymbol{R}^n)$ である．これは T が $\mathscr{S}(\boldsymbol{R}^n)$ から $\mathscr{S}(\boldsymbol{R}^n)$ への連続写像であることを示している．そこで af が $\mathscr{S}'(\boldsymbol{R}^n)$ 上の連続写像であることをみよう．$\varphi_j \longrightarrow 0$ in $\mathscr{S}(\boldsymbol{R}^n)$ とする．示したことから $a\varphi_j \longrightarrow 0$ in $\mathscr{S}(\boldsymbol{R}^n)$．よって $f \in \mathscr{S}'(\boldsymbol{R}^n)$ より $\langle f, a\varphi_j \rangle \longrightarrow 0$．以上の考察から

$$\langle af, \varphi_j \rangle = \langle f, a\varphi_j \rangle \longrightarrow 0$$

が従った．これは af が $\mathscr{S}(\boldsymbol{R}^n)$ 上連続であることを示している．af が線形写像であることは明らかであるから，$af \in \mathscr{S}'(\boldsymbol{R}^n)$ が言えた．

例 3.48 $\boldsymbol{R}^n$ の多項式 $P(x) = \sum_{|\alpha| \le m} a_\alpha x^\alpha$ は緩増加関数である．

定義 3.49 ($\mathscr{S}'$ **の元の微分**) $f \in \mathscr{S}'(\boldsymbol{R}^n)$ の元に対して f の微分 $D^\alpha f$ を，

任意の $\varphi \in \mathscr{S}(\boldsymbol{R}^n)$ に対し

$$\langle D^\alpha f, \varphi \rangle = (-1)^{|\alpha|} \langle f, D^\alpha \varphi \rangle \tag{3.54}$$

で定義する.

$D^\alpha f \in \mathscr{S}'(\boldsymbol{R}^n)$ である．これは次のようにして分かる．まず微分作用素 D^α は $\mathscr{S}(\boldsymbol{R}^n)$ 上の連続作用素であることを見よう．実際，$\varphi \in \mathscr{S}(\boldsymbol{R}^n)$ に対し明らかに $p_N(D^\alpha \varphi) \leq p_{|\alpha|+N}(\varphi)$ なので，$\varphi_j \longrightarrow 0$ in $\mathscr{S}(\boldsymbol{R}^n)$ ならば $D^\alpha \varphi_j \longrightarrow 0$ in $\mathscr{S}(\boldsymbol{R}^n)$ が従う．これは D^α が $\mathscr{S}(\boldsymbol{R}^n)$ 上の連続作用素であることを示している.

そこで $D^\alpha f$ が $\mathscr{S}(\boldsymbol{R}^n)$ 上連続であることを示そう．$\varphi_j \longrightarrow 0$ in $\mathscr{S}(\boldsymbol{R}^n)$ とする．いま示したことから $D^\alpha \varphi_j \longrightarrow 0$ in $\mathscr{S}(\boldsymbol{R}^n)$．$f \in \mathscr{S}'$ なので $\langle f, D^\alpha \varphi_j \rangle \longrightarrow 0$ $(j \longrightarrow \infty)$．よって $\langle D^\alpha f, \varphi_j \rangle = (-1)^\alpha \langle f, D^\alpha \varphi_j \rangle \longrightarrow 0$ $(j \longrightarrow \infty)$．これは $D^\alpha f$ が $\mathscr{S}(\boldsymbol{R}^n)$ 上連続であることを示している．$D^\alpha f$ は線形作用素であることは明らかなので $D^\alpha f \in \mathscr{S}'(\boldsymbol{R}^n)$ が示せた.

■導関数の性質■

(1) $\mathscr{S}'$ の元は無限回微分可能.

(2) 任意の $f \in \mathscr{S}'(\boldsymbol{R}^n)$ に対し $D_1(D_2 f) = D_2(D_1 f)$.

実際，$\varphi \in \mathscr{S}(\boldsymbol{R}^n)$ に対し

$$\langle D_1(D_2 f), \varphi \rangle = -\langle D_2 f, D_1 \varphi \rangle = \langle f, D_2(D_1 \varphi) \rangle$$

ここで $\varphi \in C^\infty$ であるので，$D_2(D_1 \varphi) = D_1(D_2 \varphi)$ が成立することから，

$$= \langle f, D_1(D_2 \varphi) \rangle = \langle D_2(D_1 f), \varphi \rangle.$$

よって $D_1(D_2 f) = D_2(D_1 f)$ がいえた.

(3) $a, b \in \boldsymbol{C}, f, g \in \mathscr{S}'(\boldsymbol{R}^n)$ に対して $D^\alpha(af + bg) = aD^\alpha f + bD^\alpha g$ である.

(4) **(連鎖率)**　$a \in \mathscr{M}(\boldsymbol{R}^n), f \in \mathscr{S}'(\boldsymbol{R}^n)$ に対し $D_j(af) = aD_j f + (D_j a) f$ が成立する.

実際，$a \in \mathscr{M}(\boldsymbol{R}^n)$ ならば $D_j a \in \mathscr{M}(\boldsymbol{R}^n)$ であることに注意すれば，任意の $\varphi \in \mathscr{S}(\boldsymbol{R}^n)$ に対し (3.54) と (3.53) より

$$\begin{aligned}\langle D_j(af), \varphi \rangle &= -\langle af, D_j \varphi \rangle = -\langle f, aD_j \varphi \rangle \\ &= -\langle f, D_j(a\varphi) - (D_j a)\varphi \rangle = -\langle f, D_j(a\varphi) \rangle + \langle f, (D_j a)\varphi \rangle\end{aligned}$$

$$= \langle D_j f, a\varphi\rangle + \langle (D_j a)f, \varphi\rangle = \langle aD_j f + (D_j a)f, \varphi\rangle.$$

連鎖率を繰り返し用い $a \in \mathscr{M}(\boldsymbol{R}^n), f \in \mathscr{S}'(\boldsymbol{R}^n)$ に対しても次のライプニッツの公式を得る.

$$D^\alpha(af) = \sum_{\beta\leq\alpha} D^\beta a D^{\alpha-\beta} f.$$

例 3.50 (1) $x \in \boldsymbol{R}$ に対しへビサイド関数 $H(x)$ を $H(x)=1$ $(x \geq 1)$, $H(x)=0$ $(x<0)$ で定義する. このとき $H'(x)=\delta(x)$ である.

実際, 例 3.37 より $H \in \mathscr{S}'(\boldsymbol{R}^n)$ とみなせる. H' は $\mathscr{S}'(\boldsymbol{R})$ の元としての微分である. こうして任意の $\varphi \in \mathscr{S}(\boldsymbol{R})$ に対して (3.54), (3.42), (3.44) より

$$\begin{aligned}\langle H', \varphi\rangle &= -\langle H, \varphi'\rangle = -\int_{-\infty}^{\infty} H(x)\varphi'(x)\,dx \\ &= -\int_0^\infty \varphi'(x)\,dx = \varphi(0) = \langle \delta, \varphi\rangle.\end{aligned}$$

よって $H'=\delta$ である.

(2) 任意の多重指数 α に対し

$$\langle D^\alpha\delta, \varphi\rangle = (-1)^{|\alpha|}\langle \delta, D^\alpha\varphi\rangle = (-1)^{|\alpha|}(D^\alpha\varphi)(0).$$

フーリエ変換と, 微分, 多項式の乗法との関連は次で与えられる.

命題 3.51 多重指数 α と $f \in \mathscr{S}'(\boldsymbol{R}^n)$ に対して次が成立する.

$$\mathscr{F}[D^\alpha f](\xi) = (i\xi)^\alpha \mathscr{F}[f], \quad \mathscr{F}^{-1}[D^\alpha f](\xi) = (-i\xi)^\alpha \mathscr{F}^{-1}[f](\xi),$$

$$\mathscr{F}[x^\alpha f](\xi) = (iD)^\alpha \mathscr{F}[f](\xi), \quad \mathscr{F}^{-1}[x^\alpha f](\xi) = (-iD)^\alpha \mathscr{F}^{-1}[f](\xi).$$

証明 (3.46), (3.54), (3.32), (3.53) を用いて, 任意の $\varphi \in \mathscr{S}(\boldsymbol{R}^n)$ に対して

$$\begin{aligned}&\langle \mathscr{F}[D^\alpha f], \varphi\rangle = \langle D^\alpha f, \mathscr{F}[\varphi]\rangle = (-1)^{|\alpha|}\langle f, D^\alpha \mathscr{F}[\varphi]\rangle \\ &\qquad = (-i)^{|\alpha|}\langle f, \mathscr{F}[\xi^\alpha\varphi]\rangle = (i)^{|\alpha|}\langle \mathscr{F}[f], \xi^\alpha\varphi\rangle = \langle (i\xi)^\alpha \mathscr{F}[f], \varphi\rangle.\end{aligned}$$

よって $\mathscr{F}[D^\alpha f](\xi) = (i\xi)^\alpha \mathscr{F}[f](\xi)$ が示せた.

(3.46), (3.53), (3.31), (3.54) を用いて, 任意の $\varphi \in \mathscr{S}(\boldsymbol{R}^n)$ に対して

$$\begin{aligned}&\langle \mathscr{F}[x^\alpha f], \varphi\rangle = \langle x^\alpha f, \mathscr{F}[\varphi]\rangle = \langle f, x^\alpha \mathscr{F}[\varphi]\rangle \\ &\qquad = \langle f, (-i)^{|\alpha|}\mathscr{F}[D^\alpha\varphi]\rangle = (-i)^{|\alpha|}\langle \mathscr{F}[f], D^\alpha\varphi\rangle = i^{|\alpha|}\langle D^\alpha \mathscr{F}[f], \varphi\rangle.\end{aligned}$$

よって $\mathscr{F}[x^\alpha f](\xi)=i^{|\alpha|}D^\alpha\mathscr{F}[f](\xi)$ が示せた.

フーリエ逆変換についての公式も同様にして示せる. 読者各自確かめてみよ. ■

例 3.52　微分多項式 $P(D)=\sum_{|\alpha|\leq m} a_\alpha D^\alpha$ と $f\in\mathscr{S}'(\boldsymbol{R}^n)$ に対し, フーリエ変換の線形性と命題 3.51 より

$$\mathscr{F}[P(D)f](\xi)=\sum_{|\alpha|\leq m} a_\alpha\mathscr{F}[D^\alpha f](\xi)=\sum_{|\alpha|\leq m} a_\alpha(i\xi)^\alpha\mathscr{F}[f](\xi)$$

が成立する. たとえばラプラス作用素 $\Delta=\sum_{j=1}^n \frac{\partial^2}{\partial x_j^2}$ に対して

$$\mathscr{F}[\Delta f](\xi)=-\left(\sum_{j=1}^n \xi_j^2\right)\mathscr{F}[f](\xi)=-|\xi|^2\mathscr{F}[f](\xi)$$

を得る.

例 3.36, 3.37 より $L^p(\boldsymbol{R}^n)\subset\mathscr{S}'(\boldsymbol{R}^n)$ であるので, $f\in L^p(\boldsymbol{R}^n)$ に対し (3.54) の意味での微分 $D^\alpha f\in\mathscr{S}'(\boldsymbol{R}^n)$ は定義できる. さらに $D^\alpha f\in L^p(\boldsymbol{R}^n)$ となる場合を考える. 次の定義を導入する.

定義 3.53 (**ソボレフ (Sobolev) 空間**)　$1\leq p\leq\infty$ とする. m を $m\geq 1$ なる自然数, $f\in L^p(\boldsymbol{R}^n)$ とする. いま $|\alpha|\leq m$ なる任意の多重指数 α に対しある $g_\alpha\in L^p(\boldsymbol{R}^n)$ があって $D^\alpha f=g_\alpha$ が $\mathscr{S}'(\boldsymbol{R}^n)$ の元として成立しているとする. このような $f\in L^p(\boldsymbol{R}^n)$ の全体を $W^{m,p}(\boldsymbol{R}^n)$ と表し, m 次のソボレフ空間と呼ぶ. g_α を f の α 次の弱微分 (weak derivative) と呼び, $D^\alpha f$ と g_α は区別しないものとする. $f\in W^{m,p}(\boldsymbol{R}^n)$ に対し

$$\|f\|_{m,p}=\left(\sum_{|\alpha|\leq m}\|D^\alpha f\|_p^p\right)^{1/p}$$

とおく. 記号上 $W^{0,p}(\boldsymbol{R}^n)=L^p(\boldsymbol{R}^n)$ である.

命題 3.54　(1) $W^{m,p}(\boldsymbol{R}^n)$ はバナッハ空間である.

(2) $C_0^\infty(\boldsymbol{R}^n)$ は $W^{m,p}(\boldsymbol{R}^n)$ で稠密である.

証明　(1) $\|\cdot\|_{m,p}$ がノルムであり, $W^{m,p}(\boldsymbol{R}^n)$ がノルム空間であることはミンコフスキーの不等式より明らかなので証明を略す. 読者自身で証明することを望む. 完備性を示そう. $\{f_j\}_{j=1}^\infty$ を $W^{m,p}(\boldsymbol{R}^n)$ のコーシー列とする. す

なわち，$\|f_j - f_k\|_{m,p} \longrightarrow 0$ $(j,k \longrightarrow \infty)$ とする．定義より $|\alpha| \le m$ なる任意の多重指数 α に対し $\|D^\alpha f_j - D^\alpha f_k\|_p \longrightarrow 0$ $(j,k \longrightarrow \infty)$ なので，$\{D^\alpha f_j\}_{j=1}^\infty$ は $L^p(\boldsymbol{R}^n)$ のコーシー列である．定理 3.12 より $L^p(\boldsymbol{R}^n)$ は完備だから，ある $g_\alpha \in L^p(\boldsymbol{R}^n)$ で $\|D^\alpha f_j - g_\alpha\|_p \longrightarrow 0$ $(j \longrightarrow \infty)$ なるものが存在する．任意の $\varphi \in \mathscr{S}(\boldsymbol{R}^n)$ に対して (3.54) より

$$\langle D^\alpha f, \varphi\rangle = (-1)^{|\alpha|}\langle f, D^\alpha\varphi\rangle = \lim_{j\to\infty}(-1)^{|\alpha|}\langle f_j, D^\alpha\varphi\rangle$$
$$= \lim_{j\to\infty}\langle D^\alpha f_j, \varphi\rangle = \langle g_\alpha, \varphi\rangle.$$

よって $D^\alpha f = g_\alpha \in L^p(\boldsymbol{R}^n)$ より $f \in W^{m,p}(\boldsymbol{R}^n)$．また $\|f_j - f\|_{m,p} \longrightarrow 0$ $(j \longrightarrow \infty)$ が成立する．よって $W^{m,p}(\boldsymbol{R}^n)$ はバナッハ空間である．

(2) $f \in W^{m,p}(\boldsymbol{R}^n)$ とする．任意の $\sigma > 0$ に対し $\|f - g\|_{m,p} < \sigma$ なる $g \in C_0^\infty(\boldsymbol{R}^n)$ が存在することを示す．$\rho \in C_0^\infty(\boldsymbol{R}^n)$ を $\rho(x) = 1$ $(|x| \le 1), \rho(x) = 0$ $(|x| \ge 2)$ なる関数とし，$\rho_R(x) = \rho(x/R)$ とおく．$|\alpha| \le m$ なる多重指数 α に対しライプニッツの公式から

$$D^\alpha(\rho_R f) = \sum_{\beta \le \alpha}\binom{\alpha}{\beta}(D^\beta\rho_R)D^{\alpha-\beta}f. \tag{3.55}$$

仮定より $D^{\alpha-\beta}f \in L^p(\boldsymbol{R}^n)$ なので $D^\alpha(\rho_R f) \in L^p(\boldsymbol{R}^n)$ $(|\alpha| \le m)$ である．また $D^\beta\rho_R(x) = R^{-|\beta|}(D^\beta\rho)(x/R)$ より $|\beta| \ge 1$ ならば

$$\|(D^\beta\rho_R)D^{\alpha-\beta}f\|_p \le \|D^\beta\rho\|_\infty R^{-|\beta|}\|D^{\alpha-\beta}f\|_p \longrightarrow 0 \quad (R \longrightarrow \infty).$$

また $\beta = 0$ のときは

$$|(\rho_R(x) - 1)D^\alpha f(x)|^p \le 2^p|D^\alpha f(x)|^p \in L^1(\boldsymbol{R}^n),$$
$$\lim_{R\to\infty}|(\rho_R(x) - 1)D^\alpha f(x)|^p = |(\rho(0) - 1)D^\alpha f(x)|^p = 0$$

よりルベーグの収束定理を用いて

$$\|(\rho_R - 1)D^\alpha f\|_p \longrightarrow 0 \quad (R \longrightarrow \infty)$$

がいえる．こうしてミンコフスキーの不等式と (3.55) より

$$\|D^\alpha(\rho_R f) - D^\alpha f\|_p \le \|(\rho_R - 1)D^\alpha f\|_p + \sum_{\substack{\beta\le\alpha \\ |\beta|\ge 1}}\binom{\alpha}{\beta}\|(D^\beta\rho_R)D^{\alpha-\beta}f\|_p$$
$$\longrightarrow 0 \quad (R \longrightarrow \infty)$$

が従う．よって $\lim_{R\to\infty}\|\rho_R f-f\|_{m,p}=0$ なので $\|f-\rho_R f\|_{m,p}<\sigma/2$ となるように $R>0$ をとり固定する．

次に 3.2 節と同様にして $\varphi\in C_0^\infty(\boldsymbol{R}^n)$ を $\varphi\geq 0\ (x\in\boldsymbol{R}^n), \varphi(x)=0\ (|x|>1)$ かつ $\int_{\boldsymbol{R}^n}\varphi(x)\,dx=1$ となるようにとる．$\varphi_\epsilon(x)=\epsilon^{-n}\varphi(x\epsilon^{-1})$ とおき，

$$(\rho_R f)_\epsilon=(\rho_R f)*\varphi_\epsilon=\int_{\boldsymbol{R}^n}\varphi_\epsilon(x-y)\rho_R(y)f(y)\,dy$$

を考える．$\rho_R f\in L^p(\boldsymbol{R}^n)$ なので 3.2 節でみたように積分記号下での微分の定理から，$(\rho_R f)_\epsilon\in C_0^\infty(\boldsymbol{R}^n)$ かつ $|\alpha|\leq m$ なる多重指数 α に対し (3.42) と (3.54) に注意して

$$\begin{aligned}D^\alpha(\rho_R f)_\epsilon(x)&=\int_{\boldsymbol{R}^n}D_x^\alpha\varphi_\epsilon(x-y)\rho_R(y)f(y)\,dy\\&=(-1)^{|\alpha|}\int_{\boldsymbol{R}^n}D_y^\alpha(\varphi_\epsilon(x-y))\rho_R(y)f(y)\,dy\\&=(-1)^{|\alpha|}\langle\rho_R f,D^\alpha[\varphi_\epsilon(x-\cdot)]\rangle=\langle D^\alpha(\rho_R f),\varphi_\epsilon(x-\cdot)\rangle\end{aligned}$$

$D^\alpha(\rho_R f)\in L^p(\boldsymbol{R}^n)$ に注意すれば

$$=\int_{\boldsymbol{R}^n}D_y^\alpha(\rho_R(y)f(y))\varphi_\epsilon(x-y)\,dy=[D^\alpha(\rho_R f)]*\varphi_\epsilon$$

を得た．よって (3.13) より $\|D^\alpha(\rho_R f)_\epsilon-D^\alpha(\rho_R f)\|_p\longrightarrow 0\ (\epsilon\longrightarrow 0)$ である．これより $\lim_{\epsilon\to 0}\|(\rho_R f)_\epsilon-\rho_R f\|_{m,p}=0$．よって $\|(\rho_R f)_\epsilon-\rho_R f\|_{m,p}<\sigma/2$ となるように $\epsilon>0$ をとる．こうしてミンコフスキーの不等式より

$$\begin{aligned}\|f-(\rho_R f)_\epsilon\|_{m,p}&\leq\|f-\rho_R f\|_{m,p}+\|\rho_R f-(\rho_R f)_\epsilon\|_{m,p}\\&<\sigma/2+\sigma/2=\sigma.\end{aligned}$$

よって $C_0^\infty(\boldsymbol{R}^n)$ が $W^{m,p}(\boldsymbol{R}^n)$ で稠密であることが示せた．∎

3.5　Fourier multiplier theorem と超関数の構造定理

偏微分方程式を扱う上で基本的な役割をなす 2 つの定理を述べる．始めの定理は Fourier multiplier theorem といわれるものである．この定理の証明

はこの本の程度を超えるので，ここでは引用だけにする[*5].

定理 3.55 $1<p<\infty$ とする．s を $s>n/2$ なる自然数，$m(\xi)\in L^\infty$ を $\boldsymbol{R}^n\setminus\{0\}$ 上 C^s 級であり次の条件を満足するとする．

$|\alpha|\leq s$ なる任意の多重指数 α に対しある定数 C_α があって

$$|D_\xi^\alpha m(\xi)|\leq C_\alpha|\xi|^{-|\alpha|}$$

が成立する．$D=\max\limits_{|\alpha|\leq s}C_\alpha$ とおく．いま $f\in\mathscr{S}(\boldsymbol{R}^n)$ に対して

$$[T_m f](x)=(2\pi)^{-n}\int_{\boldsymbol{R}^n}e^{ix\cdot\xi}m(\xi)\hat{f}(\xi)\,d\xi=\mathscr{F}^{-1}[m\mathscr{F}[f]](x) \tag{3.56}$$

で作用素 T_m を定義する．このとき，p,D,n,s に依存する正定数 C_1 があって

$$\|T_m f\|_p\leq C_1\|f\|_p \quad (f\in\mathscr{S}(\boldsymbol{R}^n))$$

が成立する．

註 3.56 (1) $\mathscr{S}(\boldsymbol{R}^n)$ は $L^p(\boldsymbol{R}^n)$ で稠密なので，(3.56) より T_m は $L^p(\boldsymbol{R}^n)$ 上の有界線形作用素に拡張される．

(2) $p=2$ の場合はパーシヴァルの等式から

$$\|T_m f\|_2^2=(2\pi)^{-n}\|m\mathscr{F}[f]\|_2^2\leq(2\pi)^{-n}\|m\|_\infty^2\|\mathscr{F}[f]\|_2^2=\|m\|_\infty^2\|f\|_2^2.$$

こうして $\|T_m f\|_2\leq\|m\|_\infty\|f\|_2$ を得る．

問題は $p\neq 2$ のときである．このときの証明は実解析の本質的に精密な議論が必要である．

例 3.57 (リース作用素 (Riesz operator)) 偏微分方程式を扱うのに重要な働きをするリース作用素 R_j $(j=1,\ldots,n)$ は次式で定義される．

$$\begin{aligned}[R_j\varphi](x)&=(2\pi)^{-n}\int_{\boldsymbol{R}^n}e^{ix\cdot\xi}\xi_j|\xi|^{-1}\hat{\varphi}(\xi)\,d\xi\\&=\mathscr{F}^{-1}[\xi_j|\xi|^{-1}\mathscr{F}[\varphi]](x).\end{aligned}$$

ただし，$|\xi|=\left(\sum\limits_{j=1}^n\xi_j^2\right)^{-1/2}$ である．Fourier multiplier theorem (定理 3.55)

[*5] Fourier multiplier theorem の証明としては，柴田良弘著『ルベーグ積分論』(内田老鶴圃, 2006) を参照せよ．

を用いて，$1<p<\infty$ のとき R_j は $L^p(\boldsymbol{R}^n)$ 上の有界作用素であることを示そう．そのためには任意の多重指数 α に対しある定数 C_α があって

$$|D_\xi^\alpha(\xi_j|\xi|^{-1})|\le C_\alpha|\xi|^{-|\alpha|} \tag{3.57}$$

が成立することを示せばよい．

そこで $|\xi|^{-1}=(|\xi|^2)^{-1/2}$ と考えて

$$|D^\alpha|\xi|^{-1}|\le C_\alpha|\xi|^{-1-|\alpha|} \tag{3.58}$$

が成立することを，次の合成関数に対する微分の公式を用いて示す．

補題 3.58 (ベル (**Bell**) の公式)　$f(t)$ を $\boldsymbol{R}\setminus\{0\}$ 上定義された C^∞ 関数，$g(\xi)$ を $\boldsymbol{R}^n\setminus\{0\}$ で定義された C^∞ 関数で $g(\xi)\neq 0$ とする．このとき次が成立する

$$D^\alpha f(g(\xi))=\sum_{\ell=1}^{|\alpha|}f^{(\ell)}(g(\xi))\sum_{\substack{\alpha_1+\cdots+\alpha_\ell=\alpha\\|\alpha_i|\ge 1}}\Gamma^\ell_{\alpha_1,\ldots,\alpha_\ell}(D^{\alpha_1}g(\xi))\cdots(D^{\alpha_\ell}g(\xi)).$$

ここで，$\Gamma^\ell_{\alpha_1,\ldots,\alpha_\ell}$ はある定数である．また $f^{(\ell)}(t)=d^\ell f(t)/dt^\ell$ を表した．

証明　$D_jf(g(\xi))=f'(g(\xi))D_jg(\xi), D_jD_kf(g(\xi))=D_j(f'(g(\xi))D_kg(\xi))=f'(g(\xi))D_jD_kg(\xi)+f''(g(\xi))D_jg(\xi)D_kg(\xi)$ である．以下帰納的に補題を示せる．読者各自で確かめよ．∎

$f(t)=t^{-1/2}$ とおいて $|\xi|^{-1}=f(|\xi|^2)$ であるので，ベルの公式 (補題 3.58) より

$$D^\alpha|\xi|^{-1}=\sum_{\ell=1}^{|\alpha|}f^{(\ell)}(|\xi|^2)\sum_{\substack{\alpha_1+\cdots+\alpha_\ell=\alpha\\|\alpha_i|\ge 1}}\Gamma^\ell_{\alpha_1,\ldots,\alpha_\ell}(D^{\alpha_1}|\xi|^2)\cdots(D^{\alpha_\ell}|\xi|^2)$$

と表せる．ここで $|D^\alpha|\xi|^2|=2|\xi|$ $(|\alpha|=1)$, $|D^\alpha|\xi|^2|=2$ $(|\alpha|=2)$, $|D^\alpha|\xi|^2|=0$ $(|\alpha|\ge 3)$ であることに注意し，指数の順番を適当に並べ替え，$|\alpha_1|=\cdots=|\alpha_k|=1, |\alpha_{k+1}|=\cdots=|\alpha_\ell|=2, k+2(\ell-k)=|\alpha|$ の場合を考えれば十分である．このとき $2\ell-\alpha=k\ge 0$ に対して

$$\sum_{\substack{\alpha_1+\cdots+\alpha_\ell=\alpha\\|\alpha_i|\ge 1}}\Gamma^\ell_{\alpha_1,\ldots,\alpha_\ell}|(D^{\alpha_1}|\xi|^2)\cdots(D^{\alpha_\ell}|\xi|^2)|\le C_\ell|\xi|^k=C_\ell|\xi|^{2\ell-|\alpha|}$$

を得る．ここで C_ℓ は ℓ にのみ依存する定数である．一方，$f^\ell(t)=(-1/2)\cdots(1/2-\ell)t^{-\frac{1}{2}-\ell}$ である，こうして

$$|D^\alpha|\xi|^{-1}| \le \sum_{|\alpha|/2\le \ell\le|\alpha|} C_{\ell,\alpha}|\xi|^{-1-2\ell}|\xi|^{2\ell-|\alpha|} \le C_\alpha|\xi|^{-1-|\alpha|}$$

なる評価を得る．これは (3.58) を示している．

最後にライプニッツの公式を用いて (3.57) が示せる．実際，任意の多重指数 α に対し α' を $D^\alpha = D_j D^{\alpha'}$ となる $|\alpha'| = |\alpha| - 1$ の多重指数とすれば，

$$D^\alpha(\xi_j|\xi|^{-1}) = \binom{\alpha}{\alpha'} D^{\alpha'}|\xi|^{-1} + \xi_j D^\alpha|\xi|^{-1}$$

であるので，(3.58) と $|\xi_j| \le |\xi|$ を用いて (3.57) を得る．

(3.57) の観点より Fourier multiplier theorem を用いて

$$\|R_j\varphi\|_p \le C_{p,n}\|\varphi\|_p \tag{3.59}$$

なる評価を得る．これは R_j が $L^p(\boldsymbol{R}^n)$ 上の有界線形作用素であることを示している．

次に超関数の構造定理を述べる．$f \in \mathscr{S}'(\boldsymbol{R}^n)$ に対し，開集合 Ω で $f=0$ であるとは，任意の $\varphi \in C_0^\infty(\boldsymbol{R}^n)$ で $\operatorname{supp}\varphi \subset \Omega$ なるものに対し $\langle f,\varphi\rangle = 0$ なるときをいう．$f=0$ となる $\boldsymbol{R}^n$ の開集合の全体を $\mathscr{O}_f$ とおき，

$$\operatorname{supp} f = \boldsymbol{R}^n \setminus \Big(\bigcup_{\Omega\in\mathscr{O}_f} \Omega\Big)$$

とおく．すなわち，$f=0$ となる最大の開集合の補集合が $\operatorname{supp} f$ である．$\operatorname{supp} f \subset \{0\}$ とは，原点 $\{0\}$ を含まないすべての開集合上で $f=0$ であることを意味する．こうして f が通常の関数であれば $f=0$ と考えてよい．しかし超関数では次が成立する．

定理 3.59 (**超関数の構造定理**)　$f \in \mathscr{S}'(\boldsymbol{R}^n)$ が $\operatorname{supp} f \subset \{0\}$ であれば，自然数 m と定数 c_α があって

$$f(x) = \sum_{|\alpha|\le m} c_\alpha D^\alpha \delta(x)$$

と一意的に表せる．

証明　いま $\eta(x) \in C_0^\infty(\boldsymbol{R}^n)$ を

$$\eta(x) = \begin{cases} 1 & (|x| \le 1), \\ 0 & (|x| \ge 2), \end{cases} \qquad 0 \le \eta \le 1$$

にとる．$k=1,2,3,\ldots,$ について $f(x)=\eta(kx)f(x)$ である．実際，任意の $\varphi\in\mathscr{S}$ に対して

$$\langle f,\varphi\rangle=\langle f(x),\eta(kx)\varphi(x)\rangle+\langle f(x),(1-\eta(kx))\varphi(x)\rangle.$$

また, $\langle f(x),(1-\eta(kx))\varphi(x)\rangle=0$ である．実際これは $\operatorname{supp} f\subset\{0\}$ と $\operatorname{supp}(1-\eta(kx))\varphi(x)\cap\{0\}=\varnothing$ より従う．よって任意の $\varphi\in\mathscr{S}(\boldsymbol{R}^n)$ に対して

$$\langle f,\varphi\rangle=\langle \eta(kx)f(x),\varphi(x)\rangle. \tag{3.60}$$

すなわち $f(x)=\eta(kx)f(x)$ が成立する．

いま定理 3.41 よりある自然数 m と定数 C により

$$|\langle f,\varphi\rangle|\le Cp_m(\varphi) \tag{3.61}$$

が任意の $\varphi\in\mathscr{S}(\boldsymbol{R}^n)$ に対して成立する．そこで

$$\varphi(x)=\sum_{|\alpha|\le m}\frac{(D^\alpha\varphi)(0)}{\alpha!}x^\alpha+\varphi_m(x) \tag{3.62}$$

と表す．ただし

$$\varphi_m(x)=\sum_{|\alpha|=m+1}\frac{1}{m!}\int_0^1(1-\theta)^m(D^\alpha\varphi)(\theta x)\,d\theta\, x^\alpha.$$

実際，$g(\theta)=\varphi(\theta x)$ とおいて $\varphi(x)-\varphi(0)=g(1)-g(0)=\int_0^1 g'(\theta)\,d\theta$ と表し，右辺について部分積分を繰り返せば

$$g(1)=\sum_{k=0}^m\frac{g^{(k)}(0)}{k!}+\frac{1}{m!}\int_0^1(1-\theta)^m g^{(m+1)}(\theta)\,d\theta$$

なる表現を得る．これより (3.62) を得る．

いまライプニッツの公式 (例 3.26) を用いて

$$\begin{aligned}
&|D^\gamma\varphi_m(x)|\\
&=\Bigl|\sum_{|\alpha|=m+1}\frac{1}{m!}\int_0^1(1-\theta)^m\sum_{\beta\le\gamma}\binom{\gamma}{\beta}(D^{\alpha+\gamma-\beta}\varphi)(\theta x)\theta^{|\gamma-\beta|}\,d\theta\, D^\beta x^\alpha\Bigr|\\
&\le\sum_{|\alpha|=m+1}\frac{1}{m!}\int_0^1(1-\theta)^m\sum_{\beta\le\alpha,\beta\le\gamma}\binom{\gamma}{\beta}|(D^{\alpha+\beta}\varphi)(\theta x)|\theta^{|\beta|}\,d\theta\,\frac{\alpha!}{\beta!}|x^{\alpha-\beta}|
\end{aligned}$$

なので，$|x|\le 2$ かつ $|\gamma|\le m$ のとき

$$|D^\gamma\varphi_m(x)|\le C_{\gamma,m}|x|^{m+1-|\gamma|} \tag{3.63}$$

である．一方

$$|D^{\delta}\eta(kx)|=k^{|\delta|}|(D^{\delta}\eta)(kx)|\le \sup_{x\in\boldsymbol{R}^n}|D^{\delta}\eta(x)|\cdot k^{|\delta|}=C_{\delta}k^{|\delta|}. \tag{3.64}$$

こうして, $\psi_k(x)=\eta(kx)\varphi_m(x)$ とおくと (3.61), $\eta(kx)=0$ $(|x|\ge 2/k)$, (3.63), (3.64) より

$$\begin{aligned}|\langle f,\psi_k\rangle|&\le Cp_m(\psi_k)=C\sup_{x\in\boldsymbol{R}^n}(1+|x|)^m\sum_{|\alpha|\le m}|D^{\alpha}\psi_k(x)|\\ &\le C\sup_{|x|\le 2/k}(1+|x|)^m\sum_{|\alpha|\le m}\sum_{\beta\le\alpha}\binom{\alpha}{\beta}|D^{\alpha-\beta}(\eta(kx))||D^{\beta}\varphi_m(x)|\\ &\le C_m(1+(1/2k))^m\sum_{|\alpha|\le m}\sum_{\beta\le\alpha}k^{|\alpha-\beta|}(2/k)^{m+1-|\beta|}\le\frac{C'_m}{k}.\end{aligned}$$

ここで，C_m, C'_m は k には独立な定数である．また,

$$k^{|\alpha-\beta|}(k^{-1})^{m+1-|\beta|}=k^{-m-1+|\alpha|}\le k^{-1}\quad(|\alpha|\le m,\beta\le\alpha)$$

を用いた．したがって $|\langle f,\psi_k\rangle|\longrightarrow 0$ $(k\longrightarrow\infty)$.

次に

$$\eta(x)\eta(kx)=\eta(kx)\quad(k\ge 2) \tag{3.65}$$

が成り立っている．実際, $\mathrm{supp}\,\eta(kx)\subset B_{2/k}\subset B_1$ $(k\ge 2)$ である．また $\eta(x)=1$ $(|x|\le 1)$ より (3.65) が成立する．こうして (3.60), (3.65) を用いて $k\ge 2$ に対して

$$\begin{aligned}\langle f,\eta\varphi_m\rangle&=\langle f,\varphi_m(x)\eta(x)\eta(kx)\rangle\\ &=\langle f,\varphi_m(x)\eta(kx)\rangle=\langle f,\psi_k\rangle.\end{aligned}$$

ゆえに $k\longrightarrow\infty$ として $\langle f,\eta\varphi_m\rangle-0$ である．以上の考察から

$$\begin{aligned}\langle f,\varphi\rangle=\langle f,\eta\varphi\rangle&=\Big\langle f,\eta\Big[\sum_{|\alpha|\le m}\frac{(D^{\alpha}\varphi)(0)}{\alpha!}x^{\alpha}+\varphi_m(x)\Big]\Big\rangle\\ &=\Big\langle f,\eta\Big[\sum_{|\alpha|\le m}\frac{(D^{\alpha}\varphi)(0)}{\alpha!}x^{\alpha}\Big]\Big\rangle+\langle f,\eta\varphi_m\rangle\\ &=\sum_{|\alpha|\le m}(\alpha!)^{-1}\langle f,\eta x^{\alpha}\rangle(D^{\alpha}\varphi)(0).\end{aligned}$$

よって $c_{\alpha}=(-1)^{\alpha}(\alpha!)^{-1}\langle f,\eta x^{\alpha}\rangle$ とおいて

$$\langle f,\varphi\rangle = \sum_{|\alpha|\le m}(-1)^{\alpha}c_{\alpha}D^{\alpha}\varphi(0) = \sum_{|\alpha|\le m}(-1)^{\alpha}c_{\alpha}\langle\delta, D^{\alpha}\varphi\rangle$$
$$= \left\langle \sum_{|\alpha|\le m} c_{\alpha}D^{\alpha}\delta, \varphi \right\rangle.$$

以上より $f = \sum_{|\alpha|\le m} c_{\alpha}D^{\alpha}\delta$ を得た.

次に，表現の一意性を示す．$f(x) = \sum_{|\alpha|\le m} c'_{\alpha}D^{\alpha}\delta$ を他の表現とすると，$\sum_{|\alpha|\le m}(c_{\alpha} - c'_{\alpha})D^{\alpha}\delta(x) = 0$. これを x^{β} $(|\beta|\le m)$ に作用させて

$$0 = \sum_{|\alpha|\le m}(c_{\alpha} - c'_{\alpha})\langle D^{\alpha}\delta, x^{\beta}\rangle = (-1)^{|\beta|}\beta!(c_{\beta} - c'_{\beta}).$$

こうして $c_{\beta} = c'_{\beta}$. よって表現の一意性が示せた. ∎

例 3.60　$f \in \mathscr{S}'(\boldsymbol{R}^n)$ が $\Delta f = 0$ を $\boldsymbol{R}^n$ で満足するとする．フーリエ変換すれば $-|\xi|^2\mathscr{F}[f](\xi) = 0$ である．よって $\mathrm{supp}\mathscr{F}[f] \subset \{0\}$.

実際，$\varphi(\xi) \in C_0^{\infty}(\boldsymbol{R}^n)$ を $\mathrm{supp}\varphi \cap \{0\} = \varnothing$ とする．このとき $\varphi(\xi)|\xi|^{-2} \in C_0^{\infty}(\boldsymbol{R}^n)$ であるので

$$\langle \mathscr{F}[f](\xi), \varphi(\xi)\rangle = -\langle -|\xi|^2\mathscr{F}[f](\xi), \varphi(\xi)|\xi|^{-2}\rangle = 0.$$

これは $\mathrm{supp}\mathscr{F}[f] \subset \{0\}$ を示している.

よって超関数の構造定理より，ある自然数 m と定数 c_{α} があって

$$\mathscr{F}[f](\xi) = \sum_{|\alpha|\le m} c_{\alpha}D^{\alpha}\delta(\xi)$$

と表せる．この式をフーリエ逆変換するために，$\mathscr{F}^{-1}[D^{\alpha}\delta](x)$ を計算する．例 3.46 より $\mathscr{F}^{-1}[\delta] = (2\pi)^{-n}$ であるので，命題 3.51 より

$$\mathscr{F}^{-1}[D^{\alpha}\delta](x) = (-ix)^{\alpha}\mathscr{F}^{-1}[\delta](x) = (-ix)^{\alpha}(2\pi)^{-n}$$

よって $f(x) = \sum_{|\alpha|\le m} c_{\alpha}(2\pi)^{-n}(-ix)^{\alpha}$ なる多項式であることが分かった.

第4章
フーリエ変換の偏微分方程式への応用

この章では，数理物理学に表れるいくつかの基本的な偏微分方程式をフーリエ変換を用いて解いてみよう．

4.1 熱方程式

熱の伝導や媒質中の粒子の拡散過程などは，拡散方程式

$$\rho\frac{\partial}{\partial t} = \mathrm{div}(p\nabla u) - qu + f$$

なる形の偏微分方程式で記述される．ただし，$\nabla u = (D_1 u, \ldots, D_n u)$ $(D_j = \partial/\partial x_j)$ とおいた．ここではもっとも簡単な場合である $\rho = p = 1, q = 0$ のときを考える．すなわち次の熱方程式に対する空間 $\boldsymbol{R}^n$ での初期値問題をフーリエ変換を用いて解いてみる．

$$u_t - \Delta u = 0 \ (x \in \boldsymbol{R}^n, t > 0), \quad u(0,x) = u_0(x). \tag{4.1}$$

$x = (x_1, \ldots, x_n) \in \boldsymbol{R}^n$ は空間変数，$t > 0$ は時間変数．u_0 は与えられた関数．$u = u(t,x)$ は未知関数である．(4.1) を x でフーリエ変換して $v(t,\xi) = \mathscr{F}[u(t,\cdot)](\zeta)$ とおくと，(4.1) は ξ をパラメタとする常微分方程式

$$\frac{d}{dt}v(t,\xi) + |\xi|^2 v(t,\xi) = 0 \ (t > 0), \quad v(0,\xi) = \hat{u}_0(\xi) \tag{4.2}$$

となる．この常微分方程式の解は $v(t,\xi) = e^{-|\xi|^2 t}\hat{u}_0(\xi)$ なので，求める解 u は $u(t,x) = \mathscr{F}^{-1}[v(t,\xi)](x)$ である．$t > 0$ のとき $e^{-t|\xi|^2} \in \mathscr{S}(\boldsymbol{R}^n)$ であるので $E(t,x) = \mathscr{F}^{-1}[e^{-t|\xi|^2}](x)$ とおくと，各 $t > 0$ に対して $E(t,x) \in \mathscr{S}(\boldsymbol{R}^n)$ である．(3.37) より

$$u(t,x) = E(t,\cdot) * u_0(x) = \int_{\boldsymbol{R}^n} E(t,x-y)u_0(y)\,dy$$

である．ここで $E(t,x)$ は次で定義される．

$$E(t,x)=\mathscr{F}^{-1}[e^{-t|\xi|^2}](x)=(4\pi t)^{-n/2}\exp(-|x|^2/(4t)) \tag{4.3}$$

これを熱核 (heat kernel) という．(4.3) を示そう．

$\sqrt{t}\xi=\eta$ と変数変換すると

$$\begin{aligned}E(t,x)&=(2\pi)^{-n}\int_{\boldsymbol{R}^n}e^{ix\cdot\xi}e^{-t|\xi|^2}\,d\xi\\&=(2\pi)^{-n}t^{-n/2}\int_{\boldsymbol{R}^n}e^{i(x/\sqrt{t})\cdot\eta}e^{-|\eta|^2}\,d\eta\end{aligned}$$

ここで $i(x/\sqrt{t})\cdot\eta=-i(-x/\sqrt{t})\cdot\eta$ と考え (3.23) を用いて

$$\begin{aligned}&=(2\pi)^{-n}t^{-n/2}\pi^{n/2}\exp\Big(-\frac{1}{4}\Big|\frac{x}{\sqrt{t}}\Big|^2\Big)\\&=(4\pi t)^{-n/2}\exp\Big(-\frac{|x|^2}{4t}\Big).\end{aligned}$$

こうして (4.3) を得た．まとめると (4.1) の解は

$$u(t,x)=(E(t,\cdot)*u_0)(x)=\frac{1}{(4\pi t)^{n/2}}\int_{\boldsymbol{R}^n}e^{-\frac{|x-y|^2}{4t}}u_0(y)\,dy \tag{4.4}$$

の形で与えられることが分かった．

後に用いる熱核 $E(t,x)$ の大事な性質を，次の補題にまとめておく．

補題 4.1　(1) $t>0$ のとき $\partial_t E(t,x)-\Delta E(t,x)=0$ が成立する．

(2) $E(t,x)\in\mathscr{S}(\boldsymbol{R}^n)$ $(t>0)$ かつ

$$\int_{\boldsymbol{R}^n}E(t,x)\,dx=\pi^{-n/2}\int_{\boldsymbol{R}^n}e^{-|x|^2}\,dx=1. \tag{4.5}$$

(3) 任意の整数 $j\geq 0$ と多重指数 α に対しある正定数 $C_{\alpha,j}$ があって

$$|D_t^jD_x^\alpha E(t,x)|\leq C_{\alpha,j}t^{-(j+(|\alpha|/2)+(n/2))}e^{-|x|^2/(8t)}\quad(t>0). \tag{4.6}$$

証明　(1) $t>0$ のとき $(\partial_t-\Delta)E(t,x)=\mathscr{F}^{-1}[(\partial_t+|\xi|^2)e^{-t|\xi|^2}](x)=0$ より従った．

(2) $x/\sqrt{4t}=z$ とおいて $dy=(4t)^{n/2}dz$ より

$$\int_{\boldsymbol{R}^n}E(t,x)\,dx=\pi^{-n/2}\int_{\boldsymbol{R}^n}e^{-|x|^2}\,dx=\pi^{-n/2}\prod_{j=1}^n\int_{-\infty}^{\infty}e^{-z_j^2}\,dz_j=1$$

を得る．ただし，最後の等式は $\displaystyle\int_{-\infty}^{\infty} e^{-x^2}\,dx=\sqrt{\pi}$ を用いた．

(3) $t>0$ をパラメタと考え，$f(s)=e^{-\frac{s}{4t}}$ とおいてベルの公式 (補題 3.58) より

$$
\begin{aligned}
&D_x^\alpha\left[e^{-\frac{|x|^2}{4t}}\right]\\
&\quad=\sum_{\ell=1}^{|\alpha|} e^{-\frac{|x|^2}{4t}}\left(\frac{-1}{4t}\right)^{\ell}\sum_{\substack{\alpha_1+\cdots+\alpha_\ell=\alpha\\ |\alpha_i|\geq 1}} \Gamma^{\ell}_{\alpha_1,\cdots,\alpha_\ell}(D_x^{\alpha_1}|x|^2)\cdots(D_x^{\alpha_\ell}|x|^2).
\end{aligned}
$$

いま $|D_x^\alpha|x|^2|=2|x|\ (|\alpha|=1)$, $|D^\alpha|x|^2|=2\ (|\alpha|=2)$, $|D^\alpha|x|^2=0\ (|\alpha|\geq 3)$ に注意して，(3.58) を示したときと同様にして

$$
\begin{aligned}
\left|D_x^\alpha e^{-\frac{|x|^2}{4t}}\right| &\leq \sum_{|\alpha|/2\leq\ell|\alpha|} C_{\ell,\alpha} e^{-\frac{|x|^2}{4t}} t^{-\ell}|x|^{2\ell-|\alpha|}\\
&=t^{-|\alpha|/2}\sum_{|\alpha|/2\leq\ell|\alpha|} e^{-\frac{|x|^2}{4t}}\left(\frac{|x|^2}{t}\right)^{\ell-(|\alpha|/2)}.
\end{aligned}
$$

任意の $p\geq 0$ に対し $s^p e^{-s^2}\leq C_p e^{-s^2/2}\ (s\geq 0)$ なる評価がある定数 $C_p>0$ により成立するので，上の不等式で和について $\ell-(|\alpha|/2)\geq 0$ の範囲でとることに注意して，

$$
\left|D_x^\alpha e^{-\frac{|x|^2}{t}}\right|\leq C_\alpha t^{-|\alpha|/2}e^{-\frac{|x|^2}{8t}}
$$

を成立させるような定数 C_α が存在する．こうして (4.6) が $j=0$ のとき示せた．t 微分に関しては $\partial_t E=\Delta E$ を用いて

$$
|D_t^j D_x^\alpha E(t,x)|=|\Delta_t^j D_x^\alpha E(t,x)|\leq C_{j,\alpha} t^{-(j+(|\alpha|/2)+(n/2))}e^{-\frac{|x|^2}{8t}}
$$

を得た．よって示せた．■

定理 4.2 $1\leq p<\infty$ とする．$u_0\in L^p(\boldsymbol{R}^n)$ に対し $u(x,t)$ を (4.4) で定義する．このとき次が成立する．

(1) $t>0$ のとき $u(t,x)$ は (t,x) の無限回微分可能関数である．さらに

$$
D_t^j D_x^\alpha u(t,x)=\int_{\boldsymbol{R}^n}(D_t^j D_x^\alpha E)(t,x-y)u_0(y)\,dy \quad (t>0). \tag{4.7}
$$

(2) $u(t,x)$ は熱方程式 $u_t-\Delta u=0\ (t>0)$ を満足する．

(3) $u(t,x)$ は初期値を $\lim_{t\to 0+}\|u(t,\cdot)-u_0\|_p=0$ の意味でとる．

証明 (1) $0<t_0<t_1, R>0$ を任意にとり $t_0\le t\le t_1, |x|\le R$ とする．補題 4.1 より

$$|(D_t^j D_x^\alpha E)(t,x-y)u_0(y)|\le C_{\alpha,j}t^{-(j+(|\alpha|/2)+(n/2))}e^{-|x-y|^2/(8t)}|u_0(y)|$$

である．いま $t_0\le t\le t_1$ より

$$|t^{-(j+(|\alpha|/2)+(n/2))}e^{-|x-y|^2/(8t)}|\le t_0^{-(j+(|\alpha|/2)+(n/2))}e^{-|x-y|^2/(8t_1)},$$

さらに $|x|\le R$ のとき

$$\begin{aligned}|x-y|^2&\ge(|y|-|x|)^2=|y|^2-2|x||y|+|x|^2\\&\ge|y|^2/2-3|x|^2\ge|y|^2/2-3R^2\end{aligned}$$

であるので

$$\begin{aligned}&|(D_t^j D_x^\alpha E)(t,x-y)u_0(y)|\\&\le C_{\alpha,j}t_0^{-(j+(|\alpha|/2)+(n/2))}e^{3R^2/(8t_1)}e^{-|y|^2/(16t_1)}|u_0(y)|\end{aligned}$$

を得た．$u_0(y)\in L^p(\boldsymbol{R}^n)$ なのでヘルダーの不等式より $e^{-|y|^2/(16t_1)}|u_0(y)|\in L^1(\boldsymbol{R}^n)$ が示せる．こうして積分記号下での微分の定理より $t_0\le t\le t_1, |x|\le R$ のとき

$$D_t^j D_x^\alpha u(t,x)=\int_{\boldsymbol{R}^n}(D_t^j D_x^\alpha E)(t,x-y)u_0(y)\,dy$$

が成立する．t_0, t_1, R は任意なので (4.7) はすべての $t>0, x\in\boldsymbol{R}^n$ で成立する．

(2) $t>0$ のとき (4.7) と補題 4.1 より

$$(\partial_t-\Delta)u(t,x)=\int_{\boldsymbol{R}^n}(\partial_t-\Delta)E(t,x-y)u_0(y)\,dy=0.$$

(3) 変数変換 $(x-y)/(2\sqrt{t})=z$ と補題 4.1 (2) より

$$u(t,x)-u_0(x)=(\pi)^{-n/2}\int_{\boldsymbol{R}^n}e^{-|z|^2}(u_0(x-2\sqrt{t}z)-u_0(x))\,dx$$

と表せば，ミンコフスキーの積分形不等式 (3.14) より $u_0(x-2\sqrt{t}z)=u_0^t(x)$ とおいて

$$\|u(t,\cdot)-u_0\|_p\le\pi^{-n/2}\int_{\boldsymbol{R}^n}e^{-|z|^2}\|u_0^t-u_0\|_p\,dz.$$

いま定理 3.13 より $\lim_{t\to 0+}\|u_0^t - u_0\|_p = 0$. また $x-2\sqrt{t}z=y$ とおいて $\|u_0^t\|_p = \|u_0\|_p$ であるので $e^{-|z|^2}\|u_0^t - u_0\|_p \le 2e^{-|z|^2}\|u_0\|_p \in L^1(\boldsymbol{R}^n)$. よってルベーグの収束定理より

$$\lim_{t\to 0+}\|u(t,\cdot)-u_0\|_p \le \pi^{-n/2}\int_{\boldsymbol{R}^n}\lim_{t\to 0+} e^{-|z|^2}\|u_0^t - u_0\|_p\,dz = 0$$

となり，(3) を得た. ∎

4.2 シュレディンガー方程式

質量 m_0 の量子化された粒子がポテンシャル $V(x)$ の外場の影響を受けて運動しているとする. 粒子の波動関数を $\psi(t,x)$ とすれば，$|\psi(t,x)|^2\,dx$ は粒子が時刻 t に点 x の近傍 $U(x)$ に見出される確率である. ここで dx は $U(x)$ の体積である.

波動関数 $\psi(t,x)$ はシュレディンガー方程式

$$i\hbar\frac{\partial\psi}{\partial t} = \frac{\hbar^2}{2m_0}\Delta\psi + V\psi$$

を満足する. ここで $\hbar = 1.054\times 10^{-27}\mathrm{erg/sec}$ はプランク定数である. $V=0$ である自由粒子の運動は

$$i\hbar\frac{\partial\psi}{\partial t} - \frac{\hbar^2}{2m_0}\Delta\psi = 0$$

で表せる. こうしてすべてを単純化して

$$iu_t - \Delta u = 0\ (x\in\boldsymbol{R}^n, t>0), \quad u(0,x) = u_0(x) \tag{4.8}$$

の解表示を求めよう. $u_0\in\mathscr{S}(\boldsymbol{R}^n)$ の場合を考察する. (4.8) を x でフーリエ変換すれば，$v(t,\xi) = \mathscr{F}[u(t,\cdot)](\xi)$ は ξ をパラメタとみた常微分方程式

$$i\frac{d}{dt}v(t,\xi) + |\xi|^2 v(t,\xi) = 0\ (t>0), \quad v(0,\xi) = \hat{u}_0(\xi)$$

を満たすので，$v(t,\xi) = e^{it|\xi|^2}\hat{u}_0(\xi)$ である. いま (4.2) の解は $e^{-t|\xi|^2}\hat{u}_0(\xi)$ であったので，-1 を i に移動する方法を考える. まず $\lambda\in\boldsymbol{C}$ を $\mathrm{Re}\lambda>0$ とすると，

$$\mathscr{F}[e^{-\lambda|\xi|^2}](x) = \frac{e^{-\frac{|x|^2}{4\lambda}}}{(4\pi\lambda)^{n/2}} \tag{4.9}$$

である．実際，(4.3) より $\lambda=t>0$ のときは (4.9) が成立する．一方

$$\mathscr{F}^{-1}[e^{-\lambda|\xi|^2}](x)=(2\pi)^{-n}\int_{\boldsymbol{R}^n}e^{ix\cdot\xi}e^{-\lambda|\xi|^2}\,d\xi$$

において，任意の正数 ϵ に対し $\mathrm{Re}\lambda\geq\epsilon$ の場合

$$\left|\frac{\partial}{\partial\lambda}[e^{ix\cdot\xi}e^{-\lambda|\xi|^2}]\right|=|-|\xi|^2e^{ix\cdot\xi}e^{-\lambda|\xi|^2}|\leq|\xi|^2e^{-\epsilon|\xi|^2}\in L^1(\boldsymbol{R}^n).$$

よって積分記号下での微分の定理より

$$\begin{aligned}\frac{\partial}{\partial\lambda}\mathscr{F}^{-1}[e^{-\lambda|\xi|^2}](x)&=(2\pi)^{-n}\int_{\boldsymbol{R}^n}\frac{\partial}{\partial\lambda}[e^{ix\cdot\xi}e^{-\lambda|\xi|^2}]\,d\xi\\&=-(2\pi)^{-n}\int_{\boldsymbol{R}^n}e^{ix\cdot\xi}|\xi|^2e^{-\lambda|\xi|^2}\,d\xi.\end{aligned}$$

$\epsilon>0$ は任意であったので，$\mathrm{Re}\lambda>0$ のとき $\mathscr{F}^{-1}[e^{-\lambda|\xi|^2}](x)$ は λ に関して複素微分可能なので正則である．いま (4.9) が $\lambda>0$ で成立している．右辺 $(4\pi\lambda)^{-n/2}\exp(-|x|^2/(4\lambda))$ も $\mathrm{Re}\lambda>0$ のとき λ の正則関数なので，複素関数論の一致の定理より (4.9) は $\mathrm{Re}\lambda>0$ で成立する．そこで $\lambda=s-it, s>0, t\in\boldsymbol{R}$ とおく．明らかに

$$\lim_{s\to0+}e^{-(s-it)|\xi|^2}=e^{it|\xi|^2}\quad\text{in }\mathscr{S}'(\boldsymbol{R}^n)$$

が成立するのでフーリエ変換の $\mathscr{S}'(\boldsymbol{R}^n)$ 上での連続性より

$$\begin{aligned}\mathscr{F}^{-1}[e^{it|\xi|^2}](x)&=\lim_{s\to0}\mathscr{F}^{-1}[e^{-(s-it)|\xi|^2}](x)=\lim_{s\to0}\frac{e^{-\frac{|x|^2}{4(s-it)}}}{(4\pi(s-it))^{n/2}}\\&=\frac{e^{-\frac{i|x|^2}{4t}}}{(4\pi(-i)t)^{n/2}}=\frac{e^{\frac{n\pi}{4}i}}{(4\pi t)^{n/2}}e^{-\frac{i|x|^2}{4t}}.\end{aligned}$$

ただし，$(-i)^{-n/2}=e^{\frac{n\pi}{4}i}$ を用いた．よって

$$u(t,x)=\mathscr{F}^{-1}[e^{it|\xi|^2}\hat{u}_0(\xi)](x)=\frac{e^{\frac{n\pi}{4}i}}{(4\pi t)^{n/2}}\int_{\boldsymbol{R}^n}e^{-\frac{i|x-y|^2}{4t}}u_0(y)\,dy\tag{4.10}$$

とおくと，これは (4.8) を満足する．とくにパーシヴァルの等式 (定理 3.33) より

$$\|u(t,\cdot)\|_2=(2\pi)^{-n/2}\|e^{it|\xi|^2}\hat{u}_0\|_2=(2\pi)^{-n/2}\|\hat{u}_0\|_2=\|u_0\|_2$$

なる L^2 保存則が成立する．また初期値は

$$\lim_{t\to 0+}\|u(t,\cdot)-u_0\|_2=0 \tag{4.11}$$

の意味でとる．実際，パーシヴァルの等式より

$$(2\pi)^n\|u(t,\cdot)-u_0\|_2^2=\int_{\boldsymbol{R}^n}|e^{it|\xi|^2}-1|^2|\hat{u}_0(\xi)|^2\,d\xi$$

である．このとき

$$\lim_{t\to 0+}|e^{it|\xi|^2}-1|^2|\hat{u}_0(\xi)|^2=0,$$

$$|e^{it|\xi|^2}-1|^2|\hat{u}_0(\xi)|^2\leq 4|\hat{u}_0(\xi)|^2\in L^1(\boldsymbol{R}^n)$$

であるので，ルベーグの収束定理より (4.11) が成立することがいえる．

4.3 波動方程式

弦，棒，膜および 3 次元の物体の振動などの力学上の多くの問題，電磁振動の問題などは振動方程式

$$\rho\frac{\partial^2 u}{\partial t^2}=\mathrm{div}(p\nabla u)-qu+f(t,x)$$

に帰着される．ただし未知関数 $u=u(t,x)$ は $x=(x_1,\ldots,x_n)\in\boldsymbol{R}^n$ と時間 t の関数である．ここでは $\rho=p=1, q=0$ の単純な場合に対して初期値問題：

$$\Box u=u_{tt}-\Delta u=0 \quad (x\in\boldsymbol{R}^n, t\in\boldsymbol{R}),$$

$$u(0,x)=u_0(x),\quad u_t(0,x)=u_1(x) \tag{4.12}$$

の解を与えよう．ここで $u_t=\partial u/\partial t, u_{tt}=\partial^2 u/\partial t^2$ と表した．また $\Box=\partial^2/\partial t^2-\Delta$ を波動作用素 (D'Alembertian, ダランベルシアン) という．

(4.12) の解をフーリエ変換を用いて求めよう．x で (4.12) をフーリエ変換し，$v(t,\xi)=\mathscr{F}[u(t,\cdot)](\xi)$ とおくと，v は ξ をパラメタとする t の常微分方程式

$$\frac{d^2}{dt^2}v+|\xi|^2v=0\,(t>0),\quad v(0)=\hat{u}_0,\quad v_t(0)=\hat{u}_1 \tag{4.13}$$

を満たす．この微分方程式は $\sin(t|\xi|),\cos(t|\xi|)$ の 2 つの 1 次独立な解をもつので (4.13) の一般解は

$$v(t,\xi)=A\cos(t|\xi|)+B\sin(t|\xi|)$$

である．よって $v(0,\xi)=A=\hat{u}_0(\xi)$,

$$v_t(0,\xi)=(-A|\xi|\sin(t|\xi|)+B|\xi|\cos(t|\xi|))\Big|_{t=0}=B|\xi|=\hat{u}_1(\xi)$$

より $B=|\xi|^{-1}\hat{u}_1(\xi)$ であるので

$$\begin{aligned}v(t,\xi)&=(\cos|\xi|t)\hat{u}_0(\xi)+\frac{\sin|\xi|t}{|\xi|}\hat{u}_1(\xi)\\&=\frac{d}{dt}\Big[\frac{\sin|\xi|t}{|\xi|}\hat{u}_0(\xi)\Big]+\frac{\sin|\xi|t}{|\xi|}\hat{u}_1(\xi).\end{aligned}$$

これをフーリエ逆変換して，一般に (4.12) の解は

$$u(t,x)=\frac{d}{dt}\mathscr{F}^{-1}\left[\frac{\sin|\xi|t}{|\xi|}\hat{u}_0(\xi)\right](x)+\mathscr{F}^{-1}\left[\frac{\sin|\xi|t}{|\xi|}\hat{u}_1(\xi)\right](x) \tag{4.14}$$

と求まる．こうして以下 $\mathscr{F}^{-1}\Big[\dfrac{\sin|\xi|t}{|\xi|}\hat{\psi}(\xi)\Big]$ を求めよう．これは,

$$\Box u=0\ (x\in\boldsymbol{R}^n,t\in\boldsymbol{R}),\quad u(0,x)=0,\quad u_t(0,x)=\psi(x) \tag{4.15}$$

なる初期値問題の解の表示式を求めることにほかならない．

この節では $n=1,2,3$ の場合に求める．$n\geq 2$ の一般次元の場合は 4.4 節での準備の後 4.5 節で考察する．

定理 4.3　(4.15) の解 $u(t,x)$ は $n=1,2,3$ のとき次のように求まる．

$$u(t,x)=\frac{1}{2}\int_{x-t}^{x+t}\psi(\xi)\,d\xi, \qquad (n=1)$$

$$u(t,x)=\frac{t}{2\pi}\int_{|\xi|\leq 1}\frac{\psi(x-t\xi)}{\sqrt{1-|\xi|^2}}\,d\xi, \qquad (n=2)$$

$$u(t,x)=\frac{t}{4\pi}\int_{|\omega|=1}\psi(x-t\omega)\,dS_\omega. \qquad (n=3)$$

ここで dS_ω は $\boldsymbol{R}^3$ の単位球面 $S^2=\{\omega\in\boldsymbol{R}^3\,|\,|\omega|=1\}$ の面積要素である．

以下，定理 4.3 の証明を行う．

$n=1$ **の場合：** $H(t)$ をヘビサイド関数とする．すなわち $H(t)=1\ (t\geq 0)$, $H(t)=0\ (t<0)$ とする．$\theta_R(x)=H(R-|x|)$ とおくと，$\theta_R(x)=1\ (|x|\leq R)$, $\theta_R(x)=0\ (|x|>R)$ である．$\psi\in\mathscr{S}(\boldsymbol{R})$ に対し $\dfrac{\sin|\xi|t}{|\xi|}\hat{\psi}(\xi)\in L^1(\boldsymbol{R})$ なので

$$\mathscr{F}^{-1}\left[\frac{\sin|\xi|t}{|\xi|}\hat{\psi}(\xi)\right](x)=\lim_{R\to\infty}\mathscr{F}^{-1}\left[\theta_R(\xi)\frac{\sin|\xi|t}{|\xi|}\hat{\psi}(\xi)\right](x). \tag{4.16}$$

ここで $\theta_R(\xi)\dfrac{\sin|\xi|t}{|\xi|}\in L^1(\boldsymbol{R})$ より (3.37) を用いて

$$\mathscr{F}^{-1}\left[\theta_R(\xi)\frac{\sin|\xi|t}{|\xi|}\hat{\psi}(\xi)\right]=\mathscr{F}^{-1}\left[\theta_R(\xi)\frac{\sin|\xi|t}{|\xi|}\right]*\psi \tag{4.17}$$

と表せる．さて $x<0$ のときは $x=-|x|$ として $-\xi$ を ξ と変換すれば

$$\begin{aligned}\mathscr{F}^{-1}\left[\theta_R(\xi)\frac{\sin|\xi|t}{|\xi|}\right](x)&=\frac{1}{2\pi}\int_{-R}^{R}\frac{\sin|\xi|t}{|\xi|}e^{i|x|\xi}\,d\xi\\&=\frac{1}{2\pi}\int_{-R}^{R}\left\{\frac{\sin|\xi|t\cos|x|\xi}{|\xi|}+i\frac{\sin|\xi|t\sin|x|\xi}{|\xi|}\right\}d\xi\\&=\frac{1}{\pi}\int_0^R\frac{\sin t\xi\cos|x|\xi}{\xi}\,d\xi.\end{aligned}$$

ここで $\dfrac{\sin|\xi|t\cos|x|\xi}{|\xi|}$ は偶関数，$\dfrac{\sin|\xi|t\sin|x|\xi}{|\xi|}$ は奇関数であることを用いた．さて $\sin(A+B)+\sin(A-B)=2\sin A\cos B$ より

$$\mathscr{F}^{-1}\left[\theta_R(\xi)\frac{\sin|\xi|t}{|\xi|}\right](x)=\frac{1}{2\pi}\int_0^R\frac{\sin(t+|x|)\xi+\sin(t-|x|)\xi}{\xi}\,d\xi.$$

$t>0$ かつ $t>|x|$ ならば $t\pm|x|>0$ なので $(t\pm|x|)\xi=\eta$ とおいて

$$\lim_{R\to\infty}\frac{1}{2\pi}\int_0^R\frac{\sin(t\pm|x|)\xi}{\xi}\,d\xi=\lim_{R\to\infty}\frac{1}{2\pi}\int_0^{(t\pm|x|)R}\frac{\sin\eta}{\eta}\,d\eta=\frac{1}{4}.$$

また $t>0$ かつ $t<|x|$ ならば $t+|x|>0, t-|x|<0$ なので $|t\pm|x||\xi=\eta$ とおいて

$$\lim_{R\to\infty}\frac{1}{2\pi}\int_0^R\frac{\sin(t\pm|x|)\xi}{\xi}\,d\xi=\lim_{R\to\infty}\frac{\pm1}{2\pi}\int_0^{|t\pm|x||R}\frac{\sin\eta}{\eta}\,d\eta=\pm\frac{1}{4}.$$

こうして $t>0$ かつ $t\neq|x|$ のとき

$$\lim_{R\to\infty}\mathscr{F}^{-1}\left[\theta_R(\xi)\frac{\sin|\xi|t}{|\xi|}\right](x)=\frac{1}{2}H(t-|x|). \tag{4.18}$$

$t<0$ かつ $|t|\neq|x|$ のときは $t=-|t|$ として (4.18) より

$$\lim_{R\to\infty}\mathscr{F}^{-1}\left[\theta_R(\xi)\frac{\sin|\xi|t}{|\xi|}\right](x)=\lim_{R\to\infty}-\mathscr{F}^{-1}\left[\theta_R(\xi)\frac{\sin|\xi||t|}{|\xi|}\right](x)$$

$$= -\frac{1}{2} H(|t| - |x|) \tag{4.19}$$

を得る．こうして (4.16), (4.17), (4.18), (4.19) とルベーグの収束定理を用いて

$$\begin{aligned}\mathscr{F}^{-1}\Big[\frac{\sin|\xi|t}{|\xi|}\hat{\psi}(\xi)\Big](x) &= \pm\frac{1}{2}\int_{-\infty}^{\infty} H(|t|-|y|)\psi(x-y)\,dy \\ &= \pm\frac{1}{2}\int_{-|t|}^{|t|}\psi(x-y)\,dy = \pm\frac{1}{2}\int_{|x|-|t|}^{x+|t|}\psi(\xi)\,d\xi.\end{aligned}$$

ここで $t>0$ のときは $+$, $t<0$ のときは $-$ をとった．こうして $t<0$ のときは $-|t|=t$ として積分の上下を入れ替えれば任意の $t\in\boldsymbol{R}$ に対して

$$\mathscr{F}^{-1}\Big[\frac{\sin|\xi|t}{|\xi|}\hat{\psi}(\xi)\Big](x) = \frac{1}{2}\int_{x-t}^{x+t}\psi(\xi)\,d\xi$$

を得た．よって $n=1$ のときは示せた．

$n=3$ の場合： $|\xi|^{-1}\sin|\xi|t$ は例 3.37 より $\mathscr{S}'(\boldsymbol{R}^n)$ の元である．$\theta_R(\xi) = H(R-|\xi|)$ とおくと $\theta_R(\xi)|\xi|^{-1}\sin|\xi|t \longrightarrow |\xi|^{-1}\sin|\xi|t$ in $\mathscr{S}'(\boldsymbol{R}^n)$ $(R\longrightarrow\infty)$ である．よってフーリエ逆変換の連続性より，任意の $\psi\in\mathscr{S}(\boldsymbol{R}^n)$ に対し

$$\mathscr{F}^{-1}[|\xi|^{-1}(\sin|\xi|t)\hat{\psi}(\xi)](x) = \lim_{R\to\infty}\mathscr{F}^{-1}[\theta_R(\xi)|\xi|^{-1}(\sin|\xi|t)\hat{\psi}(\xi)](x).$$

$\theta_R(\xi)|\xi|^{-1}\sin t|\xi| \in L^1(\boldsymbol{R}^n)$ なので

$$E_R(t,x) = \mathscr{F}^{-1}[\theta_R(\xi)|\xi|^{-1}\sin t|\xi|](x) = \frac{1}{(2\pi)^n}\int_{|\xi|\le R}\frac{\sin t|\xi|}{|\xi|}\,d\xi \tag{4.20}$$

である．また (3.37) より

$$\mathscr{F}^{-1}[\theta_R(\xi)|\xi|^{-1}(\sin|\xi|t)\hat{\psi}(\xi)] = E_R(t,\cdot)*\psi = \int_{\boldsymbol{R}^n} E_R(t,y)\psi(x-y)\,dy.$$

よって

$$\mathscr{F}^{-1}[|\xi|^{-1}(\sin|\xi|t)\hat{\psi}(\xi)](x) = \lim_{R\to\infty}\int_{\boldsymbol{R}^n} E_R(t,y)\psi(x-y)\,dy \tag{4.21}$$

を求めればよい．

直交変換 T を $x=|x|T\boldsymbol{e}_1$ $(\boldsymbol{e}_1=(1,0,0)^*)$ にとり，$T^*\xi=\eta=(\eta_1,\eta_2,\eta_3)^*$ とおくと[*1]，$x\cdot\xi = |x|T\boldsymbol{e}_1\cdot\xi = |x|\boldsymbol{e}_1\cdot(T^*\xi) = |x|\eta_1, d\xi = d\eta, |\xi|=|\eta|$ であるの

[*1] $(1,0,0)^*$ は $(1,0,0)$ の転置ベクトル，T^* は T の転置行列を表す．

で，(4.20) において $T^*\xi=\eta$ なる変数変換をすれば

$$E_R(t,x)=\frac{1}{(2\pi)^3}\int_{|\eta|\le R}e^{i|x|\eta_1}\frac{\sin|\eta|t}{|\eta|}d\eta.$$

$\eta_1=r\cos\theta, \eta_2=r\sin\theta\cos\varphi, \eta_3=r\sin\theta\sin\varphi$ $(0\le\theta\le\pi, 0\le\varphi\le 2\pi)$ なる変数変換を行って $|\eta|=r, d\eta=r^2\sin\theta\,drd\theta d\varphi$ より

$$\begin{aligned}
E_R(t,x)&=\frac{1}{(2\pi)^2}\int_0^R\int_0^\pi e^{i|x|r\cos\theta}\frac{\sin rt}{r}r^2\sin\theta\,drd\theta\\
&=\frac{1}{(2\pi)^2}\int_0^R\Big[\frac{-e^{i|x|r\cos\theta}}{i|x|r}\Big]_0^\pi r\sin rt\,dr\\
&=\frac{1}{(2\pi)^2}\int_0^R\frac{e^{i|x|r}-e^{-i|x|r}}{i|x|r}r\sin rt\,dr\\
&=\frac{2}{|x|}\frac{1}{(2\pi)^2}\int_0^R\sin|x|r\sin tr\,dr\\
&=\frac{1}{|x|}\frac{1}{(2\pi)^2}\int_0^R(\cos(|x|-t)r-\cos(|x|+t)r)\,dr\\
&=\frac{1}{|x|}\frac{1}{(2\pi)^2}\Big[\frac{\sin(|x|-t)r}{|x|-t}-\frac{\sin(|x|+t)r}{|x|+t}\Big]_0^R\\
&=\frac{1}{|x|}\frac{1}{(2\pi)^2}\Big[\frac{\sin(|x|-t)R}{(|x|-t)}-\frac{\sin(|x|+t)R}{(|x|+t)}\Big].
\end{aligned}$$

よって (4.21) より

$$\begin{aligned}
&\mathscr{F}^{-1}[|\xi|^{-1}(\sin|\xi|t)\hat{\psi}(\xi)](x)\\
&=\lim_{R\to\infty}\frac{1}{(2\pi)^2}\int_{\boldsymbol{R}^3}\Big[\frac{\sin(|y|-t)R}{|y|(|y|-t)}-\frac{\sin(|y|+t)R}{|y|(|y|+t)}\Big]\psi(x-y)\,dy.
\end{aligned}$$

$t>0$ の場合に計算しよう ($t<0$ の場合も同様にできるので読者自身で計算してほしい)．3.1 節 (e) の極座標変換 $y=r\omega$ $(r>0, \omega\in S^2)$ を用いて

$$\begin{aligned}
&\lim_{R\to 0}\frac{1}{(2\pi)^2}\int_{\boldsymbol{R}^3}\frac{\sin(|y|\pm t)R}{|y|(|y|\pm t)}\psi(x-y)\,dy\\
&=\frac{1}{(2\pi)^2}\lim_{R\to 0}\int_0^\infty\int_{S^2}\frac{\sin(r\pm t)R}{(r\pm t)}r\psi(x-r\omega)\,drdS_\omega=(*).
\end{aligned}$$

そこで $f(r)=r\int_{S^2}\psi(x-r\omega)\,dS_\omega$ とおくと

$$(*)=\frac{1}{(2\pi)^2}\lim_{R\to 0}\int_0^\infty \frac{\sin(r\pm t)R}{r\pm t}f(r)\,dr.$$

$\psi\in\mathscr{S}(\boldsymbol{R}^n)$ と仮定したので，各 $x\in\boldsymbol{R}^n$ ごとに $f(r)\in\mathscr{S}(\boldsymbol{R})$．また $t>0$ なので $\dfrac{f(r)}{r+t}\in L^1\ ((0,\infty))$ である．よって (3.18) (リーマン・ルベーグの定理) より

$$\lim_{R\to\infty}\frac{1}{(2\pi)^2}\int_0^\infty \frac{\sin(r+t)R}{r+t}f(r)\,dr=0$$

である．一方

$$\begin{aligned}
&\frac{1}{(2\pi)^2}\int_0^\infty \frac{\sin(r-t)R}{r-t}f(r)\,dr\\
&\quad=\frac{1}{(2\pi)^2}\int_0^{2t} \frac{\sin(r-t)R}{r-t}(f(r)-f(t))\,dr\\
&\qquad+\frac{f(t)}{(2\pi)^2}\int_0^{2t} \frac{\sin(r-t)R}{r-t}\,dr+\frac{1}{(2\pi)^2}\int_{2t}^\infty \frac{\sin(r-t)R}{r-t}f(r)\,dr
\end{aligned}$$

と変形すれば

$$g(r)=\begin{cases}\dfrac{f(r)-f(t)}{r-t} & (r\neq t),\\[2ex] f'(t) & (r-t)\end{cases}$$

とおくと $g(r)\in L^1((0,2t))$ なので (3.18) より

$$\begin{aligned}
\lim_{R\to\infty}\int_0^{2t} \frac{\sin(r-t)R}{r-t}(f(r)-f(t))\,dr&=\lim_{R\to\infty}\int_0^{2t}(\sin(r-t)R)g(r)\,dr\\
&=0.
\end{aligned}$$

一方 $\dfrac{f(r)}{r-t}\in L^1((2t,\infty))$ なのでやはり (3.18) より

$$\lim_{R\to\infty}\int_{2t}^\infty \frac{\sin(r-t)R}{r-t}f(r)\,dr=0$$

である．次に $(r-t)R=s$ と変数変換して

$$\frac{1}{(2\pi)^2}\int_0^{2t}\frac{\sin(r-t)R}{r-t}\,dr=\frac{1}{(2\pi)^2}\int_{-tR}^{tR}\frac{\sin s}{s}\,ds$$
$$\xrightarrow{R\to\infty}\frac{1}{(2\pi)^2}\int_{-\infty}^{\infty}\frac{\sin s}{s}\,ds=\frac{\pi}{(2\pi)^2}=\frac{1}{4\pi}.$$

以上より

$$\mathscr{F}^{-1}[|\xi|^{-1}(\sin|\xi|t)\hat{\psi}(\xi)](x)=\frac{f(t)}{4\pi}=\frac{t}{4\pi}\int_{|\omega|=1}\psi(x-t\omega)\,d\omega. \tag{4.22}$$

よって $n=3$ の場合に定理 4.3 は示せた．

$n=2$ **の場合：**2 次元空間での波動方程式

$$\Box u=0\ (x\in\boldsymbol{R}^2,t>0),\ u(0,x)=0,\quad u_t(0,x)=\psi(x) \tag{4.23}$$

を考える．ただし，$x=(x_1,x_2)$ とした．x_3 を補助的な変数として，$\varphi(x,x_3)=\psi(x)$ とおき，3 次元空間での波動方程式

$$\begin{cases}\Box u=0 & (x\in\boldsymbol{R}^3,t>0),\\ u(0,x,x_3)=0 & (u_t(0,x,x_3)=\varphi(x,x_3))\end{cases} \tag{4.24}$$

を考えると (4.22) より

$$u(t,x)=\frac{t}{4\pi}\int_{|\omega|=1}\varphi(x_1-t\omega_1,x_2-t\omega_2,x_3-t\omega_3)\,dS_\omega$$

が (4.24) の解である．ただし，$\omega=(\omega_1,\omega_2,\omega_3)$ は $\boldsymbol{R}^3$ の中の単位球 $S^2=\{\omega\in\boldsymbol{R}^3\,|\,|\omega|=1\}$ 上の変数である．

$$\varphi(x_1-t\omega_1,x_2-t\omega_2,x_3-t\omega_3)=\psi(x_1-t\omega_1,x_2-t\omega_2)$$

であるので，実際には u は変数 x_3 を含まないのでじつは u は (4.23) の解である．ゆえに u を計算すればよい．いま

$$\{\omega\in\boldsymbol{R}^3\,|\,|\omega|=1\}=\{\omega_3=\sqrt{1-\omega_1^2-\omega_2^2}\,|\,\omega_1^2+\omega_2^2\le 1\}$$
$$\cup\{\omega_3=-\sqrt{1-\omega_1^2-\omega_2^2}\,|\,\omega_1^2+\omega_2^2\le 1\}$$

と表せる．このとき，

$$dS_\omega=\sqrt{1+\left(\frac{\partial\omega_3}{\partial\omega_1}\right)^2+\left(\frac{\partial\omega_3}{\partial\omega_2}\right)^2}\,d\omega_1 d\omega_2$$

である．ここで

$$\frac{\partial\omega_3}{\partial\omega_j}=\frac{\omega_j}{\sqrt{1-(\omega_1^2+\omega_2^2)}}$$

を代入して

$$dS_\omega=\frac{1}{\sqrt{1-(\omega_1^2+\omega_2^2)}}d\omega_1 d\omega_2$$

であるので,

$$u(t,x)=\frac{2t}{4\pi}\int_{|(\omega_1,\omega_2)|\le 1}\frac{\psi(x_1-t\omega_1,x_2-t\omega_2)}{\sqrt{1-(\omega_1^2+\omega_2^2)}}d\omega_1 d\omega_2$$

が (4.23) の解を与える．よって定理 4.3 が $n=2$ の場合にも示された．以上で定理の証明を終わる．

4.4　球対称関数のフーリエ逆変換

一般次元での波動方程式の解表示を求める前に，技術的なこととして球対称関数のフーリエ逆変換の扱いを述べる．

4.4.1　ベッセル関数 (Bessel function) について

本題に入る前に，後の計算に必要なベッセル関数の定義とこの本での計算に必要なベッセル関数についての最小知識をまとめておく*2.

ベッセル関数の前にガンマ関数とベータ関数について述べておく．

$$\Gamma(z)=\int_0^\infty e^{-t}t^{z-1}dt\quad(\mathrm{Re}\,z>0)$$

をガンマ関数 (gamma function) という．また，

$$B(p,q)=\int_0^1 t^{p-1}(1-t)^{q-1}dt\quad(p,q>0)$$

をベータ関数 (beta function) という．$s=(1-t)/t, t=\cos^2\theta$ なる変数変換により次の表示を得る．

$$B(p,q)=\int_0^\infty\frac{s^{q-1}}{(1+s)^{p+q}}ds=2\int_0^{\pi/2}\cos^{2p-1}\theta\sin^{2q-1}\theta\,d\theta.$$

---

*2 くわしくはたとえば藪下信著『特殊関数とその応用』(森北出版, 1975)，森口繁一・宇田川銈久・一松信著『岩波数学公式 III (特殊函数)』(岩波書店, 1987) などを参照してほしい．

次の関係式が成立する.

$$\Gamma(x)\Gamma(y)=B(x,y)\Gamma(x+y)\quad(x,y>0),$$

$$\Gamma(z+1)=z\Gamma(z)\,(\mathrm{Re}\,z>0),\quad \Gamma(1)=1,\quad \Gamma(1/2)=\sqrt{\pi},$$

$$\Gamma(1-z)\Gamma(z)=\frac{\pi}{\sin\pi z}\quad(0<\mathrm{Re}\,z<1),$$

$$\Gamma(z)\Gamma\left(z+\frac{1}{2}\right)=\sqrt{\pi}\Gamma(2z)2^{1-2z}\quad(\mathrm{Re}\,z>0). \tag{4.25}$$

すべての $z\in\boldsymbol{C}$ $(z\neq-1,-2,-3,\cdots,-n,\cdots)$ に対して $\Gamma(z)=\dfrac{\Gamma(z+1)}{z}$ なる関係式を用いて, $\Gamma(z)$ は解析接続される. また, $z=-n$ は一位の極である.

常微分方程式

$$\frac{d^2f}{dz^2}+\frac{1}{z}\frac{df}{dx}+\left(1-\frac{\nu^2}{z^2}\right)f=0\quad(z\in\boldsymbol{C}\setminus\{0\}) \tag{4.26}$$

をベッセルの微分方程式という. これの 2 つの 1 次独立な解は

$$J_\nu(z)=\left(\frac{z}{2}\right)^\nu\sum_{m=0}^{\infty}\frac{(-1)^m}{m!\Gamma(\nu+m+1)}\left(\frac{z}{2}\right)^{2m}$$

$$Y_\nu(z)=\frac{J_\nu(z)\cos\nu\pi-J_{-\nu}(z)}{\sin\nu\pi}$$

で与えられる. $J_\nu(z)$ をベッセル関数, $Y_\nu(z)$ をノイマン関数という.

$$H_\nu^{(1)}(z)=J_\nu(z)+iY_\nu(z),\quad H_\nu^{(2)}(z)=J_\nu(z)-iY_\nu(z)$$

とおく. これも (4.26) の 1 次独立な 2 つの解を与えている. $H_\nu^{(j)}(z)$ を第 j 種のハンケル関数 (Hankel function) $(j=1,2)$ という. とくに n が自然数のとき

$$J_{-n}(z)=(-1)^nJ_n(z)$$

が成立する. さらに次の関係式が成立する.

$$\begin{aligned}Y_n(z)=&\frac{2}{\pi}J_n(z)\log\frac{z}{2}-\frac{1}{\pi}\sum_{m=0}^{n-1}\frac{(n-m-1)!}{m!}\left(\frac{z}{2}\right)^{-n+2m}\\&-\frac{1}{\pi}\sum_{m=0}^{\infty}\frac{\psi(m+1)+\psi(n+m+1)}{m!(m+n)!}(-1)^m\left(\frac{z}{2}\right)^{n+2m},\end{aligned} \tag{4.27}$$

$$J_\nu(x)=\frac{1}{\sqrt{\pi}\Gamma\left(\nu+\frac{1}{2}\right)}\left(\frac{x}{2}\right)^\nu\int_0^\pi e^{\pm ix\cos\theta}\sin^{2\nu}\theta\,d\theta$$

$$= \frac{1}{\sqrt{\pi}\,\Gamma\left(\nu+\frac{1}{2}\right)}\left(\frac{x}{2}\right)^{\nu}\int_{-1}^{1} e^{\pm ix\xi}\xi^{2\nu-\frac{1}{2}}\,d\xi, \tag{4.28}$$

$$\frac{1}{x}\frac{d}{dx}\left[\frac{J_\nu(\lambda x)}{x^\nu}\right] = -\lambda\frac{J_{\nu+1}(\lambda x)}{x^{\nu+1}}. \tag{4.29}$$

常微分方程式

$$\frac{d^2 f}{dz^2} + \frac{1}{z}\frac{df}{dz} - \left(1+\frac{\nu^2}{z^2}\right) f = 0$$

の 2 つの 1 次独立な解を変形ベッセル関数 (modified Bessel function) と呼ぶ．これはベッセルの方程式 (4.26) で ν を $i\nu$ にかえて次で定義される．

$$I_\nu(z) = e^{-\nu\pi i/2} J_\nu(iz) = \left(\frac{z}{2}\right)^{\nu}\sum_{m=0}^{\infty}\frac{1}{m!\,\Gamma(\nu+m+1)}\left(\frac{z}{2}\right)^{2m},$$

$$K_\nu(z) = \frac{\pi}{2}\frac{I_{-\nu}(z) - I_\nu(z)}{\sin\nu\pi} \quad (\nu \notin \boldsymbol{Z}),$$

$$K_n(z) = \lim_{\nu\to n} K_\nu(z) = \frac{(-1)^n}{2}\left[\frac{\partial I_{-\nu}(z)}{\partial\nu} - \frac{\partial I_\nu(z)}{\partial\nu}\right]_{\nu=n},$$

$$K_\nu(z) = \frac{\pi i}{2}e^{\nu\pi i/2}H_\nu^{(1)}(iz) = \frac{\pi i}{2}e^{-\nu\pi i/2}H_{-\nu}^{(1)}(iz). \tag{4.30}$$

$n \geq 1$ が整数のとき次の展開式が成立する．

$$K_0(z) = -\log\left(\frac{z}{2}\right) I_0(z) + \sum_{m=0}^{\infty}\frac{\psi(m+1)}{(m!)^2}\left(\frac{z}{2}\right)^{2m},$$

$$I_0(z) = \sum_{m=0}^{\infty}\frac{1}{(m!)^2}\left(\frac{z}{2}\right)^{2m},$$

$$\begin{aligned} K_n(z) = {} & \frac{1}{2}\left(\frac{z}{2}\right)^{-n}\sum_{m=0}^{n-1}\frac{(-1)^m(n-m-1)!}{m!}\left(\frac{z}{2}\right)^{2m} \\ & + (-1)^{n+1}\log\left(\frac{z}{2}\right)\sum_{m=0}^{\infty}\frac{1}{m!(n+m)!}\left(\frac{z}{2}\right)^{n+2m} \\ & + \frac{1}{2}(-1)^n\sum_{m=0}^{\infty}\frac{\psi(m+1)+\psi(n+m+1)}{m!(n+m)!}\left(\frac{z}{2}\right)^{n+2m}, \end{aligned}$$

$$K_{1/2}(z) = \sqrt{\frac{\pi}{2z}}e^{-z},$$

$$K_{n+(1/2)}(z)=\sqrt{\frac{\pi}{2z}}e^{-z}\sum_{r=0}^{n}\frac{(n+r)!}{(n-r)!(2z)^r}. \tag{4.31}$$

ここで

$$\psi(z)=\frac{\Gamma'(z)}{\Gamma(z)}=-\gamma-\frac{1}{z}+z\sum_{m=1}^{\infty}\frac{1}{m(m+z)}$$

をプサイ関数と呼ぶ．また

$$\gamma=\lim_{n\to\infty}\left(1+\frac{1}{2}+\frac{1}{3}+\cdots+\frac{1}{n}-\log n\right)$$

をオイラー数 (Euler's number) と呼ぶ．

$|z|\longrightarrow\infty$ の場合の漸近挙動は次の通りである．

$$K_\nu(z)=e^{-\nu\pi i}\left(\frac{2}{\pi}\right)^{3/2}\sqrt{\frac{2}{z}}e^{-z}\left\{\sum_{m=0}^{n-1}\frac{\Gamma\left(\nu+m+\frac{1}{2}\right)}{\Gamma\left(\nu-m+\frac{1}{2}\right)}\left(\frac{1}{2z}\right)^m+R_n(z)\right\},$$

$$|R_n(z)|\le C_n|z|^{-n}. \tag{4.32}$$

次の関係式が成立する．

$$K_{-n}(z)=K_n(z),\quad I_{-n}(z)=I_n(z),\quad K_0'(z)=-K_1(z),$$

$$K_{\nu-1}(z)-K_{\nu+1}(z)=-\frac{2\nu}{z}K_\nu(z),\quad K_{\nu-1}(z)+K_{\nu+1}(z)=-2K_\nu'(z),$$

$$\left(\frac{1}{z}\frac{d}{dz}\right)^n[z^\nu K_\nu(z)]=(-1)^n z^{\nu-n}K_{\nu-n},$$

$$\left(\frac{1}{z}\frac{d}{dz}\right)^n[z^{-\nu} K_\nu(z)]=(-1)^n z^{-\nu-n}K_{\nu+n}.$$

次のメリン変換でベッセル関数と変形ベッセル関数が結ばれる．

$$\int_0^\infty\frac{x^{\nu+1}J_\nu(ax)}{(x^2+1)^{\mu+1}}dx=\frac{a^\mu}{2^\mu}\frac{K_{\mu-\nu}(a)}{\Gamma(\mu+1)}\quad(-1<\nu<2\mu+(3/2)). \tag{4.33}$$

4.4.2 球対称関数のフーリエ逆変換

$f(\xi)=\Phi(r)$ $(\xi=(\xi_1,\dots,\xi_n), r=\sqrt{\xi_1^2+\cdots+\xi_n^2})$ なる場合を考える．このような関数を球対称関数 (radially symmetric function) という．簡単のため $f(\xi)\in L^1(\boldsymbol{R}^n)$ としてそのフーリエ逆変換

$$\mathscr{F}^{-1}[f](x)=(2\pi)^{-n}\int_{\boldsymbol{R}^n}e^{ix\cdot\xi}f(\xi)\,d\xi=(*)$$

を計算してみよう．直交変換 T を $x=|x|T\boldsymbol{e}_1$ $(\boldsymbol{e}_1=(1,0,\ldots,0)^*)$ に取ると，$x\cdot\xi=|x|T\boldsymbol{e}_1\cdot\xi=|x|\boldsymbol{e}_1\cdot(T^*\xi)$ と変形できる．T の転置行列 T^* はまた直交行列なので，$T^*\xi=\eta$ とおくと $d\xi=d\eta, |x|=|\eta|, x\cdot\xi=|x|\eta_1$ であるので $\rho\in\boldsymbol{R}$ として

$$I_f(\rho)=(2\pi)^{-n}\int_{\boldsymbol{R}^n}e^{i\rho\eta_1}\Phi(|\eta|)\,d\eta$$

とおくと，

$$\mathscr{F}^{-1}[f](x)=I_f(|x|)$$

となる．とくに $\mathscr{F}^{-1}[f](x)$ もまた $\rho=|x|$ のみの関数，すなわち球対称関数となる．

そこで $I_f(\rho)$ を計算する．n 次元の極座標を導入する．

$$\begin{aligned}&r=|\eta|,\\&\eta_1=r\cos\theta,\quad \eta_2=r\sin\theta\cos\varphi_1,\quad \eta_3=r\sin\theta\sin\varphi_1\cos\varphi_2,\cdots,\\&\eta_{n-1}=r\sin\theta\sin\varphi_1\cdots\sin\varphi_{n-3}\cos\varphi_{n-2},\\&\eta_n=r\sin\theta\sin\varphi_1\cdots\sin\varphi_{n-3}\sin\varphi_{n-2}.\end{aligned}$$

$0\leq\theta,\varphi_1,\ldots,\varphi_{n-3}\leq\pi, 0\leq\varphi_{n-2}\leq 2\pi$ とおくと

$$d\eta=r^{n-1}\sin^{n-2}\theta\sin^{n-3}\varphi_1\cdots\sin\varphi_{n-3}\,drd\theta d\varphi_1\cdots d\varphi_{n-2}$$

である．よって

$$I_f(\rho)=v_n\int_0^\infty\int_0^\pi e^{i\rho r\cos\theta}\Phi(r)r^{n-1}\sin^{n-2}\theta\,drd\theta$$

となる．ただし，

$$v_n=(2\pi)^{-n}\int_0^\pi\cdots\int_0^\pi\int_0^{2\pi}(\sin^{n-3}\varphi_1\cdots\sin\varphi_{n-3})\,d\varphi_1\cdots d\varphi_{n-2}.$$

v_n は後で計算することにする．さて，$\int_0^\pi e^{i\rho r\cos\theta}\sin^{n-1}\theta\,d\theta$ はベッセル関数 (Bessel function) の積分表示 (4.28) で $\nu=(n-2)/2, x=\rho r$ とおいて

$$\int_0^\pi e^{i\rho r\cos\theta}\sin^{n-1}\theta\,d\theta=J_{\frac{n-2}{2}}(\rho r)\sqrt{\pi}\,\Gamma\left(\frac{n-1}{2}\right)\left(\frac{2}{\rho r}\right)^{\frac{n-2}{2}}.$$

こうして

$$\mathscr{F}^{-1}[f](x) = I_f(|x|)$$
$$= v_n \sqrt{\pi}\,\Gamma\Big(\frac{n-1}{2}\Big)\Big(\frac{2}{|x|}\Big)^{\frac{n-2}{2}} \int_0^\infty \Phi(r) r^{\frac{n}{2}} J_{\frac{n-2}{2}}(|x|r)\,dr \qquad (4.34)$$

を得る.

v_n をガンマ関数を用いて求めておこう．ベータ関数とガンマ関数を用いて

$$\int_0^\pi \sin^k\theta\,d\theta = 2\int_0^{\pi/2} \sin^{2\left(\frac{k+1}{2}\right)-1}\theta \cos^{2\frac{1}{2}-1}\theta\,d\theta$$
$$= B\Big(\frac{k+1}{2}, \frac{1}{2}\Big) = \frac{\Gamma\Big(\frac{k+1}{2}\Big)\Gamma\Big(\frac{1}{2}\Big)}{\Gamma\Big(\frac{k}{2}+1\Big)} = \sqrt{\pi}\frac{\Gamma\Big(\frac{k+1}{2}\Big)}{\Gamma\Big(\frac{k}{2}+1\Big)}$$

より

$$v_n = (2\pi)^{-n} \prod_{k=1}^{n-3} \int_0^\pi \sin^k \varphi_{n-2-k}\,d\varphi_{n-2-k} 2\pi$$
$$= (2\pi)^{-(n-1)} \prod_{k=1}^{n-3} \sqrt{\pi} \frac{\Gamma\Big(\frac{k}{2}+\frac{1}{2}\Big)}{\Gamma\Big(\frac{k}{2}+1\Big)} = (2\pi)^{-(n-1)} \pi^{\frac{n-3}{2}} \frac{\Gamma(1)}{\Gamma\Big(\frac{n-3}{2}+1\Big)}$$
$$= \frac{1}{2^{(n-1)}\pi^{\frac{n+1}{2}}\Gamma\Big(\frac{n-1}{2}\Big)}.$$

これを (4.34) に代入して $f(\xi) = \Phi(r)$ $(|\xi| = r)$ に対し

$$\mathscr{F}^{-1}[f](x) = I_f(|x|)$$
$$= \frac{1}{(2\pi)^{n/2}} |x|^{-\frac{n-2}{2}} \int_0^\infty \Phi(r) r^{\frac{n}{2}} J_{\frac{n-2}{2}}(|x|r)\,dr \qquad (4.35)$$

を得た.

4.5　一般次元での波動方程式の解表示

$\boldsymbol{R}^n$ $(n \geq 2)$ での波動方程式の初期値問題

$$\Box u = u_{tt} - \Delta u = 0 \ (x \in \boldsymbol{R}^n, t \in \boldsymbol{R}), \quad u(0,x) = 0, \quad u_t(0,x) = \varphi(x) \qquad (4.36)$$

の解の表示を求めよう.

定理 4.4　(4.36) の解は次のように与えられる．

(1) $n=2p+1$ $(p\geq 1)$ のとき

$$u(t,x)=\frac{\pi}{(2\pi)^{\frac{n+1}{2}}}\left(\frac{1}{t}\frac{d}{dt}\right)^{\frac{n-3}{2}}\left(t^{n-2}\int_{S^{n-1}}\varphi(x-t\omega)dS_\omega\right)$$

$$=\frac{(-1)^{\frac{n-3}{2}}\pi}{(2\pi)^{\frac{n+1}{2}}}\sum_{j=0}^{\frac{n-3}{2}}d_j t^{\frac{n-1}{2}-j}\frac{d^{\frac{n-3}{2}-j}}{dt^{\frac{n-3}{2}-j}}\left(\int_{S^{n-1}}\varphi(x-t\omega)dS_\omega\right). \qquad (4.37)$$

ただし，dS_ω は $S^{n-1}=\{\omega\in\boldsymbol{R}^n\mid|\omega|=1\}$ の面積要素である，また d_j は定数である．

(2) $n=2p$ $(p\geq 1)$ のとき

$$u(t,x)=\frac{1}{(2\pi)^{n/2}}\left(\frac{1}{t}\frac{d}{dt}\right)^{\frac{n-2}{2}}\left(t^{n-1}\int_{|\omega|\leq 1}\frac{\varphi(x-t\omega)}{\sqrt{1-|\omega|^2}}d\omega\right)$$

$$=\frac{(-1)^{\frac{n-2}{2}}}{(2\pi)^{\frac{n}{2}}}\sum_{j=0}^{\frac{n-2}{2}}d_j t^{\frac{n}{2}-j}\frac{d^{\frac{n-2}{2}-j}}{dt^{\frac{n-2}{2}-j}}\left(\int_{|\omega|\leq 1}\frac{\varphi(x-t\omega)}{\sqrt{1-|\omega|^2}}d\omega\right). \qquad (4.38)$$

註 4.5　$u(x,t)=\mathscr{F}^{-1}\left[\frac{\sin|\xi|t}{|\xi|}\hat{\varphi}(\xi)\right](x)$ である．こうして

$$\mathscr{F}^{-1}[\cos|\xi|t\hat{\varphi}(\xi)](x)=\frac{\partial}{\partial t}\mathscr{F}^{-1}\left[\frac{\sin|\xi|t}{|\xi|}\hat{\varphi}(\xi)\right](x)$$

として求まるので，(4.37), (4.38) と (4.14) を用いて (4.12) の解の表示は求まる．

$n=2p+1$ $(p\geq 1)$ **の場合の定理 4.4 の証明**　(4.21) と同様の考察により

$$E_R(t,x)=\frac{1}{(2\pi)^n}\int_{|\xi|\leq R}e^{ix\cdot\xi}\frac{\sin|\xi|t}{|\xi|}d\xi$$

とおいて

$$u(t,x)=\mathscr{F}^{-1}[|\xi|^{-1}(\sin|\xi|t)\hat{\varphi}(\xi)](x)$$

$$=\lim_{R\to\infty}\int_{\boldsymbol{R}^n}E_R(t,y)\varphi(x-y)\,dy \qquad (4.39)$$

を計算すればよい．H をヘビサイド関数として (4.35) で $\Phi(r)=\dfrac{\sin rt}{r}H(R-$

$r)$ とおくと

$$E_R(t,x)=\frac{1}{(2\pi)^{n/2}}\int_0^R r^{\frac{n-2}{2}}\frac{J_{\frac{n-2}{2}}(|x|r)\sin tr}{|x|^{\frac{n-2}{2}}}dr \tag{4.40}$$

である．ここでベッセル関数の公式 (4.29) より

$$\frac{J_{m-(1/2)}(r|x|)}{|x|^{m-(1/2)}}=(-1)^{m-1}\sqrt{\frac{2}{\pi}}r^{-(m-(1/2))}\Big(\frac{1}{|x|}\frac{\partial}{\partial|x|}\Big)^{m-1}\frac{\sin|x|r}{|x|} \tag{4.41}$$

が得られる．実際，(4.29) より

$$\begin{aligned}\frac{J_{m-(1/2)}(r|x|)}{|x|^{m-(1/2)}}&=-\frac{1}{r}\Big(\frac{1}{|x|}\frac{\partial}{\partial|x|}\Big)\Big(\frac{J_{m-(3/2)}(|x|r)}{|x|^{m-(3/2)}}\Big)\\&=\Big(-\frac{1}{r}\Big)^2\Big(\frac{1}{|x|}\frac{\partial}{\partial|x|}\Big)^2\Big(\frac{J_{m-(5/2)}(|x|r)}{|x|^{m-(5/2)}}\Big)\end{aligned}$$

以下続けて

$$=\Big(-\frac{1}{r}\Big)^{m-1}\Big(\frac{1}{|x|}\frac{\partial}{\partial|x|}\Big)^{m-1}\Big(\frac{J_{1/2}(|x|r)}{|x|^{1/2}}\Big)$$

となる．(4.28) より

$$\begin{aligned}J_{1/2}(|x|r)&=\frac{1}{\sqrt{\pi}\Gamma(1)}\Big(\frac{|x|r}{2}\Big)^{1/2}\int_0^\pi e^{i|x|r\cos\theta}\sin\theta\, d\theta\\&=\frac{1}{\sqrt{\pi}}\Big(\frac{|x|r}{2}\Big)^{1/2}\Big[\frac{-e^{i|x|r\cos\theta}}{i|x|r}\Big]_0^\pi=\frac{1}{\sqrt{\pi}}\Big(\frac{|x|r}{2}\Big)^{1/2}\frac{e^{i|x|r}-e^{-i|x|r}}{i|x|r}\\&=\frac{2}{\sqrt{\pi}}\Big(\frac{|x|r}{2}\Big)^{1/2}\frac{\sin|x|r}{|x|r}=\sqrt{\frac{2}{\pi|x|r}}\sin|x|r.\end{aligned}$$

これを上式に代入して (4.41) を得た．

こうして $m-(1/2)=(n-2)/2, m-1=(n-3)/2$ であるので (4.41) を (4.40) に代入して

$$\begin{aligned}E_R(t,x)&=\frac{(-1)^{\frac{n-3}{2}}}{(2\pi)^{n/2}}\sqrt{\frac{2}{\pi}}\int_0^R\frac{r^{\frac{n-2}{2}}}{r^{\frac{n-2}{2}}}\Big[\Big(\frac{1}{|x|}\frac{\partial}{\partial|x|}\Big)^{\ell-1}\frac{\sin r|x|}{|x|}\Big]\sin tr\, dr\\&=\frac{(-1)^{\frac{n-3}{2}}2^{1/2}}{(2\pi)^{n/2}\pi^{1/2}}\Big(\frac{1}{|x|}\frac{\partial}{\partial|x|}\Big)^{\frac{n-3}{2}}\int_0^R\frac{\sin r|x|\sin tr}{|x|}dr\end{aligned}$$

を得る.

$$\sin r|x|\sin tr=\frac{\cos(|x|-t)r-\cos(|x|+t)r}{2}$$

なので,

$$\int_0^R \sin rt\sin r|x|\,dr=\frac{1}{2}\left[\frac{\sin(|x|-t)R}{|x|-t}-\frac{\sin(|x|+t)R}{|x|+t}\right]$$

より, これを代入して

$$E_R(t,x)=\frac{(-1)^{\frac{n-3}{2}}}{(2\pi)^{\frac{n+1}{2}}}\left(\frac{1}{|x|}\frac{\partial}{\partial|x|}\right)^{\frac{n-3}{2}}\frac{1}{|x|}\left[\frac{\sin(|x|-t)R}{|x|-t}-\frac{\sin(|x|+t)R}{|x|+t}\right].$$

よって (4.39) から

$$\begin{aligned}
&u(t,x)\\
&=\lim_{R\to\infty}\int_{\boldsymbol{R}^n}E_R(x-y)\varphi(y)\,dy\\
&=\frac{(-1)^{\frac{n-3}{2}}}{(2\pi)^{\frac{n+1}{2}}}\lim_{R\longrightarrow\infty}\int_{\boldsymbol{R}^n}\left(\frac{1}{|y|}\frac{\partial}{\partial|y|}\right)^{\frac{n-3}{2}}\frac{1}{|y|}\left[\frac{\sin(|y|-t)R}{|y|-t}-\frac{\sin(|y|+t)R}{|y|+t}\right]\\
&\qquad\qquad\times\varphi(x-y)\,dy=(*).
\end{aligned}$$

ここで, $|y|=\rho,\omega=y/|y|$ とおいて, dS_ω を $S^{n-1}=\{\omega\in\boldsymbol{R}^n\mid|\omega|=1\}$ 上の面積要素とすると, $y=\rho\omega, dy=r^{n-1}\,dr dS_y$ であるので,

$$\begin{aligned}
(*)=\lim_{R\to\infty}\int_0^\infty\int_{S^{n-1}}\frac{(-1)^{\frac{n-3}{2}}}{(2\pi)^{\frac{n+1}{2}}}\left(\frac{1}{\rho}\frac{\partial}{\partial\rho}\right)^{\frac{n-3}{2}}\frac{1}{\rho}\left[\frac{\sin(\rho-t)R}{\rho-t}-\frac{\sin(\rho+t)R}{\rho+t}\right]\\
\times\varphi(x-\rho\omega)\rho^{n-1}\,d\rho dS_\omega.
\end{aligned}$$

そこで

$$\tilde{\varphi}(\rho)=\frac{(-1)^{\frac{n-3}{2}}}{(2\pi)^{\frac{n+1}{2}}}\int_{S^{n-1}}\varphi(x-\rho\omega)\,dS_\omega \tag{4.42}$$

とおくと,

$$u(t,x)=\lim_{R\to\infty}\int_0^\infty\left(\frac{1}{\rho}\frac{\partial}{\partial\rho}\right)^{\frac{n-3}{2}}\frac{1}{\rho}\left[\frac{\sin(\rho-t)R}{\rho-t}-\frac{\sin(\rho+t)R}{\rho+t}\right]\tilde{\varphi}(\rho)\rho^{n-1}d\rho. \tag{4.43}$$

ここで部分積分により ρ に関する微分を $\tilde{\varphi}$ のほうに移す．

$$f(\rho)=\frac{\sin(\rho-t)R}{\rho-t}-\frac{\sin(\rho+t)R}{\rho+t}$$

とおく．(4.43) は次のように表す．

$$u(t,x)=\lim_{R\to\infty}\int_0^\infty\Big(\frac{\partial}{\partial\rho}\frac{1}{\rho}\Big)^{\frac{n-3}{2}}\Big[\frac{\sin(\rho-t)R}{\rho-t}-\frac{\sin(\rho+t)R}{\rho+t}\Big]\tilde{\varphi}(\rho)\rho^{n-2}\,d\rho.$$

いま $m=(n-3)/2$ より，

$$\Big(\frac{\partial}{\partial\rho}\frac{1}{\rho}\Big)^m f(\rho)=\sum_{k=0}^m c_k\rho^{-(m+k)}\frac{\partial^{m-k}}{\partial\rho^{m-k}}f(\rho)$$

と表せる．ここで，c_k は適当な定数である．こうして $n-2=2m+1$ であるので

$$\begin{aligned}
&\int_0^\infty\Big\{\Big(\frac{\partial}{\partial\rho}\frac{1}{\rho}\Big)^m f(\rho)\Big\}\rho^{n-2}\tilde{\varphi}(\rho)\,d\rho\\
&=\sum_{k=0}^m c_k\int_0^\infty\Big\{\frac{\partial^{m-k}}{\partial\rho^{m-k}}f(\rho)\Big\}\rho^{2m+1-(m+k)}\tilde{\varphi}(\rho)\,d\rho\\
&=\sum_{k=0}^m c_k\int_0^\infty\Big\{\frac{\partial^{m-k}}{\partial\rho^{m-k}}f(\rho)\Big\}\rho^{m+1-k}\tilde{\varphi}(\rho)\,d\rho\\
&=\sum_{k=0}^m c_k\Big\{\sum_{j=0}^{m-k-1}(-1)^j f^{(m-k-1-j)}(0)\Big(\frac{d}{d\rho}\Big)^j\rho^{m+1-k}\tilde{\varphi}(\rho)\Big|_{\rho=0}\Big\}\\
&\qquad+\sum_{k=0}^m(-1)^{m-k}c_k\int_0^\infty f(\rho)\Big(\frac{d}{d\rho}\Big)^{m-k}(\rho^{m+1-k}\tilde{\varphi}(\rho))\,d\rho
\end{aligned}$$

$\displaystyle\Big(\frac{d}{d\rho}\Big)^j\rho^{m+1-k}\tilde{\varphi}(\rho)\Big|_{\rho=0}=0\ (0\le j\le m-k-1)$ なので

$$\begin{aligned}
&=\sum_{k=0}^m(-1)^{m-k}c_k\int_0^\infty f(\rho)\Big(\frac{d}{d\rho}\Big)^{m-k}(\rho^{m+1-k}\tilde{\varphi}(\rho))\,d\rho\\
&=\sum_{k=0}^m(-1)^k c_{m-k}\int_0^\infty f(\rho)\Big(\frac{d}{d\rho}\Big)^k(\rho^{k+1}\tilde{\varphi}(\rho))\,d\rho\\
&=\sum_{k=0}^m(-1)^k c_{m-k}\Big\{\sum_{j=0}^k\binom{k}{j}\int_0^\infty f(\rho)\Big[\Big(\frac{d}{d\rho}\Big)^{k-j}\rho^{k+1}\Big]\tilde{\varphi}^{(j)}(\rho)\,d\rho\Big\}
\end{aligned}$$

$$=\sum_{k=0}^{m}(-1)^{m-k}c_k\left\{\sum_{j=0}^{k}\binom{k}{j}\frac{(k+1)!}{(j+1)!}\int_0^\infty f(\rho)\rho^{j+1}\tilde{\varphi}^{(j)}(\rho)\,d\rho\right\}$$

$$=\sum_{j=0}^{m}d_j\int_0^\infty f(\rho)\rho^{j+1}\tilde{\varphi}^{(j)}(\rho)\,d\rho.$$

ただし $d_j=\sum_{k=j}^{m}(-1)^k c_{m-k}\binom{k}{j}\frac{(k+1)!}{(j+1)!}$ とおいた．こうして，

$$u(t,x)$$

$$=\sum_{j=0}^{\frac{n-3}{2}}d_j\lim_{R\to\infty}\int_0^\infty\Big(\frac{\sin(\rho-t)R}{\rho-t}-\frac{\sin(\rho+t)R}{\rho+t}\Big)\rho^{\frac{n-1}{2}-j}\tilde{\varphi}^{(\frac{n-3}{2}-j)}(\rho)\,d\rho$$

を得た．しかしこの式は，部分積分において $\rho=0$ での値が出ないので形式的に $\Big(\dfrac{\partial}{\partial\rho}\dfrac{1}{\rho}\Big)^m$ を右側にうつしたものなので，

$$u(t,x)$$

$$=\lim_{R\to\infty}\int_0^\infty\Big(\frac{\sin(\rho-t)R}{\rho-t}-\frac{\sin(\rho+t)R}{\rho+t}\Big)\Big(\frac{-1}{\rho}\frac{d}{d\rho}\Big)^{\frac{n-3}{2}}(\rho^{n-2}\tilde{\varphi}(\rho))\,d\rho.$$

こうして

$$\Big(\frac{-1}{\rho}\frac{d}{d\rho}\Big)^{\frac{n-3}{2}}(\rho^{n-2}\tilde{\varphi}(\rho))=\sum_{j=0}^{\frac{n-3}{2}}d_j\rho^{\frac{n-1}{2}-j}\tilde{\varphi}^{(\frac{n-3}{2}-j)}(\rho) \tag{4.44}$$

である．変数変換 $\rho-t=s, \rho+t=s$ をして

$$u(t,x)$$

$$=\sum_{j=0}^{\frac{n-3}{2}}d_j\lim_{R\to\infty}\int_{-t}^\infty\Big(\frac{\sin sR}{s}\Big)(s+t)^{\frac{n-1}{2}-j}\tilde{\varphi}^{(\frac{n-3}{2}-j)}(s+t)\,ds$$

$$-\sum_{j=0}^{\frac{n-3}{2}}d_j\lim_{R\to\infty}\int_{t}^\infty\Big(\frac{\sin sR}{s}\Big)(s-t)^{\frac{n-1}{2}-j}\tilde{\varphi}^{(\frac{n-3}{2}-j)}(s-t)\,ds.$$

いま

$$\frac{(s+t)^{\frac{n-1}{2}-j}\tilde{\varphi}^{(\frac{n-3}{2}-j)}(s+t)-t^{\frac{n-1}{2}-j}\tilde{\varphi}^{(\frac{n-3}{2}-j)}(t)}{s}$$

は可積分であるので，リーマン・ルベーグの定理から

$$\lim_{R\to\infty}\int_{-t}^{\infty}\left(\frac{\sin sR}{s}\right)\frac{(s+t)^{\frac{n-1}{2}-j}\tilde{\varphi}^{\left(\frac{n-3}{2}-j\right)}(s+t)-t^{\frac{n-1}{2}-j}\tilde{\varphi}^{\left(\frac{n-3}{2}-j\right)}(t)}{s}$$

$$=0$$

となるので

$$\sum_{j=0}^{\frac{n-3}{2}} d_j \lim_{R\to\infty}\int_{-t}^{\infty}\left(\frac{\sin sR}{s}\right)(s+t)^{\frac{n-1}{2}-j}\tilde{\varphi}^{\left(\frac{n-3}{2}-j\right)}(s+t)\,ds$$

$$=\sum_{j=0}^{\frac{n-3}{2}} d_j \lim_{R\to\infty}\int_{-t}^{\infty}\frac{\sin sR}{s}\,ds\,t^{\frac{n-1}{2}-j}\tilde{\varphi}^{\left(\frac{n-3}{2}-j\right)}(t)$$

ここで $sR=y$ とおいて

$$=\sum_{j=0}^{\frac{n-3}{2}} d_j \lim_{R\to\infty}\int_{-Rt}^{\infty}\frac{\sin y}{y}\,dy\,t^{\frac{n-1}{2}-j}\tilde{\varphi}^{\left(\frac{n-3}{2}-j\right)}(t)$$

$$=\sum_{j=0}^{\frac{n-3}{2}} d_j \int_{-\infty}^{\infty}\frac{\sin y}{y}\,dy\,t^{\frac{n-1}{2}-j}\tilde{\varphi}^{\left(\frac{n-3}{2}-j\right)}(t)$$

$$=\sum_{j=0}^{\frac{n-3}{2}} d_j \pi t^{\frac{n-1}{2}-j}\tilde{\varphi}^{\left(\frac{n-3}{2}-j\right)}(t).$$

一方，

$$\frac{(s-t)^{\frac{n-1}{2}-j}\tilde{\varphi}^{\left(\frac{n-3}{2}-j\right)}(s-t)}{s}$$

は $[t,\infty)$ で可積分なので，リーマン・ルベーグの定理から

$$\sum_{j=0}^{\frac{n-3}{2}} d_j \lim_{R\to\infty}\int_{t}^{\infty}\left(\frac{\sin sR}{s}\right)(s-t)^{\frac{n-1}{2}-j}\tilde{\varphi}^{\left(\frac{n-3}{2}-j\right)}(s-t)\,ds$$

$$=\sum_{j=0}^{\frac{n-3}{2}} d_j \lim_{R\to\infty}\int_{t}^{\infty}(\sin sR)\frac{(s-t)^{\frac{n-1}{2}-j}\tilde{\varphi}^{\left(\frac{n-3}{2}-j\right)}(s-t)}{s}\,ds=0.$$

こうして (4.44) を想起して

$$u(t,x)=\sum_{j=0}^{\frac{n-3}{2}} d_j \pi t^{\frac{n-1}{2}-j}\tilde{\varphi}^{\left(\frac{n-3}{2}-j\right)}(t)=\pi\left(\frac{-1}{t}\frac{d}{dt}\right)^{\frac{n-3}{2}}\left(t^{n-2}\tilde{\varphi}(t)\right)$$

を得た．したがって (4.42) を代入して (4.37) を得た．∎

$n=2m\ (m\geq 1)$ **の場合の定理 4.4 の証明**　(4.36) を $n=2m$ (偶数次元) のときに考える．すでに $n=2$ のときは考察した．$n=2$ のときは $n=3$ のときの解から構成した．一般偶数次元の場合も $n+1$ 次元の場合の解から構成できる．

$x=(x_1,\dots,x_n)$ に対して $\tilde{x}=(x_1,\dots,x_n,x_{n+1})$ とおく．また，$\tilde{\varphi}(\tilde{x})=\varphi(x)$ とおく．このとき $\tilde{u}(t,\tilde{x})$ を $\boldsymbol{R}^{n+1}$ での波動方程式

$$\begin{cases} \tilde{u}_{tt}-\left(\Delta\tilde{u}+\dfrac{\partial^2\tilde{u}}{\partial x_{n+1}^2}\right)=0 & (x\in\boldsymbol{R}^{n+1}, t>0), \\ \tilde{u}(0,\tilde{x})=0, \quad \tilde{u}_t(0,\tilde{x})=\tilde{\varphi}(\tilde{x}) \end{cases}$$

の解とする．ただし $\Delta=\sum_{j=1}^{n}\dfrac{\partial^2}{\partial x_j^2}$．いま $\tilde{u}(t,\tilde{x})$ が x_{n+1} に独立であることを示せば，$u(t,x)=\tilde{u}(t,\tilde{x})$ とおくと $\dfrac{\partial^2\tilde{u}}{\partial x_{n+1}^2}=0$ であるので $u(t,x)$ は (4.36) の解である．

$n+1$ は奇数なので，奇数次元のときの解の公式で n を $n+1$ として

$$\tilde{u}(t,\tilde{x})=\frac{\pi}{(2\pi)^{\frac{n+3}{2}}}\left(\frac{1}{t}\frac{d}{dt}\right)^{\frac{n-1}{2}}\left(\int_{S^n}\tilde{\varphi}(\tilde{x}-t\tilde{\omega})\,dS_{\tilde{\omega}}\,t^{n-1}\right) \tag{4.45}$$

$$=\frac{\pi}{(2\pi)^{\frac{n+3}{2}}}\left(\frac{1}{t}\frac{d}{dt}\right)^{\frac{n-1}{2}}\left(\int_{S^n}\varphi(x-t\omega)\,dS_{\tilde{\omega}}\,t^{n-1}\right).$$

ここで

$$\begin{aligned} S^n&=\{\tilde{\omega}\in\boldsymbol{R}^{n+1}\,|\,\omega_1^2+\cdots+\omega_n^2+\omega_{n+1}^2=1\} \\ &=\left\{\omega_{n+1}=\sqrt{1-(\omega_1^2+\cdots+\omega_n^2)}\,\middle|\,\omega_1^2+\cdots+\omega_n^2\leq 1\right\} \\ &\quad\cup\left\{\omega_{n+1}=-\sqrt{1-(\omega_1^2+\cdots+\omega_n^2)}\,\middle|\,\omega_1^2+\cdots+\omega_n^2\leq 1\right\} \end{aligned}$$

である．

$$\frac{\partial\omega_{n+1}}{\partial\omega_j}=\frac{\omega_j}{\sqrt{1-(\omega_1^2+\cdots+\omega_n^2)}}$$

より

$$dS_{\tilde{\omega}}=\sqrt{1+\sum_{j=1}^{n}\left(\frac{\partial\omega_{n+1}}{\partial\omega_j}\right)^2}\,d\omega=\frac{d\omega}{\sqrt{1-|\omega|^2}}.$$

ただし $|\omega|^2=\sum_{j=1}^{n}\omega_j^2, d\omega=d\omega_1\cdots d\omega_n$.

$\pm\omega_{n+1}>0$ の両方の面で積分するので，値を 2 倍にして

$$\int_{S^n}\varphi(x-t\omega)\,dS_{\tilde{\omega}}=2\int_{|\omega|\le 1}\frac{\varphi(x-t\omega)}{\sqrt{1-|\omega|^2}}\,d\omega.$$

これを (4.45) に代入して (4.38) を得た．以上で定理 4.4 の証明を終わる．■

4.6 ラプラス作用素に対する偏微分方程式

λ を複素数とし $\boldsymbol{R}^n$ で偏微分方程式

$$\lambda v-\Delta v=f \quad (x\in\boldsymbol{R}^n) \tag{4.46}$$

を考える．この問題は熱方程式 (4.1) を t でラプラス変換 (Laplace transform) して得られる．形式的に計算してみよう．$\lim_{t\to\infty}e^{-\lambda t}u(t,x)=0$ を仮定すれば

$$\int_0^\infty e^{-\lambda t}u_t(t,x)\,dt=\Big[e^{-\lambda t}u(t,x)\Big]_0^\infty+\lambda\int_0^\infty e^{-\lambda t}u(t,x)\,dt$$

$$=-u(0,x)+\lambda\int_0^\infty e^{-\lambda t}u(t,x)\,dt.$$

一方 $u_t=\Delta u$ なので積分記号下での微分ができるとして

$$\int_0^\infty e^{-\lambda t}u_t(t,x)\,dt=\int_0^\infty e^{-\lambda t}\Delta u(t,x)\,dt=\Delta\int_0^\infty e^{-\lambda t}u(t,x)\,dt.$$

したがって $v(x)=\int_0^\infty e^{-\lambda t}u(t,x)\,dt$ とおくと，上の 2 式より $u(0,x)=u_0(x)$ に注意して $\Delta v=-u_0+\lambda v$ を得る．こうして，$f=u_0$ として (4.46) を得る．このように，(4.46) と (4.1) はラプラス変換を通じて深く結びついていることが分かる．

一定の振動数 k の外力 $e^{ikt}f(x)$ が与えられているような波動現象は

$$\Box u=e^{ikt}f(x)$$

なる方程式で記述される．この解として一定の振動数 k をもつ定常波 $u(t,x)=e^{ikt}v(x)$ を求めようとすれば，上の式に代入して

$$\Box u=\{(-k^2-\Delta)v(x)\}e^{ikt}=e^{ikt}f(x)$$

である．これから $-k^2 v - \Delta v = f$ なる方程式を得る．すなわち $\lambda = -k^2$ として (4.46) を得る．

この節と次の節で (4.46) の解の表示を求めよう．(4.46) をフーリエ変換すれば

$$(\lambda + |\xi|^2)\mathscr{F}[v](\xi) = \mathscr{F}[f](\xi)$$

を得るので，$\mathscr{F}[v](\xi) = (\lambda + |\xi|^2)^{-1}\mathscr{F}[f](\xi)$ である．(3.37) の観点より $E_\lambda(x) = \mathscr{F}^{-1}[(\lambda + |\xi|^2)^{-1}](x)$ とおくと

$$v(x) = [E_\lambda * f](x)$$

の形に求まることが分かる．とくに命題 3.51 と例 3.46 より

$$(\lambda - \Delta)E_\lambda = \mathscr{F}^{-1}[(\lambda + |\xi|^2)(\lambda + |\xi|^2)^{-1}] = \mathscr{F}^{-1}[1] = \delta$$

である．δ はディラックのデルタ関数である．したがって E_λ は次を満足する．

$$(\lambda - \Delta)E_\lambda = \delta \quad (x \in \boldsymbol{R}^n). \tag{4.47}$$

E_λ を偏微分方程式 (4.46) の**基本解** (fundamental solution) という．

一般の微分多項式 $P(D) = \sum_{|\alpha| \leq m} a_\alpha D_x^\alpha$ (a_α は複素定数) に対して偏微分方程式：

$$P(D)E = \delta \quad (x \in \boldsymbol{R}^n)$$

を満足する E のことを $P(D)$ の**基本解**という．「E は超関数の範囲で必ず存在する」(Ehrenpreis-Malgrange-Hörmander theorem) ことが知られている[*3]．それによると，$f \in C_0^\infty(\boldsymbol{R}^n)$ のとき $f_x(y) = f(x-y)$ とおいて $(E * f)(x) = \langle E, f_x \rangle$ が偏微分方程式

$$P(D)(E * f) = f \quad (x \in \boldsymbol{R}^n)$$

の解を与える．

この節では $n = 1, 2, 3$ のときに $\lambda - \Delta$ の基本解 E_λ を求めよう．

定理 4.6

$$\boldsymbol{C} \setminus (-\infty, 0] = \{\lambda = \tau + i\gamma \in \boldsymbol{C} \mid \tau > 0\} \cup \{\lambda = \tau + i\gamma \in \boldsymbol{C} \mid \tau \leq 0, \gamma \neq 0\}$$

[*3] この定理の証明としては，L.Hörmander: Local and global properties of fundamental solutions, *Math. Scand.* **5**, 27–39 (1957) が分かりやすいと思う．

とおくと，$\lambda \in \boldsymbol{C} \setminus (-\infty, 0]$ のとき次が成立する．

$$E_\lambda(x) = \frac{e^{-\sqrt{\lambda}|x|}}{2\sqrt{\lambda}}, \qquad (n=1)$$

$$E_\lambda(x) = \frac{1}{2\pi} K_0(\sqrt{\lambda}|x|), \qquad (n=2)$$

$$E_\lambda(x) = \frac{1}{4\pi} \frac{e^{-\sqrt{\lambda}|x|}}{|x|}. \qquad (n=3)$$

ここで $\sqrt{\lambda}$ は $\mathrm{Re}\sqrt{\lambda} > 0$ にとる．また K_0 は 0 次の変形ベッセル関数 (4.5 節参照) である．

証明　$\lambda = |\lambda| e^{i \arg \lambda}$ と極表示する．$\lambda \in \boldsymbol{C} \setminus (-\infty, 0]$ のときは $|\arg \lambda| < \pi$ である．$\epsilon > 0$ に対して $|\arg \lambda| \leq \pi - \epsilon$ とすると

$$|\lambda + |\xi|^2| \geq \sin \frac{\epsilon}{2} (|\lambda| + |\xi|^2) \tag{4.48}$$

がすべての $\xi \in \boldsymbol{R}^n$ に対して成立する．実際，$\theta = \arg \lambda$ とおくと $\lambda = |\lambda| e^{i\theta}$ より $\lambda + |\xi|^2 = (|\lambda| \cos\theta + |\xi|^2) + i|\lambda| \sin\theta$ なので，

$$|\lambda + |\xi|^2|^2 = (|\lambda| \cos\theta + |\xi|^2)^2 + (|\lambda| \sin\theta)^2 = |\lambda|^2 + |\xi|^4 + 2|\lambda||\xi|^2 \cos\theta.$$

ここで $|\theta| \leq \pi - \epsilon$ とすれば $\cos\theta$ は $0 \leq \theta \leq \pi$ で単調減少であるので，$\cos\theta \geq \cos(\pi - \epsilon) = -\cos\epsilon$ となり，

$$\begin{aligned} |\lambda + |\xi|^2|^2 &\geq |\lambda|^2 + |\xi|^4 - 2|\lambda||\xi|^2 \cos\epsilon \\ &= (\cos\epsilon)(|\lambda|^2 - 2|\lambda||\xi|^2 + |\xi|^4) + (1 - \cos\epsilon)(|\lambda|^2 + |\xi|^4) \\ &\geq 2\sin^2 \frac{\epsilon}{2} (|\lambda|^2 + |\xi|^4) \geq \left\{ \sin \frac{\epsilon}{2} (|\lambda| + |\xi|^2) \right\}^2. \end{aligned}$$

よって (4.48) が示せた．(4.48) より $(\lambda + |\xi|^2)^{-1} \in \mathscr{S}'(\boldsymbol{R}^n)$ である．

そこで $H(t)$ をヘビサイド関数として

$$\begin{aligned} E_\lambda(x) &= \lim_{R \to \infty} (2\pi)^{-n} \int_{\boldsymbol{R}^n} e^{ix \cdot \xi} \frac{H(R - |\xi|)}{\lambda + |\xi|^2} d\xi \\ &= \lim_{R \to \infty} (2\pi)^{-n} \int_{|\xi| \leq R} e^{ix \cdot \xi} (\lambda + |\xi|^2)^{-1} d\xi \end{aligned}$$

の形に求める．

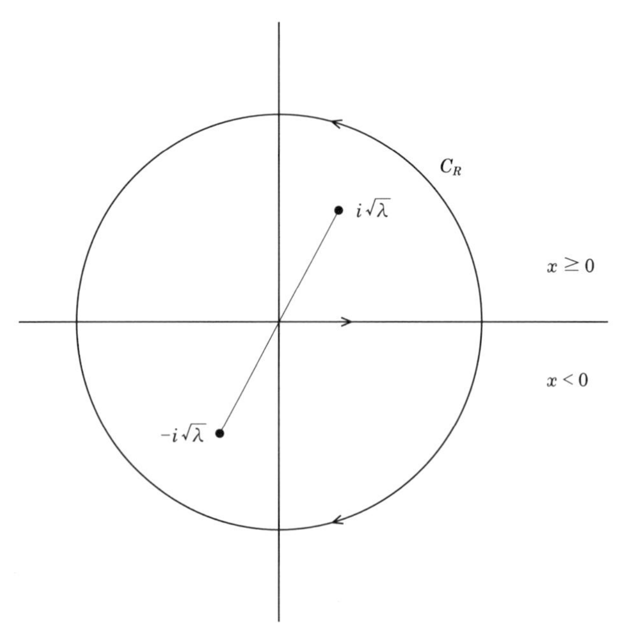

図 4.1　$C_R: -R \longrightarrow R$ および $z = Re^{i\theta}$ $(\theta: 0 \longrightarrow \pi\ (x \geq 0)), (\theta: 0 \longrightarrow -\pi\ (x < 0))$.

$n=1$ の場合： $\sqrt{\lambda}$ を $\mathrm{Re}\sqrt{\lambda} > 0$ にとる．$x \geq 0$ の場合をまず考える．複素関数 $\dfrac{e^{ixz}}{z^2+\lambda} = \dfrac{e^{ixz}}{(z+i\sqrt{\lambda})(z-i\sqrt{\lambda})}$ を図 4.1 のような積分路で積分して，留数の定理を用いて，

$$\frac{e^{-\sqrt{\lambda}x}}{2i\sqrt{\lambda}} = \frac{1}{2\pi i}\oint_{C_R} \frac{e^{ixz}}{(z+i\sqrt{\lambda})(z-i\sqrt{\lambda})}dz = \frac{1}{2\pi i}\oint_{C_R}\frac{e^{ixz}}{z^2+\lambda}dz$$

$$= \frac{1}{2\pi i}\int_{-R}^{R}\frac{e^{ix\xi}}{\xi^2+\lambda} + \frac{1}{2\pi i}\int_0^{\pi}\frac{e^{ixRe^{i\theta}}}{(Re^{i\theta})^2+\lambda}iRe^{i\theta}\,d\theta,$$

$$\left|\frac{1}{2\pi i}\int_0^{\pi}\frac{e^{ixRe^{i\theta}}}{(Re^{i\theta})^2+\lambda}iRe^{i\theta}\,d\theta\right| \leq \frac{1}{2\pi}\int_0^{\pi}\frac{Re^{-xR\sin\theta}}{R^2-|\lambda|}d\theta \longrightarrow 0 \quad (R \longrightarrow \infty)$$

であるので，

$$E_\lambda(x) = \frac{1}{2\pi}\int_{-\infty}^{\infty}\frac{e^{ix\xi}}{\lambda+\xi^2}d\xi = \lim_{R\to\infty}\frac{1}{2\pi}\int_{-R}^{R}\frac{e^{ix\xi}}{\lambda+\xi^2}d\xi = \frac{e^{-\sqrt{\lambda}x}}{2\sqrt{\lambda}}$$

$$= \frac{e^{-\sqrt{\lambda}|x|}}{2\sqrt{\lambda}}.$$

$x<0$ のときは下半平面上で同様に考えて

$$E_\lambda(x) = \frac{1}{2\pi}\int_{-\infty}^{\infty} \frac{e^{ix\xi}}{\lambda+\xi^2}\,d\xi = \frac{e^{\sqrt{\lambda}x}}{2\sqrt{\lambda}} = \frac{e^{-\sqrt{\lambda}|x|}}{2\sqrt{\lambda}}.$$

以上より $n=1$ のときが示せた.

$n=3$ の場合： (4.35) で $\Phi(r)=H(R-r)(\lambda+r^2)^{-1}, n=3$ として

$$E_\lambda(x) = \lim_{R\to\infty} \frac{|x|^{-1/2}}{(2\pi)^{3/2}}\int_0^R \frac{r^{3/2}}{\lambda+r^2} J_{1/2}(|x|r)\,dr.$$

いま (4.28) で $\nu=1/2$ として

$$J_{1/2}(|x|r) = \frac{1}{\sqrt{\pi}\Gamma(1)}\left(\frac{|x|r}{2}\right)^{1/2}\int_0^\pi e^{i|x|r\cos\theta}\sin\theta\,d\theta$$

$$= \frac{1}{\sqrt{\pi}}\left(\frac{|x|r}{2}\right)^{1/2}\left[\frac{-e^{i|x|r\cos\theta}}{i|x|r}\right]_0^\pi = \frac{1}{\sqrt{\pi}}\left(\frac{|x|r}{2}\right)^{1/2}\frac{e^{i|x|r}-e^{-i|x|r}}{i|x|r}.$$

よって $n=1$ のときと同様にして留数の定理を用いて

$$E_\lambda(x) = \lim_{R\to\infty}\frac{1}{(2\pi)^2|x|i}\int_0^R \frac{r(e^{i|x|r}-e^{-i|x|r})}{\lambda+r^2}\,dr$$

$$= \frac{1}{(2\pi)^2|x|(2i)}\lim_{R\to\infty}\int_{-R}^R \frac{r(e^{i|x|r}-e^{-i|x|r})}{(r+i\sqrt{\lambda})(r-i\sqrt{\lambda})}\,d\lambda$$

$$= \frac{2\pi i}{(2\pi)^2|x|(2i)}\left[\frac{i\sqrt{\lambda}}{2i\sqrt{\lambda}}e^{-|x|\sqrt{\lambda}} + \frac{-i\sqrt{\lambda}}{-2i\sqrt{\lambda}}e^{-|x|\sqrt{\lambda}}\right]$$

$$= \frac{e^{-\sqrt{\lambda}|x|}}{4\pi|x|}.$$

以上より $n=3$ のときが示せた.

$n=2$ の場合： (4.35) で $\Phi(r)=H(R-r)(\lambda+r^2)^{-1}, n=2$ として

$$E_\lambda(x) = \frac{1}{2\pi}\int_0^\infty \frac{r}{\lambda+r^2}J_0(|x|r)\,dr$$

である. まず $\lambda>0$ の場合を考える. $r=\sqrt{\lambda}s$ とおいて変形した後 (4.33) を $\nu=\mu=0$ として用いて

$$\int_0^\infty \frac{r}{\lambda + r^2} J_0(|x|r)\,dr = \int_0^\infty \frac{s}{1+s^2} J_0(|x|\sqrt{\lambda}s)\,ds = K_0(\sqrt{\lambda}|x|).$$

こうして $\lambda > 0$ のとき

$$\mathscr{F}^{-1}[(|\xi|^2+\lambda)^{-1}](x) = \frac{1}{2\pi} K_0(\sqrt{\lambda}|x|)$$

を得た．これより任意の $\varphi \in \mathscr{S}(\boldsymbol{R}^n)$ に対して

$$\langle (|\xi|^2+\lambda)^{-1}, \mathscr{F}^{-1}[\varphi] \rangle = \langle (2\pi)^{-1} K_0(\sqrt{\lambda}|x|), \varphi \rangle \tag{4.49}$$

が成立する．いま左辺は $\displaystyle\int_{\boldsymbol{R}^2} (\lambda + |\xi|^2)^{-1} \mathscr{F}^{-1}[\varphi](\xi)\,d\xi$ なので，(4.48) の観点より $\lambda \in \boldsymbol{C} \setminus (-\infty, 0]$ のとき積分記号下での微分の定理を用いれば λ の関数として複素微分可能であることが分かるので，$\lambda \in \boldsymbol{C} \setminus (-\infty, 0]$ で正則である．右辺も変形ベッセル関数の正則性と $\sqrt{\lambda}$ は $\lambda \in \boldsymbol{C} \setminus (-\infty, 0]$ で正則であることよりその合成関数も $\lambda \in \boldsymbol{C} \setminus (-\infty, 0]$ で正則である．すなわち (4.49) の右辺も λ の関数として $\lambda \in \boldsymbol{C} \setminus (-\infty, 0]$ で正則である．よって一致の定理により (4.49) は $\lambda \in \boldsymbol{C} \setminus (-\infty, 0]$ に対して成立する．これは

$$\mathscr{F}^{-1}[(\lambda + |\xi|^2)^{-1}](x) = (2\pi)^{-1} K_0(\sqrt{\lambda}|x|), \quad \lambda \in \boldsymbol{C} \setminus (-\infty, 0]$$

を示している．よって $n=2$ のときも定理が成立する．以上で定理 4.6 の証明が終わる．■

次にヘルムホルツ方程式 (Helmholtz equation)

$$-(k^2 + \Delta)u = f \quad (x \in \boldsymbol{R}^n) \tag{4.50}$$

を考える．この方程式の基本解を $\lambda \longrightarrow -k^2$ なる極限として求めよう．まず $\lambda = i\epsilon - k^2$ とおく．$\varphi \in \mathscr{S}(\boldsymbol{R}^n)$ に対して $n=1$ のときは

$$\langle E_{-k^2+i\epsilon}, \varphi \rangle = \int_{-\infty}^\infty \frac{e^{-|x|\sqrt{i\epsilon - k^2}}}{2\sqrt{i\epsilon - k^2}} \varphi(x)\,dx.$$

$\mathrm{Re}\sqrt{i\epsilon - k^2} > 0$ より $|e^{-|x|\sqrt{i\epsilon - k^2}}| \leq 1$ であるので，ルベーグの収束定理より

$$\begin{aligned}
\lim_{\epsilon \to 0} \langle E_{-k^2+i\epsilon}, \varphi \rangle &= \int_{-\infty}^\infty \lim_{\epsilon \to 0} \frac{e^{-|x|\sqrt{i\epsilon - k^2}}}{2\sqrt{i\epsilon - k^2}} \varphi(x)\,dx \\
&= \int_{-\infty}^\infty \frac{e^{-i|k||x|}}{2i|k|} \varphi(x)\,dx = \left\langle \frac{e^{-i|k||x|}}{2i|k|}, \varphi \right\rangle.
\end{aligned}$$

こうして $E_k(x)=\dfrac{e^{-i|k||x|}}{2i|k|}$ とおくと

$$E_{(i\epsilon-k^2)}(x)\longrightarrow E_k(x)\quad \text{in } \mathscr{S}'(\boldsymbol{R})\quad (\epsilon\longrightarrow 0+).$$

一方 (4.47) より $\langle[(i\epsilon-k^2)-\Delta]E_{(i\epsilon-k^2)},\varphi\rangle=\varphi(0)$ なので $\epsilon\longrightarrow 0+$ として

$$\langle-(k^2+\Delta)E_k,\varphi\rangle=\langle\delta,\varphi\rangle$$

が従う．これは $-(k^2+\Delta)E_k=\delta$ を示している．すなわち，E_k はヘルムホルツ方程式の基本解である．

同様にして $\epsilon\longrightarrow 0+$ として

$$\frac{1}{2\pi}K_0(-\sqrt{i\epsilon-k^2}|x|)\longrightarrow\frac{1}{2\pi}H_0^{(1)}(|k||x|)\quad (n=2),$$

$$\frac{e^{-\sqrt{i\epsilon-k^2}|x|}}{4\pi|x|}\longrightarrow\frac{e^{-i|k||x|}}{4\pi|x|}\quad (n=3)$$

を得る．ただし $n=2$ のときは (4.30) を用いた．以上をまとめて次を得た．

定理 4.7　$k\in\boldsymbol{R}$ に対しヘルムホルツ方程式 (4.50) の基本解 $E_k(x)$ は

$$E_k(x)=\frac{e^{-i|k||x|}}{2i|k|},\qquad (n=1)$$

$$E_k(x)=\frac{1}{2\pi}H_0^{(1)}(|k||x|),\qquad (n=2)$$

$$E_k(x)=\frac{e^{-i|k||x|}}{4\pi|x|}.\qquad (n=3)$$

次に $\lambda=0$ の場合を考える．すなわちラプラス方程式 (Laplace equation)

$$-\Delta u=f\quad (x\in\boldsymbol{R}^n)\tag{4.51}$$

を $n=2,3$ のときに考える．次を示そう．

定理 4.8　(4.51) の基本解を $E_n(x)$ とすれば $E_n(x)$ は次で与えられる．

$$E_n(x)=\begin{cases}\dfrac{-1}{2\pi}\log|x| & (n=2),\\[2mm] \dfrac{1}{4\pi|x|} & (n=3).\end{cases}$$

証明　$E_\lambda(x)$ において $\lambda \longrightarrow 0$ とする．まず $n=3$ の場合を考える．$\varphi \in \mathscr{S}(\boldsymbol{R}^3)$ を任意にとる．$\lambda \in \boldsymbol{C} \setminus (-\infty, 0]$ に対し $\mathrm{Re}\sqrt{\lambda} > 0$ より $|e^{-\sqrt{\lambda}|x|}| \le 1$ なので $\varphi(x)|x|^{-1} \in L^1(\boldsymbol{R}^3)$．よってルベーグの収束定理より

$$\lim_{\lambda \longrightarrow 0} \langle E_\lambda, \varphi \rangle = \lim_{\lambda \to 0} \int_{\boldsymbol{R}^3} \frac{e^{-\sqrt{\lambda}|x|}\varphi(x)}{4\pi|x|} dx = \int_{\boldsymbol{R}^3} \lim_{\lambda \to 0} \frac{e^{-\sqrt{\lambda}|x|}\varphi(x)}{4\pi|x|} dx$$
$$= \int_{\boldsymbol{R}^3} \frac{\varphi(x)}{|x|} dx = \left\langle \frac{1}{4\pi|x|}, \varphi \right\rangle.$$

いま $E_3(x) = \dfrac{1}{4\pi|x|}$ とおくと定理 4.7 の証明と同様にして，(4.47) で $\lambda \longrightarrow 0$ として $-\Delta E_3 = \delta$ が分かる．こうして E_3 が $-\Delta$ の基本解を与える．以上で $n=3$ の場合が示せた．

$n=2$ のときは定理 4.6 の $n=2$ の場合と (4.31) の $K_0(z)$ の展開式から

$$\begin{aligned}
&E_\lambda(x) \\
&= (2\pi)^{-1} K_0(|x|\sqrt{\lambda}) \\
&= (2\pi)^{-1} \left\{ -(\log(\sqrt{\lambda}|x|)/2) I_0(\sqrt{\lambda}|x|) + \sum_{m=0}^{\infty} \frac{\psi(m+1)}{(m!)^2} \left(\frac{\sqrt{\lambda}|x|}{2} \right)^m \right\} \\
&= (2\pi)^{-1} \left\{ -\log|x| - \frac{1}{2}\log\lambda + \log 2 + \psi(1) \right\} \\
&\quad + \left(\frac{1}{2}\log(\sqrt{\lambda}|x|) + 1 \right) O(\sqrt{\lambda}|x|)
\end{aligned}$$

と表せる．ただし $O(\sqrt{\lambda}|x|)$ は $|O(\sqrt{\lambda}|x|)| \le C|\lambda|^{1/2}|x|$ $(|\lambda| \longrightarrow 0)$ なる項である．$E_\lambda(x)$ には $\log\lambda$ の特異性があるのでいままでのように $E_\lambda(x)$ で単純に $\lambda \longrightarrow 0$ とすることはできない．そこで次のように考える．

$$\begin{aligned}
&(\lambda - \Delta) E_\lambda(x) \\
&= \lambda E_\lambda(x) - \Delta(-(2\pi)^{-1}\log|x|) + \Delta\left(\frac{1}{2}\log(\sqrt{\lambda}|x|) + 1 \right) O(\sqrt{\lambda}|x|)
\end{aligned}$$

と表せば，$\lambda \longrightarrow 0$ として $\lambda\log\lambda \longrightarrow 0$ に注意して

$$(\lambda - \Delta) E_\lambda(x) \longrightarrow -\Delta(-(2\pi)^{-1}\log|x|) \quad \text{in } \mathscr{S}'(\boldsymbol{R}^2)$$

である．一方 $(\lambda - \Delta) E_\lambda = \delta$ であるので

$$-\Delta(-(2\pi)^{-1}\log|x|)=\delta \quad (x\in \boldsymbol{R}^2)$$

である．よって $E_2(x)=-(2\pi)^{-1}\log|x|$ とおくとこれは $n=2$ のときの (4.51) の基本解である．■

註 4.9　$n=2$ で方程式 $-\Delta E_2=\delta$ とフーリエ変換すると $|\xi|^2\mathscr{F}[E_2](\xi)=1$ である．よって形式的には $\mathscr{F}[E_2](\xi)=|\xi|^{-2}$ である．しかし，$|\xi|^{-2}\notin L^1_{\mathrm{loc}}(\boldsymbol{R}^2)$ なので $|\xi|^{-2}\notin \mathscr{S}'(\boldsymbol{R}^2)$ である．よって単純に $E_2(x)=\mathscr{F}^{-1}[|\xi|^{-2}](x)$ とおくことはできない．$|\xi|^{-2}$ を超関数とみなす方法はあるが，ここではこれ以上深入りしない．

4.7　一般次元でのラプラス作用素

$n\geq 3$ として (4.46) を再考する．

定理 4.10　$n\geq 3$ とする．$\lambda\in \boldsymbol{C}\setminus(-\infty,0]$ のとき (4.46) の基本解 $E_\lambda(x)$ は次で与えられる．

$$E_\lambda(x)=\mathscr{F}^{-1}[(\lambda+|\xi|^2)^{-1}](x)=\frac{1}{2\pi}\left(\frac{\sqrt{\lambda}}{2\pi|x|}\right)^{\frac{n-2}{2}}K_{\frac{n-2}{2}}(\sqrt{\lambda}|x|). \tag{4.52}$$

ここで $K_{(n-2)/2}(z)$ は 4.5 節で与えられた変形ベッセル関数である．

とくに $f\in\mathscr{S}(\boldsymbol{R}^n)$ の場合，

$$v(x)=(E_\lambda * f)(x)=\int_{\boldsymbol{R}^n}E_\lambda(x-y)f(y)\,dx$$

で (4.46) の解は与えられる．

証明　(4.48) の観点より $(\lambda+|\xi|^2)^{-1}\in\mathscr{S}'(\boldsymbol{R}^n)$ である．こうして $E_\lambda=\mathscr{F}^{-1}[(\lambda+|\xi|^2)^{-1}]$ とおいて E_λ が (4.52) であることを示そう．

くわしく解説はしないがベッセル関数の無限遠方での挙動があまりよくなく可積分性が保証されないので，次のような工夫をする．まず s を $s>(n+1)/2$ なる実数とし，また $\lambda\in(0,\infty)$ として

$$I_{\lambda,s}(x)=\mathscr{F}[(\lambda+|\xi|^2)^{-s}](x)$$

をまず計算する．(4.48) より $(\lambda+|\xi|^2)^{-s}\in L^1(\boldsymbol{R}^n)$ であることが分かるので

$$I_{\lambda,s}(x)=(2\pi)^{-n}\int_{\boldsymbol{R}^n}\frac{e^{ix\cdot\xi}}{(\lambda+|\xi|^2)^s}d\xi.$$

(4.35) で $\Phi(r)=(\lambda+r^2)^{-s}$ とおいて

$$I_{\lambda,s}(x)=\frac{|x|^{-\frac{n-2}{2}}}{(2\pi)^{n/2}}\int_0^\infty\frac{r^{n/2}}{(\lambda+r^2)^s}J_{(n-2)/2}(|x|r)\,dr=(*).$$

$r=\sqrt{\lambda}\ell$ とおいて次を得る．

$$(*)=\frac{|x|^{-\frac{n-2}{2}}}{(2\pi)^{n/2}}\lambda^{(n/4)+(1/2)-s}\int_0^\infty\frac{\ell^{n/2}J_{(n-2)/2}(|x|\sqrt{\lambda}\ell)}{(1+\ell^2)^s}d\ell.$$

(4.33) で $\nu=(n-2)/2, \mu=s-1$ とする．$s>(n+1)/2$ より $s>(n-1)/4$. こうして $-1<(n-2)/2<2s-2+3/2$ なる条件が満たされるので (4.33) を用いて

$$(*)=\frac{|x|^{-(n-2)/2}}{(2\pi)^{n/2}}\lambda^{(n/4)+(1/2)-s}\frac{(|x|\sqrt{\lambda})^{s-1}}{2^{s-1}}\frac{K_{s-1-((n-2)/2)}(|x|\sqrt{\lambda})}{\Gamma(s)}$$

$$=\frac{|x|^{s-1-((n-2)/2)}(\sqrt{\lambda})^{(n/2)-s}}{(2\pi)^{n/2}2^{s-1}}\frac{K_{s-(n/2)}(|x|\sqrt{\lambda})}{\Gamma(s)}$$

を得た．いま $\varphi\in\mathscr{S}(\boldsymbol{R}^n)$ に対して

$$\langle I_{\lambda,s},\varphi\rangle=\langle(\lambda+|\xi|^2)^{-s},\mathscr{F}^{-1}[\varphi]\rangle$$

であるが，例 3.36, 3.37 より両辺ともじつは積分で与えられる．すなわち，

$$\int_{\boldsymbol{R}^n}\frac{|x|^{s-1-((n-2)/2)}(\sqrt{\lambda})^{(n/2)-s}}{(2\pi)^{n/2}2^{s-1}}\frac{K_{s-(n/2)}(|x|\sqrt{\lambda})}{\Gamma(s)}\varphi(x)\,dx$$

$$=\int_{\boldsymbol{R}^n}(\lambda+|\xi|^2)^{-s}\hat{\varphi}(\xi)\,d\xi \tag{4.53}$$

である．$s\in\boldsymbol{C}$ としたとき，$\mathrm{Re}\,s>0$ であれば (4.32) に注意すれば積分記号下での微分の定理より (4.53) の両辺はともに複素微分可能なので，s の正則関数である．よって一致の定理より (4.53) は $\mathrm{Re}\,s>0$ なる $s\in\boldsymbol{C}$ に対して成立する．ゆえに (4.53) において $s=1$ とできて，任意の $\lambda>0$ に対して

$$\int_{\boldsymbol{R}^n}\frac{|x|^{-(n-2)/2}(\sqrt{\lambda})^{(n/2)-1}}{(2\pi)^{n/2}}\frac{K_{1-(n/2)}(|x|\sqrt{\lambda})}{\Gamma(1)}\varphi(x)\,dx$$

$$=\int_{\boldsymbol{R}^n}(\lambda+|\xi|^2)^{-1}\hat{\varphi}(\xi)\,d\xi. \tag{4.54}$$

さらに (4.54) の両辺は $\lambda\in\boldsymbol{C}\setminus(-\infty,0]$ に対して正則関数であることが，(4.48), (4.32) に注意して積分記号下での微分の定理より従うので，一致の定理により (4.54) はじつは $\lambda\in\boldsymbol{C}\setminus(-\infty,0]$ で成立する．$\Gamma(1)=1$ であるので，(4.54) と $K_\nu=K_{-\nu}$ より

$$\mathscr{F}^{-1}[(\lambda+|\xi|^2)^{-1}](x)=\frac{1}{2\pi}\Big(\frac{\sqrt{\lambda}}{2\pi|x|}\Big)^{\frac{n-2}{2}}K_{\frac{n-2}{2}}(\sqrt{\lambda}|x|)$$

を得た．よって定理が示せた．■

$\lambda\longrightarrow -k^2$ とすることで，ハンケル関数と変形ベッセル関数の関係式 (4.30) を用いて，定理 4.10 よりヘルムホルツ方程式 (4.50) の基本解も求まるがここではこれに関しては述べない．読者自身で導いてみることを望む．

最後に $\lambda=0$ の場合，すなわち次のラプラス方程式

$$-\Delta v=f\quad(x\in\boldsymbol{R}^n)\tag{4.55}$$

の基本解を $n\geq 3$ の場合に与えよう．

定理 4.11 $n\geq 3$ とする．このとき，ラプラス方程式 (4.55) の基本解 $E_n(x)=\mathscr{F}^{-1}[|\xi|^{-2}](x)$ は

$$E_n(x)=\frac{1}{(n-2)\Omega_n}\frac{1}{|x|^{(n-2)}}\tag{4.56}$$

で与えられる．Ω_n は $\boldsymbol{R}^n$ の単位球 $S^{n-1}=\{\omega\in\boldsymbol{R}^n\,|\,|\omega|=1\}$ の表面積である．

証明 $n\geq 3$ のときは $|\xi|^{-2}\in\mathscr{S}'(\boldsymbol{R}^n)$ なので，$\mathscr{F}^{-1}[|\xi|^{-2}](x)\in\mathscr{S}'(\boldsymbol{R}^n)$ である．さらに (4.52) において $\lambda\longrightarrow 0$ とすれば (4.56) が求まることが分かる．しかしここでは熱核を用いて (4.56) を求めよう

$\varphi\in\mathscr{S}(\boldsymbol{R}^n)$ に対して例 3.37 より

$$\langle\mathscr{F}^{-1}[|\xi|^{-2}],\varphi\rangle=\langle|\xi|^{-2},\check{\varphi}\rangle=\int_{\boldsymbol{R}^n}\frac{\check{\varphi}(\xi)}{|\xi|^2}\,d\xi=(*).$$

$|\xi|^{-2}=\displaystyle\int_0^\infty e^{-t|\xi|^2}\,dt$ より

$$(*)=\int_{\boldsymbol{R}^n}\Big(\int_0^\infty e^{-t|\xi|^2}\,d\xi\Big)\check{\varphi}(\xi)\,d\xi$$

である．トネリの定理を用いれば

$$\int_0^\infty \int_{\boldsymbol{R}^n} |e^{-t|\xi|^2}\check{\varphi}(\xi)|\,d\xi dt = \int_{\boldsymbol{R}^n} \Big(\int_0^\infty e^{-t|\xi|^2}\,dt\Big)|\check{\varphi}(\xi)|\,d\xi$$
$$= \int_{\boldsymbol{R}^n} \frac{|\check{\varphi}(\xi)|}{|\xi|^2}\,d\xi < \infty$$

が $\check{\varphi}(\xi) \in \mathscr{S}(\boldsymbol{R}^n)$ より従うので，$e^{-t|\xi|^2}\check{\varphi}(\xi) \in L^1(\boldsymbol{R}^n \times (0,\infty))$．よってフビニの定理より

$$(*) = \int_0^\infty \Big(\int_{\boldsymbol{R}^n} e^{-t|\xi|^2}\check{\varphi}(\xi)\,d\xi\Big)\,dt.$$

ここで (3.26) と (4.3) より

$$(*) = \int_0^\infty \Big(\int_{\boldsymbol{R}^n} \mathscr{F}^{-1}[e^{-t|\xi|^2}](x)\varphi(x)\,dx\Big)\,dt$$
$$= \int_0^\infty \Big(\int_{\boldsymbol{R}^n} (4\pi t)^{-n/2} e^{-\frac{|x|^2}{4t}}\varphi(x)\,dx\Big)\,dt.$$

そこでトネリの定理を用いて $(4\pi t)^{-n/2} e^{-\frac{|x|^2}{4t}}\varphi(x) \in L^1(\boldsymbol{R}^n \times (0,\infty))$ を示そう．実際

$$\int_0^\infty \int_{\boldsymbol{R}^n} (4\pi t)^{-n/2} e^{-\frac{|x|^2}{4t}}|\varphi(x)|\,dxdt$$
$$= \int_{\boldsymbol{R}^n} \Big(\int_0^\infty (4\pi t)^{-n/2} e^{-\frac{|x|^2}{4t}}\,dt\Big)|\varphi(x)|\,dx = (**).$$

いま $\dfrac{|x|^2}{4t} = s$ とおいて $t = \dfrac{|x|^2}{4s}, dt = -\dfrac{|x|^2}{4s^2}\,ds$ より

$$\int_0^\infty (4\pi t)^{-n/2} e^{-\frac{|x|^2}{4t}}\,dt = \int_0^\infty \frac{e^{-s}}{(4\pi)^{n/2}}\Big(\frac{4s}{|x|^2}\Big)^{n/2}\frac{|x|^2}{4s^2}\,ds$$
$$= \frac{1}{4\pi^{n/2}|x|^{(n-2)}}\int_0^\infty e^{-s}s^{(n/2)-2}\,ds = \frac{\Gamma((n/2)-1)}{4\pi^{n/2}|x|^{(n-2)}}. \tag{4.57}$$

こうして

$$(**) = \frac{\Gamma((n/2)-1)}{(4\pi)^{n/2}}\int_{\boldsymbol{R}^n} \frac{|\varphi(x)|}{|x|^{n-2}}\,dx < \infty$$

であるので $(4\pi t)^{-n/2} e^{-\frac{|x|^2}{4t}}\varphi(x) \in L^1(\boldsymbol{R}^n \times (0,\infty))$ が示せた．よってフビニの定理と (4.57) より

$$
\begin{aligned}
(*) &= \int_{\boldsymbol{R}^n} \left(\int_0^\infty (4\pi t)^{-n/2} e^{-\frac{|x|^2}{4t}} \, dt \right) \varphi(x) \, dx \\
&= \int_{\boldsymbol{R}^n} \frac{\Gamma((n/2)-1)}{4\pi^{n/2}|x|^{(n-2)}} \varphi(x) \, dx = \left\langle \frac{\Gamma((n/2)-1)}{4\pi^{n/2}|x|^{(n-2)}}, \varphi \right\rangle .
\end{aligned}
$$

これは

$$
\mathscr{F}^{-1}[|\xi|^{-2}](x) = \frac{\Gamma((n/2)-1)}{4\pi^{n/2}|x|^{(n-2)}} \tag{4.58}
$$

を示している.

(4.25) より $\Gamma(n/2) = ((n/2)-1)\Gamma((n/2)-1)$ なので (3.4) を用いて

$$
\frac{\Gamma((n/2)-1)}{4\pi^{n/2}} = \frac{\Gamma(n/2)}{4((n/2)-1)\pi^{n/2}} = \frac{2}{4((n/2)-1)\Omega_n} = \frac{1}{(n-2)\Omega_n} .
$$

これを (4.58) に代入して (4.56) を得た. ∎

第5章
半群の理論

5.1 はじめに

常微分方程式

$$\frac{du}{dt}=au, \quad u(0)=u_0$$

は $u(t)=e^{at}u_0$ と一意的に解けることは良く知られている．ここで e^{at} は

$$e^{at}=\sum_{j=0}^{\infty}\frac{(at)^j}{j!}=1+at+\frac{(at)^2}{2}+\cdots$$

で与えられる．この級数の収束半径は ∞ である．e^{at} の重要な性質は

$$e^{a(t+s)}=e^{at}e^{as}$$

である．

$N\times N$ 行列 $A=(a_{ij})_{i,j=1}^N$ に対して e^{At} は

$$e^{At}=\sum_{j=1}^{\infty}\frac{(At)^j}{j!}=E_N+At+\frac{(At)^2}{2!}+\cdots$$

で定義できる．ただし E_N は $N\times N$ 単位行列である．いま A のノルムを

$$\|A\|=\sqrt{\sum_{i,j=1}^{N}a_{ij}^2}$$

で定義すれば

$$\|(At)^j\|\le\|At\|^j=\|A\|^j|t|^j$$

が成立することが分かる．こうして A が $\boldsymbol{R}^N$ から $\boldsymbol{R}^N$ への有界な写像，すなわち $\|A\|<\infty$ であれば

$$\|e^{At}\| \le \sum_{j=1}^{\infty} \left\| \frac{(At)^j}{j!} \right\| \le \sum_{j=0}^{\infty} \frac{(\|A\||t|)^j}{j!} = e^{\|A\||t|}$$

を得る．とくに e^{At} もまた $N \times N$ 行列を与える．また容易に

$$\frac{d}{dt}e^{At} = Ae^{At} = e^{At}A, \quad e^{A(t+s)} = e^{At}e^{As} \quad (s, t \in \boldsymbol{R})$$

を満たすことが分かる．こうして e^{At} に対する常微分方程式の系

$$\frac{dU}{dt} = AU, \quad U(0) = U_0$$

は与えられた $N \times N$ 行列 U_0 に対して $U(t) = e^{At}U_0$ を一意解として持つ．

この事実は次のように一般化される．X を $\|\cdot\|_X$ を X のノルムとする[*1]係数体 $\boldsymbol{C}$ 上のバナッハ空間，A を $A: X \to X$ なる線型作用素で有界 (連続) であるとする．すなわち次が成立するとする．

- **[線形性]** 任意の $x, y \in X$, $a, b \in \boldsymbol{C}$ に対し，$A(ax+by) = aAx + bAy$ が成立する．
- **[有界性]** ある定数 $C > 0$ が存在して，任意の $x \in X$ に対して $\|Ax\|_X \le C\|x\|_X$ が成立する．

特に $\mathscr{L}(X)$ は X から X への有界線型作用素の全体とするとき

$$\|A\|_{\mathscr{L}(X)} = \sup\{\|Au\|_X \mid \|u\|_X = 1\} < \infty$$

が成立する．$\|A\|_{\mathscr{L}(X)}$ を A の作用素ノルムと呼ぶ．$\mathscr{L}(X)$ は $\|\cdot\|_{\mathscr{L}(X)}$ をノルムとするバナッハ空間になる．作用素ノルムの性質としては

$$\|Au\|_X \le \|A\|_{\mathscr{L}(X)} \|u\|_X \quad (u \in X) \tag{5.1}$$

が成立することである[*2]．このとき e^A を

$$e^A = \sum_{j=0}^{\infty} \frac{A^j}{j!} = I + A + \frac{A^2}{2!} + \cdots$$

で定義する．ただし I は X 上の恒等写像である．(5.1) を繰り返し用いれば

[*1] バナッハ空間の定義は 3.2 節に述べられている．

[*2] バナッハ空間の基本的な事実については，黒田成俊著『関数解析』(共立出版, 1980) などの関数解析の本を参照してほしい．

$\|A^j\|_{\mathscr{L}(X)} \le \|A\|^j_{\mathscr{L}(X)}$ が成立することが分かる．よって

$$\|e^A\|_{\mathscr{L}(X)} \le \sum_{j=0}^{\infty} \left\| \frac{A^j}{j!} \right\|_{\mathscr{L}(X)} \le \sum_{j=0}^{\infty} \frac{\|A\|^j_{\mathscr{L}(X)}}{j!} = e^{\|A\|_{\mathscr{L}(X)}}$$

が成立する．B も X から X への有界線型写像で $AB = BA$ を満足すれば

$$e^{A+B} = e^A e^B$$

が成立することが容易に分かる．とくに

$$e^{At} = \sum_{j=0}^{\infty} \frac{(At)^j}{j!} = I + At + \frac{(At)^2}{2!} + \cdots$$

で定義すれば

$$\frac{d}{dt} e^{At} = Ae^{At} = e^{At}A, \quad e^{A(t+s)} = e^{At}e^{As} \quad (t, s \in \boldsymbol{R}), \quad \lim_{t \to 0+} \|e^{At}x - x\| = 0. \tag{5.2}$$

こうして指数関数を一般化するのには A の定義域と値域が同じでかつ有界であることが必要である．指数関数が定義できれば対応する常微分方程式が指数関数を使って解ける．実際抽象的な常微分方程式

$$\frac{du}{dt} = Au, \quad u(0) = u_0$$

は $u(t) = e^{At}u_0$ と一意的に解ける．

いま空間一次元の熱方程式

$$\begin{aligned} &u_t = u_{xx} && (t > 0, x \in (0, \pi)) && \text{熱方程式} \\ &u(0, t) = u(\pi, t) = 0 && (t > 0) && \text{境界条件} \\ &u(x, 0) = u_0(x) && (x \in (0, \pi)) && \text{初期条件} \end{aligned}$$

を考えてみる．1 つの解き方としては 4.1 節で述べたように熱核を用いて解は求まる．またフーリエ級数を用いて

$$u(t, x) = \sum_{j=1}^{\infty} a_j e^{-j^2 t} \sin jx, \quad u_0 = a_j \sin jx$$

と解く方法がある．しかしこれを作用素 A を用いて

$$\frac{d}{dt} u = Au \quad (t > 0), \quad u(0) = u_0$$

のように定式化して解けないかと考えてみる．このようにして解こうとする

のがこれから述べる半群の理論というものである．すなわち $Au=u_{xx}$ と A を定義したいのである．しかしこのとき例えば $u\in C^2$ であれば $Au\in C^0$ となり作用素 A の定義域と値域が同じであるということは成立しない．これが半群の理論を構築しようとする (すなわち e^{At} という作用素をより一般の作用素 A に対して定義しようとする) ときの初めに超えなければならない問題点である．

e^{at} の他の定義の仕方にラプラス逆変換を用いたものがある．例えば $\mathrm{Im}\,a\neq 0$ のとき

$$e^{at}=\frac{1}{2\pi i}\int_{-\infty}^{\infty}e^{st}(s-a)^{-1}\,ds$$

で与えられる．これはべきが a に関する部分にはでてこないので，a を考えることにおいて定義域と値域が同じということには気を使わなくて良いかもしれない．すなわち

$$e^{At}=\frac{1}{2\pi i}\int_{-\infty}^{\infty}e^{st}(sI-A)^{-1}\,ds \tag{5.3}$$

の形で定義しようというのである．こうしてまず $(sI-A)^{-1}$ とはなにかということから始めなくてはならない．

5.2 半群の定義

X を $\boldsymbol{C}$ 上のバナッハ空間，$\|\cdot\|$ をそのノルムとする．X の位相は次で与える．

定義 5.1 X の点列 $\{x_n\}_{n=1}^{\infty}$ が $x\in X$ に収束するとは，

$$\lim_{n\to\infty}\|x_n-x\|=0$$

が成立するときを言う．このとき

$$\lim_{n\to\infty}x_n=x$$

と表す．

註 5.2 より一般的に述べると X の位相は「X の開集合の系を任意の $\epsilon>$

0 と $x \in X$ に対して $B_\epsilon(x) = \{y \in X \mid \|x-y\| < \epsilon\}$ で定める」ことにより与えられる．

以下 A を定義域が X の部分空間 $D(A)$ である $D(A)$ から X への線形写像とする．

定義 5.3　(1) A が稠密に定義されているとは，$D(A)$ が X で稠密な部分集合のときをいう．
(2) A が閉作用素とは，A のグラフ $G(f) = \{(x, Ax) \mid x \in D(A)\}$ が直積集合 $X \times X$ の閉集合であるときをいう．

ここで 直積集合 $X \times X$ は $X \times X = \{(x,y) \mid x \in X, y \in Y\}$ で定義され，そのノルムは $\|(x,y)\| = \|x\| + \|y\|$ で与えられる．X がバナッハ空間ならば $X \times X$ もバナッハ空間である．

註 5.4　点列 $\{x_n\}_{n=1}^\infty$ が $D(A)$ の列とは，各元 x_n が $x_n \in D(A)$ のときをいう．A が閉作用素であることの判定法は，「$D(A)$ の列 $\{x_n\}_{n=1}^\infty$ がある x, $y \in X$ に対して

$$\lim_{n\to\infty} x_n = x, \quad \text{かつ} \quad \lim_{n\to\infty} Ax_n = y$$

が成立するとき，$x \in D(A)$ かつ $Ax = y$ が成立することを示す」ことである．

A に対する次の抽象常微分方程式を以下考える．

$$\frac{d}{dt}u(t) = Au(t) \quad (t > 0), \quad u(0) = u_0 \tag{5.4}$$

I を $\boldsymbol{R}$ の区間とし，I 上定義された X 値の連続関数 $u(t) : I \to X$ の全体を $C^0(I, X)$ と表すことにする．すなわち，$u(t) \in C^0(I, X)$ ならば I の各点 t_0 に対して

$$\lim_{t\to t_0} \|u(t) - u(t_0)\| = 0$$

が成立する．また I 上定義された X 値 C^1-級関数 の全体を $C^1(I, X)$ と表す．すなわち $u(t) \in C^1(I, X)$ とは各点 $t \in I$ で $u(t)$ は次で定義される導関数 $v(t)$ をもつ．

$$\lim_{h\to 0} \left\| \frac{u(t+h) - u(t)}{h} - v(t) \right\| = 0$$

さらに $v(t)\in C^0(I,X)$ である．このとき $v(t)=\frac{d}{dt}u(t)=u'(t)=\dot{u}(t)$ と表す．

定義 5.5 $u(t)$ が常微分方程式 (5.4) の解であるとは，

- $u(t)\in C^1((0,\infty),X)\cap C^0([0,\infty),X)$.
- $u(t)\in D(A)$ $(t>0)$ かつ $Au(t)\in C^0((0,\infty),X)$.
- $u(t)$ は方程式 $\frac{d}{dt}u(t)=Au(t)$ $(t>0)$ を満たし，さらに初期値を次の意味で満たす．

$$\lim_{t\to 0+}\|u(t)-u_0\|=0.$$

いま u_0 に対して $T(t)u_0=u(t)$ で作用素 $T(t)$ を定義する．(5.4) の解の一意性が成立すれば，$u(t+s)$ は $t=s$ の初期値を $u(s)$ として解いた解に等しい．これより $T(t+s)=T(t)T(s)$ が成立する．このような性質を満たす作用素の族 $\{T(t)\}_{t\geq 0}$ を半群 (semigroup) と一般に呼ぶ．しばらく抽象的常微分方程式 (5.4) を離れ単に半群を考える．次の定義をおく．

定義 5.6 各 $t\geq 0$ に対して $T(t)$ を X から X への有界線形作用素とする．作用素の族 $\{T(t)\}_{t\geq 0}$ が**連続半群** (C_0-semigroup) とは次が成立するときをいう．

(1) $T(0)=I$ （恒等写像).

(2) $T(t+s)=T(t)T(s)$ $(t,s\geq 0)$.

(3) $\lim_{t\to 0+}\|T(t)x-x\|=0$.

例 5.7 導入部の (5.2) で述べたように，X 上定義された線形有界作用素 A に対して $T(t)$ を

$$T(t)=I+tA+\frac{t^2A^2}{2!}+\cdots=\sum_{j=0}^{\infty}\frac{t^jA^j}{j!}$$

で定義すれば $\{T(t)\}_{t\geq 0}$ は連続半群である．

命題 5.8　$\{T(t)\}_{t\geq 0}$ を連続半群とする．このときある $M>0$ と実数 ω があって

$$\|T(t)\|_{\mathscr{L}(X)} \leq Me^{\omega t} \quad (t\geq 0)$$

が成立する．

註 5.9　X から X への作用素 T に対してその作用素ノルム $\|T\|_{\mathscr{L}(X)}$ を

$$\|T\|_{\mathscr{L}(X)} = \sup\{\|Tx\|/\|x\| \mid x\neq 0,\ x\in X\}$$

で定義する．また $\mathscr{L}(X)$ を X から X への有界線形作用素の全体とする．$\mathscr{L}(X)$ は $\|\cdot\|_{\mathscr{L}(X)}$ をノルムとするバナッハ空間である[*3]．

証明　まず「ある $\eta>0$ があって

$$\sup_{0\leq t\leq \eta} \|T(t)\|_{\mathscr{L}(X)} < \infty \tag{5.5}$$

が成立する」ことを背理法で示そう．実際，もし (5.5) が成立しないとすれば，

$$\text{任意の } \eta>0 \text{ に対して，} \sup_{0\leq t\leq \eta} \|T(t)\|_{\mathscr{L}(X)} = \infty. \tag{5.6}$$

これより次がいえる．

主張: 「点列 $\{t_n\}_{n=1}^{\infty}$ で $\|T(t_n)\|_{\mathscr{L}(X)} > n$ かつ $t_n/2 \geq t_{n+1} > 0$ を満たすものがとれる」

実際この主張は帰納法により次のように示される．$n=1$ に対して $\eta=1$ とって $\sup_{0\leq t\leq 1} \|T(t)\|_{\mathscr{L}(X)} = \infty$ よりある t_1 $(0<t_1\leq 1)$ に対して $\|T(t_1)\|_{\mathscr{L}(X)} > 1$ となる．(実際すべての $0<t\leq 1$ について $\|T(t)\|_{\mathscr{L}(X)} \leq 1$ ならば $\sup_{0\leq t\leq 1} \|T(t)\|_{\mathscr{L}(X)} \leq 1$ となり (5.6) に矛盾するからである)．

いま $t_1 > t_2 > \cdots > t_n > 0$ が $\|T(t_j)\|_{\mathscr{L}(X)} > j$ かつ $t_{j-1}/2 \geq t_j$ $(j=1,2,\cdots,n)$ にとれたとする．$\sup_{0\leq t\leq t_n/2} \|T(t)\|_{\mathscr{L}(X)} = \infty$ であるから，ある t_{n+1} $(0<t_{n+1}\leq t_n/2)$ を $\|T(t_{n+1})\|_{\mathscr{L}(X)} > n+1$ にとる (もし $0<t\leq t_n/2$ なる任意の t で $\|T(t)\|_{\mathscr{L}(X)} \leq n+1$ ならば $\sup_{0\leq t\leq t_n/2} \|T(t)\|_{\mathscr{L}(X)} \leq n+1 < \infty$ となり (5.6) に矛盾するからである)．よって帰納法により主張が示せた．

こうして特に

[*3] 前掲の関数解析の本を参照せよ．

$$\lim_{n\to\infty} t_n = 0, \quad \lim_{n\to\infty} \|T(t_n)\|_{\mathscr{L}(X)} = \infty \tag{5.7}$$

なる点列 $\{t_n\}_{n=1}^{\infty}$ $(t_n > 0)$ がとれた.

これより矛盾を出すために次の定理を用いる.

定理 5.10 (バナッハ・シュタインハウスの定理 (**Banach-Steinhaus theorem**), **resonance theorem**)[*4] X をバナッハ空間, $\{T_a \mid a \in A\}$ を A を添え字の集合とする X から X への有界線形作用素の族とする. もし各 $x \in X$ に対して $\{\|T_a x\| \mid a \in A\}$ が実数上の有界集合ならば $\{\|T_a\|_{\mathscr{L}(X)} \mid a \in A\}$ も実数上の有界集合である.

いま定義 5.6 (3) より $\lim_{t\to 0+} \|T(t_n)x - x\| = 0$ が成立するので, 各 $x \in X$ に対して $\{\|T(t_n)x\| \mid n \in \boldsymbol{N}\}$[*5] は実数上の有界集合である. よってバナッハ・シュタインハウスの定理より $\sup_{n\in\boldsymbol{N}} \|T(t_n)\|_{\mathscr{L}(X)} < \infty$. これは (5.7) に矛盾する. よって (5.5) が成立する.

(5.5) が成立するので, $N = \sup_{0\le t\le\eta} \|T(t)\|_{\mathscr{L}(X)}$ とおく. 任意の $t > \eta$ に対して自然数 n を $t = n\eta + \delta$ $(0 \le \delta < \eta)$ に選ぶ. $T(t)$ が半群ということから

$$\begin{aligned} T(t) &= T(n\eta + \delta) = T(n\eta)T(\delta) = T((n-1)\eta)T(\eta)T(\delta) = \cdots \\ &= \overbrace{T(\eta)\cdots T(\eta)}^{n \text{ 個}} T(\delta) \end{aligned}$$

よって

$$\begin{aligned} \|T(t)\|_{\mathscr{L}(X)} &\le \|T(\eta)\|_{\mathscr{L}(X)}^n \|T(\delta)\|_{\mathscr{L}(X)} \le N^n N \\ &= N^{(t-\delta)/\eta} N = N^{1-\delta/\eta} (N^{1/\eta})^t. \end{aligned}$$

こうして $N^{1/\eta} = e^{\omega}$, すなわち $\omega = \log N^{1/\eta} = \eta^{-1} \log N$, $M = N^{1-\delta/\eta}$ とおいて

$$\|T(t)\|_{\mathscr{L}(X)} \le M e^{\omega t}$$

を得た. ■

---

*4 前掲の関数解析の本を参照せよ.

*5 $\boldsymbol{N}$ は自然数の全体を表す.

命題 5.11　$\{T(t)\}_{t\geq 0}$ が連続半群ならば任意の $x\in X$ に対して $T(t)x\in C^0([0,\infty),X)$ である.

証明　$t=0$ では定義 5.6 (3) より $T(t)$ は右連続である. 次に $t>0$ とする. $h>0$ に対して

$$\|T(t+h)x-T(t)x\|=\|T(t)(T(h)x-x)\|\leq\|T(t)\|_{\mathscr{L}(X)}\|T(h)x-x\|$$
$$\leq Me^{\omega t}\|T(h)x-x\|.$$

$T(t)$ は $t=0$ で右連続であるから $\lim_{h\to 0+}\|T(h)x-x\|=0$. よって

$$\lim_{h\to 0+}\|T(t+h)x-T(t)x\|=0.$$

次に $h<0$ のときは $t>0$ より, $t+h>0$ になるくらい十分 $|h|>0$ は小としてよいので,

$$\|T(t+h)x-T(t)x\|=\|T(t-|h|)x-T(t)x)\|$$
$$\leq Me^{\omega(t-|h|)}\|T(|h|)x-x\|\to 0\quad(h\to 0).$$

こうして $T(t)x$ は $t>0$ で連続である. ∎

この節の最後に半群の微分を考える. そのために次の定義をおく.

定義 5.12

$$D(A)=\left\{x\in X\mid \lim_{h\to 0+}\frac{(T(h)-I)x}{h}=\lim_{h\to 0+}\frac{T(h)x-x}{h}\ \text{が存在する}\right\}. \tag{5.8}$$

このとき作用素 A を

$$Ax=\lim_{h\to 0+}\frac{(T(h)-I)x}{h}\quad(x\in D(A)) \tag{5.9}$$

で定義する. A を $\{T(t)\}_{t\geq 0}$ の**生成作用素** (infinitesimal generator) とよび, $D(A)$ を A の定義域と呼ぶ.

5.3　半群のラプラス変換

はじめの節の最後に述べたアイデア (5.3) を実現するためにこの節では半群のラプラス変換を考える. まず準備として次の定理から始める. 以下 X を

バナッハ空間，$\|\cdot\|$ をそのノルム．$\{T(t)\}_{t\geq 0}$ をタイプ (M,ω) の連続半群といった場合は命題 5.8 の観点から

$$\|T(t)\|_{\mathscr{L}(X)} \leq Me^{\omega t}$$

が成立するとする．

定理 5.13 $\{T(t)\}_{t\geq 0}$ をタイプ (M,ω) の連続半群，A を $\{T(t)\}_{t\geq 0}$ の生成作用素とする．このとき次が成立する．

(1) $x\in X$ に対して

$$\lim_{h\to 0+}\frac{1}{h}\int_t^{t+h} T(s)x\,ds = T(t)x.$$

(2) $x\in X$ のとき，

$$\int_0^t T(s)x\,ds \in D(A) \quad かつ \quad A\Big(\int_0^t T(s)\,ds\Big) = T(t)x - x.$$

(3) $x\in D(A)$ のとき $T(t)x\in D(A)$ かつ

$$\frac{d}{dt}T(t)x = AT(t)x = T(t)Ax.$$

(4) $x\in D(A)$ のとき

$$T(t)x - T(s)x = \int_s^t T(\tau)Ax\,d\tau = \int_s^t AT(\tau)x\,d\tau.$$

註 5.14 バナッハ空間値の連続関数に関する積分については後の 5.9 節の積分のところを参照せよ．とくに $x\in X$, $t\in(0,\infty)$, $0<a<b<\infty$ に対し

$$T(t)\int_a^b T(s)x\,ds = \int_a^b T(t)T(s)x\,ds = \int_a^b T(t+s)x\,ds$$

なる積分と作用素の順序交換が成立する．これは連続関数についての積分はリーマン和の極限で表されることに注意して示すことができる．読者自身で示してほしい．

証明 (1)

$$\frac{1}{h}\int_t^{t+h} T(s)x\,ds - T(t)x = \frac{1}{h}\int_t^{t+h} (T(s)x - T(t)x)\,ds$$

と表し，ノルムをとるとノルムと積分の関係から

$$\left\|\frac{1}{h}\int_t^{t+h}(T(s)x-T(t)x)\,ds\right\|\leq\frac{1}{h}\int_t^{t+h}\|T(s)x-T(t)x\|\,ds.$$

命題 5.11 より $T(s)x$ は s について連続なので，任意の $\epsilon>0$ に対してある $h_0>0$ が存在して $|t-s|<h_0$ ならば $\|T(s)x-T(t)x\|<\epsilon$ であるから $|h|<h_0$ のとき

$$\frac{1}{h}\int_t^{t+h}\|T(s)x-T(t)x\|\,ds<\frac{1}{h}\int_t^{t+h}\epsilon\,ds=\epsilon.$$

これは

$$\lim_{h\to 0+}\frac{1}{h}\int_t^{t+h}\|T(s)x-T(t)x\|\,ds=0$$

を示している．こうして

$$\lim_{h\to 0+}\frac{1}{h}\int_t^{t+h}T(s)x\,ds=T(t)x.$$

(2) $x\in X,\ t>0,\ h>0$ のとき

$$\begin{aligned}
&\frac{T(h)-I}{h}\int_0^t T(s)x\,ds=\frac{1}{h}\int_0^t(T(s+h)x-T(s)x)\,ds\\
&\quad=\frac{1}{h}\Big(\int_h^{t+h}T(s)x\,ds-\int_0^t T(s)x\,ds\Big)=\frac{1}{h}\Big(\int_t^{t+h}T(s)x\,ds-\int_0^h T(s)x\,ds\Big)\\
&\quad\overset{h\to 0+}{\longrightarrow}\ T(t)x-T(0)x.
\end{aligned}$$

最後のところは (1) を用いた．　よって $D(A)$ の定義 (5.8), A の定義 (5.9) と $T(0)x=x$ であることから

$$\int_0^t T(s)x\,ds\in D(A)\quad かつ\quad A\Big(\int_0^t T(s)\,ds\Big)=T(t)x-x.$$

(3) $x\in D(A),\ t>0$ ならば $T(t)$ の連続性を用いて

$$\frac{(T(h)-I)T(t)x}{h}=T(t)\Big(\frac{(T(h)-I)x}{h}\Big)\overset{h\to 0+}{\longrightarrow}T(t)Ax.$$

よって $T(t)x\in D(A)$ かつ $AT(t)x=T(t)Ax$. また

$$\frac{d}{dt}^{+}T(t)x=\lim_{h\to 0+}\frac{T(t+h)x-T(t)x}{h}=\lim_{h\to 0+}T(t)\Big(\frac{(T(h)-I)x}{h}\Big)=T(t)Ax.$$

一方，$t>h>0$ として

$$\frac{d}{dt}^{-}T(t)x$$
$$=\lim_{h\to 0+}\left\{\frac{T(t-h)x-T(t)x}{-h}\right\}=\lim_{h\to 0+}T(t-h)\frac{T(h)x-x}{h}$$
$$=\lim_{h\to 0+}T(t-h)\left\{\frac{T(h)x-x}{h}-Ax\right\}-\lim_{h\to 0+}T(t-h)(T(h)-I)Ax+T(t)Ax.$$

ここで $\|T(t-h)\|\leq Me^{\omega(t-h)}\leq Me^{\omega t}$ を用いて

$$\left\|T(t-h)\left\{\frac{T(h)x-x}{h}-Ax\right\}\right\|\leq Me^{\omega t}\left\|\left\{\frac{T(h)x-x}{h}-Ax\right\}\right\|\overset{h\to 0+}{\longrightarrow}0,$$
$$\|T(t-h)(T(h)-I)Ax\|\leq Me^{\omega t}\|(T(h)-I)Ax\|\overset{h\to 0+}{\longrightarrow}0.$$

よって

$$\frac{d}{dt}^{-}T(t)x=T(t)Ax.$$

こうして右微分と左微分が存在し一致するので $T(t)x$ は微分可能であり

$$\frac{d}{dt}T(t)x=T(t)Ax=AT(t)x$$

である.

(4) (3) の式を s から t まで積分して $x\in D(A)$ のとき

$$T(t)x-T(s)x=\int_s^t AT(\tau)x\,d\tau=\int_s^t T(\tau)Ax\,d\tau.$$

系 5.15 $\{T(t)\}_{t\geq 0}$ をタイプ (M,ω) の連続半群とし，A をその生成作用素とする．このとき A は稠密に定義された閉作用素である．

証明　第 1 段階　$x,\ y\in D(A),\ a,b\in\boldsymbol{C}$ のとき

$$\frac{T(h)-I}{h}(ax+by)=a\frac{T(h)-I}{h}x+b\frac{T(h)-I}{h}y\overset{h\to 0+}{\longrightarrow}aAx+bAy.$$

よって $ax+by\in D(A)$ かつ $A(ax+by)=aAx+bAy$ である．よって A は線形作用素.

第 2 段階　$x\in X$ に対して $x_t=\int_0^t T(s)x\,ds$ とおくと定理 5.13 (2) より $x_t\in D(A)$. さらに 定理 5.13 (1) より $x_t\to x$ $(t\to 0+)$. これは $D(A)$ が X で稠密であることを示している.

第 3 段階　$x_n \in D(A)$ が X において $x_n \to x$, $Ax_n \to y$ $(n \to \infty)$ とする．定理 5.13 (4) より

$$T(t)x_n - x_n = \int_0^t T(s)Ax_n\,ds \tag{5.10}$$

と表せる．いま $\|T(s)Ax_n - T(s)y\| \leq Me^{\omega s}\|Ax_n - y\|$ であるから

$$\left\|\int_0^t T(s)Ax_n\,ds - \int_0^t T(s)y\,ds\right\| \leq M\int_0^t e^{\omega s}\,ds\|Ax_n - y\| \overset{n\to\infty}{\longrightarrow} 0.$$

一方，$\|T(t)x_n - T(t)x\| \leq Me^{\omega t}\|x_n - x\| \to 0$ $(n \to \infty)$．よって (5.10) で $n \to \infty$ として

$$T(t)x - x = \int_0^t T(s)y\,ds.$$

こうして定理 5.13 (1) より

$$\lim_{h\to 0+}\frac{T(h)x - x}{h} = \lim_{h\to 0+}\frac{1}{h}\int_0^h T(s)y\,ds = T(0)y = y.$$

これは $x \in D(A)$ かつ $Ax = y$ を示している．よって A は閉作用素である．■

さて (M,ω) タイプの連続半群 $\{T(t)\}_{t\geq 0}$ のラプラス変換

$$R(\lambda)x = \int_0^t e^{-\lambda t}T(t)x\,dt \quad (\mathrm{Re} > \omega) \tag{5.11}$$

を考える．この積分の収束は次の考察から分かる．

$$\|R(\lambda)x\| \leq \int_0^\infty e^{-(\mathrm{Re}\,\lambda)t}\|T(t)x\|\,dt \leq \int_0^\infty e^{-(\mathrm{Re}\,\lambda)t}Me^{\omega t}\,dt\|x\| = \frac{M}{\mathrm{Re}\lambda - \omega}\|x\|.$$

さらに $h > 0$ に対して

$$\begin{aligned}
\frac{T(h) - I}{h}R(\lambda)x &= \frac{1}{h}\Big[\int_0^\infty e^{-\lambda t}T(h)T(t)x\,dt - \int_0^\infty e^{-\lambda t}T(t)x\,dt\Big] \\
&= \frac{1}{h}\Big[\int_0^\infty e^{-\lambda t}T(t+h)x\,dt - \int_0^\infty e^{-\lambda t}T(t)x\,dt\Big] \\
&= \frac{1}{h}\Big[\int_h^\infty e^{-\lambda(t-h)}T(t)x\,dt - \int_0^\infty e^{-\lambda t}T(t)x\,dt\Big] \\
&= \frac{e^{\lambda h} - 1}{h}\int_h^\infty e^{-\lambda t}T(t)x\,dt - \frac{1}{h}\int_0^h e^{-\lambda t}T(t)x\,dt \\
&\overset{h\to 0+}{\longrightarrow} \lambda R(\lambda)x - T(0)x.
\end{aligned}$$

よって $R(\lambda)x \in D(A)$ かつ $AR(\lambda)x = \lambda R(\lambda)x - x$ である．こうして

$$\|R(\lambda)\|_{\mathscr{L}(X)} \leq \frac{M}{\mathrm{Re}\lambda - \omega} \quad (\mathrm{Re}\lambda > \omega), \tag{5.12}$$

$$x \in X \text{ に対し } R(\lambda)x \in D(A) \text{ かつ } (\lambda I - A)R(\lambda)x = x \tag{5.13}$$

が示せた．とくに $R(\lambda): X \to D(A)$．また $R(\lambda)x = 0$ ならば (5.13) より $x = 0$ なので $R(\lambda)$ は単射である．また $x \in D(A)$ に対して

$$\begin{aligned} R(\lambda)Ax &= \int_0^\infty e^{-\lambda t}T(t)Ax\,dt = \int_0^\infty e^{-\lambda t}AT(t)x\,dt \\ &= A\int_0^\infty e^{-\lambda t}T(t)x\,dt = AR(\lambda)x \end{aligned}$$

ただし，A は閉作用素であるから

$$A\int_0^\infty e^{-\lambda t}T(t)x\,dt = \int_0^\infty A(e^{-\lambda t}T(t)x)\,dt = \int_0^\infty e^{-\lambda t}AT(t)x\,dt$$

が成立することを用いた[*6]．こうして (5.13) より

$$R(\lambda)(\lambda I - A)x = x \quad (x \in D(A)). \tag{5.14}$$

実際，$x \in D(A)$ に対して

$$x = \lambda R(\lambda)x - AR(\lambda)x = \lambda R(\lambda)x - R(\lambda)Ax = R(\lambda)(\lambda I - A)x.$$

(5.14) より $R(\lambda): X \to D(A)$ は全射である．以上の考察より次の定理を得る．

定理 5.16 $\{T(t)\}_{t\geq 0}$ をタイプ (M,ω) の連続半群，A をその生成作用素とし，$\rho(A)$ を A のレゾルベント集合とする．このとき次が成立する．

$$\rho(A) \supset \{\lambda \in \boldsymbol{C} \mid \mathrm{Re}\lambda > \omega\}.^{*7} \tag{5.15}$$

$$\|R(\lambda)^n\|_{\mathscr{L}(X)} \leq \frac{M}{(\mathrm{Re}\lambda - \omega)^n} \quad (\mathrm{Re}\lambda > \omega). \tag{5.16}$$

$$(\lambda I - A)R(\lambda)x = x \quad (x \in X). \tag{5.17}$$

$$R(\lambda)(\lambda I - A)x = x \quad (x \in D(A)). \tag{5.18}$$

とくに $R(\lambda) = (\lambda I - A)^{-1}$ と表せる．

註 5.17 レゾルベント集合 $\rho(A)$ については後の 5.9.2 節を参考にしてほ

[*6] 後の 5.9.1 節の積分の (5) を参照せよ．

[*7] $\boldsymbol{C}$ は複素数の全体を表す．

しい.

証明　(5.17), (5.18) はすでに (5.13), (5.14) でみた．またこれより $\lambda\in\boldsymbol{C}$ が $\mathrm{Re}\lambda>\omega$ のとき $R(A):X\to D(A)$ は一対一上への写像であることが分かる．こうして $\lambda I-A:D(A)\to X$ も一対一上への写像であり，$(\lambda I-A)^{-1}=R(A)$ である．さらに (5.12) より $(\lambda I-A)^{-1}$ は X 上の連続写像であるから $\lambda\in\rho(A)$ である．すなわち $\{\lambda\in\boldsymbol{C}\,|\,\mathrm{Re}\lambda>\omega\}\subset\rho(A)$ である．また (5.16) は $n=1$ のときは (5.12) より従う.

(5.16) を一般の n について示そう．まず

$$\frac{d}{d\lambda}(\lambda I-A)^{-n}=-n(\lambda I-A)^{-(n+1)} \tag{5.19}$$

が成立することを n の帰納法で示そう．$n=1$ のときは以下に述べる 5.9.2 節 (5.71) より従う．$n\geq 2$ として $n-1$ まで (5.19) が成立しているとする.

$$\begin{aligned}
&\frac{((\lambda+h)I-A)^{-n}-(\lambda I-A)^{-n}}{h}\\
&\quad=((\lambda+h)I-A)^{-(n-1)}\Big(\frac{((\lambda+h)I-A)^{-1}-(\lambda I-A)^{-1}}{h}\Big)\\
&\qquad+\Big(\frac{((\lambda+h)I-A)^{-(n-1)}-(\lambda I-A)^{-(n-1)}}{h}\Big)(\lambda I-A)^{-1}.
\end{aligned}$$

こうして帰納法の仮定より

$$\begin{aligned}
&\lim_{h\to 0}\frac{((\lambda+h)I-A)^{-n}-(\lambda I-A)^{-n}}{h}\\
&\quad=(\lambda I-A)^{-(n-1)}\frac{d}{d\lambda}(\lambda I-A)^{-1}+\Big\{\frac{d}{d\lambda}(\lambda I-A)^{-(n-1)}\Big\}(\lambda I-A)^{-1}\\
&\quad=-(\lambda I-A)^{-(n-1)}(\lambda I-A)^{-2}-(n-1)(\lambda I-A)^{-n}(\lambda I-A)^{-1}\\
&\quad=-n(\lambda I-A)^{-n}.
\end{aligned}$$

こうして (5.19) を得た．とくに (5.19) を続けて用いることで次を得る.

$$\frac{d^n}{d\lambda^n}(\lambda I-A)^{-1}=n!(-1)^n(\lambda I-A)^{-(n+1)}.$$

こうして (5.11) に注意して

$$(\lambda I-A)^{-n}x$$

$$
\begin{aligned}
&= \frac{(-1)^{n-1}}{(n-1)!}\frac{d^{n-1}}{d\lambda^{n-1}}(\lambda I - A)^{-1}x = \frac{(-1)^{n-1}}{(n-1)!}\frac{d^{n-1}}{d\lambda^{n-1}}R(\lambda)x \\
&= \frac{(-1)^{n-1}}{(n-1)!}\frac{d^{n-1}}{d\lambda^{n-1}}\int_0^\infty e^{-\lambda t}T(t)x\,dt = \frac{(-1)^{n-1}}{(n-1)!}\int_0^\infty \frac{d^{n-1}}{d\lambda^{n-1}}(e^{-\lambda t}T(t)x)\,dt \\
&= \frac{1}{(n-1)!}\int_0^\infty e^{-\lambda t}t^{n-1}T(t)x\,dt.
\end{aligned}
$$

よって

$$
\begin{aligned}
\|(\lambda I - A)^{-n}x\| &\le \frac{1}{(n-1)!}\int_0^\infty e^{-(\mathrm{Re}\lambda)t}t^{n-1}\|T(t)x\|\,dt \\
&\le \frac{M}{(n-1)!}\int_0^\infty e^{-(\mathrm{Re}\lambda-\omega)t}t^{n-1}\,dt\|x\| = (*)
\end{aligned}
$$

ここで $(\mathrm{Re}\lambda-\omega)t = s$ とおくと

$$
dt = (\mathrm{Re}\lambda-\omega)^{-1}ds, \quad t^{n-1} = (\mathrm{Re}\lambda-\omega)^{-(n-1)}s^{n-1}
$$

より

$$
(*) = \frac{M}{(n-1)!}\int_0^\infty e^{-s}s^{n-1}ds(\mathrm{Re}\lambda-\omega)^{-n}\|x\| = \frac{M}{(\mathrm{Re}\lambda-\omega)^n}\|x\|.
$$

よって (5.16) が一般の n について示せた. ■

以上示したことのうち後で参照することをまとめておく.

系 5.18 $\{T(t)\}_{t\ge 0}$ をタイプ (M,ω) の連続半群とし, A をその生成作用素とする. このとき次が成立する.

(1) A は稠密に定義された閉作用素.

(2) $\rho(A) \supset \{\lambda \in \boldsymbol{C} \mid \mathrm{Re}\lambda > \omega\}$.

(3) $(\lambda I - A)^{-1} = R(\lambda)$ であり

$$
\|(\lambda I - A)^{-n}\|_{\mathscr{L}(X)} \le \frac{M}{(\mathrm{Re}\lambda-\omega)^n} \quad (\mathrm{Re}\lambda > \omega).
$$

ただし,

$$
R(\lambda)x = \int_0^\infty e^{-\lambda t}T(t)x\,dt \quad (\mathrm{Re}\lambda > \omega).
$$

5.4　連続半群の生成

この節では系 5.18 でまとめた連続半群 $\{T(t)\}_{t\geq 0}$ の生成作用素 A の性質が，じつは十分条件であることを示す．すなわち稠密に定義された閉作用素 A が系 5.18 で述べた性質 (2), (3) を満足すれば (M,ω) タイプの連続半群 $\{T(t)\}_{t\geq 0}$ の生成作用素となることを示す．これらの理論には，Hille-Yosida (吉田)-Feller-Miyadara (宮寺)-Phillips の貢献が大きい．以下まず次の定理を示そう．

定理 5.19　X をバナッハ空間，$D(A)$ を X の稠密な部分集合，$A: D(A)\to X$ を線形閉作用素とする．A が次の条件を満足するとする．

(1) ある ω が存在して，$\rho(A)\supset(\omega,\infty)$,

(2) ある正数 M が存在して任意の自然数 n に対して次の評価が成立する．

$$\|(\lambda I-A)^{-n}\|_{\mathscr{L}(X)}\leq\frac{M}{(\lambda-\omega)^n}\quad(\lambda>\omega).$$

このとき A は (M,ω) タイプの連続半群 $\{T(t)\}_{t\geq 0}$ を生成する．

すなわち，ある (M,ω) タイプの連続半群 $\{T(t)\}_{t\geq 0}$ で

$$D(A)=\left\{x\in X \mid \lim_{h\to 0+}\frac{T(h)x-x}{h}\ \text{が存在する}\right\},$$

$$Ax=\lim_{h\to 0+}\frac{T(h)x-x}{h}\quad(x\in D(A))$$

となるものが存在する．

証明　まず次の考察により $\omega=0$ としてよいことが分かる．A が定理の仮定を満たしているとして，$B=A-\omega I$ とおくと $\lambda I-B=(\lambda+\omega)I-A$ かつ $D(A)=D(B)$ である．これより $\rho(B)\supset(0,\infty)$ であり，$\lambda>0$ ならば

$$\|(\lambda I-B)^{-n}\|_{\mathscr{L}(X)}=\|((\lambda+\omega)I-A)^{-1}\|_{\mathscr{L}(X)}\leq\frac{M}{(\lambda+\omega-\omega)^n}=\frac{M}{\lambda^n}$$

が成立する．このとき $(M,0)$ タイプの連続半群 $\{S(t)\}_{t\geq 0}$ で

$$D(B)=\left\{x\in X \mid \lim_{h\to 0+}\frac{S(h)x-x}{h}\ \text{が存在する}\right\},$$

$$Bx = \lim_{h\to 0+} \frac{S(h)x - x}{h} \quad (x \in D(B))$$

なるものが存在したとする．このとき $T(t) = e^{\omega t}S(t)$ とおくと $\{T(t)\}_{t\geq 0}$ は (M,ω) タイプの連続半群である．実際

$$T(t+s) = e^{\omega(t+s)}S(t+s) = e^{\omega t}S(t)e^{\omega s}S(s) = T(t)T(s),$$

$$\|T(t)\|_{\mathscr{L}(X)} = e^{\omega t}\|S(t)\|_{\mathscr{L}(X)} \leq Me^{\omega t},$$

$$\begin{aligned}\lim_{t\to 0+}\|T(t)x - x\| &\leq \lim_{t\to 0+}(\|(e^{\omega t}-1)S(t)x\| + \|S(t)x - x\|)\\ &\leq \lim_{t\to 0+}|(e^{\omega t}-1|\|x\| + \|S(t)x - x\|) = 0\end{aligned}$$

より言える． また $\lim_{h\to 0+} \frac{S(h)x-x}{h}$ が存在することと $\lim_{h\to 0+} \frac{T(h)x-x}{h}$ が存在することは同値であり，$D(A) = D(B)$ なので

$$D(A) = \left\{x \in X \mid \lim_{h\to 0+} \frac{T(h)x-x}{h} \text{ が存在する}\right\}$$

が成立する．さらに $x \in D(A)$ ならば

$$\lim_{h\to 0+} \frac{T(h)x-x}{h} = \lim_{h\to 0+} \frac{e^{\omega h}-1}{h}S(h)x + \lim_{h\to 0+} \frac{S(h)x-x}{h} = \omega x + Bx = Ax$$

である．以上より A の代わりに B に対して定理を示せばよい．すなわち $\omega = 0$ を仮定してよい．

以下，吉田による証明を与える．

$\lambda > 0$ に対して

$$J_\lambda = (I - \lambda^{-1}A)^{-1} = \lambda(\lambda I - A)^{-1}$$

とおく．これを吉田近似と呼ぶ．

次の 2 つのことが成立する．

(a) $\|J_\lambda^m\|_{\mathscr{L}(X)} \leq M$.
(b) $x \in X$ に対して $AJ_\lambda x = \lambda(J_\lambda - I)x$．とくに

$$\lim_{\lambda\to\infty} J_\lambda x = x. \tag{5.20}$$

実際，$J_\lambda^m = (\lambda(\lambda I - A)^{-1})^m = \lambda^m(\lambda I - A)^{-m}$ であるから仮定 (2) より

$$\|J_\lambda^m\|_{\mathscr{L}(X)} = \lambda^m \|(\lambda I - A)^{-m}\|_{\mathscr{L}(X)} \leq M.$$

よって (a) を得た．(b) を示す． $x \in X$ に対し

$$AJ_\lambda x = \lambda A(\lambda I - A)^{-1}x = \lambda(A - \lambda I)(\lambda I - A)^{-1}x + \lambda^2(\lambda I - A)^{-1}x$$
$$= -\lambda x + \lambda^2(\lambda I - A)^{-1}x = \lambda(J_\lambda - I)x$$

が成立する．とくに $x \in D(A)$ であれば $AJ_\lambda x = J_\lambda Ax$ であるから $(J_\lambda - I)x = \lambda^{-1}J_\lambda Ax$, よって

$$\|(J_\lambda - I)x\| = \lambda^{-1}\|J_\lambda Ax\| \leq \lambda^{-1}M\|Ax\| \overset{\lambda \to \infty}{\longrightarrow} 0.$$

よって (5.20) は $x \in D(A)$ に対して成立する．いま $D(A)$ は X で稠密であるので (5.20) は $x \in X$ に対しても成立する．このことを示す議論は標準的である．一度だけ理由を示す．$x \in X$ とする．$D(A)$ は X で稠密であるので任意の $\epsilon > 0$ に対して $y \in D(A)$ を $\|x - y\| < \min(1, 1/(3M))\epsilon$ が成立するように取れる．いま (5.20) が $D(A)$ の元については成立しているので，ある $\lambda_0 > 0$ があって $\lambda > \lambda_0$ ならば $\|J_\lambda y - y\| < \epsilon/3$. こうして (a) を $m = 1$ で用いて

$$\begin{aligned}\|J_\lambda x - x\| &= \|J_\lambda(x - y) + J_\lambda y - y + y - x\| \\ &\leq \|J_\lambda(x - y)\| + \|J_\lambda y - y\| + \|y - x\| \\ &\leq M\|x - y\| + \|J_\lambda y - y\| + \|y - x\| \\ &< M\frac{\epsilon}{3M} + \frac{\epsilon}{3} + \frac{\epsilon}{3} = \epsilon.\end{aligned}$$

これは $x \in X$ に対しても (5.20) が成立していることを示している．

さて初めの節で述べたように X 全体で定義された有界な作用素 T について

$$e^T = \sum_{j=0}^{\infty} \frac{T^j}{j!} = I + T + \frac{T^2}{2!} + \cdots + \frac{T^n}{n!} + \cdots$$

で定義する．このとき

$$\|e^T\|_{\mathscr{L}(X)} \leq e^{\|T\|_{\mathscr{L}(X)}}$$

である．また T, S が X 上の有界作用素で可換であれば，すなわち $TS = ST$ ならば

$$e^{T+S} = e^T e^S$$

が成立する．こうして特に e^{tT} を

$$e^{tT}=\sum_{j=0}^{\infty}\frac{(tT)^j}{j!}=I+tT+\frac{t^2T^2}{2!}+\cdots+\frac{t^nT^n}{n!}+\cdots$$

で定義すれば $e^{(t+s)T}=e^{tT}e^{sT}$, $\|e^{tT}\|_{\mathscr{L}(X)}\leq e^{t\|T\|_{\mathscr{L}(X)}}$ のみならず次が成立する.

$$\frac{d}{dt}e^{tT}=Te^{tT}=e^{tT}T.$$

(a), (b) より $\|AJ_\lambda\|_{\mathscr{L}(X)}=\|\lambda(J_\lambda-I)\|_{\mathscr{L}(X)}\leq\lambda(\|J_\lambda\|_{\mathscr{L}(X)}+1)\leq\lambda(M+1)$ であるから AJ_λ は X 上定義された有界作用素. よって e^{tAJ_λ} を

$$e^{tAJ_\lambda}=\sum_{j=1}^{\infty}\frac{(tAJ_\lambda)^j}{j!}=I+tAJ_\lambda+\frac{t^2(AJ_\lambda)^2}{2!}+\cdots+\frac{t^n(AJ_\lambda)^n}{n!}+\cdots \tag{5.21}$$

により定義できるが,

$$e^{tAJ_\lambda}=e^{t\lambda(J_\lambda-I)}=e^{t\lambda J_\lambda}e^{-t\lambda I}=e^{t\lambda J_\lambda}e^{-t\lambda}.$$

(a) より

$$\|e^{t\lambda J_\lambda}\|_{\mathscr{L}(X)}\leq\sum_{m=0}^{\infty}\frac{(t\lambda)^m\|J_\lambda^m\|_{\mathscr{L}(X)}}{m!}\leq M\sum_{m=0}^{\infty}\frac{(t\lambda)^m}{m!}=Me^{t\lambda}.$$

よって

$$\|e^{tAJ_\lambda}\|_{\mathscr{L}(X)}\leq Mt^{t\lambda}e^{-t\lambda}=M. \tag{5.22}$$

また

$$\frac{d}{dt}e^{tAJ_\lambda}=AJ_\lambda e^{tAJ_\lambda}=e^{tAJ_\lambda}AJ_\lambda=e^{tAJ_\lambda}J_\lambda A. \tag{5.23}$$

ただし最後の等式は $x\in D(A)$ に作用したときに成立する. いま

$$T^{(\lambda)}(t)x=e^{tAJ_\lambda}$$

と書けば, $\lambda,\ \mu>0,\ 0<s<t$ に対して (5.23) より

$$\frac{d}{ds}(T^{(\lambda)}(t-s)T^{(\mu)}(s))=-T^{(\lambda)}(t-s)AJ_\lambda T^{(\mu)}(s)+T^{(\lambda)}(t-s)T^{(\mu)}(s)AJ_\mu.$$

ここで定義より $J_\lambda J_\mu=J_\mu J_\lambda$. よって (b) より $AJ_\lambda AJ_\mu=AJ_\mu AJ_\lambda$. これより $AJ_\lambda(AJ_\mu)^n=(AJ_\mu)^nAJ_\lambda$ が従う. こうして (5.21) より, $AJ_\lambda T^{(\mu)}(s)=T^{(\mu)}(s)AJ_\lambda$ が分かる. こうして $\lambda,\ \mu>0,\ 0<s<t,\ x\in D(A)$ に対して

$$\frac{d}{ds}(T^{(\lambda)}(t-s)T^{(\mu)}(s))x=T^{(\lambda)}(t-s)T^{(\mu)}(s)(AJ_\mu-AJ_\lambda)x$$

$$= T^{(\lambda)}(t-s)T^{(\mu)}(s)(J_\mu - J_\lambda)Ax.$$

両辺を $(0,t)$ で積分して

$$T^{(\mu)}(t)x - T^{(\lambda)}(t)x = \int_0^t T^{(\lambda)}(t-s)T^{(\mu)}(s)(J_\mu - J_\lambda)Ax\,ds.$$

こうして (5.22) より

$$\begin{aligned}\|T^{(\mu)}(t)x - T^{(\lambda)}(t)x\| &\le \int_0^t \|T^{(\lambda)}(t-s)T^{(\mu)}(s)(J_\mu - J_\lambda)Ax\|\,ds \\ &\le \int_0^t M^2\|(J_\lambda - J_\mu)Ax\|\,ds = M^2 t\|(J_\lambda - J_\mu)Ax\|.\end{aligned}$$

こうして $x\in D(A)$ に対して (5.20) より

$$\lim_{\lambda,\mu\to\infty}\sup_{0\le t\le T}\|T^{(\lambda)}(t)x - T^{(\mu)}(t)x\| = 0. \tag{5.24}$$

さらに $D(A)$ は X で稠密であったので任意の $x\in X$ に対して (5.24) が成立している．$C^0([0,T],X)$ は $[f]_T = \sup_{0\le t\le T}\|f(t)\|$ なるノルム $[\cdot]_T$ で完備であるから，(5.24) よりある $T(t)$ が存在して

$$\lim_{\lambda\to\infty}\sup_{0\le t\le T}\|T^{(\lambda)}(t)x - T(t)x\| = 0. \tag{5.25}$$

かつ $T(t)x\in C^0([0,T],X)$ である．これは任意の $T>0$ で成立するので $T(t)$ はすべての $t\ge 0$ で定義され $T(t)x\in C^0([0,\infty),X)$ である．また (5.22) より $\|T^{(\lambda)}(t)x\|\le M\|x\|$ なので

$$\|T(t)x\| \le M\|x\|. \tag{5.26}$$

さらに $T^{(\lambda)}(t+s)x = e^{(t+s)AJ_\lambda}(x) = e^{tAJ_\lambda}e^{sAJ_\lambda}x = T^{(\lambda)}(t)T^{(\lambda)}(s)x$ であるから

$$T(t+s)x = T(t)T(s)x.$$

また $T^{(\lambda)}(0)x = x$ より $T(0)x = x$．よってとくに $T(0) = I$．また $T(t)x\in C^0([0,\infty),X)$ であったので

$$\lim_{t\to 0+}\|T(t)x - x\| = 0.$$

こうして $\{T(t)\}_{t\ge 0}$ は $(M,0)$ タイプの連続半群である．

最後に $\{T(t)\}_{t\ge 0}$ の生成作用素が A であることを示す．そこで $\{T(t)\}_{t\ge 0}$ の生成作用素を A' としその定義域を $D(A')$ とする．

$$D(A') = \left\{ x \in X \mid \lim_{h \to 0+} \frac{(T(h)-I)x}{h} \text{ が存在する} \right\}$$

であることを想起せよ．いま $x \in D(A)$ ならば (5.23) より

$$T^{(\lambda)}(t)x - x = \int_0^t \frac{d}{ds} T^{(\lambda)}(s)x\,ds = \int_0^t T^{(\lambda)}(s) J_\lambda Ax\,ds.$$

こうして $\lambda \to \infty$ として (5.25) の一様収束性と (5.20) より

$$T(t)x - x = \int_0^t T(s)Ax\,ds.$$

こうして

$$\frac{(T(h)-I)x}{h} = \frac{1}{h} \int_0^h T(s)Ax\,ds.$$

よって定理 5.13 (1) より $h \to 0+$ として $T(0) = I$ より

$$\lim_{h \to 0+} \frac{(T(h)-I)x}{h} = Ax.$$

これは，$x \in D(A')$ かつ $Ax = A'x$ を示している．すなわち $D(A) \subset D(A')$ かつ $x \in D(A)$ ならば $Ax = A'x$ が成立する．そこで $D(A') \subset D(A)$ を示せばすべての証明が終わる．今定理 5.16 (5.15) より $\rho(A') \supset (0,\infty)$ が分かる．また $\rho(A) \supset (0,\infty)$ は仮定である．そこで $\omega > 0$ を 1 つとる．$x \in D(A')$ に対して $\omega \in \rho(A)$ なのである $y \in D(A)$ があって $(\omega I - A')x = (\omega I - A)y$．ここで $y \in D(A)$ に対しては $Ay = A'y$ であったので $(\omega I - A')(x-y) = 0$ である．$\omega \in \rho(A')$ であるので $x - y = 0$．すなわち $x = y \in D(A)$．よって $D(A') \subset D(A)$．以上で定理の証明が終わる．■

定義 5.20 タイプ $(M,0)$ の連続半群を有界半群．タイプ $(1,0)$ の連続半群を縮小半群と呼ぶ．

とくに次の系をヒレー・吉田の定理 (Hille-Yosida theorem) と呼ぶ．

系 5.21 (ヒレー・吉田の定理) A が連続縮小半群 $\{T(t)\}_{t \geq 0}$ を生成する必要十分条件は A は稠密に定義された閉作用素であり，任意の $\lambda > 0$ に対して $\lambda \in \rho(A)$ かつ

$$\|(\lambda I-A)^{-1}\|_{\mathscr{L}(X)} \le \frac{1}{\lambda}$$

が成立することである．

証明　$\{T(t)\}_{t\ge 0}$ が縮小半群ならばタイプ (1,0) の連続半群であるから系 5.15, 定理 5.16 より A は稠密に定義された閉作用素で, $\rho(A)\supset(0,\infty)$, $\|(\lambda I-A)^{-1}\|_{\mathscr{L}(X)} \le \dfrac{1}{\lambda}$ が $\lambda>0$ に対して成立する．逆にこれらが成立すれば任意の自然数 n に対して

$$\|(\lambda I-A)^{-n}\| \le \|(\lambda I-A)^{-1}\|^n \le \left(\frac{1}{\lambda}\right)^n = \frac{1}{\lambda^n} \quad (\lambda>0)$$

よって定理 5.19 より A はタイプ (1,0) の連続半群，すなわち連続縮小半群を生成する．

問 5.22　$\mathscr{X} = BUC(\boldsymbol{R})$ または $L_p(\boldsymbol{R})$ $(1\le p<\infty)$ とする．ただし $BUC(\boldsymbol{R})$ は $\boldsymbol{R}$ 上の有界な一様連続関数の全体にノルム $\sup\limits_{0\le x<\infty}|f(x)|$ を入れたバナッハ空間，また

$$L_p(\boldsymbol{R}) = \left\{ f(x):\boldsymbol{R}\to\boldsymbol{R} \text{ ルベーグ可測関数} \,\middle|\, \|f\|_{L_p(\boldsymbol{R})} = \left\{\int_{\boldsymbol{R}} |f(x)|^p\,dx\right\}^{\frac{1}{p}} < \infty \right\}.$$

$L_p(\boldsymbol{R})$ は $\|\cdot\|_{L_p(\boldsymbol{R})}$ をノルムとするバナッハ空間である．

$$A = \frac{1}{2}\frac{d^2}{dx^2}, \quad D(A) = \{f\in\mathscr{X} \mid f', f''\in\mathscr{X}\}$$

とおく．このとき A は $\mathscr{X}$ 上連続縮小半群 $\{T(t)\}_{t\ge 0}$ を生成することを

$$[T(t)f](x) = \frac{1}{\sqrt{2\pi t}}\int_{-\infty}^{\infty} e^{-\frac{y^2}{2t}} f(x-y)\,dy$$

で与えられることから導け．

問 5.23　$\mathscr{X} = BUC(\boldsymbol{R})$ または $L_p(\boldsymbol{R})$ $(1\le p<\infty)$ とする．

$$[T(t)f](x) = \frac{t}{\pi}\int_{-\infty}^{\infty} \frac{f(x-y)}{t^2+y^2}\,dy$$

は $\mathscr{X}$ 上の連続縮小半群であることを示せ．

問 5.24 $\mathscr{X}=BUC(\boldsymbol{R})$ または $L_p(\boldsymbol{R})$ $(1\leq p<\infty)$ とする.

$$[T(t)f](x)=f(x+t) \quad (t>0,\ f\in\mathscr{X},\ x\in\boldsymbol{R})$$

とおく. このとき $\{T(t)\}_{t\geq 0}$ は $\mathscr{X}$ 上の縮小連続半群であり, その生成作用素は $A=\dfrac{d}{dx}$ として

$$D(A)=\{f\in\mathscr{X}\mid f \text{ は絶対連続かつ } f'\in\mathscr{X}\}$$

を示せ.

5.5 ヒルベルト空間におけるルーマー・フィリップスの定理

この節では H を ヒルベルト (Hilbert) 空間, $(\cdot,\cdot)$ を H の内積とする. 自然なノルムは, $\|x\|=\sqrt{(x,x)}$ である.

定義 5.25 $D(A)$ を H の部分空間とする. $A:D(A)\to X$ が消散作用素 (dissipative operator) とは任意の $f\in D(A)$ に対して $\mathrm{Re}(f,Af)\leq 0$ が成立するときをいう.

定理 5.26 $A:D(A)\to H$ が稠密に定義された作用素とする.

(i) A が次の条件 (1), (2) を満たす.

(1) A が消散的.

(2) ある $\lambda_0>0$ に対して $\lambda I-A$ は上への対応.

このとき A は H 上の縮小連続半群を生成する.

(ii) A が H 上の縮小連続半群を生成すれば次の 2 つの事実が成立する.

(1) A が消散的.

(2) すべての $\lambda>0$ に対して $\lambda I-A$ は上への対応.

証明 (i) まず $\lambda>0$ において $\lambda I-A$ が上への写像であれば $\lambda\in\rho(A)$ かつ

$$\|(\lambda I-A)^{-1}f\|\leq\frac{\|f\|}{\lambda} \tag{5.27}$$

が成立することを見よう. そのためにまず各 $\lambda>0$ に対して

$$\lambda\|f\|\leq\|(\lambda I-A)f\| \tag{5.28}$$

が成立することを見よう. 実際

$$\|(\lambda I-A)f\|^2=((\lambda I-A)f,(\lambda I-A)f)$$
$$=\lambda^2\|f\|^2-\lambda(f,Af)-\lambda(Af,f)+\|Af\|^2$$
$$=\lambda^2\|f\|^2-2\lambda\mathrm{Re}(f,Af)+\|Af\|^2\geq\lambda^2\|f\|^2.$$

ただし，A は消散的であるという仮定より $\mathrm{Re}(f,Af)\leq 0$ を用いた．これより (5.28) を得る．

そこで $\lambda>0$ において $\lambda I-A$ が上への写像であるとすると，(5.28) より $\lambda I-A$ は一対一の写像でもあるから逆写像 $(\lambda I-A)^{-1}$ が存在する．こうして (5.28) より

$$\lambda\|(\lambda I-A)^{-1}f\|\leq\|(\lambda I-A)(\lambda I-A)^{-1}f\|=\|f\|.$$

これより $\lambda\in\rho(A)$ かつ (5.27) が成立する．

とくに仮定より $\lambda_0>0$ に対して $\lambda_0 I-A$ は上への写像であるから，$\lambda_0\in\rho(A)$ である．これを用いてまず A は閉作用素であることを示そう．実際，$\{f_n\}$ を $D(A)$ の列で $f_n\to f$, $Af_n\to g$ $(n\to\infty)$ とする．このとき $(\lambda_0 I-A)f_n\to\lambda_0 f-g$ $(n\to\infty)$ である．いま $k\in D(A)$ を $(\lambda_0 I-A)k=\lambda_0 f-g$ にとる．また $z_n=(\lambda_0 I-A)f_n$ とおく．$f_n=(\lambda_0 I-A)^{-1}z_n$, $k=(\lambda_0 I-A)^{-1}(\lambda_0 f-g)$ であることから (5.27) より

$$\|f_n-k\|=\|(\lambda_0 I-A)^{-1}(z_n-(\lambda_0 f-g))\|\leq\lambda_0^{-1}\|z_n-(\lambda_0 f-g)\|$$
$$=\lambda_0^{-1}\|(\lambda_0 I-A)f_n-(\lambda_0 f-g)\|\overset{n\to\infty}{\longrightarrow}0.$$

こうして $f_n\to k\in D(A)$ かつ $f_n\to f$ であるから，極限の一意性より $f=k\in D(A)$. また

$$g=\lambda_0 f-(\lambda_0 f-g)=\lambda_0 f-(\lambda_0 I-A)k=\lambda_0 f-\lambda_0 k+Ak=Af.$$

よって A は閉作用素である．

次にすべての $\lambda>0$ に対して $\lambda I-A$ は上への写像であることを示す．これが言えれば証明の初めにみたように $\lambda\in\rho(A)$ であり，すなわち $(0,\infty)\subset\rho(A)$ であり，さらに (5.28) より任意の $\lambda>0$ に対して

$$\|(\lambda I-A)^{-1}\|\leq\frac{1}{\lambda}$$

が言える．よってヒレー・吉田の定理 (系 5.21) より A は縮小連続半群を生

成する．

そこで

$$\Lambda=\{\lambda\in(0,\infty)\,|\,\lambda I-A \text{ は上への写像}\}$$

とおく．$\Lambda=(0,\infty)$ を示す．$\lambda_0\in\Lambda$ であるから Λ は空ではない $(0,\infty)$ の部分集合である．いま $(0,\infty)$ は連結集合であるから，$(0,\infty)$ の相対位相で Λ が開かつ閉集合であることを言えば $\Lambda=(0,\infty)$ である．そこでまず Λ は開集合であることを示す．$\lambda\in\Lambda$ とする．λ で $\lambda I-A$ は上への写像であるから，先の λ で見たように $\lambda\in\rho(A)$．レゾルベント集合 $\rho(A)$ は開集合であるから，ある $\epsilon>0$ があって $(\lambda-\epsilon,\lambda+\epsilon)\subset\rho(A)$．とくに $\mu\in(\lambda-\epsilon,\lambda+\epsilon)$ ならば $\mu\in\rho(A)$ より $\mu I-A$ は上への写像であるから $\mu\in\Lambda$．よって $(\lambda-\epsilon,\lambda+\epsilon)\subset\Lambda$．これより Λ は開集合である．

次に Λ は閉集合であることを示す．$\overline{\Lambda}\ni\lambda$ とする．ただしこの閉苞をとる作用は $(0,\infty)$ の相対位相であるから，$\lambda>0$ であることに注意せよ．閉苞の定義より Λ の点列 $\{\lambda_n\}_{n=1}^{\infty}$ を $\lim_{n\to\infty}\lambda_n=\lambda$ にとる．$\lambda_n\in\Lambda$ であるから，$\lambda_n\in\rho(A)$ かつ

$$\|(\lambda_n I-A)^{-1}x\|\leq\frac{1}{\lambda_n}\|x\|. \tag{5.29}$$

よって任意の $y\in H$ に対してある $x_n\in D(A)$ があって $(\lambda_n I-A)x_n=y$ かつ，(5.29) より

$$\|x_n\|=\|(\lambda_n I-A)^{-1}y\|\leq\frac{1}{\lambda_n}\|y\|.$$

いま $\lim_{n\to\infty}\lambda_n=\lambda>0$ であるからある $M>0$ があって $\lambda_n\geq M$ $(n=1,2,\cdots)$ としてよい．こうして

$$\|x_n\|\leq\frac{1}{M}\|y\|. \tag{5.30}$$

一方 $(\lambda_n I-A)x_n=(\lambda_m I-A)x_m=y$ に注意すれば

$$\begin{aligned}(\lambda_n I-A)(x_n-x_m)&=\lambda_n x_n-Ax_n-(\lambda_n-\lambda_m)x_m-(\lambda_m x_m-Ax_m)\\&=-(\lambda_n-\lambda_m)x_m.\end{aligned}$$

こうして (5.29), (5.30) より

$$\|x_n - x_m\| = \|-(\lambda_n I - A)^{-1}(\lambda_n - \lambda_m)x_m\| \leq \frac{1}{\lambda_n}\|(\lambda_n - \lambda_m)x_m\|$$
$$\leq |\lambda_n - \lambda_m|\frac{1}{M}\|x_m\| \leq \frac{1}{M^2}\|y\||\lambda_n - \lambda_m|.$$

いま $\{\lambda_n\}_{n=1}^{\infty}$ は実数の収束列なのでコーシー列．こうして

$$\lim_{n,m\to\infty}\|x_n - x_m\| = 0.$$

これは $\{x_n\}_{n=1}^{\infty}$ が H のコーシー列であることを示しているので収束列である．よってある $x \in H$ があって $x_n \to x$ $(n\to\infty)$．一方，$Ax_n = \lambda x_n - y \to \lambda x - y$ $(n \to \infty)$．いま A は閉作用素であるので，$x \in D(A)$ かつ $Ax = \lambda x - y$．すなわち $(\lambda I - A)x = y$ である．こうして $\lambda I - A$ は上への写像であるから，$\lambda \in \Lambda$．すなわち $\overline{\Lambda} \subset \Lambda$．これより Λ は閉集合である．以上から $\Lambda = (0,\infty)$ が示せた．こうして (i) が示せた．

(ii)　ヒレ・吉田の定理 (系 5.21) を $M = 1$, $\omega = 0$ で用いて，

$$\rho(A) \supset (0,\infty) \text{ かつ } \|(\lambda I - A)^{-1}\|_{\mathscr{L}(X)} \leq \frac{1}{\lambda} \quad (\lambda > 0)$$

を得る．とくに任意の $\lambda > 0$ に対して $\lambda I - A$ は上への作用素である．また $\lambda > 0$, $f \in D(A)$ に対して

$$\begin{aligned}\|(\lambda I - A)f\|^2 &= ((\lambda I - A)f, (\lambda I - A)f)\\ &= \lambda^2\|f\|^2 - \lambda\{(Af,f) + (f,Af)\} + \|Af\|^2\\ &= \lambda^2\|f\|^2 - 2\lambda\mathrm{Re}(f,Af) + \|Af\|^2.\end{aligned}$$

いま $(\lambda I - A)f = g$ とおくと $f = (\lambda I - A)^{-1}g$ より

$$\|f\|^2 = \|(\lambda I - A)^{-1}g\|^2 \leq (\lambda^{-1}\|g\|)^2.$$

こうして

$$\lambda^2\|f\|^2 \leq \|(\lambda I - A)f\|^2.$$

以上 2 つの関係式より

$$\lambda^2\|f\| \leq \lambda^2\|f\|^2 - 2\lambda\mathrm{Re}(f,Af) + \|Af\|^2.$$

すなわち $2\lambda\mathrm{Re}(f,Af) \leq \|Af\|^2$ である．これを変形して $\mathrm{Re}(f,Af) \leq (2\lambda)^{-1}\|Af\|^2$ がすべての $\lambda > 0$ について成立する．$f \in D(A)$ より $\|Af\| <$

∞. よって $\lambda\to\infty$ として $\mathrm{Re}(f,Af)\le 0$ が成立する．すなわち A は消散作用素である．

5.6 解析半群 (放物型半群)

X をバナッハ空間，$\|\cdot\|$ をそのノルム，A を X の部分集合 $D(A)$ で定義された $D(A)$ から X への線形作用素で次の仮定を満たすとする．

仮定 P

(1) A は閉作用素かつ $D(A)$ は X で稠密．

(2) $\pi/2<\theta\le\pi$, $-\infty<a<\infty$ が存在して

$$\rho(A)\supset\Sigma(a,\theta)=\{\lambda\in\boldsymbol{C}\,|\,|\arg(\lambda-a)|<\theta\}.$$

(3) 任意の正数 ϵ に対して正数 M_ϵ が存在し，$|\arg(\lambda-a)|\le\theta-\epsilon$, $\lambda\ne a$ ならば I を恒等作用素として

$$|\lambda-a|\|(\lambda I-A)^{-1}\|_{\mathscr{L}(X)}\le M_\epsilon.$$

定理 5.27 仮定 P を満足する作用素 A は次の性質をもつ半群 $\{T(t)\}_{t\ge0}$ を生成する．

(i) $\{T(t)\}_{t\ge0}$ は角領域 $|\arg t|<\theta-\dfrac{\pi}{2}$ で定義された $\mathscr{L}(X)$ に値をとる正則関数に拡張され，その角領域の中の t, s に対して $T(t+s)=T(t)T(s)$ が成立する．また $0<\epsilon<\theta-\dfrac{\pi}{2}$ の中を通って t が 0 に近づくとき $\|T(t)-I\|_{\mathscr{L}(X)}\to0$ となる．

(ii) 開角領域 $\left\{t\in\boldsymbol{C}\setminus\{0\}\,\middle|\,|\arg t|<\theta-\dfrac{\pi}{2}\right\}$ の中の t に対して $R(T(t))\subset D(A)$ であり $\dfrac{d}{dt}T(t)=AT(t)$ が成立する．

(iii) 任意の小さな $\epsilon>0$ に対して ϵ に依存する正定数 K_ϵ が存在して t が $|\arg t|<\theta-\dfrac{\pi}{2}-2\epsilon$ のとき次の評価が成立する．

$$\|T(t)\|_{\mathscr{L}(X)}\le K_\epsilon M_\epsilon e^{a|t|},\quad \left\|\frac{d}{dt}T(t)\right\|_{\mathscr{L}(X)}\le K_\epsilon M_\epsilon e^{a|t|}|t|^{-1}.$$

証明 $A-\lambda I=A-aI-(\lambda-a)I$ と表すと A が仮定 P を満足すれば作用素 $A-aI$ は $a=0$ として仮定 P を満足する．$A-aI$ が半群 $\{S(t)\}_{t\geq 0}$ で (i), (ii) の性質を $a=0$ で満足するものを生成すれば，$T(t)=e^{at}S(t)$ とおくと

$$\begin{aligned}\frac{d}{dt}T(t)&=ae^{at}S(t)+e^{at}\frac{d}{dt}S(t)=aT(t)+e^{at}(A-a)S(t)\\&=aT(t)+AT(t)-aT(t)=AT(t)\end{aligned}$$

より $\{T(t)\}_{t\geq 0}$ は求める半群となる．こうして $a=0$ として以下証明を行う．

第1段階 $T(t)$ が well-defined であることと，$T(t)$ の評価を示そう．

$\pi/2<\theta'<\theta$, Γ を $\Sigma(0,\theta)$ の中を $\infty e^{-i\theta'}$ から $\infty e^{i\theta'}$ に通じる連続な路として

$$T(t)=\frac{1}{2\pi i}\int_{\Gamma}e^{\lambda t}(\lambda I-A)^{-1}\,d\lambda \tag{5.31}$$

で $T(t)$ を定義する[*8]．(5.31) の被積分関数 $e^{\lambda t}(\lambda I-A)^{-1}$ は $\Sigma(0,\theta)$ 内で正則であるから積分路 Γ のとり方によらない．そこで $\delta>0$, $\pi/2<\psi<\theta$ に対し

$$\begin{aligned}\Gamma&=\Gamma(\delta,\psi)=\Gamma_1(\delta,\psi)\cup\Gamma_2(\delta,\psi)\cup\Gamma_3(\delta,\psi),\\\Gamma_1(\delta,\psi)&=\{re^{-i\psi}\mid\delta\leq r<\infty\},\\\Gamma_2(\delta,\psi)&=\{\delta e^{i\varphi}\mid-\psi\leq\varphi\leq\psi\},\\\Gamma_3(\delta,\psi)&=\{re^{i\varphi}\mid\delta\leq r<\infty\}\end{aligned}\tag{5.32}$$

とおく．$0<2\epsilon<\theta-\dfrac{\pi}{2}$ とすると $|\arg t|\leq\theta-\dfrac{\pi}{2}-2\epsilon$ のとき

$$\frac{\pi}{2}+\epsilon\leq|\pm(\theta-\epsilon)+\arg t|\leq\frac{3}{2}\pi-3\epsilon$$

である．実際，$\pi/2<\theta<\pi$ に注意して

$$\begin{aligned}|\pm(\theta-\epsilon)+\arg t|&\leq\theta-\epsilon+|\arg t|\leq\theta-\epsilon+\theta-\frac{\pi}{2}-2\epsilon\\&=2\theta-\frac{\pi}{2}-3\epsilon<\frac{3}{2}\pi-3\epsilon,\end{aligned}$$

---

*8 作用素値の複素関数についての理論は，複素数値の複素関数と同様に扱える．くわしくは 5.9.1 節の関数論のところを参照せよ．

$$
\begin{aligned}
|\pm(\theta-\epsilon)+\arg t| &\geq \theta-\epsilon-|\arg t| \geq \theta-\epsilon-\theta+\frac{\pi}{2}+2\epsilon \\
&= \frac{\pi}{2}+\epsilon.
\end{aligned}
$$

こうして $\lambda \in \Gamma_1(\delta,\theta-\epsilon)\cup\Gamma_3(\delta,\theta-\epsilon)$ ならば

$$
\operatorname{Re}(\lambda t)=|\lambda t|\cos(\pm(\theta-\epsilon)+\arg t)\leq|\lambda t|\cos\left(\frac{\pi}{2}+\epsilon\right)=-|\lambda t|\sin\epsilon. \tag{5.33}
$$

ゆえに $\lambda \in \Gamma_1(\delta,\theta-\epsilon)\cup\Gamma_3(\delta,\theta-\epsilon)$ ならば，(5.33) と仮定 P (3) を用いて

$$
\|e^{\lambda t}(\lambda I-A)^{-1}\|_{\mathscr{L}(X)}=e^{\operatorname{Re}\lambda t}\|(\lambda I-A)^{-1}\|_{\mathscr{L}(X)}\leq e^{-|t||\lambda|\sin\epsilon}M_\epsilon|\lambda|^{-1}
$$

が成立する．よって $|\arg t|\leq\theta-\dfrac{\pi}{2}-2\epsilon$ のとき $\lambda=re^{\pm i(\theta-\epsilon)}$ とおいて

$$
\begin{aligned}
\left\|\int_{\Gamma_1(\delta,\theta-\epsilon)\cup\Gamma_3(\delta,\theta-\epsilon)} e^{\lambda t}(\lambda I-A)^{-1}d\lambda\right\|_{\mathscr{L}(X)} &\leq 2M_\epsilon\int_\delta^\infty e^{-|t|r\sin\epsilon}\frac{dr}{r} \\
&= \frac{2M_\epsilon}{\delta|t|\sin\epsilon}e^{-|t|\delta\sin\epsilon}.
\end{aligned}
$$

一方 $\lambda\in\Gamma_2(\delta,\theta-\epsilon)$ では $\lambda=\delta e^{i\varphi}$ ととるから $|e^{\lambda t}|\leq e^{|(\delta e^{i\varphi})t|}=e^{\delta|t|}$ と評価して，仮定 P (3) を用いて

$$
\left\|\int_{\Gamma_2(\delta,\theta-\epsilon)} e^{\lambda t}(\lambda I-A)^{-1}d\lambda\right\|_{\mathscr{L}(X)}\leq\int_{-(\theta-\epsilon)}^{\theta-\epsilon}e^{\delta|t|}|\delta e^{i\varphi}|^{-1}M_\epsilon\delta d\varphi\leq 2\pi M_\epsilon e^{\delta|t|}.
$$

ただし $\theta-\epsilon<\pi$ を用いた.

以上をまとめれば, 任意の十分小なる $\epsilon>0$ と任意の正数 δ に対して $|\arg t|<\theta-\dfrac{\pi}{2}-2\epsilon$ で $T(t)$ を (5.31) で定義すれば

$$
\|T(t)\|_{\mathscr{L}(X)}\leq\frac{2M_\epsilon}{\delta|t|\sin\epsilon}e^{-|t|\delta\sin\epsilon}+2\pi M_\epsilon e^{\delta|t|} \tag{5.34}
$$

を得た．いま $T(t)$ は $\delta>0$ のとり方に依存しないので，各 t ごとに $\delta=|t|^{-1}$ にとれば (5.34) より $|\arg t|<\theta-\dfrac{\pi}{2}-2\epsilon$ のとき

$$
\|T(t)\|_{\mathscr{L}(X)}\leq 2(\sin^{-1}\epsilon+\pi)M_\epsilon \tag{5.35}
$$

なる評価を得た.

第 2 段階　次に $T(t)$ は角領域 $\left\{t\in\boldsymbol{C}\setminus\{0\}\,\middle|\,|\arg t|<\theta-\dfrac{\pi}{2}\right\}$ で $\mathscr{L}(X)$ 値の正則関数であること，$\dfrac{d}{dt}T(t)$ の評価，$\dfrac{d}{dt}T(t)=AT(t)$ を示そう.

$t_0 \in \left\{ t \in \boldsymbol{C} \setminus \{0\} \,\middle|\, |\arg t| < \theta - \dfrac{\pi}{2} \right\}$ を任意にとる．$\epsilon > 0, \sigma > 0$ を十分小なる定数として，

$$|t - t_0| < \sigma \Longrightarrow |\arg t| < \theta - \frac{\pi}{2} - 2\epsilon, \quad \frac{|t_0|}{2} \leq |t| \leq \frac{3|t_0|}{2} \tag{5.36}$$

が成立するとする．以下 t は $|t - t_0| < \sigma$ とする．(5.36) と (5.33), 仮定 P (3) より

$$\begin{aligned}\|\lambda e^{\lambda t}(\lambda I - A)^{-1}\|_{\mathscr{L}(X)} &\leq |\lambda| e^{-|\lambda||t|\sin\epsilon} M_\epsilon |\lambda|^{-1} \\ &= M_\epsilon e^{-|\lambda||t|\sin\epsilon} \leq M_\epsilon e^{-\frac{1}{2}|\lambda| t_0 \sin\epsilon}.\end{aligned}$$

こうして積分記号下での微分の定理より

$$\begin{aligned}&\frac{d}{dt}\int_{\Gamma_1(\delta,\theta-\epsilon)\cup\Gamma_3(\delta,\theta-\epsilon)} e^{\lambda t}(\lambda I - A)^{-1}\,d\lambda \\ &\quad = \int_{\Gamma_1(\delta,\theta-\epsilon)\cup\Gamma_3(\delta,\theta-\epsilon)} \lambda e^{\lambda t}(\lambda I - A)^{-1}\,d\lambda,\end{aligned} \tag{5.37}$$

$$\begin{aligned}&\left\|\frac{d}{dt}\int_{\Gamma_1(\delta,\theta-\epsilon)\cup\Gamma_3(\delta,\theta-\epsilon)} e^{\lambda t}(\lambda I - A)^{-1}\,d\lambda\right\|_{\mathscr{L}(X)} \\ &\quad \leq 2M_\epsilon \int_\delta^\infty e^{-r|t|\sin\epsilon}\,dr \leq \frac{2M_\epsilon}{|t|\sin\epsilon}.\end{aligned} \tag{5.38}$$

一方，$\lambda \in \Gamma_2(\delta, \theta - \epsilon)$ では $\lambda = \delta e^{i\varphi}$ $(-(\theta-\epsilon) \leq \varphi \leq \theta - \epsilon)$ ととるので，$|e^{\lambda t}| \leq e^{\delta|t|}$ と評価して，仮定 P (3) と (5.36) を用いて

$$\|\lambda e^{\lambda t}(\lambda I - A)^{-1}\|_{\mathscr{L}(X)} \leq \delta M_\epsilon e^{\delta|t|} \leq \delta M_\epsilon e^{(3\delta|t_0|)/2}. \tag{5.39}$$

よって積分記号下での微分の定理より

$$\frac{d}{dt}\int_{\Gamma_2(\delta,\theta-\epsilon)} e^{\lambda t}(\lambda I - A)^{-1}\,d\lambda = \int_{\Gamma_2(\delta,\theta-\epsilon)} \lambda e^{\lambda t}(\lambda I - A)^{-1}\,d\lambda.$$

これと (5.37) を合わせて

$$\frac{d}{dt}\int_{\Gamma(\delta,\theta-\epsilon)} e^{\lambda t}(\lambda I - A)^{-1}\,d\lambda = \int_{\Gamma(\delta,\theta-\epsilon)} \lambda e^{\lambda t}(\lambda I - A)^{-1}\,d\lambda \tag{5.40}$$

を得た．

$\dfrac{d}{dt}T(t)$ を評価する場合には $\dfrac{d}{dt}T(t)$ の右辺の表現式 (5.40) において $\Gamma(\delta, \theta - \epsilon)$ を $\Gamma(|t|^{-1}, \theta - \epsilon)$ に路を変更した後評価する．(5.38) において $\delta = |t|^{-1}$

ととった評価が成立する．また $G_2(|t|^{-1},\theta-\epsilon)$ では (5.39) で $\delta=|t|^{-1}$ なる不等式を利用して評価すると

$$
\begin{aligned}
&\Big\|\int_{\Gamma_2(|t|^{-1},\theta-\epsilon)}\lambda e^{\lambda t}(\lambda I-A)^{-1}d\lambda\Big\|_{\mathscr{L}(X)}\\
&\quad\le\int_{\Gamma_2(|t|^{-1},\theta-\epsilon)}\|\lambda e^{\lambda t}(\lambda I-A)^{-1}\|_{\mathscr{L}(X)}d|\lambda|\\
&\quad\le\int_{-(\theta-\epsilon)}^{\theta-\epsilon}|t|^{-1}M_\epsilon e^{|t|^{-1}|t|}d\varphi\le 2\pi e M_\epsilon|t|^{-1}
\end{aligned}
$$

を得る．以上をまとめれば，$|\arg t|<\theta-\dfrac{\pi}{2}$ のとき $T(t)$ は $\mathscr{L}(X)$ に値をとる関数として正則であり，

$$
\begin{aligned}
&\frac{d}{dt}T(t)=\frac{1}{2\pi i}\int_\Gamma\lambda e^{\lambda t}(\lambda I-A)^{-1}d\lambda,\\
&\Big\|\frac{d}{dt}T(t)\Big\|_{\mathscr{L}(X)}\le 2M_\epsilon(\sin^{-1}\epsilon+\pi e)|t|^{-1}\quad\Big(|\arg t|<\theta-\frac{\pi}{2}-2\epsilon\Big)
\end{aligned}
\tag{5.41}
$$

を得た．

次に $AT(t)$ を考える．$|\arg t|<\theta-\dfrac{\pi}{2}-2\epsilon$ とし $\Gamma=\Gamma(\delta,\theta-\epsilon)$ とする．$A(\lambda I-A)^{-1}=(A-\lambda I+\lambda I)(\lambda I-A)^{-1}=I+\lambda(\lambda I-A)^{-1}$ より

$$
\begin{aligned}
AT(t)&=\frac{1}{2\pi i}\int_\Gamma e^{\lambda t}A(\lambda I-A)^{-1}d\lambda\\
&=-\frac{1}{2\pi i}\int_\Gamma e^{\lambda t}d\lambda+\frac{1}{2\pi i}\int_\Gamma e^{\lambda t}\lambda(\lambda I-A)^{-1}d\lambda.
\end{aligned}
\tag{5.42}
$$

ここで次の関係式が成立する．

$$
\frac{1}{2\pi i}\int_\Gamma e^{\lambda t}d\lambda=0.
\tag{5.43}
$$

実際，まず $t>0$ とする．任意の十分大なる $R>0$ に対して $\Gamma_R=\Gamma_R^1\cup\Gamma_R^2$ ととる．ただし，

$$
\begin{aligned}
&\Gamma_R^1=\Gamma\cap\{\lambda\in\boldsymbol{C}\,|\,|\lambda|\le R\},\\
&\Gamma_R^2:\lambda=Re^{i\varphi},\quad\varphi:\theta-\epsilon\to 2\pi-(\theta-\epsilon).
\end{aligned}
$$

留数の定理から

$$
\frac{1}{2\pi i}\int_{\Gamma_R}e^{\lambda t}d\lambda=0.
$$

一方

$$\lim_{R\to\infty}\int_{\Gamma_R^1} e^{\lambda t}\,d\lambda = \int_{\Gamma} e^{\lambda t}\,d\lambda.$$

また $\cos(\theta-\epsilon)<0$ より

$$\begin{aligned}\left|\frac{1}{2\pi i}\int_{\Gamma_R^2} e^{\lambda t}\,d\lambda\right| &\leq \frac{1}{2\pi}\int_{\theta-\epsilon}^{2\pi-(\theta-\epsilon)} Re^{tR\cos\varphi}\,d\varphi \\ &\leq \frac{Re^{Rt\cos(\theta-\epsilon)}}{2\pi}\int_{\theta-\epsilon}^{2\pi-(\theta-\epsilon)} d\varphi \leq Re^{Rt\cos(\theta-\epsilon)} \overset{R\to\infty}{\longrightarrow} 0.\end{aligned}$$

こうして $t>0$ のとき (5.43) を得た．いま (5.33) の観点より $\dfrac{1}{2\pi i}\displaystyle\int_{\Gamma} e^{\lambda t}\,d\lambda$ は $|\arg t|<\theta-\dfrac{\pi}{2}-2\epsilon$ で正則であるので，一致の定理より (5.43) を $|\arg t|<\theta-\dfrac{\pi}{2}-2\epsilon$ のときに得る．よって (5.43), (5.42), (5.41) より

$$\frac{d}{dt}T(t)=AT(t)\quad\left(|\arg t|<\theta-\frac{\pi}{2}-2\epsilon\right)$$

を得た．いま ϵ は任意であるので結局

$$\frac{d}{dt}T(t)=AT(t)\quad\left(|\arg t|<\theta-\frac{\pi}{2}\right)\tag{5.44}$$

を得た．

第 3 段階　次に t が $|\arg t|\leq\theta-\dfrac{\pi}{2}-2\epsilon$ 内を通って 0 に収束するときに $\|T(t)x-x\|\to 0$ なることを示そう．

このためには (5.35) が成立することと $D(A)$ は X で稠密であったことから $x\in D(A)$ に対して $\|T(t)x-x\|\to 0$ を示せばよい．そこで $\Gamma=\Gamma(\delta,\theta-\epsilon)$ にとる．さらに $\delta>0$ を十分小にとり $\Gamma(\delta,\theta-\epsilon)$ は実軸を 0, 1 の間で横切るとする． 次が成立する．

$$\frac{1}{2\pi i}\int_{\Gamma}\frac{e^{\lambda t}}{\lambda-1}\,d\lambda=0.\tag{5.45}$$

実際，(5.33) の観点から $\dfrac{1}{2\pi i}\displaystyle\int_{\Gamma}\frac{e^{\lambda t}}{\lambda-1}\,d\lambda$ は $|\arg t|<\theta-\dfrac{\pi}{2}-2\epsilon$ のとき t について正則関数である．そこで一致の定理の観点から $t>0$ のときに (5.45) が

成立することを見よう．このためには Γ_R, Γ_R^1, Γ_R^2 を (5.43) の証明と同様にとる． Γ のとり方と留数の定理より

$$\frac{1}{2\pi i}\int_{\Gamma_R}\frac{e^{\lambda t}}{\lambda-1}\,d\lambda=0.$$

一方

$$\lim_{R\to\infty}\frac{1}{2\pi i}\int_{\Gamma_R^1}\frac{e^{\lambda t}}{\lambda-1}\,d\lambda=\frac{1}{2\pi i}\int_{\Gamma}\frac{e^{\lambda t}}{\lambda-1}\,d\lambda.$$

また $t>0$ ならば $\cos(\theta-\epsilon)<0$ より

$$\begin{aligned}\left|\frac{1}{2\pi i}\int_{\Gamma_R^2}\frac{e^{\lambda t}}{\lambda-1}\,d\lambda\right| &\le \frac{1}{2\pi}\int_{\theta-\epsilon}^{2\pi-(\theta-\epsilon)}\frac{Re^{tR\cos\varphi}}{R-1}\,d\varphi\\ &\le \frac{Re^{Rt\cos(\theta-\epsilon)}}{2\pi(R-1)}\int_{\theta-\epsilon}^{2\pi-(\theta-\epsilon)}d\varphi=\frac{Re^{Rt\cos(\theta-\epsilon)}}{R-1}\xrightarrow{R\to\infty}0.\end{aligned}$$

よって (5.45) が示せた.

レゾルベント方程式 (5.69) と (5.45) を用いれば

$$\begin{aligned}T(t)x&=\frac{1}{2\pi i}\int_{\Gamma}e^{\lambda t}(\lambda I-A)^{-1}\\ &=\frac{-1}{2\pi i}\int_{\Gamma}\frac{e^{\lambda t}}{\lambda-1}\{(\lambda I-A)^{-1}-(I-A)^{-1}\}(I-A)x\,d\lambda\\ &=\frac{1}{2\pi i}\int_{\Gamma}\frac{e^{\lambda t}}{\lambda-1}(\lambda I-A)^{-1}(A-I)x\,d\lambda. \end{aligned}\tag{5.46}$$

こうして

$$\lim_{t\to+0}T(t)x=\frac{1}{2\pi i}\int_{\Gamma}\frac{1}{\lambda-1}(\lambda I-A)^{-1}(A-I)x\,d\lambda$$

であることが期待される.

いま

$$\frac{1}{2\pi i}\int_{\Gamma}\frac{1}{\lambda-1}(\lambda I-A)^{-1}(A-I)x\,d\lambda=x \tag{5.47}$$

である． 実際，Γ の $|\lambda|\le R$ にある部分を Γ_R, 円周 $|\lambda|=R$ の Γ の右側にある部分を C_R とする．Γ_R と C_R で囲まれる領域で $(\lambda-1)^{-1}(\lambda I-A)^{-1}$ は $\lambda=1$ を除いて正則であるので $\Gamma_R\cup C_R$ を時計周りに積分して

$$\frac{1}{2\pi i}\int_{\Gamma_R\cup C_R}\frac{1}{\lambda-1}(\lambda I-A)^{-1}(A-I)x\,d\lambda=-(I-A)^{-1}(A-I)x=x.$$

一方 $\lambda = Re^{i\varphi}$, $d\lambda = iRe^{i\varphi}d\varphi$ として

$$\left\|\frac{1}{2\pi i}\int_{C_R}\frac{1}{\lambda-1}(\lambda I-A)^{-1}(A-I)x\,d\lambda\right\| \le \frac{M_\epsilon}{2\pi}\int_{-(\theta-\epsilon)}^{\theta-\epsilon}\frac{R}{(R-1)R}d\varphi \overset{R\to\infty}{\longrightarrow} 0.$$

よって (5.47) を得た.

こうして (5.46), (5.47) より

$$\begin{aligned}\|T(t)x-x\| &\le \frac{1}{2\pi}\int_\Gamma \frac{|e^{\lambda t}-1|}{|\lambda-1|}\|(\lambda I-A)^{-1}\|d|\lambda|\|(A-I)x\| \\ &\le \frac{M_\epsilon}{2\pi}\int_\Gamma \frac{|e^{\lambda t}-1|}{|\lambda-1||\lambda|}d|\lambda|\|(A-I)x\|.\end{aligned}$$

上の積分を各路ごとに評価する．路 $\Gamma_3(\delta,\theta-\epsilon)$ に関する部分では,

$$\int_{\Gamma_3(\delta,\theta-\epsilon)}\frac{|e^{\lambda t}-1|}{|\lambda-1||\lambda|}d|\lambda| \le \int_\delta^\infty \frac{|e^{r|t|e^{i(\theta-\epsilon+\arg t)}}-1|}{r^2}dr.$$

ただし, $|\lambda-1| \ge |\lambda|$ $(\lambda \in \Gamma_3(\delta,\theta-\epsilon))$ を用いた.

いま (5.33) より

$$|e^{r|t|e^{i(\theta-\epsilon+\arg t)}}-1| \le e^{r|t|\cos((\theta-\epsilon)+\arg t)}+1 \le e^{-r|t|\sin\epsilon}+1 \le 2$$

であるからルベーグの収束定理より

$$\begin{aligned}&\lim_{\substack{t\to 0+\\ |\arg t|<\theta-\frac{\pi}{2}-2\epsilon}}\int_{\Gamma_3(\delta,\theta-\epsilon)}\frac{|e^{\lambda t}-1|}{|\lambda-1||\lambda|}d|\lambda| \\ &= \int_{\Gamma_3(\delta,\theta-\epsilon)}\lim_{\substack{t\to 0+\\ |\arg t|<\theta-\frac{\pi}{2}-2\epsilon}}\frac{|e^{\lambda t}-1|}{|\lambda-1||\lambda|}d|\lambda| = 0.\end{aligned}$$

同様にして

$$\lim_{\substack{t\to 0+\\ |\arg t|<\theta-\frac{\pi}{2}-2\epsilon}}\int_{\Gamma_1(\delta,\theta-\epsilon)}\frac{|e^{\lambda t}-1|}{|\lambda-1||\lambda|}d|\lambda| = 0.$$

一方, $\displaystyle\int_{\Gamma_2(\delta,\theta-\epsilon)}\frac{|e^{\lambda t}-1|}{|\lambda-1||\lambda|}d|\lambda|$ に対しては $\lambda = \delta e^{i\varphi}$ $(-(\theta-\epsilon) \le \varphi \le (\theta-\epsilon))$ なる変数を導入して

$$\begin{aligned}\int_{\Gamma_2(\delta,\theta-\epsilon)}\frac{|e^{\lambda t}-1|}{|\lambda-1||\lambda|}d|\lambda| &\le \int_{-(\theta-\epsilon)}^{\theta-\epsilon}\frac{|e^{(\delta e^{i\varphi})t}-1|}{(1-\delta)\delta}\delta\,d\varphi \\ &= \frac{1}{1-\delta}\int_{-(\theta-\epsilon)}^{\theta-\epsilon}|e^{(\delta e^{i\varphi})t}-1|d\varphi.\end{aligned}$$

ここで $t\to 0$ とするので $|t|\leq 1$ としてよい．よって $|e^{(\delta e^{i\varphi})t}-1|\leq e^{\delta|t|}+1\leq C$ であるからルベーグの収束定理より

$$\lim_{\substack{t\to 0+\\ |\arg t|\leq\theta-\frac{\pi}{2}-2\epsilon}}\int_{\Gamma_2(\delta,\theta-\epsilon)}\frac{|e^{\lambda t}-1|}{|\lambda-1||\lambda|}d|\lambda|$$

$$=\int_{\Gamma_2(\delta,\theta-\epsilon)}\lim_{\substack{t\to 0+\\ |\arg t|\leq\theta-\frac{\pi}{2}-2\epsilon}}\frac{|e^{\lambda t}-1|}{|\lambda-1||\lambda|}d|\lambda|=0.$$

以上より

$$\lim_{\substack{t\to 0+\\ |\arg t|\leq\theta-\frac{\pi}{2}-2\epsilon}}\|T(t)x-x\|=0$$

が示せた．

第 4 段階　次に $\{T(t)\}_{t\geq 0}$ が半群であることを示そう．すなわち $t,\ s>0$ に対して

$$T(t+s)=T(t)T(s) \tag{5.48}$$

を示そう．$T(t)$ は $|\arg t|<\theta-\dfrac{\pi}{2}$ で正則であるから一致の定理により (5.48) は $t,\ s$ が $|\arg t|,\ |\arg s|<\theta-\dfrac{\pi}{2}$ においても成立することが分かる．

(5.48) を示すために $\delta<\delta',\ \psi'<\psi<\theta$ をとり，$\Gamma=\Gamma(\delta,\psi),\ \Gamma'=\Gamma(\delta',\psi')$ とおいて

$$T(t)=\frac{1}{2\pi i}\int_{\Gamma}e^{\lambda t}(\lambda I-A)^{-1}d\lambda,$$

$$T(s)=\frac{1}{2\pi i}\int_{\Gamma'}e^{\mu s}(\mu I-A)^{-1}d\mu$$

と表す．$\lambda\in\Gamma,\ \mu\in\Gamma'$ のときコーシーの積分定理より

$$\frac{1}{2\pi i}\int_{\Gamma'}\frac{e^{\mu s}}{\mu-\lambda}d\mu=e^{\lambda s},\quad \frac{1}{2\pi i}\int_{\Gamma}\frac{e^{\lambda t}}{\lambda-\mu}d\lambda=0 \tag{5.49}$$

が成立する．実際，$\Gamma'_R=C^1_R\cup C^2_R$ とする．ここで

$$C^1_R=\Gamma'\cap\{\lambda\in\boldsymbol{C}\,|\,|\lambda|\leq R\},$$

$$C^2_R:\lambda=Re^{i\theta},\quad \theta:\psi'\to 2\pi-\psi'.$$

いま $\lambda\in\Gamma$ は $R>0$ を十分大きくとれば Γ'_R が囲む領域に入るので留数の定

理より

$$\frac{1}{2\pi i}\int_{\Gamma'_R}\frac{e^{\mu s}}{\mu-\lambda}d\mu=e^{\lambda s}.$$

一方

$$\lim_{R\to\infty}\frac{1}{2\pi i}\int_{C_R^1}\frac{e^{\mu s}}{\mu-\lambda}d\mu=\frac{1}{2\pi i}\int_{\Gamma'}\frac{e^{\mu s}}{\mu-\lambda}d\mu.$$

また $\cos\psi'<0$ であることに注意すれば

$$\begin{aligned}\Bigl|\frac{1}{2\pi i}\int_{C_R^2}\frac{e^{\mu s}}{\mu-\lambda}d\mu\Bigr|&=\Bigl|\frac{1}{2\pi i}\int_{\psi'}^{2\pi-\psi'}\frac{e^{R\cos\theta s}Re^{i\theta}}{Re^{i\theta}-\lambda}d\theta\Bigr|\\&\le\frac{1}{2\pi}\int_{\psi'}^{2\pi-\psi'}\frac{e^{(R\cos\theta)s}R}{R-|\lambda|}d\theta\le\frac{1}{2\pi}\int_{\psi'}^{2\pi-\psi'}\frac{e^{(R\cos\psi')s}}{1-(|\lambda|/R)}d\theta\\&\le\frac{e^{(R\cos\psi')s}}{1-(|\lambda|/R)}\overset{R\to\infty}{\longrightarrow}0.\end{aligned}$$

こうして (5.49) の初めの式が示せた．

2 番目の式も同様の考察をする．実際，$\Gamma_R=C_R^3\cup C_R^4$ とする．ここで

$$C_R^3=\Gamma\cap\{\lambda\in\boldsymbol{C}\,|\,|\lambda|\le R\},$$

$$C_R^4:\lambda=Re^{i\theta},\quad \theta:\psi\to2\pi-\psi.$$

いま $\mu\in\Gamma'$ は Γ_R が囲む領域の外にあるのでコーシーの定理より

$$\frac{1}{2\pi i}\int_{\Gamma_R}\frac{e^{\lambda t}}{\lambda-\mu}d\lambda=0.$$

一方

$$\lim_{R\to\infty}\frac{1}{2\pi i}\int_{C_R^3}\frac{e^{\lambda t}}{\lambda-\mu}d\lambda=\frac{1}{2\pi i}\int_{\Gamma}\frac{e^{\lambda t}}{\lambda-\mu}d\lambda.$$

また $\cos\psi<0$ であることに注意すれば C_R^2 のときと同様にして

$$\lim_{R\to\infty}\frac{1}{2\pi i}\int_{C_R^4}\frac{e^{\lambda t}}{\lambda-\mu}d\lambda=0.$$

こうして (5.49) の 2 番目の式も示せた．

以上の準備のもとで (5.48) を示そう．

$$T(t)T(s)=\Bigl(\frac{1}{2\pi i}\Bigr)^2\int_{\Gamma'}\int_{\Gamma}e^{\lambda t}e^{\mu s}(\lambda I-A)^{-1}(\mu I-A)^{-1}d\lambda d\mu=(*)$$

レゾルベント方程式 (5.69) より

$$(\lambda I-A)^{-1}(\mu I-A)^{-1}=\frac{(\lambda I-A)^{-1}-(\mu I-A)^{-1}}{\mu-\lambda}$$

であることを用いて

$$\begin{aligned}(*)&=\Big(\frac{1}{2\pi i}\Big)^2\int_{\Gamma'}\int_{\Gamma}\frac{e^{\lambda t}e^{\mu s}}{\mu-\lambda}\{(\lambda I-A)^{-1}-(\mu I-A)^{-1}\}\,d\lambda d\mu\\&=\frac{1}{2\pi i}\int_{\Gamma}e^{\lambda t}(\lambda I-A)^{-1}\,d\lambda\frac{1}{2\pi i}\int_{\Gamma'}\frac{e^{\mu s}}{\mu-\lambda}\,d\mu\\&\quad+\frac{1}{2\pi i}\int_{\Gamma'}e^{\mu s}(\mu I-A)^{-1}\,d\mu\int_{\Gamma}\frac{e^{\lambda t}}{\lambda-\mu}\,d\lambda=(**)\end{aligned}$$

ここで (5.49) を代入して

$$(**)=\frac{1}{2\pi i}\int_{\Gamma}e^{\lambda(s+t)}(\lambda I-A)^{-1}\,d\lambda=T(t+s).$$

よって (5.48) が示せた.

第 5 段階　最後に $\{T(t)\}_{t\geq 0}$ の生成作用素が A であることを示す.

$x\in D(A)$ ならば

$$\frac{d}{dt}T(t)x=AT(t)x=T(t)Ax$$

である. 実際 (5.44) より

$$\begin{aligned}\frac{d}{dt}T(t)x=AT(t)x&=\frac{1}{2\pi i}\int_{\Gamma}e^{\lambda t}A(\lambda I-A)^{-1}x\,d\lambda\\&=\frac{1}{2\pi i}\int_{\Gamma}e^{\lambda t}(\lambda I-A)^{-1}Ax\,d\lambda=T(t)Ax.\end{aligned}$$

ゆえに

$$\frac{(T(h)-I)x}{h}=\frac{1}{h}\int_0^h\frac{d}{ds}[T(s)x]\,ds=\frac{1}{h}\int_0^h T(s)Ax\,ds\overset{h\to 0+}{\longrightarrow}T(0)Ax=Ax.$$

ただし, 定理 5.13 (a) を $t=0$ で用いた. いま $\{T(t)\}_{t\geq 0}$ の生成作用素を A' とすると $x\in D(A')$ かつ $A'x=Ax$ である. とくに $D(A)\subset D(A')$ である.

一方 $\{T(t)\}_{t\geq 0}$ はタイプ $(C,0)$ 型の連続半群であるので (定理の (ii) の $T(t)$ の評価を参照せよ), 定理 5.16 より $\rho(A')\supset(0,\infty)$ である. これと仮定 P (いまは $a=0$ で仮定 P が成立している) より, $(0,\infty)\subset\rho(A)\cap\rho(A')$ で

あるから $I-A$, $I-A'$ はそれぞれ一対一，上への写像である．そこで $x\in D(A')$ に対して $y\in D(A)$ を $(I-A')x=(I-A)y$ にとる．$y\in D(A)$ では，$Ay=A'y$ であったので $(I-A')x=(I-A')y$. A' は一対一写像であるから，$A'=A\in D(A)$. こうして $D(A')\subset D(A)$ である．よって $D(A)=D(A')$ かつ $Ax=A'x$ $(x\in D(A))$ であるから， A は $\{T(t)\}_{t\geq 0}$ の生成作用素である．以上で定理の証明を終わる．

5.7　コーシー問題について

X をバナッハ空間，$\|\cdot\|$ をそのノルム，$D(A)$ を X の稠密な部分空間で $A:D(A)\to X$ を閉作用素とする．A は連続半群 $\{T(t)\}_{t\geq 0}$ を生成するとする．このとき， $x_0\in X$, $f\in C^0([0,a),X)$ に対して次の X 上の抽象的な常微分方程式の初期値問題を考える．

$$\frac{d}{dt}x(t)=Ax(t)+f(t)\quad (t>0),\quad x(0)=x_0. \tag{5.50}$$

定義 5.28　$x\in C^1((0,a),X)$ がすべての $t\in(0,a)$ に対して $x(t)\in D(A)$, $Ax(t)\in C^0((0,a),X)$. さらに $x(t)$ は (5.50) を満たし，初期値は

$$\lim_{t\to 0+}\|x(t)-x_0\|=0$$

でとるとする．このとき $x(t)$ を方程式 (5.50) の解という．

定理 5.29 (デュアメル (Duhamel) の原理)　(5.50) の解 $x(t)$ が存在すれば

$$x(t)=T(t)x_0+\int_0^t T(t-s)f(s)ds \tag{5.51}$$

と表せる．

証明　$0<s<t$ で $x(s)\in D(A)$ より

$$\frac{\partial}{\partial s}(T(t-s)x(s))=T(t-s)x'(s)-T(t-s)Ax(s)=T(t-s)f(s).$$

この両辺を積分して

$$T(0)x(t) - T(t)x(0) = \int_0^t T(t-s)f(s)\,ds.$$

$T(0) = I$, $x(0) = x_0$ を代入して (5.50) を得た.

定理 5.30 $x_0 \in D(A)$, $f(t) \in C^1((0,a),X) \cap C^0([0,a),X)$ とする．このとき (5.51) で表される $x(t)$ は (5.50) の唯一の解である.

証明 解の一意性は定理 5.29 より従う．こうして $x(t)$ が (5.50) の解であることを示す.

A は連続半群 $\{T(t)\}_{t\geq 0}$ の生成作用素なので，ある $\omega \in \boldsymbol{R}$ があって $\rho(A) \supset \{z \in \boldsymbol{C} \mid \mathrm{Re}\, z > \beta\}$ である．$\gamma > \beta$ とする．もし $x(t)$ が (5.50) の解であれば $y(t) = e^{-\gamma t}x(t)$ は

$$\begin{aligned}\frac{dy}{dt} &= -\gamma e^{-\gamma t}x(t) + e^{-\gamma t}\frac{dx}{dt} = -\gamma y(t) + e^{-\gamma t}(Ax(t) + f(t)) \\ &= (A - \gamma I)y(t) + e^{-\gamma t}f(t),\end{aligned}$$

$$y(0) = x(0) = x_0.$$

いま

$$\frac{d}{dt}S(t) = -\gamma e^{-\gamma t}T(t) + e^{-\gamma t}T(t) = (A - \gamma I)S(t).$$

よって $A - \gamma I$ は $\{S(t)\}_{t\geq 0}$ の生成作用素である．そこで

$$y(t) = S(t)x_0 + \int_0^t S(t-s)g(s)\,ds \quad (g(s) = e^{-\gamma s}f(s))$$

が

$$\frac{dy}{dt} = (A - \gamma I)y(t) + g(t) \quad (t > 0), \quad y(0) = x_0$$

の解であることを示せば，$g(t) = e^{-\gamma t}f(t)$ とおいて

$$\begin{aligned}x(t) = e^{\gamma t}y(t) &= e^{\gamma t}S(t)x_0 + e^{\gamma t}\int_0^t S(t-s)e^{-\gamma s}f(s)\,ds \\ &= T(t)x_0 + \int_0^t T(t-s)f(s)\,ds\end{aligned}$$

が (5.50) の解であることが言えた.

こうして一般性を失うことなく，$0 \in \rho(A)$ と仮定してよい．すなわち A^{-1}

が存在するとする．

$$\frac{d}{dt}T(t)x_0 = AT(t)x_0, \quad T(0)x_0 = x_0$$

そこで

$$z(t) = \int_0^t T(t-s)f(s)\,ds$$

が

$$\frac{d}{dt}z(t) = Az(t) + f(t), \quad z(0) = 0$$

を満足することを言えば，方程式の線形性から $x(t) = T(t)x_0 + z(t)$ が (5.50) の解である．明らかに $z(0) = 0$ である．

$$\begin{aligned} z(t) &= \int_0^t T(t-s)AA^{-1}f(s)\,ds \\ &= -\int_0^t \frac{\partial}{\partial s}[T(t-s)A^{-1}f(s)]\,ds + \int_0^t T(t-s)A^{-1}f'(s)\,ds \\ &= -T(0)A^{-1}f(t) + T(t)A^{-1}f(0) + \int_0^t T(t-s)A^{-1}f'(s)\,ds. \end{aligned}$$

$T(0) = I$, $A^{-1}f(0) \in D(A)$ より

$$\frac{d}{dt}T(t)A^{-1}f(0) = T(t)AA^{-1}f(0) = T(t)f(0),$$

$A^{-1}f'(s) \in D(A)$ より

$$\frac{d}{dt}T(t-s)A^{-1}f'(s) = T(t-s)AA^{-1}f'(s) = T(t-s)f'(s)$$

であるから，

$$\begin{aligned} z'(t) &= -A^{-1}f'(t) + T(t)f(0) + A^{-1}f'(t) + \int_0^t T(t-s)f'(s)\,ds \\ &= T(t)f(0) + \int_0^t T(t-s)f'(s)\,ds. \end{aligned}$$

一方 $A^{-1}f(0) \in D(A)$ より

$$AT(t-s)A^{-1}f(0) = T(t-s)AA^{-1}f(0) = T(t-s)f(0).$$

同様にして $A^{-1}f'(s) \in D(A)$ より

$$AT(t-s)A^{-1}f'(s)=T(t-s)AA^{-1}f'(s)=T(t-s)f'(s)$$

であるから,

$$\begin{aligned}Az(t)&=-f(t)+AT(t-s)A^{-1}f(0)+\int_0^t AT(t-s)A^{-1}f'(s)\,ds\\&=-f(t)+T(t)f(0)+\int_0^t T(t-s)f'(s)\,ds=-f(t)+z'(t).\end{aligned}$$

よって $z'(t)=Az(t)+f(t)$ を得た.

$\{T(t)\}_{t\geq 0}$ が解析半群のときは, 上の定理 5.30 における右辺 f の仮定が若干ゆるめられる. これが次の定理である.

定理 5.31 A が解析半群 $\{T(t)\}_{t\geq 0}$ を生成するとする. $x_0\in X$, $f(t)\in C^\alpha([0,a),X)$ $(0<\alpha<1)$ とする. すなわち

$$\|f(t)-f(s)\|\leq C|t-s|^\alpha \quad (t,s\in[0,a)) \tag{5.52}$$

が成立するような定数 $C>0$ が存在するとする. このとき

$$x(t)=T(t)x_0+\int_0^t T(t-s)f(s)\,ds \tag{5.53}$$

は (5.50) の唯一つの解である.

証明 解の一意性は定理 5.29 より従うので (5.53) で与えた $x(t)$ が (5.50) の解であることを示そう.

$$\begin{aligned}&\frac{d}{dt}T(t)x_0=AT(t)x_0,\quad T(0)x_0=x_0,\\&T(t)x_0\in C^0([0,\infty),X)\cap C^1((0,\infty),X),\\&AT(t)x_0=\frac{d}{dt}T(t)x_0\in C^0((0,\infty),X),\quad T(t)x_0\in D(A)\end{aligned}$$

は定理 5.27 より従う.

そこで

$$z(t)=\int_0^t T(t-s)f(s)\,ds$$

を考える. $t=s$ での $T(t-s)$ の特異性を避けるため

$$z_\epsilon(t)=\int_0^{t-\epsilon} T(t-s)f(s)\,ds$$

とおく.

$$
\begin{aligned}
Az_\epsilon(t) &= \int_0^{t-\epsilon} AT(t-s)F(s)\,ds \\
&= \int_0^{t-\epsilon} AT(t-s)(f(s)-f(t))\,ds + \int_0^{t-\epsilon} AT(t-s)f(t)\,ds
\end{aligned}
$$

最後の式で $AT(t-s)f(t) = -\dfrac{\partial}{\partial s}T(t-s)f(t)$ と考えられるので $(0,t)$ 上 s で積分して

$$
Az_\epsilon(t) = \int_0^{t-\epsilon} A(t-s)(f(s)-f(t))\,ds - T(\epsilon)f(t-\epsilon) + T(t)f(t). \tag{5.54}
$$

いま定理 5.27 よりある定数 $C_1 > 0$ と $a \in \boldsymbol{R}$ があって $\|AT(t)\|_{\mathscr{L}(X)} \le C_1 e^{a(t-s)}(t-s)^{-1}$ なる評価を得る．これと (5.52) を合わせて

$$
\|AT(t-s)(f(s)-f(t))\| \le C_1 C(t-s)^{-1+\alpha} e^{a(t-s)}
$$

であるから $s=t$ での可積分性を得るので，(5.54) で $\epsilon \to 0$ と出来て

$$
Az_\epsilon(t) \overset{\epsilon\to 0}{\longrightarrow} \int_0^t AT(t-s)(f(s)-f(t))\,ds - T(0)f(t) + T(t)f(t).
$$

一方 $z_\epsilon(t) \to z(t)$ $(\epsilon \to 0)$ である．いま A は閉作用素であるから $z(t) \in D(A)$ かつ

$$
Az(t) = \int_0^t AT(t-s)(f(s)-f(t))\,ds - T(0)f(t) + T(t)f(t).
$$

一方

$$
\begin{aligned}
\frac{d}{dt}z_\epsilon(t) &= T(\epsilon)f(t-s) + \int_0^{t-\epsilon} AT(t-s)f(s)\,ds \\
&= T(\epsilon)f(t-s) + A\int_0^{t-\epsilon} T(t-s)f(s)\,ds \\
&= T(\epsilon)f(t-s) + Az_\epsilon(t) \overset{\epsilon\to 0}{\longrightarrow} T(0)f(t) + Az = f(t) + Az(t).
\end{aligned}
$$

いま $z_\epsilon(\epsilon)=0$ より $t \ge \epsilon$ のとき

$$
z_\epsilon(t) = \int_\epsilon^t \frac{d}{ds}z_\epsilon(s)\,ds.
$$

こうして $\epsilon \to 0$ として

$$
z(t) = \int_0^t (f(s) + Az(s))\,ds \quad (t > 0).
$$

よって $z(t)\in C^1((0,a),X)$ かつ

$$\frac{d}{dt}z(t)=f(t)+Az(t) \quad (0<t<a)$$

を得た.

5.8 熱半群 (Heat Semigroup)

この節では 4.1 節で扱った熱方程式の初期値問題

$$u_t-\Delta u=f \quad (x\in \boldsymbol{R}^n, t>0), \quad u(0,x)=u_0(x) \quad (x\in \boldsymbol{R}^n) \tag{5.55}$$

を半群の方法で解くことを考える. 対応するレゾルベント問題は ∂_t を複素数 λ に変えて

$$\lambda v-\Delta v=g \quad (x\in \boldsymbol{R}^n) \tag{5.56}$$

である. 方程式 (5.56) にフーリエ変換を施して

$$\lambda\hat{v}+|\xi'|^2\hat{v}=\hat{g} \quad (x\in \boldsymbol{R}^n)$$

であるから

$$(\lambda-\Delta)^{-1}g=\mathscr{F}^{-1}\Big[\frac{\hat{g}(\xi)}{\lambda+|\xi'|^2}\Big] \tag{5.57}$$

とおいて, $v=(\lambda-\Delta)^{-1}g$ と求まる. 以下 $1<p<\infty$ とする. $0<\epsilon<\pi/2$ に対して

$$\Sigma_\epsilon=\{\lambda\in \boldsymbol{C}\setminus\{0\}\,|\,|\arg\lambda|\leq\pi-\epsilon\}$$

とおく. 5.6 節の**仮定 P** において, $a=0$, $\theta=\pi-\epsilon$ ととっている[*9]. さて, 5.6 節の設定では, $X=L_p(\boldsymbol{R}^n)$, $D(A)$ を

$$D(A)=W^{2,p}(\boldsymbol{R}^n)=\{v\in L_q(\boldsymbol{R}^n)\,|\,D^\alpha v\in L_q(\boldsymbol{R}^n)(|\alpha|\leq 2)\}$$

で定義する. ここで $W^{2,p}(\boldsymbol{R}^n)$ は定義 3.53 で与えたソボレフ空間である. 命題 3.54 で示したように $D(A)=W^{2,p}(\boldsymbol{R}^n)$ はバナッハ空間であり, $W^{2,p}(\boldsymbol{R}^n)\subset L_p(\boldsymbol{R}^n)$ である. さらに $C_0^\infty(\boldsymbol{R}^n)\subset W^{2,p}(\boldsymbol{R}^n)\subset L_p(\boldsymbol{R}^n)$ であり, 定理 3.15 より $C_0^\infty(\boldsymbol{R}^n)$ は $L_p(\boldsymbol{R}^n)$ で稠密であるので, $W^{2,p}(\boldsymbol{R}^n)$ は $L_p(\boldsymbol{R}^n)$ で稠密で

[*9] θ の代わりに $\pi-\epsilon$ ととるのは筆者の好みであり, 深い意味はない.

ある．よって $Av=\Delta v$ $(v\in D(A)=W^{2,p}(\boldsymbol{R}^n))$ とおくと，A は X で稠密に定義されている．さらに閉作用素である．

問 5.32　$A=\Delta$ は $X=L_p(\boldsymbol{R}^n)$ 上で閉作用素であることを示せ．

方程式 (5.56) は $\lambda\in\Sigma_\epsilon$, $g\in L_p(\boldsymbol{R}^n)$ に対し一意解 $v\in W^{2,p}(\boldsymbol{R}^n)$ をもつ．さらに

$$|\lambda|\|(\lambda-\Delta)^{-1}g\|_{L_p(\boldsymbol{R}^n)}\le C_{q,\epsilon}\|g\|_{L_p(\boldsymbol{R}^n)}, \tag{5.58}$$

$$|\lambda|^{1/2}\|\nabla(\lambda-\Delta)^{-1}g\|_{L_p(\boldsymbol{R}^n)}\le C_{q,\epsilon}\|g\|_{L_p(\boldsymbol{R}^n)}, \tag{5.59}$$

$$\|\nabla^2(\lambda-\Delta)^{-1}g\|_{L_p(\boldsymbol{R}^n)}\le C_{q,\epsilon}\|g\|_{L_p(\boldsymbol{R}^n)} \tag{5.60}$$

が成立する．ここで $v=(\lambda-\Delta)^{-1}g$ に対して，$\nabla v=(\dfrac{\partial v}{\partial x_1},\dots,\dfrac{\partial v}{\partial x_n})$, $\nabla^2 v=(D_iD_jv\,|\,i,j=1,\dots,n)$ とおいた．

註 5.33　(5.58), (5.59), (5.60) は作用素の定義とは独立に成立する．よって上の問題 5.32 は例えば (5.58), (5.59), (5.60) を用いて示せる．

さて，(5.58)–(5.60) を示そう．Fourier multiplier theorem (定理 3.55) を用いる．$f(t)=(\lambda+t)^{-1}$ とおくと，$(\lambda+|\xi|^2)^{-1}=f(|\xi|^2)$ である．よってベルの公式 (3.58) より

$$D^\alpha(\lambda+|\xi|^2)^{-1}=\sum_{\ell=1}^{|\alpha|}(\lambda+|\xi|^2)^{-1-\ell}\sum_{\substack{\alpha_1+\cdots+\alpha_\ell=\alpha\\ \alpha_i\ge1}}\Gamma^\ell_{\alpha_1,\cdots,\alpha_\ell}(D^{\alpha_1}|\xi|^2)\cdots(D^{\alpha_\ell}|\xi|^2).$$

いま $D^\alpha|\xi|^2|\le|\xi|^{2-|\alpha|}$ $(|\alpha|\le2)$, $D^\alpha|\xi|^2=0$ $(|\alpha|\ge3)$ であるから，適当に添え字を取り直して $|\alpha_1|=\cdots=|\alpha_k|=1$, $|\alpha_{k+1}|=\cdots=|\alpha_\ell|=2$ と考えてよいので，

$$|D^\alpha(\lambda+|\xi|^2)^{-1}|\le C_\alpha\sum_{\ell=1}^{|\alpha|}(|\lambda+|\xi|^2)^{-1-\ell}\sum_{k=0}^{\ell}\sum_{k+2(\ell-k)=|\alpha|}|\xi|^{2\ell-|\alpha|}$$

ここで $|\xi|^{2\ell-|\alpha|}\le(|\lambda|^{1/2}+|\xi|)^{2\ell}|\xi|^{-|\alpha|}$．一方 不等式 (4.48) より ϵ に依存する定数 c_ϵ があって，

$$|\lambda+|\xi|^2|\ge\left(\sin\frac{\epsilon}{2}\right)(|\lambda+|\xi|^2)\ge c_\epsilon(|\lambda|^{1/2}+|\xi|)^2.$$

よって

$|D^\alpha(\lambda+|\xi|^2)^{-1}|$

$$=C_{\alpha,\epsilon}\sum_{\ell=1}^{|\alpha|}(|\lambda|^{1/2}+|\xi|)^{-2-2\ell}|\xi|^{2\ell-|\alpha|}\leq C_{\alpha,\epsilon}(|\lambda|^{1/2}+|\xi|^2)^{-2}|\xi|^{-|\alpha|} \tag{5.61}$$

と評価される．いま (5.57) より

$$\lambda(\lambda-\Delta)^{-1}g=\mathscr{F}^{-1}\Big[\frac{\lambda}{\lambda+|\xi|^2}\hat{g}(\xi)\Big],$$

$$\lambda^{1/2}D_j(\lambda-\Delta)^{-1}g=\mathscr{F}^{-1}\Big[\frac{\lambda^{1/2}i\xi_j}{\lambda+|\xi|^2}\hat{g}(\xi)\Big],$$

$$D_jD_k(\lambda-\Delta)^{-1}g=\mathscr{F}^{-1}\Big[\frac{(i\xi_j)(i\xi_k)}{\lambda+|\xi|^2}\hat{g}(\xi)\Big].$$

よって (5.61) より $\lambda\in\Sigma_\epsilon$ に対し

$$\Big|D^\alpha\frac{\lambda}{\lambda+|\xi|^2}\Big|\leq C_{\alpha,\epsilon}|\xi|^{-|\alpha|},$$

$$\Big|D^\alpha\frac{\lambda^{1/2}i\xi_j}{\lambda+|\xi|^2}\Big|\leq C_{\alpha,\epsilon}|\xi|^{-|\alpha|},$$

$$\Big|D^\alpha\frac{(i\xi_j)(i\xi_k)}{\lambda+|\xi|^2}\Big|\leq C_{\alpha,\epsilon}|\xi|^{-|\alpha|}$$

が成立するので，Fourier multiplier theorem (定理 3.55) を用いて (5.58), (5.59), (5.60) を得る．特に (5.58) より $A=\Delta$ は $L_p(\boldsymbol{R}^n)$ 上解析半群 $T(t)$ を生成し，$u_0\in L_p(\boldsymbol{R}^n)$ に対し $u=T(t)u_0$ は方程式 (5.55) の一意解を与える．さらに $T(t)u_0$ の熱核を用いた表現と基本的な評価を示す．

定理 5.34 $1<p<\infty$ とする．方程式 (5.55) に対し $L_p(\boldsymbol{R}^n)$ 上で定義された解析半群 $\{T(t)\}_{t\geq 0}$ が存在し，任意の $u_0\in L_p(\boldsymbol{R}^n)$ に対して $u=T(t)u_0$ は方程式 (5.55) の一意解を与える．

さらに $E(t,x)=(4\pi t)^{-n/2}\exp(-|x|^2/(4t))$ を (4.3) で与えた熱核とすると式 (4.4) を用いて

$$T(t)u_0=(E(t,\cdot)*u_0)(x)=\frac{1}{(4\pi t)^{n/2}}\int_{\boldsymbol{R}^n}e^{-\frac{|x-y|^2}{4t}}u_0(y)\,dy \tag{5.62}$$

で与えられる．また $t>0$ に対して次の評価が成立する．

$$\|T(t)u_0\|_{L_p(\mathbf{R}^n)} \leq C\|u_0\|_{L_p(\mathbf{R}^n)}, \tag{5.63}$$

$$\|\nabla T(t)u_0\|_{L_p(\mathbf{R}^n)} \leq Ct^{-1/2}\|u_0\|_{L_p(\mathbf{R}^n)}, \tag{5.64}$$

$$\|\partial_t T(t)u_0\|_{L_p(\mathbf{R}^n)} \leq Ct^{-1}\|u_0\|_{L_p(\mathbf{R}^n)}, \tag{5.65}$$

$$\|\nabla^2 T(t)u_0\|_{L_p(\mathbf{R}^n)} \leq Ct^{-1}\|u_0\|_{L_p(\mathbf{R}^n)}. \tag{5.66}$$

証明　最初の主張を既に示してある．そこでまず (5.62) を示そう．式 (4.4) で与える u と $T(t)u_0$ はともに熱方程式の初期値問題の解 (5.55) の解を与えているので，定理 5.29 より解の一意性から (5.62) が成立することが分かる．

以下 (5.63), (5.64), (5.65), (5.66) を示そう．第 4 章の熱核の評価 (4.6) を用いて示すことができるが，これは次章でより一般的な形で扱うことにする．ここでは解析半群の積分表現式 (5.31) を用いた証明を与える．ψ を $0<\psi<\pi-\epsilon$ $(0<\epsilon<\pi/2)$, $\delta>0$ として $\Gamma=\Gamma(\delta,\psi)=\Gamma_1(\delta,\psi)\cup\Gamma_2(\delta,\psi)\cup\Gamma_3(\delta,\psi)$ を (5.32) で与えた積分路とする． (5.31) より

$$T(t)g = \frac{1}{2\pi i}\int_\Gamma e^{\lambda t}(\lambda-\Delta)^{-1}g\,d\lambda \tag{5.67}$$

である．$\lambda\in\Gamma_1(\delta,\psi)\cup\Gamma_3(\delta,\psi)$ のとき $\lambda=|\lambda|e^{\psi}$ であるから $t>0$ に対して

$$\mathrm{Re}(\lambda t)=|\lambda|t\cos\psi\leq|\lambda|t\cos(\pi-\epsilon)=-|\lambda|t\cos\epsilon. \tag{5.68}$$

である．(5.68), (5.58) より (5.35) を示したのと同様の方法で，(5.63) を得る．読者自身で確かめてほしい．

(5.67) より

$$D_jT(t)g = \frac{1}{2\pi i}\int_\Gamma e^{\lambda t}D_j(\lambda-\Delta)^{-1}g\,d\lambda.$$

(5.59) より

$$\|D_j(\lambda-\Delta)^{-1}g\|_{L_p(\mathbf{R}^n)} \leq C|\lambda|^{-1/2}\|g\|_{L_p(\mathbf{R}^n)}.$$

そこで (5.64), および $\Gamma_1(\delta,\psi)$, $\Gamma_3(\delta,\psi)$ 上では $|\lambda|=|re^{i(\theta-\epsilon)}|=r$ であることから，$t>0$ に対して

$$\left\|\frac{1}{2\pi i}\int_{\Gamma_1(\delta,\psi)\cup\Gamma_3(\delta,\psi)} e^{\lambda t}D_j(\lambda-\Delta)^{-1}g\,d\lambda\right\|_{L_p(\mathbf{R}^n)}$$

$$\leq C\int_\delta^\infty e^{-tr\cos\epsilon}\frac{dr}{r^{1/2}}\|g\|_{L_p(\boldsymbol{R}^n)}=(*)$$

$tr=s$ と置き換えて

$$(*)\leq Ct^{-1/2}\int_0^\infty e^{-s\cos\epsilon}\frac{ds}{s^{1/2}}\|g\|_{L_p(\boldsymbol{R}^n)}.$$

ここで

$$\int_0^\infty e^{-s\cos\epsilon}\frac{ds}{s^{1/2}}\leq\int_1^\infty e^{-s\sin\epsilon}ds+\int_0^1\frac{ds}{s^{1/2}}=(\sin\epsilon)^{-1}+2.$$

よって ϵ に依存する定数 C_ϵ があって

$$\left\|\frac{1}{2\pi i}\int_{\Gamma_1(\delta,\psi)\cup\Gamma_3(\delta,\psi)}e^{\lambda t}D_j(\lambda-\Delta)^{-1}gd\lambda\right\|_{L_p\boldsymbol{R}^n)}\leq C_\epsilon t^{-1/2}\|g\|_{L_p(\boldsymbol{R}^n)}$$

を得た．また $\Gamma_2(\delta,\psi)$ においては $\lambda=\delta e^{i\psi}$ より $|e^{\lambda t}|\leq e^{\delta t}$ と評価できるので，

$$\begin{aligned}&\left\|\int_{\Gamma_2(\delta,\theta-\epsilon)}e^{\lambda t}D_j(\lambda-\Delta)^{-1}gd\lambda\right\|_{L_p(\boldsymbol{R}^n)}\\&\leq Ce^{\delta t}\int_{-(\pi-\epsilon)}^{\pi-\epsilon}|\delta e^{i\psi}|^{-1/2}\delta d\psi\|g\|_{L_p(\boldsymbol{R}^n)}\\&\leq Ce^{\delta t}\delta^{1/2}\|g\|_{L_p(\boldsymbol{R}^n)}\end{aligned}$$

以上を合わせて ϵ に依存する定数 C_ϵ と δ に独立な定数 C があって

$$\|D_jT(t)g\|_{L_p(\boldsymbol{R}^n)}\leq C_\epsilon t^{-1/2}+Ce^{\delta t}\delta^{1/2}.$$

よって $\delta=t^{-1}$ とおいて (5.64) を得た．

(5.67) より

$$\begin{aligned}\partial_tT(t)g&=\frac{1}{2\pi i}\int_\Gamma e^{\lambda t}\lambda(\lambda-\Delta)^{-1}gd\lambda,\\D_jD_kT(t)g&=\frac{1}{2\pi i}\int_\Gamma e^{\lambda t}D_jD_k(\lambda-\Delta)^{-1}gd\lambda.\end{aligned}$$

こうして (5.58), (5.60) を用いて，上記と同様にして，

$$\begin{aligned}&\left\|\frac{1}{2\pi i}\int_{\Gamma_1(\delta,\psi)\cup\Gamma_3(\delta,\psi)}e^{\lambda t}\lambda(\lambda-\Delta)^{-1}gd\lambda\right\|_{L_p(\boldsymbol{R}^n)}\\&\leq C\int_\delta^\infty e^{-tr\cos\epsilon}dr\|g\|_{L_p(\boldsymbol{R}^n)}\\&\leq Ct^{-1}\int_0^\infty e^{-s\cos\epsilon}ds\|g\|_{L_p(\boldsymbol{R}^n)}\end{aligned}$$

$$\leq C(\cos\epsilon)^{-1}t^{-1}.$$

全く同様にして，

$$\begin{aligned}\Bigl\|\frac{1}{2\pi i}\int_{\Gamma_1(\delta,\psi)\cup\Gamma_3(\delta,\psi)} & e^{\lambda t}D_jD_k(\lambda-\Delta)^{-1}g\,d\lambda \\ & \leq C\int_\delta^\infty e^{-tr\cos\epsilon}dr\|g\|_{L_p(\boldsymbol{R}^n)} \\ & \leq C(\cos\epsilon)^{-1}t^{-1}.\end{aligned}$$

を得る． また $\Gamma_2(\delta,\psi)$ においては $\lambda=\delta e^{i\psi}$ より $|e^{\lambda t}|\leq e^{\delta t}$ と評価できるので，

$$\begin{aligned}\Bigl\|\int_{\Gamma_2(\delta,\theta-\epsilon)} & e^{\lambda t}\lambda(\lambda-\Delta)^{-1}g\,d\lambda\Bigr\|_{L_p(\boldsymbol{R}^n)} \\ & \leq Ce^{\delta t}\int_{-(\pi-\epsilon)}^{\pi-\epsilon}\delta\,d\psi\|g\|_{L_p(\boldsymbol{R}^n)} \\ & \leq Ce^{\delta t}\delta\|g\|_{L_p(\boldsymbol{R}^n)}, \\ \Bigl\|\int_{\Gamma_2(\delta,\theta-\epsilon)} & e^{\lambda t}D_jD_k(\lambda-\Delta)^{-1}g\,d\lambda\Bigr\|_{L_p(\boldsymbol{R}^n)} \\ & \leq Ce^{\delta t}\int_{-(\pi-\epsilon)}^{\pi-\epsilon}\delta\,d\psi\|g\|_{L_p(\boldsymbol{R}^n)} \\ & \leq Ce^{\delta t}\delta\|g\|_{L_p(\boldsymbol{R}^n)}.\end{aligned}$$

以上を合わせて ϵ に依存する定数 C_ϵ と δ に独立な定数 C があって

$$\begin{aligned}&\|\partial_tT(t)g\|_{L_p(\boldsymbol{R}^n)}\leq C_\epsilon t^{-1}+Ce^{\delta t}\delta, \\ &\|D_jD_kT(t)g\|_{L_p(\boldsymbol{R}^n)}\leq C_\epsilon t^{-1}+Ce^{\delta t}\delta.\end{aligned}$$

よって $\delta=t^{-1}$ とおいて (5.65), (5.66) を得た． ■

5.9　5 章への補足

5.9.1　ベクトル値関数の微積分と複素関数論

$\mathscr{K}$ を実数体 $\boldsymbol{R}$ または複素数体 $\boldsymbol{C}$ とする． X を $\|\cdot\|_X$ をノルムとする $\mathscr{K}$ 上のバナッハ空間とする．

5.9.1.1 微分

数直線 $\boldsymbol{R}$ の区間 I 上で定義された X 値の関数 $u=u(t):t\in I\mapsto u(t)\in X$ を考える．u が $t=t_0\in I$ で連続とは

$$\lim_{t\to t_0}\|u(t)-u(t_0)\|_X=0$$

が成立するときをいい，$\lim_{t\to t_0}u(t)=u(t_0)$ と表す．すべての $t_0\in I$ で連続のとき u は I で連続という．I 上連続な X 値関数の全体を $C^0(I,X)$ で表す．

u が $t=t_0$ で微分可能でその導関数が v とは

$$\lim_{h\to 0}\left\|\frac{u(t_0+h)-u(t_0)}{h}-v\right\|_X=0$$

が成立するときをいう．$u'(t_0)=v$ で表し，u の $t=t_0$ での微分という．u がすべての $t_0\in I$ で微分可能のとき u は I で微分可能であるといい，$u'(t)$ を u の導関数という．$u'(t)$ が I で連続のとき u は I 上連続微分可能な X 値関数という．このような u の全体を $C^1(I,X)$ と表す． 以下同様にして I 上の X 値 C^m-級関数が定義できる．またその全体を $C^m(I,X)$ で表す．$u\in C^m(I,X)$ のとき u の m 次導関数を $u^{(m)}=d^mu/dt^m$ などと表す．以上は実数値関数の場合と同様である．

5.9.1.2 積分

u を閉区間 $I=[\alpha,\beta]$ において定義された X 値の連続関数とする．この定積分 $\int_\alpha^b u(t)\,dt$ をこの本では次の様にリーマン積分で定義する．

$\Delta:\alpha=t_0<t_1<t_2<\cdots<t_n=\beta$ を $[\alpha,\beta]$ の 1 つの分割とし，

$$|\Delta|=\max_{j=0,1,\cdots,n-1}(t_j+1-t_j)$$

とおく．各小区間 $[t_j,t_{j+1}]$ に属する点 τ_j $(j=0,1,\cdots,n-1)$ をとり

$$S_\Delta=\sum_{j=0}^{n-1}u(\tau_j)(t_{j+1}-t_j)\in X$$

とおく．このとき Δ と $\{\tau_j\}_{j=0}^{n-1}$ のとり方によらない X の元 S があって

$$\lim_{|\Delta|\to 0}\|S_\Delta-SX|=0$$

が成立する．この S を $S=\int_\alpha^\beta u(t)\,dt$ と表し u の $[\alpha,\beta]$ での定積分と呼ぶ．次の事柄が成立する．

$u(t),\, v(t)\in C^0([\alpha,\beta],X),\, a,\, b\in \boldsymbol{C}$ とする．

(1) $\displaystyle\int_\alpha^\beta (au(t)+bv(t))\,dt=a\int_\alpha^\beta u(t)\,dt+b\int_\alpha^\beta v(t)\,dt$

(2) $\displaystyle\int_\alpha^\gamma u(t)\,dt+\int_\gamma^\beta u(t)\,dt=\int_\alpha^\beta u(t)\,dt \quad (\alpha<\gamma<\beta)$

(3) $\displaystyle\frac{d}{dt}\int_{t_0}^t u(s)\,ds=u(t) \quad (t,t_0\in[\alpha,\beta])$

(4) $\displaystyle\Big\|\int_\alpha^\beta u(t)\,dt\Big\|_X \le \int_\alpha^\beta \|u(t)\|_X\,dt$

(5) A を定義域が $D(A)\subset X$ である $D(A)$ から X への線形な閉作用素とする．$u(t)\in C^0([\alpha,\beta],X)$ かつ $u(t)\in D(A)$ $(t\in[\alpha,\beta])$ かつ $Au(t)\in C^0([\alpha,\beta],X)$ とする．このとき次が成立する．

$$A\int_\alpha^\beta u(t)\,dt=\int_\alpha^\beta Au(t)\,dt.$$

バナッハ空間値の関数に対するルベーグ積分の拡張版である，ボホナー (Bochner) 積分も定義しないといけないが，この本では連続関数に関する積分が主であるので，リーマン積分のみを用いる．

5.9.1.3　関数論

X を $\boldsymbol{C}$ 上のバナッハ空間とする．Ω を複素平面 $\boldsymbol{C}$ の領域とする．関数 $u:\Omega\to X$ が Ω 上の X 値正則関数 (X-valued holomorphic function) とは u が Ω 上の各点で複素微分可能であるときをいう．すなわちある $v(z)\in X$ があって

$$\lim_{h\to 0}\Big\|\frac{u(z+h)-u(z)}{h}-v(z)\Big\|_X=0$$

がすべての $z\in\Omega$ に対して成立する．この様な u の全体を $\mathrm{Hol}(\Omega,X)$ と表す．

$u=u(z)$ が Ω 上定義された連続関数のとき，Ω の中の区分的に滑らかな長さ有限の曲線 C に沿っての複素積分 $\int_C u(z)\,dz$ は C のパラメタ表示を $z=$

$\varphi(t)$ $(\alpha \leq t \leq \beta)$ とするとき

$$\int_C u(z)\,dz = \int_\alpha^\beta u(\varphi(t))\varphi'(t)\,dt$$

として定義する.

コーシーの積分定理 $u=u(z)\in \mathrm{Hol}(\Omega, X)$ とする. このとき Ω 内の区分的に滑らかな有限の長さの閉曲線 C で C の内部も Ω に属していれば

$$\oint_C u(z)\,dz = 0$$

が成立する.

この定理は複素数値の正則関数の場合と同様に証明される. またこれよりコーシーの積分公式, テイラー展開, ローラン展開, 留数の定理などの複素関数論の基本定理がすべて X 値の正則関数の場合に拡張される. 読者各自確かめてほしい.

5.9.2 レゾルベント集合

$A: D(A)\to X$ を定義域 $D(A)\subset X$ が稠密である線形閉作用素とする. 複素数 λ は A に対して次のように分類される.

- $\lambda I - A$ は単射ではない. すなわち $(\lambda I - A)x = 0$ を満たす $x \neq 0$ なる $x\in X$ が存在する. このとき λ を A の固有値 (eigen-value) x を固有ベクトル (eigen-vector) と呼ぶ.
- $(\lambda I - A)$ は単射であるが全射ではない. このような λ をレゾナンスと呼ぶ.
- $(\lambda I - A)$ は全単射である. このような λ を A のレゾルベントといい, レゾルベントの全体を $\rho(A)$ と表し A のレゾルベント集合という.
- $\sigma(A) = \boldsymbol{C}\setminus\rho(A)$ をスペクトル集合という. $\sigma_p(A)$ を固有値の全体とおくと, $\sigma_p(A)$ を点スペクトル (point spectrum) と呼ぶ.

λ が A のレゾルベントであれば集合論的に $\lambda I - A$ の逆作用素 $(\lambda I - A)^{-1}$: $X\to D(A)$ が存在する. 次のバナッハの閉写像定理を用いれば $(\lambda I - A)^{-1}$ は有界作用素であることが分かる.

定理 5.35 (closed graph theorem)　X, Y をバナッハ空間とする．T が X 全体で定義された X から Y への閉線形作用素ならば T は有界である．

こうして $(\lambda I-A)^{-1}$ が有界であることを示すには，閉作用素であることを示せばよい．$\{y_n\}_{n=1}^{\infty}$ を X の列で $y_n\to y$ かつ $(\lambda I-A)^{-1}y_n\to x$ $(n\to\infty)$ とする．$x_n=(\lambda I-A)^{-1}y_n$ とおくと $y_n=\lambda x_n-Ax_n$ である．仮定より $Ax_n=\lambda x_n-y_n\to\lambda x-y$, $x_n=(\lambda I-A)^{-1}y_n\to x$ であるから，A が閉作用素ということから，$x\in D(A)$ かつ $\lambda x-y=Ax$ である．よって $x=(\lambda I-A)^{-1}y$ であり，$(\lambda I-A)^{-1}$ が閉作用素であることが分かった．

そこで $\rho(A)$ の性質について列挙する．

(1) $\lambda,\mu\in\rho(A)$ に対して次のレゾルベント方程式が成立する．

$$(\lambda I-A)^{-1}-(\mu I-A)^{-1}=(\mu-\lambda)(\lambda I-A)^{-1}(\mu I-A)^{-1} \tag{5.69}$$

実際，

$$(\lambda I-A)((\lambda I-A)^{-1}-(\mu I-A)^{-1})(\mu I-A)=(\mu-\lambda)I.$$

こうして両辺から $(\lambda I-A)^{-1}$, $(\mu I-A)^{-1}$ を施して (5.69) を得る．

(2) $\rho(A)$ は開集合である．実際 $\lambda\in\rho(A)$ とすると

$$\mu I-A=(\mu-\lambda)I+\lambda I-A=(\lambda I-A)(I-(\lambda-\mu)(\lambda I-A)^{-1})$$

と変形する．λ の複素近傍 $U(\lambda)$ を

$$U(\lambda)=\{\mu\in\boldsymbol{C}\mid|\mu-\lambda|<1/(2\|(\lambda I-A)^{-1}\|_{\mathscr{L}(X)})\}$$

とおく．$\mu\in U(\lambda)$ ならば $|\mu-\lambda|\|(\lambda I-A)^{-1}\|_{\mathscr{L}(X)}<1/2$ より

$$(I-(\lambda-\mu)(\lambda I-A)^{-1})^{-1}=\sum_{j=0}^{\infty}\{(\lambda-\mu)(\lambda I-A)^{-1}\}^j$$

と定義する．このとき

$$\begin{aligned}\|(I-(\lambda-\mu)(\lambda I-A)^{-1})^{-1}\|_{\mathscr{L}(X)}&\le\sum_{j=0}^{\infty}\|(\lambda-\mu)(\lambda I-A)^{-1}\|_{\mathscr{L}(X)}^j\\&\le\sum_{j=0}^{\infty}2^{-j}=2\end{aligned}$$

こうして $\mu\in U(\lambda)$ に対して

$$(\mu I - A)^{-1} = (I - (\lambda - \mu)(\lambda I - A)^{-1})^{-1}(\lambda I - A)^{-1}$$

が存在し

$$\|(\mu I - A)^{-1}\|_{\mathscr{L}(X)} \leq 2\|(\lambda I - A)^{-1}\|_{\mathscr{L}(X)}. \tag{5.70}$$

とくに $U(\lambda) \subset \rho(A)$ より $\rho(A)$ は開集合である.

(3) $(\lambda I - A)^{-1}$ は $\rho(A)$ 上連続である．実際，$\lambda \in \rho(A)$, $\mu \in U(\lambda) \subset \rho(A)$ に対してレゾルベント方程式と (5.70) を用いて

$$\begin{aligned}
&\|(\lambda\mu - A)^{-1} - (\lambda I - A)^{-1}\|_{\mathscr{L}(X)} \\
&\leq |\mu - \lambda| \|(\lambda I - A)^{-1}\|_{\mathscr{L}(X)} \|(\mu I - A)^{-1}\|_{\mathscr{L}(X)} \\
&\leq 2|\mu - \lambda| \|(\lambda I - A)^{-1}\|^2_{\mathscr{L}(X)} \xrightarrow{\mu \to \lambda} 0.
\end{aligned}$$

(4) $(\lambda I - A)^{-1}$ は $\{\lambda \in \boldsymbol{C} \mid \mathrm{Re}\lambda > \omega\}$ 上正則である．すなわち複素微分が出来る.

$$\frac{d}{d\lambda}(\lambda I - A)^{-1} = -(\lambda I - A)^{-2} \tag{5.71}$$

を得る．実際 (5.69) より

$$\frac{1}{h}\Big[((\lambda + h)I - A)^{-1} - (\lambda I - A)^{-1}\Big] = -((\lambda + h)I - A)^{-1}(\lambda I - A)^{-1}.$$

よって

$$\lim_{h \to 0} \frac{1}{h}\Big[((\lambda + h)I - A)^{-1} - (\lambda I - A)^{-1}\Big] = -(\lambda I - A)^{-2}.$$

以下これを続ければ

$$\frac{d^m}{d\lambda^m}(\lambda I - A)^{-1} = (-1)^m m!(\lambda I - A)^{-(m+1)} \tag{5.72}$$

を得る.

5.9.3　解析半群に対する最大正則性原理

定理 5.31 においては，t 変数に関して $t > 0$ で C^1 級の解を得るために，方程式 (5.50) に対して右辺の関数 f に (5.52) なるヘルダー (Hölder) 連続性を右辺の関数 f に課さなくてはならない．証明を見直せば解 u もヘルダー連続であることは分かる (読者自身で証明してほしい)．右辺が単に連続関数で

あるときは，解は C^1 クラスでもとめることはできない．それは証明のなかで $T(t-s)$ が $s=t$ の近傍で $1/(t-s)$ という可積分でない状況になるからである．

このような困難は例えば連続関数のクラスではなく，L_p $(1<p<\infty)$ クラスの関数で考えれば克服されることが知られている．いわゆる L_p 最大正則性原理と呼ばれるものである．これについては，Da Prato-Grisvard, Dore-Venni 理論，H^∞ calculus, $\mathscr{R}$ 有界作用素の理論などがある．これらは，微分方程式論において，半群の理論を応用して準線形方程式を解く場合に重要な働きをする．興味ある読者は次の文献を参照してほしい．

(1) G. Da Prato and P. Grisvard, *Sommes d'opérateurs linéaires et équations différentielles opérationnelles*, J. Math. Pures Appl. (9), **54**(3) (1975), 305–387.

(2) G. Dore and A. Venni, *On the closedness of the sum of two closed operators*, Math. Z., **196**(2) (1987), 189–201.

以上は論文．以下は本である．

(3) A. Lunardi, *Interpolation Theory*, Scuola Normale Superiore Pisa, 2018.

(4) J. Prüss and G. Simonett, *Moving Interfaces and Quasilinear Parabolic Evolution Equations*, Monographs in Mathematics 105, Birkhäuser, 2016.

(5) Y. Shibata, *$\mathscr{R}$ Boundedness, Maximal Regularity and Free Boundary Problems for the Navier Stokes Equations*, Chapter 3 in Mathematical Analysis of the Navier-Stokes Equations, Lecture Notes in Math. 2254, Springer, 2020.

(6) 柴田良弘著，『流体数学の基礎 (上，下)』，岩波数学叢書，(岩波書店, 2022)

(7) 清水扇丈著，『最大正則性定理』，朝倉数学ライブラリー，(朝倉書店, 2024)

次章で述べるナヴィエ・ストークス方程式の強解の一意存在定理を示すにあたっては，方程式は semi-linear 型なので，デュアメルの原理を用いて，非線形項を用いた解表示を行い，これを逐次近似で解くので，これまでに述べた半群の理論で十分である．

しかし同じ流体数学の問題でも海の波の運動の記述や，液滴落下などを定式化するナヴィエ・ストークス方程式の自由境界値問題などにおいては，方程式は準線形問題となり，線形化方程式からの逐次近似で解を求めようとすると，定理 5.31 では不十分である．先に述べた L_p 最大正則性原理などが必要となる．くわしくは上記文献の (4), (5), (6), (7) を参照してほしい．

第6章
ナヴィエ・ストークス方程式の数学的理論

3 次元空間中の水などの粘性流体の運動を記述するのが，ナヴィエ・ストークス方程式であった．『比較的シンプルなこの非線形方程式は流体現象の適確な定式化と考えられ，やがては完全な定量的記述が得られるであろうと人々に期待を持たせた．しかしじつは問題の単純さはみせかけに過ぎず，解決に注がれた努力は成功していない』と，名著『非圧縮性粘性流体の数学的理論』[*1]の序論で O.A. ラジゼンスカヤは述べている．この事情は第 2 章で述べた．もう一度強調すれば，いわゆるルレイ・ホップの弱解の存在は知られている[*2]．しかしこの弱解の一意性は 21 世紀に解くべき数学の問題として 100 万ドルの懸賞金がクレイ数学研究所からかけられている挑戦的問題である．

とはいえ弱解の一意性だけが数学的問題ではなく，多くの脈絡の中でナヴィエ・ストークス方程式に関する貢献は多岐にわたって，しかも数多くなされつつある．この章ではナヴィエ・ストークス方程式の初期値問題などが現代の解析学の中でどのように取り扱われ研究されているのであろうか，という基本的な立場で，その一端を垣間見る．そのために

T. Kato, Strong L^p-Solutions of Navier-Stokes Equation in $\boldsymbol{R}^m$, with Applications to Weak Solutions, Math. Z. **187**, 1984

の中の，解の存在と一意性に関する部分の解説を行う．この議論をみると，現

---

*1 藤田宏・竹下彬訳，(産業図書, 1979).

*2 ルレイ・ホップの解の構成のしかたについては，ルレイ，ホップの原論文にあたるのが一番よいが，記述の面などで読みにくい部分があるかもしれない．現代的な立場で書かれた論文がいくつかあるが，K. Masuda, Tohoku J. Math. が内容の点でも，読みやすさの点でも群を抜いた論文と思う．興味ある読者には是非読むことを薦める．しかし解の一意性は示されていないので，異なる方法により構成された解は必ずしも一致するとは限らないことに注意しなくてはならない．

在の半線形発展方程式を取り扱う 1 つの典型的な方法論が理解されるであろう．それは，簡単にいえば，任意の初期値に対する時間局所的な解の一意存在と，小さな初期値に対する時間大域的な解の一意存在を，線形問題からの摂動問題として示すことである．

主要な議論は，線形問題の解の詳細な評価と，それに基づいた縮小写像の原理により半線形問題を解くというものである．ナヴィエ・ストークス方程式の場合の線形問題はストークス方程式である．とくに空間が $\boldsymbol{R}^n$ の場合，ストークス方程式の解析はじつは多くの部分が熱方程式に帰着される．したがって，まず熱方程式を再考することから始める．

6.1 熱方程式再考

6.1.1 L^p-L^q 評価

半線形方程式を解くのに重要な役割をなすものに，線形化方程式の解の L^p-L^q 評価がある．ここでは $\{T(t)\}_{t\geq 0}$ を 5 章 5.8 節の定理 5.34 で構成した熱半群として，熱方程式の初期値問題 (4.1) の解 $u(t,x)=T(t)u_0$ に対し次の評価が成立することを示そう．

定理 6.1 $1\leq p\leq q\leq\infty$ に対して $\nu_{p,q}=(n/2)((1/p)-(1/q))$ とおく．$u_0\in L^p(\boldsymbol{R}^n)$ に対して $u(t,x)=T(t)u_0$ とおく．このとき，任意の整数 $j\geq 0$ と多重指数 α に対しある正定数 $C_{j,\alpha,p,q,n}$ があって

$$\|D_t^jD_x^\alpha u(t,\cdot)\|_q\leq C_{j,\alpha,p,q,n}t^{-(j+(|\alpha|/2)+\nu_{p,q})}\|u_0\|_p\quad(t>0)\qquad(6.1)$$

が成立する．

証明 E を (4.3) で与えた熱核とする．$E(t)=(4\pi t)^{-n/2}\exp(-|x|^2/(4t))$ である．(5.62) より

$$T(t)u_0=\int_{\boldsymbol{R}^n}E(t,x-y)u_0(y)\,dy$$

である．(4.7) より

$$D_t^jD_x^\alpha u(t,x)=\int_{\boldsymbol{R}^n}(D_t^jD_x^\alpha E)(t,x-y)u_0(y)\,dy.$$

よってヤングの不等式 (3.9) において $1\leq r<\infty$ を $1+(1/q)=(1/p)+(1/r)$ にとって，(3.9) を用いて

$$\|D_t^j D_x^\alpha u(t,\cdot)\|_q \leq \|(D_t^j D_x^\alpha E)(t,\cdot)\|_r \|u_0\|_p.$$

(4.6) の評価を用いて

$$\|D_t^j D_x^\alpha E(t,\cdot)\|_r \leq C_{\alpha,j} t^{-(j+(|\alpha|/2)+(n/2))} \left[\int_{\boldsymbol{R}^n} e^{-r|x|^2/(8t)}\,dx\right]^{1/r}$$

$x/\sqrt{t}=y$ と変数変換して

$$=C_{\alpha,j} t^{-(j+(|\alpha|/2)+(n/2))} \left[\int_{\boldsymbol{R}^n} e^{-r|y|^2/8} t^{n/2}\,dy\right]^{1/r}$$

$$=C_{\alpha,j} \left[\int_{\boldsymbol{R}^n} e^{-r|y|^2/8}\,dy\right]^{1/r} t^{-(j+(|\alpha|/2))-(n/2)(1-(1/r))}.$$

ここで $1-(1/r)=(1/p)-(1/q)$ なので，$\nu_{p,q}=(n/2)(1-(1/r))$ とおいて (6.1) を得た． ∎

6.1.2 非斉次方程式

この小節では熱方程式に対する非斉次方程式

$$u_t-\Delta u=f \ (x\in \boldsymbol{R}^n, t>0), \quad u(0,x)=u_0(x) \tag{6.2}$$

を考える．定理 5.29 (デュアメルの原理) により解 u は

$$\begin{aligned} u&=T(t)u_0+\int_0^t T(t-s)f(s)\,ds \\ &=E(t,\cdot)*u_0+\int_0^t [E(t-s,\cdot)*f(s)]\,ds \end{aligned} \tag{6.3}$$

と求まる．ここで $E(t,\cdot)*u_0$, $E(t-s,\cdot)*f(s)$ は

$$E(t,\cdot)*u_0=\int_{\boldsymbol{R}^n} E(t,x-y)u_0(y)\,dy,$$

$$E(t-s,\cdot)*f(s)=\int_{\boldsymbol{R}^n} E(t-s,x-y)f(s,y)\,dy$$

と x 変数に関する合成積を表す．

厳密な議論をするために次の定義を導入しよう．X をバナッハ空間，$\|\cdot\|_X$ をそのノルムとする．

定義 6.2 $f(t)$ が X に値をとる (a,b) 上で定義された連続関数であるとは，各 $t\in(a,b)$ に対して $f(t)\in X$ であり，さらに $t,s\in(a,b)$ に対して

$$\lim_{t\to s}\|f(t)-f(s)\|_X=0$$

が成立するときをいう．このような $f(t)$ の全体を $C^0((a,b),X)$ とおく．さらに $g\in X$ で $\lim_{t\to a+}\|f(t)-g\|_X=0$ なるものが存在するとき，$f(t)$ は $[a,b)$ で連続な X 値関数であるといい，このような $f(t)$ の全体を $C^0([a,b),X)$ と表す．

定義 6.3 $1\leq q<\infty$ とする．$f(t)$ が X 値の $L^q(a,b)$ 関数であるとは，ほとんどいたるところの $t\in(a,b)$ に対して $f(t)\in X$ であり，$\int_a^b\|f(t)\|_X^q\,dt<\infty$ のときをいう．このような $f(t)$ の全体を $L^q((a,b),X)$ と表すことにする．

次の定理を示そう．

定理 6.4 $1\leq p<\infty, 1<q<\infty$ とする．T は正数または $T=\infty$ とし，$f(t,x)\in C^0((0,T),L^p(\boldsymbol{R}^n))\cap L^q((0,T),L^p(\boldsymbol{R}^n))$ とする．このとき

$$v(t,x)=\int_0^t[E(t-s,\cdot)*f(s)](x)\,ds$$

とおくと次が成立する．

(1) $v(t,x)\in C^0([0,T),L^p(\boldsymbol{R}^n))$ かつ $\lim_{t\to0}\sup_{0<s<t}\|v(s,\cdot)\|_p=0$ が成立する．

(2) $v(t,x)$ は (6.3) を超関数の意味で満たす．すなわち

$$[v,\varphi_t+\Delta\varphi]_T+[f,\varphi]_T=0$$

が任意の $\varphi\subset C_0^\infty((0,T)\times\boldsymbol{R}^n)$ に対し成立する．

ただし $\varphi(t,x)\in C_0^\infty((0,T)\times\boldsymbol{R}^n)$ とは，$\varphi(t,x)\in C^\infty((0,T)\times\boldsymbol{R}^n)$ であり，さらにある $R>0$ と σ,T_1 $(0<\sigma<T_1<T)$ があって

$$\varphi(t,x)=0\quad((t,x)\notin[\epsilon,T_1]\times\{x\in\boldsymbol{R}^n\,|\,|x|\leq R\})$$

が成立するようなものとする．また

$$[f,g]_T=\int_0^T\int_{\boldsymbol{R}^n}f(t,x)g(t,x)\,dtdx$$

とおいた．

証明　(1) $0<t_1<t_2<T$ に対してミンコフスキーの積分形不等式 (3.14) より

$$\begin{aligned}\|v(t_1,\cdot)-v(t_2,\cdot)\|_p &\le \int_0^{t_1}\|E(t_2-s,\cdot)*f(s)-E(t_1-s,\cdot)*f(s)\|_p\,ds\\&\quad+\int_{t_1}^{t_2}\|E(t_2-s,\cdot)*f(s)\|_p\,ds\\&=\mathrm{I}+\mathrm{II}\end{aligned}$$

のように分解する．ヤングの不等式 (3.9) と (4.5) より $g\in L^p(\boldsymbol{R}^n)$ に対して

$$\|E(t,\cdot)*g\|_p\le\|E(t,\cdot)\|_1\|g\|_p=\|g\|_p. \tag{6.4}$$

また

$$\begin{aligned}&[E(t_2-s,\cdot)*f(s)](x)-[E(t_1-s,\cdot)*f(s)](x)\\&=\frac{1}{(4\pi(t_2-s))^{n/2}}\int_{\boldsymbol{R}^n}e^{-\frac{|x-y|^2}{4(t_2-s)}}f(s,y)\,dy\\&\quad-\frac{1}{(4\pi(t_1-s))^{n/2}}\int_{\boldsymbol{R}^n}e^{-\frac{|x-y|^2}{4(t_1-s)}}f(s,y)\,dy\end{aligned}$$

ここで $(x-y)/(2\sqrt{(t_j-s)})=z$ と変数変換して

$$=\int_{\boldsymbol{R}^n}e^{-|z|^2}[f(s,x-2\sqrt{t_2-s}z)-f(s,x-2\sqrt{t_1-s}z)]\,dz$$

であるので，ミンコフスキーの積分形不等式 (3.14) より

$$\begin{aligned}&\|E(t_2-s,\cdot)*f(s)-E(t_1-s,\cdot)*f(s)\|_p\\&\le\int_{\boldsymbol{R}^n}e^{-|z|^2}\|f(s,\cdot-2\sqrt{t_2-s}z)-f(s,\cdot-2\sqrt{t_1-s}z)\|_p\,dz.\end{aligned} \tag{6.5}$$

いま各 $s\in(0,t_2)$ ごとに $f(s,x)\in L^p(\boldsymbol{R}^n)$ なので，定理 3.13 より $0\le s\le t_2<t_1$ として

$$\lim_{t_2\to t_1}\|f(s,\cdot-2\sqrt{t_2-s}z)-f(s,\cdot-2\sqrt{t_1-s}z)\|_p=0,$$
$$\lim_{t_1\to t_2}\|f(s,\cdot-2\sqrt{t_2-s}z)-f(s,\cdot-2\sqrt{t_1-s}z)\|_p=0.$$

また $x-2\sqrt{t_j-s}z=y$ とおいて

$$\|f(s,\cdot-2\sqrt{t_j-s}z)\|_p=\|f(s,\cdot)\|_p\quad(j=1,2).$$

よって (6.5) にルベーグの収束定理を適用して，$0 \le s \le t_1 \le t_2$ として

$$\lim_{t_2 \to t_1} \|E(t_2 - s, \cdot) * f(s) - E(t_1 - s, \cdot) * f(s)\|_p = 0,$$
$$\lim_{t_1 \to t_2} \|E(t_2 - s, \cdot) * f(s) - E(t_1 - s, \cdot) * f(s)\|_p = 0 \tag{6.6}$$

を得た．

そこでまず $t_2 \longrightarrow t_1$ とすることを考えると，(6.4) より

$$\|E(t_2 - s, \cdot) * f(s) - E(t_1 - s, \cdot) * f(s)\|_p \le 2\|f(s)\|_p \in L^1(0, t_2)$$

である．ただし $\|f(s)\|_p \in L^1(0, t_2)$ であることは，$q' = q/(q-1)$ としてヘルダーの不等式を用いて，任意の $0 \le a < b < T$ に対して

$$\int_a^b \|f(s)\|_p \, ds \le \left(\int_a^b ds \right)^{\frac{1}{q'}} \left(\int_a^b \|f(s)\|_p \, ds \right)^{\frac{1}{q}}$$
$$\le (b-a)^{\frac{1}{q'}} \left(\int_0^T \|f(s)\|_p^q \, ds \right)^{\frac{1}{q}} \tag{6.7}$$

であることから従う．こうしてルベーグの収束定理より

$$\lim_{t_2 \to t_1} I = \lim_{t_2 \to t_1} \int_0^{t_1} \|E(t_2 - s, \cdot) * f(s) - E(t_1 - s, \cdot) * f(s)\|_p \, ds = 0.$$

また $t_1 \longrightarrow t_2$ とするときは，$\chi_{(t_1,t_2)}(s)$ として $\chi_{(t_1,t_2)}(s) = 1 \ (0 \le s \le t_1)$，$\chi_{(t_1,t_2)}(s) = 0 \ (t_1 \le s \le t_2)$ なるものをとって

$$\mathrm{I} = \int_0^{t_2} \chi_{(t_1,t_2)}(s) \|E(t_2 - s, \cdot) * f(s) - E(t_1 - s, \cdot) * f(s)\|_p \, ds \tag{6.8}$$

と表す．このとき (6.6) と $0 \le \chi_{(t_1,t_2)}(s) \le 1$ より

$$\chi_{(t_1,t_2)}(s) \|E(t_2 - s, \cdot) * f(s) - E(t_1 - s, \cdot) * f(s)\|_p$$
$$\le \|E(t_2 - s, \cdot) * f(s) - E(t_1 - s, \cdot) * f(s)\|_p \longrightarrow 0$$

$(t_1 \longrightarrow t_2)$ が $(0 \le s \le t_1 < t_2)$ で成立する．また

$$\chi_{(t_1,t_2)}(s) \|E(t_2 - s, \cdot) * f(s) - E(t_1 - s, \cdot) * f(s)\|_p$$
$$\le 2\|f(s)\|_p \in L^1((0, t_2))$$

であるのでルベーグの収束定理を (6.8) に適用して

$$
\begin{aligned}
&\lim_{t_1 \to t_2} \mathrm{I} \\
&\quad = \lim_{t_1 \to t_2} \int_0^{t_2} \chi_{(t_1,t_2)}(s) \| E(t_2 - s, \cdot) * f(s) - E(t_1 - s, \cdot) * f(s) \|_p \, ds \\
&\quad = 0.
\end{aligned}
$$

以上より

$$
\lim_{t_2 \to t_1} \mathrm{I} = 0, \quad \lim_{t_1 \to t_2} \mathrm{I} = 0
$$

が示された.

一方 (6.7) より

$$
\mathrm{II} \le (t_2 - t_1)^{\frac{1}{q'}} \left(\int_0^T \| f(s) \|_p^q \, ds \right)^{\frac{1}{q}}
$$

なので

$$
\lim_{t_2 \to t_1} \mathrm{II} = 0, \quad \lim_{t_1 \to t_2} \mathrm{II} = 0
$$

がいえる. こうして $v(t,x) \in C^0((0,T), L^p(\boldsymbol{R}^n))$ が示せた.

またミンコフスキーの積分形不等式 (3.7) と (6.4), (6.7) より

$$
\begin{aligned}
\| v(t,\cdot) \|_p &\le \int_0^t \| E(t-s,\cdot) * f(s) \|_p \, ds \le \int_0^t \| f(s) \|_p \, ds \\
&\le t^{\frac{1}{q'}} \left(\int_0^T \| f(s) \|_p^q \, ds \right)^{\frac{1}{q}}.
\end{aligned}
$$

これより

$$
\sup_{0<s<t} \| v(s,\cdot) \|_p \le t^{\frac{1}{q'}} \left(\int_0^T \| f(s) \|_p^q \, ds \right)^{\frac{1}{q}}.
$$

よって $\displaystyle \lim_{t \to 0+} \sup_{0<s<t} \| v(s,\cdot) \|_p = 0$ を得た. 以上で (1) が示せた.

(2) $\displaystyle v_\epsilon(t,x) = \int_0^{t-\epsilon} E(t-s,\cdot) * f(s) \, ds$ とおく. ミンコフスキーの積分形不等式 (3.14) と (6.4), (6.7) より

$$
\| v_\epsilon(t,\cdot) - v(t,\cdot) \|_p \le \int_{t-\epsilon}^t \| E(t-s,\cdot) * f(s) \|_p \, ds \le \epsilon^{\frac{1}{q'}} \left(\int_0^T \| f(s) \|_p^q \, ds \right)^{\frac{1}{q}}
$$

なので任意の $\varphi \in C_0^\infty((0,T) \times \boldsymbol{R}^n)$ に対し

$$\lim_{\epsilon\to 0}[v_\epsilon,\varphi_t+\Delta\varphi]_T=[v,\varphi_t+\Delta\varphi]_T. \tag{6.9}$$

v_ϵ を考えなくてはならない理由は以下の議論より分かる．

さて (4.7) より $\Delta[E(t-s,\cdot)*f(s)]=\int_{\boldsymbol{R}^n}\Delta E(t-s,x-y)f(s,y)\,ds$ である．よって (4.6) と p' を $1/p+1/p'=1$ なる共役指数にとりヘルダーの不等式を用い，C は適当な定数を表すとして

$$\begin{aligned}
&|\Delta[E(t-s,\cdot)*f(s)](x)|\\
&\le C\int_{\boldsymbol{R}^n}(t-s)^{-(1+(n/2))}e^{-|x-y|^2/(8(t-s))}|f(s,y)|\,dy\\
&\le C(t-s)^{-(1+(n/2))}\left(\int_{\boldsymbol{R}^n}e^{-p'|x-y|^2/(8(t-s))}\,dy\right)^{1/p'}\|f(s,\cdot)\|_p
\end{aligned}$$

ここで $(x-y)/\sqrt{t-s}=z$ と変数変換し，$-n/2+n/2p'=-(n/2p)$ を用いて

$$\begin{aligned}
&\le C(t-s)^{-(1+(n/2p))}\left(\int_{\boldsymbol{R}^n}e^{-p'|z|^2/8}\,dz\right)^{1/p'}\|f(s,\cdot)\|_p\\
&=C'(t-s)^{-(1+(n/2p))}\|f(s,\cdot)\|_p.
\end{aligned}$$

ただし C' は適当な定数である．よって $\Delta[E(t-s,\cdot)*f(s)](x)\in L^1((0,t-\epsilon))$. 実際，ヘルダーの不等式から

$$\begin{aligned}
&\int_0^{t-\epsilon}|\Delta[E(t-s,\cdot)*f(s)](x)|\,ds\\
&\le C'\int_0^{t-\epsilon}(t-s)^{-(1+(n/2p))}\|f(s,\cdot)\|_p\,ds\\
&\le C'\epsilon^{-(1+(n/2p))}\left(\int_0^{t-\epsilon}ds\right)^{\frac{1}{q'}}\left(\int_0^{t-\epsilon}\|f(s,\cdot)\|_p^q\,ds\right)^{\frac{1}{q}}\\
&\le C'\epsilon^{-(1+(n/2p))}T^{\frac{1}{q'}}\left(\int_0^{T}\|f(s,\cdot)\|_p^q\,ds\right)^{\frac{1}{q}}<\infty
\end{aligned}$$

(これを示すのに $\epsilon>0$ をとった)．よって積分記号下での微分の定理より

$$\Delta v_\epsilon(t,x)=\int_0^{t-\epsilon}\Delta[E(t-s,\cdot)*f(s)](x)\,ds=(*).$$

いま定理 4.2 より

$$(*)=\int_0^{t-\epsilon} D_t[E(t-s,\cdot)*f(s)](x)\,ds.$$

$\varphi(t,x)=0$ $(t\notin[\sigma,T_1]\times\{x\in\boldsymbol{R}^n\,|\,|x|\le R\})$ とガウスの発散定理より

$$\begin{aligned}
&\int_0^T\int_{\boldsymbol{R}^n} v_\epsilon(t,x)(\Delta\varphi(t,x))\,dtdx\\
&\quad=\int_0^\infty\int_{\boldsymbol{R}^n}(\Delta v_\epsilon(t,x))\varphi(t,x)\,dtdx\\
&\quad=\int_0^\infty\int_{\boldsymbol{R}^n}\Bigl(\int_0^{t-\epsilon} D_t([E(t-s,\cdot)*f(s)](x))\varphi(t,x)\,dt\Bigr)\,dxds.
\end{aligned}$$

さらに t と s の積分の順序を変えて

$$(*)=\int_0^\infty\int_{\boldsymbol{R}^n}\Bigl(\int_{s+\epsilon}^\infty D_t([E(t-s,\cdot)*f(s)](x))\varphi(t,x)\,dt\Bigr)\,dxds.$$

ここで部分積分して

$$\begin{aligned}
(*)&=-\int_0^\infty\int_{\boldsymbol{R}^n}[E(\epsilon,\cdot)*f(s)](x)\varphi(s+\epsilon,x)\,dxds\\
&\qquad-\int_0^\infty\int_{\boldsymbol{R}^n}\Bigl(\int_{s+\epsilon}^\infty[E(t-s,\cdot)*f(s)](x)(D_t\varphi(t,x))\,dt\Bigr)\,dxds\\
&=-\int_0^\infty\int_{\boldsymbol{R}^n}[E(\epsilon,\cdot)*f(s)](x)\varphi(s+\epsilon,x)\,dxds-[v_\epsilon,\varphi_t]_T.
\end{aligned}$$

よって

$$[v_\epsilon,\varphi_t+\Delta\varphi]_T=-\int_0^\infty\int_{\boldsymbol{R}^n}[E(\epsilon,\cdot)*f(s)](x)\varphi(s+\epsilon,x)\,dxds$$

を得た．右辺においては

$$\lim_{\epsilon\to0}\int_0^\infty\int_{\boldsymbol{R}^n}[E(\epsilon,\cdot)*f(s)](x)\varphi(s+\epsilon,x)\,dxds=-[f,\varphi]_T$$

が成立する．実際，$p'=p/(p-1)$ としてヘルダーの不等式を用い

$$\begin{aligned}
&\Bigl|\int_0^\infty\int_{\boldsymbol{R}^n}\{[E(\epsilon,\cdot)*f(s)](x)\varphi(s+\epsilon,x)-f(s,x)\varphi(s,x)\}\,dxds\Bigr|\\
&\quad\le\int_0^\infty\|E(\epsilon,\cdot)*f(s)-f(s)\|_p\|\varphi(s+\epsilon,\cdot)\|_{p'}\,ds\\
&\qquad+\int_0^\infty\|f(s,\cdot)\|_p\|\varphi(s+\epsilon,\cdot)-\varphi(s,\cdot)\|_{p'}\,ds.
\end{aligned}$$

よって定理 4.2 の (3) とルベーグの収束定理より

$$\lim_{\epsilon\to 0}\int_0^\infty\int_{\boldsymbol{R}^n}[E(\epsilon,\cdot)*f(s)](x)\varphi(s+\epsilon,x)\,dxds$$
$$=-\int_0^\infty\int_{\boldsymbol{R}^n}f(s,x)\varphi(s,x)\,dxds=-[f,\varphi]_T$$

が成立する．以上をまとめて

$$\lim_{\epsilon\to 0}[v_\epsilon,\varphi_t+\Delta\varphi]_T=-[f,\varphi]_T. \tag{6.10}$$

(6.9), (6.10) を合わせて $[v,\varphi_t+\Delta\varphi]_T+[f,\varphi]_T=0$ を得た．すなわち v は超関数の意味で (6.3) を満たす．■

$w(t,x)=[E(t,\cdot)*u_0](x)$ は (4.4) と定理 4.2 より $t>0$ においては無限回微分可能であり，斉次方程式 $w_t-\Delta w=0$ を満たすので，これを超関数の意味でも満たす．すなわち $[w,\varphi_t+\Delta\varphi]_T=0$ が任意の $\varphi\in C_0^\infty((0,T)\times\boldsymbol{R}^n)$ に対し成立することが部分積分により分かる．こうして定理 4.2 と定理 6.4 をあわせて次の定理を得た．

定理 6.5　$1<p,q<\infty,T$ を正数または $T=\infty$ とする．非斉次熱方程式 (6.2) において u_0 と f は次の条件を満たすとする．

$$u_0\in L^p(\boldsymbol{R}^n),\quad f(t)\in C^0((0,T),L^p(\boldsymbol{R}^n))\cap L^q((0,T),L^p(\boldsymbol{R}^n)).$$

いま

$$u(t,x)=T(t)u_0+\int_0^t T(t-s)f(s)\,ds$$

とおくと u は次を満たす．

(1) $u(t,x)\in C^0([0,T),L^p(\boldsymbol{R}^n))$.

(2) $u(t,x)$ は非斉次熱方程式 $u_t-\Delta u=f$ $(x\in\boldsymbol{R}^n,t>0)$ を超関数の意味で満たす．

(3) 初期値を $\lim_{t\to 0+}\|u(t,\cdot)-u_0\|_p=0$ の意味でとる．

6.2 ストークス方程式

第 2 章で導出したナヴィエ・ストークス方程式の線形近似の方程式，物理的には流れが比較的おだやかで非線形項 $\boldsymbol{U}\cdot\nabla\boldsymbol{U}$ を無視できる場合の方程式を，ストークス方程式という．ここでは，$\boldsymbol{R}^n$ 上でのストークス方程式を考察する．

流速ベクトルを $\boldsymbol{u}(t)=\boldsymbol{u}(t,x)=(u_1(t,x),\ldots,u_n(t,x))^*$，圧力項を $\pi(t)=\pi(t,x)$，初期値を $\boldsymbol{a}=\boldsymbol{a}(x)=(a_1(x),\ldots,a_n(x))^*$，外力を $\boldsymbol{f}(t)=\boldsymbol{f}(t,x)=(f_1(t,x),\ldots,f_n(t,x))^*$ とすると，ストークス方程式は

$$\begin{aligned}&\boldsymbol{u}_t(t)-\Delta\boldsymbol{u}(t)+\nabla\pi(t)=\boldsymbol{f}(t),\quad \mathrm{div}\,\boldsymbol{u}(t)=0\quad (x\in\boldsymbol{R}^n, t>0),\\&\boldsymbol{u}(0,x)=\boldsymbol{a}(x)\end{aligned}\tag{6.11}$$

と表せる．ただし，$\boldsymbol{u}_t(t)=(\partial_t u_1(t),\ldots,\partial_t u_n(t))$ $(\partial_t v=\partial v/\partial t)$．成分で書けば

$$\begin{aligned}&\partial_t u_j(t)-\Delta u_j(t)+\partial\pi(t)/\partial x_j=f_j(t)\quad (x\in\boldsymbol{R}^n, t>0),\\&\sum_{k=1}^n \partial u_k(t)/\partial x_k=0\quad (x\in\boldsymbol{R}^n, t>0),\\&u_j(0,x)=a_j(x)\quad (j=1,\ldots,n).\end{aligned}$$

である．(6.11) において圧力項 $\pi(t)$ には時間微分がない．こうして半群の理論を用いるには，(6.11) から圧力項 $\pi(t)$ を消去しなくてはならない．そのためにすでに $\boldsymbol{R}^3$ のときは第 1 章 (1.101) で導入したヘルムホルツ分解 (Helmholtz decomposition) を用いる．そこでヘルムホルツ分解を $\boldsymbol{R}^n$ の場合にもう一度説明する．

これ以降の節ではベクトル値の関数を扱うので，次の記号を導入する．X をバナッハ空間とし $\|\cdot\|_X$ をそのノルムとしたとき，X の元を成分とする n 次ベクトルの作るバナッハ空間 X^n とそのノルム $\|\cdot\|_{X^n}$ を次で定義する．

$$X^n=\{(\boldsymbol{u}=(u_1,\ldots,u_n)^*\,|\,u_j\in X(j=1,\ldots,n)\},\quad \|\boldsymbol{u}\|_{X^n}=\sum_{j=1}^n\|u_j\|_X.$$

しかし記号簡略化のため，ノルムに関しては $\|\cdot\|_{X^n}=\|\cdot\|_X$ と表すことにする．

ベクトル値の関数 $\boldsymbol{b}=(b_1,\ldots,b_n)$ を $\boldsymbol{b}=\boldsymbol{g}+\nabla\varphi$ と分解することにする．ただし $\boldsymbol{g}$ は $\mathrm{div}\boldsymbol{g}=0$ を満たすとし，φ はスカラー関数とする．このような分解があったとすれば，両辺で div をとり $\mathrm{div}\boldsymbol{b}=\Delta\varphi$ を得る．フーリエ変換を施せば $i\sum_{j=1}^n\xi_j b_j(\xi)=-|\xi|^2\mathscr{F}[\varphi](\xi)$ である．すると逆変換を用いて形式的に

$$\varphi(x)=-i\sum_{k=1}^n\mathscr{F}^{-1}[\xi_k|\xi|^{-2}\mathscr{F}[b_k](\xi)](x)$$

と求まる．$\boldsymbol{g}=\boldsymbol{b}-\nabla\varphi$ で定義すれば，$\boldsymbol{g}=(g_1,\dots,g_n)$ とおくと

$$\begin{aligned} g_j(x) &= b_j(x)+i\partial_j\sum_{k=1}^n \mathscr{F}^{-1}[\xi_k|\xi|^{-2}\mathscr{F}[b_k](\xi)](x) \\ &= b_j(x)-\sum_{k=1}^n \mathscr{F}^{-1}[\xi_j\xi_k|\xi|^{-2}\mathscr{F}[b_k](\xi)](x) \\ &= b_j(x)-\sum_{k=1}^n [R_jR_kb_k](x). \end{aligned}$$

ここで R_j は例 3.57 で述べたリース作用素 (Riesz operator) である．

以上をまとめれば，$1<p<\infty$ と $\boldsymbol{b}=(b_1,\dots,b_n)^*\in L^p(\boldsymbol{R}^n)^n$ に対して

$$\begin{aligned} &\boldsymbol{P}\boldsymbol{b}=(P_1\boldsymbol{b},\dots,P_n\boldsymbol{b})^*, \quad P_j\boldsymbol{b}=b_j-\sum_{k=1}^n R_jR_kb_k, \\ &Q\boldsymbol{b}=(-i)\sum_{k=1}^n \mathscr{F}^{-1}[|\xi|^{-2}\xi_k\mathscr{F}[b_k](\xi)] \end{aligned}$$

とおくと

$$\boldsymbol{b}=\boldsymbol{P}\boldsymbol{b}+\nabla Q\boldsymbol{b} \tag{6.12}$$

なるベクトル値関数 $\boldsymbol{b}$ の分解を得る．これを ($\boldsymbol{R}^n$ での) ヘルムホルツ分解という．$\boldsymbol{R}^3$ でのヘルムホルツ分解は (1.100) 式で述べたが (6.12) はその $\boldsymbol{R}^n$ への拡張である．ここで $\boldsymbol{P}\boldsymbol{b}$ を $\boldsymbol{b}$ のソレノイダル部分という．リース作用素の L^p 有界性 (3.59) $(1<p<\infty)$ と P_j の定義より次が成立することが分かる．

$$\|\boldsymbol{P}\boldsymbol{b}\|_p\le C_{n,p}\|\boldsymbol{b}\|_p, \quad \operatorname{div}(\boldsymbol{P}\boldsymbol{b})=0 \quad (x\in\boldsymbol{R}^n). \tag{6.13}$$

また定理 4.8 と定理 4.11 より

$$\begin{aligned} Q\boldsymbol{b}(x) &= E_n*(\operatorname{div}\boldsymbol{b})(x)=\int_{\boldsymbol{R}^n}E_n(x-y)\operatorname{div}\boldsymbol{b}(y)\,dy \\ &= \sum_{j=1}^n\int_{\boldsymbol{R}^n}\Big(\frac{\partial E_n}{\partial x_j}\Big)(x-y)b_j(y)\,dy \\ &= \sum_{j=1}^n\frac{-1}{\Omega_n}\int_{\boldsymbol{R}^n}\frac{(x_j-y_j)b_j(y)}{|x-y|^n}\,dy \end{aligned} \tag{6.14}$$

である．この式は $\boldsymbol{R}^3$ のときは (1.101) としてすでに求まっている．

さてヘルムホルツ分解を用いて (6.11) から π を消そう．t はパラメタとみて右辺 $\boldsymbol{f}(t)$ を $\boldsymbol{f}(t)=\boldsymbol{P}\boldsymbol{f}(t)+\nabla Q\boldsymbol{f}(t)$ と分解する．こうして圧力項 π を $\pi(t)=-Q\boldsymbol{f}(t)$ とおくと (6.11) は

$$\boldsymbol{u}_t(t)-\Delta\boldsymbol{u}(t)=\boldsymbol{P}\boldsymbol{f}(t),\quad \operatorname{div}\boldsymbol{u}(t)=0\quad (x\in\boldsymbol{R}^n, t>0)$$
$$\boldsymbol{u}(0,x)=\boldsymbol{a}(x) \tag{6.15}$$

となる．成分で書けば

$$\begin{aligned}&\partial u_j(t)/\partial t-\Delta u_j(t)=P_j\boldsymbol{f}(t)\quad (x\in\boldsymbol{R}^n, t>0),\\ &\sum_{j=1}^n \partial u_j(t)/\partial x_j=0\quad (x\in\boldsymbol{R}^n, t>0),\\ &u_j(0,x)=a_j(x)\end{aligned} \tag{6.16}$$

$(j=1,\dots,n)$ となる．ただし，$P_j\boldsymbol{f}(t)=f_j(t)-\sum_{k=1}^n R_jR_kf_k(t)$ である．また $\operatorname{div}\boldsymbol{u}(t)=0$ $(t>0)$ より，$t=0$ として初期値 $\boldsymbol{a}$ は

$$\operatorname{div}\boldsymbol{a}=\sum_{j=1}^n \partial a_j/\partial x_j=0 \tag{6.17}$$

を満足しなくてはならない．一般に (6.17) は超関数の意味での微分として満足することを要請する．このとき，(6.15) の解 $\boldsymbol{u}(t)$ が求まれば，π を $\pi(t)=-Q\boldsymbol{f}(t)$ で決めれば $\boldsymbol{u}(t),\pi(t)$ がもとのストークス方程式 (6.11) を満足することが分かる．こうして以下 (6.16) を解くことを考える．

(6.16) は $\operatorname{div}\boldsymbol{u}(t)=0$ の条件を除けば 5.8 節で述べた熱方程式の非斉次問題なので，熱半群 $\{T(t)\}_{t\geq 0}$ を用いて

$$\boldsymbol{u}=T(t)\boldsymbol{a}+\int_0^t T(t-s)\boldsymbol{P}\boldsymbol{f}(s)\,ds \tag{6.18}$$

と解 $\boldsymbol{u}$ は求まる．特に $\{T(t)\boldsymbol{P}\}_{t\geq 0}$ をストークス半群と呼ぶ．

(6.17) を初期値は満たすと以下仮定するので，$\boldsymbol{P}\boldsymbol{a}=\boldsymbol{a}$ である．よって $T(t)\boldsymbol{a}=T(t)\boldsymbol{P}\boldsymbol{a}$ と表せる．よって $S(t)=T(t)\boldsymbol{P}$ とおけば (6.18) は

$$\boldsymbol{u}=S(t)\boldsymbol{a}+\int_0^t S(t-s)\boldsymbol{f}(s)\,ds$$

とストークス半群で表すことの可能である．しかし以下の議論では本質的に定理 6.1 で与えた熱核の評価を用いるので $T(t)\boldsymbol{P}$ のままで議論する．すなわち (6.18) の解の表現を用いる

(6.18) において $\boldsymbol{a}$, $\boldsymbol{Pf}$ はそれぞれベクトルであるので，$\{T(t)\}_{t\geq 0}$ は (6.16) の観点より各成分ごとに施される．すなわち，

$$T(t)\boldsymbol{a}=(T(t)a_1,\ldots,T(t)a_n),$$

$$T(t-s)\boldsymbol{Pf}(s)=(T(t-s)P_1\boldsymbol{f}(s),\ldots,T(t-s)P_n\boldsymbol{f}(s)).$$

である．

定理 6.5 を用いて (6.16) を解こう．定理 6.5 を用いるために右辺と初期値に対する条件をはっきりさせる．$1<p,q<\infty, T$ を正数または $T=\infty$ として，

$$\boldsymbol{a}=(a_1,\ldots,a_n)\in L^p(\boldsymbol{R}^n)^n, \quad \operatorname{div}\boldsymbol{a}=0 \quad (x\in\boldsymbol{R}^n), \tag{6.19}$$

$$\begin{aligned}\boldsymbol{f}(t)&=(f_1(t,x),\ldots,f_n(t,x))\\ &\in C^0((0,T),L^p(\boldsymbol{R}^n)^n)\cap L^q((0,T),L^p(\boldsymbol{R}^n)^n)\end{aligned} \tag{6.20}$$

を仮定する．とくに (6.19) を満たすような $\boldsymbol{a}$ の全体を $J^p(\boldsymbol{R}^n)$ と表し，ソレノイダル空間 (solenoidal space) という．(6.13) より

$$\begin{aligned}\boldsymbol{Pf}(t)&=(f_1(t,x),\ldots,f_n(t,x))^*\\ &\in C^0((0,T),L^p(\boldsymbol{R}^n)^n)\cap L^q((0,T),L^p(\boldsymbol{R}^n)^n).\end{aligned} \tag{6.21}$$

実際，$t,s\in(0,T)$ に対して $\boldsymbol{P}$ は線形作用素であることと (6.13) より

$$\|\boldsymbol{Pf}(t)-\boldsymbol{Pf}(s)\|_p\leq C_{n,p}\|\boldsymbol{f}(t)-\boldsymbol{f}(s)\|_p.$$

よって $\boldsymbol{f}(t)\in C^0((0,T),L^p(\boldsymbol{R}^n)^n)$ ならば $\boldsymbol{Pf}(t)\in C^0((0,T),L^p(\boldsymbol{R}^n)^n)$ である．また $\|\boldsymbol{Pf}(t)\|_p\leq C_{n,p}\|\boldsymbol{f}(t)\|_p$ より

$$\int_0^T\|\boldsymbol{Pf}(t)\|_p^q\,ds\leq C_{n,p}^q\int_0^T\|\boldsymbol{f}(t)\|_p^q\,ds.$$

$\boldsymbol{f}(t)\in L^q((0,T),L^p(\boldsymbol{R}^n)^n)$ ならば $\boldsymbol{Pf}(t)\in L^q((0,T),L^p(\boldsymbol{R}^n)^n)$ である．以上より (6.21) を得た．

さて (6.18) を成分表示して

$$u_j(t,x)=[T(t)a_j](x)+\int_0^t[T(t-s,\cdot)(P_j\boldsymbol{f})(s)](x)\,ds \tag{6.22}$$

$(j=1,\ldots,n)$ と表すと，定理 6.5 より

$$u_j(t,x)\in C^0([0,T),L^p(\boldsymbol{R}^n)), \quad \lim_{t\to 0}\|u_j(t,\cdot)-a_j\|_p=0$$

が従う．さらに超関数の意味で (6.16) の最初の式を満たすことが分かる．すなわち $j=1,\dots,n$ に対し

$$[u_j,\partial_t\varphi_j+\Delta\varphi_j]_T+\Big[f_j-\sum_{k=1}^n R_jR_kf_k,\varphi_j\Big]_T=0$$

が任意の $\varphi_j(t,x)\in C_0^\infty((0,T)\times\boldsymbol{R}^n)$ に対し成立する．一方 $\mathrm{div}\,\boldsymbol{a}=0$ と $\mathrm{div}\,\boldsymbol{P}\boldsymbol{f}(t)=0$ $(t>0)$ より

$$\sum_{j=1}^n \partial u_j(t,x)/\partial x_j=0 \quad (x\in\boldsymbol{R}^n, t>0) \tag{6.23}$$

を満足する．実際，$t>0, x\in\boldsymbol{R}^n$ をパラメタとみて $E(t,x-y)\in\mathscr{S}(\boldsymbol{R}^n)$ が y の関数として成立するので，$\partial E(t,x-y)/\partial x_j=-\partial E(t,x-y)/\partial y_j$ に注意し，$\langle\cdot,\cdot\rangle$ を $\mathscr{S}'(\boldsymbol{R}^n)$ と $\mathscr{S}(\boldsymbol{R}^n)$ の双対として次のように考える．

$$\begin{aligned}
\sum_{j=1}^n \frac{\partial}{\partial x_j}[T(t)a_j](x) &= \sum_{j=1}^n \frac{\partial}{\partial x_j}[E(t,\cdot)*a_j](x)\\
&=\sum_{j=1}^n \frac{\partial}{\partial x_j}\int_{\boldsymbol{R}^n} E(t-s,x-y)a_j(y)\,dy\\
&=\sum_{j=1}^n \int_{\boldsymbol{R}^n}\Big(\frac{\partial}{\partial x_j}E(t,x-y)\Big)a_j(y)\,dy\\
&=-\sum_{j=1}^n \int_{\boldsymbol{R}^n}\Big(\frac{\partial}{\partial y_j}E(t,x-y)\Big)a_j(y)\,dy\\
&=\sum_{j=1}^n -\langle a_j, D_jE(t,x-\cdot)\rangle=\langle \mathrm{div}\,\boldsymbol{a},E(t,x-\cdot)\rangle=0.
\end{aligned}$$

ここで $\boldsymbol{a}$ は超関数の意味で (6.17) を満足することを最後のところで用いた．

まったく同様にして $\mathrm{div}\,\boldsymbol{P}\boldsymbol{f}(s)=0$ より

$$\sum_{j=1}^n \frac{\partial}{\partial x_j}\int_0^t [T(t-s)(P_j\boldsymbol{f})(s)](x)\,ds=0$$

も示せる．以上より (6.23) が成立することが分かる．よって $u_j(t,x)$ $(j=1,\dots,n)$ は (6.16) の解であることが分かった．以上をまとめて次の定理を得る．

定理 6.6　$1<p,q<\infty, T$ を正数または $T=\infty$ とする．$\boldsymbol{a}\in J^p(\boldsymbol{R}^n)$, $\boldsymbol{f}(t)\in C^0((0,T),L^p(\boldsymbol{R}^n)^n)\cap L^q((0,T),L^p(\boldsymbol{R}^n)^n)$ に対して

$$\boldsymbol{u}(t)=T(t)\boldsymbol{a}+\int_0^t T(t-s)\boldsymbol{P}\boldsymbol{f}(s)ds$$

とおく．このとき次が成立する．

(1) $\boldsymbol{u}(t)\in C^0([0,T),L^p(\boldsymbol{R}^n)^n)$.

(2) $\boldsymbol{u}(t)$ はストークス方程式 $\boldsymbol{u}_t(t)-\Delta\boldsymbol{u}(t)=\boldsymbol{P}\boldsymbol{f}(t)$ $(x\in\boldsymbol{R}^n, t>0)$ を超関数の意味で満足する．

(3) ソレノイダル条件：$\operatorname{div}\boldsymbol{u}(t)=0$ $(x\in\boldsymbol{R}^n, t>0)$ を満たす．

(4) 初期値は $\lim_{t\to0+}\|\boldsymbol{u}(t)-\boldsymbol{a}\|_p=0$ の意味でとる．

註 6.7 先にも述べたように圧力項 $\pi(t)$ を $\pi(t)=Q\boldsymbol{f}(t)$ で定義すれば，(6.12) より $\boldsymbol{f}(t)=\boldsymbol{P}\boldsymbol{f}(t)+\nabla(Q\boldsymbol{f}(t))$ であるので $\boldsymbol{u}(t)$ は

$$\boldsymbol{u}_t(t)-\Delta\boldsymbol{u}(t)+\nabla\pi(t)=\boldsymbol{f}(t)\quad(x\in\boldsymbol{R}^n, t>0)$$

を満足する．これが本来のストークス方程式の形である．ここで $\pi(t)$ は (6.14) より

$$\pi(t,x)=\sum_{j=1}^n\frac{-1}{\Omega_n}\int_{\boldsymbol{R}^n}\frac{(x_j-y_j)f_j(t,y)}{|x-y|^n}dy$$

の形に表せる．

6.3 縮小写像の原理

方程式を解く 1 つの典型的な方法として，ここで述べる縮小写像の原理がある．

定義 6.8 (1) X をバナッハ空間，$\|\cdot\|_X$ をそのノルムとする．B を X の閉部分集合とし，Φ を B から B の中への写像とする．このとき Φ が B 上の縮小写像 (contraction mapping on B) であるとは，$0\le\rho<1$ なる定数 ρ で任意の $x,y\in B$ に対して

$$\|\Phi(x)-\Phi(y)\|_X\le\rho\|x-y\|_X$$

が成立するときをいう．

(2) $x\in B$ が写像 B の不動点 (fixed point) とは $\Phi(x)=x$ が成立するとき

をいう．

■縮小写像の原理■　縮小写像はただ 1 つの不動点をもつ．

証明　不動点がただ 1 つであることから示す．$x \in B, y \in B$ が $x = \Phi(x), y = \Phi(y)$ を満足しているとする．$\|x-y\|_X = \|\Phi(x)-\Phi(y)\|_X \leq \rho\|x-y\|_X$ であるので $(1-\rho)\|x-y\|_X \leq 0$．いま $1-\rho > 0$ より $\|x-y\|_X = 0$．すなわち $x = y$．よって不動点は存在すればただ 1 つである．

次に不動点の存在を示す．$x_0 \in B$ を 1 つとり $x_1 = \Phi(x_0)$ とおく．$x_n \in B$ が定まったとき $x_{n+1} = \Phi(x_n)$ とおく．$x_{n+1} \in B$ である．また

$$\|x_{n+1}-x_n\|_X = \|\Phi(x_n)-\Phi(x_{n-1})\|_X \leq \rho\|x_n - x_{n-1}\|_X$$

である．これを繰り返せば

$$\begin{aligned}\|x_{n+1}-x_n\|_X \leq \rho\|x_n-x_{n-1}\|_X \leq \rho^2\|x_{n-1}-x_{n-2}\|_X \\ \leq \cdots \leq \rho^n\|x_1-x_0\|_X\end{aligned}$$

が成立する．そこで $1 < n < m$ に対して $x_m - x_n = x_m - x_{m-1} + x_{m-1} - x_{m-2} + \cdots + x_{n+1} - x_n$ と書いて三角不等式を用いて

$$\begin{aligned}&\|x_m - x_n\|_X \\ &\leq \|x_m - x_{m-1}\|_X + \|x_{m-1}-x_{m-2}\|_X + \cdots + \|x_{n+1}-x_n\|_X \\ &\leq (\rho^m + \rho^{m-1} + \cdots + \rho^n)\|x_1 - x_0\|_X \leq \rho^n(1-\rho)^{-1}\|x_1-x_0\|_X.\end{aligned}$$

これより $\lim_{n,m\to\infty}\|x_m - x_n\|_X = 0$ が従う．こうして $\{x_n\}_{n=1}^{\infty}$ は X のコーシー列である．よって X の完備性より，ある $x \in X$ があって $\lim_{n\to\infty}\|x_n - x\|_X = 0$ が成立する．各 n について $x_n \in B$ であり，B は X の閉部分集合であったので $x \in B$ である．この x は $x = \Phi(x)$ を満足する．実際，

$$\begin{aligned}\|x-\Phi(x)\|_X &= \|x - x_{n+1} + x_{n+1} - \Phi(x_n) + \Phi(x_n) - \Phi(x)\|_X \\ &\leq \|x - x_{n+1}\|_X + \|\Phi(x_n)-\Phi(x)\|_X \leq \|x-x_{n+1}\|_{+}\rho\|x_n - x\|_X\end{aligned}$$

がすべての n について成立する．ここで $x_{n+1} = \Phi(x_n)$ を用いた．よって $n \longrightarrow \infty$ として $\|x - \Phi(x)\|_X = 0$ を得る．すなわち $x = \Phi(x)$．ゆえに Φ は不動点 $x \in B$ をもつ．■

6.4 ナヴィエ・ストークス方程式の時間局所解

ここでは $\boldsymbol{R}^n$ $(n \geq 2)$ でのナヴィエ・ストークス方程式の初期値問題

$$\begin{aligned} &\boldsymbol{u}_t + (\boldsymbol{u} \cdot \nabla)\boldsymbol{u} - \Delta \boldsymbol{u} + \nabla \pi = 0 \quad (x \in \boldsymbol{R}^n, t > 0), \\ &\operatorname{div} \boldsymbol{u} = 0 \quad (x \in \boldsymbol{R}^n, t > 0), \\ &\boldsymbol{u}(0,x) = \boldsymbol{a}(x) \end{aligned} \tag{6.24}$$

を考える．この節では (6.24) の解の時間局所的存在を示そう．第 2 章と違い，ここでは典型的な非線型方程式の数学的取り扱いを述べるため，物理定数は簡単のためすべて 1 とし，また空間次元も 3 ではなく一般の n とする[*3]．非線形項 $(\boldsymbol{u} \cdot \nabla)\boldsymbol{u}$ は n 次ベクトルでその第 j 成分は $\sum_{k=1}^{n} u_k \dfrac{\partial u_j}{\partial x_k}$ なので，(6.24) の第 1 式を成分で書くと

$$(u_j)_t + \sum_{k=1}^{n} u_k \frac{\partial u_j}{\partial x_k} - \Delta u_j + \frac{\partial \pi}{\partial x_j} = 0 \quad (x \in \boldsymbol{R}^n, t > 0)$$

$(j = 1, \ldots, n)$ と表せる．

(6.24) の解が存在したとすれば，非線形項 $(\boldsymbol{u} \cdot \nabla)\boldsymbol{u}$ を右辺にまわして，

$$\begin{aligned} &\boldsymbol{u}_t - \Delta \boldsymbol{u} + \nabla \pi = -(\boldsymbol{u} \cdot \nabla)\boldsymbol{u} \quad (x \in \boldsymbol{R}^n, t > 0), \\ &\operatorname{div} \boldsymbol{u} = 0 \quad (x \in \boldsymbol{R}^n, t > 0), \\ &\boldsymbol{u}(0,x) = \boldsymbol{a}(x) \end{aligned} \tag{6.25}$$

と考える．こうして (6.12) と (6.15) の観点から $\pi = -Q(\boldsymbol{u} \cdot \nabla)\boldsymbol{u}$ とおいて

$$\begin{aligned} &\boldsymbol{u}_t - \Delta \boldsymbol{u} = -\boldsymbol{P}(\boldsymbol{u} \cdot \nabla)\boldsymbol{u} \quad (x \in \boldsymbol{R}^n, t > 0), \\ &\operatorname{div} \boldsymbol{u} = 0 \quad (x \in \boldsymbol{R}^n, t > 0), \\ &\boldsymbol{u}(0,x) = \boldsymbol{a}(x) \end{aligned} \tag{6.26}$$

をえる．逆に (6.26) の解 $\boldsymbol{u}$ が存在すれば，$\pi = -Q(\boldsymbol{u} \cdot \nabla)\boldsymbol{u}$ で圧力項を決めれば，$\boldsymbol{u}, \pi$ は (6.25)，したがってナヴィエ・ストークス方程式 (6.24) を満たす．こうして (6.26) を解くことを考えよう．

(6.26) が解をもったとすれば，解 $\boldsymbol{u}$ は定理 6.6 を用いて

[*3] 前掲の Kato 論文では $\boldsymbol{R}^m$ で考えているが，ここではこれまでの記述に従って $\boldsymbol{R}^n$ で考える．

$$\boldsymbol{u}(t)=T(t)\boldsymbol{a}-\int_0^t T(t-s)\boldsymbol{P}[(\boldsymbol{u}(s)\cdot\nabla)\boldsymbol{u}(s)]\,ds \tag{6.27}$$

と表せる．よってこの節と次の節では (6.26) の代わりに積分方程式 (6.27) を満足する $\boldsymbol{u}(t)$ を求めることを考える．もちろん定理 6.6 より (6.27) の解は，(6.24) を超関数の意味で満たす．すなわち任意の $\varphi_j\in C_0^\infty((0,T)\times\boldsymbol{R}^n)$ に対し

$$[u_j,\partial_t\varphi_j+\Delta\varphi_j]_T-[P_j[(\boldsymbol{u}\cdot\nabla)\boldsymbol{u}],\varphi_j]_T=0$$

$(j=1,\ldots,n)$ を満たすことが分かる．さらに $t>0$ においては通常の意味で方程式を満たすことも示せるが，議論が非常に複雑になるので，興味がある読者は 290 ページに挙げた論文を読むことを薦める．以下は積分方程式 (6.27) を解くことのみに集中する．

この節では (6.27) の解が時間局所的に存在することを示そう．すなわち次の定理を示す．

定理 6.9 p を $n<p<\infty$ なる実数とする．初期値 $\boldsymbol{a}\in J^n(\boldsymbol{R}^n)$ [*4] に対してある時刻 $t_0>0$ があって，次の主張が成立する．

(1) (**解の存在**) 積分方程式 (6.27) は次の性質をもつ解 $\boldsymbol{u}(t)$ をもつ．

$$\boldsymbol{u}(t)\in C^0([0,t_0),L^n(\boldsymbol{R}^n)^n),\quad \lim_{t\to0+}\|\boldsymbol{u}(t)-\boldsymbol{a}\|_n=0,$$

$$\operatorname{div}\boldsymbol{u}(t)=0\ (x\in\boldsymbol{R}^n,0<t<t_0), \tag{6.28}$$

$$\boldsymbol{u}(t)\in C^0((0,t_0),L^p(\boldsymbol{R}^n)^n),\quad \lim_{t\to0+}\sup_{0<s<t}s^{\frac{1}{2}-\frac{n}{2p}}\|\boldsymbol{u}(s)\|_p=0, \tag{6.29}$$

$$\nabla\boldsymbol{u}(t)\in C^0((0,t_0),L^n(\boldsymbol{R}^n)^n),\quad \lim_{t\to0+}\sup_{0<s<t}s^{\frac{1}{2}}\|\nabla\boldsymbol{u}(s)\|_p=0. \tag{6.30}$$

ただし $\nabla\boldsymbol{u}=(\partial u_j/\partial x_k)$ は $n\times n$ の行列で，$\nabla\boldsymbol{u}\in L^n(\boldsymbol{R}^n)^{n\times n}$ は $\partial u_j/\partial x_k\in L^n(\boldsymbol{R}^n)$ を意味する．また

$$\|\nabla\boldsymbol{u}(t)\|_n=\sum_{j,k=1}^n\|\partial u_j/\partial x_k\|_n$$

とおいた．

(2) (**解の一意性**) $\boldsymbol{v}(t)$ が積分方程式 (6.27) を満たしさらに (6.28), (6.29), (6.30) を満足するとする．このとき $\boldsymbol{u}=\boldsymbol{v}$ が成立する．

---

*4 $J^n(\boldsymbol{R}^n)$ の定義は (6.19) を参照のこと．

註 6.10 $t_0>0$ を局所存在時間という．$t_0>0$ がどんな量に依存するかは証明より分かる．しかしもし $t_0>0$ が $\|\boldsymbol{a}\|_n$ にのみよることが分かれば，じつはナヴィエ・ストークス方程式の解の一意存在定理が示せる．すなわち 100 万ドルの懸賞問題が解決する．それは次のスケーリングに関する藤田・加藤*5 の議論に由来する．

λ を任意の正数とし，$\boldsymbol{u}(t,x),\pi(t,x)$ が (6.24) を満足するとする．$\boldsymbol{u}_\lambda(t,x)=\lambda\boldsymbol{u}(\lambda^2t,\lambda x),\pi_\lambda(t,x)=\lambda^2\pi(\lambda^2,\lambda x)$ とおくと

$$\begin{aligned}&(\boldsymbol{u}_\lambda)_t+(\boldsymbol{u}_\lambda\cdot\nabla)\boldsymbol{u}_\lambda-\Delta\boldsymbol{u}_\lambda+\nabla\pi_\lambda\\&\quad=\lambda^3\{\boldsymbol{u}_t+(\boldsymbol{u}\cdot\nabla)\boldsymbol{u}-\Delta\boldsymbol{u}+\nabla\pi\}=0\quad(x\in\boldsymbol{R}^n,t>0),\\&\operatorname{div}\boldsymbol{u}_\lambda=\lambda^2\operatorname{div}\boldsymbol{u}=0\quad(x\in\boldsymbol{R}^n,t>0),\\&\boldsymbol{u}_\lambda(0,x)=\lambda\boldsymbol{u}(0,\lambda x)=\lambda\boldsymbol{a}(\lambda x).\end{aligned}$$

すなわち $(\boldsymbol{u},\pi)$ がナヴィエ・ストークス方程式の解であれば，$(\boldsymbol{u}_\lambda,\pi_\lambda)$ もナヴィエ・ストークス方程式を満たす．その違いは初期値が $\boldsymbol{a}$ か $\boldsymbol{a}_\lambda=\lambda\boldsymbol{a}(\lambda x)$ かの違いである．しかし $\boldsymbol{a}$ と $\boldsymbol{a}_\lambda$ の $L^n(\boldsymbol{R}^n)$ ノルムは同じである．実際，$\lambda x=y$ とおいて $\lambda^n dx=dy$ より

$$\|\boldsymbol{a}_\lambda\|_n=\left(\int_{\boldsymbol{R}^n}|\lambda\boldsymbol{a}(\lambda x)|^n\,dx\right)^{1/n}=\left(\int_{\boldsymbol{R}^n}|\boldsymbol{a}(y)|^n\,dy\right)^{1/n}=\|\boldsymbol{a}\|_n.$$

したがって $\boldsymbol{u},\pi$ の存在時間が $\|\boldsymbol{a}\|_n$ のみに依存して決まれば $\boldsymbol{u}_\lambda,\pi_\lambda$ の存在時間も $\|\boldsymbol{a}\|_n$ にのみ依存して決まる．こうして $\boldsymbol{u},\pi$ の存在時間が t_0 であれば $\boldsymbol{u}_\lambda,\pi_\lambda$ の存在時間は λ^2t_0 である．ゆえに λ の任意性より任意の時間までの解の一意存在が分かる．

しかし残念ながら，以下に述べる証明では存在時間は $\|\boldsymbol{a}\|_n$ 以外の量にもよることが分かる．したがってもし上の考え方で時間大域的な一意存在を示したければ，もう少し別の考察を加味しなくてはならない

証明 [定理 6.9] まず解の存在を縮小写像の原理で示す．そのための基盤となる空間 $\mathscr{I}_{t_0,\epsilon}$ を，$t_0>0,\epsilon>0$ を後に定める定数として次のように定義する．

$$\mathscr{I}_{t_0,\epsilon}=\{\boldsymbol{u}(t,x)\in C^0([0,t_0),L^n(\boldsymbol{R}^n)^n)\,|\,\operatorname{div}\boldsymbol{u}=0\quad(x\in\boldsymbol{R}^n,0<t<t_0)$$

---

*5 H. Fujita and T. Kato, On the Navier-Stokes initial value problem 1, Arch. Rational Mech. Anal. **46** (1964), 269–315.

$$\lim_{t\to 0+}\|\boldsymbol{u}(t)-\boldsymbol{a}\|_n=0,$$

$$\boldsymbol{u}(t,x)\in C^0((0,t_0),L^p(\boldsymbol{R}^n)^n),\quad \lim_{t\to 0+}[\boldsymbol{u}]_{p,t}=0,$$

$$\nabla\boldsymbol{u}(t,x)\in C^0((0,t_0),L^n(\boldsymbol{R}^n)^{n\times n}),\quad \lim_{t\to 0+}[\nabla\boldsymbol{u}]_{n,t}=0 \tag{6.31}$$

$$[\boldsymbol{u}]_{n,t_0}\le 2\|\boldsymbol{a}\|_n,\quad [\boldsymbol{u}]_{p,t_0}+[\nabla\boldsymbol{u}]_{n,t_0}\le\epsilon. \tag{6.32}$$

ただし簡単のために次のようにおいた

$$[\boldsymbol{u}]_{n,t}=\sup_{0<s<t}\|\boldsymbol{u}(s)\|_n,\quad [\boldsymbol{u}]_{p,t}=\sup_{0<s<t}\left(s^{\frac{1}{2}-\frac{n}{2p}}\|\boldsymbol{u}(s)\|_p\right),$$

$$[\nabla\boldsymbol{u}]_{n,t}=\sup_{0<s<t}\left(s^{\frac{1}{2}}\|\nabla\boldsymbol{u}(s)\|_n\right). \tag{6.33}$$

さて $\boldsymbol{v}\in\mathscr{I}_{t_0,\epsilon}$ に対して写像 $\varPhi$ を

$$[\varPhi\boldsymbol{v}](t)=T(t)\boldsymbol{a}-\int_0^t T(t-s)\boldsymbol{P}[(\boldsymbol{v}(s)\cdot\nabla)\boldsymbol{v}(s)]\,ds$$

で定義する．この写像に不動点 $\boldsymbol{u}(t)\in\mathscr{I}_{t_0,\epsilon}$ が存在することを示そう．不動点は $\boldsymbol{u}=\varPhi\boldsymbol{u}$ なので積分方程式 (6.27) の解となる．

そこで $\varPhi$ が $\mathscr{I}_{t_0,\epsilon}$ 上の縮小写像となるように $t_0>0,\epsilon>0$ が選べることを示す．まず $\boldsymbol{v}\in\mathscr{I}_{t_0,\epsilon}$ に対して $\varPhi\boldsymbol{v}\in\mathscr{I}_{t_0,\epsilon}$ となるように $t_0>0,\epsilon>0$ が選べることを示そう．

$$\mathrm{div}\,\varPhi\boldsymbol{v}=0\quad (x\in\boldsymbol{R}^n, 0<t<t_0) \tag{6.34}$$

が定理 6.6 より従う．主たることは $\varPhi\boldsymbol{v}$ を評価することである．このために定理 6.1 で述べた評価 (6.1) より導かれる次の不等式を用いる．

■鍵となる評価■　$1<q\le r<\infty$ と $\boldsymbol{b}\in L^q(\boldsymbol{R}^n)^n$ に対し次の評価が成立する．

$$\|T(t)\boldsymbol{b}\|_r\le C_{q,r}t^{-\frac{n}{2}\left(\frac{1}{q}-\frac{1}{r}\right)}\|\boldsymbol{b}\|_q\quad (t>0),$$

$$\|\nabla T(t)\boldsymbol{b}\|_r\le C_{q,r}t^{-\frac{1}{2}-\frac{n}{2}\left(\frac{1}{q}-\frac{1}{r}\right)}\|\boldsymbol{b}\|_q\quad (t>0). \tag{6.35}$$

まず $T(t)\boldsymbol{a}$ に対して必要なことを示す．定理 6.6 より

$$\lim_{t\to 0+}\|T(t)\boldsymbol{a}-\boldsymbol{a}\|_n=0. \tag{6.36}$$

とくに (6.36) より $0<t_0$ を

$$\|T(t)\boldsymbol{a}\|_n\le(3/2)\|\boldsymbol{a}\|_n \quad (0<t\le t_0) \tag{6.37}$$

にとる．次に

$$\lim_{t\to 0+}[T(\cdot)\boldsymbol{a}]_{p,t}=0, \tag{6.38}$$

$$\lim_{t\to 0+}[\nabla T(\cdot)\boldsymbol{a}]_{n,t}=0 \tag{6.39}$$

を示そう．定理 3.15 から $C_0^\infty(\boldsymbol{R}^n)$ は $L^n(\boldsymbol{R}^n)$ で稠密であるので，任意の正数 σ に対し $\|\boldsymbol{a}_\sigma-\boldsymbol{a}\|_n<\sigma$ なる $\boldsymbol{a}_\sigma\in C_0^\infty(\boldsymbol{R}^n)$ が存在する．こうして三角不等式と (6.35) より

$$\begin{aligned}\|T(t)\boldsymbol{a}\|_p&\le\|T(t)(\boldsymbol{a}-\boldsymbol{a}_\sigma)\|_p+\|T(t)\boldsymbol{a}_\sigma\|_p\\&\le C_{n,p}t^{-\frac{n}{2}\left(\frac{1}{n}-\frac{1}{p}\right)}\|\boldsymbol{a}-\boldsymbol{a}_\sigma\|_n+C_p\|\boldsymbol{a}_\sigma\|_p.\end{aligned}$$

ゆえに $(n/2)((1/n)-(1/p))=(1/2)-(n/(2p))$ より

$$\begin{aligned}\sup_{0<s<t}s^{\frac{1}{2}-\frac{n}{2p}}\|T(s)\boldsymbol{a}\|_p&\le C_{n,p}\|\boldsymbol{a}-\boldsymbol{a}_\sigma\|_n+C_pt^{\frac{1}{2}-\frac{n}{2p}}\|\boldsymbol{a}_\sigma\|_p\\&\le C_p\sigma+C_pt^{\frac{1}{2}-\frac{n}{2p}}\|\boldsymbol{a}_\sigma\|_p.\end{aligned}$$

$t\longrightarrow 0+$ として $\overline{\lim_{t\to 0+}}[T(\cdot)\boldsymbol{a}]_{p,t}\le C_{n,p}\sigma$. σ は任意であったので，$\sigma\longrightarrow 0$ として $\overline{\lim_{t\to 0+}}[T(\cdot)\boldsymbol{a}]_{p,t}=0$. よって (6.38) が示せた.

次に (6.39) を示そう．$\nabla T(t)\boldsymbol{a}_\sigma=T(t)\nabla\boldsymbol{a}_\sigma$ に注意して三角不等式と (6.35) より

$$\begin{aligned}\|\nabla T(t)\boldsymbol{a}\|_n&\le\|\nabla T(t)(\boldsymbol{a}-\boldsymbol{a}_\sigma)\|_n+\|\nabla T(t)\boldsymbol{a}_\sigma\|_n\\&\le C_nt^{-\frac{1}{2}}\|\boldsymbol{a}-\boldsymbol{a}_\sigma\|_n+C_n\|\nabla\boldsymbol{a}_\sigma\|_n\end{aligned}$$

なので，$\sup_{0<s<t}s^{\frac{1}{2}}\|\nabla T(s)\boldsymbol{a}\|_n\le C_n\sigma+C_nt^{\frac{1}{2}}\|\nabla\boldsymbol{a}_\sigma\|_n$ が任意の $\sigma>0$ に対して成立する．すなわち $t\longrightarrow 0+$ として $\overline{\lim_{t\to 0+}}[\nabla T(\cdot)\boldsymbol{a}]_{n,t}\le C_n\sigma$. 最後に $\sigma\longrightarrow 0$ として $\overline{\lim_{t\to 0+}}[\nabla T(\cdot)\boldsymbol{a}]_{n,t}=0$ が示せた．よって (6.39) が示せた．とくに (6.38) と (6.39) より $t_0>0$ を (6.37) が成立するのみならず，必要とあればさらに t_0

を小さくとって

$$[T(\cdot)\boldsymbol{a}]_{p,t}+[\nabla T(\cdot)\boldsymbol{a}]_{n,t}\le\epsilon/2 \quad (0<t\le t_0) \tag{6.40}$$

が成立するようにとる.

次に非線形項を評価するために

$$\Psi\boldsymbol{v}=\int_0^t T(t-s)\boldsymbol{P}[(\boldsymbol{v}(s)\cdot\nabla)\boldsymbol{v}(s)]\,ds$$

とおく. $\Phi\boldsymbol{v}=T(t)\boldsymbol{a}-\Psi\boldsymbol{v}$ である. 後のために $\Psi\boldsymbol{v}$ のかわりに $\boldsymbol{v},\boldsymbol{w}\in\mathscr{I}_{t_0,\epsilon}$ に対して

$$\boldsymbol{\Xi}(\boldsymbol{v},\nabla\boldsymbol{w})=\int_0^t T(t-s)\boldsymbol{P}[(\boldsymbol{v}(s)\cdot\nabla)\boldsymbol{w}(s)]\,ds$$

を考える. このとき n,p に依存する定数 C があって

$$\begin{aligned}
&[\boldsymbol{\Xi}(\boldsymbol{v},\nabla\boldsymbol{w})]_{n,t}\le C[\boldsymbol{v}]_{p,t}[\nabla\boldsymbol{w}]_{n,t},\\
&[\boldsymbol{\Xi}(\boldsymbol{v},\nabla\boldsymbol{w})]_{p,t}\le C[\boldsymbol{v}]_{p,t}[\nabla\boldsymbol{w}]_{n,t},\\
&[\nabla\boldsymbol{\Xi}(\boldsymbol{v},\nabla\boldsymbol{w})]_{n,t}\le C[\boldsymbol{v}]_{p,t}[\nabla\boldsymbol{w}]_{n,t}
\end{aligned} \tag{6.41}$$

が成立することを示す. 実際 q を $(1/q)=(1/n)+(1/p)$ にとり, (6.13) とヘルダーの不等式より

$$\begin{aligned}
\|\boldsymbol{P}[(\boldsymbol{v}(s)\cdot\nabla)\boldsymbol{w}(s)]\|_q &\le C_q\|(\boldsymbol{v}(s)\cdot\nabla)\boldsymbol{w}(s)\|_q\\
&\le C_q s^{-1+\frac{n}{2p}}[\boldsymbol{v}]_{p,t}[\nabla\boldsymbol{w}]_{n,t} \quad (0\le s\le t).
\end{aligned} \tag{6.42}$$

こうしてミンコフスキーの積分形不等式 (3.14) と (6.35), (6.42) より

$$\begin{aligned}
&\left\|\int_0^t T(t-s)\boldsymbol{P}[(\boldsymbol{v}(s)\cdot\nabla)\boldsymbol{w}(s)]\,ds\right\|_n\\
&\quad\le\int_0^t \|T(t-s)\boldsymbol{P}[(\boldsymbol{v}(s)\cdot\nabla)\boldsymbol{w}(s)]\|_n\,ds\\
&\quad\le C_{n,q}\int_0^t (t-s)^{-\frac{n}{2}\left(\frac{1}{q}-\frac{1}{n}\right)}\|\boldsymbol{P}[(\boldsymbol{v}(s)\cdot\nabla)\boldsymbol{w}(s)]\|_q\,ds\\
&\quad\le C_{n,q}\int_0^t (t-s)^{-\frac{n}{2p}}s^{-1+\frac{n}{2p}}\,ds[\boldsymbol{v}]_{p,t}[\nabla\boldsymbol{w}]_{n,t}
\end{aligned}$$

ここで $s=t\ell$ とおいて

$$=C_{n,q}\int_0^1 (1-\ell)^{-\frac{n}{2p}}\ell^{-1+\frac{n}{2p}}\,d\ell\, t^{-\frac{n}{2p}-1+\frac{n}{2p}+1}[\boldsymbol{v}]_{p,t}[\nabla\boldsymbol{w}]_{n,t}$$

$$=C_{n,q}B(1-(n/(2p)),n/(2p))[\boldsymbol{v}]_{p,t}[\nabla\boldsymbol{w}]_{n,t}.$$

$B(a,b)$ はベータ関数である．こうして (6.41) の最初の不等式を得た．

同様にしてミンコフスキーの積分形不等式 (3.14) と (6.35), (6.42) より

$$\Big\|\int_0^t T(t-s)\boldsymbol{P}[(\boldsymbol{v}(s)\cdot\nabla)\boldsymbol{w}(s)]\,ds\Big\|_p$$

$$\leq \int_0^t \|T(t-s)\boldsymbol{P}[(\boldsymbol{v}(s)\cdot\nabla)\boldsymbol{w}(s)]\|_p\,ds$$

$$\leq C_{p,q}\int_0^t (t-s)^{-\frac{n}{2}\left(\frac{1}{q}-\frac{1}{p}\right)}\|\boldsymbol{P}[(\boldsymbol{v}(s)\cdot\nabla)\boldsymbol{w}(s)]\|_q\,ds$$

$$\leq C_{p,q}\int_0^t (t-s)^{-\frac{1}{2}}s^{-1+\frac{n}{2p}}\,ds[\boldsymbol{v}]_{p,t}[\nabla\boldsymbol{w}]_{n,t}$$

$$=C_{p,q}\int_0^1 (1-\ell)^{-\frac{1}{2}}\ell^{-1+\frac{n}{2p}}\,d\ell\, t^{-\frac{1}{2}-1+\frac{n}{2p}+1}[\boldsymbol{v}]_{p,t}[\nabla\boldsymbol{w}]_{n,t}$$

$$=C_{n,q}B(1/2,n/(2p))t^{-\frac{1}{2}+\frac{n}{2p}}[\boldsymbol{v}]_{p,t}[\nabla\boldsymbol{w}]_{n,t}.$$

こうして (6.41) の 2 番目の不等式を得た．

同様にしてミンコフスキーの積分形不等式 (3.14) と (6.35), (6.42) より

$$\Big\|\nabla\int_0^t T(t-s)\boldsymbol{P}[(\boldsymbol{v}(s)\cdot\nabla)\boldsymbol{w}(s)]\,ds\Big\|_n$$

$$\leq \int_0^t \|\nabla T(t-s)\boldsymbol{P}[(\boldsymbol{v}(s)\cdot\nabla)\boldsymbol{w}(s)]\|_n\,ds$$

$$\leq C_{p,q}\int_0^t (t-s)^{-\frac{1}{2}-\frac{n}{2}\left(\frac{1}{q}-\frac{1}{n}\right)}\|\boldsymbol{P}[(\boldsymbol{v}(s)\cdot\nabla)\boldsymbol{w}(s)]\|_q\,ds$$

$$\leq C_{n,q}\int_0^t (t-s)^{-\frac{1}{2}-\frac{n}{2p}}s^{-1+\frac{n}{2p}}\,ds[\boldsymbol{v}]_{p,t}[\nabla\boldsymbol{w}]_{n,t}$$

$$=C_{n,q}\int_0^1 (1-\ell)^{-\frac{1}{2}-\frac{n}{2p}}\ell^{-1+\frac{n}{2p}}\,d\ell\, t^{-\frac{1}{2}-\frac{n}{2p}-1+\frac{n}{2p}+1}[\boldsymbol{v}]_{p,t}[\nabla\boldsymbol{w}]_{n,t}$$

$$=C_{n,q}B(1/2-(n/(2p)),n/(2p))t^{-\frac{1}{2}}[\boldsymbol{v}]_{p,t}[\nabla\boldsymbol{w}]_{n,t}.$$

こうして (6.41) の 3 番目の不等式を得た．

いま $\Psi\boldsymbol{v}=\boldsymbol{\Xi}(\boldsymbol{v},\boldsymbol{v})$ であるので，(6.41) よりある $C_1>0, C_2>0$ があって

$$[\Psi\boldsymbol{v}]_{n,t}\le C_1[\boldsymbol{v}]_{p,t}[\nabla\boldsymbol{v}]_{n,t}, \tag{6.43}$$

$$[\Psi\boldsymbol{v}]_{p,t}+[\nabla\Psi\boldsymbol{v}]_{n,t}\le C_2[\boldsymbol{v}]_{p,t}[\nabla\boldsymbol{v}]_{n,t}. \tag{6.44}$$

とくに (6.31) より

$$\lim_{t\to 0+}\{[\Psi\boldsymbol{v}]_{n,t}+[\Psi\boldsymbol{v}]_{p,t}+[\nabla\Psi\boldsymbol{v}]_{n,t}\}=0. \tag{6.45}$$

また (6.43), (6.44), (6.32) より

$$[\Psi\boldsymbol{v}]_{n,t}\le C_1\epsilon^2,\quad [\Psi\boldsymbol{v}]_{p,t}+[\nabla\Psi\boldsymbol{v}]_{n,t}\le C_2\epsilon^2. \tag{6.46}$$

$\epsilon>0$ を

$$C_1\epsilon^2\le(1/2)\|\boldsymbol{a}\|_n,\quad C_2\epsilon\le 1/2 \tag{6.47}$$

にとれば (6.46), (6.47) より

$$[\Psi\boldsymbol{v}]_{n,t}\le(1/2)\|\boldsymbol{a}\|_n,\quad [\Psi\boldsymbol{v}]_{p,t}+[\nabla\Psi\boldsymbol{v}]_{n,t}\le(1/2)\epsilon \tag{6.48}$$

を得る．いま $\Phi\boldsymbol{v}=T(t)\boldsymbol{a}-\Psi\boldsymbol{v}$ なので，(6.34), (6.36), (6.37), (6.38), (6.39), (6.40), (6.45), (6.48) より $\Phi\boldsymbol{v}\in\mathscr{I}_{t_0,\epsilon}$ が分かる．こうして Φ は $\mathscr{I}_{t_0,\epsilon}$ から $\mathscr{I}_{t_0,\epsilon}$ の中への写像である．

次に Φ が縮小写像であることをみる．$\boldsymbol{u},\boldsymbol{v}\in\mathscr{I}_{t_0,\epsilon}$ に対し

$$\begin{aligned}
&\Phi\boldsymbol{u}-\Phi\boldsymbol{v}\\
&\quad=-(\Psi\boldsymbol{u}-\Psi\boldsymbol{v})\\
&\quad=-\int_0^t T(t-s)\boldsymbol{P}[(\boldsymbol{u}(s)\cdot\nabla)\boldsymbol{u}(s)]\,ds+\int_0^t T(t-s)\boldsymbol{P}[(\boldsymbol{v}(s)\cdot\nabla)\boldsymbol{v}(s)]\,ds\\
&\quad=-\int_0^t T(t-s)\boldsymbol{P}[((\boldsymbol{u}(s)-\boldsymbol{v}(s))\cdot\nabla)\boldsymbol{u}(s)]\,ds\\
&\qquad-\int_0^t T(t-s)\boldsymbol{P}[(\boldsymbol{v}(s)\cdot\nabla)(\boldsymbol{u}(s)-\boldsymbol{v}(s))]\,ds\\
&\quad=-\boldsymbol{\Xi}(\boldsymbol{u}-\boldsymbol{v},\nabla\boldsymbol{u})-\boldsymbol{\Xi}(\boldsymbol{v},\nabla(\boldsymbol{u}-\boldsymbol{v}))
\end{aligned}$$

である．いま簡単のため

$$\langle\boldsymbol{u}\rangle_t=[\boldsymbol{u}]_{n,t}+[\boldsymbol{u}]_{p,t}+[\nabla\boldsymbol{u}]_{n,t}$$

とおく．このとき (6.32) と (6.41) より

$$\begin{aligned}\langle \Phi \boldsymbol{u} - \Phi \boldsymbol{v} \rangle_t &\le C\{[\boldsymbol{u}-\boldsymbol{v}]_{p,t}[\nabla \boldsymbol{u}]_{n,t} + [\boldsymbol{v}]_{p,t}[\nabla(\boldsymbol{u}-\boldsymbol{v})]_{n,t}\} \\ &\le C\epsilon\{[\boldsymbol{u}-\boldsymbol{v}]_{p,t} + [\nabla(\boldsymbol{u}-\boldsymbol{v})]_{n,t}\} \le C\epsilon\langle \boldsymbol{u}-\boldsymbol{v}\rangle_t. \end{aligned} \tag{6.49}$$

さらに $\epsilon > 0$ を

$$C\epsilon < 1$$

となるようにとれば，$\rho = C\epsilon$ とおいて

$$\sup_{0<t<t_0} \langle \Phi \boldsymbol{u} - \Phi \boldsymbol{v} \rangle_t \le \rho \sup_{0<t<t_0} \langle \boldsymbol{u}-\boldsymbol{v}\rangle_t$$

を得る．これは Φ が $\mathscr{I}_{t_0,\epsilon}$ 上の縮小写像であることを示している．こうして縮小写像の原理より，ある $\boldsymbol{u} \in \mathscr{I}_{t_0,\epsilon}$ で $\boldsymbol{u} = \Phi \boldsymbol{u}$ を満たすものがある．この $\boldsymbol{u}$ は積分方程式 (6.27) を満足している．さらに $\boldsymbol{u} \in \mathscr{I}_{t_0,\epsilon}$ より $\boldsymbol{u}$ が (6.28), (6.29), (6.30) を満たすことも分かる．以上で (1) の証明を終わる．

次に解の一意性を示す．$\boldsymbol{v}$ を積分方程式 (6.27) を満たしさらに

$$\sup_{0<t<t_0} \langle \boldsymbol{v} \rangle_t < \infty, \tag{6.50}$$

$$\lim_{t\to 0+} [\boldsymbol{v}]_{p,t} = 0$$

を満足するとする．このとき $\boldsymbol{u} = \boldsymbol{v}$ を示そう．積分方程式 (6.27) より

$$\begin{aligned}\boldsymbol{u}(t) - \boldsymbol{v}(t) &= -\int_0^t T(t-s)\boldsymbol{P}[(\boldsymbol{u}(s)\cdot\nabla)\boldsymbol{u}(s) - (\boldsymbol{v}(s)\cdot\nabla)\boldsymbol{v}(s)]\,ds \\ &= -\boldsymbol{\Xi}(\boldsymbol{u}-\boldsymbol{v}, \nabla \boldsymbol{u}) - \boldsymbol{\Xi}(\boldsymbol{v}, \nabla(\boldsymbol{u}-\boldsymbol{v}))\end{aligned}$$

なので，(6.41) より

$$\langle \boldsymbol{u}-\boldsymbol{v}\rangle_t \le C([\nabla \boldsymbol{u}]_{n,t} + [\boldsymbol{v}]_{p,t})\langle \boldsymbol{u}-\boldsymbol{v}\rangle_t$$

を得る．$\lim_{t\to 0+}[\nabla \boldsymbol{u}]_{n,t} = 0$, $\lim_{t\to 0+}[\boldsymbol{v}]_{p,t} = 0$ より $0 < t_1 \le t_0$ を十分小さくとって

$$C([\nabla \boldsymbol{u}]_{n,t_1} + [\boldsymbol{v}]_{p,t_1}) \le 1/2$$

とできるので，$\langle \boldsymbol{u}-\boldsymbol{v}\rangle_{t_1} \le (1/2)\langle \boldsymbol{u}-\boldsymbol{v}\rangle_{t_1}$．これより $\langle \boldsymbol{u}-\boldsymbol{v}\rangle_{t_1} = 0$ が従う．よって $\boldsymbol{u}(t) = \boldsymbol{v}(t)$ $(0 \le t \le t_1)$ が成立する．よって $t_1 = t_0$ なら一意性が示せた．

そこで $t_1 < t_0$ とする．$\chi(t)$ を $\chi(t) = 1$ $(t \ge t_1)$, $\chi(t) = 0$ $(t < t_1)$ にとる．$\boldsymbol{u}(t) = \boldsymbol{v}(t)$ $(0 \le t \le t_1)$ であるので $t > t_1$ のとき

$$\boldsymbol{u}(t)-\boldsymbol{v}(t)=-\int_{t_1}^{t}T(t-s)\boldsymbol{P}[(\boldsymbol{u}(s)\cdot\nabla)\boldsymbol{u}(s)-(\boldsymbol{v}(s)\cdot\nabla)\boldsymbol{v}(s)]ds$$
$$=-\boldsymbol{\Xi}(\chi(\boldsymbol{u}-\boldsymbol{v}),\nabla\boldsymbol{u})-\boldsymbol{\Xi}(\chi\boldsymbol{v},\nabla(\boldsymbol{u}-\boldsymbol{v})).$$

これを評価するのに簡単のため

$$\sup_{0<s<t_0}[\nabla\boldsymbol{u}]_{n,t}+\sup_{0<s<t_0}[\boldsymbol{v}]_{p,t}=M$$

とおくと，(6.50) と (6.32) より $M<\infty$ である．そこで (6.41) と同様にして (6.42) と (6.35) より

$$\|\boldsymbol{\Xi}(\chi(\boldsymbol{u}-\boldsymbol{v}),\nabla\boldsymbol{u})\|_n$$
$$\le C_{n,q}\int_{t_1}^{t}(t-s)^{-\frac{n}{2p}}s^{-1+\frac{n}{2p}}ds[\boldsymbol{u}-\boldsymbol{v}]_{p,t}[\nabla\boldsymbol{u}]_{n,t}$$
$$\le C_{n,q}t_1^{-1+\frac{n}{2p}}\int_{t_1}^{t}(t-s)^{-\frac{n}{2p}}ds\langle\boldsymbol{u}-\boldsymbol{v}\rangle_t M$$
$$=C_{n,q}(1-(n/(2p)))^{-1}t_1^{-1+\frac{n}{2p}}(t-t_1)^{1-\frac{n}{2p}}\langle\boldsymbol{u}-\boldsymbol{v}\rangle_t M,$$

$$\|\boldsymbol{\Xi}(\chi\boldsymbol{v},\nabla(\boldsymbol{u}-\boldsymbol{v}))\|_n$$
$$\le C_{n,q}\int_{t_1}^{t}(t-s)^{-\frac{n}{2p}}s^{-1+\frac{n}{2p}}ds[\boldsymbol{v}]_{p,t}[\nabla(\boldsymbol{u}-\boldsymbol{v})]_{n,t}$$
$$=C_{n,q}(1-(n/(2p)))^{-1}t_1^{-1+\frac{n}{2p}}(t-t_1)^{1-\frac{n}{2p}}\langle\boldsymbol{u}-\boldsymbol{v}\rangle_t M,$$

$$\|\boldsymbol{\Xi}(\chi(\boldsymbol{u}-\boldsymbol{v}),\nabla\boldsymbol{u})\|_p$$
$$\le C_{n,q}\int_{t_1}^{t}(t-s)^{-\frac{1}{2}}s^{-1+\frac{n}{2p}}ds[\boldsymbol{u}-\boldsymbol{v}]_{p,t}[\nabla\boldsymbol{u}]_{n,t}$$
$$\le C_{n,q}t_1^{-1+\frac{n}{2p}}\int_{t_1}^{t}(t-s)^{-\frac{1}{2}}ds\langle\boldsymbol{u}-\boldsymbol{v}\rangle_t M$$
$$=2C_{n,q}t_1^{-1+\frac{n}{2p}}(t-t_1)^{\frac{1}{2}}\langle\boldsymbol{u}-\boldsymbol{v}\rangle_t M,$$

$$\|\boldsymbol{\Xi}(\chi\boldsymbol{v},\nabla(\boldsymbol{u}-\boldsymbol{v}))\|_p$$

$$\le C_{n,q}\int_{t_1}^{t}(t-s)^{-\frac{1}{2}}s^{-1+\frac{n}{2p}}\,ds[\boldsymbol{v}]_{p,t}[\nabla(\boldsymbol{u}-\boldsymbol{v})]_{n,t}$$

$$=2C_{n,q}t_1^{-1+\frac{n}{2p}}(t-t_1)^{\frac{1}{2}}\langle\boldsymbol{u}-\boldsymbol{v}\rangle_t M,$$

$$\|\nabla\boldsymbol{\Xi}(\chi(\boldsymbol{u}-\boldsymbol{v}),\nabla\boldsymbol{u})\|_n$$

$$\le C_{n,q}\int_{t_1}^{t}(t-s)^{-\frac{1}{2}-\frac{n}{2p}}s^{-1+\frac{n}{2p}}\,ds[\boldsymbol{u}-\boldsymbol{v}]_{p,t}[\nabla\boldsymbol{u}]_{n,t}$$

$$\le C_{n,q}t_1^{-1+\frac{n}{2p}}\int_{t_1}^{t}(t-s)^{-\frac{1}{2}-\frac{n}{2p}}\,ds\langle\boldsymbol{u}-\boldsymbol{v}\rangle_t M$$

$$=C_{n,q}(1/2-(n/(2p)))^{-1}t_1^{-1+\frac{n}{2p}}(t-t_1)^{\frac{1}{2}-\frac{n}{2p}}\langle\boldsymbol{u}-\boldsymbol{v}\rangle_t M$$

$$\|\nabla\boldsymbol{\Xi}(\chi\boldsymbol{v},\nabla(\boldsymbol{u}-\boldsymbol{v}))\|_n$$

$$\le C_{n,q}\int_{t_1}^{t}(t-s)^{-\frac{1}{2}-\frac{n}{2p}}s^{-1+\frac{n}{2p}}\,ds[\boldsymbol{v}]_{p,t}[\nabla(\boldsymbol{u}-\boldsymbol{v})]_{n,t}$$

$$=C_{n,q}(1/2-(n/(2p)))^{-1}t_1^{-1+\frac{n}{2p}}(t-t_1)^{\frac{1}{2}-\frac{n}{2p}}\langle\boldsymbol{u}-\boldsymbol{v}\rangle_t M.$$

いま $0<t-t_1<1$ とすれば $(t-t_1)^{1-\frac{n}{2p}}<(t-t_1)^{\frac{1}{2}}<(t-t_1)^{\frac{1}{2}-\frac{n}{2p}}$ なので，n, p, q のみに依存する定数 C があって

$$\|\boldsymbol{u}(t)-\boldsymbol{v}(t)\|_n+\|\boldsymbol{u}(t)-\boldsymbol{v}(t)\|_p+\|\nabla(\boldsymbol{u}(t)-\boldsymbol{v}(t))\|_n$$
$$\le Ct_1^{-1+\frac{n}{2p}}(t-t_1)^{\frac{1}{2}-\frac{n}{2p}}\langle\boldsymbol{u}-\boldsymbol{v}\rangle_t M.$$

よって $0<t<t_0$ かつ $0<t-t_1<1$ のとき

$$\langle\boldsymbol{u}-\boldsymbol{v}\rangle_t\le Ct_1^{-1+\frac{n}{2p}}(t-t_1)^{\frac{1}{2}-\frac{n}{2p}}\langle\boldsymbol{u}-\boldsymbol{v}\rangle_t M$$

が成立することが分かる．こうして t_2 を $t_1<t_2$ かつ

$$Ct_1^{-1+\frac{n}{2p}}(t_2-t_1)^{\frac{1}{2}-\frac{n}{2p}}M\le 1/2 \tag{6.51}$$

にとれば $\langle\boldsymbol{u}-\boldsymbol{v}\rangle_{t_2}\le(1/2)\langle\boldsymbol{u}-\boldsymbol{v}\rangle_{t_2}$ である．これより $\boldsymbol{u}(t)=\boldsymbol{v}(t)$ $(0<t\le t_2)$ が示せた．t_1 にかえて t_2 として，$t>t_2$ に対して同様の議論をすれば $t>t_2$ に対して

$$\langle\boldsymbol{u}-\boldsymbol{v}\rangle_t\le Ct_2^{-1+\frac{n}{2p}}(t-t_2)^{\frac{1}{2}-\frac{n}{2p}}\langle\boldsymbol{u}-\boldsymbol{v}\rangle_t M$$

$$\leq C t_1^{-1+\frac{n}{2p}} (t-t_2)^{\frac{1}{2}-\frac{n}{2p}} \langle \boldsymbol{u}-\boldsymbol{v} \rangle_t M$$

を得る．ただし，$t_1 < t_2$ より $t_1^{-1+\frac{n}{2p}} > t_2^{-1+\frac{n}{2p}}$ であることを用いた．こうして $t_3 = t_2 + (t_2 - t_1)$ にとれば $\langle \boldsymbol{u}-\boldsymbol{v} \rangle_{t_3} \leq (1/2) \langle \boldsymbol{u}-\boldsymbol{v} \rangle_{t_3}$ を (6.51) より得る．よって $\boldsymbol{u}(t) = \boldsymbol{v}(t)$ $(0 < t < t_3)$．以下この議論を続ければ，1 回のステップで $t_2 - t_1$ だけ $\boldsymbol{u}(t) = \boldsymbol{v}(t)$ が成立する区間が延びる．有限回同じ議論を繰り返して最終的に $\boldsymbol{u}(t) = \boldsymbol{v}(t)$ $(0 < t < t_0)$ が示せる．こうして解の一意性が示せた．以上で定理の証明を終わる．■

6.5　ナヴィエ・ストークス方程式の時間大域解

この節ではナヴィエ・ストークス方程式の $\boldsymbol{R}^n$ でのコーシー問題 (6.24) を時間 $t > 0$ で解こう．すなわち次の定理を示す．

定理 6.11　p を $n < p < \infty$ なる実数とする．

(1) **(解の存在)**　n と p に依存する正定数 $\sigma_{n,p}$ が存在して初期値 $\boldsymbol{a} \in J^n(\boldsymbol{R}^n)$ が $\|\boldsymbol{a}\|_n \leq \sigma_{n,p}$ を満たせば，積分方程式 (6.27) は次の性質をもつ解 $\boldsymbol{u}(t)$ をもつ．

$$\boldsymbol{u}(t) \in C^0([0,\infty), L^n(\boldsymbol{R}^n)^n), \quad \lim_{t \to 0+} \|\boldsymbol{u}(t) - \boldsymbol{a}\|_n = 0,$$

$$\operatorname{div} \boldsymbol{u}(t) = 0 \quad (x \in \boldsymbol{R}^n, t > 0), \tag{6.52}$$

$$\boldsymbol{u}(t) \in C^0((0,\infty), L^p(\boldsymbol{R}^n)^n), \quad \lim_{t \to 0+} \sup_{0<s<t} s^{\frac{1}{2}-\frac{n}{2p}} \|\boldsymbol{u}(s)\|_p = 0, \tag{6.53}$$

$$\nabla \boldsymbol{u}(t) \in C^0((0,t_0), L^n(\boldsymbol{R}^n)^n), \quad \lim_{t \to 0+} \sup_{0<s<t} s^{\frac{1}{2}} \|\nabla \boldsymbol{u}(s)\|_p = 0, \tag{6.54}$$

$$\|\boldsymbol{u}(t)\|_p \leq C t^{-\frac{1}{2}-\frac{n}{2p}}, \quad \|\nabla \boldsymbol{u}(t)\|_n \leq C t^{-\frac{1}{2}} \quad (t \longrightarrow \infty)$$

なる正定数が存在する．

(2) **(解の一意性)**　$\boldsymbol{v}(t)$ が積分方程式 (6.27) を満たしさらに (6.52), (6.53), (6.54) を満足するとする．このとき $\boldsymbol{u} = \boldsymbol{v}$ が成立する．

定理 6.9 の証明と同様に縮小写像の原理で示す．以下定理 6.9 の証明と同じ記号を用いる．$\epsilon > 0$ を後に選ぶ定数として，空間 $\mathscr{I}_\epsilon$ を次で定義する．

$$\mathscr{I}_\epsilon = \{\boldsymbol{u}(t,x) \in C^0([0,\infty), L^n(\boldsymbol{R}^n)^n) \mid \operatorname{div} \boldsymbol{u} = 0 \quad (x \in \boldsymbol{R}^n, t > 0)\},$$

$$\lim_{t \to 0+} \|\boldsymbol{u}(t) - \boldsymbol{a}\|_n = 0, \tag{6.55}$$

$$\boldsymbol{u}(t,x) \in C^0((0,\infty), L^p(\boldsymbol{R}^n)^n), \quad \lim_{t \to 0+} [\boldsymbol{u}]_{p,t} = 0,$$

$$\nabla \boldsymbol{u}(t,x) \in C^0((0,\infty), L^n(\boldsymbol{R}^n)^{n \times n}), \quad \lim_{t \to 0+} [\nabla \boldsymbol{u}]_{n,t} = 0, \tag{6.56}$$

$$\langle \boldsymbol{u} \rangle_t = [\boldsymbol{u}]_{n,t} + [\boldsymbol{u}]_{p,t} + [\nabla \boldsymbol{u}]_{n,t} \leq \epsilon. \tag{6.57}$$

ただし (6.33) で定義した記号を用いた．$\boldsymbol{v} \in \mathscr{I}_\epsilon$ に対し写像 Φ を

$$[\Phi \boldsymbol{v}](t) = T(t)\boldsymbol{a} - \int_0^t T(t-s)\boldsymbol{P}[(\boldsymbol{v}(s) \cdot \nabla)\boldsymbol{v}(s)]\,ds$$

で定義する．この写像に不動点 $\boldsymbol{u}(t) \in \mathscr{I}_\epsilon$ が存在すれば，定理 6.11 の解の存在が示せたことになる．

定理 6.6 より $\operatorname{div} \Phi \boldsymbol{v} = 0$ $(x \in \boldsymbol{R}^n, t > 0)$ が成立することが分かる．定理 6.9 の証明より (6.36), (6.38), (6.39) が成立する．Φ の非線形部分を

$$\Psi \boldsymbol{v} = \int_0^t T(t-s)\boldsymbol{P}[(\boldsymbol{v}(s) \cdot \nabla)\boldsymbol{v}(s)]\,ds$$

とおくと，$\Phi \boldsymbol{v} = T(t)\boldsymbol{a} - \Psi \boldsymbol{v}$ である．(6.41) を用い定理 6.9 の証明と同様にして，(6.43) と (6.44) よりある正定数 C があって

$$\langle \Psi \boldsymbol{v} \rangle_t \leq C[\boldsymbol{v}]_{p,t}[\nabla \boldsymbol{v}]_{n,t} \quad (t > 0) \tag{6.58}$$

が成立することが分かる．とくに (6.56) より

$$\lim_{t \to 0+} \langle \Psi \boldsymbol{v} \rangle_t = 0. \tag{6.59}$$

こうして，(6.36), (6.38), (6.39), (6.59) より $[\Phi \boldsymbol{v}](t)$ は (6.55), (6.56) を満足することが分かる．また $\boldsymbol{v} \in \mathscr{I}_\epsilon$ より (6.57) を $\boldsymbol{v}$ は満たすので，(6.58) より $\langle \Psi \boldsymbol{v} \rangle_t \leq C\epsilon^2$ が成立する．また (6.35) より $\langle T(\cdot)\boldsymbol{a} \rangle_t \leq C\|\boldsymbol{a}\|_n$ が成立する．以上を合わせて

$$\langle \Phi \boldsymbol{v} \rangle_t \leq C\|\boldsymbol{a}\|_n + C\epsilon^2 \quad (t > 0) \tag{6.60}$$

が示せる．そこで $\epsilon > 0$ を $C\epsilon \leq 1/2$ にとり，さらに初期値 $\boldsymbol{a}$ は $C\|\boldsymbol{a}\|_n \leq \epsilon/2$ を満足するとする．すなわち $\sigma_{n,p} = \epsilon/(2C)$ にとって $\|\boldsymbol{a}\|_n \leq \sigma_{n,p}$ とすれば (6.60) より $\langle \Phi \boldsymbol{v} \rangle_t \leq \epsilon$ $(t > 0)$ が成立することが分かる．すなわち $\Phi \boldsymbol{v}$ が (6.57)

を満たす．以上より $\boldsymbol{\Phi v} \in \mathscr{I}_\epsilon$ が示せた．

次に Φ が縮小写像であることをみる．$\boldsymbol{u}, \boldsymbol{v} \in \mathscr{I}_\epsilon$ に対し (6.49) と同様にして

$$\begin{aligned}\langle \Phi\boldsymbol{u} - \Phi\boldsymbol{v} \rangle_t &\leq C\{[\boldsymbol{u}-\boldsymbol{v}]_{p,t}[\nabla \boldsymbol{u}]_{n,t} + [\boldsymbol{v}]_{p,t}[\nabla(\boldsymbol{u}-\boldsymbol{v})]_{n,t}\} \\ &\leq C\epsilon \langle \boldsymbol{u}-\boldsymbol{v} \rangle_t\end{aligned}$$

が成立することが (6.41) と (6.57) より示せる．こうして $\epsilon > 0$ を $C\epsilon < 1$ にとり，$\rho = C\epsilon$ とおいて

$$\langle \Phi\boldsymbol{u} - \Phi\boldsymbol{v} \rangle_t \leq \rho \langle \boldsymbol{u}-\boldsymbol{v} \rangle_t \quad (t > 0)$$

が成立する．これより Φ は $\mathscr{I}_\epsilon$ 上の縮小写像であることが示せた．こうして Φ は不動点 $\boldsymbol{u} \in \mathscr{I}_\epsilon$ をもつ．$\boldsymbol{u} = \Phi\boldsymbol{u}$ より $\boldsymbol{u}$ は性質 (6.55), (6.56), (6.57) を満たす積分方程式 (6.27) の解である．

解の一意性は定理 6.9 とまったく同様にして示せるので，その証明は読者の問としよう．以上で定理 6.11 の証明を終わる．

付録：問題と略解

1. ベクトル $\boldsymbol{i}-\boldsymbol{j}+\boldsymbol{k}$ と $\boldsymbol{i}+\boldsymbol{j}-\boldsymbol{k}$ の間の角を求めよ．

[解]　求める角を θ とすると

$$(\boldsymbol{i}-\boldsymbol{j}+\boldsymbol{k})\cdot(\boldsymbol{i}+\boldsymbol{j}-\boldsymbol{k})=|\boldsymbol{i}-\boldsymbol{j}+\boldsymbol{k}|\cdot|\boldsymbol{i}+\boldsymbol{j}-\boldsymbol{k}|\cos\theta,$$

$$|\boldsymbol{i}-\boldsymbol{j}+\boldsymbol{k}|=|(1,-1,1)|^2=\sqrt{3},\quad |\boldsymbol{i}+\boldsymbol{j}-\boldsymbol{k}|=|(1,1,-1)|^2=\sqrt{3}$$

から

$$(\boldsymbol{i}-\boldsymbol{j}+\boldsymbol{k})\cdot(\boldsymbol{i}+\boldsymbol{j}-\boldsymbol{k})=1-1-1=-1,$$

$$-1=\sqrt{3}\cdot\sqrt{3}\cos\theta.$$

したがって $\theta=\cos^{-1}\dfrac{1}{3}$.

2. f を領域 $D\subset\boldsymbol{R}^3$ 上の微分可能な関数，$\boldsymbol{c}(t)$ を D 内の曲線とし，$f(\boldsymbol{c}(t))\neq 0$ とする．$f(\boldsymbol{c}(t))$ が一定値であるための必要十分条件は，$\nabla f(\boldsymbol{c}(t))$ と $\boldsymbol{c}'(t)$ が直交することである．

[証明]　$(\Longrightarrow)$　$f(\boldsymbol{c}(t))=k\neq 0$ ならば $0=\dfrac{d}{dt}f(\boldsymbol{c}(t))=f'(\boldsymbol{c}(t))=\nabla f(\boldsymbol{c}(t))\cdot\boldsymbol{c}'(t)=0$. ゆえに $\nabla f(\boldsymbol{c}(t))\cdot\boldsymbol{c}'(t)=0$.

$(\Longleftarrow)$　$\nabla f(\boldsymbol{c}(t))\cdot\boldsymbol{c}'(t)=\dfrac{d}{dt}f(\boldsymbol{c}(t))=0$ ならば $f(\boldsymbol{c}(t))=k$ (一定).

3. $f(x,y,z)=xy^2z$ とするとき，点 $(1,1,1)$ における $\boldsymbol{n}=\dfrac{1}{\sqrt{3}}\boldsymbol{i}+\dfrac{1}{\sqrt{3}}\boldsymbol{j}+\dfrac{1}{\sqrt{3}}\boldsymbol{k}$ 方向微係数を求めよ．

[解]　$\nabla f=(y^2z,2xyz,xy^2),\boldsymbol{r}_0=(1,1,1)$ とすると $\nabla f(\boldsymbol{r}_0)=(1,2,1)$. したがって

$$\frac{\partial}{\partial\boldsymbol{n}}f(1,1,1)=\nabla f(\boldsymbol{r}_0)\cdot\boldsymbol{n}=(1,2,1)\left(\frac{1}{\sqrt{3}},\frac{1}{\sqrt{3}},\frac{1}{\sqrt{3}}\right)=\frac{4}{\sqrt{3}}.$$

4. $\Phi(u,v)=(2u,u^2+v,v^2)$ とする．曲面 $\boldsymbol{X}=\Phi(u,v)$ 上の点 $(0,1,1)$ における接平面を求めよ．

[解]　$0=2u,1=u^2+v^2,1=v^2$ より $u_0=0,v_0=1$ となり，

$$\boldsymbol{\tau}_u=2\boldsymbol{i}+2u_0\boldsymbol{j}=(2,0,0),\quad \boldsymbol{\tau}_v=0\boldsymbol{i}+\boldsymbol{j}+2v_0\boldsymbol{k}=(0,1,2).$$

$(0,1,1)$ における曲面の法線ベクトルは $\boldsymbol{n}=\boldsymbol{\tau}_u\times\boldsymbol{\tau}_v(u_0,v_0)=(2,0,0)\times(0,1,2)=\begin{vmatrix}\boldsymbol{i}&\boldsymbol{j}&\boldsymbol{k}\\2&0&0\\0&1&2\end{vmatrix}=$ $4\boldsymbol{j}+2\boldsymbol{k}$. したがって接平面は，$(x,y-1,z-1)\cdot\boldsymbol{n}=0$ から $z=2(y-1)+1$.

5. $f(x,y)$ が微分可能であるとするとき，曲面 $z=f(x,y)$ は滑らかな曲面であることを示せ.

[解]　$\Phi(u,v)=(u,v,f(u,v))$ とおき曲面上の任意の点を $(u_0,v_0,f(u_0,v_0))$ とすると，

$$\boldsymbol{\tau}_u=\left(1,0,\frac{\partial f}{\partial u}\right)\Big|_{(u_0,v_0)},\quad \boldsymbol{\tau}_v=\left(0,1,\frac{\partial f}{\partial v}\right)\Big|_{(u_0,v_0)},$$

$$\boldsymbol{n}=\boldsymbol{\tau}_u\times\boldsymbol{\tau}_v(u_0,v_0)=\begin{vmatrix}\boldsymbol{i}&\boldsymbol{j}&\boldsymbol{k}\\1&0&f_u\\0&1&f_v\end{vmatrix}_{(u_0,v_0)}$$

を用いると

$$\boldsymbol{n}=-\frac{\partial f}{\partial u}(u_0,v_0)\boldsymbol{i}-\frac{\partial f}{\partial v}(u_0,v_0)\boldsymbol{j}+\boldsymbol{k}\neq 0.$$

すなわち $\boldsymbol{n}$ はいたるところ 0 でない.

6. $\boldsymbol{\Phi}=(u\cos v,u\sin v,u)$ $(u\geq 0)$ とするとき，曲面 $\boldsymbol{\lambda}=\Phi(u,v)$ は点 $(0,0,0)$ で滑らかでないことを示せ.

[解]

$$\boldsymbol{\tau}_u=x_u(0,0)\boldsymbol{i}+y_u(0,0)\boldsymbol{j}+z_u(0,0)\boldsymbol{k}=(\cos 0)\boldsymbol{i}+(\sin 0)\boldsymbol{j}+\boldsymbol{k}=\boldsymbol{i}+\boldsymbol{k},$$

$$\boldsymbol{\tau}_v=0(-\sin 0)\boldsymbol{i}+0(\cos 0)\boldsymbol{j}+0\boldsymbol{k}=0$$

から $\boldsymbol{\tau}_u\times\boldsymbol{\tau}_v=\begin{vmatrix}\boldsymbol{i}&\boldsymbol{j}&\boldsymbol{k}\\1&0&1\\0&0&0\end{vmatrix}=0$. したがって $(0,0,0)$ で曲面 $\boldsymbol{\lambda}=\boldsymbol{\Phi}(u,v)$ は滑らかでない.

7. ベクトル場 $\boldsymbol{F}(\boldsymbol{x})=y\boldsymbol{i}+2x\boldsymbol{j}+(\cos z)\boldsymbol{k}$ を点 $A(1,0,0)$ から点 $B(0,1,\pi)$ に向う有向線分 C について線積分せよ.

[解]　C をパラメタ表示して $\dfrac{x-1}{0-1}=\dfrac{y}{1-0}=\dfrac{z}{\pi-0}=t$ $(0\leq t\leq 1)$ とすると，$x-1=-t, y=t, z=\pi t$ から $\boldsymbol{r}=(1-t,t,\pi t), d\boldsymbol{r}=(-1,1,\pi)\,dt$.

C 上で $\boldsymbol{F}=(t,2(1-t),\cos\pi t), \boldsymbol{F}\cdot d\boldsymbol{r}=(-1)t+2(1-t)+\pi\cos\pi t=2-3t+\pi\cos\pi t$. したがって $\displaystyle\int_C\boldsymbol{F}\cdot d\boldsymbol{r}=\int_0^1(2-3t+\pi\cos\pi t)\,dt=\left[2t-\frac{3}{2}t^2+\sin\pi t\right]_0^1=2-\frac{3}{2}=\frac{1}{2}$.

8. 曲面 $S:z=f(x,y)$ 上の点 (x_0,y_0,z_0) における単位法線ベクトルと接平面の方程式を

求めよ．

[解]　S の方程式は $\boldsymbol{r}=x\boldsymbol{i}+y\boldsymbol{j}+f(x,y)\boldsymbol{k}$ なので，$\dfrac{d\boldsymbol{r}}{dx}=\boldsymbol{i}+f_x\boldsymbol{k},\ \dfrac{d\boldsymbol{r}}{dy}=\boldsymbol{j}+f_y\boldsymbol{k},\ \dfrac{d\boldsymbol{r}}{dx}\times$

$$\frac{d\boldsymbol{r}}{dy}=\begin{vmatrix}\boldsymbol{i}&\boldsymbol{j}&\boldsymbol{k}\\1&0&f_x\\0&1&f_y\end{vmatrix}=-f_x\boldsymbol{i}-f_y\boldsymbol{j}+\boldsymbol{k}.$$

よって単位法線ベクトルは $\boldsymbol{n}=\dfrac{-f_x\boldsymbol{i}-f_y\boldsymbol{j}+\boldsymbol{k}}{\sqrt{f_x(x_0,y_0)^2+f_y(x_0,y_0)^2+1}}$，接平面は $(x-x_0,y-y_0,z-z_0)\cdot\boldsymbol{n}=0$.

9. $\boldsymbol{R}^2\supset D=\{(r,\theta)\,|\,0\leq r\leq 1, 0\leq\theta\leq 2\pi\}$ 上で定義された曲面 $\boldsymbol{\Phi}=r\cos\theta\boldsymbol{i}+r\sin\theta\boldsymbol{j}+\theta\boldsymbol{k}$ の曲面積 S を求めよ．

[解]

$$\frac{\partial(y,z)}{\partial(r,\theta)}=\begin{vmatrix}\sin\theta&r\cos\theta\\0&1\end{vmatrix}=\sin\theta,\quad \frac{\partial(x,z)}{\partial(r,\theta)}=\begin{vmatrix}\cos\theta&-r\sin\theta\\0&1\end{vmatrix}=\cos\theta,$$

$$\boldsymbol{\Phi}_r=\cos\theta\boldsymbol{i}+\sin\theta\boldsymbol{j},\quad \boldsymbol{\Phi}_\theta=-r\sin\theta\boldsymbol{i}+r\cos\theta\boldsymbol{j}+\boldsymbol{k},$$

$$\boldsymbol{\Phi}_r\times\boldsymbol{\Phi}_\theta=\begin{vmatrix}\boldsymbol{i}&\boldsymbol{j}&\boldsymbol{k}\\\cos\theta&\sin\theta&0\\-r\sin\theta&r\cos\theta&1\end{vmatrix}=\sin\theta\boldsymbol{i}+\cos\theta\boldsymbol{j}+r\boldsymbol{k},$$

$$|\boldsymbol{\Phi}_r\times\boldsymbol{\Phi}_\theta|=\sqrt{r^2+1}$$

を用いて

$$\begin{aligned}S&=\int_0^{2\pi}\int_0^1\sqrt{r^2+1}\,drd\theta=2\pi\int_0^1\sqrt{r^2+1}\,dr\\&=2\pi\left[\frac{r}{2}\sqrt{r^2+1}+\frac{1}{2}\log(r+\sqrt{r^2+1})\right]_0^1\\&=2\pi\left(\frac{1}{\sqrt{2}}+\frac{1}{2}\log(1+\sqrt{2})\right).\end{aligned}$$

10. 楕円柱 $\dfrac{x^2}{a^2}+\dfrac{y^2}{b^2}=1, |z|\leq c$ の作る曲面を S とする．

(1) S のパラメタ表現を求めよ．

(2) $F=\sqrt{\dfrac{b^2}{a^2}x^2+\dfrac{a^2}{b^2}y^2}$ とするとき，$\displaystyle\int F\,dS$ を求めよ．

[解]　(1) $\boldsymbol{r}=a\cos\theta\boldsymbol{i}+b\sin\theta\boldsymbol{j}$.

(2) $\dfrac{\partial\boldsymbol{r}}{\partial\theta}=-a\sin\theta\boldsymbol{i}+b\cos\theta\boldsymbol{k},\ \dfrac{\partial\boldsymbol{r}}{\partial z}=\boldsymbol{k}$ から，$\left|\dfrac{\partial\boldsymbol{r}}{\partial\theta}\times\dfrac{\partial\boldsymbol{r}}{\partial z}\right|=|b\cos\theta\boldsymbol{i}+a\sin\theta\boldsymbol{j}+0\boldsymbol{k}|=$

$\sqrt{b^2\cos^2\theta+a^2\sin^2\theta}$ なので，$dS=\left|\dfrac{\partial \boldsymbol{r}}{\partial\theta}\times\dfrac{\partial \boldsymbol{r}}{\partial z}\right|d\theta dz=\sqrt{b^2\cos^2\theta+a^2\sin^2\theta}\,d\theta dz$．したがって

$$\int F\,dS=\int_{-C}^{C}\int_{0}^{2\pi}(b^2\cos^2\theta+a^2\sin^2\theta)\,d\theta dz$$
$$=2c\cdot\pi(a^2+b^2)=2\pi c(a^2+b^2).$$

11. φ,ψ をそれぞれスカラー場，F を φ,ψ のスカラー関数とするとき，次式を証明せよ．

$$\nabla F(\varphi,\psi)=\frac{\partial F}{\partial\varphi}\nabla\varphi+\frac{\partial F}{\partial\psi}\nabla\psi.$$

[解]　$\dfrac{\partial}{\partial x}F(\varphi,\psi)=\dfrac{\partial F}{\partial\varphi}\dfrac{\partial\varphi}{\partial x}+\dfrac{\partial F}{\partial\psi}\dfrac{\partial\psi}{\partial x},\ \dfrac{\partial}{\partial y}F(\varphi,\psi)=\dfrac{\partial F}{\partial\varphi}\dfrac{\partial\varphi}{\partial y}+\dfrac{\partial F}{\partial\psi}\dfrac{\partial\psi}{\partial y}$ なので，

$$\nabla F(\varphi,\psi)=\Big(\frac{\partial F}{\partial\varphi}\frac{\partial\varphi}{\partial x}+\frac{\partial F}{\partial\psi}\frac{\partial\psi}{\partial x}\Big)\boldsymbol{i}+\Big(\frac{\partial F}{\partial\varphi}\frac{\partial\varphi}{\partial y}+\frac{\partial F}{\partial\psi}\frac{\partial\psi}{\partial y}\Big)\boldsymbol{j}$$
$$=\frac{\partial F}{\partial\varphi}\Big(\frac{\partial\varphi}{\partial x}\boldsymbol{i}+\frac{\partial\psi}{\partial y}\boldsymbol{j}\Big)+\frac{\partial F}{\partial\psi}\Big(\frac{\partial\varphi}{\partial x}\boldsymbol{i}+\frac{\partial\psi}{\partial y}\boldsymbol{j}\Big)$$
$$=\frac{\partial F}{\partial\varphi}\nabla\varphi+\frac{\partial F}{\partial\psi}\nabla\psi.$$

12. $\boldsymbol{f}=x\boldsymbol{i}+y\boldsymbol{j}+2z\boldsymbol{k}$, S は放物面 $x^2+y^2+z=1\ (z>0)$, $\boldsymbol{n}$ は S の外向き単位法線ベクトルとするとき，

$$\int_S \boldsymbol{f}\cdot d\boldsymbol{S}$$

を求めよ．

[解]　$z=1-x^2-y^2$ なので，$x=u, y=v, z=1-u^2-v^2$ のようにパラメタ表示できる．このとき $\boldsymbol{r}(x,y)=\boldsymbol{r}(u,v)=x\boldsymbol{i}+y\boldsymbol{j}+z(x,y)\boldsymbol{k}, \boldsymbol{r}_x=\boldsymbol{i}+z_x\boldsymbol{k}, \boldsymbol{r}_y=\boldsymbol{j}+z_y\boldsymbol{k}, \boldsymbol{r}_x\times\boldsymbol{r}_y=$ $\begin{vmatrix}\boldsymbol{i} & \boldsymbol{j} & \boldsymbol{k}\\ 1 & 0 & z_x\\ 0 & 1 & z_y\end{vmatrix}=-z_x\boldsymbol{i}-z_y\boldsymbol{j}+\boldsymbol{k}$. したがって

$$|\boldsymbol{r}_x\times\boldsymbol{r}_y|=\sqrt{z_x^2+z_y^2+1}=\sqrt{4x^2+4y^2+1},$$

$$\boldsymbol{n}=\frac{\boldsymbol{r}_x\times\boldsymbol{r}_y}{|\boldsymbol{r}_x\times\boldsymbol{r}_y|}=\frac{-z_x\boldsymbol{i}-z_y\boldsymbol{j}+\boldsymbol{k}}{\sqrt{z_x^2+z_y^2+1}}=\frac{2x\boldsymbol{i}+2y\boldsymbol{j}+\boldsymbol{k}}{\sqrt{4x^2+4y^2+1}},$$

$$\boldsymbol{f}\cdot\boldsymbol{n}=\frac{x\cdot 2x+y\cdot 2y+2z\cdot 1}{\sqrt{4x^2+4y^2+1}},$$

$$dS=\sqrt{z_x^2+z_y^2+1}\,dxdy=\sqrt{4x^2+4y^2+1}\,dxdy$$

となることを使うと $\boldsymbol{f}\cdot\boldsymbol{n}\,dS=(2x^2+2y^2+2z)\,dxdy=(2x^2+2y^2+2(1-x^2-y^2))\,dxdy$ なので,

$$\int_S \boldsymbol{f}\cdot\boldsymbol{n}\,dS=2\int_{x=-1}^{x=1}\int_{y=-\sqrt{1-x^2}}^{y=\sqrt{1-x^2}}dxdy$$

$$=4\int_{-1}^{1}\sqrt{1-x^2}\,dx=4\cdot\frac{\pi}{2}=2\pi.$$

13. G は曲面 S で囲まれた $\boldsymbol{R}^3$ の領域とする. f, g は閉領域 $\overline{G}$ で C^2 級スカラー場と仮定するとき,

(1) $\mathrm{div}(f\nabla g)=f\Delta g+\nabla f\cdot\nabla g$ が成り立つことを示せ.

(2) G の外向き法線を $\boldsymbol{n}$ とするとき, 次の等式を導け.

$$\int_{\overline{G}}\mathrm{div}(f\nabla g)\,dxdydz=\int_S f\frac{\partial g}{\partial \boldsymbol{n}}\,dS.$$

(3) グリーンの公式

$$\int_{\overline{G}}(f\nabla g-g\nabla f)\,dxdydz=\int_S\Big(f\frac{\partial g}{\partial \boldsymbol{n}}-g\frac{\partial f}{\partial \boldsymbol{n}}\Big)\,dS$$

を導け.

[解]　(1) $\nabla g=U$ とおくと

$$\mathrm{div}(fU)=\frac{\partial}{\partial x}(fU_1)+\frac{\partial}{\partial y}(fU_2)+\frac{\partial}{\partial z}(fU_3)$$

$$=f\Big(\frac{\partial U_1}{\partial x}+\frac{\partial U_2}{\partial y}+\frac{\partial U_3}{\partial z}\Big)+\frac{\partial f}{\partial x}U_1+\frac{\partial f}{\partial y}U_2+\frac{\partial f}{\partial z}U_3$$

$$=f\Delta g+\nabla f\cdot\nabla g.$$

(2) ガウスの定理を用いて

$$\int_{\overline{G}}\mathrm{div}(fU)\,dxdydz=\int_S fU\cdot\boldsymbol{n}\,dS$$

$$=\int_S f\Big(\frac{\partial g}{\partial x}n_1+\frac{\partial g}{\partial y}n_2+\frac{\partial g}{\partial z}n_3\Big)\,dS=\int_S f\frac{\partial g}{\partial \boldsymbol{n}}\,dS.$$

(3) (1), (2) から

$$\int_{\overline{G}}(f\Delta g+\nabla f\cdot\nabla g)\,dxdydz=\int_S f\frac{\partial g}{\partial \boldsymbol{n}}\,dS.$$

同様に f と g を入れ替えて

$$\int_{\overline{G}}(g\Delta g+\nabla g\cdot\nabla f)\,dxdydz=\int_S g\frac{\partial f}{\partial \boldsymbol{n}}\,dS.$$

2 式の差をとると

$$\int_{\overline{G}} (f\Delta g - g\Delta f)\,dxdydz = \int_S \left(f\frac{\partial g}{\partial \boldsymbol{n}} - g\frac{\partial f}{\partial \boldsymbol{n}}\right) dS.$$

14. V を $\boldsymbol{R}^3$ の原点を中心とする半径 a の閉球，S を V の正の向きづけられた球面，$\boldsymbol{F}$: $V \subset \boldsymbol{R}^3 \longrightarrow \boldsymbol{R}^3$ を

$$\boldsymbol{F}(x,y,z) = (0,0,z), \quad (x,y,z) \in \boldsymbol{R}^3$$

で定義されたベクトル場とする．このとき $\int_S \boldsymbol{F}\cdot d\boldsymbol{S}$ を求めよ．

[解]　$\operatorname{div}\boldsymbol{F} = 1$ であるから，発散定理により

$$\int_V 1\,dv = \int_S \boldsymbol{F}\cdot d\boldsymbol{S}.$$

左辺は V の体積であるから，パラメタ表示 $\rho(\theta,\varphi) = (a\sin\varphi\cos\theta, a\sin\varphi\sin\theta, a\cos\varphi)$ $(0 \le \varphi \le \pi, 0 \le \theta \le 2\pi)$ を用いると

$$\begin{aligned}\int_S \boldsymbol{F}\cdot d\boldsymbol{S} &= a^3 \int_0^{\pi}\int_0^{2\pi} \sin\varphi\cos^2\varphi\,d\varphi = 2\pi a^3 \left[-\frac{1}{3}\cos^3\varphi\right]_0^{\pi} \\ &= \frac{4}{3}\pi a^3.\end{aligned}$$

15. S を $x^2+y^2+z^2=1, z \ge 0$ の半球面，$\boldsymbol{F} = 3y\boldsymbol{i} + x\boldsymbol{j} + z\boldsymbol{k}$ とする．S の $z=0$ における単位円 C の向きは正の方向を持つとするとき，

$$\int_S \nabla\times\boldsymbol{F}\cdot\boldsymbol{n}\,dS$$

を求めよ．

[解]　C を $x=\cos\theta, y=\sin\theta, z=0$ $(0 \le \theta \le 2\pi)$ と表すと $dx = -\sin\theta\,d\theta, dy = \cos\theta\,d\theta$, $dz = 0$ であるから

$$\begin{aligned}\int_C \boldsymbol{F}\cdot d\boldsymbol{r} &= \int_0^{2\pi} (3\sin\theta\boldsymbol{i} + \cos\theta\boldsymbol{j})\cdot(-\sin\theta\boldsymbol{i} + \cos\theta\boldsymbol{j})\,d\theta \\ &= \int_0^{2\pi} (-3\sin^2\theta + \cos^2\theta)\,d\theta \\ &= \int_0^{2\pi} \left[-\frac{3}{2}(1-\cos2\theta) + \frac{1}{2}(1+\cos2\theta)\right] d\theta \\ &= \int_0^{\pi/2} (-1+2\cos2\theta)\,d\theta = -\frac{\pi}{2}.\end{aligned}$$

したがって，ストークスの定理から

$$\int_S \nabla\times\boldsymbol{F}\cdot\boldsymbol{n}\,dS = \oint_C \boldsymbol{F}\cdot d\boldsymbol{r} = -\frac{\pi}{2}.$$

16. 球座標系 $x=u\sin v\cos w, y=u\sin v\sin w, z=u\cos v$ において，位置ベクトルは

$$\boldsymbol{r}=u\sin v\cos w\boldsymbol{i}+u\sin v\sin w\boldsymbol{j}+u\cos v\boldsymbol{k}$$

で表される．このとき基底ベクトル $\boldsymbol{e}_u, \boldsymbol{e}_v, \boldsymbol{e}_w$ を求めよ．また，$\boldsymbol{e}_u, \boldsymbol{e}_v, \boldsymbol{e}_w$ が互いに直交していることを確かめよ．

[解]

$$h_u=\left|\frac{\partial \boldsymbol{r}}{\partial u}\right|=\sqrt{(\sin v\cos w)^2+(\sin v\sin w)^2+\cos^2 v}=1,$$

$$h_v=\left|\frac{\partial \boldsymbol{r}}{\partial v}\right|=u\sqrt{(\cos v\cos w)^2+(\cos v\sin w)^2+(-\sin v)^2}=u,$$

$$h_w=\left|\frac{\partial \boldsymbol{r}}{\partial w}\right|=u\sqrt{(-\sin v\sin w)^2+(\sin v\cos w)^2}=u\sin v$$

を用いると，

$$\boldsymbol{e}_u=\frac{1}{h_u}\frac{\partial \boldsymbol{r}}{\partial u}=\sin v\cos w\boldsymbol{i}+\sin v\sin w\boldsymbol{j}+\cos v\boldsymbol{k},$$

$$\boldsymbol{e}_v=\frac{1}{h_v}\frac{\partial \boldsymbol{r}}{\partial v}=\cos v\cos w\boldsymbol{i}+\cos v\sin w\boldsymbol{j}+\sin v\boldsymbol{k},$$

$$\boldsymbol{e}_w=\frac{1}{h_w}\frac{\partial \boldsymbol{r}}{\partial w}=-\sin w\boldsymbol{i}+\cos w\boldsymbol{j}.$$

$\boldsymbol{e}_u, \boldsymbol{e}_v, \boldsymbol{e}_w$ が互いに直交していることを確かめるには，実際に内積を計算して 0 になることを確かめればよい．

17. 直交座標系による勾配

$$\nabla f=\frac{\partial f}{\partial x}\boldsymbol{i}+\frac{\partial f}{\partial y}\boldsymbol{j}+\frac{\partial f}{\partial z}\boldsymbol{k}$$

を直交曲線座標系で表せ．

[解]

$$\frac{\partial f}{\partial x}=\frac{\partial f}{\partial u}\frac{\partial u}{\partial x}+\frac{\partial f}{\partial v}\frac{\partial v}{\partial x}+\frac{\partial f}{\partial w}\frac{\partial w}{\partial x},$$

$$\frac{\partial f}{\partial y}=\frac{\partial f}{\partial u}\frac{\partial u}{\partial y}+\frac{\partial f}{\partial v}\frac{\partial v}{\partial y}+\frac{\partial f}{\partial w}\frac{\partial w}{\partial y},$$

$$\frac{\partial f}{\partial z}=\frac{\partial f}{\partial u}\frac{\partial u}{\partial z}+\frac{\partial f}{\partial v}\frac{\partial v}{\partial z}+\frac{\partial f}{\partial w}\frac{\partial w}{\partial z}.$$

これを与式に代入すると

$$\nabla f=\frac{\partial f}{\partial u}\left(\frac{\partial u}{\partial x}\boldsymbol{i}+\frac{\partial u}{\partial y}\boldsymbol{j}+\frac{\partial u}{\partial z}\boldsymbol{k}\right)+\frac{\partial f}{\partial v}\left(\frac{\partial v}{\partial x}\boldsymbol{i}+\frac{\partial v}{\partial y}\boldsymbol{j}+\frac{\partial v}{\partial z}\boldsymbol{k}\right)$$

$$+\frac{\partial f}{\partial w}\left(\frac{\partial w}{\partial x}\boldsymbol{i}+\frac{\partial w}{\partial y}\boldsymbol{j}+\frac{\partial w}{\partial z}\boldsymbol{k}\right)$$

$$= \frac{\partial f}{\partial u}\nabla u + \frac{\partial f}{\partial v}\nabla v + \frac{\partial f}{\partial w}\nabla w.$$

18. $\mathrm{div}(\boldsymbol{F}\times\boldsymbol{G}) = \boldsymbol{G}\cdot\mathrm{rot}\,\boldsymbol{F} - \boldsymbol{F}\cdot\mathrm{rot}\,\boldsymbol{G}$ を示せ.

[解]

$$左辺 = g_1(\partial_y f_3 - \partial_z f_2) + g_2(\partial_z f_1 - \partial_x f_3) + g_3(\partial_x f_2 - \partial_y f_1),$$

$$\boldsymbol{F}\cdot\mathrm{rot}\,\boldsymbol{G} = f_1(\partial_y g_3 - \partial_z g_2) + f_2(\partial_z g_1 - \partial_x g_3) + f_3(\partial_x g_2 - \partial_y g_1)$$

であるから,

$$\mathrm{div}(\boldsymbol{F}\times\boldsymbol{G}) = \mathrm{div}\begin{vmatrix} \boldsymbol{i} & \boldsymbol{j} & \boldsymbol{k} \\ f_1 & f_2 & f_3 \\ g_1 & g_2 & g_3 \end{vmatrix}$$

$$= \partial_x(f_2g_3 - f_3g_2) + \partial_y(f_3g_1 - f_1g_3) + \partial_z(f_1g_2 - f_2g_1).$$

一方,

$$右辺 = (\partial_x f_2)g_3 + f_2\partial_x g_3 - ((\partial_x f_3)g_2 + f_3\partial_x g_2)$$

$$+ (\partial_y f_3)g_1 + f_3\partial_y g_1 - ((\partial_y f_1)g_3 + f_1\partial_y g_3)$$

$$+ (\partial_z f_1)g_2 + f_1\partial_z g_2 - ((\partial_z f_2)g_1 + f_2\partial_z g_1)$$

$$= \partial_x(f_2g_3 - f_3g_2) + \partial_y(f_3g_1 - f_1g_3) + \partial_z(f_1g_2 - f_2g_1)$$

$$= \mathrm{div}\begin{vmatrix} \boldsymbol{i} & \boldsymbol{j} & \boldsymbol{k} \\ f_1 & f_2 & f_3 \\ g_1 & g_2 & g_3 \end{vmatrix}.$$

19. $\nabla(\boldsymbol{F}\cdot\boldsymbol{F}) = 2(\boldsymbol{F}\cdot\nabla)\boldsymbol{F} + 2\boldsymbol{F}\times\mathrm{rot}\,\boldsymbol{F}$ を証明せよ.

[証明]　両辺が成分ごとに等しいことを示す.

(1) $\nabla(\boldsymbol{F}\cdot\boldsymbol{F})$ の第 1 成分は $\partial_x(F_1^2 + F_2^2 + F_3^2) = 2(F_1\partial_x F_1 + F_2\partial_x F_2 + F_3\partial_x F_3)$.

(2) $(\boldsymbol{F}\cdot\nabla)\boldsymbol{F}$ の第 1 成分は $F_1\partial_x F_1 + F_2\partial_y F_2 + F_3\partial_z F_3$.

$\mathrm{rot}\,\boldsymbol{F} = (h_1, h_2, h_3), h_1 = \partial_y F_3 - \partial_z F_2, h_2 = \partial_z F_1 - \partial_x F_3, h_3 = \partial_x F_2 - \partial_y F_1$ と書くと

(3) $\boldsymbol{F}\times\mathrm{rot}\,\boldsymbol{F}$ の第 1 成分 $= \begin{vmatrix} \boldsymbol{i} & \boldsymbol{j} & \boldsymbol{k} \\ F_1 & F_2 & F_3 \\ h_1 & h_2 & h_3 \end{vmatrix}$ の第 1 成分 $= F_2(\partial_x F_2 - \partial_y F_1) - F_3(\partial_z F_1 - \partial_x F_3) = F_2\partial_x F_2 + F_3\partial_x F_3$. したがって,

$$2(\boldsymbol{F}\cdot\nabla)\boldsymbol{F} + 2\boldsymbol{F}\times\mathrm{rot}\,\boldsymbol{F} \text{ の第 1 成分} = (2) \text{ の第 1 成分} + (3) \text{ の第 1 成分}$$

$$= 2(F_1\partial_x F_1 + F_2\partial_y F_2 + F_3\partial_z F_3)$$

$$=(1)\text{ の第 1 成分}.$$

第 2 成分，第 3 成分についても同様に成立する．

20. $\boldsymbol{U}(x,y,z,t)$ を流体粒子の点 (x,y,z), 時刻 t での速度とし，$(X(t,\Xi),Y(t,\Xi),Z(t,\Xi))$ を $t=0$ で点 $\Xi=(x,y,z)$ を通る流線とする．すなわち (X,Y,Z) は常微分方程式 (2.1) を満足し $X(0,\Xi)=x, Y(0,\Xi)=y, Z(0,\Xi)=z$ なる初期値問題の解である．Ω を $\boldsymbol{R}^3$ の領域とし $\Omega_t=\{(X(t,\Xi),Y(t,\Xi),Z(t,\Xi))\,|\,\Xi=(x,y,z)\in\Omega\}$ とおく．Ω を Ω_t に対応させる写像 $\Phi(X,Y,Z)$ のヤコビ行列式を J とする．すなわち，

$$J=\det\begin{pmatrix}\dfrac{\partial X}{\partial x} & \dfrac{\partial X}{\partial y} & \dfrac{\partial X}{\partial z}\\ \dfrac{\partial Y}{\partial x} & \dfrac{\partial Y}{\partial y} & \dfrac{\partial Y}{\partial z}\\ \dfrac{\partial Z}{\partial x} & \dfrac{\partial Z}{\partial y} & \dfrac{\partial Z}{\partial z}\end{pmatrix}$$

とおく．ただし，必要なだけ関数は微分可能であると仮定する．このとき次を示せ．

(1) $\dfrac{\partial J}{\partial t}=(\operatorname{div}\boldsymbol{U})J.$

(2) $\dfrac{d}{dt}\displaystyle\iiint_{\Omega_t}f(t,\xi,\eta,\zeta)\,d\xi\,d\eta\,d\zeta=\iiint_{\Omega_t}\frac{\partial f}{\partial t}(t,\xi,\eta,\zeta)\,d\xi\,d\eta\,d\zeta+\iint_{\partial\Omega_t}f(\boldsymbol{U}\cdot\boldsymbol{n}_t)\,dA.$

ここで $\partial\Omega_t$ は Ω_t の境界，$\boldsymbol{n}_t$ は $\partial\Omega_t$ の単位外法線，dA は $\partial\Omega_t$ の面積要素，f は微分可能なスカラー関数である．

(3) $\operatorname{div}\boldsymbol{U}=0$ ならば $J=1$ である．

[註] (2.4) の 1 つの導出方法である．

[解] (1) 行列式の微分法より

$$\frac{\partial J}{\partial t}=\det\begin{pmatrix}\dfrac{\partial}{\partial t}\dfrac{\partial X}{\partial x} & \dfrac{\partial}{\partial t}\dfrac{\partial X}{\partial y} & \dfrac{\partial}{\partial t}\dfrac{\partial X}{\partial z}\\ \dfrac{\partial Y}{\partial x} & \dfrac{\partial Y}{\partial y} & \dfrac{\partial Y}{\partial z}\\ \dfrac{\partial Z}{\partial x} & \dfrac{\partial Z}{\partial y} & \dfrac{\partial Z}{\partial z}\end{pmatrix}+\det\begin{pmatrix}\dfrac{\partial X}{\partial x} & \dfrac{\partial X}{\partial y} & \dfrac{\partial X}{\partial z}\\ \dfrac{\partial}{\partial t}\dfrac{\partial Y}{\partial x} & \dfrac{\partial}{\partial t}\dfrac{\partial Y}{\partial y} & \dfrac{\partial}{\partial t}\dfrac{\partial Y}{\partial z}\\ \dfrac{\partial Z}{\partial x} & \dfrac{\partial Z}{\partial y} & \dfrac{\partial Z}{\partial z}\end{pmatrix}$$

$$+\det\begin{pmatrix}\dfrac{\partial X}{\partial x} & \dfrac{\partial X}{\partial y} & \dfrac{\partial X}{\partial z}\\ \dfrac{\partial Y}{\partial x} & \dfrac{\partial Y}{\partial y} & \dfrac{\partial Y}{\partial z}\\ \dfrac{\partial}{\partial t}\dfrac{\partial Z}{\partial x} & \dfrac{\partial}{\partial t}\dfrac{\partial Z}{\partial y} & \dfrac{\partial}{\partial t}\dfrac{\partial Z}{\partial z}\end{pmatrix}=\mathrm{I}+\mathrm{II}+\mathrm{III}.$$

(2.1) 式より

$$\frac{\partial}{\partial t}\frac{\partial X}{\partial x}=\frac{\partial}{\partial x}\frac{\partial X}{\partial t}=\frac{\partial}{\partial x}u(X,Y,Z,t)=\frac{\partial u}{\partial x}\frac{\partial X}{\partial x}+\frac{\partial u}{\partial y}\frac{\partial Y}{\partial x}+\frac{\partial u}{\partial z}\frac{\partial Z}{\partial x},$$

$$\frac{\partial}{\partial t}\frac{\partial X}{\partial y}=\frac{\partial}{\partial y}\frac{\partial X}{\partial t}=\frac{\partial}{\partial y}u(X,Y,Z,t)=\frac{\partial u}{\partial x}\frac{\partial X}{\partial y}+\frac{\partial u}{\partial y}\frac{\partial Y}{\partial y}+\frac{\partial u}{\partial z}\frac{\partial Z}{\partial y},$$

$$\frac{\partial}{\partial t}\frac{\partial X}{\partial z}=\frac{\partial}{\partial z}\frac{\partial X}{\partial t}=\frac{\partial}{\partial z}u(X,Y,Z,t)=\frac{\partial u}{\partial x}\frac{\partial X}{\partial z}+\frac{\partial u}{\partial y}\frac{\partial Y}{\partial z}+\frac{\partial u}{\partial z}\frac{\partial Z}{\partial z}.$$

これを I に代入し行列式の展開を用いれば

$$\mathrm{I}=\frac{\partial u}{\partial x}\begin{pmatrix}\frac{\partial X}{\partial x}&\frac{\partial X}{\partial y}&\frac{\partial X}{\partial z}\\\frac{\partial Y}{\partial x}&\frac{\partial Y}{\partial y}&\frac{\partial Y}{\partial z}\\\frac{\partial Z}{\partial x}&\frac{\partial Z}{\partial y}&\frac{\partial Z}{\partial z}\end{pmatrix}+\frac{\partial u}{\partial y}\begin{pmatrix}\frac{\partial X}{\partial x}&\frac{\partial X}{\partial y}&\frac{\partial X}{\partial z}\\\frac{\partial Y}{\partial x}&\frac{\partial Y}{\partial y}&\frac{\partial Y}{\partial z}\\\frac{\partial Z}{\partial x}&\frac{\partial Z}{\partial y}&\frac{\partial Z}{\partial z}\end{pmatrix}+\frac{\partial u}{\partial z}\begin{pmatrix}\frac{\partial X}{\partial x}&\frac{\partial X}{\partial y}&\frac{\partial X}{\partial z}\\\frac{\partial Y}{\partial x}&\frac{\partial Y}{\partial y}&\frac{\partial Y}{\partial z}\\\frac{\partial Z}{\partial x}&\frac{\partial Z}{\partial y}&\frac{\partial Z}{\partial z}\end{pmatrix}=\frac{\partial u}{\partial x}J.$$

同様にして $\mathrm{II}=\dfrac{\partial v}{\partial y}J, \mathrm{III}=\dfrac{\partial w}{\partial z}J$ を得る．こうして $\dfrac{\partial J}{\partial t}=(\mathrm{div}\boldsymbol{U})J$ を得た．

(2) 変数変換 $\xi=X(t,\varXi),\eta=Y(t,\varXi),\zeta=Z(t,\varXi)$ を行って

$$\frac{d}{dt}\iiint_{\Omega_t}f(t,\xi,\eta,\zeta)\,d\xi\,d\eta\,d\zeta=\frac{d}{dt}\iiint_{\Omega}f(t,X,Y,Z)J\,dx\,dy\,dz=(*).$$

(2.1) より $\dfrac{\partial}{\partial t}f(t,X,Y,Z)=\dfrac{\partial f}{\partial t}+\dfrac{\partial f}{\partial x}\dfrac{\partial X}{\partial t}+\dfrac{\partial f}{\partial y}\dfrac{\partial Y}{\partial t}+\dfrac{\partial f}{\partial z}\dfrac{\partial Z}{\partial t}=\dfrac{\partial f}{\partial t}+(\nabla f)\cdot\boldsymbol{U}$ である．ただし $\nabla f=(\partial f/\partial x,\partial f/\partial y,\partial f/\partial z)$ とおいた．よって

$$(*)=\iiint_{\Omega}\frac{\partial f}{\partial t}J\,dx\,dy\,dz+\iiint_{\Omega}(\nabla f)\cdot\boldsymbol{U}\,J\,dx\,dy\,dz+\iiint_{\Omega}f\frac{\partial J}{\partial t}\,dx\,dy\,dz.$$

(1) より

$$(\nabla f)\cdot\boldsymbol{U}\,J+f\frac{\partial J}{\partial t}=((\nabla f)\cdot\boldsymbol{U}+f\mathrm{div}\boldsymbol{U})J=(\mathrm{div}\,(f\boldsymbol{U}))J$$

なので変数変換をもとに戻して

$$(*)=\iiint_{\Omega_t}\frac{\partial f}{\partial t}\,d\xi\,d\eta\,d\zeta+\iiint_{\Omega_t}\mathrm{div}\,(f\boldsymbol{U})\,d\xi\,d\eta\,d\zeta.$$

こうしてガウスの発散定理を第 2 項に用いて

$$\frac{d}{dt}\iiint_{\Omega_t}f(t,\xi,\eta,\zeta)\,d\xi\,d\eta\,d\zeta=\iiint_{\Omega_t}\frac{\partial f}{\partial t}(t,\xi,\eta,\zeta)\,d\xi\,d\eta\,d\zeta+\iint_{\partial\Omega_t}f(\boldsymbol{U}\cdot\boldsymbol{n}_t)\,dA.$$

(3) (1) と $\mathrm{div}\boldsymbol{U}=0$ より $\dfrac{\partial J}{\partial t}=0$．よって $J(t)=J(0)$．J の定義と $X(0,\varXi)=x, Y(0,\varXi)=y, Z(0,\varXi)=z$ より

$$J(0)=\det\begin{pmatrix}\dfrac{\partial x}{\partial x} & \dfrac{\partial x}{\partial y} & \dfrac{\partial x}{\partial z}\\ \dfrac{\partial y}{\partial x} & \dfrac{\partial y}{\partial y} & \dfrac{\partial y}{\partial z}\\ \dfrac{\partial z}{\partial x} & \dfrac{\partial z}{\partial y} & \dfrac{\partial z}{\partial z}\end{pmatrix}=\det\begin{pmatrix}1&0&0\\0&1&0\\0&0&1\end{pmatrix}=1.$$

よって $J(t)=1$ が示せた．これが非圧縮ということである．

21. $\varPhi(t,x,y,z)$ を t をパラメタとするスカラー関数で

$$\Delta\varPhi=\frac{\partial^2\varPhi}{\partial x^2}+\frac{\partial^2\varPhi}{\partial y^2}+\frac{\partial^2\varPhi}{\partial z^2}=0$$

を満足するとする．このとき圧力項 $p(t,x,y,z)$ を

$$p=f(t)-\left\{\frac{\partial\varPhi}{\partial t}+\frac{1}{2}\left(\left(\frac{\partial\varPhi}{\partial x}\right)^2+\left(\frac{\partial\varPhi}{\partial y}\right)^2+\left(\frac{\partial\varPhi}{\partial z}\right)^2\right)\right\}$$

で定義する．また流速ベクトル $\boldsymbol{U}=(u,v,w)$ を $u=\partial\varPhi/\partial x, v=\partial\varPhi/\partial y, w=\partial\varPhi/\partial z$ で与えれば $(\boldsymbol{U},p)$ は $\mathrm{rot}\,\boldsymbol{U}=0$ かつオイラー方程式 ((2.36)) を満足する．

[解]　1.2.6 節のベクトル等式 (11) より

$$\mathrm{rot}\,\boldsymbol{U}=\mathrm{rot}\,(\nabla\varPhi)=0.$$

また

$$\frac{\partial p}{\partial x}=-\frac{\partial^2\varPhi}{\partial x\partial t}-\frac{\partial\varPhi}{\partial x}\frac{\partial^2\varPhi}{\partial x^2}-\frac{\partial\varPhi}{\partial y}\frac{\partial^2\varPhi}{\partial x\partial y}-\frac{\partial\varPhi}{\partial z}\frac{\partial^2\varPhi}{\partial x\partial z}=-(u_t+uu_x+vu_y+wu_z)$$

を得る．同様にして

$$\frac{\partial p}{\partial y}=-(v_t+uv_x+vv_y+wv_z),\quad \frac{\partial p}{\partial z}=-(w_t+uw_x+vw_y+ww_z)$$

が示せる．よって

$$\boldsymbol{U}_t+(\boldsymbol{U}\cdot\nabla)\boldsymbol{U}=-\nabla p.$$

$(\boldsymbol{U},p)$ は (2.36) を満足することが分かった．

22. $\boldsymbol{R}^3$ の領域 $\varOmega$ は例 1.42，例 2.1 で与えた円柱座標 $x=r\cos\varphi, y=r\sin\varphi, z=z$ を用いて

$$\varOmega=\{(r,\varphi,z)\,|\,a\le r\le b, 0\le\varphi<2\pi, -\infty<z<\infty\},\quad a,b \text{ は } 0<a<b \text{ なる定数}$$

で与えられる円環領域とする．$r=a$ で $\varphi=\omega_1$, $r=b$ で $\varphi=\omega_2$ なる角速度をもつ定常なナヴィエ・ストークス流で $v_r=v_z=0$ なるものを求めよ．ただし，(v_r,v_φ,v_z) は例 2.1 で与えた円柱座標を用いた場合の流速を表す．

[解]　例 2.1 より $v_r=v_z=0$ として v_φ に対する方程式は，$v_\varphi=v(r,\varphi,z), p^*=p(r,\varphi,z)$ とおいて

$$\frac{1}{r}\frac{\partial v}{\partial \varphi}=0,$$

$$-\frac{\rho}{r}v^2=-\frac{\partial p}{\partial r}-\frac{2}{r^2}\frac{\partial v}{\partial \varphi},$$

$$\rho\frac{v}{r}\frac{\partial v}{\partial \varphi}=-\frac{1}{r}\frac{\partial p}{\partial \varphi}+\mu\Big[\Big(\frac{\partial^2}{\partial r^2}+\frac{1}{r}\frac{\partial}{\partial r}+\frac{1}{r^2}\frac{\partial^2}{\partial \varphi^2}\Big)v-\frac{v}{r^2}\Big],$$

$$0=-\frac{\partial p}{\partial z}.$$

こうしてはじめの式と最後の式から，$v=v(r,z), p=p(r,\varphi)$．また

$$-\frac{\rho}{r}v(r,z)^2=-\frac{\partial p(r,\varphi)}{\partial r}, \tag{A}$$

$$0=-\frac{1}{r}\frac{\partial p(r,\varphi)}{\partial \varphi}+\mu\Big[\Big(\frac{\partial^2}{\partial r^2}+\frac{1}{r}\frac{\partial}{\partial r}\Big)v(t,z)-\frac{v(r,z)}{r^2}\Big]. \tag{B}$$

(A) より $v=v(r), p=p(r)$ とともに r だけの関数であることが分かる．また (A) より $v(r)$ が求まれば圧力は

$$p'(r)=\frac{\rho}{r}v(r)^2$$

を積分して求まる．そこで $v(r)$ のみを求める．(B) より

$$\frac{d^2v}{dr^2}+\frac{1}{r}\frac{dv}{dr}-\frac{v}{r^2}=0$$

なる常微分方程式を $v(r)$ は満たせばよい．たとえば $v(r)=\sum_{j=1}^{N}a_jr^{-j}+\sum_{j=1}^{\infty}b_jr^j$ と展開して $v(r)$ を求めると $v(r)$ は

$$v(r)=\frac{A}{r}+Br$$

なる形の一般解を持つことが分かる．したがって $v(a)=\omega_1, v(b)=\omega_2$ なる境界条件より

$$\frac{A}{a}+Ba=\omega_1,\quad \frac{A}{b}+Bb=\omega_2$$

を解いて

$$A=\frac{ab(a\omega_2-b\omega_1)}{a^2-b^2},\quad B=\frac{a\omega_1-b\omega_2}{a^2-b^2}$$

を得る．さらにこの A,B をもって

$$v_\varphi=\frac{A}{r}+Br,\ v_r=0,\ v_z=0,\quad p^*=-\frac{A^2\rho}{r^2}+2AB\rho\log r+\frac{\rho B^2}{2}r^2+c$$

が求める流速と圧力である．

23. $\mathscr{S}'(\boldsymbol{R})$ の意味で次が成立することを示せ.

(1) $\displaystyle\lim_{\epsilon\to 0}\frac{e^{-\frac{x^2}{4\epsilon}}}{\sqrt{4\pi\epsilon}}=\delta(x)$,

(2) $\displaystyle\lim_{\epsilon\to 0}\frac{1}{\pi x}\sin\frac{x}{\epsilon}=\delta(x)$,

(3) $\displaystyle\lim_{\epsilon\to 0}\frac{1}{\pi}\frac{\epsilon}{x^2+\epsilon^2}=\delta(x)$.

[解]　(1) $\varphi\in\mathscr{S}(\boldsymbol{R})$ を任意にとる. $x/\sqrt{4\epsilon}=y$ とおいて

$$\left\langle\frac{e^{-\frac{x^2}{4\epsilon}}}{\sqrt{4\pi\epsilon}},\varphi\right\rangle=\int_{-\infty}^{\infty}\frac{e^{-\frac{x^2}{4\epsilon}}}{\sqrt{4\pi\epsilon}}\varphi(x)\,dx=\frac{1}{\sqrt{\pi}}\int_{-\infty}^{\infty}e^{-y^2}\varphi(\sqrt{4\epsilon}y)\,dy.$$

$|e^{-y^2}\varphi(\sqrt{4\epsilon}y)|\le\|\varphi\|_\infty e^{-y^2}\in L^1(\boldsymbol{R})$ よりルベーグの収束定理と $y=0$ で φ は連続であることから

$$\lim_{\epsilon\to 0}\left\langle\frac{e^{-\frac{x^2}{4\epsilon}}}{\sqrt{4\pi\epsilon}},\varphi\right\rangle=\frac{1}{\sqrt{\pi}}\int_{-\infty}^{\infty}\lim_{\epsilon\to 0}e^{-y^2}\varphi(\sqrt{4\epsilon}y)\,dy=\frac{1}{\sqrt{\pi}}\int_{-\infty}^{\infty}e^{-y^2}\,dy\,\varphi(0)=\langle\delta,\varphi\rangle.$$

ただし最後のところで $\displaystyle\int_{-\infty}^{\infty}e^{-y^2}\,dy=\sqrt{\pi}$ を用いた.

(2) $\varphi\in\mathscr{S}(\boldsymbol{R})$ を任意にとる.

$$\begin{aligned}&\left\langle\frac{1}{\pi x}\sin\frac{x}{\epsilon},\varphi\right\rangle\\&=\frac{1}{\pi}\int_{-\infty}^{\infty}\frac{\sin\frac{x}{\epsilon}\varphi(x)}{x}\,dx,\\&=\frac{1}{\pi}\int_{-1}^{1}\sin\frac{x}{\epsilon}\,\frac{\varphi(x)-\varphi(0)}{x}\,dx+\frac{\varphi(0)}{\pi}\int_{-1}^{1}\frac{\sin\frac{x}{\epsilon}}{x}\,dx+\frac{1}{\pi}\int_{|x|\ge 1}\sin\frac{x}{\epsilon}\,\frac{\varphi(x)}{x}\,dx.\end{aligned}$$

$g(x)=\begin{cases}\dfrac{\varphi(x)-\varphi(0)}{x} & (x\ne 0)\\ \varphi'(0) & (x=0)\end{cases}$ とおくと $g(x)$ は連続関数である.

とくに $g_0(x)=\begin{cases}g(x) & (|x|\le 1)\\ 0 & (|x|>1)\end{cases}$ は $g_0(x)\in L^1(\boldsymbol{R})$ である. また $h(x)=\begin{cases}\dfrac{\varphi(x)}{x} & (|x|\ge 1)\\ 0 & (|x|\le 1)\end{cases}$

とおくとこれもまた $h\in L^1(\boldsymbol{R})$ である. よって $\epsilon^{-1}=R$ とおいて例 3.19 のリーマン・ルベーグの定理より

$$\lim_{\epsilon\to 0}\frac{1}{\pi}\int_{-1}^{1}\sin\frac{x}{\epsilon}\,\frac{\varphi(x)-\varphi(0)}{x}\,dx=\lim_{R\to\infty}\frac{1}{\sqrt{\pi}}\int_{\boldsymbol{R}}(\sin Rx)g(x)\,dx=0,$$

$$\lim_{\epsilon\to 0}\frac{1}{\pi}\int_{|x|\ge 1}\sin\frac{x}{\epsilon}\,\frac{\varphi(x)}{x}\,dx=\lim_{R\to\infty}\frac{1}{\pi}\int_{\boldsymbol{R}}(\sin Rx)h(x)\,dx=0.$$

一方 $x/\epsilon=y$ とおいて

$$\lim_{\epsilon\to 0}\frac{\varphi(0)}{\pi}\int_{-1}^{1}\frac{\sin\frac{x}{\epsilon}}{x}\,dx=\lim_{\epsilon\to 0}\frac{\varphi(0)}{\pi}\int_{-\frac{1}{\epsilon}}^{\frac{1}{\epsilon}}\frac{\sin x}{x}\,dx=\frac{\varphi(0)}{\pi}\int_{-\infty}^{\infty}\frac{\sin x}{x}\,dx=\langle\delta,\varphi\rangle.$$

よって $\lim_{\epsilon\to 0}\left\langle\frac{1}{\pi x}\sin\frac{x}{\epsilon},\varphi\right\rangle=\langle\delta,\varphi\rangle$. これは $\lim_{\epsilon\to 0}\frac{1}{\pi x}\sin\frac{x}{\epsilon}=\delta(x)$ in $\mathscr{S}'(\boldsymbol{R})$ を示している.

次にリーマン・ルベーグを用いない証明をする．$0<\sigma<1$ と $\varphi\in\mathscr{S}(\boldsymbol{R})$ を任意にとる.

$$\begin{aligned}&\left\langle\frac{1}{\pi x}\sin\frac{x}{\epsilon},\varphi\right\rangle\\&=\frac{1}{\pi}\int_{-\infty}^{\infty}\frac{\sin\frac{x}{\epsilon}\,\varphi(x)}{x}\,dx\\&=\frac{1}{\pi}\int_{-\sigma}^{\sigma}\sin\frac{x}{\epsilon}\,\frac{\varphi(x)-\varphi(0)}{x}\,dx+\frac{\varphi(0)}{\pi}\int_{-\sigma}^{\sigma}\frac{\sin\frac{x}{\epsilon}}{x}\,dx+\frac{1}{\pi}\int_{|x|\ge\sigma}\sin\frac{x}{\epsilon}\,\frac{\varphi(x)}{x}\,dx.\end{aligned}$$

$g(x)$ を先に定義した連続関数とする．$0<\sigma<1$ より

$$\begin{aligned}\left|\frac{1}{\pi}\int_{-\sigma}^{\sigma}\sin\frac{x}{\epsilon}\,\frac{\varphi(x)-\varphi(0)}{x}\,dx\right|&\le\pi^{-1}\max_{|x|\le 1}|g(x)|\int_{|x|\le\sigma}\left|\sin\frac{x}{\epsilon}\right|dx\\&\le\pi^{-1}\max_{|x|\le 1}|g(x)|\int_{|x|\le\sigma}dx\le 2\pi^{-1}\max_{|x|\le 1}|g(x)|\sigma.\end{aligned}$$

また $k(x)=\dfrac{\varphi(x)}{x}$ とおくと，これは $x\ne 0$ で微分可能であって $k'(x)\in L^1(\boldsymbol{R}\setminus(-\sigma,\sigma))$, $\lim_{|x|\to\infty}k(x)=0$ である．部分積分により

$$\begin{aligned}\frac{1}{\pi}\int_{|x|\ge\sigma}\sin\frac{x}{\epsilon}\,\frac{\varphi(x)}{x}\,dx=&-\frac{\epsilon}{\pi}\left[\cos\frac{x}{\epsilon}\,k(x)\right]_{\sigma}^{\infty}-\frac{\epsilon}{\pi}\left[\cos\frac{x}{\epsilon}\,k(x)\right]_{-\infty}^{-\sigma}\\&+\frac{\epsilon}{\pi}\int_{|x|\ge\sigma}\cos\frac{x}{\epsilon}\,k'(x)\,dx.\end{aligned}$$

こうして

$$\lim_{\epsilon\to 0}\frac{1}{\pi}\int_{|x|\ge\sigma}\sin\frac{x}{\epsilon}\,\frac{\varphi(x)}{x}\,dx=0.$$

一方 $x/\epsilon=y$ とおいて

$$\lim_{\epsilon\to 0}\frac{\varphi(0)}{\pi}\int_{-\sigma}^{\sigma}\frac{\sin\frac{x}{\epsilon}}{x}\,dx=\lim_{\epsilon\to 0}\frac{\varphi(0)}{\pi}\int_{-\frac{\sigma}{\epsilon}}^{\frac{\sigma}{\epsilon}}\frac{\sin x}{x}\,dx=\frac{\varphi(0)}{\pi}\int_{-\infty}^{\infty}\frac{\sin x}{x}\,dx=\langle\delta,\varphi\rangle.$$

よって

$$\limsup_{\epsilon\to0}\left|\left\langle\frac{1}{\pi x}\sin\frac{x}{\epsilon},\varphi\right\rangle-\langle\delta,\varphi\rangle\right|\le 2\pi^{-1}\max_{|x|\le1}|g(x)|\sigma.$$

σ は任意にとったので $\sigma\longrightarrow0$ として

$$\limsup_{\epsilon\to0}\left|\left\langle\frac{1}{\pi x}\sin\frac{x}{\epsilon},\varphi\right\rangle-\langle\delta,\varphi\rangle\right|=0.$$

これは $\lim_{\epsilon\to0}\left\langle\frac{1}{\pi x}\sin\frac{x}{\epsilon},\varphi\right\rangle=\langle\delta,\varphi\rangle$ を示している．よって $\lim_{\epsilon\to0}\frac{1}{\pi x}\sin\frac{x}{\epsilon}=\delta(x)$ in $\mathscr{S}'(\boldsymbol{R})$ を得た．

(3) 任意の $\varphi\in\mathscr{S}(\boldsymbol{R})$ に対し

$$\left\langle\frac{1}{\pi}\frac{\epsilon}{x^2+\epsilon^2},\varphi\right\rangle=\frac{1}{\pi}\int_{-\infty}^{\infty}\frac{\epsilon\varphi(x)}{x^2+\epsilon^2}\,dx=\frac{1}{\pi}\int_{-\infty}^{\infty}\frac{\epsilon^2}{\epsilon^2(y^2+1)}\varphi(\epsilon y)\,dy$$

$$=\frac{1}{\pi}\int_{-\infty}^{\infty}\frac{\varphi(\epsilon y)}{y^2+1}\,dy.$$

ただし第 2 項から第 3 項に移るとき $x=\epsilon y$ なる変数変換をした． $\left|\frac{\varphi(\epsilon y)}{y^2+1}\right|\le\frac{\|\varphi\|_\infty}{y^2+1}\in L^1(\boldsymbol{R})$ であるから，ルベーグの収束定理より

$$\lim_{\epsilon\to0}\left\langle\frac{1}{\pi}\frac{\epsilon}{x^2+\epsilon^2},\varphi\right\rangle=\frac{1}{\pi}\int_{-\infty}^{\infty}\lim_{\epsilon\to0}\frac{\varphi(\epsilon y)}{y^2+1}\,dy=\frac{\varphi(0)}{\pi}\int_{-\infty}^{\infty}\frac{1}{y^2+1}\,dy$$

$$=\varphi(0)=\langle\delta,\varphi\rangle.$$

よって $\lim_{\epsilon\to0}\frac{1}{\pi}\frac{\epsilon}{x^2+\epsilon^2}=\delta(x)$ in $\mathscr{S}'(\boldsymbol{R})$ を得た．

24. (1) $\varphi\in\mathscr{S}(\boldsymbol{R})$ に対し x_+^{-1} を

$$\langle x_+^{-1},\varphi\rangle=\int_0^1\frac{\varphi(x)-\varphi(0)}{x}\,dx+\int_0^\infty\frac{\varphi(x)}{x}\,dx$$

で定義すれば，$x_+^{-1}\in\mathscr{S}(\boldsymbol{R})$ であることを示せ．

(2) $(\log x)_+=\begin{cases}\log x & (x>0)\\ 0 & (x<0)\end{cases}$ で $(\log x)_+$ を定義すれば $\frac{d}{dx}(\log x)_+=x_+^{-1}$ であることを示せ．

(3) $\mathscr{F}[x_+^{-1}](\xi)=-\left(\gamma+\log|\xi|+\frac{\pi i}{2}\mathrm{sgn}\,\xi\right)$ を示せ．ただし

$$\gamma=\int_0^1\frac{1-\cos y}{y}\,dy+\int_1^\infty\frac{\cos y}{y}\,dy,\quad \mathrm{sgn}\,\xi=\begin{cases}1 & (\xi>0)\\ -1 & (\xi<0)\end{cases}$$

とおいた．γ をオイラー数という．

[解]　$\varphi\in\mathscr{S}(\boldsymbol{R})$ に対し平均値の定理より $\left|\dfrac{\varphi(x)-\varphi(0)}{x}\right|\leq\|\varphi'\|_\infty\leq p_1(\varphi)$．また

$$\left|\frac{\varphi(x)}{x}\right|\leq\left(\max_{x\in\boldsymbol{R}}|x\varphi(x)|\right)|x|^{-2}\leq p_1(\varphi)|x|^{-2}.$$

ただし，$\boldsymbol{R}$ のときは

$$p_1(\varphi)=\sup_{x\in\boldsymbol{R}}(1+|x|)\sum_{k=0}^{1}|D^k\varphi(x)|$$

であることを想起せよ (定義 3.28)．こうして

$$\begin{aligned}|\langle x_+^{-1},\varphi\rangle|&\leq\left|\int_0^1\frac{\varphi(x)-\varphi(0)}{x}\,dx\right|+\left|\int_1^\infty\frac{\varphi(x)}{x}\,dx\right|\\&\leq\int_0^1\left|\frac{\varphi(x)-\varphi(0)}{x}\right|dx+\int_1^\infty\left|\frac{\varphi(x)}{x}\right|dx\\&\leq p_1(\varphi)\left(\int_0^1 dx+\int_1^\infty\frac{1}{x^2}\,dx\right)\\&=2p_1(\varphi).\end{aligned}$$

よってシュワルツの定理 (定理 3.41) より $x_+^{-1}\in\mathscr{S}'(\boldsymbol{R})$ である．

(2) 任意の $\varphi\in\mathscr{S}(\boldsymbol{R})$ に対し

$$\begin{aligned}-\left\langle\frac{d(\log x)_+}{dx},\varphi\right\rangle&=\langle(\log x)_+,\varphi'(x)\rangle=\int_0^\infty(\log x)\varphi'(x)\,dx\\&=\lim_{\epsilon\to0}\int_\epsilon^1(\log x)\varphi'(x)\,dx+\int_1^\infty(\log x)\varphi'(x)\,dx=(*).\end{aligned}$$

ここで部分積分をする．$(\varphi(x)-\varphi(0))'=\varphi'(x)$ であることに注意すれば

$$\begin{aligned}(*)=&\lim_{\epsilon\to0}\left\{\Big[(\log x)(\varphi(x)-\varphi(0))\Big]_\epsilon^1-\int_\epsilon^1\frac{\varphi(x)-\varphi(0)}{x}\,dx\right\}\\&+\Big[(\log x)\varphi(x)\Big]_1^\infty-\int_1^\infty\frac{\varphi(x)}{x}\,dx.\end{aligned}$$

平均値の定理より $(\log\epsilon)(\varphi(\epsilon)-\varphi(0))\longrightarrow0$ $(\epsilon\longrightarrow0)$ が分かるので

$$(*)=-\int_0^1\frac{\varphi(x)-\varphi(0)}{x}\,dx-\int_1^\infty\frac{\varphi(x)}{x}\,dx=-\langle x_+^{-1},\varphi\rangle$$

を得た．これは $\dfrac{d(\log x)_+}{dx}=x_+^{-1}$ を示している．

(3) 証明を始める前に，広義積分 $\displaystyle\int_1^\infty\frac{\cos y}{y}\,dy$ の収束は部分積分から

$$\int_1^\infty\frac{\cos y}{y}\,dy=\lim_{R\to\infty}\int_1^R\frac{\cos y}{y}\,dy=\lim_{R\to\infty}\left\{\left[\frac{\sin y}{y}\right]_1^R+\int_1^R\frac{\sin y}{y^2}\,dy\right\}$$

$$=-\sin 1+\int_1^\infty \frac{\sin y}{y^2}\,dy$$

より分かることを想起せよ．ただし最後の項は絶対収束している．$\dfrac{\sin y}{y}$ の $[1,\infty)$ での広義積分も同様に考える．

さて任意の $\varphi(\xi)\in\mathscr{S}(\boldsymbol{R})$ に対しフーリエ変換の定義より

$$\begin{aligned}
\langle\mathscr{F}[x_+^{-1}],\varphi\rangle&=\langle x_+^{-1},\hat{\varphi}\rangle=\int_0^1\frac{\hat{\varphi}(x)-\hat{\varphi}(0)}{x}\,dx+\int_1^\infty\frac{\hat{\varphi}(x)}{x}\,dx\\
&=\int_0^1\frac{1}{x}\Big(\int_{-\infty}^\infty(e^{-ix\xi}-1)\varphi(\xi)\,d\xi\Big)\,dx+\int_1^\infty\frac{1}{x}\Big(\int_{-\infty}^\infty e^{-ix\xi}\varphi(\xi)\,d\xi\Big)\,dx\\
&=\mathrm{I}+\mathrm{II}.
\end{aligned}$$

ただし

$$\hat{\varphi}(0)=\int_{-\infty}^\infty e^{-ix\xi}\varphi(\xi)\,d\xi\Big|_{x=0}=\int_{-\infty}^\infty\varphi(\xi)\,d\xi$$

を用いた．I にフビニの定理を用いる．テイラーの定理の積分形より

$$\frac{e^{-ix\xi}-1}{x}=\frac{1}{x}(-ix\xi)\int_0^1 e^{-i\theta x\xi}\,d\theta=-i\xi\int_0^1 e^{-i\theta x\xi}\,d\theta$$

なので $\left|\dfrac{e^{-ix\xi}-1}{x}\varphi(\xi)\right|\le|\xi||\varphi(\xi)|\in L^1((0,1)\times\boldsymbol{R})$ である．よってフビニの定理より

$$\mathrm{I}=\int_0^1\frac{1}{x}\Big(\int_{-\infty}^\infty(e^{-ix\xi}-1)\varphi(\xi)\,d\xi\Big)\,dx=\int_{-\infty}^\infty\varphi(\xi)\Big(\int_0^1\frac{e^{-ix\xi}-1}{x}\,dx\Big)\,d\xi.$$

II においては $e^{-ix\xi}=\dfrac{i}{x}\Big(\dfrac{\partial}{\partial\xi}e^{-ix\xi}\Big)$ より

$$\begin{aligned}
\mathrm{II}&=\int_1^\infty\frac{1}{x}\Big(\int_{-\infty}^\infty e^{-ix\xi}\varphi(\xi)\,d\xi\Big)\,dx=\int_1^\infty\frac{i}{x^2}\Big(\int_{-\infty}^\infty\Big(\frac{\partial}{\partial\xi}e^{-ix\xi}\Big)\varphi(\xi)\,d\xi\Big)\,dx\\
&=-i\int_1^\infty\frac{1}{x^2}\Big(\int_{-\infty}^\infty\varphi'(\xi)e^{-ix\xi}\,d\xi\Big)\,dx.
\end{aligned}$$

いま $\left|\dfrac{1}{x^2}\varphi'(\xi)e^{-ix\xi}\right|\le\dfrac{|\varphi'(\xi)|}{x^2}\in L^1((1,\infty)\times\boldsymbol{R})$ であるのでフビニの定理より

$$\mathrm{II}=-i\int_{-\infty}^\infty\varphi'(\xi)\Big(\int_1^\infty\frac{e^{-ix\xi}}{x^2}\,dx\Big)\,d\xi.$$

また任意の $R>1$ に対し

$$\begin{aligned}
\left|\varphi'(\xi)\int_1^R\frac{e^{-ix\xi}}{x^2}\,dx\right|&\le|\varphi'(\xi)|\int_1^\infty\left|\frac{e^{-ix\xi}}{x^2}\right|dx\le|\varphi'(\xi)|\int_1^\infty\frac{1}{x^2}\,dx\\
&=|\varphi'(\xi)|\in L^1(\boldsymbol{R})
\end{aligned}$$

なのでルベーグの収束定理より

$$\mathrm{II} = -i\int_{-\infty}^{\infty}\varphi'(\xi)\left(\lim_{R\to\infty}\int_1^R \frac{e^{-ix\xi}}{x^2}\,dx\right)d\xi$$
$$= -i\lim_{R\to 0}\int_{-\infty}^{\infty}\varphi'(\xi)\left(\int_1^R \frac{e^{-ix\xi}}{x^2}\,dx\right)d\xi.$$

以上の考察より

$$\langle \mathscr{F}[x_+^{-1}],\varphi\rangle = \mathrm{I}+\mathrm{II}$$
$$= \int_{-\infty}^{\infty}\varphi(\xi)\left(\int_0^1 \frac{e^{-ix\xi}-1}{x}\,dx\right)d\xi - i\lim_{R\to\infty}\int_{-\infty}^{\infty}\varphi'(\xi)\left(\int_1^R \frac{e^{-ix\xi}}{x^2}\,dx\right)d\xi$$

を得た．さらに最後の項で ξ について部分積分して

$$\langle \mathscr{F}[x_+^{-1}],\varphi\rangle$$
$$= \int_{-\infty}^{\infty}\varphi(\xi)\left(\int_0^1 \frac{e^{-ix\xi}-1}{x}\,dx\right)d\xi + \lim_{R\to\infty}\int_{-\infty}^{\infty}\varphi(\xi)\left(\int_1^R \frac{e^{-ix\xi}}{x}\,dx\right)d\xi$$
$$= \lim_{R\to\infty}\int_{-\infty}^{\infty}\varphi(\xi)\left(\int_0^1 \frac{e^{-ix\xi}-1}{x}\,dx + \int_1^R \frac{e^{-ix\xi}}{x}\,dx\right)d\xi$$
$$= \lim_{R\to\infty}\int_{-\infty}^{\infty}\varphi(\xi)\left(\int_0^1 \frac{\cos x\xi-1}{x}\,dx + \int_1^R \frac{\cos x\xi}{x}\,dx\right)d\xi$$
$$-i\left\{\lim_{R\to\infty}\int_{-\infty}^{\infty}\varphi(\xi)\left(\int_0^R \frac{\sin x\xi}{x}\,dx\right)d\xi\right\}.$$

ここで $\cos x\xi = \cos x|\xi|, \sin x\xi = \operatorname{sgn}\xi \sin x|\xi|$ であることに注意して最終的に次を得る．

$$\langle \mathscr{F}[x_+^{-1}],\varphi\rangle = \lim_{R\to\infty}\int_{-\infty}^{\infty}\varphi(\xi)\left(\int_0^1 \frac{\cos x|\xi|-1}{x}\,dx + \int_1^R \frac{\cos x|\xi|}{x}\,dx\right)d\xi$$
$$+\lim_{R\to\infty}\int_{-\infty}^{\infty}(-i\operatorname{sgn}\xi)\varphi(\xi)\left(\int_0^R \frac{\sin x|\xi|}{x}\,dx\right)d\xi$$

$|\xi|x = y$ とおいて

$$= \lim_{R\to\infty}\int_{-\infty}^{\infty}\varphi(\xi)\left(\int_0^{|\xi|} \frac{\cos y-1}{y}\,dy + \int_{|\xi|}^{R|\xi|} \frac{\cos y}{y}\,dy\right)d\xi$$
$$+\lim_{R\to\infty}\int_{-\infty}^{\infty}(-i\operatorname{sgn}\xi)\varphi(\xi)\left(\int_0^{R|\xi|} \frac{\sin y}{y}\,dy\right)d\xi.$$

そこで再び極限と積分の順序交換ができることを議論しなくてはならない．そのために次を示そう．

$$\left|\int_{|\xi|}^{R|\xi|}\frac{\cos y}{y}\,dy\right|\le 3+|\log|\xi||,\qquad \left|\int_{|\xi|}^{R|\xi|}\frac{\sin y}{y}\,dy\right|\le 3+|\log|\xi||.$$

実際，部分積分より

$$\int_{|\xi|}^{R|\xi|}\frac{\cos y}{y}\,dy=\int_{1}^{R|\xi|}\frac{\cos y}{y}\,dy+\int_{|\xi|}^{1}\frac{\cos y}{y}\,dy$$
$$=\frac{\sin R|\xi|}{R|\xi|}-\sin 1+\int_{1}^{R|\xi|}\frac{\sin y}{y^2}\,dy+\int_{|\xi|}^{1}\frac{\cos y}{y}\,dy.$$

ここで $|\sin y/y|\le 1$ を用いて

$$\left|\int_{|\xi|}^{R|\xi|}\frac{\cos y}{y}\,dy\right|\le 2+\int_{1}^{\infty}y^{-2}\,dy+\left|\int_{|\xi|}^{1}y^{-1}\,dy\right|=3+|\log|\xi||$$

である．よって示せた．sin の場合，$R|\xi|\ge 1$ のときは上で sin と cos を置き換えて

$$\int_{|\xi|}^{R|\xi|}\frac{\sin y}{y}\,dy=\int_{1}^{R|\xi|}\frac{\sin y}{y}\,dy+\int_{|\xi|}^{1}\frac{\sin y}{y}\,dy$$
$$=\cos 1-\frac{\cos R|\xi|}{R|\xi|}-\int_{1}^{R|\xi|}\frac{\cos y}{y^2}\,dy+\int_{|\xi|}^{1}\frac{\sin y}{y}\,dy$$

なので $|\cos R|\xi|/(R|\xi|)|\le 1$ $(R|\xi|\ge 1)$ に注意すれば $\left|\int_{|\xi|}^{R|\xi|}\frac{\sin y}{y}\,dy\right|\le 3+|\log|\xi||$ を得る．

また $R|\xi|\le 1$ のときは $|\sin y/y|\le 1$ より

$$\left|\int_{|\xi|}^{R|\xi|}\frac{\sin y}{y}\,dy\right|\le\int_{0}^{1}\left|\frac{\sin y}{y}\right|dy\le 1\le 3+|\log|\xi||.$$

よって求める不等式を得た．

いま

$$\left|\varphi(\xi)\int_{|\xi|}^{R|\xi|}\frac{\cos y}{y}\,dy\right|\le(3+|\log|\xi||)|\varphi(\xi)|\in L^1(\boldsymbol{R}),$$

$$\left|\varphi(\xi)\int_{|\xi|}^{R|\xi|}\frac{\sin y}{y}\,dy\right|\le(3+|\log|\xi||)|\varphi(\xi)|\in L^1(\boldsymbol{R})$$

なのでルベーグの収束定理により極限と積分の順序を交換して，最終的に

$$\langle\mathscr{F}[x_+^{-1}],\varphi\rangle=\int_{-\infty}^{\infty}\varphi(\xi)\left(\int_{0}^{|\xi|}\frac{\cos y-1}{y}\,dy+\int_{|\xi|}^{\infty}\frac{\cos y}{y}\,dy\right)d\xi$$
$$+\int_{-\infty}^{\infty}(-i\operatorname{sgn}\xi)\varphi(\xi)\left(\int_{0}^{\infty}\frac{\sin y}{y}\,dy\right)d\xi.$$

ところで

$$\int_{0}^{|\xi|}\frac{\cos y-1}{y}\,dy+\int_{|\xi|}^{\infty}\frac{\cos y}{y}\,dy$$

$$=\int_0^1 \frac{\cos y-1}{y}dy+\int_1^{|\xi|}\frac{\cos y-1}{y}dy+\int_{|\xi|}^1 \frac{\cos y}{y}dy+\int_1^\infty \frac{\cos y}{y}dy$$

$$=\int_0^1 \frac{\cos y-1}{y}dy+\int_1^\infty \frac{\cos y}{y}dy-\int_1^{|\xi|}\frac{1}{y}dy=-\gamma-\log|\xi|,$$

$$\int_0^\infty \frac{\sin y}{y}dy=\frac{\pi}{2}$$

である．これを代入して，任意の $\varphi\in\mathscr{S}(\boldsymbol{R})$ に対して

$$\langle\mathscr{F}[x_+^{-1}],\varphi\rangle=\left\langle-\left(\gamma+\log|\xi|+\frac{\pi i}{2}\mathrm{sgn}\,\xi\right),\varphi\right\rangle$$

を得た．これは $\mathscr{F}[x_+^{-1}](\xi)=-\left(\gamma+\log|\xi|+\dfrac{\pi i}{2}\mathrm{sgn}\,\xi\right)$ を示している．

25. (1) $n\geq 2$ に対し x_+^{-n} を

$$\langle x_+^{-n},\varphi\rangle=\int_0^\infty x^{-n}\left(\varphi(x)-\sum_{k=0}^{n-2}\frac{\varphi^{(k)}(0)}{k!}-\frac{\varphi^{(n-1)}(0)}{(n-1)!}x^{n-1}H(1-x)\right)dx,$$

$$\forall\varphi\in\mathscr{S}(\boldsymbol{R})$$

で定義する．ただし $H(x)$ はヘビサイド関数である．このとき $x_+^{-n}\in\mathscr{S}'(\boldsymbol{R})$ を示せ．

(2) $\dfrac{d}{dx}x_+^{-n}=-nx_+^{-(n+1)}+\dfrac{(-1)^n}{n!}\delta^{(n)}(x)$ を示せ．ただし $\delta^{(n)}(x)$ はデルタ関数 $\delta(x)$ の n 階微分である．

[解]　(1) 定義から $\varphi\in\mathscr{S}(\boldsymbol{R})$ に対し

$$\begin{aligned}\langle x_+^{-n},\varphi\rangle&=\int_0^1 x^{-n}\left(\varphi(x)-\sum_{k=0}^{n-1}\frac{\varphi^{(k)}(0)}{k!}x^k\right)dx\\&\quad+\int_1^\infty x^{-n}\left(\varphi(x)-\sum_{k=0}^{n-2}\frac{\varphi^{(k)}(0)}{k!}x^k\right)dx\\&=\mathrm{I}+\mathrm{II}\end{aligned}$$

と表せる．右辺第一項では次のテイラーの定理の積分形を用いる．

$$\varphi(x)=\sum_{k=0}^{n-1}\frac{\varphi^{(k)}(0)}{k!}x^k+\frac{x^n}{(n-1)!}\int_0^1(1-\theta)^{n-1}\varphi^{(n)}(\theta x)\,d\theta. \tag{1}$$

実際この式は次のように示せる．微分積分の基本定理から

$$\varphi(x)-\varphi(0)=\int_0^1\frac{\partial}{\partial\theta}\varphi(\theta x)\,d\theta=x\int_0^1\varphi'(\theta x)\,d\theta$$

と表す．x をパラメタとみて θ について $f'=1, f=-(1-\theta), g=\varphi'(\theta x), g'=\varphi''(\theta x)x$ として部分積分をすれば

$$\varphi(x)-\varphi(0)=x\left\{\Big[-(1-\theta)\varphi'(\theta x)\Big]_0^1+\int_0^1(1-\theta)\varphi''(\theta x)x\,d\theta\right\}$$

$$=\varphi'(0)x+x^2\int_0^1(1-\theta)\varphi''(\theta x)\,d\theta.$$

$f'=(1-\theta), f=-(1/2)(1-\theta)^2, g=\varphi''(\theta x), g'=\varphi'''(\theta x)x$ として部分積分をすれば

$$\varphi(x)-\varphi(0)=\varphi'(0)x+x^2\left\{\Big[-\frac{1}{2}(1-\theta)\varphi''(\theta x)\Big]_0^1+\frac{1}{2}\int_0^1(1-\theta)^2\varphi'''(\theta x)x\,d\theta\right\}$$

$$=\varphi'(0)x+\frac{\varphi''(0)}{2}x^2\ +\frac{x^3}{2}\int_0^1(1-\theta)^2\varphi'''(\theta x)\,d\theta.$$

以下これを続けて (1) を得る．とくに

$$\left|x^{-n}\left(\varphi(x)-\sum_{k=0}^{n-1}\frac{\varphi^{(k)}(0)}{k!}x^k\right)\right|=\left|\frac{1}{(n-1)!}\int_0^1(1-\theta)^{n-1}\varphi^{(n)}(\theta x)\,d\theta\right|$$

$$\le\frac{\|\varphi^{(n)}\|_\infty}{(n-1)!}\int_0^1(1-\theta)^{n-1}\,d\theta\le\frac{\|\varphi^{(n)}\|_\infty}{n!}.$$

これより

$$|\mathrm{I}|=\left|\int_0^1 x^{-n}\left(\varphi(x)-\sum_{k=0}^{n-1}\frac{\varphi^{(k)}(0)}{k!}x^k\right)dx\right|\le\frac{\|\varphi^{(n)}\|_\infty}{n!}\le\frac{p_n(\varphi)}{n!}.$$

ただし

$$p_n(\varphi)=\sup_{x\in\boldsymbol{R}}(1+|x|)^n\sum_{k=0}^{n}|\varphi^{(k)}(x)|.$$

一方

$$|\mathrm{II}|=\left|\int_1^\infty x^{-n}\left(\varphi(x)-\sum_{k=0}^{n-2}\frac{\varphi^{(k)}(0)}{k!}x^k\right)dx\right|$$

$$\le\|\varphi\|_\infty\int_1^\infty x^{-n}\,dx+\sum_{k=0}^{n-2}\frac{|\varphi^{(k)}(0)|}{k!}\int_1^\infty x^{-n+k}\,dx$$

$$=\frac{\|\varphi\|_\infty}{n-1}+\sum_{k=0}^{n-2}\frac{|\varphi^k(0)|}{k!(n-k-1)}\le\left(\frac{1}{n-1}+\sum_{k=0}^{n-2}\frac{1}{k!(n-k-1)}\right)p_n(\varphi).$$

こうして，ある定数 C があって任意の $\varphi\in\mathscr{S}(\boldsymbol{R})$ に対し

$$|\langle x_+^{-n},\varphi\rangle|\le Cp_n(\varphi)$$

を得た．よってシュワルツの定理 (定理 3.41) により $x_+^{-n}\in\mathscr{S}'(\boldsymbol{R})$ である．

(2) 微分の定義から，任意の $\varphi\in\mathscr{S}(\boldsymbol{R})$ に対して

$$\left\langle\frac{d}{dx}x_+^{-n},\varphi\right\rangle=-\langle x_+^{-n},\varphi'\rangle$$

$$= -\int_0^1 x^{-n}\left(\varphi'(x) - \sum_{k=0}^{n-1}\frac{\varphi^{(k+1)}(0)}{k!}x^k\right)dx$$

$$-\int_1^\infty x^{-n}\left(\varphi'(x) - \sum_{k=0}^{n-2}\frac{\varphi^{(k+1)}(0)}{k!}x^k\right)dx$$

$$= \mathrm{I} + \mathrm{II}.$$

I においては

$$f = x^{-n}, \quad f' = -nx^{-(n+1)},$$

$$g' = \varphi'(x) - \sum_{k=0}^{n-1}\frac{\varphi^{(k+1)}(0)}{k!}x^k, \quad g = \varphi(x) - \sum_{k=0}^{n}\frac{\varphi^{(k)}(0)}{k!}x^k$$

として部分積分すれば

$$\mathrm{I} = -\left[x^{-n}\left(\varphi(x) - \sum_{k=0}^{n}\frac{\varphi^{(k)}(0)}{k!}x^k\right)\right]_0^1 - n\int_0^1 x^{-(n+1)}\left(\varphi(x) - \sum_{k=0}^{n}\frac{\varphi^{(k)}(0)}{k!}x^k\right)dx.$$

ここで (1) より

$$\lim_{x\to 0+} x^{-n}\left(\varphi(x) - \sum_{k=0}^{n}\frac{\varphi^{(k)}(0)}{k!}x^k\right) = \lim_{x\to 0+}\frac{x}{n!}\int_0^1 (1-\theta)^n\varphi^{(n+1)}(\theta x)\,d\theta = 0$$

であるので

$$\mathrm{I} = -\left(\varphi(1) - \sum_{k=0}^{n}\frac{\varphi^{(k)}(0)}{k!}\right) - n\int_0^1 x^{-(n+1)}\left(\varphi(x) - \sum_{k=0}^{n}\frac{\varphi^{(k)}(0)}{k!}x^k\right)dx.$$

一方 II では

$$f = x^{-n}, \quad f' = -nx^{-(n+1)},$$

$$g' = \varphi'(x) - \sum_{k=0}^{n-2}\frac{\varphi^{(k+1)}(0)}{k!}x^k, \quad g = \varphi(x) - \sum_{k=0}^{n-1}\frac{\varphi^{(k)}(0)}{k!}x^k$$

として部分積分すれば

$$\mathrm{II} = -\left[x^{-n}\left(\varphi(x) - \sum_{k=0}^{n-1}\frac{\varphi^{(k)}(0)}{k!}x^k\right)\right]_1^\infty$$

$$-n\int_1^\infty x^{-(n+1)}\left(\varphi(x) - \sum_{k=0}^{n-1}\frac{\varphi^{(k)}(0)}{k!}x^k\right)dx$$

$$= \varphi(1) - \sum_{k=0}^{n-1}\frac{\varphi^{(k)}(0)}{k!} - n\int_0^\infty x^{-(n+1)}\left(\varphi(x) - \sum_{k=0}^{n-1}\frac{\varphi^{(k)}(0)}{k!}x^k\right)dx.$$

こうして

$$\left\langle \frac{d}{dx}x_+^{-n}, \varphi\right\rangle$$

$$=\mathrm{I}+\mathrm{II}$$

$$=\frac{\varphi^{(n)}(0)}{n!}-n\int_0^\infty x^{-(n+1)}\left(\varphi(x)-\sum_{k=0}^{n-1}\frac{\varphi^{(k)}(0)}{k!}x^k-\frac{\varphi^{(n)}(0)}{n!}x^n H(1-x)\right)dx$$

$$=\left\langle -nx_+^{-(n+1)}+\frac{(-1)^n}{n!}\delta^{(n)},\varphi\right\rangle.$$

よって

$$\frac{d}{dx}x_+^{-n}=-nx_+^{-(n+1)}+\frac{(-1)^n}{n!}\delta^{(n)}(x)$$

が示せた.

26. (1) $\mathscr{S}(\boldsymbol{R}^2)$ に対し $\mathscr{P}(|x|^{-2})$ $(|x|=\sqrt{x_1^2+x_2^2}, x=(x_1,x_2)\in\boldsymbol{R}^2)$ を

$$\langle\mathscr{P}(|x|^{-2}),\varphi\rangle=\int_{|x|\le 1}\frac{\varphi(x)-\varphi(0)}{|x|^2}dx+\int_{|x|\ge 1}\frac{\varphi(x)}{|x|^2}dx$$

で定義する．このとき $\mathscr{P}(|x|^{-2})\in\mathscr{S}'(\boldsymbol{R}^2)$ を示せ．また $|x|^2\mathscr{P}(|x|^{-2})=1$ を示せ.

(2) $\mathscr{F}[\mathscr{P}(|x|^{-2})](\xi)=-2\pi\log|\xi|-2\pi C_0$ を示せ．ただし,

$$C_0=\int_0^1\frac{1-J_0(s)}{s}ds-\int_1^\infty\frac{J_0(s)}{s}ds$$

と定義した．ここで J_0 は 0 次のベッセル関数である．その定義などについては 4.4.1 節を参照せよ．また C_0 の定義において $[1,\infty)$ での可積分性については次より従うことに注意せよ.

$$J_0(s)=A_0(s)\sin s+B_0(s)\cos s,\quad |A_0(s)|,|B_0(s)|\le C|s|^{-1/2}\tag{2}$$

が $|s|$ が十分大なる実数 s に対して成立する[*1].

[解]　(1) 任意の $\varphi\in\mathscr{S}(\boldsymbol{R}^2)$ に対し

$$\varphi(x)=\varphi(0)+\int_0^1\frac{\partial}{\partial\theta}[\varphi(\theta x)]d\theta=\varphi(0)+\int_0^1\left[\frac{\partial\varphi}{\partial x_1}(\theta x)x_1+\frac{\partial\varphi}{\partial x_2}(\theta x)x_2\right]d\theta$$

と表せば，シュワルツの不等式より

$$|\varphi(x)-\varphi(0)|\le\int_0^1\left[\frac{\partial\varphi}{\partial x_1}(\theta x)^2+\frac{\partial\varphi}{\partial x_2}(\theta x)^2\right]^{1/2}d\theta\sqrt{x_1^2+x_2^2}\le p_1(\varphi)|x|$$

を得る．ただし $\boldsymbol{R}^2$ において p_1 は

$$p_1(\varphi)=\sup_{x\in\boldsymbol{R}^2}(1+|x|)\sum_{|\alpha|\le 1}|D^\alpha\varphi(x)|$$

[*1] くわしくは森口繁一・宇田川銈久・一松信著『岩波数学公式 III (特殊函数)』(岩波書店) を参考にせよ.

で定義された．こうして

$$|\langle \mathscr{P}(|x|^{-2}),\varphi\rangle| \le p_1(\varphi)\int_{|x|\le 1}\frac{dx}{|x|}+\Big\{\max_{|x|\ge 1}|x||\varphi(x)|\Big\}\int_{|x|\ge 1}\frac{dx}{|x|^3}$$
$$\le p_1(\varphi)\Big(\int_0^1 dr\int_0^{2\pi}d\theta+\int_1^\infty r^{-2}\,dr\int_0^{2\pi}d\theta\Big)=4\pi p_1(\varphi).$$

ただし，$x_1=r\cos\theta, x_2=r\sin\theta$ なる変数変換を用いた．よってシュワルツの定理 (定理 3.41) より $\mathscr{P}(|x|^{-2})\in\mathscr{S}'(\boldsymbol{R}^2)$ である．とくに

$$\langle |x|^2\mathscr{P}(|x|^{-2}),\varphi\rangle=\langle \mathscr{P}(|x|^{-2}),|x|^2\varphi\rangle=\int_{|x|\le 1}\frac{\varphi(x)|x|^2}{|x|^2}\,dx+\int_{|x|\ge 1}\frac{\varphi(x)|x|^2}{|x|^2}\,dx$$
$$=\int_{\boldsymbol{R}^2}\varphi(x)\,dx=\langle 1,\varphi\rangle.$$

よって $|x|^2\mathscr{P}(|x|^{-2})=1$ である．

(2) $\varphi\in\mathscr{S}(\boldsymbol{R}^2)$ に対しフーリエ変換の定義より

$$\langle \mathscr{F}[\mathscr{P}(|x|^{-2})],\varphi\rangle$$
$$=\langle \mathscr{P}(|x|^{-2}),\hat{\varphi}\rangle=\int_{|x|\ge 1}\frac{\hat{\varphi}(x)-\hat{\varphi}(0)}{|x|^2}\,dx+\int_{|x|\ge 1}\frac{\hat{\varphi}(x)}{|x|^2}\,dx$$
$$=\int_{|x|\le 1}\frac{1}{|x|^2}\Big(\int_{\boldsymbol{R}^2}(e^{-ix\cdot\xi}-1)\varphi(\xi)\,d\xi\Big)\,dx+\int_{|x|\ge 1}\frac{1}{|x|^2}\Big(\int_{\boldsymbol{R}^2}e^{-ix\cdot\xi}\varphi(\xi)\,d\xi\Big)\,dx$$
$$=\mathrm{I}+\mathrm{II}.$$

ただし，$\hat{\varphi}(0)=\displaystyle\int_{\boldsymbol{R}^2}e^{-ix\cdot\xi}\varphi(\xi)\,d\xi\Big|_{x=0}=\int_{\boldsymbol{R}^2}\varphi(\xi)\,d\xi$ を用いた．

さて I の被積分関数は $\dfrac{1}{|x|^2}(e^{-ix\cdot\xi}-1)\varphi(\xi)\in L^1(B_1\times\boldsymbol{R}^2)$ である ($B_1=\{x\in\boldsymbol{R}^2\,|\,|x|\le 1\}$)．実際，平均値の定理より $|e^{-ix\cdot\xi}-1|\le|x||\xi|$ なのでトネリの定理より

$$\iint_{B_1\times\boldsymbol{R}^2}\Big|\frac{1}{|x|^2}(e^{-ix\cdot\xi}-1)\varphi(\xi)\Big|\,dxd\xi\le 2\int_{|x|\le 1}\frac{dx}{|x|}\int_{\boldsymbol{R}^2}|\xi||\varphi(\xi)|\,d\xi$$
$$=2\int_0^1 dr\int_0^{2\pi}d\theta\int_{\boldsymbol{R}^2}|\xi||\varphi(\xi)|\,d\xi$$
$$=4\pi\int_{\boldsymbol{R}^2}|\xi||\varphi(\xi)|\,d\xi<\infty.$$

こうしてフビニの定理を用いて

$$\mathrm{I}=\int_{\boldsymbol{R}^2}\varphi(\xi)\Big(\int_{|x|\le 1}\frac{e^{-ix\cdot\xi}-1}{|x|^2}\,dx\Big)\,d\xi.$$

そこで T を $T\xi=|\xi|(1,0)$ なる直交変換として $x\cdot\xi=(Tx)\cdot(T\xi)=|\xi|(Tx)\cdot(1,0)$．よって

$Tx=y$ とおいて $|x|=|y|, dx=dy, B_1$ は普遍であるので $x\cdot\xi=|\xi|y_1$ と表せることに注意して

$$I=\int_{\boldsymbol{R}^2}\varphi(\xi)\Big(\int_{|y|\leq 1}\frac{e^{-i|\xi|y_1}-1}{|y|^2}dy\Big)d\xi.$$

さらに $y_1=r\cos\theta, y_2=r\sin\theta$ なる局座標変換を行って最終的に

$$\mathrm{I}=\int_{\boldsymbol{R}^2}\varphi(\xi)\Big(\int_0^{2\pi}\int_0^1\frac{e^{-i|\xi|r\cos\theta}-1}{r}drd\theta\Big)d\xi.$$

いま (4.28) 式を用いて

$$\int_0^{2\pi}e^{-i|\xi|r\cos\theta}d\theta=\int_0^{\pi}e^{-i|\xi|r\cos\theta}d\theta+\int_0^{\pi}e^{i|\xi|r\cos\theta}d\theta=2\pi J_0(r|\xi|)$$

であるので

$$\mathrm{I}=2\pi\int_{\boldsymbol{R}^2}\varphi(\xi)\Big(\int_0^1\frac{J_0(r|\xi|)-1}{r}dr\Big)d\xi.$$

一方トネリの定理から，任意の $R\geq 1$ に対し $|x|^{-2}e^{-ix\cdot\xi}\varphi(\xi)\in L^1(\{x\in\boldsymbol{R}^2\mid 1\leq|x|\leq R\}\times\boldsymbol{R}^2)$ がいえるので

$$\begin{aligned}\mathrm{II}&=\lim_{R\to\infty}\int_{1\leq|x|\leq R}\frac{\hat{\varphi}(x)}{|x|^2}dx=\lim_{R\to\infty}\int_{1\leq|x|\leq R}\frac{1}{|x|^2}\Big(\int_{\boldsymbol{R}^2}e^{-ix\cdot\xi}\varphi(\xi)d\xi\Big)dx\\&=\lim_{R\to\infty}\int_{\boldsymbol{R}^2}\varphi(\xi)\Big(\int_{1\leq|x|\leq R}\frac{e^{-ix\cdot\xi}}{|x|^2}dx\Big)d\xi\\&=\lim_{R\to\infty}\int_{\boldsymbol{R}^2}\varphi(\xi)\Big(\int_1^R\Big(\int_0^{2\pi}\frac{e^{-ir|\xi|\cos\theta}}{r}d\theta\Big)dr\Big)d\xi\\&=\lim_{R\to\infty}2\pi\int_{\boldsymbol{R}^2}\varphi(\xi)\Big(\int_1^R\frac{J_0(r|\xi|)}{r}dr\Big)d\xi.\end{aligned}$$

さらに (2) より

$$\Big|\varphi(\xi)\int_1^R\frac{J_0(r|\xi|)}{r}dr\Big|\leq|\varphi(\xi)|\int_1^\infty\frac{|J_0(r|\xi|)|}{r}dr\leq C|\varphi(\xi)|\int_1^\infty\frac{1}{r^{3/2}|\xi|^{1/2}}dr$$

$$=2C|\xi|^{-1/2}|\varphi(\xi)|\in L^1(\boldsymbol{R}^2).$$

よってルベーグの収束定理より

$$\mathrm{II}=2\pi\int_{\boldsymbol{R}^2}\varphi(\xi)\Big(\lim_{R\to\infty}\int_1^R\frac{J_0(r|\xi|)}{r}dr\Big)d\xi=2\pi\int_{\boldsymbol{R}^2}\varphi(\xi)\Big(\int_1^\infty\frac{J_0(r|\xi|)}{r}dr\Big)d\xi.$$

こうして

$\mathrm{I}+\mathrm{II}$

$$=2\pi\int_{\boldsymbol{R}^2}\varphi(\xi)\left(\int_0^1\frac{J_0(r|\xi|)-1}{r}dr+\int_1^\infty\frac{J_0(r|\xi|)}{r}dr\right)d\xi$$

ここで $r|\xi|=t$ と変数変換して

$$=2\pi\int_{\boldsymbol{R}^2}\varphi(\xi)\left(\int_0^{|\xi|}\frac{J_0(t)-1}{t}dt+\int_{|\xi|}^\infty\frac{J_0(t)}{t}dt\right)d\xi$$

$$=2\pi\int_{\boldsymbol{R}^2}\varphi(\xi)\left(\int_0^1\frac{J_0(t)-1}{t}dt+\int_1^{|\xi|}\frac{J_0(t)-1}{t}dt+\int_1^\infty\frac{J_0(t)}{t}dt+\int_{|\xi|}^1\frac{J_0(t)}{t}dt\right)d\xi$$

$$=2\pi\int_{\boldsymbol{R}^2}\varphi(\xi)\left(\int_0^1\frac{J_0(t)-1}{t}dt+\int_1^\infty\frac{J_0(t)}{t}dt-\log|\xi|\right)d\xi.$$

ただし,

$$\int_1^{|\xi}\frac{J_0(t)}{t}dt+\int_{|\xi|}^1\frac{J_0(t)}{t}dt=0$$

を用いた．こうして

$$C_0=\int_0^1\frac{1-J_0(t)}{t}dt-\int_1^\infty\frac{J_0(t)}{t}dt$$

とおいて

$$\langle\mathscr{F}[\mathscr{P}(|x|^{-2})],\varphi\rangle=\mathrm{I}+\mathrm{II}=\langle-2\pi(C_0+\log|\xi|),\varphi\rangle$$

を得た．よって $\mathscr{F}[\mathscr{P}(|x|^{-2})](\xi)=-2\pi(C_0+\log|\xi|)$ が示せた．

27. $\varphi\in\mathscr{S}(\boldsymbol{R}^n)$ のフーリエ変換 $\hat{\varphi}$ に対し定理 3.18 と定理 3.33 のパーシヴァルの等式から $\|\hat{\varphi}\|_\infty\leq\|\varphi\|_1$, $\|\hat{\varphi}\|_2=(2\pi)^{n/2}\|\varphi\|_2$ が成立する．本書では述べなかったが複素補間という方法を用いると，θ を $0<\theta<1$ として p,q を

$$\frac{1}{p}=\frac{\theta}{\infty}+\frac{1-\theta}{2}=\frac{1-\theta}{2},\quad \frac{1}{q}=\frac{\theta}{1}+\frac{1-\theta}{2}=\frac{1+\theta}{2}$$

で定義するとき

$$\|\hat{\varphi}\|_p\leq(2\pi)^{(n/2)(1-\theta)}\|\varphi\|_q$$

が成立することが知られている．これを用いてシュレディンガー方程式の解

$$u(t,x)=\frac{e^{\frac{n\pi i}{4}}}{(4\pi t)^{n/2}}\int_{\boldsymbol{R}^n}e^{-\frac{i|x-y|^2}{4t}}u_0(y)dy,\quad u_0\in\mathscr{S}(\boldsymbol{R}^n)$$

((4.10) 式を参照せよ) と $2\leq p<\infty, q=p/(p-1)$ に対し

$$\|u(t,\cdot)\|_p\leq(4\pi t)^{-\frac{n}{2}\left(1-\frac{2}{p}\right)}\|u_0\|_q$$

が成立することを示せ．

[解]　$\dfrac{i|x-y|^2}{4t}=\dfrac{i}{4t}(|x|^2-2x\cdot y+|y|^2)$ より

$$u(t,x)=\frac{e^{\frac{n\pi i}{4}}e^{-\frac{i|x|^2}{4t}}}{(4\pi t)^{n/2}}\int_{\boldsymbol{R}^n}e^{i\frac{x\cdot y}{2t}}\left(e^{-\frac{i|y|^2}{4t}}u_0(y)\right)dy$$

と表す．いま $v_t(y)=e^{-\frac{i|y|^2}{4t}}u_0(y)$ とおくと

$$u(t,x)=\frac{e^{\frac{n\pi i}{4}}e^{-\frac{i|x|^2}{4t}}}{(4\pi t)^{n/2}}\mathscr{F}[v_t]\left(-\frac{x}{2t}\right)$$

と表せた．ここで $|e^{\frac{n\pi i}{4}}|=\left|e^{-\frac{i|x|^2}{4t}}\right|=1$ に注意して

$$\|u(t,\cdot)\|_p=\frac{1}{(4\pi t)^{n/2}}\left(\int_{\boldsymbol{R}^n}\left|\mathscr{F}[v_t]\left(-\frac{x}{2t}\right)\right|^p dx\right)^{1/p}.$$

$-x/(2t)=y$ と変数変換して $dx=(2t)^n\,dy$ より

$$\|u(t,\cdot)\|_p=\frac{(2t)^{n/p}}{(4\pi t)^{n/2}}\|\mathscr{F}[v_t]\|_p$$

である．$2<p<\infty$ に対して $0<\theta<1$ を $1/p=(1-\theta)/2$ にとる．すなわち $\theta=1-\dfrac{2}{p}$ にとる．このとき

$$\frac{1}{q}=\frac{1+\theta}{2}=1-\frac{1}{p},$$

すなわち $q=p/(1-p)$ にとれば

$$\|\mathscr{F}[v_t]\|_p\le(2\pi)^{\frac{n}{2}\frac{2}{p}}\|v_t\|_q=(2\pi)^{\frac{n}{p}}\|v_t\|_q.$$

いま $\left|e^{\frac{i|y|^2}{4t}}\right|=1$ なので $\|v_t\|_q=\|u_0\|_q$．こうして

$$\|u(t,\cdot)\|_p\le\frac{2^{\frac{n}{p}}(2\pi)^{\frac{n}{p}}}{(4\pi)^{\frac{n}{2}}}t^{-\frac{n}{2}\left(1-\frac{2}{p}\right)}\|u_0\|_q=(4\pi t)^{-\frac{n}{2}\left(1-\frac{2}{p}\right)}\|u_0\|_q$$

を得た．

28. $\psi\in\mathscr{S}(\boldsymbol{R}^3)$ に対し波動方程式 (4.15) の解は

$$u(t,x)=\frac{t}{4\pi}\int_{|\omega|=1}\psi(x-t\omega)\,dS_\omega$$

で与えられる．このとき

$$\|u(t,\cdot)\|_\infty\le(4\pi t)^{-1}\|\nabla\psi\|_1,\quad t>0$$

が成立することを示せ．

[解]

$$u(t,x)=-\frac{t}{4\pi}\int_{|\omega|=1}\Big(\int_t^\infty\frac{\partial}{\partial s}\psi(x-s\omega)\,ds\Big)\,dS_\omega$$
$$=\frac{t}{4\pi}\int_{|\omega|=1}\int_t^\infty(\nabla\psi)(x-s\omega)\cdot\omega\,dsdS_\omega.$$

こうしてトネリの定理より

$$|u(t,x)|\le\frac{t}{4\pi}\int_t^\infty\int_{|\omega|=1}|(\nabla\psi)(x-s\omega)|\,dsdS_\omega$$
$$=\frac{t}{4\pi}\int_t^\infty\int_{|\omega|=1}|(\nabla\psi)(x-s\omega)|s^{-2}s^2\,dsdS_\omega$$
$$\le\frac{1}{4\pi t}\int_t^\infty\int_{|\omega|=1}|(\nabla\psi)(x-s\omega)|s^2\,dsdS_\omega$$

ここで $s\omega=y$ なる球座標変換を行えば (3.1 節 (d) を参照せよ)

$$=\frac{1}{4\pi t}\int_{|y|\ge t}|(\nabla\psi)(x-y)|\,dy\le\frac{1}{4\pi t}\int_{\boldsymbol{R}^3}|(\nabla\psi)(x-y)|\,dy$$
$$=\frac{1}{4\pi t}\int_{\boldsymbol{R}^3}|(\nabla\psi)(z)|\,dz.$$

ただし最後のところで $x-y=z$ なる変数変換をした．こうして $\|u(t,\cdot)\|_\infty\le(4\pi t)^{-1}\|\psi\|_1$ が示せた．

29. $0<\epsilon<\pi/2$ とし $\Sigma_\epsilon=\{\lambda\in\boldsymbol{C}\setminus\{0\}\,|\,|\arg\lambda|\le\pi-\epsilon\}$ とおく．任意の $\lambda\in\Sigma_\epsilon, f\in\mathscr{S}(\boldsymbol{R}^n)$ に対し (4.46) の $v(x)$ を

$$v(x)=\mathscr{F}^{-1}[(\lambda+|\xi|^2)^{-1}\hat{f}(\xi)](x)$$

で定義する．p を $1<p<\infty$ なる実数とするとき

$$|\lambda|\|v\|_p+|\lambda|^{1/2}\|\nabla v\|_p+\|\nabla^2 v\|_p\le C_{n,\epsilon,p}\|f\|_p$$

なる評価が成立することを示せ．ここで $C_{n,\epsilon,p}$ は n,ϵ,p のみに依存する定数である．また

$$\|\nabla^k v\|_p=\sum_{|\alpha|=k}\|D^\alpha v\|_p,\quad \nabla^1=\nabla$$

とおいた．

[解]　定理 3.55 (Fourier multiplier theorem) を用いる．そのために任意の多重指数 α に対し

$$|D_\xi^\alpha(\lambda+|\xi|^2)^{-1}|\le C_{\alpha,\epsilon}(|\lambda|+|\xi|^2)^{-1}|\xi|^{-|\alpha|}\tag{3}$$

が任意の $\lambda\in\Sigma_\epsilon,\xi\in\boldsymbol{R}^n\setminus\{0\}$ に対して成立することを示す．ここで $C_{\alpha,\epsilon}$ は α と ϵ にのみ依存する定数である．実際，補題 3.58 より $f(t)=t^{-1}$ とおいて

$$\begin{aligned}D_\xi^\alpha(\lambda+|\xi|^2)^{-1}&=D_\xi^\alpha[f(\lambda+|\xi|^2)]\\&=\sum_{\ell=1}^{|\alpha|}f^{(\ell)}(\lambda+|\xi|^2)\sum_{\substack{\alpha_1+\cdots+\alpha_\ell=\alpha\\|\alpha_i|\geq 1}}\Gamma^\ell_{\alpha_1,\dots,\alpha_\ell}(D^{\alpha_1}|\xi|^2)\cdots(D^{\alpha_\ell}|\xi|^2)\end{aligned}$$

と表せる．ここで $D^{\alpha_j}(\lambda+|\xi|^2)=D^{\alpha_j}|\xi|^2$ を用いた．

(4.6) と $f^{(\ell)}(t)=(-1)^\ell\ell!t^{-(\ell+1)}$ より

$$\begin{aligned}&|D_\xi^\alpha(\lambda+|\xi|^2)^{-1}|\\&\leq C_\alpha\sum_{\ell=1}^{|\alpha|}|\lambda+|\xi|^2|^{-(\ell+1)}|\xi|^{2\ell-|\alpha|}\\&\leq C_\alpha\sum_{\ell=1}^{|\alpha|}\left(\left(\sin\frac{\epsilon}{2}\right)(|\lambda|+|\xi|^2)\right)^{-(\ell+1)}|\xi|^{2\ell-|\alpha|}\leq C_{\alpha,\epsilon}(|\lambda|+|\xi|^2)^{-1}|\xi|^{-|\alpha|}.\end{aligned}$$

ただし $C_{\alpha,\epsilon}=C_\alpha\sum_{\ell=1}^{|\alpha|}\left(\sin\frac{\epsilon}{2}\right)^{-(\ell+1)}$ とおいた．以上より (3) は示せた．とくに

$$|D_\xi^\alpha[|\lambda|(\lambda+|\xi|^2)^{-1}]|\leq C_{\alpha,\epsilon}(|\lambda|+|\xi|^2)^{-1}|\lambda||\xi|^{-|\alpha|}\leq C_{\alpha,\epsilon}|\xi|^{-|\alpha|}.$$

一方 $|\lambda|v(x)=\mathscr{F}_\xi^{-1}[|\lambda|(\lambda+|\xi|^2)^{-1}\hat{f}(\xi)](x)$ であるので，定理 3.55 の Fourier multiplier theorem より $1<p<\infty$ に対して

$$|\lambda|\|v\|_p\leq C_{n,\epsilon,p}\|f\|_p$$

なる評価をえる．ここで定数 $C_{n,\epsilon,p}$ は n,p と $\max_{|\alpha|\leq s}C_{\alpha,\epsilon}$ にのみ依存する定数である．ただし，s は $s>n/2$ なる自然数である．

次に $|\lambda|^{1/2}\dfrac{\partial v}{\partial x_j}$ を評価する．これは $|\lambda|^{1/2}\dfrac{\partial v}{\partial x_j}(x)=\mathscr{F}^{-1}[|\lambda|^{1/2}i\xi_j(\lambda+|\xi|^2)^{-1}\hat{f}(\xi)](x)$ と表せる．(3) とライプニッツの公式より

$$\left|D_\xi^\alpha\left[|\lambda|^{1/2}i\xi_j(\lambda+|\xi|^2)^{-1}\right]\right|\leq C_{\alpha,\epsilon}|\lambda|^{1/2}|\xi|(|\lambda|+|\xi|^2)^{-1}\leq C_{\alpha,\epsilon}|\xi|^{-|\alpha|}.$$

よって定理 3.55 の Fourier multiplier theorem より $1<p<\infty$ に対して

$$|\lambda|^{1/2}\left\|\frac{\partial v}{\partial x_j}\right\|_p\leq C_{n,\epsilon,p}\|f\|_p.$$

最後に $\dfrac{\partial^2 v}{\partial x_j\partial x_k}$ を評価する．これは $\dfrac{\partial^2 v}{\partial x_j\partial x_k}(x)=\mathscr{F}^{-1}[-\xi_j\xi_k(\lambda+|\xi|^2)^{-1}\hat{f}(\xi)](x)$ と表せる．(3) とライプニッツの公式より

$$\left|D_\xi^\alpha\left[-\xi_j\xi_k(\lambda+|\xi|^2)^{-1}\right]\right|\le C_{\alpha,\epsilon}|\xi|^2(|\lambda|+|\xi|^2)^{-1}|\xi|^{-|\alpha|}\le C_{\alpha,\epsilon}|\xi|^{-|\alpha|}.$$

よって定理 3.55 の Fourier multiplier theorem より $1<p<\infty$ に対して

$$\left\|\frac{\partial^2 v}{\partial x_j\partial x_k}\right\|_p\le C_{n,\epsilon,p}\|f\|_p.$$

こうして求める不等式を得た.

30. $\boldsymbol{R}^3$ 内のある媒質中の電場を $\boldsymbol{E}(t,x)=(E_1,E_2,E_3)$, 磁場を $\boldsymbol{H}(t,x)=(H_1,H_2,H_3)$, 電荷密度を $\rho(t)$, 誘電率を ϵ, 透磁率を μ, 変位電流を $\boldsymbol{I}(t,x)=(I_1,I_2,I_3)$ で表す. これらの量はマクスウェル方程式 (Maxwell equation)

$$\operatorname{div}(\epsilon\boldsymbol{E})=4\pi\rho,\quad \operatorname{div}(\mu\boldsymbol{H})=0,$$

$$\operatorname{rot}\boldsymbol{E}=-\frac{1}{c}\frac{\partial}{\partial t}(\mu\boldsymbol{H})\quad(\text{ファラディの法則}),$$

$$\operatorname{rot}\boldsymbol{H}=\frac{1}{c}\frac{\partial}{\partial t}(\epsilon\boldsymbol{E})+\frac{4\pi}{c}\boldsymbol{I}\quad(\text{アンペールの法則})$$

を満たす. ここで $c=3\times10^{10}$ cm/sec は真空中の光速である. 以下, 簡単のため ϵ,μ は媒質により決まる与えられた正の定数とする.

(1) $\rho=0,\boldsymbol{I}=\lambda\boldsymbol{E}$ (オームの法則) かつ λ を正の定数としたとき, $\boldsymbol{H}=(H_1,H_2,H_3)$ の各成分 $u=H_i$ は電信方程式

$$u_{tt}+\frac{4\pi\lambda}{\epsilon}u_t-\frac{c^2}{\epsilon\mu}\Delta u=0$$

を満足することを示せ.

(2) $\boldsymbol{I}=0$ としたとき, 4 成分の電磁ポテンシャル $(\varphi_0,\boldsymbol{\varphi})$ $(\boldsymbol{\varphi}=(\varphi_1,\varphi_2,\varphi_3))$ を導入してマクスウェル方程式の解を

$$\boldsymbol{E}=\nabla\varphi_0-\frac{1}{c}\frac{\partial\boldsymbol{\varphi}}{\partial t},\quad \boldsymbol{H}=\frac{1}{\mu}\operatorname{rot}\boldsymbol{\varphi}$$

の形で表す. ただし $(\varphi_0,\boldsymbol{\varphi})$ はローレンツ条件

$$\frac{\mu\epsilon}{c}\frac{\partial\varphi_0}{\partial t}-\operatorname{div}\boldsymbol{\varphi}=0$$

を満足するとする. このとき電磁ポテンシャルは次の波動方程式で与えられることを示せ.

$$\frac{\partial^2\varphi_0}{\partial t^2}-\frac{c^2}{\epsilon\mu}\Delta\varphi_0=-\frac{4\pi c^2}{\epsilon^2\mu}\rho,\quad \frac{\partial^2\varphi_i}{\partial t^2}-\frac{c^2}{\epsilon\mu}\Delta\varphi_i=0\quad(i=1,2,3).$$

[解] アンペールの法則において rot をとり, さらにオームの法則 $\boldsymbol{I}=\lambda\boldsymbol{E}$ を用いて

$$\operatorname{rot}\operatorname{rot}\boldsymbol{H}=\frac{\epsilon}{c}\frac{\partial}{\partial t}(\operatorname{rot}\boldsymbol{E})+\frac{4\pi\lambda}{c}(\operatorname{rot}\boldsymbol{E}).$$

$\operatorname{div}\boldsymbol{H}=0$ であるので 1.2.6 節のベクトル等式 (12) より $\Delta\boldsymbol{H}=\nabla\operatorname{div}\boldsymbol{H}-\operatorname{rot}\operatorname{rot}\boldsymbol{H}=-\operatorname{rot}\operatorname{rot}\boldsymbol{H}$ なのでファラデイの法則から $\operatorname{rot}\boldsymbol{E}=-\dfrac{\mu}{c}\dfrac{\partial}{\partial t}\boldsymbol{H}$ を代入して

$$-\Delta\boldsymbol{H}=-\frac{\epsilon\mu}{c^2}\frac{\partial^2}{\partial t^2}\boldsymbol{H}-\frac{4\pi\lambda\mu}{c^2}\frac{\partial}{\partial t}\boldsymbol{H}.$$

こうして

$$\frac{\partial^2}{\partial t^2}\boldsymbol{H}+\frac{4\pi\lambda}{\epsilon}\frac{\partial}{\partial t}\boldsymbol{H}-\frac{c^2}{\epsilon\mu}\Delta\boldsymbol{H}=0$$

を得る．これは各成分を $u=H_i$ として u が電信方程式

$$u_{tt}+\frac{4\pi\lambda}{\epsilon}u_t-\frac{c^2}{\epsilon\mu}\Delta u=0$$

を満足することを示している．

(2) はじめの拘束条件 $\operatorname{div}(\epsilon\boldsymbol{E})=4\pi\rho$ を電磁ポテンシャルで書くと

$$4\pi\rho=\epsilon\operatorname{div}(\nabla\varphi_0)-\frac{\epsilon}{c}\frac{\partial}{\partial t}\operatorname{div}\boldsymbol{\varphi}.$$

$\operatorname{div}\nabla=\Delta$ であることとローレンツ条件：$\operatorname{div}\varphi_0=\dfrac{\mu\epsilon}{c}\dfrac{\partial\varphi_0}{\partial t}$ を代入して

$$4\pi\rho=\epsilon\Delta\varphi_0-\frac{\epsilon}{c}\frac{\mu\epsilon}{c}\frac{\partial^2\varphi_0}{\partial t^2}$$

を得る．これより φ_0 は波動方程式

$$\frac{\partial^2\varphi_0}{\partial t^2}-\frac{c^2}{\epsilon\mu}\Delta\varphi_0=-\frac{4\pi c^2}{\epsilon^2\mu}\rho$$

を満たさなくてはならないことが分かる．

2 番目の拘束条件 $\operatorname{div}(\mu\boldsymbol{H})=0$ は 1.2.6 節のベクトル公式 (8) より $\operatorname{div}\operatorname{rot}\boldsymbol{\varphi}=0$ であるので $\boldsymbol{H}=\dfrac{1}{\mu}\operatorname{rot}\boldsymbol{\varphi}$ で与えられていれば自動的に満足されることが分かる．また $\operatorname{rot}\nabla\varphi_0=0$ が 1.2.6 節のベクトル公式 (11) より従うので

$$\operatorname{rot}\boldsymbol{E}=\operatorname{rot}(\nabla\varphi_0)-\frac{1}{c}\frac{\partial}{\partial t}(\operatorname{rot}\boldsymbol{\varphi})=-\frac{1}{c}\frac{\partial}{\partial t}(\mu\boldsymbol{H})$$

を得る．すなわちファラデイの法則は自動的に満足される．

最後にアンペールの法則 $\operatorname{rot}\boldsymbol{H}=\dfrac{\epsilon}{c}\dfrac{\partial}{\partial t}\boldsymbol{E}$ は

$$\frac{1}{\mu}\operatorname{rot}\operatorname{rot}\boldsymbol{\varphi}=\frac{\epsilon}{c}\nabla\frac{\partial\varphi_0}{\partial t}-\frac{\epsilon}{c^2}\frac{\partial^2\boldsymbol{\varphi}}{\partial t^2}=\frac{\epsilon}{c}\nabla\left(\frac{c}{\mu\epsilon}\operatorname{div}\boldsymbol{\varphi}\right)-\frac{\epsilon}{c^2}\frac{\partial^2\boldsymbol{\varphi}}{\partial t^2}.$$

これを整理してさらにベクトル等式 $\Delta\boldsymbol{\varphi}=\nabla\operatorname{div}\boldsymbol{\varphi}-\operatorname{rot}\operatorname{rot}\boldsymbol{\varphi}$ を用いて

$$0=\frac{\epsilon}{c^2}\frac{\partial^2\boldsymbol{\varphi}}{\partial t^2}-\frac{1}{\mu}(\nabla\operatorname{div}\boldsymbol{\varphi}-\operatorname{rot}\operatorname{rot}\boldsymbol{\varphi})=\frac{\epsilon}{c^2}\frac{\partial^2\boldsymbol{\varphi}}{\partial t^2}-\frac{1}{\mu}\Delta\boldsymbol{\varphi}.$$

こうして $\boldsymbol{\varphi}$ の各成分 φ_i $(i=1,2,3)$ は波動方程式

$$\frac{\partial^2 \varphi_i}{\partial t^2} - \frac{c^2}{\epsilon\mu}\Delta\varphi_i = 0$$

を満足しなければならないことが分かった.

31. クライン・ゴールドン方程式 (Klein-Gordon equation)

$$u_{tt} - \Delta u + m_0^2 u = 0, \quad x = (x_1, \ldots, x_n) \in \boldsymbol{R}^n, t > 0$$

$$u(0,x) = 0, \quad u_t(0,x) = \varphi(x)$$

の $u(t,x)$ に対し $v(t,x,z) = e^{im_0 z}u(t,x)$ とおくと v は $n+1$ 次元の波動方程式

$$v_{tt} - \Delta v - \frac{\partial^2 v}{\partial z^2} = 0, \quad x = (x_1, \ldots, x_n) \in \boldsymbol{R}^n, \quad t > 0$$

$$v(0,x) = 0, \quad v_t(0,x) = e^{im_0 z}\varphi(x)$$

を満足することを示せ. これより $u(t,x)$ に対し次の解の公式を導け.

(1) n が偶数次元のとき.

$$u(t,x) = \frac{1}{(2\pi)^{\frac{n}{2}}}\left(\frac{1}{t}\frac{d}{dt}\right)^{\frac{n-2}{2}}\left(\int_{|y|\le t}\frac{\cos(m_0\sqrt{t^2-|y|^2})\varphi(x-y)}{\sqrt{t^2-|y|^2}}dy\right).$$

(2) n が奇数次元のとき.

$$u(t,x) = \frac{1}{(2\pi)^{\frac{n-1}{2}}}\left(\frac{1}{t}\frac{d}{dt}\right)^{\frac{n-1}{2}}\left(\int_{|y|\le t} J_0(m_0\sqrt{t^2-|y|^2})\varphi(x-y)\,dy\right).$$

[解]

$$v_{tt} - \Delta v - \frac{\partial^2 v}{\partial z^2} = e^{im_0 z}(u_{tt} - \Delta u + m_0^2 u) = 0$$

これより示せる. そこで解の公式を示そう.

(1) n が偶数次元のときは v は $n+1$ (奇数) 次元の波動方程式の解であるので定理 4.4(1) より

$$v(t,x,z) = \frac{\pi}{(2\pi)^{\frac{n+2}{2}}}\left(\frac{1}{t}\frac{d}{dt}\right)^{\frac{n-2}{2}}\left(t^{n-1}\int_{S^n} e^{im_0(z-\xi t)}\varphi(x-t\omega)dS_{\omega,\xi}\right).$$

ただし, S^n は $|\omega|^2 + \xi^2 = 1$ $(\omega = (\omega_1, \ldots, \omega_n))$ なる $\boldsymbol{R}^{n+1}$ の単位球であり, $dS_{\omega,\xi}$ はその面積要素である. いま $\xi = \pm\sqrt{1-|\omega|^2}$ と表す. このとき

$$dS_{\omega,\xi} = \sqrt{1 + \sum_{j=1}^{n}\left(\frac{\partial\xi}{\partial\omega_j}\right)^2}d\omega = \frac{1}{\sqrt{1-|\omega|^2}}d\omega.$$

よって $u(t,x) = e^{-im_0 z}v(t,x,z)$ より

$$u(t,x)$$

$$=\frac{\pi}{(2\pi)^{\frac{n+2}{2}}}\left(\frac{1}{t}\frac{d}{dt}\right)^{\frac{n-2}{2}}\left(t^{n-1}\int_{|\omega|\le 1}\frac{(e^{im_0t\sqrt{1-|\omega|^2}}+e^{-im_0t\sqrt{1-|\omega|^2}})\varphi(x-t\omega)}{\sqrt{1-|\omega|^2}}d\omega\right)$$

$t\omega=y$ とおき，また $2\cos\theta=e^{i\theta}+e^{-i\theta}$ なる関係式と $dy=t^n d\omega$ を用いて

$$=\frac{1}{(2\pi)^{\frac{n}{2}}}\left(\frac{1}{t}\frac{d}{dt}\right)^{\frac{n-2}{2}}\left(\int_{|y|\le t}\frac{\cos(m_0\sqrt{t^2-|y|^2})\varphi(x-y)}{\sqrt{t^2-|y|^2}}dy\right).$$

よって求める式を得た.

(2) 次に n が奇数のときを考える．同様にして v は $n+1$ (偶数) 次元の波動方程式の解であるので定理 4.4 (2) より

$$v(t,x,z)=\frac{1}{(2\pi)^{\frac{n+1}{2}}}\left(\frac{1}{t}\frac{d}{dt}\right)^{\frac{n-1}{2}}\left(t^n\int_{|\omega|^2+\xi^2\le 1}\frac{e^{im_0(z-t\xi)}\varphi(x-t\omega)}{\sqrt{1-|\omega|^2-\xi^2}}d\omega d\xi\right).$$

よって $u(t,x)=e^{-im_0z}v(t,x,z)$ より

$$u(t,x)=\frac{1}{(2\pi)^{\frac{n+1}{2}}}\left(\frac{1}{t}\frac{d}{dt}\right)^{\frac{n-1}{2}}\left(t^n\int_{|\omega|^2+\xi^2\le 1}\frac{e^{-im_0t\xi}\varphi(x-t\omega)}{\sqrt{1-|\omega|^2-\xi^2}}d\omega d\xi\right).$$

ここで右辺の中身を ξ について積分する．まず $t\omega=y, t\xi=z$ とおいて $t^{n+1}d\omega d\xi=dydz$ より

$$t^n\int_{|\omega|^2+\xi^2\le 1}\frac{e^{-im_0t\xi}\varphi(x-t\omega)}{\sqrt{1-|\omega|^2-\xi^2}}d\omega d\xi=\int_{|y|^2+z^2\le t^2}\frac{e^{-im_0z}\varphi(x-y)}{\sqrt{t^2-|y|^2-z^2}}dydz$$

ここで z について $-\sqrt{t^2-|y|^2}\le z\le\sqrt{t^2-|y|^2}$ で積分して $z=\sqrt{t^2-|y|^2}\cos\theta$ とおいて 4.4 節の公式 (4.35) より

$$=\int_{|y|\le t}\varphi(x-y)\left(\int_{-\sqrt{t^2-|y|^2}}^{\sqrt{t^2-|y|^2}}\frac{e^{-im_0z}}{\sqrt{t^2-|y|^2-z^2}}dz\right)dy$$

$$=\int_{|y|\le t}\varphi(x-y)\left(\int_0^\pi e^{-im_0\sqrt{t^2-|y|^2}\cos\theta}d\theta+\int_0^\pi e^{im_0\sqrt{t^2-|y|^2}\cos\theta}d\theta\right)dy$$

$$=2\pi\int_{|y|\le t}\varphi(x-y)J_0(m_0\sqrt{t^2-|y|^2})dy.$$

これを代入して

$$u(t,x)=\frac{1}{(2\pi)^{\frac{n-1}{2}}}\left(\frac{1}{t}\frac{d}{dt}\right)^{\frac{n-1}{2}}\left(\int_{|y|\le t}\varphi(x-y)J_0(m_0\sqrt{t^2-|y|^2})dy\right)$$

を得た.

32. 電信方程式

$$u_{tt}+u_t-\Delta u=0,\quad x=(x_1,\dots,x_n)\in \boldsymbol{R}^n,\ t>0,$$
$$u(0,x)=0,\quad u_t(0,x)=\varphi(x)$$

の解に対し $w=e^{\frac{t}{2}}u$ とおくと w は

$$\begin{aligned} &w_{tt}-\Delta w-\frac{1}{4}w=0,\quad x=(x_1,\dots,x_n)\in \boldsymbol{R}^n,\ t>0,\\ &w(0,x)=0,\quad w_t(0,x)=\varphi(x)\end{aligned}\tag{4}$$

の解であることを示せ．さらに問 31 と同様の議論を行って w を求めることで，次の $u(t,x)$ に対する解の公式を示せ．

(1) n が偶数次元のときは

$$u(t,x)=\frac{e^{-\frac{t}{2}}}{(2\pi)^{\frac{n}{2}}}\left(\frac{1}{t}\frac{d}{dt}\right)^{\frac{n-2}{2}}\left(\int_{|y|\le t}\frac{\cosh\left(\frac{1}{2}\sqrt{t^2-|y|^2}\right)\varphi(x-y)}{\sqrt{t^2-|y|^2}}dy\right).$$

(2) n が奇数次元のときは

$$u(t,x)=\frac{e^{-\frac{t}{2}}}{(2\pi)^{\frac{n-1}{2}}}\left(\frac{1}{t}\frac{d}{dt}\right)^{\frac{n-1}{2}}\left(\int_{|y|\le t}J_0\left(\frac{i}{2}\sqrt{t^2-|y|^2}\right)\varphi(x-y)\,dy\right).$$

[解]　$w=e^{\frac{t}{2}}u$ とおくと

$$w_t=e^{\frac{t}{2}}\left(u_t+\frac{1}{2}u\right),\quad w_{tt}=e^{\frac{t}{2}}\left(u_{tt}+u_t+\frac{1}{4}u\right).$$

$u_{tt}+u_t-\Delta u=0$ を用いれば

$$w_{tt}-\Delta w=e^{\frac{t}{2}}(u_{tt}+u_t-\Delta u)+\frac{1}{4}w=\frac{1}{4}w.$$

また $w(0,x)=u(0,x)=0, w_t(0,x)=u_t(0,x)+\frac{1}{2}u(0,x)=\varphi(x)$ である．よって w が方程式 (4) を満足することが分かった．そこで w を問 31 の解答で $m_0=\frac{i}{2}$ として同じ議論をすることで求めれば，$u(t,x)=e^{-\frac{t}{2}}w(t,x)$ とおくことで u が求まる．そこで問 31 と平行に議論をすすめる．$v(t,x,z)=e^{-\frac{z}{2}}w(t,x)$ とおくと ($m_0=\frac{i}{2}$ とおいている) v は $\boldsymbol{R}^{n+1}$ 次元の波動方程式

$$v_{tt}-\Delta v-\frac{\partial^2 v}{\partial z^2}=e^{-\frac{z}{2}}\left(w_{tt}-\Delta w-\frac{1}{4}w\right)=0,\quad x=(x_1,\dots,x_n)\in \boldsymbol{R}^n, z\in \boldsymbol{R}, t>0,$$
$$v(0,x,z)=0,\quad v_t(0,x,z)=e^{-\frac{z}{2}}\varphi(x)$$

を満たす.

(1) n が偶数次元のときは $v(t,x,z)$ は $n+1$ (奇数) 次元の波動方程式の解であるので定理 4.4 (1) より

$$v(t,x,z)=\frac{\pi}{(2\pi)^{\frac{n+2}{2}}}\left(\frac{1}{t}\frac{d}{dt}\right)^{\frac{n-2}{2}}\left(t^{n-1}\int_{S^n}e^{-\frac{1}{2}(z-\xi t)}\varphi(x-t\omega)dS_{\omega,\xi}\right).$$

ただし, S^n は $|\omega|^2+\xi^2=1$ $(\omega=(\omega_1,\ldots,\omega_n))$ なる $\boldsymbol{R}^{n+1}$ の単位球であり, $dS_{\omega,\xi}$ はその面積要素である. いま $\xi=\pm\sqrt{1-|\omega|^2}$ と表す. このとき

$$dS_{\omega,\xi}=\sqrt{1+\sum_{j=1}^{n}\left(\frac{\partial\xi}{\partial\omega_j}\right)^2}d\omega=\frac{1}{\sqrt{1-|\omega|^2}}d\omega.$$

よって $w(t,x)=e^{\frac{z}{2}}v(t,x,z)$ より

$$w(t,x)=\frac{\pi}{(2\pi)^{\frac{n+1}{2}}}\left(\frac{1}{t}\frac{d}{dt}\right)^{\frac{n-2}{2}}\left(t^{n-1}\int_{|\omega|\leq 1}\frac{\left(e^{\frac{t}{2}\sqrt{1-|\omega|^2}}+e^{-\frac{t}{2}\sqrt{1-|\omega|^2}}\right)\varphi(x-t\omega)}{\sqrt{1-|\omega|^2}}d\omega\right)$$

$t\omega=y$ とおき, また $2\cosh\theta=e^{\theta}+e^{-\theta}$ なる関係式を用いて

$$=\frac{1}{(2\pi)^{\frac{n-1}{2}}}\left(\frac{1}{t}\frac{d}{dt}\right)^{\frac{n-2}{2}}\left(\int_{|y|\leq t}\frac{\cosh\left(\frac{1}{2}\sqrt{t^2-|y|^2}\right)\varphi(x-y)}{\sqrt{t^2-|y|^2}}dy\right).$$

$u(t,x)=e^{-\frac{t}{2}}w(t,x)$ なので

$$u(t,x)=\frac{e^{-\frac{t}{2}}}{(2\pi)^{\frac{n-1}{2}}}\left(\frac{1}{t}\frac{d}{dt}\right)^{\frac{n-2}{2}}\left(\int_{|y|\leq t}\frac{\cosh\left(\frac{1}{2}\sqrt{t^2-|y|^2}\right)\varphi(x-y)}{\sqrt{t^2-|y|^2}}dy\right).$$

(2) 次に n が奇数のときを考える. v は $n+1$ (偶数) 次元の波動方程式の解であるので定理 4.4 (2) より

$$v(t,x,z)=\frac{1}{(2\pi)^{\frac{n+1}{2}}}\left(\frac{1}{t}\frac{d}{dt}\right)^{\frac{n-1}{2}}\left(t^n\int_{|\omega|^2+\xi^2\leq 1}\frac{e^{-\frac{1}{2}(z-t\xi)}\varphi(x-t\omega)}{\sqrt{1-|\omega|^2-\xi^2}}d\omega d\xi\right).$$

よって $w(t,x)=e^{\frac{z}{2}}v(t,x,z)$ より

$$w(t,x)=\frac{1}{(2\pi)^{\frac{n+1}{2}}}\left(\frac{1}{t}\frac{d}{dt}\right)^{\frac{n-1}{2}}\left(t^n\int_{|\omega|^2+\xi^2\leq 1}\frac{e^{\frac{t}{2}\xi}\varphi(x-t\omega)}{\sqrt{1-|\omega|^2-\xi^2}}d\omega d\xi\right)$$

ここで右辺の中身を ξ について積分する. まず $t\omega=y, t\xi=z$ とおいて $t^{n+1}d\omega d\xi=dydz$ より

$$t^n\int_{|\omega|^2+\xi^2\le 1}\frac{e^{\frac{t}{2}\xi}\varphi(x-t\omega)}{\sqrt{1-|\omega|^2-\xi^2}}\,d\omega d\xi=\int_{|y|^2+z^2\le t^2}\frac{e^{\frac{z}{2}}\varphi(x-y)}{\sqrt{t^2-|y|^2-z^2}}\,dydz$$

ここで z について $-\sqrt{t^2-|y|^2}\le z\le\sqrt{t^2-|y|^2}$ で積分して $z=\sqrt{t^2-|y|^2}\cos\theta$ とおいて 4.4 節の公式 (4.28) より

$$\begin{aligned}
&=\int_{|y|\le t}\varphi(x-y)\left(\int_{-\sqrt{t^2-|y|^2}}^{\sqrt{t^2-|y|^2}}\frac{e^{\frac{z}{2}}}{\sqrt{t^2-|y|^2-z^2}}\,dz\right)dy\\
&=\int_{|y|\le t}\varphi(x-y)\left(\int_0^{\pi}e^{\frac{1}{2}\sqrt{t^2-|y|^2}\cos\theta}\,d\theta+\int_0^{\pi}e^{-\frac{1}{2}\sqrt{t^2-|y|^2}\cos\theta}\,d\theta\right)dy\\
&=2\pi\int_{|y|\le t}J_0\left(\frac{i}{2}\sqrt{t^2-|y|^2}\right)\varphi(x-y)\,dy.
\end{aligned}$$

これを代入して

$$w(t,x)=\frac{1}{(2\pi)^{\frac{n-1}{2}}}\left(\frac{1}{t}\frac{d}{dt}\right)^{\frac{n-1}{2}}\left(\int_{|y|\le t}J_0\left(\frac{i}{2}\sqrt{t^2-|y|^2}\right)\varphi(x-y)\,dy\right)$$

を得た. $u(t,x)=e^{-\frac{t}{2}}w(t,x)$ より

$$u(t,x)=\frac{e^{-\frac{t}{2}}}{(2\pi)^{\frac{n-1}{2}}}\left(\frac{1}{t}\frac{d}{dt}\right)^{\frac{n-1}{2}}\left(\int_{|y|\le t}J_0\left(\frac{i}{2}\sqrt{t^2-|y|^2}\right)\varphi(x-y)\,dy\right).$$

索引

▶ た行

▶ な行

▶ は行

▶ ま行

▶ や行

▶ ら行

▶ わ行

垣田髙夫 (かきた・たかお)

1928年　岐阜県生まれ.
1952年　東京文理科大学数学科を卒業.
　　　　早稲田大学名誉教授.
　　　　2018年歿.

著訳書に『シュワルツ超関数入門 [新装版]』,『微分方程式で数学モデルを作ろう』(共訳),『現象から微積分を学ぼう』(共著) (いずれも日本評論社),『常微分方程式』(共著),『フーリエの方法』(共著) (いずれも内田老鶴圃),『微分方程式』(裳華房) など.

柴田良弘 (しばた・よしひろ)

1952年　東京都生まれ.
1977年　東京教育大学大学院理学研究科修士課程修了.
1981年　理学博士 (筑波大学).
現　在　早稲田大学名誉教授.

著書に『ルベーグ積分論』(内田老舗圃),『非線形偏微分方程式』(共著, 朝倉書店),『流体数学の基礎 (上, 下)』(岩波書店) など.

ベクトル解析(かいせき)から流体(りゅうたい)へ [改訂版(かいていばん)]

2007年7月20日　第1版第1刷発行
2024年9月25日　改訂版第1刷発行

著　者　垣田髙夫・柴田良弘
発行所　株式会社 日 本 評 論 社
〒170-8474 東京都豊島区南大塚3-12-4
電話 (03) 3987-8621 [販売]
(03) 3987-8599 [編集]
印　刷　三美印刷
製　本　松岳社
装　釘　海保 透

ISBN978-4-535-78962-3